자동차 정비 현장 실무

PRACTICING CAR MAINTENANCE

구민사

저자약력 | **백광열**

인하공업전문대학교 자동차과 겸임 교수

대림대학교 자동차공학과 겸임 교수

송락현

서영대학교 미래자동차과 교수

박종철

현대자동차 남부서비스센터 하이테크지원팀 팀장

자동차 정비 현장 실무

초판 인쇄 | 2022년 2월 21일
초판 발행 | 2022년 2월 28일
초판 2쇄 발행 | 2024년 2월 28일

저 자 | 백광열·송락현·박종철
발행인 | 조규백
발행처 | 도서출판 구민사
(07293) 서울특별시 영등포구 문래북로 116, 604호(문래동3가 46, 트리플렉스)
전화 | (02) 701-7421(~2)
팩스 | (02) 3273-9642
홈페이지 | www.kuhminsa.co.kr

신고번호 | 제2012-000055호 (1980년 2월 4일)
I S B N | 979-11-6875-018-0 93550

값 29,000원

PREFACE

머리말

자격증을 취득을 하고 현장에 나오면 당장 작업을 할 수는 있는 것 같은데 막상 어떻게 작업을 해야 할지 막막하기만 하다. 학원이나 학교에서 제공하는 부품들은 탈부착을 여러 번 작업을 했던 부품들이라 잘 풀리고 볼트 너트도 몇 개씩은 없지만 오랜 기간 주행을 하다 입고된 차량들은 볼트나 너트 등도 녹이 슬거나 절어 잘 풀리지도 않는다. 저자도 자격증을 취득하고 바로 현장에 가서 작업을 하다가 볼트도 부러트리고, 작업을 하다 다치기도 하였다.

이론적인 것과 현장과는 많은 차이가 나기 때문에 카센터나 공업사와 같은 현장에서는 수많은 차종의 차량을 수리해서 정상적으로 작동을 해야 한다. 각 오너들의 운전습관 및 주행조건에 따라 고장 증상도 여러 가지로 나타날 수도 있다.

저자는 오랫동안 정비현장에서 많은 고장현상을 보고 수리를 했던 경험을 바탕으로 처음 현장실무에 나와서 기본적으로 정비할 수 있도록 차종에 따라 수리방법이 달라질 수 있으나, 기본적인 수리는 거의 비슷하기 때문에 고장 시 증상 및 교환방법에 대해서 다음과 같이 현장실무에 대한 책자를 꾸며보았다.

chapter 01. 자동차 정비에 필요한 공구들과 장비 종류 및 공구 관리에 대하여 수록하였고, 아무리 자동차 정비를 잘하여도 제일 중요한 것은 사고를 미연에 방지하는 것이기 때문에 정비 시 발생하는 크고 작은 사고발생을 방지하기 위한 작업 시 주의사항에 대하여 수록하였다.

chapter 02. 자동차 경고등 점등 시 점등 원인 및 조치방법을 수록하여 빠른 수리가 가능하도록 수록하였다.

chapter 03. 오너들에게 정기적인 소모품 교환 주기를 알려주어 미연에 고장을 방지하도록 하기 위한 자동차 소모품의 교환 주기 및 응급조치에 대하여 수록하였고, 출장 시 차량 고장으로 인한 응급조치에 대하여 수록하였다.

chapter 04. 자동차 정비에 꼭 필요한 자기진단기에 대하여 간단하게 수록하였다.

chapter 05. 자동차 엔진장치 수리 시 가장 많이 정비하는 작업에 대하여 고장원인 및 고장 시 증상에 대하여 수록하였다.

chapter 06. 자동차 전기장치 수리 시 가장 많이 정비하는 작업에 대하여 고장원인 및 고장 시 증상에 대하여 수록하였다.

chapter 07. 자동차 섀시장치 수리 시 가장 많이 정비하는 작업에 대하여 고장원인 및 고장 시 증상에 대하여 수록하였다.

본 저자의 마음으로는 다양한 자동차 정비 실무에 대하여 수록하고 싶지만 실무에서 가장 많이 작업을 하는 기본적인 내용을 중심으로 수록하였다. 이 책의 내용이 모두를 만족시킬 수는 없지만 처음 현장에 입문한 분들께 많은 도움이 되길 바란다.

이 책의 출판을 위해 적극적인 도움을 주신 도서출판 구민사 조규백 대표님과 직원 여러분께 깊은 감사를 드린다.

저자 씀

CONTENTS

차례

Chapter 01

자동차 정비 기본 공구 및 장비

Chapter
02

경고등 점등원인 및 조치방법

Chapter

05

엔진 현장 실무

Chapter 06

전기 현장 실무

Chapter 07

섀시 현장 실무

Chapter 01

자동차 정비 기본 공구 및 장비

1. 수공구
2. 기타 공구
3. 작업용 장비
4. 측정공구 및 엔진 · 에어컨 · 섀시 전용공구
5. 자동차 정비시 주의사항 및 공구와 장비 관리법

01 자동차 정비 기본 공구 및 장비

1. 수공구

1.1. 스크루 드라이버(screw driver)

스크루 드라이버는 각종 나사를 죄고 푸는 데 사용되는 공구로, 강철제(鋼鐵製) 몸체에 나무 또는 플라스틱의 손잡이가 붙어 있다. 드라이버의 끝 모양에 따라 끝이 일직선으로 되어 있는 (-)자형 및 끝이 십자형으로 되어 있는 (+)자형이 있고, 생크와 손잡이의 결합방법에 따라 보통형과 관통형으로 구별된다.

1.1.1. 표준 스크루 드라이버(standard screw driver)

일반적인 드라이버로 손잡이 부분이 약간 볼록하게 나온 드라이버이며 일자와 십자로 나뉜다.

1.1.2. 양용 스크루 드라이버(insert changeable screw driver)

일자와 십자를 겸용으로 사용할 수 있는 드라이버이다.

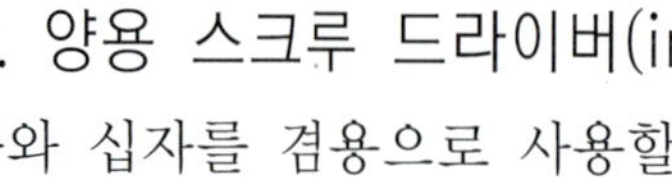

(a) 표준

(b) 양용

[그림 1] 스크루 드라이버

1.1.3. 해머 스크루 드라이버(hammer screw driver)

나사에 녹이 나서 빠지지 않을 때 해머 드라이버와 해머를 사용하여 고정된 나사에 충격을 가하면서 나사를 뺄 때 사용하며 드라이버 손잡이부분(머리)에 강철이 있어서 해머로 타격을 가할 수 있는 드라이버로 전기작업을 하면 감전의 위험이 있다.

1.1.4. 정밀 스크루 드라이버(precision screw driver)

주로 정밀한 드라이버를 사용해야 하는 경우에 많이 사용하는 것으로 시계 드라이버라고도 한다. 1~3.0 mm 등 굵기가 3.0 mm 이하의 드라이버이다.

[그림 2] **해머 스크루 드라이버**

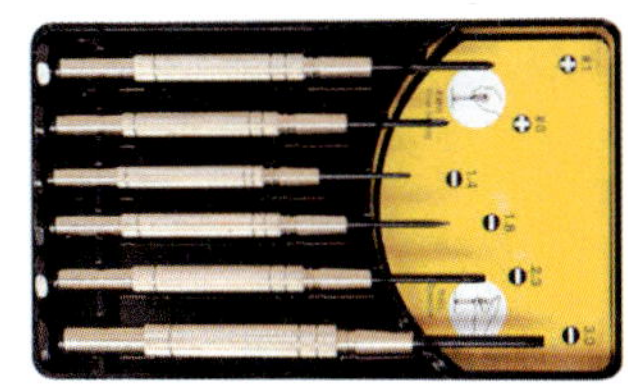

[그림 3] **정밀 스크루 드라이버**

1.1.5. 별 스크루 드라이버(torx screw driver)

볼 드라이버처럼 끝이 별모양으로 되어 있다.

1.1.6. 미니(주먹) 스크루 드라이버(stubby screw driver)

크기가 주먹크기와 비슷해서 붙여진 이름이다. 주로 협소한 공간에서의 작업에 사용한다.

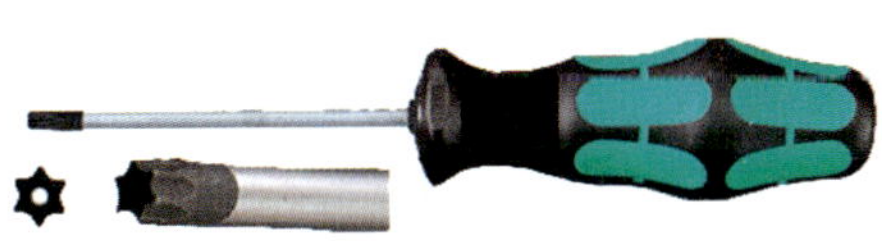

[그림 4] **별 스크루 드라이버**

[그림 5] **미니(주먹) 스크루 드라이버**

1.1.7. 자동 스크루 드라이버(automatic screw driver)

자동 드라이버는 박음과 빼기가 자동으로 되며 핸들의 조정장치의 선택에 따라 왼쪽 또는 오른쪽으로 돌게 하거나 보통 드라이버처럼 고정시켜 사용할 수 있다.

[그림 6] **자동 스크루 드라이버**

1.1.8. 토크 드라이버(torque driver)

조이려고 하는 스크루 토크를 토크 드라이버에 있는 마이크로미터 눈금으로 맞추고 조이면 조정 값에 이르러 “딱” 하고 소리가 나면서 더 이상 조임이 안 된다.

1.1.9. 휘어지는 정밀 스크루 드라이버(professional screw driver)

깊고 협소한 공간에서 편리하게 작업을 하고 앞으로 뒤로 옆으로 휘어지는 드라이버로 손잡이 뒤편에는 L(left)로 돌리면 왼쪽방향으로 만 돌고, R(right)로 돌리면 드라이버가 오른쪽방향으로 돌게 된다.

[그림 7] **토크 드라이버**

[그림 8] **휘어지는 정밀 스크루 드라이버**

1.1.10. 전동 스크루 드라이버(electric screw driver)

전원에 코드를 꽂아 직접 연결하여 사용하는 것과 충전을 하여 무선으로 사용할 수 있는 충전방식이 있으며 전동드라이버는 전동기의 힘을 이용하여 나사를 조이거나 풀 때 쉽고 빠르게 작업할 수 있고 토크조정도 가능하다.

[그림 9] **충전식 스크루 드라이버**

1.1.11. 에어 스크루 드라이버(air screw driver)

이 공기식 스크루 드라이버는 중량이 가볍고 적은 용적으로 최대의 토크를 낼 수 있고 과부하로 인한 고장이 없어 전동공구와 비교하여 소형으로 고속회전을 얻을 수 있으며, 회전방향을 좌우로 조정하는 조정기와 공기량을 조정하는 노브가 있다.

(a) 에어 임팩 드라이버

(b) 에어 스크루 드라이버

[그림 10] **에어 스크루 드라이버**

1.1.12. 임팩 드라이버(impact driver)

부식되고 찌들어서 빠지지 않는 (+), (-)자 볼트를 망치 등으로 타격하여 풀어낸다.

[그림 11] **임팩 드라이버**

1.2. 플라이어(plier)

플라이어는 레버의 원리를 이용해서 악력(握力)을 배가시키는 작업용 공구로 작은 부품이나 금속편을 잡고, 구부리고, 잡아당기고, 선재(線材)를 절단할 때 사용하는 공구이다.

1.2.1. 조합 플라이어(combination plier)

조합 플라이어는 일반적으로 플라이어라고 부르며, 가장 사용횟수가 많은 플라이어로 물체의 크기에 알맞게 조우의 폭을 변화시킬 수 있도록 지지점의 구멍이 2단으로 되어 있기 때문에 큰 것과 작은 것 모두 잡을 수 있다. 조우(jaw)에는 세레이션이 있기 때문에 미끄러지지 않으며, 지지점 부근의 안쪽에는 철사를 자를 수 있도록 되어 있다.

[그림 12] **조합 플라이어**

[그림 13] **롱 노즈 플라이어**

1.2.2. 롱 노즈 플라이어(long nose plier)

끝이 가늘고 길게 되어 있으며 조합 플라이어로 잡을 수 없는 구멍 속 또는 좁은 곳의 작업에 용이하며 철사나 전선을 구부리거나 접거나 절단하는데 사용한다.

1.2.3. 다이고널 컷팅 플라이어(diagonal cutting plier, cutting nippers)

이 플라이어는 동선류나 철선류의 절단 및 전선류의 절단이나 피복을 벗기는데 사용하며 록 핀, 분할 핀의 절단에 사용하기도 하고 일명 니퍼라고도 한다.

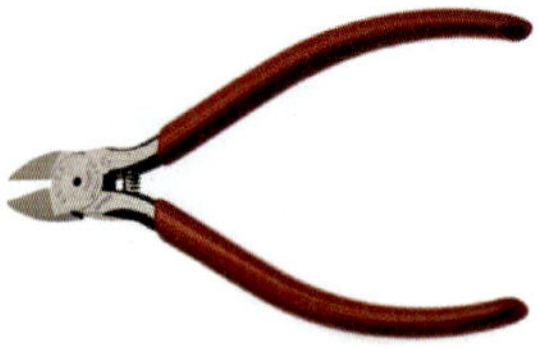

[그림 14] **다이고널 컷팅 플라이어(니퍼)**

[그림 15] **엔드 니퍼 플라이어**

1.2.4. 엔드 니퍼 플라이어(end cutting nipper & plier)

와이어 끝부분이나 작은 물체를 뽑아내거나 다듬기에 사용된다.

1.2.5. 전공 플라이어(side cutting plier, pincers)

주로 구리선이나 철선류를 굽히거나 절단하고 물체를 잡는데 사용한다.

[그림 16] **전공 플라이어**

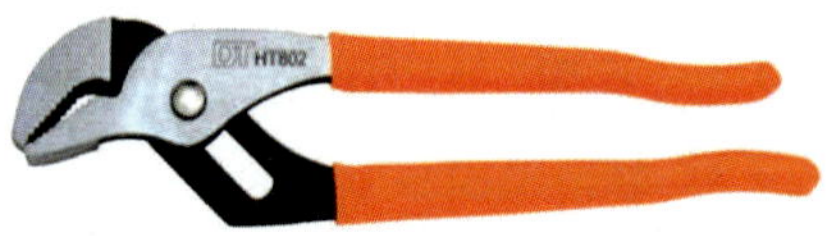

[그림 17] **워터펌프 플라이어**

1.2.6. 워터펌프 플라이어(water pump plier)

잡는 물체의 크기에 대하여 입의 크기를 크게 변화시킬 수 있으며 물펌프 패킹을 떼어 내거나 설치하는데 사용하며 배관작업에 많이 사용한다.

1.2.7. 바이스 그립 플라이어(vise-grip plier)

플라이어와 손 바이스를 합친 기능이 있으며 압착 간격조정이 용이하고 2중 레버로 되어 있어 집는 힘이 강하여 스패너, 파이프렌치 등으로 사용이 가능하고 고착된 볼트를 풀 때 유용하다. 잠김 기능이 있어 대상 물체를 고정시킨 후 두 손을 자유로이 사용하여 작업이 가능하다.

[그림 18] **바이스 그립 플라이어**

1.2.8. 스냅 링 플라이어(snap ring plier)

축 외부에 설치된 스냅 링을 빼내거나 끼우는 축용과 축 내부 스냅 링을 빼내거나 끼우는 구멍형이 있으며 오므리거나 벌릴 때 사용하는 것과 겸용으로 사용하는 것이 있다.

[그림 19] **스냅 링 플라이어**

1.2.9. 호스 반도 플라이어(hose clamp plier)

플라이어 이빨이 호스 클립이 미끄러지지 않게 하며 좁은 곳에서도 사용할 수 있는 스프링식 호스 클립의 탈착작업 전용이다.

호스 반도 플라이어 사용 예

[그림 20] **호스 반도 플라이어**

1.2.10. 피스톤 링 플라이어(piston ring plier)

피스톤링을 확장하여 빼내거나 장착하는데 사용한다.

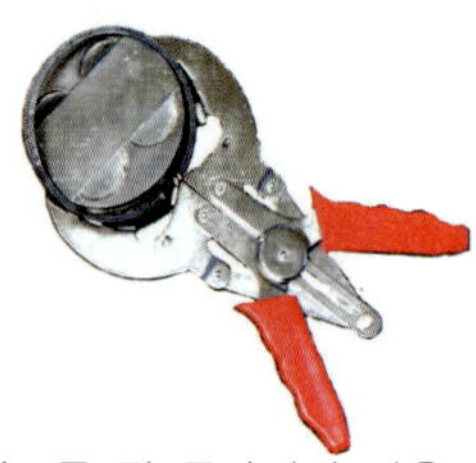

피스톤 링 플라이어 사용 예

[그림 21] **피스톤 링 플라이어**

1.2.11. 머플러 탈거 플라이어(muffler remover plier)

차량의 머플러교체 시 머플러 고무 및 정비 시 손쉽게 탈착하는데 사용한다.

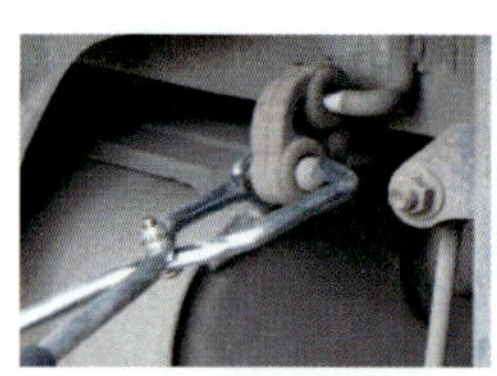

머플러 탈거 플라이어 사용 예

[그림 22] **머플러 탈거 플라이어**

1.2.12. 도어 판넬 플라이어(door panels plier)

차량의 도어 판넬 탈거 시 차량에 손상 없이 손쉽게 작업할 수 있다.

[그림 23] **도어 판넬 플라이어**

1.2.13. 브레이크 스프링 플라이어(break spring plier)

드럼 브레이크에서 브레이크슈 리턴스프링을 탈착과 설치하는데 사용한다.

[그림 24] **브레이크 스프링 플라이어**

1.2.14. 와이어 스트리퍼 플라이어(Wire Stripper Plier)

와이어를 끊거나 피복을 벗기는데 사용한다.

[그림 25] **와이어 스트리퍼 플라이어**

1.3. 렌치(wrench)

렌치는 스패너(spanner)라고도 하며 볼트, 너트, 나사 등을 조이거나 풀 때 사용한다.

1.3.1. 오픈엔드렌치(open end wrench)

양구 스패너, 양쪽에 물림입이 달린 스패너로 양쪽 끝이 열려있다. 복스렌치보다는 큰 힘을 줄 수는 없지만 복스렌치나 소켓렌치를 사용할 수 없는 곳이나 작은 힘으로 볼트 너트를 풀 수 있으며 복스렌치나 소켓렌치보다 빠르게 볼트, 너트를 조이거나 풀 수 있고 연료파이프 라인의 피팅(연결부)을 풀고 조일 때 사용한다. 이 렌치는 볼트너트의 6각 가운데서 2각만 입부분에 걸리게 되므로 복스렌치나 소켓렌치보다 볼트 너트에 상처를 내기 쉽고 렌치의 일부분도 마멸되기 쉽다.

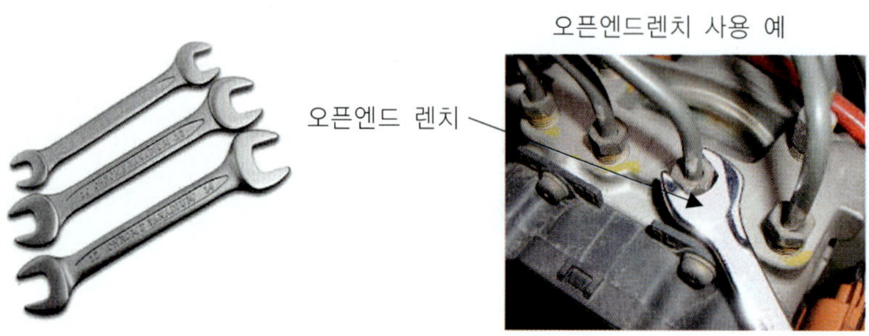

[그림 26] **오픈엔드렌치**

1.3.2. 복스렌치(box wrench)

복스렌치는 강제 막대의 한끝을 둥글게 하고 그 안쪽에 6각 또는 8각 12각 렌치 홈을 판 것으로 볼트나 너트 주위를 완전히 감싸게 되어 있어 고른 힘이 분산되어 사용 도중 미끄러지지 않고 큰 힘으로 풀거나 조일 수 있다. 일명 더블 옵셋렌치(double off set wrench)이나 일반적으로 복스렌치라 한다.

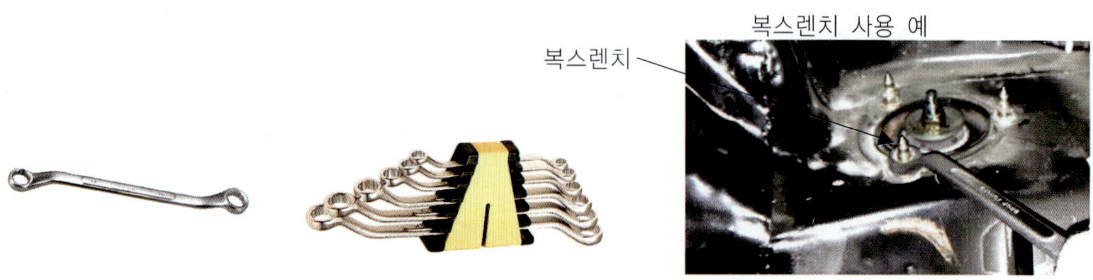

[그림 27] **복스렌치**

1.3.3. 조합렌치(combination wrench)

조합렌치는 한쪽은 오픈 엔드렌치로 하고 다른 쪽은 복스렌치로 되어 있어서 오픈 엔드렌치의 장점과 복스렌치의 장점을 하나로 만든 렌치이다. 가조임은 스패너 쪽으로 본 조임은 옵셋쪽으로 사용하여 하나로 두 가지의 기능을 한다.

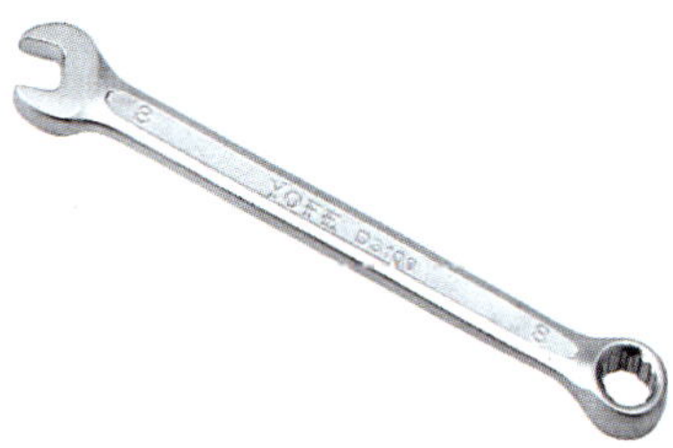

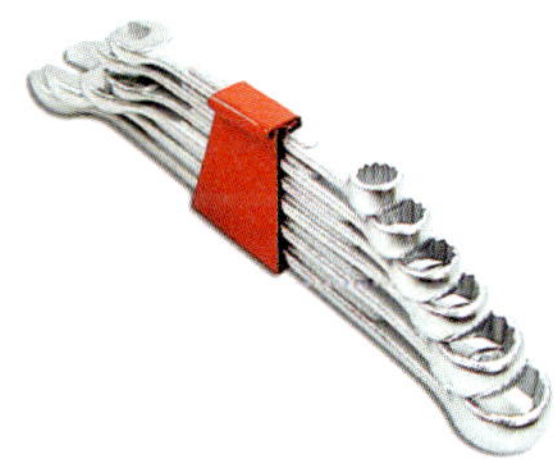

[그림 28] **조합렌치**

1.3.4. 라쳇 복스렌치(rachet box wrench)

소켓과 라쳇 핸들이 일체화된 렌치로 회전부분에 라쳇(rachet)이라는 기어장치가 있고 구멍은 6각 또는 12각의 것이 있다.

[1] 기어렌치(gear wrench)

소켓 라쳇 핸들과 같이 자동으로 반대방향으로 돌아가게 할 수 없으나 렌치를 뒤집어 사용하면 조이기와 풀기, 양 작업을 할 수 있다. 예를 들면 시동전동기 탈착작업 등에서 렌치를 빼고 끼울 필요 없이 끝날 때까지 연속적으로 사용가능하다.

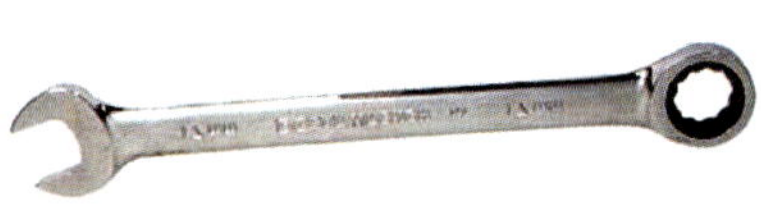

(a) 기어렌치

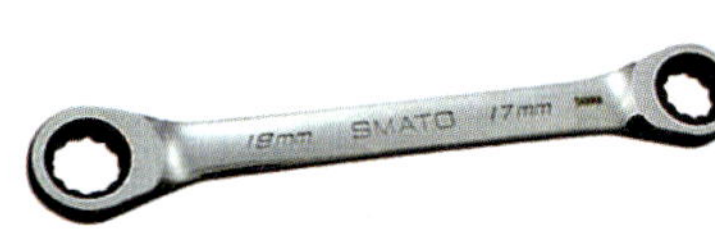

(b) 더블 기어렌치

[그림 29] **기어렌치**

[2] 플렉시블 기어 렌치(flexible gear wrench)

굴절형 기어렌치로 헤드부분에 힌지가 있어 헤드부분이 180° 회전이 가능하여 각도 조절하면서 작업할 수 있다.

[3] 슈퍼 라첸 렌치(super rachet wrench)

양쪽의 치수가 틀리며(예, 17 mm, 19 mm) 조이기와 풀기방향으로 조절할 수 있어 엔진 오일교체 작업 시 드레인 플러그를 풀거나 조일 때 많이 사용한다.

(a) 플렉시블 기어렌치

(b) 더블 플렉시블 기어렌치

[그림 30] **플렉시블 기어렌치**

[그림 31] **슈퍼 라첸 렌치**

1.3.5. 너트렌치(nut wrench)

복스렌치를 둘로 나눈 형식의 것과 플레어 너트에 쓰이는 동관 치수에 입의 벌어짐을 맞추고 벌어진 입을 통해서 너트에 끼우는 것이 있다. 주로 브레이크파이크나 연료파이프를 풀거나 조일 때 많이 사용한다.

너트렌치 사용 예

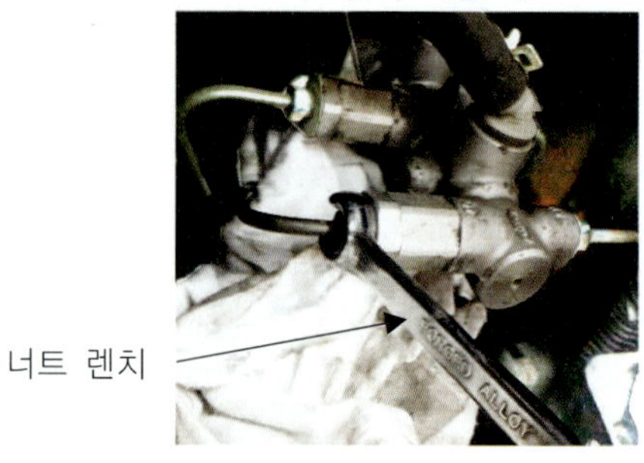

[그림 32] **너트렌치**

1.3.6. 조정렌치(adjustable wrench)

조정렌치는 몽키 스패너라고도 불리며 볼트나 너트의 크기에 따라서 한쪽의 조(jaw)의 크기를 조정할 수 있게 되어 있다.

이 렌치는 볼트 또는 너트의 크기에 따라 조의 크기를 조정할 수 있어 편리하기는 하나 사용 중 물림 턱 조절 나사산(웜과 랙 기어)의 여유가 많아 가동부분이 파손되기 쉽고 또 볼트 또는 너트의 모서리도 마멸되기 쉬우므로 복스렌치 등이 맞지 않는 특수한 볼트 또는 너트를 돌리는 데만 사용하는 것이 원칙이다. 조의 크기는 랙 기어(rack gear)를 돌려서 조정한다.

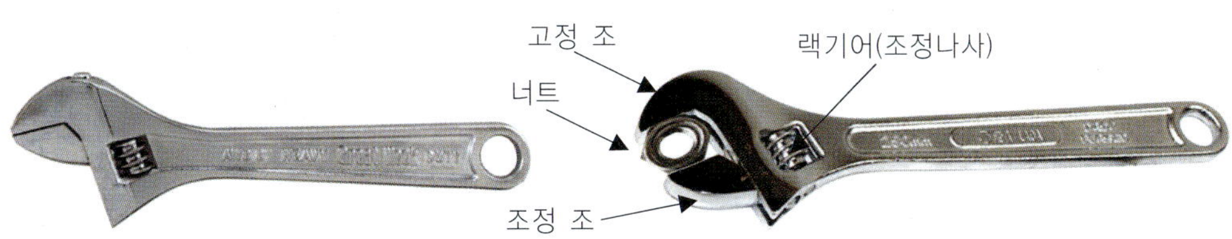

[그림 33] **조정렌치**

1.3.7. 조정 파이프렌치(adjustable pipe wrench)

조정 파이프렌치를 간단히 파이프렌치라고도 한다. 평행하지 않은 두께의 조(jaw)로 되어있고 이 조에는 톱니모양의 이(serration)가 있어 자국을 내므로 모서리가 둥글게 되어 있는 파이프 등과 같이 매끄러운 것을 물려서 고정 또는 회전시킬 때 사용한다. 이의 방향을 참고해서 한쪽방향으로만 회전시켜야 하고 조정은 조정너트로 한다. 휠 얼라이먼트 토인조정 시 고착된 타이로드 연결부를 풀 때 유용하다.

[그림 34] **조정 파이프렌치의 구조 및 사용법**

1.3.8. 오일 필터 렌치(oil filter wrench)

오일 필터 렌치는 자동차나 건설기계의 오일 필터나 연료필터를 탈거하거나 조립할 때 사용된다. 오일 필터 렌치는 제작회사별로 여러 가지가 있으나 사용방법은 거의 같고 오일 필터의 종류에 알맞은 것을 선택하여 사용한다.

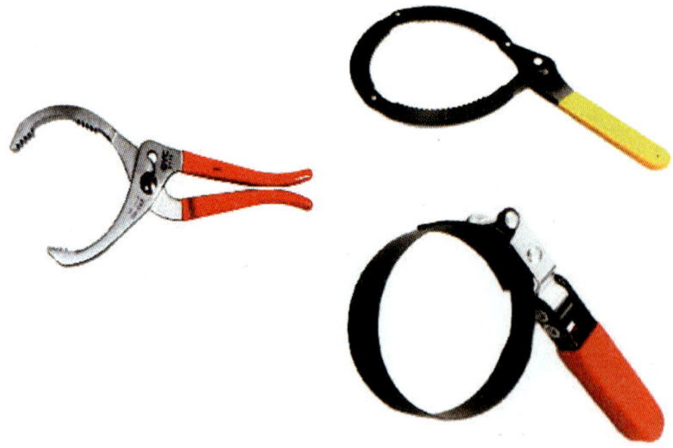

오일 필터 렌치 사용 예

[그림 35] **오일 필터 렌치**

1.3.9. 체인렌치(adjustable chain pipe wrench)

지름이 큰 파이프의 조임 작업에 사용하나 주로 오일필터, 연료필터 교체 시에 많이 사용한다.

체인렌치 사용 예

[그림 36] **체인렌치**

1.3.10. 소켓렌치(socket wrench)

라쳇 핸들, 힌지핸들 같은 렌치형 수동 구동공구에 끼워서 볼트 또는 너트를 각 사이즈에 맞는 소켓렌치를 자유로이 선택할 수 있는 편리한 점이 있다.

그러나 볼트 또는 너트의 크기에 관계 없이 렌치의 길이가 거의 일정하기 때문에 크기에 따라 렌치에 가해지는 손의 힘을 가감할 필요가 있으며 전기나 압축에어를 이용하는 임팩 소켓도 있다.

(a) 6각

(b) 8각

(c) 12각

(d) 톡스 비트 소켓

(e) 임팩 비트 홀더 소켓

(f) 헤드 소켓

(g) 별 소켓

(h) 산소센서 소켓

(i) 스파크 플러그 소켓

(j) 플레어 너트 소켓

[그림 37] **소켓렌치의 종류**

1.3.11. 소켓렌치 어댑터의 종류

[1] 연결대(extension bar)

연결대는 힌지핸들, T-핸들, 라쳇핸들, 스피드핸들, 유니버셜조인트 등에 복스 소켓, 오일필터 캡 등을 끼워 용도에 알맞게 연결 사용한다.

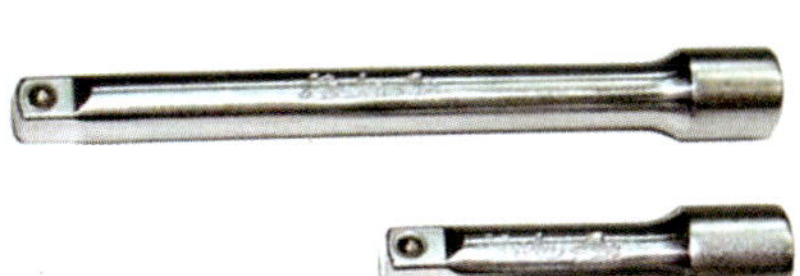

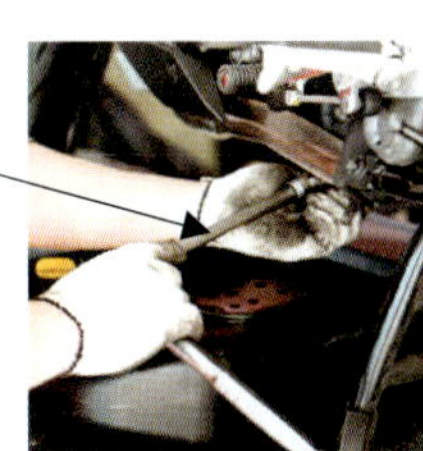

연결대 사용 예

[그림 38] **연결대**

[2] 힌지핸들(hinged handle)

힌지핸들은 소켓핸들 또는 복스대라고도 하며 최대의 지렛대 원리로 많은 힘으로 단단히 조여져 있는 실린더헤드 볼트나 너트 등을 풀고 조일 때 사용하는 핸들로서 볼트나 너트를 처음 풀 경우와 토크렌치로 최종적으로 조이기 직전까지 사용한다.

[그림 39] **힌지핸들** 힌지핸들 사용 예

[3] 스피드핸들(speed handle)

볼트나 너트를 신속하게 풀거나 조일 때 사용하며 작업공간이 충분하고 볼트나 너트가 많을 경우 빠르게 작업할 수 있다. 아래 볼트나 너트를 풀 때 핸들을 90° 로 수직으로 세워 오른손으로 슬라이딩핸들 윗부분을 손바닥으로 조금 누른 상태에서 핸들을 가볍게 잡고 왼손으로 아래 슬라이딩핸들을 잡고 아래 슬라이딩을 왼손으로 돌린다. 10 mm 이상은 힌지핸들로 푼 뒤 스피드핸들로 작업한다. 옆 볼트나 너트를 풀 때는 오른손으로 아래 슬라이딩핸들을 잡고 왼손으로 위 슬라이딩 핸들을 가볍게 잡고 밀면서 푼다.

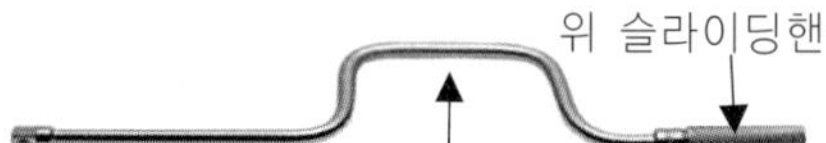

스피드핸들 사용 예

[그림 40] **스피드핸들**

[4] 슬라이딩 T-핸들(sliding T-handle)

양 끝에 똑같은 힘을 가할 수 있고, 한쪽으로 몰아서 힌지핸들 대용으로 사용할 수 있다. 길이를 조절하여 필요한 토크로 조일 수 있으므로 볼트, 너트를 무리한 힘으로부터 보호할 수 있다.

[그림 41] 슬라이딩 T-핸들

[5] 라쳇 핸들(Ratchet Handle)

라쳇 핸들은 볼트나 너트에서 소켓렌치를 빼내지 않고 계속 한쪽방향으로 볼트나 너트를 조이거나 풀 때 가장 많이 사용한다. 라쳇 리버싱 레버(rachet reversing lever)는 소켓을 한쪽방향으로 회전시키고, 그 반대방향으로 고정시키는 레버이며 큰 토크가 필요치 않는 작업에 사용해야 하며 볼트나 너트를 강하고 단단하게 조이거나 강하게 조여 있는 볼트나 너트에 사용하면 톱니바퀴(기어)가 손상이 된다.

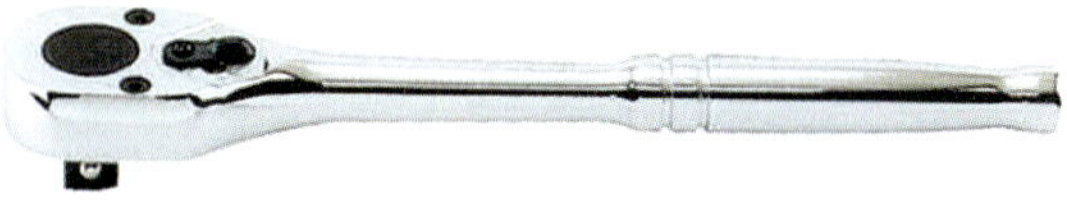

라쳇 핸들 사용 예

[그림 42] 라쳇 핸들

[6] 유니버셜 조인트(universal joint)

두 축의 각도를 자유롭게 바꿀 수 있는 이음(조인트)공구이다. 각도가 있는 비스듬한 작업 공간 또는 작업이 원활하지 않은 복잡한 작업공간에서 소켓과 라쳇 핸들사이에 연결하여 각도 변화를 주어서 경사진 곳에서 조임이나 풀기작업이 가능하다. 소켓렌치의 핸들의 굴절 각도는 45° 까지 자유롭게 할 수 있다.

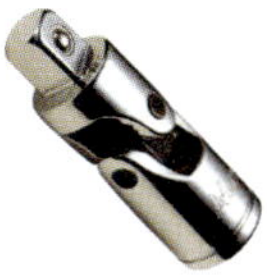

유니버셜 조인트 사용 예

[그림 43] 유니버셜 조인트

1.3.12. 토크렌치(torque wrench)

토크렌치는 볼트나 너트를 규정값으로 조일 때 사용하며, 모든 기계의 볼트나 너트를 규정토크로 조이지 않으면 사용 중 볼트나 너트가 풀리거나 변형이 된다. 규정토크 이상으로 조이면 부품의 변형 및 파손, 볼트의 부러짐이나 변형이 되므로 토크렌치는 이러한 것을 방지하기 위하여 사용한다.

볼트나 너트에 가해지는 토크 정도를 지침으로 표시되는 것(스케일형과 다이얼형)과 미리 규정 토크값을 조정하여 두는 프리세트 토크렌치가 있다. 프리세트는 볼트나 너트가 규정 토크 값이 되었을 때 "딸깍" 소리가 난다.

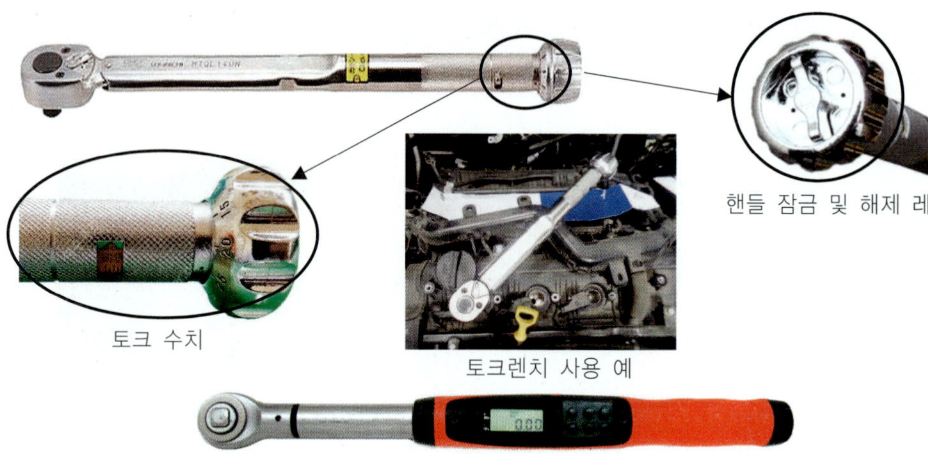

(a) 프리세트식

(b) 다이얼식

[그림 44] 토크렌치

1.3.13. 특수 렌치

[1] T-형 핸들(T-type handle)

T-형 렌치는 토크가 일정한 곳의 볼트나 너트의 조임이나 풀기에 사용하며 소켓과 T자 모양의 핸들을 한 몸통으로 만들어 놓은 것과 러그에 소켓이나 유니버셜 소켓을 끼워서 사용하는 것이 있으며, 주로 힘을 많이 주지 않아도 되는 작은 볼트나 너트를 조이거나 풀 때 많이 사용한다.

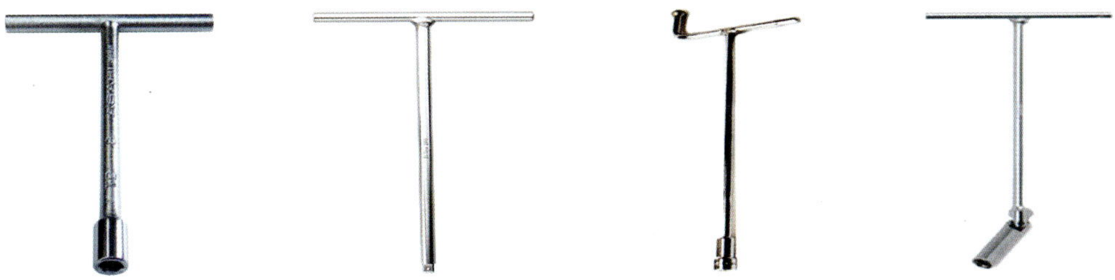

(a) 고정식 T- 핸들　(b) 소켓 연결 T-핸들　(c) 스피드 T-핸들　(d) 유니버셜 T-핸들

[그림 45] **T-형 핸들**

[2] T-형 스파크플러그 렌치(T-type spark plug wrench, 핸들)

스파크플러그 렌치는 알맞게 각도 조절이 되어 스파크 플러그를 조이거나 풀 때 사용하는 전용공구이다.

[그림 46] **T-형 스파크플러그 렌치**

[3] 육각렌치(hex head wrench)

알렌렌치라고도 하며 자동차 등에 사용되는 육각형의 볼트를 조이거나 풀 때 사용한다. 사용시 볼트에 렌치를 직각으로 삽입해야 볼트 및 렌치의 손상을 막을 수 있다.

육각렌치 사용 예

[그림 47] **육각렌치**

[4] 톡스 렌치(torx wrench)

별 모양으로 생겼다고 하여 별 렌치(star wrench)라고도 불리며, 별 모양의 볼트를 조이거나 풀 때 사용한다. 사용할 때는 볼트에 별 렌치를 직각으로 삽입해야 볼트 및 렌치의 손상을 막을 수 있다.

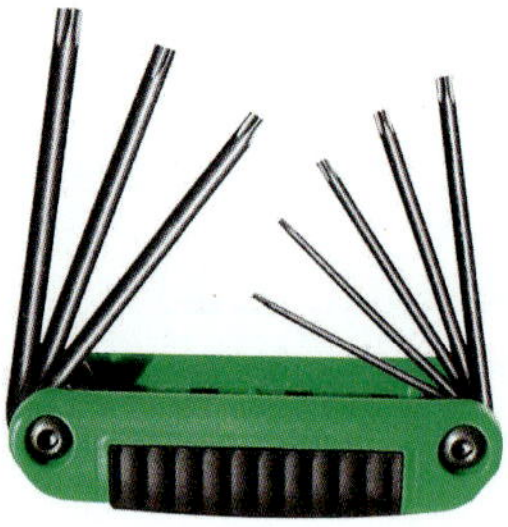

톡스 렌치 사용 예

[그림 48] **톡스 렌치**

2. 기타 공구

2.1. 해머(hammer)

2.1.1. 볼 핀 해머(ball peen hammer)

가장 많이 사용되는 것으로 판금작업 등 물체를 타격할 때 사용되는 공구로 핀이 볼모양으로 둥글게 되어 있다.

2.1.2. 슬레지 해머(sledge hammer)

슬래지 해머는 고착된 부분을 타격하여 분리할 때 무척 유용하며 암석이나 콘크리트를 부술 때, 볼트작업, 끌(chisel)의 타격에 사용한다.

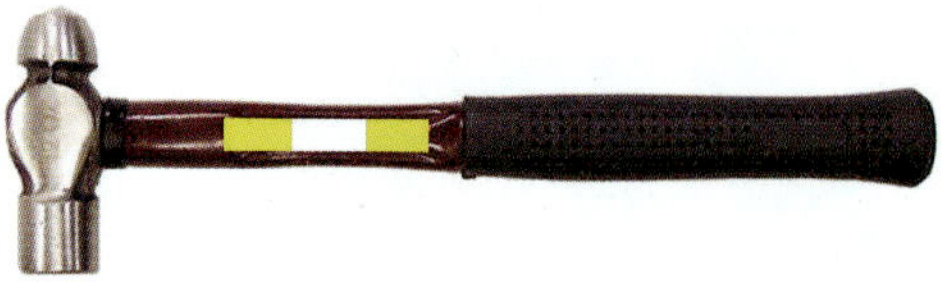

[그림 49] **볼 핀 해머**

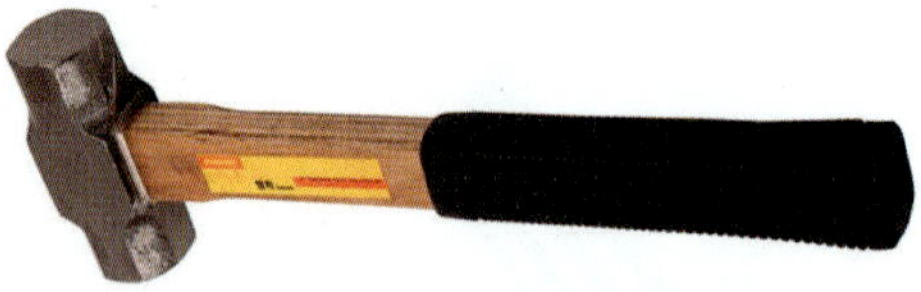

[그림 50] **슬레지 해머**

2.1.3. 연질해머(soft face hammer)

물체에 손상을 주지 않고 충격만 가할 때 사용하는 공구로 고무해머, 우레탄 해머, 나무해머 등이 있다.

(a) 고무 해머　(b) 우레탄 해머　(c) 나무 해머

[그림 51] **연질 해머**

2.1.4. 목공 해머(carpenter's hammer)

강철의 머리와 나무자루로 된 것으로 해머머리 뒤에는 못 빼기 등에 사용되는 글로우(glow)가 있다.

2.1.5. 검사용 해머(test hammer)

검사용 해머는 머리에 긴 나무자루를 꽂은 것으로 타격음에 의하여 부품의 상태를 검사하는데 쓰인다.

[그림 52] **목공 해머**

[그림 53] **검사용 해머**

2.2. 펀치(punch)

펀치는 금속, 가죽, 종이 및 기타의 물질에 구멍을 뚫거나 금속편에 표시를 할 때 핀이나 리벳을 떼어낼 때 또는 구멍을 맞출 때 사용한다.

2.2.1. 센터 펀치(center punch)

센터 펀치는 포인트 부가 원뿔형으로 되고 팁(tip)은 90° 의 원뿔로 되어 있다. 스톡은 8각 또는 4각형이고 드릴작업의 구멍위치, 중심위치, 분해하여 다시 조립할 때 제 위치에 설치할 수 있도록 표시하는데 사용된다.

자동 센터 펀치(automatic center punch)는 보통 펀치처럼 해머로 타격하지 않고 내부기구에 의해 작업자의 필요한 손의 힘으로 누르기만 하면 자동 타격하게 되어 있다.

(a) 센터 펀치

(b) 핀 펀치

[그림 54] **펀치**

2.2.2. 핀 펀치(pin punch)

스트레이트 핀이나 테이퍼 핀을 떼어낼 때에 사용되며 표준형의 것은 포인트 쪽으로 테이퍼되어 있고 어떤 형식의 핀 펀치는 테이퍼되어 있지 않고 곧게 되어있다.

2.3. 스크레이퍼(scraper)

스크레이퍼는 접촉부분의 굳은 부분에 붙어있는 개스킷이나 접착제 등을 떼어내는 데 주로 사용한다.

[그림 55] **스크레이퍼**

2.4. 치즐(chisel)

치즐은 리벳머리, 녹슨 볼트 및 너트 등을 떼어내기 및 철이나 비철금속의 홈파기 가공, 절단가공 등에 사용한다. 치즐은 팁의 형태에 따라 플랫형(flat type), 케이프형(cape type), 둥근형(round type), 다이아몬드형(diamond type) 등이 있으며 일종의 끌이다.

[그림 56] 치즐

2.5. 핸드 탭과 다이스(hand tap & dies)

핸드 탭은 금속이나 플라스틱 등에 볼트를 끼울 수 있게 암나사를 내는데 사용되고 다이스는 수나사를 내는데 사용된다.

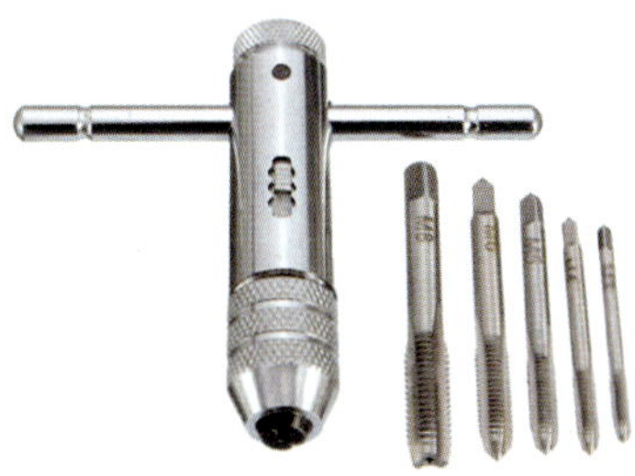

(a) 핸드 탭

(b) 다이스

[그림 57] 핸드 탭 & 다이스

2.6. 줄(file)

줄은 금속판을 깎거나 표면을 매끈하게 다듬질 할 때, 또는 모따기를 하기 위해 사용된다. 표면에 줄 날을 무수히 세워 날을 세운방법에 따라 한 줄날, 두 줄날, 세 줄날 이 있고 날의 거칠기에 따라 거친 날, 중간 날, 고운 날 등으로 구별된다. 또, 단면의 모양에 따라 각형, 평형, 삼각형, 원형, 반원형 등이 있다. 전진행정 시에만 압력을 가하고 후진 행정시에는 줄을 약간 든다. 이렇게 하지 않으면 줄이 곧 무더지게 된다.

[그림 58] 줄

2.7. 클립공구(clip remover)

차량의 내장수지, 클립 분리 시 사용된다. 차량의 도어, 백, 플로어 등 내장에 사용하기 적합하다.

클립공구 사용 예

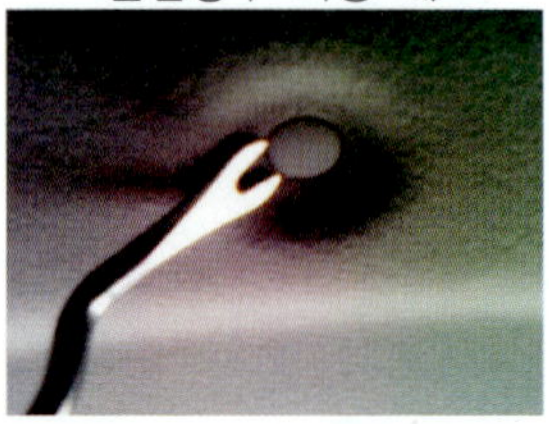

[그림 59] **클립공구**

2.8. 클립 리무버(clip remover)

자동차의 내장작업 시 차량에 손상을 주지 않고 용도에 맞게 제품을 선택하여 손쉽게 작업할 수 있다.

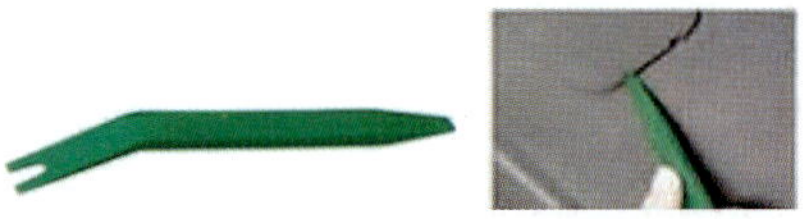

(a) 클립 리무버 사용 예 (1)

(b) 클립 리무버 사용 예 (2)

(c) 클립 리무버 사용 예 (3)

(d) 클립 리무버 사용 예 (4)

(e) 클립 리무버 사용 예 (5)

[그림 60] **클립 리무버**

2.9. 오링 풀러(awls, hook, picks)

차량의 오링 및 리테이너 제거 및 인두작업 시 납제거, 단품의 구석과 벌어진 틈 청소 시 사용한다.

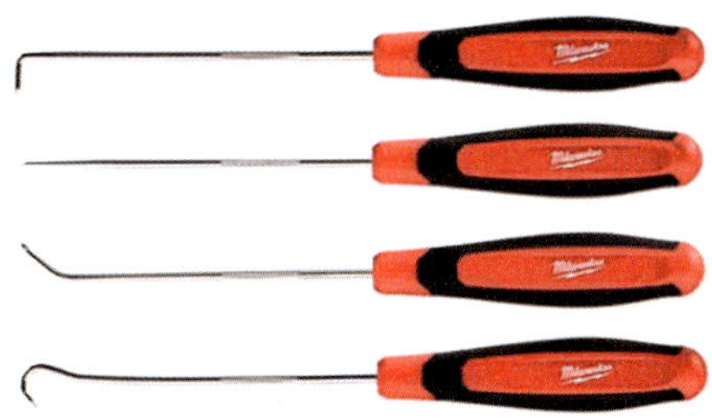

[그림 61] **오링 풀러**

2.10. 핸드 리베터(hand riveter)

자동차 적재함, 창문 틀, 새시 등 철판과 철판의 리벳작업 시 사용하며, 리벳을 하는 방법은 우선 접합을 할 두 물체에 리벳 못의 굵기와 같은 타공을 하고 타공된 두 물체에 리벳 못을 관통시킨 후 리벳 건으로 꽉 조여 리벳 못을 끊어 리벳팅한다.

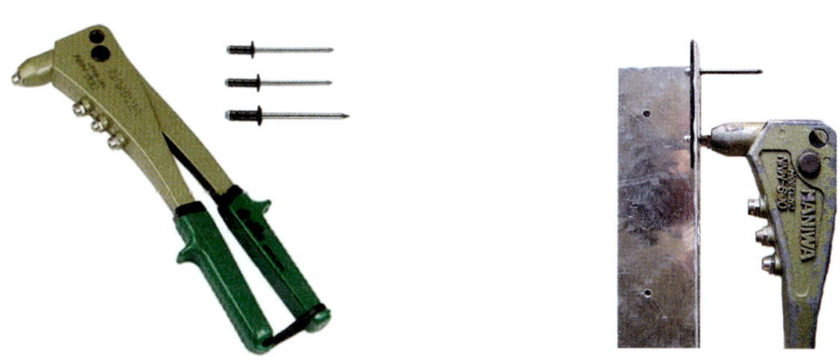

(a) 리벳건 과 리벳 못 (b) 리벳팅

[그림 62] **핸드 리베터**

3. 작업용 장비

3.1. 이동식 크레인(mobile floor crane)

이동식 크레인은 중량물을 들어 올리는데 사용되는 것으로 주로 작업장 내의 엔진이나 변속기 등 무거운 것을 들어서 옮기는데 사용한다. 물건을 들어 올릴 때는 유압

밸브를 잠그고 레버를 상하로 작동시키면서 오일이 압축되어 마운팅 지프가 상승하고 유압 밸브를 풀면 로프팅 지프(lofting jeep)가 내려온다.

이동식 크레인 사용 예

[그림 63] **이동식 크레인**

3.2. 잭(jack)

3.2.1. 가레지 잭(hydraulic garage jack)

가레지 잭은 공작 잭이라고도 하며 안정성이 있고 작동이 정확하여 차고나 정비공장 등에서 자동차를 들어 올릴 때 널리 사용된다. 잭의 조정레버를 당겨 핸드레버 홈에 걸고 작동레버를 상하로 작동시키거나 풋 페달을 상하로 밟으면 암이 상승하고 조정레버를 홈에서 빼내어 밑으로 밀면 암은 하강한다.

가레지 잭 사용 예

[그림 64] **가레지 잭**

3.2.2. 이동식 유압잭(portable hydraulic jack)

이동식 유압잭은 유압을 이용하여 유압 실린더를 움직여 차량을 들어 올리는데 사용된다. 유압잭은 잭을 고일 지점에 잭을 똑바로 세우고 높이가 맞지 않을 경우에는 높이 조정 스크루를 알맞게 풀거나 조여서 조정한 뒤 유압밸브를 잠그고 작동레버를 상·하로 작동시키면 피스톤을 상승시킨다. 작업이 끝난 뒤 잭의 유압밸브를 풀면 피스톤이 하강한다.

이동식 유압 잭 사용 예

[그림 65] **이동식 유압 잭**

3.2.3. 휠 척 잭(wheel chuck jack)

자동차에 휴대하고 다니면서 타이어펑크 시 타이어를 교체하는데 주로 사용된다. 사용방법은 구동러그에 핸들의 러그를 설치하고 오른쪽으로 돌리면 시트가 상승하고 왼쪽으로 돌리면 시트가 하강한다.

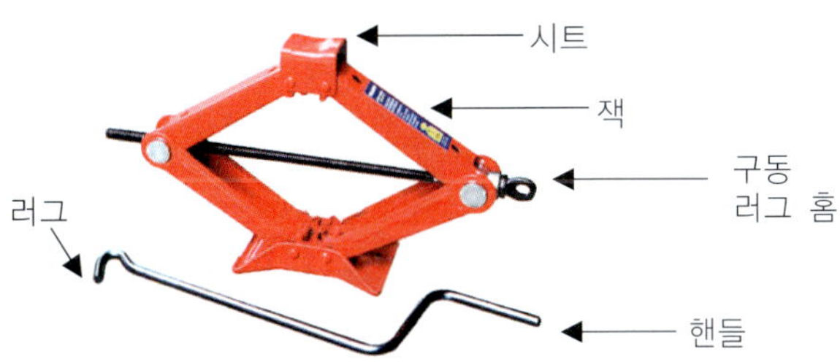

휠 척 잭 사용 예

[그림 66] **휠 척 잭**

3.2.4. 리지드 잭(ridged jack, 안전 잭)

리지드 잭은 안전 잭이라고도 하고 잭으로 잭업(jack up)을 한 뒤 차를 안전하게 고일 때 사용한다. 잭업 작업 시에는 자동차를 평탄한 곳에서 설치를 해야 하고 잭업 시에는 고임목을 고인다.

리지드 잭 사용 예

[그림 67] **리지드 색**

3.3. 카 클리퍼(car creeper, 작업침대)

자동차 밑에서 정비·검사 시 사용하는 작업침대이다. 자유자재로 이동할 수 있도록 작업침대 밑에는 롤러가 설치되어 있고 내구성이 강하다.

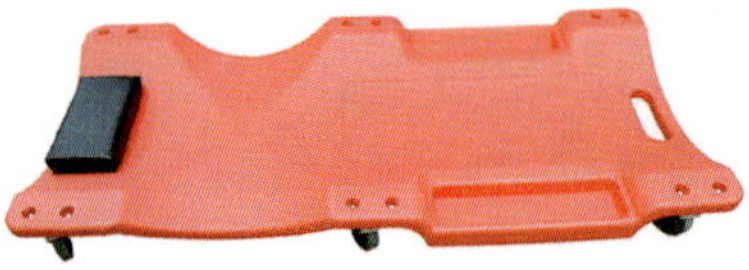

작업침대 사용 예

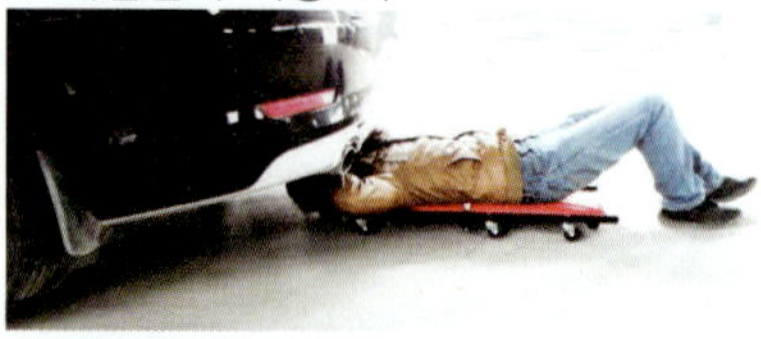

[그림 68] 작업침대

3.4. 풀러(puller)

기어, 베어링, 부싱 등을 축 또는 케이스에서 빼낼 때 사용한다.

3.4.1. 기어 풀러(gear puller)

기어 풀러는 각종 기어를 빼내거나 설치하는데 사용한다.

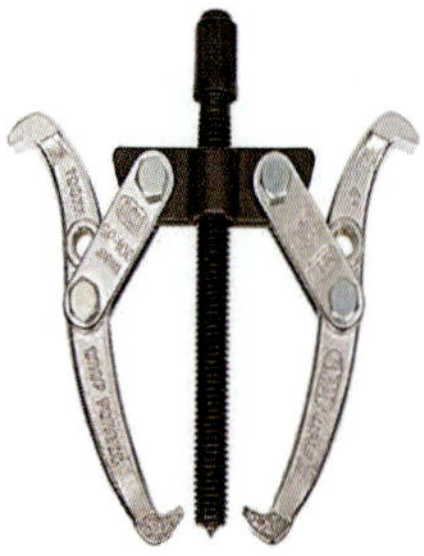

(a) 2조우 곡선형

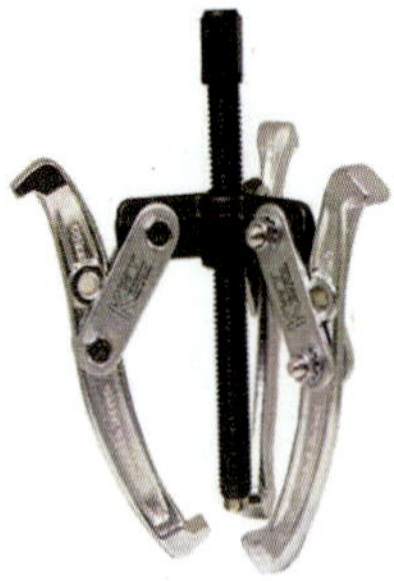

(b) 3조우 곡선형

(c) 유압식

기어 풀러 사용 예

[그림 69] 기어 풀러

3.4.2. 푸시 풀러(push puller)

푸시 풀러는 레그를 교체하여 필요에 따라 축에서 기어나 베어링을 빼내는데 사용한다.

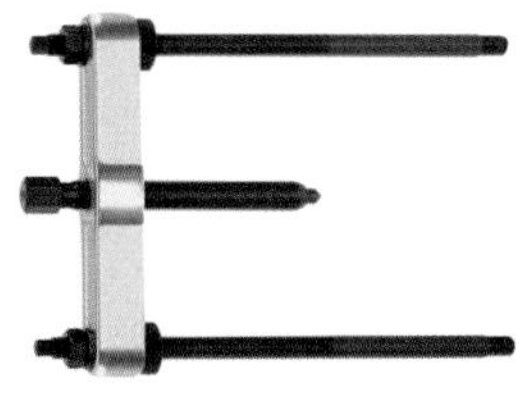

[그림 70] **푸시 풀러**

3.4.3. 베어링 세퍼레이터(bearing separator)

베어링 풀러 앞쪽에 설치하여 베어링의 직경에 따라 너트를 풀어 반원 판의 크기를 조정하고 아래 그림과 설치하여 푸시 풀러를 이용하여 베어링을 빼어낸다.

베어링 세퍼레이터와 푸시 풀러 사용 예

[그림 71] **베어링 세퍼레이터**

3.4.4. 슬라이드 해머 풀러(slide hammer puller)

슬라이드 해머는 기어를 좌우로 설치한 후 자루에 설치된 슬라이드 해머로 타격을 주어 와셔나 핀을 뽑기도 하고 기어나 베어링을 빼내는데 사용도기로 하며 리무브 어댑터를 교체하여 패널에 직접 걸어 힘을 가해 인출 판금에 사용하기도 한다.

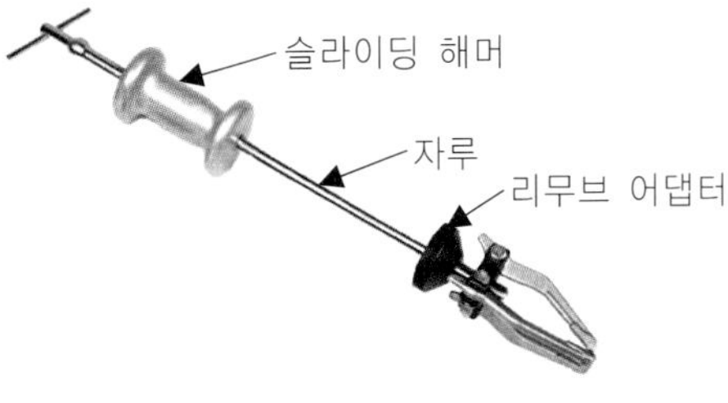

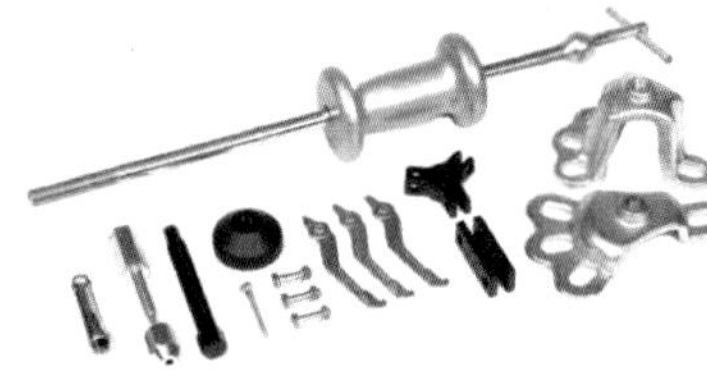

각종 리무브 어댑터

[그림 72] **슬라이드 해머 풀러**

3.4.5. 스티어링 휠 풀러(steering wheel puller)

자동차의 스티어링 휠을 탈거하는데 사용하는 전용 풀러이며 각종 풀러를 탈거하는 데 사용되기도 한다.

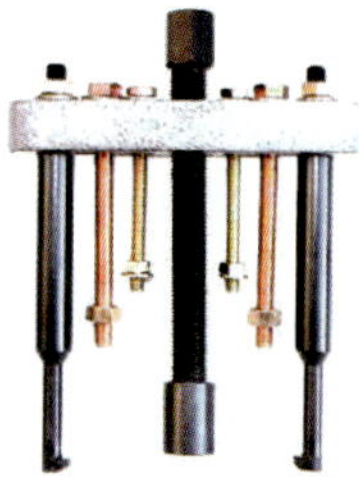

스티어링 휠 풀러 사용 예

[그림 73] **스티어링 휠 풀러**

3.5. 그리스 건(grease gun)

그리스 건은 그리스 니플로부터 주유구를 통하여 베어링에 그리스를 주입하는 주입기로서, 그리스 건에 설치되어 있는 핸드 레버를 작동시키거나 핸드 펌프를 작동시켜 주입하는 기구이다. 수동식 및 에어식과 배터리 구동형 자동 그리스 건이 있다.

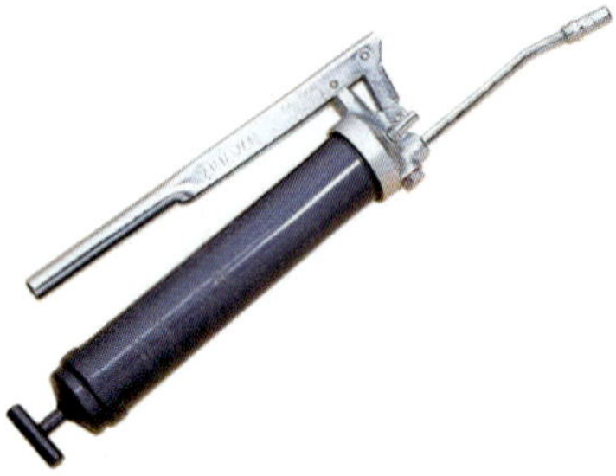

(a) 수동식

(b) 배터리 구동형

(c) 에어식

[그림 74] **그리스 건**

3.6. 작업등(work light)

어두운 곳에서도 일하는 자리를 밝게 비추어 작업을 원활히 할 수 있도록 하려고 켜는 등으로 일반등, 형광등, 할로겐등, LED등이 있으나 이동이 편리하고 충전식인 LED등을 많이 사용한다.

(a) 일반(백열전구) (b) 할로겐 (c) LED (d) LED(충전식)

[그림 75] 작업등

3.7. 에어 릴, 전선 릴(air reel, code reel)

에어 호스 및 전선길이를 자유자재로 이용하고 사용치 않을 때는 자동 되감기된다.

[그림 76] 에어 릴, 전선 릴

3.8. 와이어 브러시(wire brush)

매우 가는 강철 줄로 이루어진 기구이며, 녹 등을 닦아낼 때 사용한다.

3.9. 자석 자바라(magnetic flexible)

제품 하단부에 강력 영구자석이 내장되어 있고 유연하게 휘어지기 때문에 공구 및 볼트나 너트가 좁은 공간으로 떨어졌을 때 손쉽게 꺼낼 수가 있다.

[그림 77] 와이어 브러시

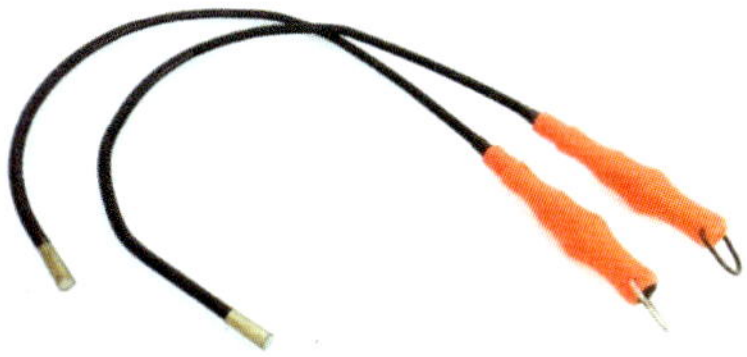

[그림 78] 자석 자바라

3.10. 반사경(telescoping mirror)

거울의 길이 조정 및 각도 조절이 가능하여 차량정비 시 시야확보가 힘든 곳에 사용한다.

3.11. 금속 청진기(automotive stethoscope)

자동차의 엔진, 변속기, 뒤 차축, 트랜스케이스 등 소음의 원인을 찾을 때 소리를 듣고 진단하는 청진기이다.

[그림 79] 반사경

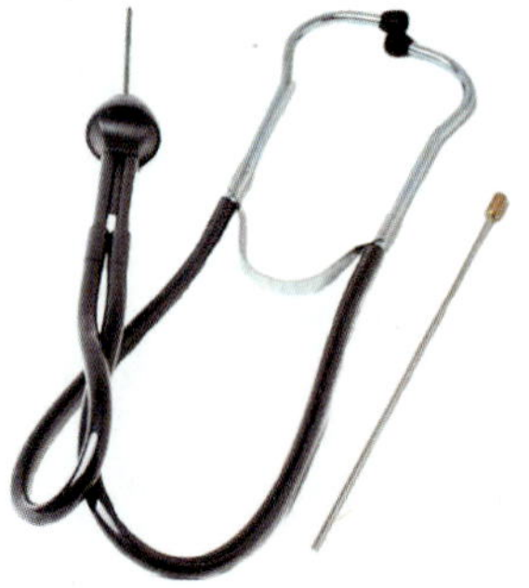

[그림 80] 금속청진기

3.12. 문 따게 세트(lockout tool)

문 따게 세트는 차량의 열쇠 분실 시 차 문을 열 때 사용하며, 문 따게 벌림 판은 차량의 창문작업 시 창문을 고정시킬 때 사용한다.

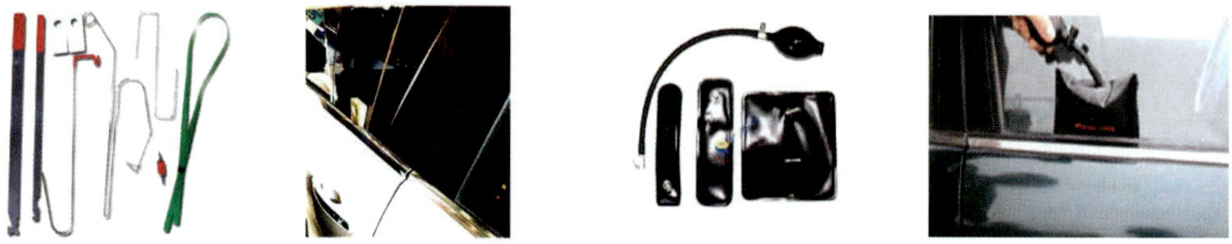

[그림 81] 문 따게 세트

3.13. 전기식 벤치 그라인더(electric bench grinder)

회전하는 숫돌차를 보통 한쪽에는 고운 것을 끼우고 또 한쪽에는 거친 것을 설치하고 공작물을 연마하는 기계이다. 이 형식의 연마기는 작업대 위에 볼트나 너트로 고정한다.

[그림 82] **전기식 벤치 그라인더**

[그림 83] **핸드 그라인더**

[그림 84] **고속 절단기**

3.14. 핸드 그라인더(portable electric grinder)

숫돌바퀴를 회전시키는 전동공구이다. 재료를 잘라낸 후의 버 제거나 용접가공을 한 후의 표면성형 및 가는 파이프나 철골의 절단 등에 사용한다. 또한 숫돌바퀴를 회전식의 와이어 브러시 등에 바꿔달 수 있어 녹제거 등 연마작업도 할 수 있다.

3.15. 고속절단기(high speed cutter)

고속 전단기는 환봉, 파이프, 형강, 앵글 등을 자르는데 사용된다.

3.16. 전기드릴(cord drill)

전기드릴은 벤치 드릴로 하기 어려운 작업에 주로 사용하고 공작물을 고정시켜 놓고 드릴 날을 결합하여 필요한 위치에 구멍을 뚫는다.

3.17. 열풍기(heat gun)

높은 발열량을 낼 수 있어 젖은 부품 등을 건조시킬 때 사용한다.

(a) 전기 드릴 (b) 충전 드릴

[그림 85] **드릴**

[그림 86] **열풍기**

3.18. 바이스(vise)

바이스는 공작물을 절단하기 위해 쇠톱질(톱질)하거나 줄작업, 공작물에 구멍을 뚫을 때 또는 리벳 등을 하기 위해 공작물을 잡는 일을 한다. 바이스는 사용하지 않을 때에는 조우를 약간의 사이를 두고 붙여두며 핸들은 수직위치로 한다. 조우는 공작물이 미끄러지지 않게 하도록 거칠게 되어있기 때문에 연한 금속물을 조우에 물릴 때는 금속물이 손상되지 않도록 연한 금속면을 조우에 대어야 한다.

3.19. 전기인두(soldering iron)

머리 부분은 주로 연납 땜이 잘 되도록 연전도가 좋은 구리를 주로 사용을 하며 땜납의 가열온도는 300℃ 전후가 알맞으며 온도를 일정하게 조절하는 인두가 있다. 가열온도가 너무 높거나 장시간 사용하면 인두에 산화물이 생겨 땜납이 인두에 붙지 않아 납땜이 어려워지므로 이때는 인두의 산화물을 줄 등으로 제거하고 사용한다.

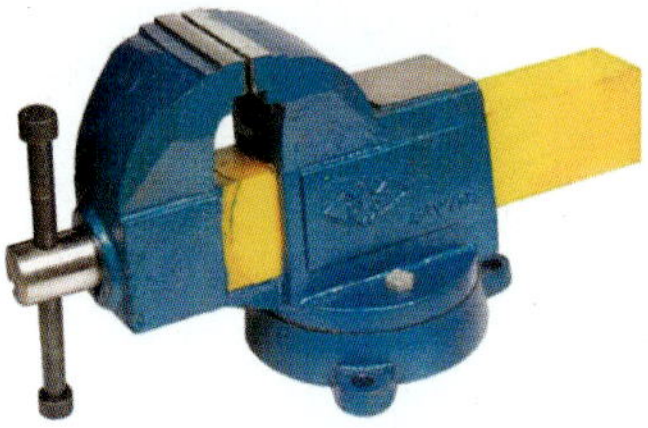

[그림 87] 바이스

[그림 88] 전기인두

3.20. 멀티 프레스(multi press)

자동차에서 사용하는 프레스 종류는 에어식 프레스와 유압식 프레스를 주로 사용한다. 프레스는 베어링, 부싱, 축 등의 빼내기와 설치하기, 축의 굽음을 수정하는데 사용한다.

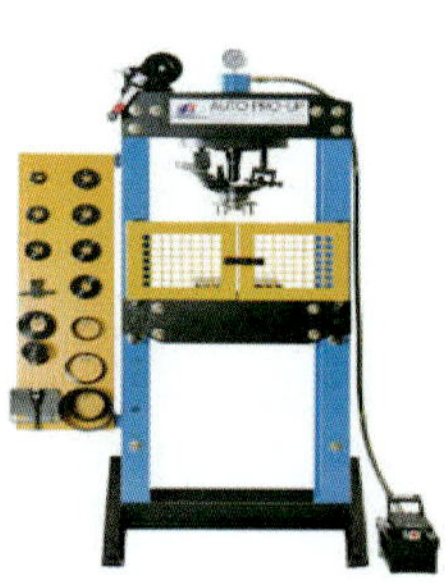

[그림 89] 멀티프레스

3.21. 리프트(lift)

자동차 정비용 리프트는 하중 적재장치에 차량을 들어 올려 점검 및 정비작업에 사용되는 장치이다.

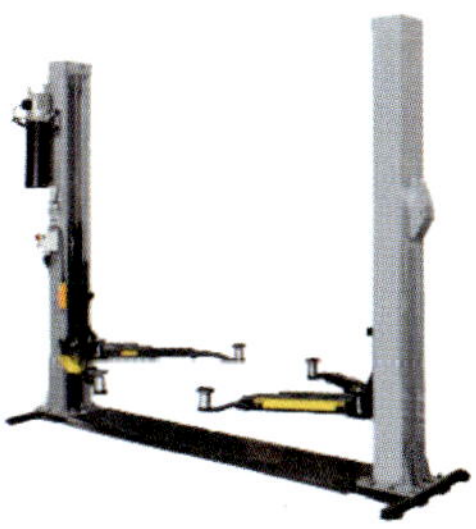

(a) 2주식 기둥형 리프트

(b) 2주식 대문형 리프트

(c) X타입 지상형 리프트

(d) 시저스 리프트

(e) 4주식 리프트

[그림 90] **리프트의 종류**

3.22. 에어 공구

3.22.1. 에어 라쳇렌치(air rachet wrench)

에어 라쳇렌치는 압축공기의 압력을 이용하여 소켓을 돌려 볼트나 너트를 조이거나 푸는데 사용하는 자동차 정비에서 흔히 사용하는 공구이다. 회전방향을 바꿀 때는 리버싱 레버로 하고 총길이가 125 mm, 170 mm, 260 mm, 299 mm 등 다양하기 때문에 좁은 공간에서 작업이 용이하고 큰 힘을 들이지 않고 신속하게 작업을 할 수 있다.

3.22.2. 에어 임팩트 렌치(air impact wrench)

에어 라쳇렌치처럼 압축공기의 압력을 이용하여 소켓을 돌려 볼트나 너트를 조이거나 푸는데 사용하는 공구로 에어 라쳇렌치보다는 힘이 좋으므로 충격렌치라고도 하며 회전방향을 바꿀 때는 전환 스위치로 하고 크기도 다양하여 작업에 맞는 것을 사용하면 된다.

[그림 91] 에어 라쳇렌치

[그림 92] 에어 임팩트 렌치

[그림 93] 에어드릴

압축공기의 압력을 조절할 수가 있어 볼트나 너트를 조일 때 부하가 많이 걸리면 구동축이 스톱되어 볼트나 너트를 과부하로부터 보호할 수 있다.

3.22.3. 에어드릴(air drill)

에어를 이용하여 간편하게 드릴작업을 할 수 있다.

3.22.4. 에어 톱(air saw)

자동차의 판금작업, 절단에 사용하며 판넬 동판의 절단에 사용한다. 또한 에어 톱은 금형 수정, 기계 가공품의 자투리 제거에 사용되고 안전레버가 있어 급작스런 동작을 방지한다.

3.22.5. 에어 샌더(air sander)

차량의 페인트(도장), 녹, 헤드 개스킷 표면 연마, 제거, 광택작업, 부드러운 테두리 작업에 사용한다. 비좁고 협소한 공간에서도 작업이 가능하다.

[그림 94] 에어 톱

[그림 95] 에어 샌더

3.22.6. 에어 다이그라인더(air die grinder)

추지석이나 여러 가지 모양의 숫돌을 장착하여 연삭작업에 사용하며, 타이어 내면 가공, 연마작업, 금형수리, 용접 클리닝 등에 주로 사용한다.

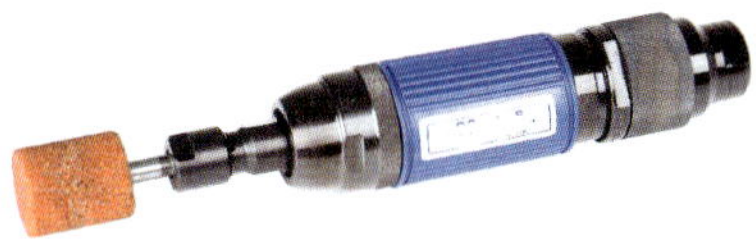

에어 다이그라인더 사용 예

[그림 96] **에어 다이그라인더**

3.22.7. 엔진건, 컵(engine cleaner gun, cup)

차량의 엔진룸 및 각종 부위 세척 시 사용한다.

3.22.8. 에어 더스트 건(air duster gun)

압축공기를 이용하여 차량의 엔진룸 및 각종 제품의 세척 및 구석진 곳 등의 청소 시에 많이 사용한다.

3.22.9. 코일호스(coil hose)

에어 작업용으로 사용되며 코일 모양으로 생긴 호스로 주 에어 라인호스와 연결하여 주 에어 라인호스와 가까운 곳에 작업을 할 때 주로 사용한다. 코일 모양으로 되어 있기 때문에 길게 늘어날 수 있으며, 5 m, 7.5 m, 10 m 등 길이도 다양하게 있다.

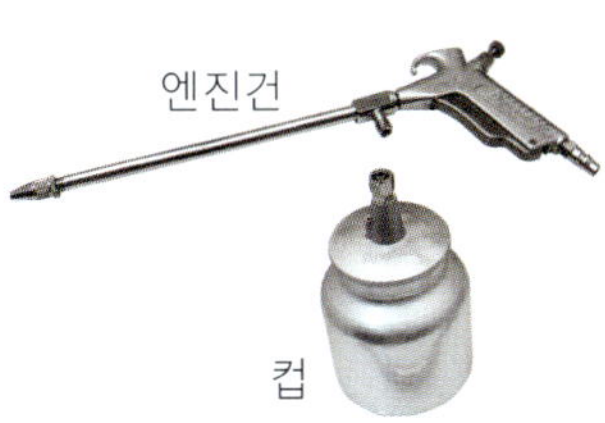

[그림 97] **엔진건, 컵**

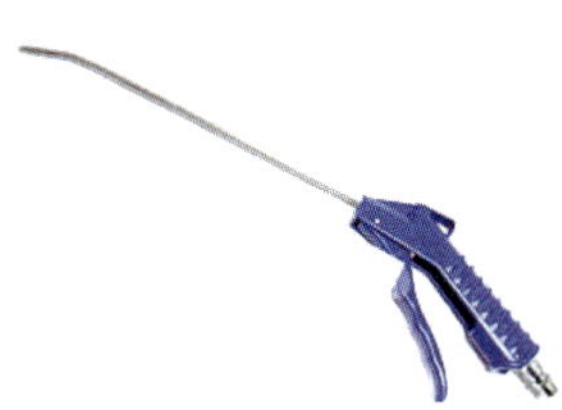

[그림 98] **에어 더스트 건(에어건)**

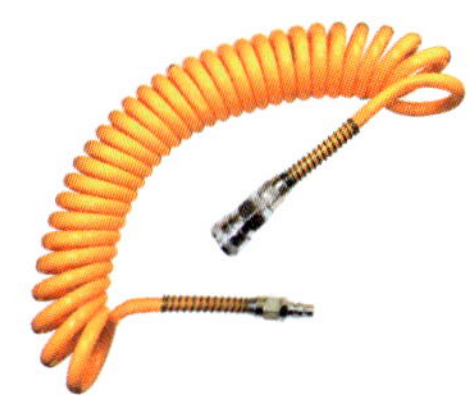

[그림 99] **코일호스**

3.22.10. 에어 컴프레서(air compressor)

공압 공구에 공급하는 공기를 압축하고 저장하는 기계로 주기적으로 컴프레서 아래 워터 드레인으로 물을 빼주어야 한다.

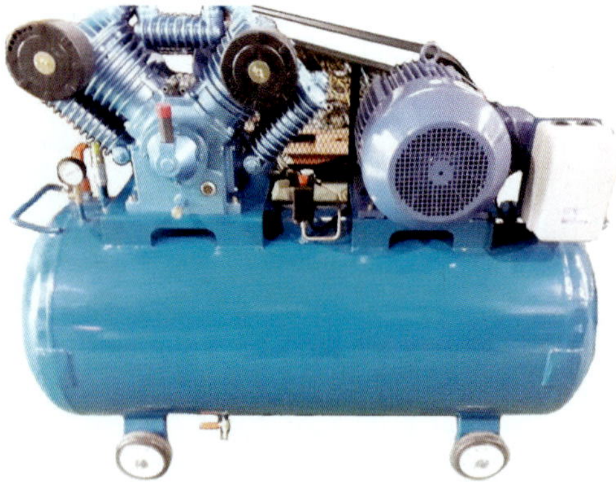

[그림 100] **에어 컴프레서**

4. 측정공구 및 엔진·에어컨·섀시 전용공구

4.1. 측정공구

4.1.1. 디크니스 게이지(thickness gauge)

여러 가지 두께를 가진 강제의 판을 조합한 게이지로 보통 0.02~1.0 mm까지의 두께를 가진 9~26장이 한 조로 되어 나사로 고정하고 강판에는 각각 두께가 표시되어 있다. 필러 게이지(feeler gauge, 길이가 길다), 간극게이지라고도 하며 틈새간극을 측정한다.

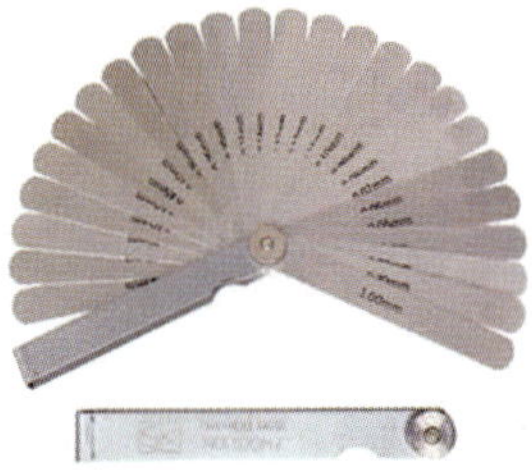

(a) 디크니스 게이지

(b) 필러 게이지

[그림 101] **디크니스 게이지**

4.1.2. 스캐너(scanner)

자동차의 전자제어시스템에 대한 자기진단, 센서 고장여부, 센서의 작동상태 등을 점검할 수 있는 장비로 자기진단과 동시에 멀티미터 및 오실로스코프 기능 등을 부여하여 다양하게 전자제어 자동차를 진단 점검사항을 모니터 화면에 나타내주어 고장진단을 할 수 있는 장비이다. 주요기능은 다음과 같다.

① 국내 차량 통신기능
② 2개 기능 동시구현 가능한 듀얼모드 기능
③ 정밀 오실로스코프 기능(전압, 전류, 압력측정)
④ 자동설정 오실로스코프 기능(연결, 분석, 파형 등의 정보제공)
⑤ 멀티미터 기능(전압, 저항, 주파수, 듀티, 펄스폭, 전류, 압력측정)
⑥ 액추에이터 강제구동 기능
⑦ 센서 시뮬레이션 기능
⑧ 접지/제어선 검사 기능
⑨ 주행데이터 검색 기능
⑩ 차량 정비정보 기능(고장 판단조건, 기준 값, 단품회로도 포함)
⑪ USB통신을 이용한 고속 프로그램 다운로드 기능
⑫ PC 통신 기능

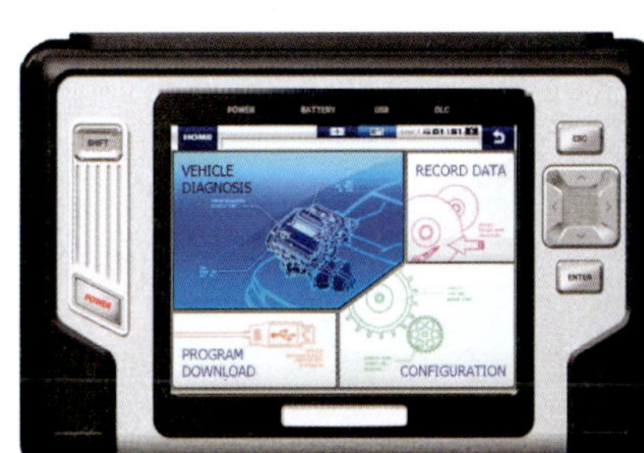

[그림 102] 스캐너

4.1.3. 진공게이지(vacuum gauge)

차량을 주행하면서 간헐부조, 출력저하, 브레이크 밀림 등의 현상 발생시 엔진의 진공을 측정한다.

[그림 103] **진공 게이지**

[그림 104] **진공펌프**

4.1.4. 진공펌프(vacuum pump)

엔진 또는 기기의 작동에 관계없이 임의로 펌핑시스템을 이용하여 진공상태를 만들어 측정이 가능하도록 한 것이다.

4.1.5. 가솔린·디젤 압축 압력게이지(gasoline, diesel engine compression tester)

가솔린엔진, 디젤엔진의 실린더 피스톤 압축압력을 측정하는 테스터기이다.

4.1.6. 연료 압력게이지(fuel pressure gauge)

자동차의 연료압력을 측정하는 게이지로 주행 중 연료압력 변화측정도 가능하다.

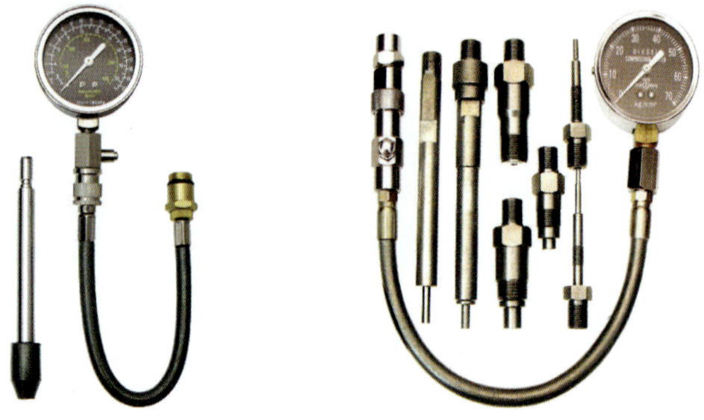

(a) 가솔린 (b) 디젤

[그림 105] **압축 압력게이지**

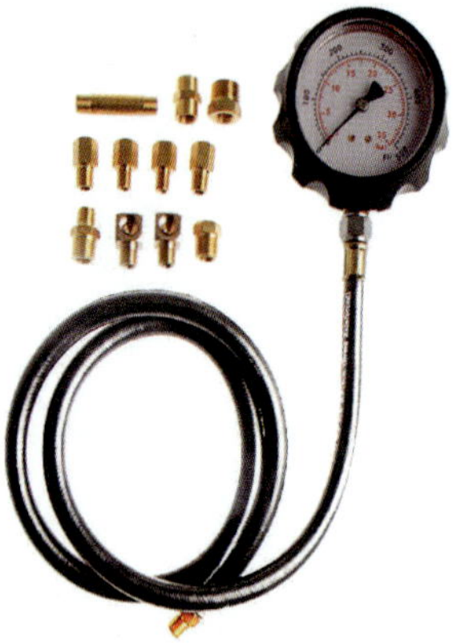

[그림 106] **연료압력게이지**

4.1.7. 인젝터 백 리크 테스터(injector back leak tester)

커먼레일 차종의 시동 지연, 흑연, 백연, 매연과다, 엔진부조, 주행 중 시동꺼짐, 출력부족 현상이 발생 시 연료장치인 연료펌프, 압력 레귤레이터, 압력센서, 연료점검 후 이상이 없을 시 인젝터 연료 리턴량을 점검 테스트한다.

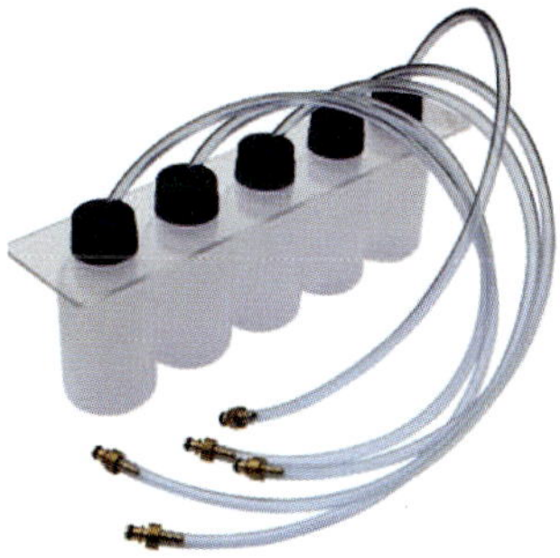

[그림 107] **인젝터 백 리크 테스터**

4.1.8. 배출가스 측정기(GAS analyzer)

CO, HC, CO_2, O_2, AFR, λ , NOx를 측정할 때 사용한다.

4.1.9. 디젤용 배출가스 측정기(diesel GAS analyzer)

디젤 자동차의 매연을 측정할 때 사용한다.

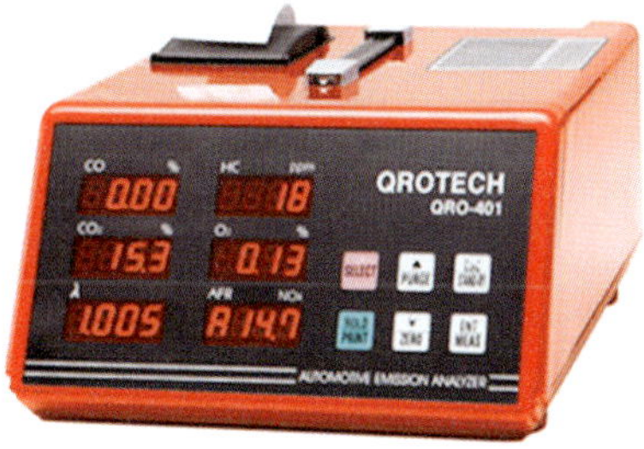

[그림 108] **배출가스 측정기**

[그림 109] **디젤용 배출가스 측정기**

4.1.10. 배터리 테스터(battery tester)

배터리는 전압과 전류 두 가지가 다 규정치 내에 있어야 한다. 전압은 이상이 없고 전류량이 적은 경우 자동차의 시동불량, 전기장치의 작동불량 등의 문제가 발생한다.

이러한 경우 배터리의 상태를 간단하게 테스트하고 발전기의 충전전압까지 측정할 수 있으며 6V, 12V, 24V를 기준으로 분류되어 전류량의 상태에 따라 확인하기 쉽도록 REPLACE (교체), WEAK(부족-충전요망), OK(정상)으로 표시되어 있는 테스터기이다.

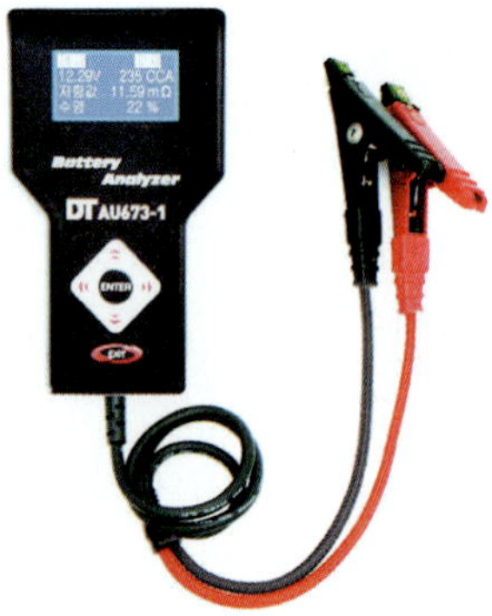

[그림 110] **배터리 종합진단기**

[그림 111] **배터리 테스터기**

4.1.11. 배선 테스터기(circuit tester)

고휘도 LED를 사용하여 전압이 흐르고 있는 배선의 단락 및 단선방향을 테스트할 수 있다. 접지를 하고 검침위치가 (+)에 있으면 적색이 점등되고 검침지침이 (-)에 있으면 청색등이 점등된다.

4.1.12. 점프스타트(jump start)

자동차 배터리 방전 시 차량의 시동을 쉽게 해 준다. 이동이 쉽고 비상라이트와 시거 잭이 내장되어 있어 야외활동 시 야간에도 사용이 편리하고 방전 시 충전을 하면 다시 사용할 수 있다.

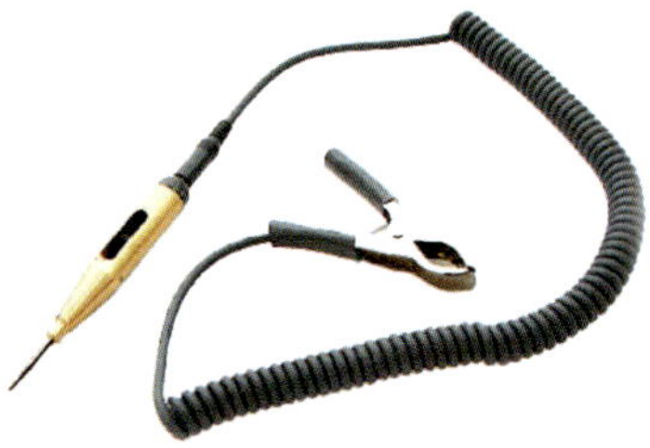

[그림 112] 배선 테스터기

[그림 113] 점프 스타트

4.1.13. 배터리 충전기(battery charger)

배터리방전 시 배터리를 안정적으로 충전할 수 있으며 시간적 여유가 없을 때 짧은 시간에 충전을 할 수 있는 급속충전기도 있다.

4.1.14. 멀티테스터(multi tester)

멀티테스터기는 바늘의 움직임으로 DC전압, AC전압, DC전류, 저항, 데시벨 등의 값을 하나의 계기로 측정할 수 있게 만든 기기로, 회로시험기라고도 한다. 멀티테스터기로는 단락점검과 다이오드, TR 및 기타 여러 가지 전자부품도 점검할 수 있다.

[그림 114] 배터리 충전기

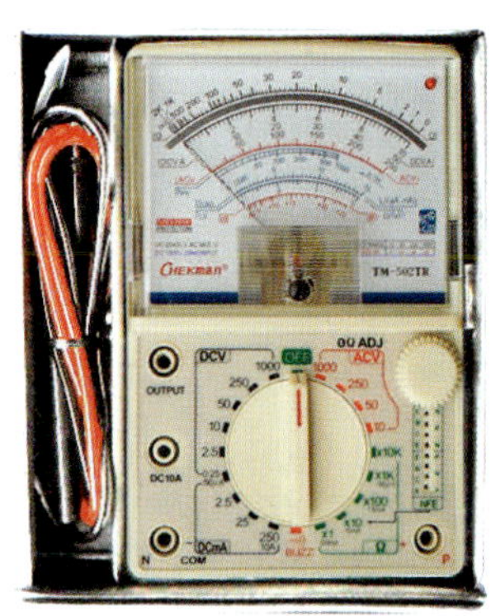

[그림 115] 멀티테스터

4.1.15. 디지털 테스터(digital tester)

디지털 테스터는 단위가 발광다이오드로 직접 표시되는 것으로, 전압, 전류, 저항 모두 측정 범위가 넓고, 정확도도 높으며, 자동 레인지 전환식으로 되어 있다.

[그림 116] **디지털테스터**

[그림 117] **디지털 클램프미터 테스터**

4.1.16. 디지털 클램프 미터 테스터(digital clamp-on meter tester)

교류전압(0~600V), 직류전압(0~600V), 교류전류(0~1000A), 직류전류(0~1000A) 등 비교적 높은 전압과 전류를 측정할 수 있으며 전압은 리드선을 이용하여 측정을 하고 전류는 측정할 배선에 클램프를 걸어 측정을 한다.

4.1.17. 휠 밸런스(wheel balancer)

타이어의 휠 밸런스를 점검 또는 수정 시 사용한다.

4.1.18. 휠 얼라이먼트(wheel alignment)

자동차의 캠버, 토우, 캐스터, 셋백, 부분 토우, 총 토우 등을 점검하는데 사용한다.

[그림 118] **휠 밸런스**

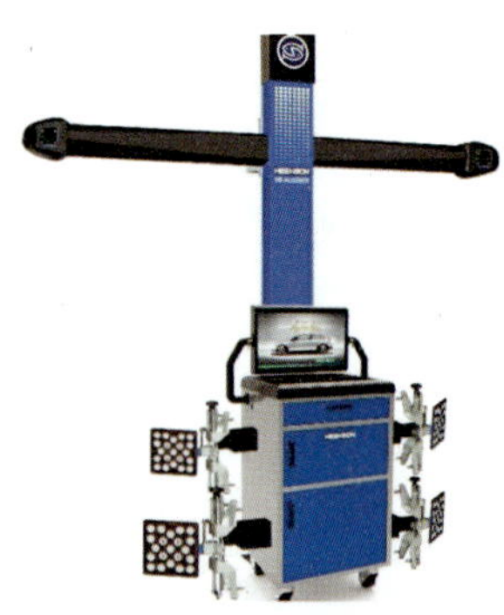

[그림 119] **휠 얼라이먼트**

4.2. 엔진 전용공구

4.2.1. 밸브가이드 고무교체 공구(valve stem oil seal replacement tool)

자동차 흡기 및 배기밸브의 가이드고무를 교체하기 위해 엔진 헤드를 탈거하지 않고 가이드 고무를 탈착 및 부착 시 사용한다.

4.2.2. 피스톤 링 압축기(piston ring compressor)

실린더블록에 피스톤을 삽입할 때 피스톤 링을 압축하고 유도하는 공구이다.

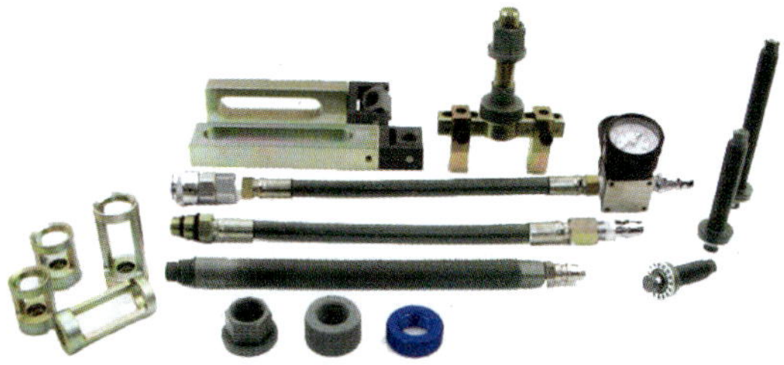

[그림 120] **밸브가이드 고무교체 공구**

[그림 121] **피스톤 링 압축기**

4.2.3. 오토 텐셔너(auto tensioner) 장력조절기

타이밍벨트 텐션 베어링의 장력조절을 위한 공구이다.

4.2.4. 캠샤프트 정지공구(cam shaft pulley stoper)

차량의 타이밍벨트 교체 시 캠샤프트의 회전을 방지하기 위한 정지 공구이다.

4.2.5. 타이밍 겉벨트 장력조절기(하이브리드용)

하이브리드 차량 타이밍벨트 교체시 오토텐션 압축스프링을 압축하는 공구이다.

[그림 122] **오토 텐셔너 장력조절기**

[그림 123] **캠샤프트 정지공구**

겉벨트 장력조절기 사용 예

[그림 124] **타이밍 겉벨트 장력조절기**

4.2.6. 엔진 홀더(engine support)

엔진룸의 팬더를 지지하여 엔진을 탈거하고 고정할 수 있는 리프팅 공구이다.

[그림 125] **엔진 홀더**

4.2.7. 냉각수 보충 깔때기(coolant filling tool)

냉각수를 교체 또는 보충할 때 사용한다.

냉각수 보충 깔때기 사용 예

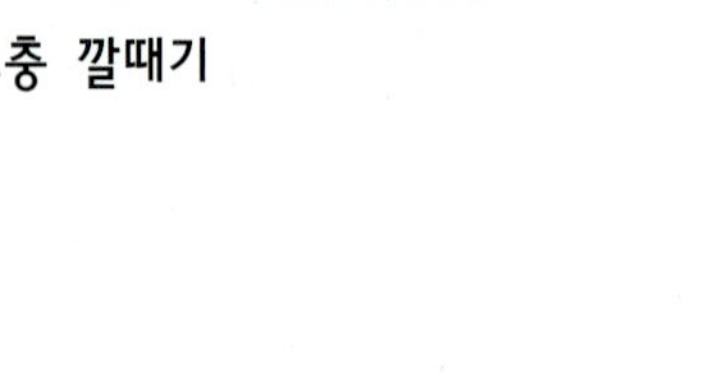

[그림 126] **냉각수 보충 깔때기**

4.2.8. 오일필터 캡(oil filter cap)

엔진오일을 교체할 때 오일필터 탈거 및 조립 시 사용한다.

[그림 127] **오일 필터 캡**

[그림 128] **오일팬 세퍼레이터**

4.2.9. 오일팬 세퍼레이터(oil fan separator)

실린더블록의 오일팬은 실리콘으로 마감되어 있어 무리한 작업으로 오일팬을 분리 시에는 오일팬 및 실린더블록의 변형과 훼손을 가져오므로 오일팬 세퍼레이터는 오일팬 분리작업을 쉽게 할 수 있게 한다.

4.2.10. 커먼레일 인젝터 탈거기(common rail injector puller)

CRDI차량의 인젝터가 고착되어 쉽게 빠지지 않을 때 엔진에 장착하여 인젝터를 탈거하는 공구이다.

4.2.11. 고압파이프 탈거 소켓(pipe spreader socket)

커먼레일 고압파이프 분해 및 조립 시 또는 구부러진 브레이크 파이프라인 볼트와 너트작업 시 사용한다.

[그림 129] **고압파이프탈거 소켓**

[그림 130] **인젝터 탈거기**

4.2.12. 커먼레일 인젝터 홀 동와셔 탈거기 & 호닝기(common rail injector hole washer puller & honing)

동와셔 탈거기는 CRDI차량의 인젝터 탈거 후 홀 안쪽에 고착된 동와셔를 탈거할 때 사용하고 호닝기는 홀 안쪽에 오일가스로 고착된 카본을 제거하는데 사용한다.

[그림 131] **커먼레일 인젝터 홀 동와셔 탈거기&호닝기**

4.2.13. 고압 연료펌프 탈거기(fuel pump replacement)

CRDI차량의 고압 연료펌프 탈거 시 사용하며 고압펌프 반대편에 설치하여 축을 밀어 내어 사용한다.

(a) 디젤 승용차용

(b) 델파이용

(c) 보쉬용

[그림 132] **고압 연료펌프 탈거기**

4.2.14. 오일 깔때기(oil funnel)

엔진오일, 트랜스미션 오일교체 및 보충 시 사용한다.

4.2.15. 오일 드레인(oil drain)

오일교체 시 배출 오일을 받는 통으로 높이 조절이 가능하다.

4.2.16. 부동액 교체기(coolant exchanger)

라디에이터 상부호스에 연결하여 엔진시동을 걸지 않아도 폐부동액을 배출 및 교체가 동시에 이루어지고 별도의 에어빼기 작업도 할 필요가 없다.

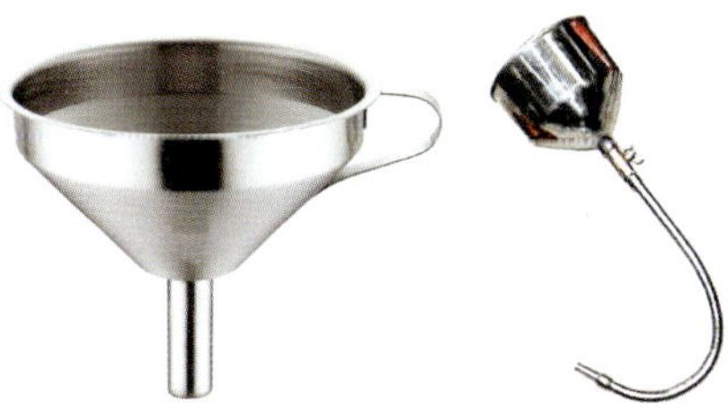

[그림 133] 오일 깔때기

[그림 134] 오일 드레인

[그림 135] 부동액 교체기

4.3. 에어컨(air conditioning)의 전용공구

4.3.1. 에어컨 게이지(R 134a) 및 에어컨호스

에어컨가스 주입상태를 쉽게 확인할 수 있고 에어컨 작동상태를 확인할 수 있다.

4.3.2. 에어컨 가스누출 탐지기(air conditioning leak detector)

에어컨 가스누출 부위를 탐지하는데 사용한다.

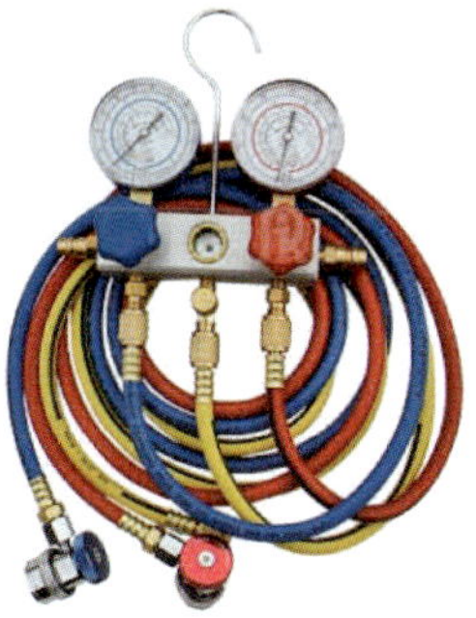

[그림 136] 에어컨 게이지 및 에어컨 호스

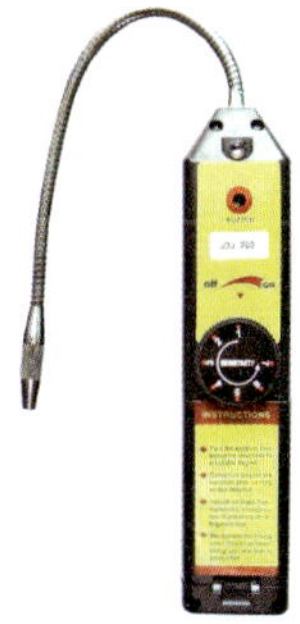

[그림 137] 에어컨 가스누출 탐지기

4.3.3. 에어컨 진공모터(air conditioning vacuum pump)

에어컨가스를 주입하기 전에 에어컨 고압, 저압라인을 진공으로 하는 모터로 라인의 수분도 함께 제거된다.

4.3.4. 에어컨 냉매회수 재생 진공충전기(air con re cycler)

에어컨 냉매회수 및 에어컨라인 진공, 에어컨 오일주입, 냉매주입을 자동으로 할 수 있다.

[그림 138] 에어컨 진공모터

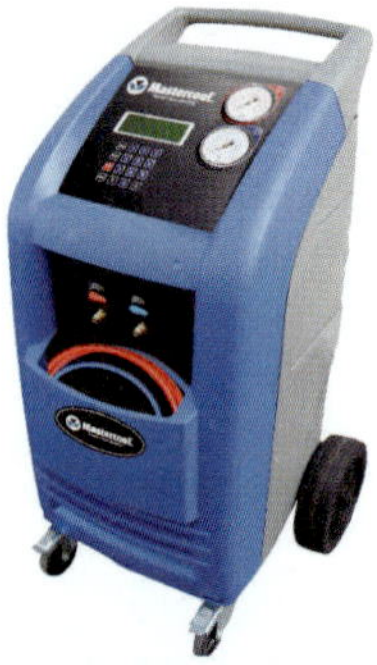

[그림 139] 에어컨 냉매회수 재생 진공충전기

4.4. 섀시의 전용공구

4.4.1. 타이어밸브 코어 탈착기(tire valve core tool)

타이어교체 시 밸브코어의 탈착작업에 사용한다.

4.4.2. 타이어 압력게이지(tire inflation pressure gauge)

타이어의 공기압을 측정하거나 타이어에 에어를 빼거나 에어를 보충할 때 사용한다.

[그림 140] 타이어밸브 코어 탈착기

[그림 141] 타이어 압력게이지

4.4.3. 타이어 공기량 자동주입기(tire automatic inflator kit)

원하는 타이어 공기압을 자동으로 주입 및 배출한다.

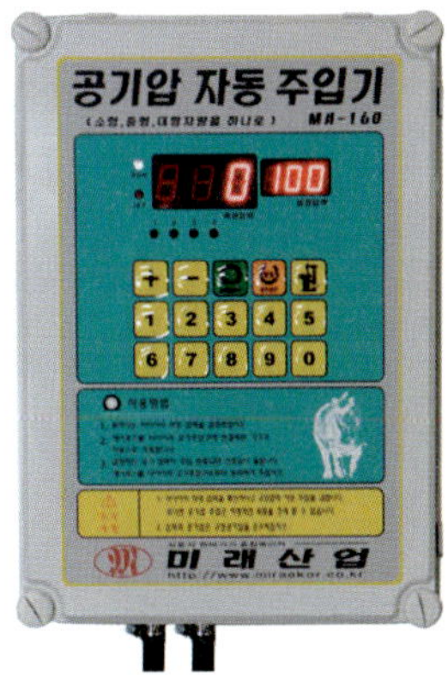

[그림 142] **타이어 공기량 자동 주입기**

4.4.4. 밸런스 납(balance weight)

타이어 휠 밸런스 불량 시 수정하는 것이다.

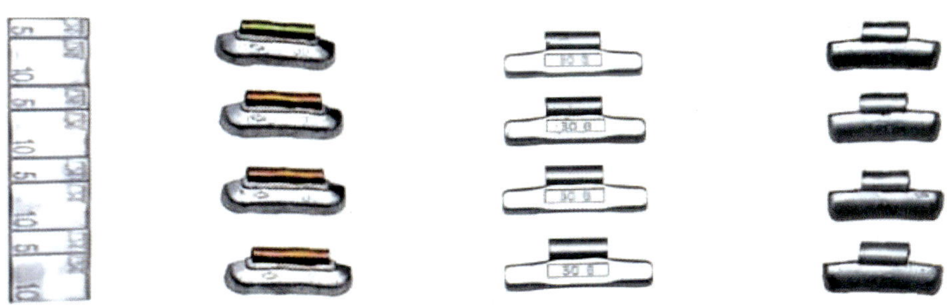

(a) 붙이는 납 (b) 스틸 휠 납 (c) 강재식 휠 납 (d) 알루미늄 납

[그림 143] **밸런스 납**

4.4.5. 납 망치(wheel balance weight hammer)

휠 교정 플라이어라고도 불리며 타이어 휠 밸런스 불량 시 밸런스 납을 타이어에 부착 및 탈거할 때 사용한다.

4.4.6. 탈착기 레버(tire lever)

일반 타이어를 타이어 탈착기에서 탈착 시 사용한다.

[그림 144] **납 망치**

[그림 145] **탈착기 레버**

4.4.7. 패치(tire repair patches)

바이어스 타이어 펑크 시 타이어 안쪽에 붙여서 수리한다.

4.4.8. 패치 콤비(prema combi repair patches)

레이디얼, 바이어스 타이어 공용으로 트래드 손상에 사용한다.

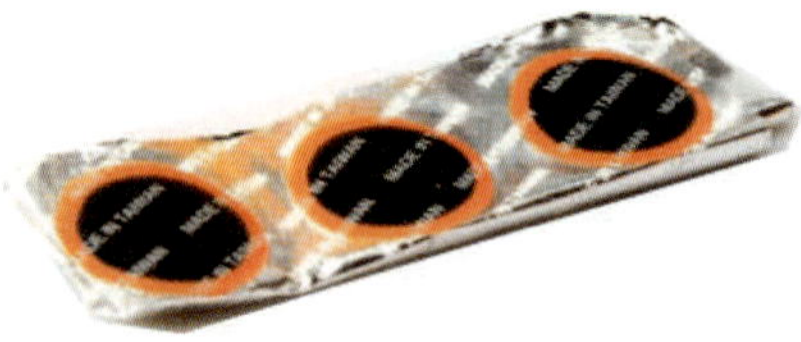

[그림 146] **패치**

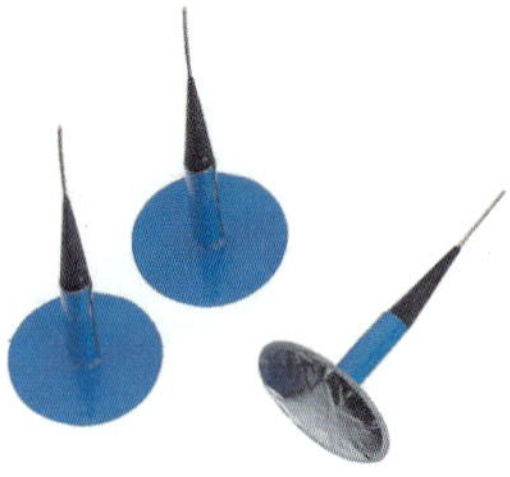

[그림 147] **패치 콤비**

4.4.9. 타이어 수리공구(tire repair tool)

타이어 펑크시 타이어를 탈거하지 않고 펑크수리 시 사용한다. 에어 임팩식(Air Impact Type)은 에어를 이용하여 펑크수리 시 사용한다.

(a)

(b) 에어 임팩식

[그림 148] **타이어 수리공구**

4.4.10. 브레이크패드 교체기(brake lining pad changer)

캘리퍼 브레이크에서 브레이크 패드 교체 시 캘리퍼 피스톤을 안쪽으로 밀어 넣을 때 사용한다.

(a) 싱글, 더블 겸용

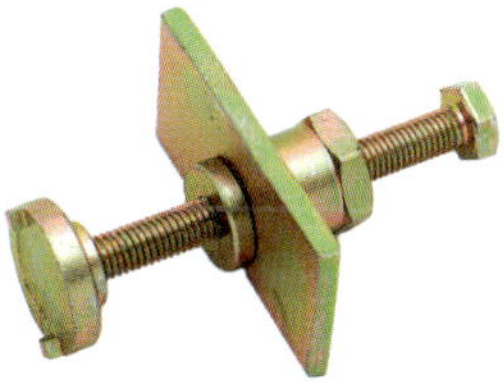

(b) ABS 차량용

[그림 149] **브레이크패드 교체기**

4.4.11. 볼 조인트 풀러(ball joint puller)

타이로드 엔드 또는 로워 암 등의 볼 조인트를 탈거할 때 사용한다.

[그림 150] **볼 조인트 풀러**

4.4.12. 허브 베어링 풀러(hub bearing puller)

차량의 허브 베어링 탈거 시 사용한다.

4.4.13. 등속 조인트 탈거기(C.V joint puller)

차량의 볼 조인트, 등속조인트 등을 탈거 시 사용한다.

[그림 151] **허브 베어링 풀러**

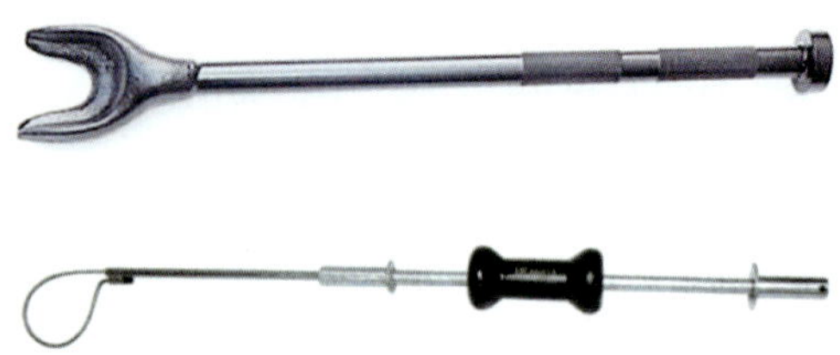

[그림 152] **등속조인트 탈거기**

4.4.14. 쇼버 잭(coil spring compressor)

자동차의 쇽업쇼버의 코일스프링 탈거 시 사용을 한다.

4.4.15. 트랜스미션 잭(transmission jack)

승용차 및 소형화물 트랜스미션 탈부착 시 사용한다.

[그림 153] **쇼바 잭**

[그림 154] **트랜스밋션 잭**

(a) 헬퍼 부착형 (b) 일반형

[그림 155] **타이어 탈착기**

4.4.16. 타이어 탈착기(tire changer)

타이어를 휠에서 탈부착할 때 사용한다.

4.4.17. 오일교체기(oil exchanger)

[1] 오토미션 오일교체기(auto mission oil exchanger)

자동변속기 오일교체 시 사용한다.

[2] 브레이크액 교체기(brake fluid exchanger)

브레이크 오일교체 시 자동으로 작업을 할 수 있으며 수분 및 에어침투가 되지 않아 에어빼기가 불필요하다. ABS차량도 작업이 가능하다.

(a) 오토미션 (b) 브레이크액 (c) 파워스티어링

[그림 156] **오일교체기**

[3] 파워스티어링 오일교체기(power steering oil exchanger)

파워스티어링 오일교체 시 사용하며 엔진 정지상태에서 호스를 탈거하지 않고도 오일을 교체할 수 있다.

5. 자동차 정비시 주의사항 및 공구와 장비 관리법

5.1. 정비시 주요 사고원인과 예방대책

자동차정비는 차량의 이상유무와 파손 정도에 따라 작업을 수행하는 불연속적인 작업특성을 가지고 있기 때문에 자동차정비를 하면서 신체사고가 발생하는 경우가 종종 있다. 그러나 안전사항을 지키며 작업 중 주의를 기울이면 신체사고를 방지할 수 있다. 다음은 자동차 정비작업 중 발생하는 주요 사고의 원인과 예방대책에 대해서 예를 들어서 수록하였다.

5.1.1. 넘어짐 재해

[1] 원인

① 작업장 내 공압용 호스, 공구 전원용 전선, 차량부품 등이 정리되지 않은 상태로 바닥에 널려 있어 걸려 넘어진다.

② 작업장 바닥에 흘린 기름 등이 방치되어 미끄러져 넘어진다.

[2] 예방대책

① 수공구, 차량부품, 공압용 호스, 전선 등을 정리 정돈하여 작업 공간 및 통로를 확보한다.

[그림 157] **넘어짐 재해**

② 바닥에 흘려진 엔진오일, 기름 등을 즉시 제거한다.

5.1.2. 리프트에 끼임 및 부딪힘 재해

[1] 원인

① 리프트에 탑재된 차량의 시동이 걸린 상태에서 브레이크를 밟지 않고 액셀페달을 조작하는 순간 차량이 전진하여 작업자와 부딪힌다.

② 리프트 안에서 작업자가 작업 시 갑자기 리프트를 내릴 때

[그림 158] **끼임 · 부딪힘 재해**

[2] 예방대책

① 리프트의 차량 받침대는 양호한 상태를 유지하고, 확실하게 바퀴에 지지시킨다.

② 리프트에 차량을 올려놓은 경우 시동을 끄고, 핸드브레이크를 체결한다.

③ 작업 중 임의로 리프트 조작을 금한다.

5.1.3. 요통 등 근골격계 질환

[1] 원인

① 차량 정비 등의 작업 시 불안전한 자세에 의하여 허리, 목 등에 통증

② 차량 정비 등의 작업 시 수공구의 반복사용으로 손, 어깨 등에 통증

[2] 예방대책

① 작업 시작 전·후 스트레칭을 한다.

② 타이어, 엔진 등 중량물은 2인 이상 공동으로 취급하거나 인양도구를 활용한다.

③ 과도한 허리 비틀기, 목 꺾음 등의 불안전한 자세로 장시간 작업하지 않는다.

④ 허리를 보호하기 위한 보호대를 착용한다.

[그림 159] **요통 등 근골격계 질환**

[그림 160] **정비작업 중 떨어진 물체에 끼임**

5.1.4. 정비작업 중 떨어진 물체에 끼임

[1] 원인

① 작업대의 높이가 부적절한 상태에서 무리하게 미션을 탈착하여 떨어지는 미션과 운반대차 상판사이에 손가락이 낀다.

② 높낮이가 조절되지 않는 운반대차를 사용하여 차체에서 탈착된 미션이 작업대 상판 위로 떨어진다.

[2] 예방대책

① 차체에서 미션 탈착작업 시 차체에서 분리되는 미션을 안전하게 받칠 수 있는 작업대가 준비된 상태에서 탈착 작업한다.

② 높낮이조절이 가능한 작업대를 사용 및 엔진/미션 탈 부착장치를 사용한다.

5.1.5. 타이어 탈·부착기 사용 시 또는 벨트 교체 작업 시 손이 끼임

[1] 원인

① 클램프가 작동하는 위험 구역 내에 손을 접근시킨 상태에서 클램프 작동페달을 조작한다.

② 작동페달 오조작

③ 작업자가 벨트 교체작업하는 도중 타인이 운전석에서 크랭킹한다.

[그림 161] 타이어 탈·부착기 사용 중 손이 끼임

[2] 예방대책

① 클램프가 작동하는 위험 구역 내에 손이 들어가지 않도록 주의 철저
② 작동페달의 종류 및 기능을 충분히 숙지하여 오조작 방지
③ 시동을 걸리지 않도록 시동키를 작업자 본인이 지참하고 운전석에 타인이 승차하지 않도록 주의 철저

5.2. 자동차 정비 종사자의 안전대책

① 정비사는 필히 작업복 및 작업모를 착용하고 복장을 단정하게 할 것
② 신발은 작업에 기동성을 발휘할 수 있는 것을 택하고 슬리퍼 등의 착용을 금할 것
③ 작업장은 언제나 수공구, 차량부품 등을 정리정돈하여 작업공간 및 통로를 확보한다.
④ 경사진 장소에서 작업을 금할 것
⑤ 바닥에 흘린 부동액, 엔진오일, 기름 등을 즉시 제거하고 청소한다.
⑥ 리프트의 차량 받침대는 양호한 상태를 유지하고, 확실하게 바퀴에 지지시킨다.
⑦ 리프트에 차량을 올려놓은 경우 시동을 끄고, 핸드브레이크를 체결한다.
⑧ 작업 중 임의로 리프트 조작을 금지한다.
⑨ 작업 시작 전 후 스트레칭을 한다.
⑩ 타이어, 엔진 등 중량물을 2인 이상 공동으로 취급하거나 인양도구를 활용한다.
⑪ 시설 및 작업기구는 점검 후 사용한다.
⑫ 정비를 위한 차량의 주차 시는 전후에 고임목을 고여 차체가 움직이지 않도록 할 것
⑬ 작키 밑으로 올려 진 차체 밑에는 함부로 들어가지 말고 반드시 스탠드(받침대)를 사용 하여 작업할 것

⑭ 덤프인양(호이스트)후 작업 시는 프레임과 적재함 사이 받침목을 반드시 사용할 것
⑮ 높은 곳의 작업은 필히 발판을 사용할 것
⑯ 정비사는 수리완료 후 시운전 등의 이유로 임의로 운전을 금할 것
⑰ 섀시부분의 정비 중에는 시동을 금하고 변속레버를 움직이지 말 것
⑱ 전기용접 시는 보호 면과 에이프론(앞치마) 및 안전장갑을 필히 착용할 것
⑲ 정비 시에는 적합한 공구를 정확하게 사용할 것이며 목적 이외의 용도에는 사용하지 말 것
⑳ 도장(페인트)작업 중에는 필히 방진마스크를 착용할 것
㉑ 인화물질 또는 폭발물이 있는 장소에서는 화기취급을 엄금한다.
㉒ 소화기는 지정된 장소에 비치하고 필요시엔 언제든지 사용할 수 있게 할 것
㉓ 음주 후 작업을 금한다.
㉔ 흡연은 지정된 장소에서만 한다.

5.3. 자동차 공구 사용 시 주의사항 및 공구 관리법

5.3.1. 수공구

[1] 해머작업의 안전수칙

① 장갑을 끼고 해머작업을 하지 말 것
② 해머작업 중에는 수시로 해머상태(자루의 헐거움)를 점검할 것
③ 해머로 공동 작업을 할 때에는 호흡을 맞출 것
④ 열처리된 재료는 해머작업을 하지 말 것
⑤ 해머로 타격을 할 때에는 처음과 마지막에는 힘을 많이 가하지 말 것
⑥ 타격 가공하려는 곳에 시선을 고정시킬 것
⑦ 해머의 타격면에는 기름을 바르지 말고 기름 묻은 손으로 작업하지 말 것
⑧ 해머로 녹슨 것을 때릴 때에는 반드시 보안경을 쓸 것
⑨ 대형 해머로 작업을 할 때에는 자기역량에 알맞은 것을 사용할 것
⑩ 타격면이 찌그러진 것은 사용하지 말 것
⑪ 손잡이가 튼튼한 것을 사용할 것
⑫ 작업 전에 주위를 살필 것
⑬ 해머를 사용하여 상향(上向)작업을 할 때에는 반드시 보호안경을 착용한다.

[2] 정작업의 안전수칙

① 쪼아내기 작업을 할 때에는 보안경을 착용할 것
② 정의 공구 날은 중심부에 맞게 사용할 것
③ 정머리가 찌그러진 것은 수정하여 사용할 것
④ 마주보고 작업하지 말 것
⑤ 시작과 끝에 조심할 것
⑥ 열처리한 재료는 정작업을 하지 말 것
⑦ 버섯머리는 그라인더(연삭숫돌)로 갈아서 사용할 것
⑧ 정머리에 기름이 묻어 있으면 닦아서 사용할 것
⑨ 펀치를 사용하여 작업할 때 작업자의 시선은 펀치작업을 할 때 타격 가공하려고 하는 지점에 두어야 한다.

[3] 줄작업의 안전수칙

① 줄작업을 할 때 절삭 분(가루)은 반드시 솔로 몸 밖으로 쓸어내어 처리한다.
② 일감을 바이스에 고정할 때에는 단단히 고정할 것
③ 균열여부를 확인할 것
④ 줄작업을 할 때 높이는 작업자의 팔꿈치 높이로 하거나 조금 낮춘다.
⑤ 작업자세는 허리를 낮추고 전신을 이용한다.
⑥ 줄을 잡을 때에는 한 손으로 줄을 확실히 잡고, 다른 한 손으로 끝을 가볍게 쥐고 앞으로 민다.

[4] 리머작업의 안전수칙

① 리머는 어떤 경우에도 역회전시켜서는 안 된다.
② 리머의 절삭량은 구멍의 지름 10mm에 대해 0.05mm가 적당하다.
③ 절삭유를 충분히 공급하여야 한다.
④ 리머의 진퇴는 항상 절삭방향의 회전으로 한다.

[5] 바이스작업의 안전수칙

① 바이스의 물리는 힘이 완전한 가 확인한다.
② 구금(口金 : mouth piece)에 기름이 묻어 있으면 닦아내고 작업한다.
③ 왼손으로 공작물을 잡고, 오른손으로 핸들을 돌린다.
④ 사용 후 바이스를 가볍게 조여 둔다.

[6] 탭작업의 안전수칙

탭은 암나사를 낼 때 사용하는 기구이며, 탭을 회전시킬 때에는 탭 렌치를 이용한다. 탭 작업을 할 때 주의 및 안전 사항은 다음과 같다. 탭은 3개를 1세트로 하여 1번 탭으로 깎고 2, 3번 탭으로 최종 완성가공 하며 관통된 구멍일 경우에는 1번 탭만으로 작업하고, 관통되지 않은 경우에는 1, 2, 3번 탭을 순차적으로 사용하여 나사를 깎도록 한다.

[7] 손으로 리벳 이음작업을 할 때의 안전수칙

① 알맞은 리벳을 사용한다.

② 리벳머리 세트나 일감 표면에 손상을 주지 않도록 한다.

③ 두 일감 사이에 불순물이 들어가지 않도록 한다.

④ 일감과 리벳을 리벳세트로 서로 긴밀한 접촉이 이루어지도록 한다.

[8] 렌치를 사용할 때의 안전수칙

① 복스렌치가 오픈엔드 렌치보다 더 많이 사용되는 이유는 볼트 및 너트 주위를 완전히 싸게 되어 있어 사용 중에 미끄러지지 않기 때문이다.

② 스패너 등을 해머 대신에 써서는 안 된다.

③ 스패너에 파이프 등 연장대를 끼워서 사용해서는 안 된다.

④ 스패너는 올바르게 끼우고 앞으로 잡아 당겨 사용한다.

⑤ 너트에 맞는 것을 사용한다.

⑥ 파이프 렌치는 정지장치를 확인하고 사용한다.

[9] 조정렌치 사용상의 안전수칙

① 렌치를 잡아당기며 작업한다.

② 조정 조에 잡아당기는 힘이 가해져서는 안 된다.

③ 렌치는 볼트 및 너트를 풀거나 조일 때에는 볼트 머리나 너트에 꼭 끼워져야 한다.

[10] 드릴작업의 안전수칙

① 장갑을 끼고 작업해서는 안 된다.

② 머리가 긴 사람은 안전모를 쓴다.

③ 작업 중 쇠 가루를 입으로 불어서는 안 된다.

④ 공작물을 단단히 고정시켜 따라 돌지 않게 한다.

⑤ 드릴작업을 할 때 칩(쇠밥)제거는 회전을 중지시킨 후 솔로 제거한다.

[11] 연삭숫돌을 사용할 때의 안전수칙

① 연삭숫돌을 교체한 후에는 시운전을 3분 이상하고 작업을 시작하여야 한다.

② 그라인더(연삭숫돌)에서 받침대와 숫돌사이의 간격은 3.0mm 이상 떨어지면 안 된다.

③ 숫돌을 교체할 때 나무해머로 두들겨 균열 유무를 점검한다.

④ 안전 커버를 떼고서 작업해서는 안 된다.

⑤ 플랜지가 숫돌 차에 일정하게 밀착하도록 고정시킨다.

⑥ 숫돌 차의 회전속도를 규정이상으로 빠르게 하면 숫돌 차가 파손될 우려가 있다.

⑦ 보안경을 반드시 사용한다.

⑧ 일감을 연삭숫돌에 세게 누르지 않는다.

⑨ 연삭작업을 할 때 숫돌 차의 측면에 서서 작업을 하여야 한다.

[12] 전동공구 사용 및 관리

① 전동공구에 무리한 힘을 가하지 말 것

② 해당 용도에 맞는 올바른 전동공구를 사용해야 작업을 더욱 안전하고 정확하게 수행할 수 있다.

③ 켜지지 않거나 꺼지지 않는 경우 전동공구를 사용하지 말 것. 스위치로 제어되지 않는 전동공구는 위험함으로 수리해야 한다.

④ 전동공구를 조정하거나 액세서리를 변경하거나 보관하기 전에 전동공구에서 분리되는 경우 전원 또는 배터리팩에서 플러그를 분리한다.

⑤ 사용하지 않는 전동공구는 어린이의 손이 닿지 않는 곳에 보관하고, 전동공구 사용에 익숙하지 않은 사람이 전동공구를 절대 사용하지 못하게 한다.

⑥ 핸들과 잡는 표면은 건조하고 깨끗한 상태를 유지하고 오일, 기름이 묻지 않도록 한다.

⑦ 충전할 때는 제조업체에서 지정한 충전기만 사용한다.

5.3.2. 리프트

[1] 안전주의

① 리프트 조작 중(리모콘 포함)에는 절대로 차의 아래에 들어가지 않아야 된다. 사망 또는 중상의 위험이 있다.

② 차가 떨어질 가능성이 있는 경우 즉시 안전한 곳으로 대피해야 한다. 사망 또는 중상의 위험이 있다.

[그림 162] **조작 중 차량아래 출입금지**

[그림 163] **위험시 안전한 곳으로 대피**

③ 반드시 규정용량만(차량 및 적재 물 포함)사용해야 한다. 사망 또는 중상의 위험이 있다.

④ 감전 방지를 위해 접지를 해야 한다. 사망 또는 중상의 위험이 있다.

⑤ 조작방법을 숙지한사람 외에는 사용을 금지해야 한다. 비정상적인 버튼 조작 시에 중대한사고가 발생할 수 있다.

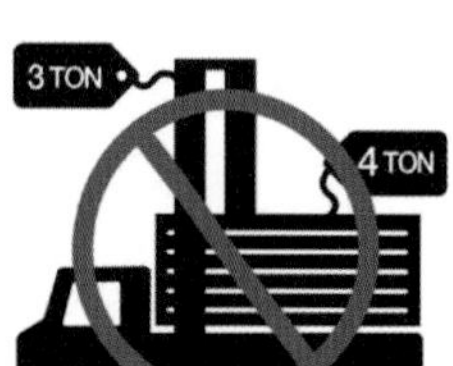

[그림 164] **규정 용량만 사용**

[그림 165] **접지**

[그림 166] **미숙자 리프트 조작금지**

⑥ 리프트 상승을 위해 차량 진입 시 차량의 전, 후, 좌, 우를 균등하게 맞추어 진입해야 한다. 리프트 진입시 리프트와 접촉이 생기거나 리프트 상승 시 차가 떨어질 위험이 있다.

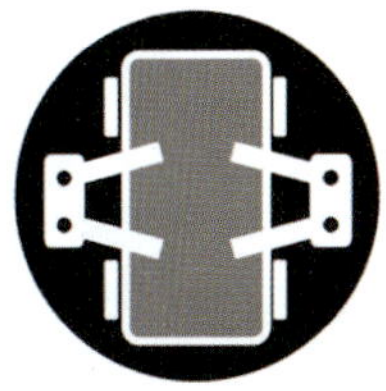

[그림 167] 차량진입시 균등하게 진입

[그림 168] 손상된 장비 사용금지

⑦ 손상된 장비는 사용하지 말아야 한다. 비정상적인 상태에서 중대한 사고가 발생할 수 있다.
⑧ 리프트에 차량 진입 후 반드시 사이드 브레이크를 잠그고, 운전자, 탑승자가 모두 내린 후에 리프트를 조작한다.
⑨ 리프트 주위에 정비담당 이외의 사람은 접근하지 말아야 한다.

[그림 169] 사이드브레이크 잠금

[그림 170] 작업자 외 접근금지

⑩ 차량 아래에 막대 등을 받치고 하강시키면 차가 떨어질 수 있다.
⑪ 리프트로 상승된 차를 흔들거나 정비 시 충격을 주면 차가 떨어질 위험이 있다.

[그림 171] 막대 받치고 하강금지

[그림 172] 충격금지

⑫ 한쪽만 올리면 차량과 리프트가 파손될 수 있다.
⑬ 하강 시 암 밑으로 발을 넣으면 끼임이나 눌림 시 중대한 상해를 입을 수 있다.

[그림 173] **한쪽만 상승금지**

[그림 174] **하강시 발 조심**

⑭ 리프트 상승 후 안전장치를 작동한 상태로 작업을 한다.
⑮ 제품설치, 정비 시 컨트롤 부를 열었을 경우 감전에 주의해야 한다. 사망 또는 중상을 입을 수 있다.
⑯ 컨트롤 부 및 안전장치, 리모컨을 임의로 개조하지 말 것 중대한 사고가 발생할 수 있다.

[그림 175] **안전장치 작동**

[그림 176] **감전주의**

[그림 177] **임의개조 금지**

⑰ 리프트로 상승된 차 밑에서 충격을 주거나 세척작업을 하지 말아야 한다. 차가 떨어질 위험이 있다.
⑱ 안전장치 작동부위에 먼지나 이물질이 묻어있으면 마른걸레로 닦아준다.

[그림 178] **세척금지**

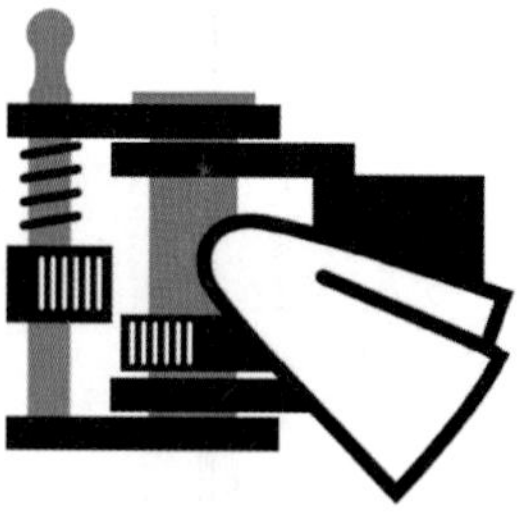

[그림 179] **안전장치 청결유지**

[2] 리프트 사용방법

① **하강** : 2주식은 캐리를 판넬의 하강버튼으로 바닥까지 하강시키고, 4주식은 메인승강장을 하강버튼으로 바닥까지 하강시킨다.

② **2주식 리프트 암 벌리기** : 암을 최대한 바깥으로 벌려놓아 차량이 진입할 수 있도록 한다. 끼임 현상방지를 위하여 조정볼트의 1단과 2단은 끝까지 올리거나 내리지 않도록 유의한다.

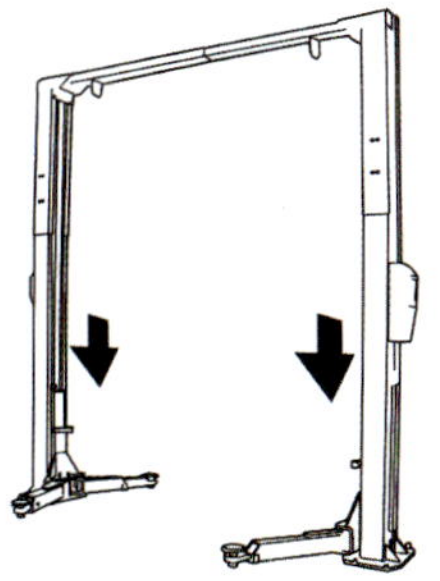

[그림 180] **하강**

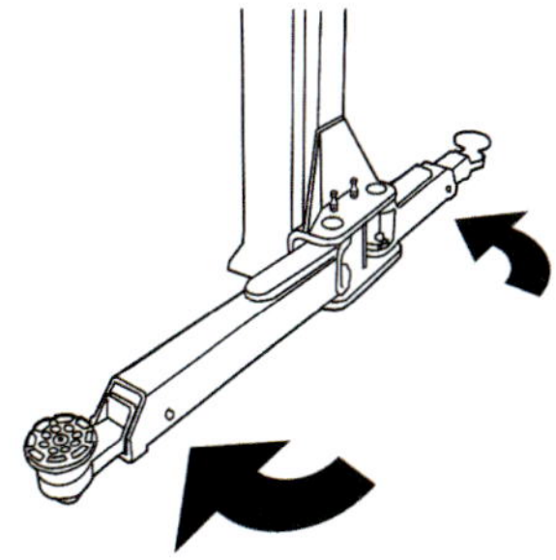

[그림 181] **암 벌리기**

③ **차량진입** : 차량을 진입시킨다. 전, 후, 좌, 우의 간격을 리프트 중앙으로 맞추어 천천히 진입한다. 작업자의 인도가 필요하다. 운전자 및 탑승자는 반드시 차에서 내린다. 차량별 무게중심을 확인하여 아암 고무판을 위치시켜야 한다. 차량의 무게중심이 한쪽으로 치우치면 차가 떨어질 위험이 있다.

④ **2주식 리프트 받침고무 대기** : 상승버튼을 눌러 4개의 고무판이 차량하부에 근접할 때 까지 상승시킨다. 차량마다 차량하부 중앙부위에 보강된 철판이 있는 부위를 확인하여 고무판을 위치시킨다. 3단 볼트를 조절하여 고무판을 차량하부에 밀착시킨다.

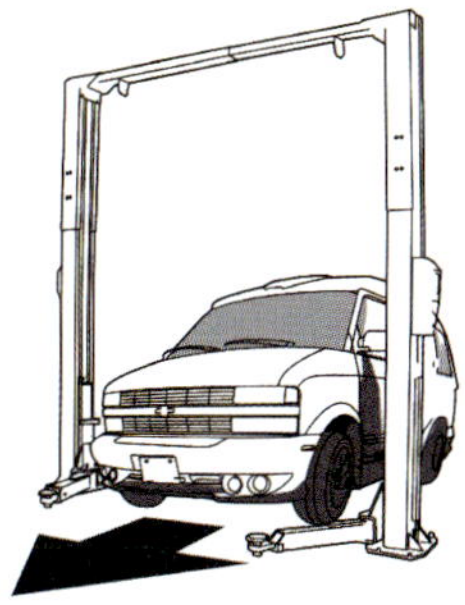

[그림 182] **차량진입**

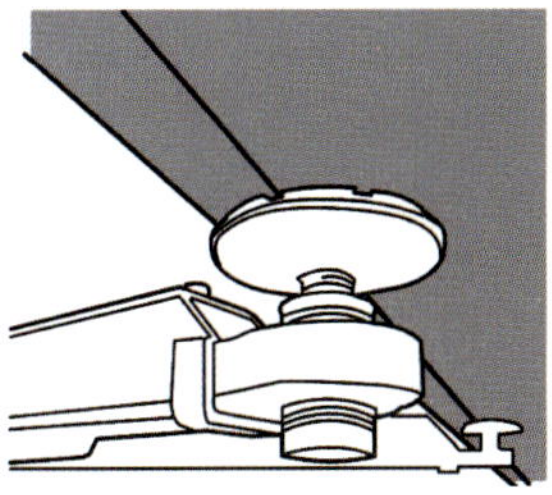

[그림 183] **받침고무 대기**

⑤ **2주식 리프트 암 기어 확인** : 암 기어 4개소가 정확히 맞물렸는지 확인한다.

⑥ **상승** : 2주식은 4개의 받침대가 기어가 맞물린 상태로 차량하부에 밀착되었는지 확인하고, 2주식 또는 4주식의 상승버튼을 눌러 차량을 약간 들어 올린 후 차량 중심이 맞는지 확인하고, 리프트를 정비하기 적당한 위치까지 상승시킨다. 안전하게 상승되는지 계속 주시하면서 작동시켜 준다.

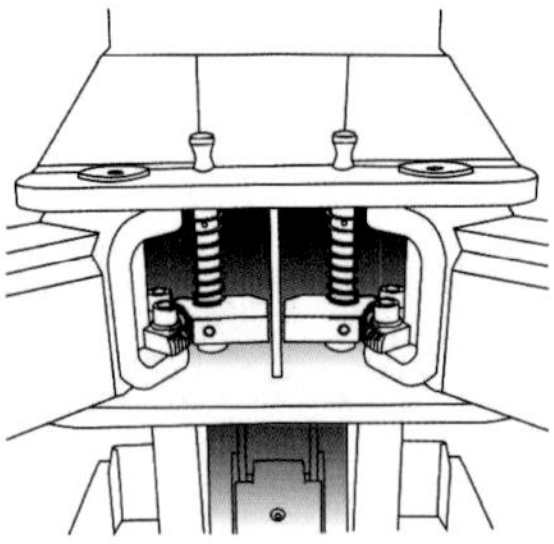

[그림 184] **암기어 확인**

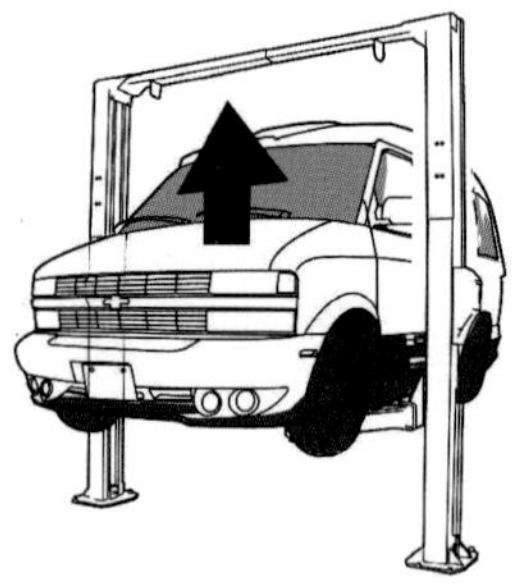

[그림 185] **리프트 상승**

⑦ **차량정비** : 이상이 없는 것을 확인한 후 차량정비를 실시한다. 정비작업 완료 후 하강레버를 작동시켜 캐리를 완전히 하강시킨 후 암을 바깥으로 회전시켜 차량을 이동시킨다. 절대로 차량 하부에 사람이 있을 경우 리프트를 동작시키지 않아야 한다.

[3] 제품유지, 보수, 관리사항

① **구리스 주입** : 기둥내부 캐리가이드 마찰면에 구리스를 2~3개월 주기로 충분히 바른다.

② **윤활유 주입** : 2주식은 윤활유 주입위치는 2군대로 상부 와이어시브, 하부 와이어 시브와 와이어 마찰부위에, 4주식은 MC가이드(기둥과의 마찰 면), 와이어시브(소량)와이어 마찰부위에 2~3개월 주기로 윤활유를 바른다.

③ **청소/청결상태** : 리프트 동작부위에 청결상태를 점검하고 볼트나 공구가 떨어져 있는지 확인한다. 안전장치 부위 암 록커기어 청결상태 및 안전 록커 청결상태를 점검한다.

④ **수평조절방법(동조와이어 조절 법)**

㉮ 2주식 구동/종동 캐리의 상승, 하강 속도를 맞추는 방법 : 구동/종동의 와이어로프를 팽팽하게 조인다(캐리의 바닥이 뜨지 않을 정도로). 상승버튼을 눌

러 나중에 상승하는 캐리를 확인한 후 와이어로프를 조여 상승하는 속도를 맞춘다.

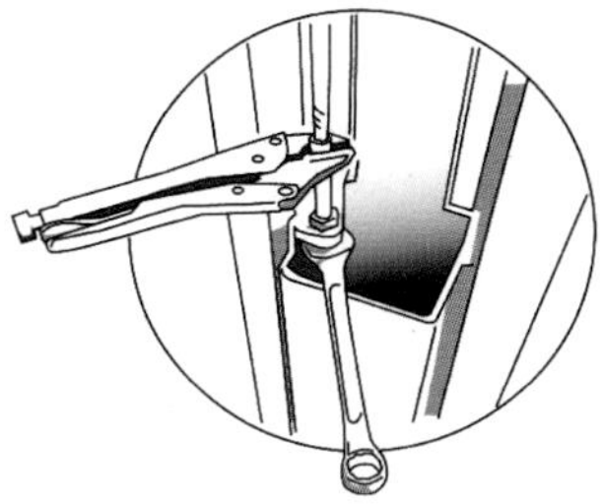

(a) 2주식

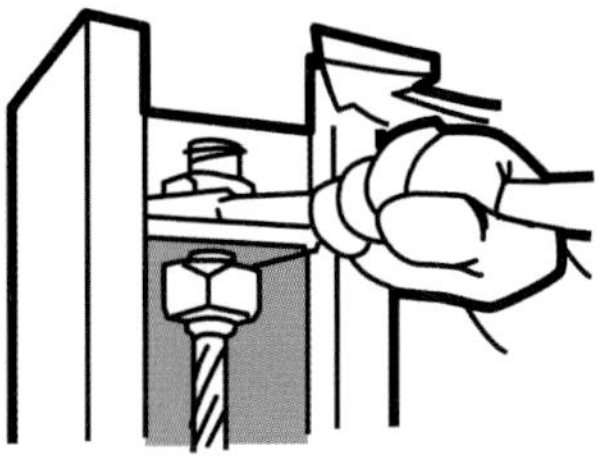

(b) 4주식

[그림 186] **수평조절방법**

㉯ 4주식 4개의 기둥과 승강장의 수평을 맞추는 방법 : 승강장 받침대의 잠금 위치를 안전 록크레일의 지면에서 4번째 홀에 맞춰 잠금 스위치를 눌러 수평을 맞춘다. 4개의 기둥에 조립된 와이어로프 중간을 잡아당겨 균등하게 맞춰 준 후 와이어로프 고정 볼트를 스패너로 팽팽하게 조여 준다.

⑤ **2주식 암 상태 확인방법** : 슬라이드 암을 힘껏 잡아당겼을 경우 스토퍼볼트가 풀려있지 않아서 스토퍼의 효과를 확실히 하는지 점검 한다(이물질, 녹 등으로 슬라이드에 지장을 끼치는지 확인한다). 암 내부 아래 부분의 각 두께를 확인하여 표준치수보다 20%감소했을 경우 암을 교체한다(1년 주기로 점검).

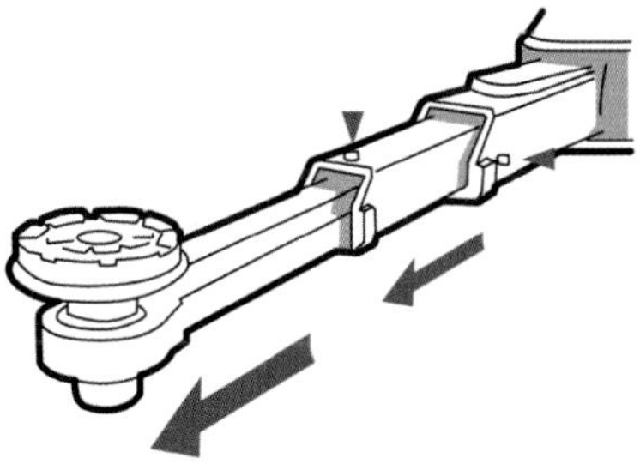

[그림 187] **암상태 확인방법**

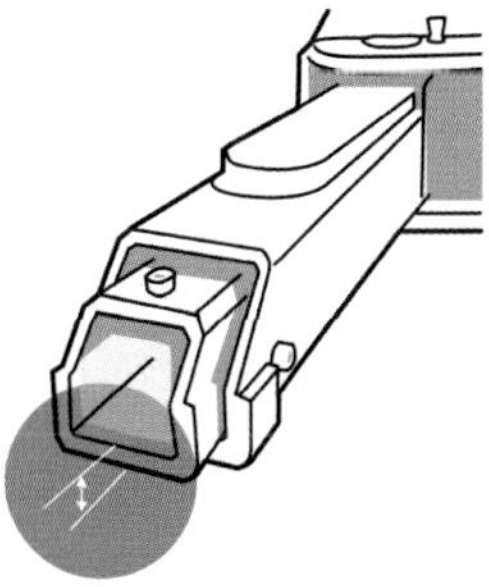

[그림 188] **암 내부두께 확인**

[4] 비상시 수동 하강방법

(1) 작동해야 할 경우

① 정전 또는 유압회로의 이상일 경우

② "이상발생시 처리방법" 으로도 하강을 시킬 수 없을 경우

(2) 작동 전 준비해야 할 사항

① 리프트 아래의 장애물을 제거한다.

② 메인 전원스위치와 판넬 전원스위치를 OFF시킨다.

③ 록커를 수동으로 해제한다. 만약에 록킹 상태일 경우 별도의 유압작기로 캐리를 30 mm 들어 록크를 해제한다.

[5] 고장진단 및 조치방법

증 상	확 인	조치방법
리프트가 상승할 때 캐리수평이 맞지 않는다.	와이어로프 일부가 느슨하다.	수평확인 후 와이어로프 조정 볼트로 재조정
리프트가 하강 시 내려오지 않는다.	• 록크장치에 캐리가 걸려있다. • 하강밸브에 전기공급 여부 확인	• 약간 상승시킨 후 재 하강 동작 • 전기점검 및 단선 확인 후 수동 하강 실시
리프트가 하강 시 흔들리면서 내려온다.	• 로드 헤드커버에 윤활유 부족 • 유압유에 에어혼입	• 윤활유 도포 • 유압유 보충 후 에어빼기
모터에서 이상소음 발생	• 정격용량을 초과했다. • 릴리프 압력조정이 낮다. • 유압유 부족	• 정격용량 이내에서 사용 • 릴리프 압력조정(190bar) • 유압유 보충 후 에어빼기
유압유 누유	• 유압호스의 결함 • 연결부위 누유 • 실린더 패킹 불량	• 유압호스 교체(A/S 요청) • 누유부위 조일 것 • A/S요청
오일의 오염도	수분 및 이물질 투입	오일교체(정기교체 : 년 1회)
상승 불량	• 누유 및 유압 유니트 불량 • 이상동작 현상 • 정격용량 초과 • 릴리프 압력 조정불량	• A/S 요청 • 에어빼기 시행 • 정격용량 이내에서 사용 • 릴리프 압력조정(190bar)

<table>
<tr><th>증 상</th><th>확 인</th><th>조치방법</th></tr>
<tr><td rowspan="2">하강 불량</td><td>• 안전장치 록킹 상태
• 전기적인 문제</td><td>• 약간 상승시킨 후 재 하강 동작
• 전기점검 및 단선 확인 후 수동 하강 실시</td></tr>
<tr><td colspan="2">비상시 수동하강 방법으로 하강시키고 순차점검 후에 A/S 요청</td></tr>
<tr><td>NFB 또는 차단기 동작</td><td>• 전자 브레이크의 접점불량
• 차단기 용량부족
• 배선의 손상</td><td>• 교체(A/S 요청)
• 용량확인 후 교체(정격 30A 이상)
• 확인 후 수리</td></tr>
<tr><td>모터가 돌지 않는다.
모터의 이상소음 발생</td><td>• 모터불량
• 퓨즈가 끊어짐
• 푸시버튼 불량
• 상승 제한 리미트가 동작된 상태
• 배선용량 부족(기동시 램프 흐려짐)
• 인입 전기의 전압이 약함</td><td>• A/S 요청
• 퓨즈교체, 정격용량 이내에서 사용
• 푸시버튼 교체
• 상승 제한 리미트 점검
• 배선교체
• 인입 전기 전압확인</td></tr>
<tr><td>모터는 회전되나 상승이 안됨</td><td>• 회전방향 반대(정상 : 반시계 방향)
• 유압라인의 문제</td><td>• 상을 바꿔 연결 후 재 작동
• 유압실린더 및 유니트 점검사항 참조</td></tr>
</table>

5.3.3. 에어 임팩렌치

[1] 사용방법

앞부분에는 소켓(복스)을 설치할 수 있는 앤빌이 달려 있고, 누를 수 있는 손잡이가 달려있다. 그리고 밑 부분에는 컴프레서와 연결되는 에어 커플러가 달려있다. 그리고 옆 부분에는 토크를 5단으로 나뉘는 에어량을 조절하는 레귤레이터와 레귤레이터를 좌 또는 우로 누르면 임팩이 좌 또는 우로 회전을 하는 방향을 선택할 때 쓰인다.

(a)

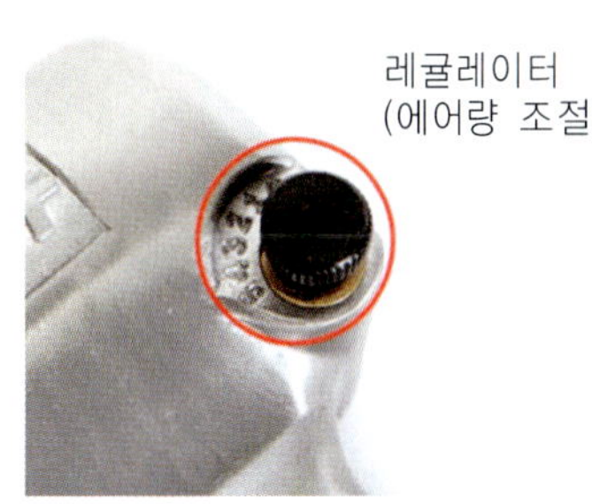

(b)

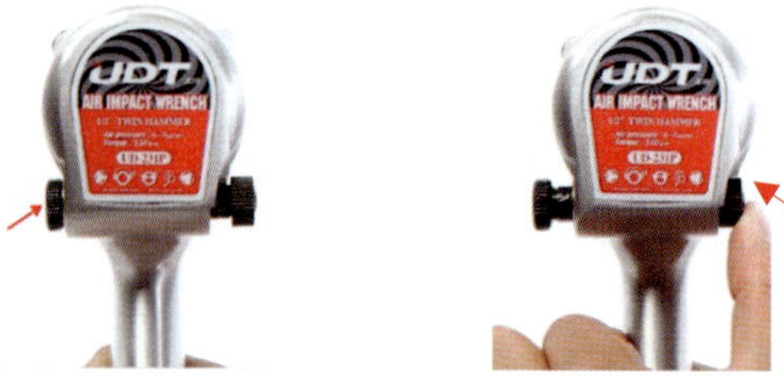

(c)

[그림 189] 에어 임팩렌치

임팩은 푸는 토크와 조이는 토크이다. 임팩의 무분별한 사용은 오버 토크로 인한 부품의 파손으로도 이어질 수 있기에 토크 조절을 잘 해가며 사용해야만 한다. 그래서 임팩사용 시 푸는 과정에서는 크게 상관이 없겠지만, 체결 시에는 무조건 손으로 먼저 2~3바퀴 돌려 볼트나 너트를 가체결해 놓은 후 에어공구를 사용해야만 한다.

가체결 과정을 생략하고 에어공구나 전동공구로 바로 체결을 해버리면 나사산이 망가질 확률이 매우 높아지므로 임팩의 모델명과 적정한 공기압 기준, 제작정보에 관한 내용이 나와 있는 스티커를 참조한다.

그림 190 스티커를 보면 이 임팩은 IR-2135QXPA라는 모델인데 최대 토크가 약 90psig이니까 이것을 5단계로 나누어보면 1단에 약 18psig 정도이다. 사용하다 보면 최대토크가 1000 N · m에 가까운 이 임팩을 가지고도 풀리지 않는 볼트 너트들이 있다. 그럴 경우엔 다음 사항을 확인해야 한다.

① 컴프레서 공기압이 적정한 가 확인한다.
② 임팩 토크 최대로 설정되어 있나 확인한다.
③ 임팩 방향 전환 버튼 제대로 눌렀나 확인한다.
④ 소켓(복스) 연결대나 어댑터의 유무 확인한다. 연결대나 어댑터 사용 시 토크 손실을 가져온다.
⑤ 에어 호스가 얇거나 힘을 전달하기 힘든 재질일 경우
⑥ 임팩 내부 마모 또는 에어가 새는 경우

등을 확인한 후 그래도 풀리지 않는다면 볼트나 너트가 절어 붙은 거다 판단하고 다른 방법들을 사용하여 풀어야 한다.

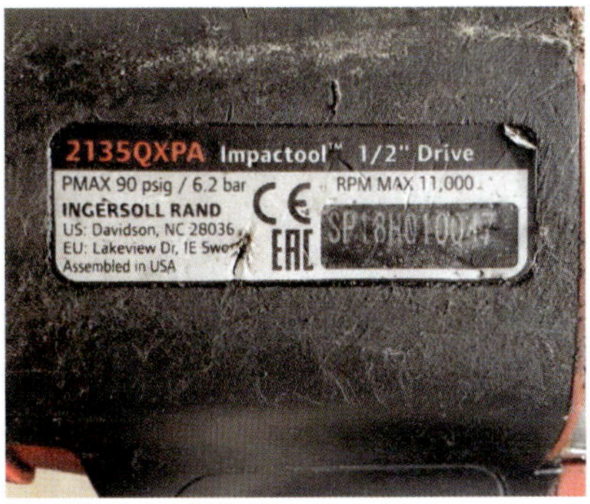

[그림 190] **임팩 관련 제작정보 스티커**

[2] 관리요령

에어공구는 컴프레서에서 생성된 에어를 이용해서 사용하는 공구를 통칭하는데 컴프레서로 만들어진 에어가 배관라인을 통과해 에어공구가 작동한다. 이때 컴프레서에 습기가 생겨 탱크 내부에 물이 고이는데 탱크 안에 찬 물을 탱크 아래에 있는 물을 배출하는 드레인 밸브를 통해 자주 물을 배출해 줘야하며 배관라인에 에어필터를 설치해 정기적으로 물을 배출해 줘야 한다. 아무리 물을 잘 빼준다고 해도 어쩔 수 없이 탱크 안에 있는 물기가 에어공구 안에 들어갈 여지가 있기에 에어공구가 망가질 수 있다.

에어공구 사용 전·후 에어공구 전용오일을 에어커플러 구멍에 2~3 방울 넣어주는 것이 좋다. 압축공기에 혹시나 미세한 수분이 딸려올 수 도 있기 때문에 전용오일은 물과 기름이 섞이지 않는 원리로 기계가 보호되고 윤활 역할도 해 주면서 수분으로부터 보호도 해준다. 오랫동안 사용하지 않을 때와 날씨가 추운 겨울에 수분이 더 많이 생성되므로 조금 더 많은 양을 넣어주고 에어를 연결해 살짝 방아쇠를 작동해 오일이 에어공구 내에 고루 퍼질 수 있게 한 후 보관하면 좋다. 날씨가 많이 추운 날에는 안에 넣은 오일도 얼 수 있으므로 사용 전 따뜻한 곳에 에어공구를 보관했다 사용해야 한다.

에어공구 전용오일은 수분을 먹어주고 빨리 날아가 버리는 원리인 반면에 엔진 오일이나 기어오일을 넣게 되면 기름이 흩어지고 에어공구 베인의 작동에 방해를 받아 헛도는 현상을 유발하게 되어 제 힘을 못 낼 수 있다. 에어공구 전용오일이 없을 때는 보통 미싱유 사용을 추천한다. 작은 쇳가루 하나만 커플러 구멍을 통해 에어공구에 들어가도 에어공구의 수명이 짧아질 수 있어 관리자의 관리 정도에 따라 수명이 많이 다를 수 있기에 에어커플러 구멍을 통해 들어가는 이물질이 없도록 주의해야 한다.

5.3.4. 에어 라쳇렌치

에어 라쳇렌치는 에어 라쳇렌치 길이와 엔빌의 사이즈가 다른 3/8인치(길이 : 20.5 cm)와 1/2인치(29 cm)를 많이 사용한다. 손잡이를 손가락으로 누르면 작동이 된다. 3/8인치 에어 라쳇렌치는 보통 30~40 N・m의 토크, 1/2인치 에어 라쳇렌치는 보통 50~60 N・m의 토크를 가지고 있다. 큰 힘이 필요한 경우는 1/2인치가 좋고 작은 볼트나 나사 등의 체결에는 3/8인치 사이즈가 적당하다. 임팩렌치처럼 몇 백 N・m 정도의 토크를 가지고 있진 않기 때문에, 높은 토크 값으로 조여진 부품들은 미리 다른 방법으로 풀어준 후 라쳇을 사용해야 한다.

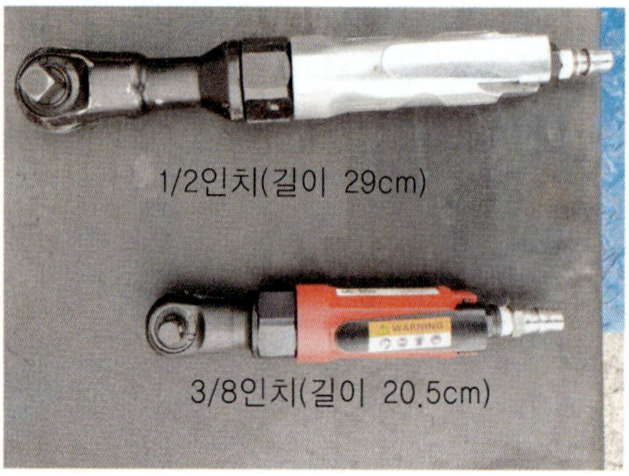

[그림 191] **에어 라쳇렌치**

사각부(엔빌)의 반대쪽 면에는 회전방향을 바꿔주는 디이얼이 있다. 팔 하나 들어갈 공간만 있으면 다양한 어댑터와 악세사리 등을 이용해서 쉽게 볼트와 너트 등의 부품들을 풀어내고 조일 수가 있다. 이 공구를 잘만 사용하면 작업시간을 아주 많이 단축시켜준다.

라쳇의 가장 큰 장점이라면 좁은 공간에서의 작업성이라 할 수 있다. 실제 정비를 하다보면 애매한 공간에서 손으로는 잘 안돌아가는 볼트나 너트 등을 많이 보게 되는데, 이럴 때 라쳇은 어마어마한 효율성을 보여준다. 30~60 N・m의 토크를 가지고 있고 얇기 때문에, 임팩이 들어가지 않는 공간에서도 볼트나 너트를 살짝 풀어주기만 해도 그 다음 작업은 라쳇으로 해결을 할 수 가 있기 때문이다.

에어 라쳇렌치의 머리 부분은 힘을 작동시키는 방향을 지정하는 레버가 달려있기도 하다. 푸시라고 적힌 부분을 오른쪽으로 돌리면 힘이 오른쪽으로만 가할 수 있고 왼쪽으로 돌리면 반대로 작동한다. 푸시라고 적힌 부분을 눌러주면 소켓이나 공구를 쉽게 렌치에서 분리할 수 있다.

[그림 192] 에어 라쳇렌치 조작부위

에어 라쳇렌치를 사용시 수의사항은 다음과 같다.

① 손 부딪힘이나, 손목꺾임에 유의해야 한다. 보통 좁은 공간에서 에어 라쳇렌치를 사용할 때, 작동 스위치를 누르는 순간 손이 같이 돌아가면서 손목이 꺾이거나 부딛혀서 멍, 타박상과 손목인대를 다치는 경우가 있다.

② 볼트 및 너트의 과한 토크 체결시 주의해야 한다. 에어 라쳇렌치는 임팩렌치보다는 힘이 약하긴 하지만, 작은 사이즈의 볼트와 너트의 나사선을 민자로 만들어 버려 나사가 헛돌아버리는 결과를 만들 수 있는 힘 정도는 가지고 있다.

에어 라쳇렌치 관리방법은 에어공구 관리하는 방법과 같다. 오일을 주기적으로 주입해주는 것이다. 에어커플러에 전용오일을 적정 양 주입한 후 에어호스를 연결하여 몇 번 스위치를 눌러주면 에어압력에 밀려 오일이 내부로 들어간다. 에어 커플러 위에 보면 Oil daily라고 써져 있는데, 매일 기름칠을 해달라는 것이다.

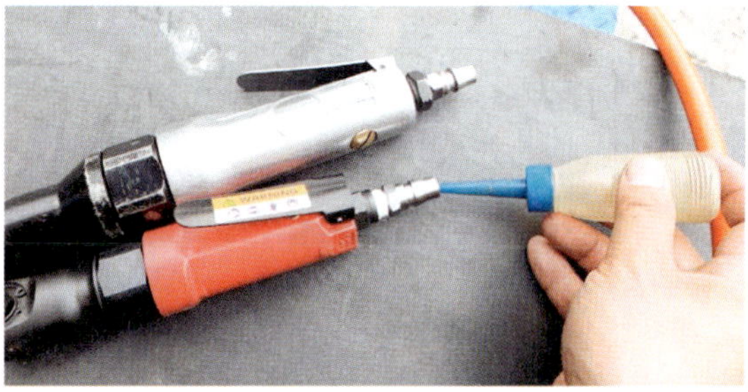

[그림 193] 에어전용 오일주입

5.3.5. 공기압축기(에어 컴프레서)

통상적으로 공기압축기의 부대시설은 공기압축기의 토출구를 시작해서 리시버탱크, 쿨러, 드라이어, 필터 등으로 이루어져 있고 기기를 사용하는 현장의 상황이나 제품에 맞게 배치가 된다. 공기압축기에서 압축된 공기를 저장하는 역할을 하는 에어탱크가 있다.

용량은 압축기의 용도 및 압력에 의해서 결정된다. 압축공기를 오래 사용할 경우라면 용량이 큰 게 좋고, 압축공기를 빨리 충전하고 적게 사용할 경우라면 용량이 적은 것이 좋다. 압축 도중엔 엄청 시끄럽기 때문에 밤중에는 가동하지 않는 것이 좋다. 그리고 가능하다면 압축기 하부에 충격흡수제나 매트 같은 것을 깔아주는 것이 좋은데, 압축과정에서 바닥으로 진동이 많이 전달되므로 진동소음에 의해 민원이 쇄도하기 딱 좋기 때문이다. 이외에도 윤활유와 공기 필터 등을 사용전이나 사용 후에 반드시 체크해주는 것도 기계장치라면 당연히 해야 하는 것이다.

[그림 194] **에어컴프레서**

[1] 컴프레서 압력조절(레귤레이터)하는 방법

① 제어판 박스를 탈거한다.

② 스위치뭉치 상단에 보면 10 mm 육각 볼트가 있고 그 앞에 (+)와 (−)가 표시되어 있다.

③ 10 mm 육각볼트를 T복스 또는 (+)자 드라이버를 이용해 오른쪽으로 돌리면 압력이 올라가고 왼쪽으로 돌면 압력이 낮아진다.

④ 통상 소형트럭이나, 승용차 정비에는 저압 컴프레서를 사용하며 안전밸브는 보통

규정압력(10 kgf/cm^2) 이상 시 압축공기를 대기로 방출하므로 보통 압축공기 압력을 8~9 kgf/cm^2 정도에서 컴프레서가 작동을 멈출 수 있도록 맞추어 사용한다.

[그림 195] **압력조절방법**

⑤ 중고압 컴프레서(15 kgf/cm^2)는 대형트럭 정비, 중장비, 대형농기계정비에 쓰이는데 그 이유는 볼트크기도 크기지만 그만큼의 힘과 무게를 받기 때문에 더 큰 압력으로 볼트는 체결해야하고, 또한 큰 압력으로 잠궈 놓은 볼트를 다시 정비하기 위해선 풀어야 하기 때문이며 대형차들은 타이어바람을 넣거나 할 때 11 kgf/cm^2 이상의 압력을 요구하기 때문이다.

[2] 컴프레서의 수분제거법

공기압축기가 대기 중의 공기를 압축시키는 과정을 거치다보니 자연스럽게 수분이 생길 수밖에 없고 수분에 민감한 제품인 에어 임팩렌치, 에어 라첫렌치 등 에어공구의 수명에 영향을 끼치며, 겨울철에는 결빙으로 인한 에어 컴프레서 작동이 원활하지 못한 경우가 종종 발생하게 된다.

특히, 야간 정지 후 오전 가동 시 및 휴일 후 가동 시에는 낮은 온도로 인해, 응축수가 얼거나 오일의 점도가 높아져서 그렇다. 컴프레서 사용 및 유지를 위하여 주기적인 수분관리가 필요하다. 수분을 관리할 수 있는 방법은 수분필터와 에어탱크에 달려있는 드레인 밸브를 이용하는 것이다.

(1) 수분필터

컴프레서를 사용하다 보면 에어라인에 설치된 레귤레이터 수분필터에 물이 고인 것을 확인할 수 있다. 이 응축수를 수분필터 하단에 있는 그레인 밸브를 손가락 끝으로 살짝 힘을 주어 올려주며 배출시킨다. 드레인밸브 끝을 올리게 되면 밸브가 열리게 되면서 안에 있던 응축수가 배출이 된다. 이때 컴프레서 압력이 채워져 있는 경우, 압력의 세기로 인해 드레인 과정에서 물이 튈 수 있으므로 조심해야 한다.

[그림 196] **레귤레이터의 수분필터 드레인**

(2) 에어탱크 드레인밸브

에어탱크 하단을 살펴보면 튀어나와 있는 부분이 있다. 그 부분이 에어탱크 그레인 밸브로 밸브를 반시계 방향으로 풀어 에어탱크 안의 응축수를 배출시킨다. 밸브를 돌리면 탱크 안에 남아 있던 에어와 응축수가 밖으로 나오게 되는데, 이때 압축공기의 압력에 의해 다칠 수 있으므로 밸브를 조금만 풀어서 시간을 두고 에어와 응축수를 배출해 주는 것이 좋다.

에어탱크 드레인밸브는 탱크 안에 응축수가 고였을 때 뿐만 아니라, 컴프레서의 사용이 완료된 후 탱크 안에 남아 있는 잔량의 압축공기를 배출할 때에도 사용이 된다.

[그림 197] **다양한 형태의 드레인 밸브**

(3) 오일관리

오일 레벨은 오일 유량 게이지(그림 198 ㉡)의 1/2이면 정상이다. 오일이 부족하면 오일 주입구(그림 198 ㉠)로 전용오일을 보충해 주고 오일이 이물질에 의해 오염이 되어 있다면 드레인 밸브(그림 198 ㉢)로 오일을 배출하고 신품 오일을 주입한다.

[그림 198] **컴프레서 오일량 점검 및 보충**

[3] 사용상의 주의사항

① 시동 전에 항상 오일이 들어 있는지 확인하고 오일 마개를 캡으로 막고 사용한다.
② 탱크 내부의 응축수는 수시로 배출한다.
③ 인화물실 접근금지 - 전시불꽃에 인한 인화주의
④ 사용압력 임의 조작금지 - 사용압력의 안전관리
⑤ 사용 시는 사용전압을 확인하고 ON/OFF스위치를 사용한다.

Chapter 02

경고등 점등원인 및 조치방법

02 경고등 점등원인 및 조치방법

계기판은 자동차의 상태를 한눈으로 볼 수 있는 종합정보의 창이다. 운전자가 차량의 상태를 확인하여 안전하고 쾌적한 운행을 할 수 있도록 도와주는 것이다. 자동차의 키를 ON상태에서 계기판을 보면 여러 가지 모양의 경고등이 있는데 각종 경고등 계기판에는 경고, 주의, 보조표시를 하는 경고등이 있다. 주행 중 계기판에 붉은색의 경고등이 발생된다면 정비업체를 방문하여 점검을 받아야 한다. 주의(노랑색) 표시등은 주행상의 큰문제가 없기 때문에 운행 후 정비업체 방문하여 점검하면 된다.

경고등(푸른색)은 엄밀히 말해 경고등이라기보다는 자동차의 현재 상태를 표시하는 표시등이다. 위험상태를 알리는 것이 아니라 현재 자동차가 어떤 기능을 작동하고 있는지 상태를 확인할 수 있다.

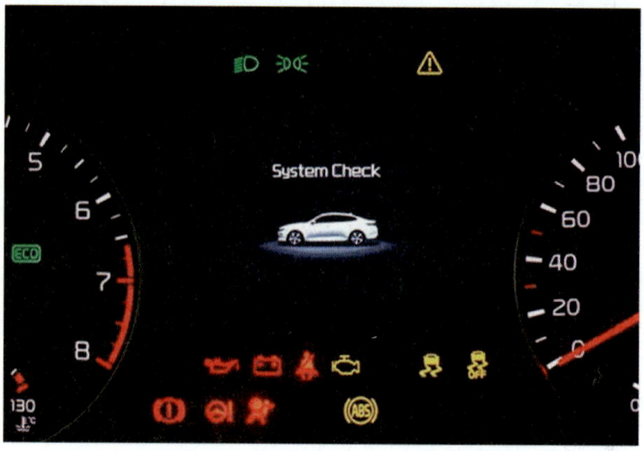

[그림 1] 각종 계기판 경고등

[표 1] **자동차 계기판 경고등 및 표시등의 종류**

경고등	내 용	경고등	내 용
	ABS 브레이크 경고		AEB(자동 긴급제동장치)/전방 충돌 경고등
	ISG 표시등(오토 스톱/스타트)		MDPS(전동파워 스티어링) 경고등
	결함 문제		경제운전표시(에코 운전 표시등)
	결빙 경고(서리주의)		공기여과기 점검
	내리막길 주행제어장치		냉각수 과열
	동절기 모드		디젤 배기가스 후처리장치 경보
	뒷유리 열선		문 열림
	방향 지시기		보닛 열림
	브레이크등 단선 경보		브레이크 밟기 페달(시동시)
	전구단선		
	브레이크 패드 경고		빗방울과 빛 감지기
	배터리/교류발전기 경고		속도감응식 자동 와이퍼
	속도제한기		핸드 브레이크 경고
	스티어링 잠금장치		세정액 부족 표시
	안전벨트 미착용		앞 유리 성에 제거
	연료여과기 물 있음		연료 부족
	연료필터(여과기) 주의		오일교체 등 서비스 요망
	우적감지 와이퍼		유압부족(엔진오일 경고등)
	이모빌라이저		에어백 경고

경고등	내 용	경고등	내 용
	에어백 작동 정지		에어 서스펜션 경보
	엔진, 동력계통 이상 경고등		예열 플러그/디젤예열 경고표시
	외부 경관등 결함(전구 고장 경고)		자동기어박스 경고
	자동전조등		차량 자세 제어장치(ESC) 작동 정지
	전방 안개등		전자열쇠 배터리 부족
	전조등		전조등 범위 조정기
	전조등 하향		점화스위치 경고
	정보표시장치		정속주행(크루즈 컨트롤) 작동 표시등
	주차보조 장치		주차브레이크
	차간 거리 경보장치		차내 열쇠 없음
	차선이탈 경고		차폭등 정보
	촉매변환장치 경고(공해방지 장치)		타이어 압력 부족(TPMS)
	트렁크 열림		트레일러 견인장치 경보
	컨버터블(차 지붕 전환장치) 경고		클러치 밟기 페달
	파워 스티어링 경고등		현가장치 조절기
	후방 안개등		

1. 엔진오일 압력 경고등

엔진오일이 오일펌프에 의해 각 마찰 구동부위에 전달된다. 하지만 엔진오일이 없거나 오일펌프의 성능저하, 오일순환 계통에서의 누유 등 원인이 발생된다면 압력이 떨어진다. 이때 운전자에게 엔진오일 압력이 낮아 순환에 문제가 있다고 알려주는 경고등이다.

[그림 2] **엔진오일 압력저하 경고등**

오일압력 경고등 점등 시 이미 엔진에는 오일의 순환이 되지 않았기 때문에 치명적인 손상이 발생될 수 있다.

1.1. 작동

1.1.1. 정상 시

시동스위치 ON한 경우 점등되었다가 시동을 걸면 소등된다.

1.1.2. 비정상시

시동이 걸린 후 또는 운행 중에도 경고등이 계속 점등된다. 예외사항으로 경고등이 점등될 때 압력센서 자체 또는 압력센서 배선결함 때문에 경고등이 켜 질 수 있다.

[그림 3] **오일 압력센서**

1.2. 조치방법

① 엔진 시동을 즉시 끄고 엔진오일 게이지를 뽑아 헝겊으로 1차 닦고 다시 끼웠다 빼내어 엔진오일이 L~F중간(정상)에 위치하는지를 점검한다.

[그림 4] **게이지위치 확인**

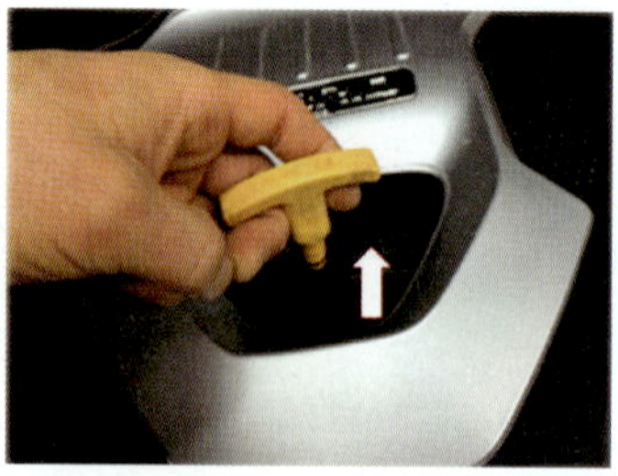

[그림 5] **게이지 탈거**

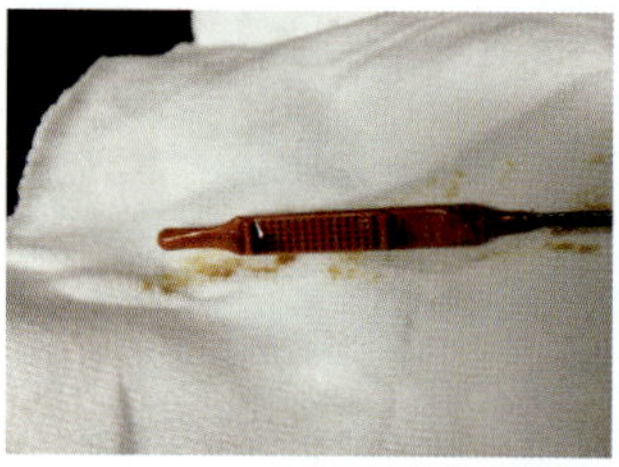

[그림 6] **헝겊으로 닦음**

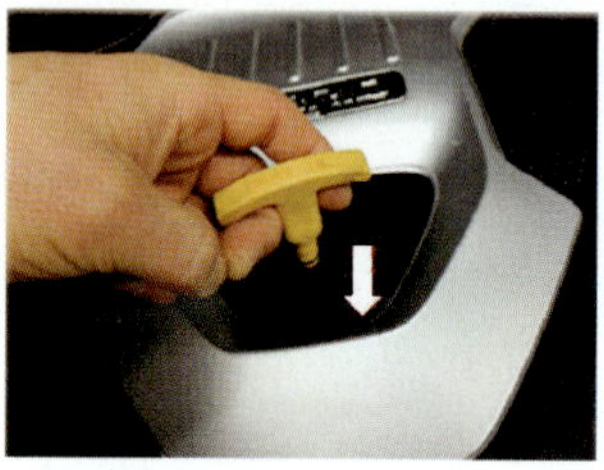

[그림 7] **게이지 재장착**

② 엔진오일이 게이지 L선 이하에서 묻어있으면 보충한다. 만약 L선 이하에서 게이지에 묻어 있지 않을 때 즉시 차량을 견인하여 입고하여 정확한 원인규명과 정비수리를 해야 한다.

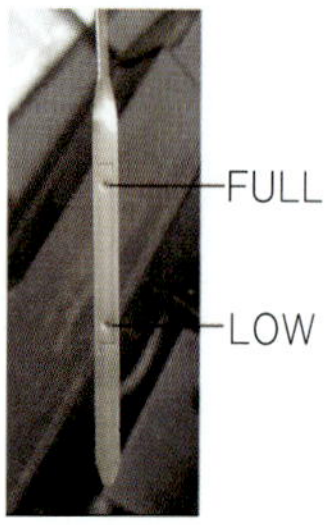

[그림 8] **오일양 확인**

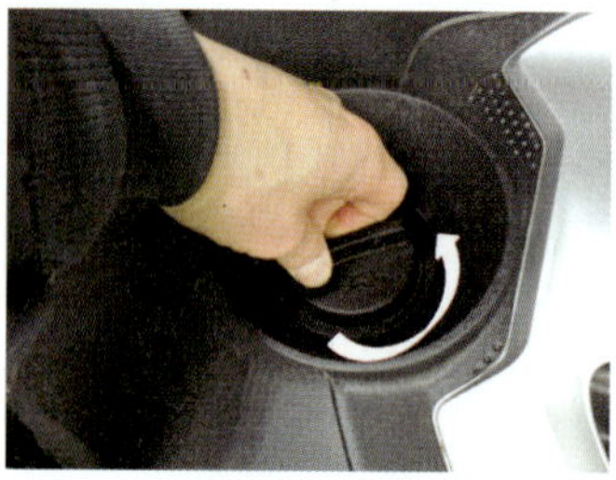

[그림 9] **오일 캡 반시계로 탈거**

[그림 10] **엔진오일 보충**

2. 냉각수 과열 경고등

엔진이 정상적으로 구동되려면 여러 가지 조건들이 필요하지만 그 중 냉각수가 없다면 엔진은 고착되어 구동이 불가능해진다. 엔진은 열기관인 만큼 열에 대하여 매우 취약하기 때문에 냉각수관리를 잘 해야 한다.

냉각수 과열로 적색경고등이 점등되면 온도게이지가 H(하이)까지 상승했거나 물결

위 온도계 붉은 표시의 경고등이 점등 때 엔진의 냉각계통에서 이상이 발생되었다는 경고이다. 계기판의 온도게이지가 C~H 중간 이상일 경우 엔진의 과열 또는 냉각시스템에 문제가 있으므로 주행하지 말고 점검을 철저히 해야 될 것이다. 아날로그 바늘타입 및 디지털 막대타입은 동일하게 지침한다.

[그림 11] **냉각수온도과열 경고등**

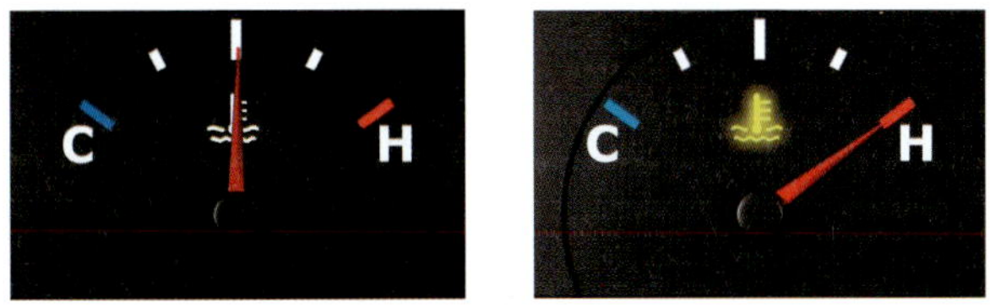

(a) 정상시 (b) 엔진 과열시

[그림 12] **온도게이지 지침확인**

2.1. 엔진의 과열원인

계기판의 온도 게이지가 장시간 동안 적색 눈금을 가리키거나, 냉각수 부족 경고등이 들어올 때, 또는 엔진룸에서 김이 피어오른다면 오버히트를 의심해볼 수 있다. 오버히트 현상은 냉각수부족 시 발생할 때가 많다.

[1] 엔진 과열의 원인

① 냉각호스, 워터펌프 개스킷, 라디에이터, 서모스탯 개스킷, 실린더헤드 개스킷 등의 이상이 생겨 누수가 발생하거나 냉각수 양이 부족한 경우

② 팬벨트가 손상되거나 팬벨트의 장력이 약하여 냉각팬이 회전하지 않을 경우

③ 라디에이터 코어, 워터펌프 고장, 서모스탯 고장 등 냉각수의 통로가 막힌 경우

2.2. 냉각팬이 멈추지 않고 계속 작동할 경우

① 도로주행시 길 가장자리로 차량을 이동시킨다.

② 변속레버를 중립(N)에 놓고 주차브레이크를 작동시킨다. 이때 에어컨이나 모든 전기장치는 OFF해 준다.

③ 후드로 수증기가 나오거나 차량의 아래로 냉각수가 떨어질 때 후드를 열지 말고 수증기와 냉각수가 나오지 않을 때까지 시동 후 공회전 상태에서 기다린다.

④ 수증기나 냉각수가 흐르지 않는다면 후드를 열고 엔진룸 내부에 통풍이 잘되도록 환기시켜 준다.

⑤ 냉각수 온도가 중간이하 정도 내려오면 시동을 꺼 준다.

[그림 13] **냉각수온도 정상 시 시동 OFF**

⑥ 엔진이 충분히 냉각된 상태에서 보조 물탱크의 냉각수를 확인한 후 라디에이터 캡을 열고 냉각수를 확인한 다음 냉각수 부족시 보충하면 된다. 라디에이터 캡을 열 땐 라디에이터에는 아직까지 수증기가 있어 캡을 열 때 높은 압력으로 화상을 입을 수 있기 때문에 습증기가 통과할 수 없는 비닐이나 신문지와 같은 것으로 캡을 감싸고 그 위에 수건이나 장갑을 낀 상태에서 캡을 1차 잠김을 돌려 압을 빼고 다시 2차 잠김을 열어 냉각수를 보충한다.

[그림 14] **보조 물탱크 냉각수 보충**

[그림 15] **라디에이터 냉각수 보충**

2.3. 냉각팬이 회전하지 않을 때

① 도로주행 시라면 길 가장자리로 차량을 이동시킨다.

② 엔진시동 공회전상태에서 변속레버를 중립(N)에 놓고 주차 브레이크를 작동시킨다. 고장 진단하는 과정에서 냉각수가 들어있다면 에어컨을 켜 놓고 냉각팬이 작동하는지 먼저 점검하여 냉각팬이 작동을 하면 냉각팬 자체에는 이상이 없고

냉각팬이 작동을 하지 않으면 에어컨이나 모든 전기장치는 OFF해 준다.

③ 냉각수가 넘치거나 수증기가 멈추면 후드를 열고 엔진룸을 통풍시켜 엔진을 냉각시켜 준다. 후드를 열 때 수증기 또는 냉각수가 분출되어 화상을 입을 수 있기 때문에 주의한다.

④ 엔진이 충분히 냉각되었다면 다음을 확인한다.

㉮ 쿨링팬 관련 퓨즈를 찾아 단선 유무를 판단한다.

㉯ 수온센서의 배선 및 커넥터를 점검한다.

[그림 16] **쿨링팬 퓨즈 확인**

[그림 17] **수온센서 배선 및 커넥터 확인**

㉰ 쿨링팬 배선 커넥터 체결이 정상인지 확인한다.

㉱ 쿨링팬을 손으로 돌렸을 때 쉽게 돌아가는지를 확인한다.

⑤ 퓨즈 및 배선과 커넥터에 이상이 없으면 냉각계통을 점검하여 수리한다.

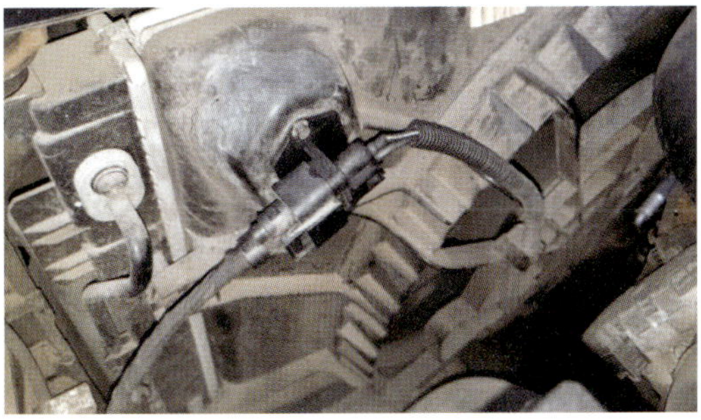

[그림 18] **쿨링팬 및 쿨링팬 배선 커넥터 확인**

3. 충전 경고등

3.1. 정상적인 상태

시동키를 ON이 되면 충전을 위해 발전기에 전기를 공급하여 발전준비를 한다. 이때 계기판에 배터리 경고등이 점등되고 시동이 걸리면 바로 소등된다.

[그림 19] **배터리 경고등**

3.2. 비정상적인 상태

시동이 걸린 상태에서 배터리 경고등이 점등되어 있다. 이때 충전시스템을 점검 수리해야 한다.

3.3. 점검 및 조치방법

① 발전기 벨트의 장력이 헐거운지 확인하고, 벨트의 장력이 헐거우면 장력을 조정한다. 발전기 벨트가 끊어졌을 때는 벨트를 교체한다.

② 발전기에서 이상한 소음이 발생되는가를 확인한다. 소음이 발생하면 내부 베어링 손상 등의 고장이므로 발전기를 교체한다.

[그림 20] **발전기 벨트장력 및 소음점검**

③ 발전기 출력전압과 전류를 점검하여 이상이 있으면 발전기를 교체한다.

㉮ 요즘 차량의 발전기는 전압으로 발전을 하는 게 아니라 전류를 생성하므로 멀티메타와 같은 전압계를 이용하여 측정한다면 잘못된 측정방법이다.

㉯ 전압측정일 경우 전장부품의 전체 부하 기준 9.8 V~15.8 V 이하까지도 점검이 되고 정상적이다.

㉰ 전류측정일 경우 전장부품의 전체 부하 기준 10 A 이상이면 정상이다.

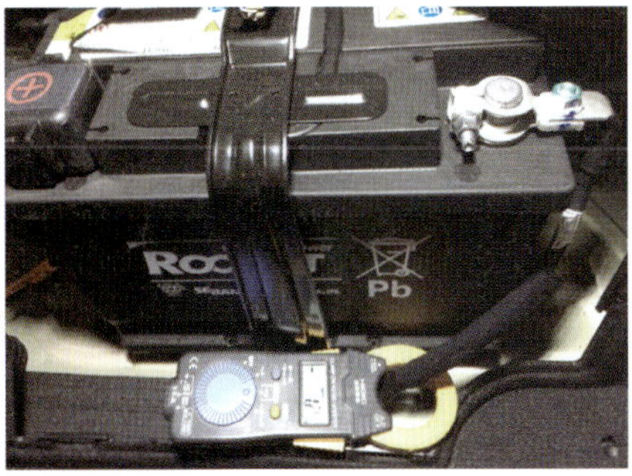

(a) 전류 측정방법

(b) 전압 측정방법

[그림 21] 발전기 점검

4. 엔진 자기진단 경고등

엔진은 여러 가지 센서와 제어기에 의해 구동된다. 이것 중 한 가지라도 고장이 발생되면 시스템이 불안정하게 작동되어 엔진에 이상현상이 나타나므로 각 센서 및 제어기에서 이상이 발생되면 반드시 고장 경고등이 점등된다. 모양은 엔진같이 생겼지만 실제로 경고등의 내용은 엔진 및 오토미션 등 파워트레인 측 고장 시 경고등이 점등된다.

[그림 22] 엔진 자기진단 경고등

4.1. 정상시

시동키를 ON하면 점등되고 시동이 걸리면 소등된다.

4.2. 비정상시

시동키를 ON하면 점등되고 시동이 걸린 후에도 점등이 되면 엔진 시스템에 이상으로 판단한다.

4.3. 점검 및 조치사항

경고등 점등 시 직접 육안검사나 기타 장치로 확인할 수 있는 방법이 없기 때문에 전문 진단장비로 점검하여야만 정확한 고장진단을 할 수 있다.

[그림 23] 전문 진단장비

5. 안티락 브레이크시스템(ABS)의 경고등

ABS는 주행 중 급제동시 각 바퀴와 노면과의 마찰계수 변화에 따라서 전자적으로 각 바퀴의 유압을 조절하여 휠을 제어하는 장치로서 바퀴가 잠기는 것을 방지하여 눈길이나 빙판길에서도 바퀴의 조기 멈춤을 방지하여 핸들의 조향 및 직진성능을 향상시켜주는 장치로서 제동시 안정성을 높여주는 시스템이다. 만약 주행 중 ABS경고등이 점등된다면 즉시 정확한 원인을 찾아 수리 정비해야 한다.

[그림 24] ABS 경고등

5.1. 정상적인 점등

시동키를 ON하면 점등되고 시동이 걸리면 몇 초 후 소등된다.

5.2. 비정상시

시동키가 ON이면 점등되고 시동이 걸린 후에도 계속 점등상태이면 시스템에 고장으로 판단한다.

5.3. 점검 및 조치사항

① 경고등 점등 시 직접 육안검사나 기타 장치로 확인할 수 있는 방법이 없기 때문에 전문 진단장비로 점검하여야만 정확한 고장진단을 할 수 있다.

② 주차브레이크 경고등과 함께 경고등이 소등되지 않은 상태라면 주의해서 운행하여 수리할 장소까지 이동한다.

6. 주차브레이크 경고등

6.1. 시동키 ON 후 주차브레이크 해제 시 경고등 점등

주차 브레이크 조작이 되지 않은 상태에서 경고등이 점등되면 주차 브레이크 스위치불량 또는 유격조절이 잘못되어 발생된 것으로 스위치 점검 및 유격조절을 한다.

[그림 25] 주차 브레이크 경고등 점등

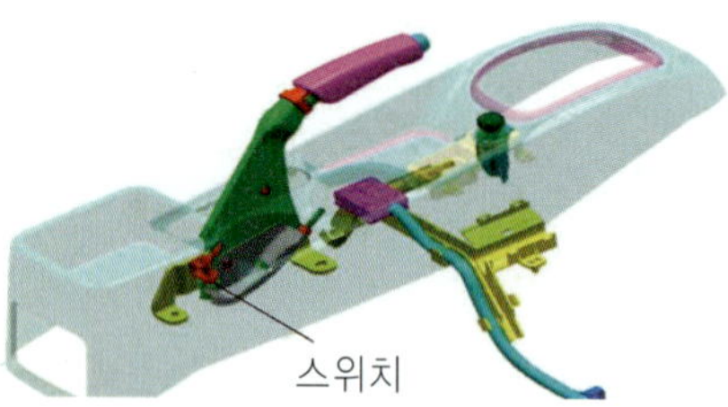

(a) 스위치 점검

(b) 케이블 유격점검

[그림 26] 주차 브레이크 스위치 및 케이블 점검

6.2. 시동키 ON 후 브레이크액 부족으로 경고등 점등 - 비정상

본네트를 열고 브레이크액이 새는 곳이 없으면 브레이크액 탱크 옆면을 보면 MAX와 MIN 이라는 글씨가 보이는데 브레이크액이 MAX 이상 넘어가면 안 되고, MIN 이하로 내려가면 안 된다.

만약 브레이크액이 MIN 이하로 내려갔다면 브레이크액을 보충하기 전에 브레이크 패드 또는 라이닝 상태를 점검을 해서 마모되면 마모된 만큼 브레이크액으로 채워지기 때문에 마모가 많이 되면 브레이크액이 줄어든 것처럼 보이게 된다. 이 경우 패드 또는 라이닝의 마모상태를 봐서 마모한계까지 갔다면 새것으로 교체를 해주고 브레이크 액량을 재확인하여 브레이크 액량이 부족하면 보충한다.

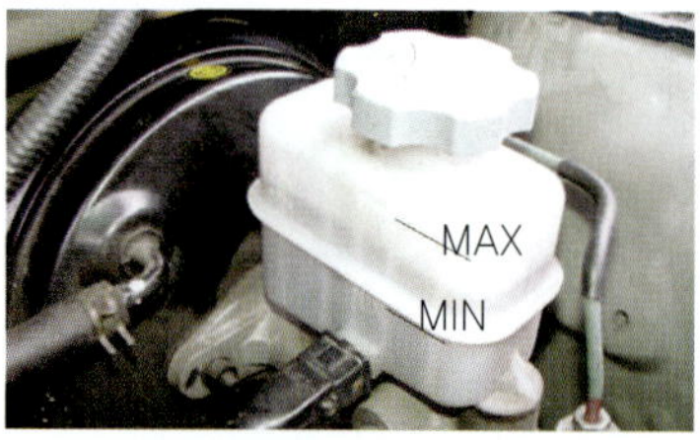

(a) 브레이크액 점검

(b) 브레이크 패드 & 라이닝 마모확인

[그림 27] 브레이크액 부족시 경고등 점등

6.3. 시동키 ON시 ABS시스템에서 EBD고장 시 ABS+EBD함께 경고등 점등 - 비정상

이 경고등 점등 시 운행을 중지하고 견인조치 후 ABS관련 시스템 고장이므로 정확한 원인을 파악하여 수리한다.

[그림 28] ABS 모듈

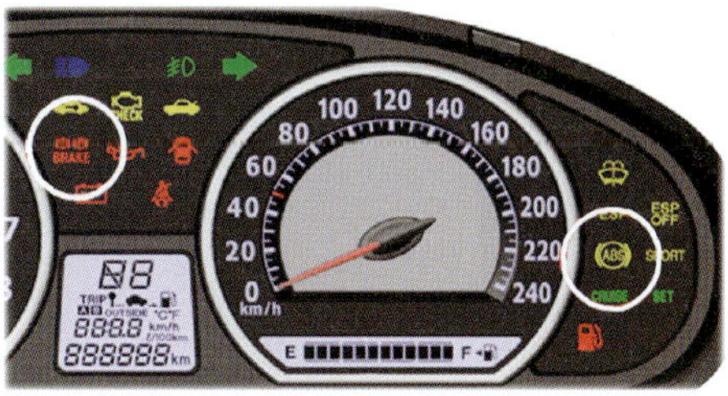

[그림 29] ABS+EBD 동시 고장 시 점등

7. 브레이크 진공 경고등

브레이크페달을 밟을 때 가볍게 작동되는 이유가 진공으로 마스터 백을 작동시키기 때문이다. 이때 진공이 누설 또는 진공형성이 되지 않는다면 제동이 되지 않아 심각한 경우가 발생될 수 있어 진공압이 저하가 되면 경고등을 점등하는 것이다.

[그림 30] 브레이크 진공 경고등

7.1. 진공압 경고등 점등 시 점검사항

① 진공압은 가솔린자동차는 흡기다기관에서 형성되고, 디젤자동차는 발전기 또는 자체 진공펌프에서 형성되므로 각각 점검한다.

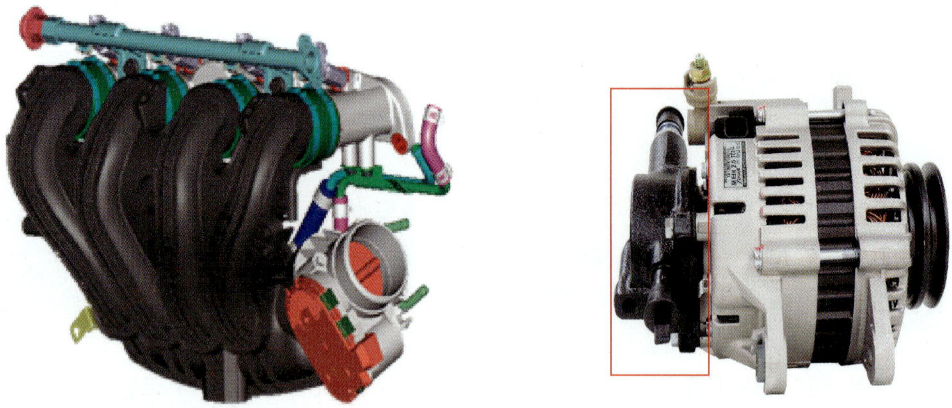

(a) 가솔린자동차 흡기다기관　　(b) 디젤자동차 발전기 진공펌프

[그림 31] **진공압 형성 부위**

② 마스터백과 연결된 첵밸브 호스의 연결 상태를 확인한다.

③ 마스터 백 자체 문제로 공기가 흡입되는 소리가 발생되는지 확인한다.

④ 진공이 형성되지 않으면 운행이 불가능하므로 정확한 진단 후 정비를 해야 한다.

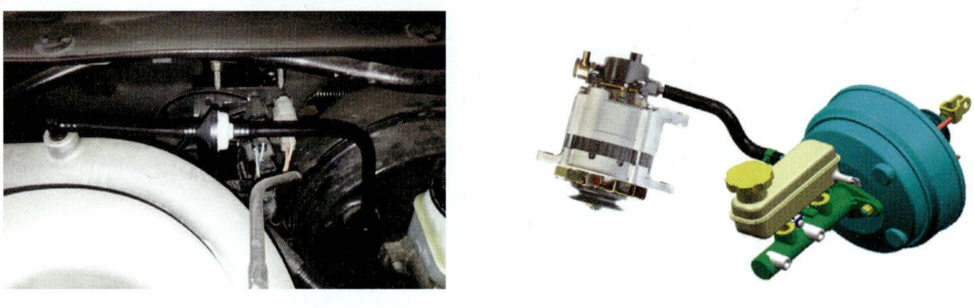

(a) 가솔린 자동차　　(b) 디젤 자동차

[그림 32] **첵밸브 호스 점검**

8. 에어백 경고등

시동키를 ON하면 에어백 경고등이 잠깐 점등되었다 다시 소등한다. 만약 시동된 이후에도 계속 점등이 되어있으면 정확한 원인을 찾아 정비한다.

[그림 33] 에어백 경고등

8.1. 정상 시

8.1.1. 경고등이 6초간 6회 점멸한 후 경고등 off 시

정상상태로 이전에 기록되거나 현재 발생되고 있는 오류가 전혀 없다. 스캐너 사용 시 읽어지는 고장이 없으므로 더 이상 진단하거나 확인할 필요가 없다.

8.1.2. 경고등이 6초간 on상태 유지 이후 1회 점멸한 다음 경고등 off 시

정상상태로 이전에 발생되었던 고장을 감지한 적이 있으나 더 이상 감지된 고장의 현시점까지 나타나고 있지 않은 상태에서 더 이상 진단하여 확인할 필요는 없으나 스캐너를 이용하여 이전 고장내용을 확인하고 그 오류가 재발가능성이 있는 경우 확인이 필요하며 이전 기록된 고장내용은 스캐너를 이용하여 삭제한다.

8.2. 비정상

8.2.1. 경고등 6초간 on상태 유지 이후 1회 점멸한 다음 경고등 on상태

이전에 기록되어진 고장이 있으며 또한 현재 발생하여 있는 고장을 감지하고 있는 상태이며 이 경우 에어백 ACU(에어백컨트롤유닛)는 이전에 발생되었던 고장을 다시 현재 감지하고 있을 수 있거나 또한 새롭게 감지된 고장을 인식하고 있는 상태이다.

8.2.2. 경고등 6초간 on상태 이후 1회 점멸 없이 계속 경고등 on시

에어백 ACU의 커넥터가 잘 물려있지 않은 상태로 배선 측의 커넥터와 ACU측의 커넥터 결합이 불량한 상태이므로 확인이 필요하다. 재 결합시도 후 동일 문제 발생 시 배선 불량이므로 교체한다.

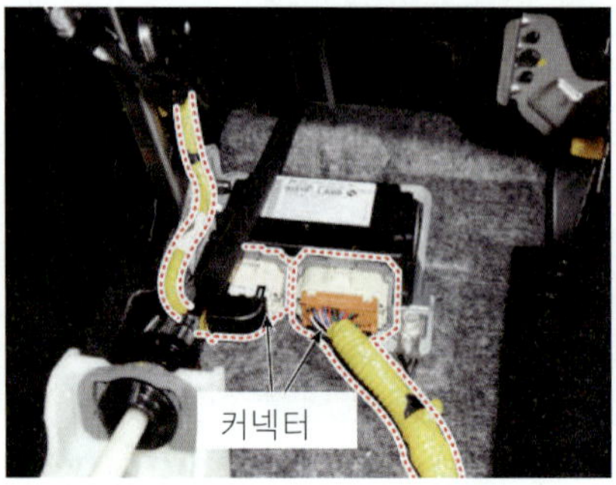

[그림 34] **커넥터 및 배선확인**

9. 경유 차량 연료수분 유입 경고등

경유는 착화되기 쉬운 성질을 이용하기 때문에 고밀도 압축비에 좋은 연료를 사용해야 한다. 그렇기에 디젤엔진에는 조금의 수분에도 취약함으로 수분이 있을 경우 즉시 제거해야한다. 수분은 윤활작용에 큰 지장을 주기 때문에 엔진 작동 시 엔진에 마모를 줄 수 있는 이유가 되기 때문에 디젤 차량의 연료필터 세디멘트에서 수분이 감지되면 경고등을 점등시킨다.

[그림 36] **계기판 수분경고등**

9.1. 연료필터의 수분 배출방법

① 엔진 시동이 걸린 상태에서 연료필터 수분 경고등이 점등되는지 확인한다.

② 엔진룸의 연료필터 위치를 확인한다.

③ 연료필터 하단에 수분 경고등 센서의 커넥터를 분리한다.

[그림 36] 연료필터의 위치확인

[그림 37] 수분경고등의 커넥터분리 및 탈거

④ 드레인 플러그(수분 경고등센서)를 풀어 수분과 연료를 제거한다.
⑤ 수분과 연료가 배출이 완료되면 드레인 플러그(수분 경고등센서)를 체결한다.
⑥ 드레인 플러그(수분 경고등센서) 커넥터를 연결한다.

[그림 38] 수분과 연료제거

[그림 39] 드레인플러그 커넥터 연결

⑦ 연료필터 펌프(프라이밍펌프)를 펌프가 뻣뻣해질 때 까지 눌러 작업을 하고 에어 작업 후 시동을 걸어 경고등 점등 유무를 판단한다(참고 : 일부 차종에는 전자식 연료펌프가 적용되어 수동 연료펌프가 미 적용된다).

(a) 프라이밍펌프 타입　　　　　　　　　　(b) 오버플로우밸브 타입

[그림 40] **수동 연료펌프의 에어빼기**

10. 타이어공기압 경고등(TPMS)

TPMS는 자동차의 각 휠에 내장된 공기압력센서가 타이어 내부 공기압을 모니터하며 펑크 등의 이유로 타이어공기압이 부족한 경우 경고등을 점등시켜 운전자에게 알려줌으로써 만일의 사고에 대비할 수 있도록 해 주는 안전장치이다.

경고등 점등 시에는 타이어 공기압이 저압이므로 즉시 수리 및 공기를 주입하고 경고등이 점멸 후 점등될 때에는 TPMS시스템 고장이므로 수리를 해야 한다.

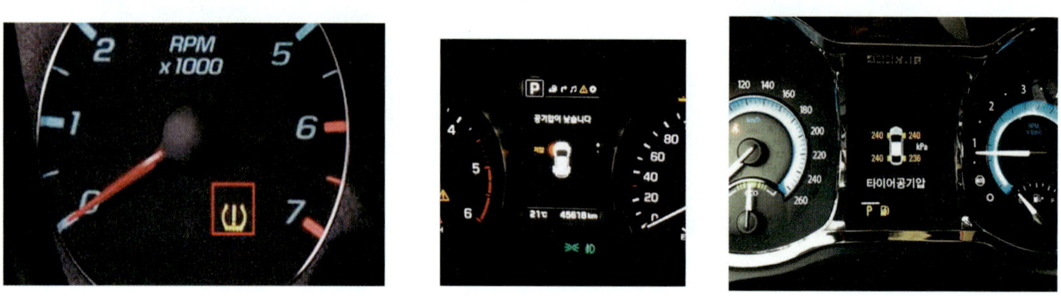

[그림 41] **TPMS 경고등 및 공기압표시**

11. 기타 경고등 및 표시등

11.1. MDPS(전동 파워 스티어링)의 경고등

스티어링 휠을 쉽게 돌릴 수 있도록 도와주는 전동 파워 스티어링에 문제가 생기면 나타나는 경고등이다. 경고등이 들어오면 핸들 조작에 문제가 발생할 수 있으므로, 가급적 운전은 자제하는 것이 좋고 빠른 점검 및 수리해야 한다.

[그림 42] MDPS(전동 파워 스티어링) 경고등

11.2. AEB(자동 긴급제동장치), 전방 충돌 경고등

AEB는 긴급제동시스템으로, 전방 충돌이 예상될 경우 차량이나 보행자를 인식해 피해를 경감시키는 안전시스템이다. 이 경고등은 문제가 발생할 경우에만 켜지기 때문에 경고등이 점등되면 바로 점검 및 수리해야 한다.

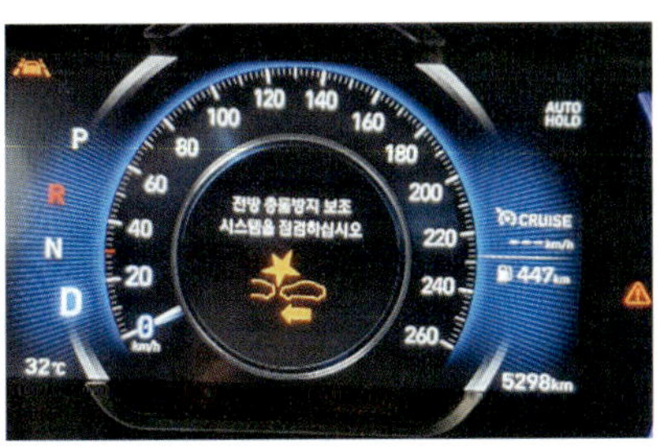

[그림 43] 전방 충돌 경고등

[그림 44] 이모빌라이저 경고등

11.3. 이모빌라이저 경고등

스마트키와 엔진에 적용된 고유 암호가 일치해야만 시동이 걸리도록 하는 도난 방지 시스템이다. 스마트키 없이 우회적인 조작으로 시동을 걸 수 없도록 하는 장치이기 때문에 차 내에 스마트키가 없으면 경고등이 켜지고 시동이 걸리지 않는다.

11.4. 안전벨트 미착용 경고등

운전석 안전벨트 미착용 경고등은 계기판에, 조수석 안전벨트 미착용 경고등은 차량 사양에 따라서 대시보드 중앙 또는 대시보드 상단 디스플레이에 있다. 시동스위치가 ON일 때, 안전벨트를 매지 않았을 경우 이 경고등이 점등되며, 이 상태로 약

20km/h 이상의 속도로 주행하면 경고음이 울리고 경고등이 점멸한다. 120초 이후에는 경고등만 점등하고 안전벨트를 착용하면 곧바로 꺼진다.

참고로 조수석에 물건을 둘 경우 경고등이 점등될 수 있으며, 안전벨트를 착용하였는데도 경고등이 켜지면 안전벨트 버클에 있는 스위치를 점검해야 한다.

(a) 안전벨트 미착용 경고등

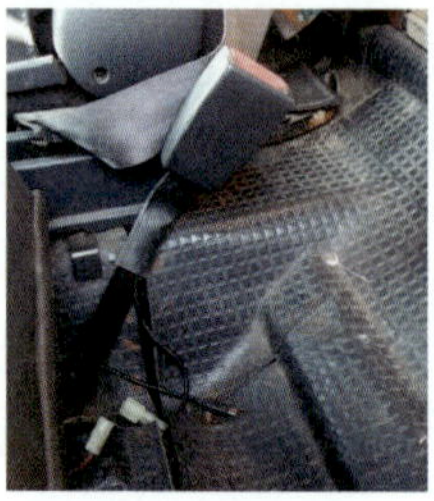
(b) 안전벨트 버클

(c) 버클 스위치 구조

[그림 45] **안전벨트**

11.5. 도어 오픈 경고등

도어 오픈 경고등은 차량의 문이 열려 있거나 완전히 닫혀 있지 않은 경우에 점등되고 문이 완전히 닫히면 소등된다. 문이 닫혀있는 데도 도어 오픈 경고등이 점등되어 있으면 경고등이 점등된 문 쪽 도어 오픈 스위치를 점검한다.

(a) 경고등

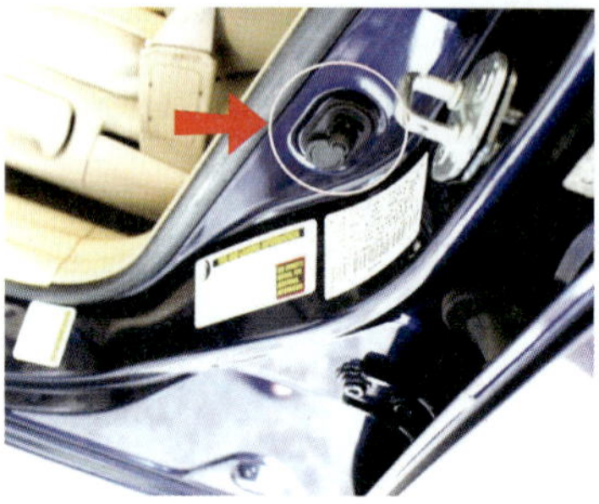
(b) 도어 오픈 스위치

[그림 46] **도어 오픈 경고등**

11.6. 연료부족 경고등

연료부족 경고등은 말 그대로 연료의 잔류량이 적을 때 켜지는 경고등이다. 연료가 완전히 소모되어 주행할 경우 엔진 및 연료장치에 문제가 발생할 수 있으므로 이 경고등이 켜지면 바로 연료를 보충해야 한다. 계기판의 연료 경고등은 제조사에서 정해 놓은 일정량보다 연료탱크의 연료량이 떨어지면 점등된다.

경고등이 켜지는 시점은 차종별로 다르며, 보통 소형차는 6~9 L, 중형차는 9 L, 대형차는 12 L 이하가 되면 연료경고등이 점등된다. 이렇게 다른 이유는 차종별로 연비의 차이가 있어 주행할 수 있는 거리가 다르기 때문이다. 최근 국산 하이브리드의 경우에는 6 L 이하일 때 점등되며, LPI차량은 10% 이하에서 켜지도록 설계된다.

예를 들어 점등기준이 6 L 이하, 연비가 11.9 km/ℓ라면 경고등이 켜진 후 71.4 km를 더 주행할 수 있는 셈이다. 엔진 경고등은 주유하기 이전까지 켜져 있지 않았다가 주유를 하고 난 후 엔진 경고등에 불이 켜졌다면 고장은 아니지만 주유 중 엔진을 끄지 않았거나 주유를 마치고 연료통 뚜껑이 덜 닫힌 경우 일 수 있다.

하지만 연료를 주유했는데도 게이지가 그대로 있던 가 경고등이 계속적으로 켜지면 계기판 또는 연료센서를 점검해야 한다.

(a) 경고등

(b) 연료펌프

[그림 47] **연료부족 경고등**

11.7. 차체 자세 제어장치의 작동 경고등

차체 자세 제어장치(VDC : vehicle dynamic control)는 자동차 자세를 제어해 주는 장치이다(제조사별로 ESC, ESP 등 별도 명칭사용). 경고등은 차량의 자세가 불안정할 때에 해당 시스템이 개입하여 차량의 구동력을 제한하면 이 경고등이 점멸된다. 특히 겨울철에는 눈길이나 미끄러운 노면에서 바퀴가 헛돌 경우 경고등이 점멸될 수 있는데 이 경우 가속페달을 부드럽게 조작해 천천히 차를 구동해야 한다.

VDC OFF 버튼은 VDC기능을 끄는 버튼이다. 따라서 안전한 주행을 위해서는 항상 VDC기능을 켜두는 것이 좋기 때문에 특수한 상황이 아닌 이상 VDC OFF 버튼을 누를 일은 없다. 다만, 도랑이나 눈길에 자동차 바퀴가 빠졌을 때에는 VDC OFF 버튼을 눌러 VDC기능을 끄는 것도 바퀴를 빼 네는 방법 중 하나가 될 수 있다. 이유는 자동차 바퀴가 헛도는 경우에는 VDC기능이 차량의 엔진 추력 및 바퀴의 구동을 감소시켜 차량의 힘이 부족해 도랑이나 눈길을 빠져나오기 힘들 수 있다. 따라서 바퀴가 헛도는 상황에서는 VDC OFF 버튼을 눌러 바퀴의 구동력에 힘을 실어줄 수 있다.

주행 중에 갑자기 VDC경고등이 점등되는 이유는 크게 2가지가 있다. 첫째는 미끄러운 노면에서 바퀴가 헛도는 경우 VDC경고등이 켜질 수 있다. 겨울철 미끄러운 도로에서 주행 중에 갑자기 VDC경고등이 잠깐 켜졌다가 꺼진다면 VDC 기능이 작동되었다는 뜻이다. 두 번째는 브레이크 스위치에 결함이 있는 경우 VDC경고등이 켜질 수 있다. 만약 항상 VDC경고등이 켜져 있다면 VDC OFF 버튼으로 확인하고, 그래도 계속 경고등이 들어온다면 VDC 관련 부분을 점검해야 한다.

(a) VDC 경고등

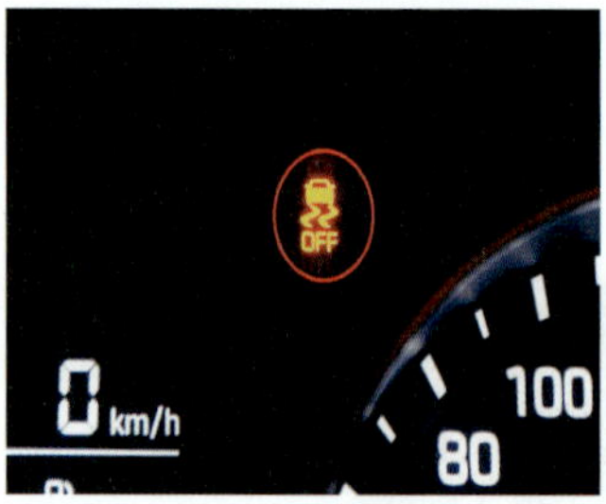

(b) VDC OFF 경고등

(c) VDC ON-OFF 스위치

[그림 48] **차체 자세 제어장치의 작동 경고등**

11.8. 워셔액 경고등

워셔액 경고등은 워셔 탱크에 워셔액이 부족하게 되면 점등된다. 이 경고등이 점등되면 즉시 워셔액을 보충하셔야 한다. 가끔가다 워셔액 코팅제를 넣으면서 센서부분이 코팅이 되어서 차량 계기판에 센서 오류 경고등이 점등된다. 이때는 센서부분을 청소만으로 대부분 해결이 되고, 워셔액을 보충했는데도 계속 경고등이 점등되면 센서를 교체해야 한다.

(a) 경고등

(b) 센서 위치

[그림 49] **워셔액 경고등**

11.9. 디젤 예열경고등

디젤 예열경고등은 예열플러그의 예열상태를 표시하는 것으로 키를 돌려 시동의 ON상태가 되면 계기판에 점등이 되며, 예열이 완료가 되면 경고등은 소등된다.

예열플러그 경고등은 엔진의 냉각수 온도에 따라 경고등이 소등되는 시간이 다르고 표시등이 소등 후 엔진 시동을 걸어야 한다. 경고등이 소등되지 않고 계속 점등상태일 경우 시동이 안 걸릴 수도 있다. 하지만 예열표시등이 점등되지 않을 시 내버려 둘 경우 화재가 발생할 우려가 있다. 또한, 예열시간이 지났어도 경고등이 소등되지 않는 것도 예열계통에 이상이 있는 것이므로 예열플러그 퓨즈, 예열플러그 또는 예열플러그 릴레이를 점검해야 한다.

(a) 경고등

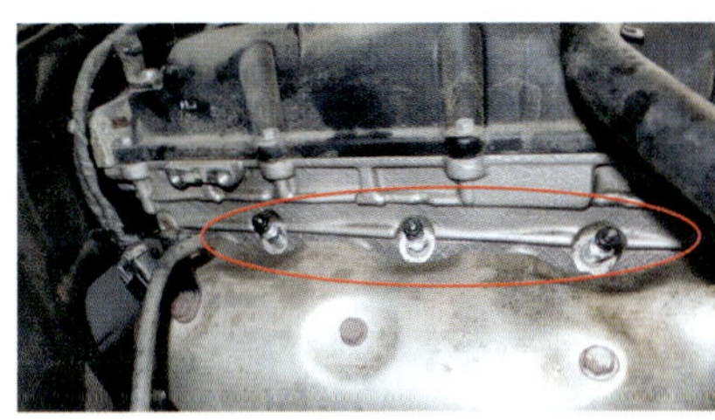

(b) 예열플러그

[그림 50] **디젤 예열경고등**

11.10. 노면 결빙주의 경고등

차량 시동 시 눈꽃모양의 경고등이 점등되는 차량들이 있다. 이 경고등은 "노면 결빙주의 경고등" 인데 제조사마다 차이가 있지만 실외 기온이 영상 4도 이하일 경우 해당 경고등이 점등된다. 노면 결빙주의 경고등이 보인다면 도로가 많이 미끄러울 수 있다는 사실을 인지하고 결빙이 심한 교량과 고가도로에서는 특히 주의하여 운전해야 한다.

11.11. 에코운전 표시등

주행모드 통합제어 시스템에서 액티브 에코 모드를 선택하면 ECO표시등이 녹색으로 점등된다. 엑티브 에코시스템은 더욱 높은 연비효율을 확보하도록 차량 상태를 제어하는 경제 운전시스템이다.

[그림 51] 노면 결빙주의 경고등

[그림 52] 에코운전 표시등

11.12. 내리막길 주행제어장치등

내리막길 주행제어장치등은 HDC(hill descent control)라고 표기한다. HDC는 경사가 급한 내리막길에서 센서가 경사도를 감지하면 브레이크를 밟지 않아도 속도를 제어해 주는 장치로, 내리막 경사로에서 경고등이 점등되게 된다. HDC기능을 사용하면 브레이크에 가해지는 부담이 적어져 패드 마모 등을 줄일 수 있기 때문에 가파른 내리막이나 겨울철 눈 덮인 내리막을 주행할 때 활용하면 브레이크 관리에 도움이 된다.

[그림 53] 내리막길 주행제어장치등

11.13. 오토 크루즈 표시등

차량이 정속으로 주행할 수 있도록 도와주는 기능의 크루즈 컨트롤 기능을 사용할 때 점등된다. 오토 크루즈기능은 오토 크루즈 컨트롤 스위치를 누르면 시속 40km 이상 주행하다가 원하는 정속 주행속도일 때 SET버튼을 누르면 지정된 속도로 계속 유지되기 때문에 장거리 운행 시 엑셀과 브레이크 밟는 빈도를 낮춰줘 운전자들의 피로를 줄여주고 크루즈 컨트롤 버튼을 다시 누르거나 브레이크를 밟으면 작동이 중지되며 크루즈 표시등의 불도 점멸된다.

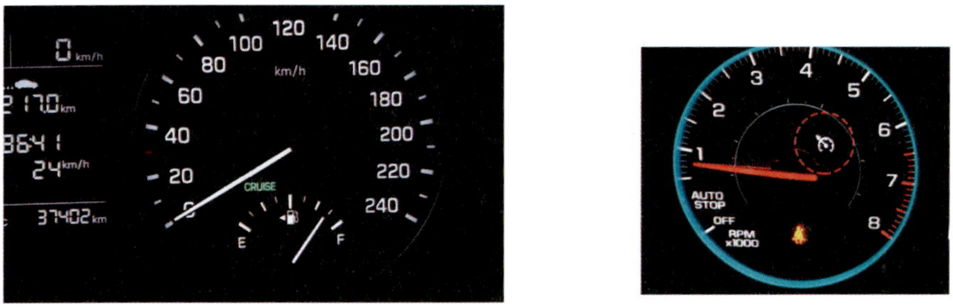

[그림 54] 오토 크루즈 표시등

크루즈 컨트롤시스템 구동방법은 크루즈 컨트롤을 ON/OFF하는 버튼을 눌러, 크루즈 컨트롤이 ON이 되면 계기판에 크루즈 컨트롤 표시등이 흰색으로 점등되면서, 가속페달을 밟지 않아도 차량의 속도를 일정하게 유지시켜주는 크루즈 컨트롤시스템이 구동된다. 나중에 크루즈 컨트롤 기능을 종료할 때도 이 버튼을 누르면 된다. 종료 시에는 계기판의 크루즈 표시등이 소등되면서 기능이 해제된다. 크루즈 컨트롤을 사용하지 않을 때는 오작동 방지를 위해서라도 꼭 기능을 해제시키고 계기판의 크루즈 표시등을 확인해야 한다.

[그림 55] 크루즈 컨트롤 ON/OFF 버튼

크루즈 컨트롤 해제 버튼을 누르게 되면, 크루즈 컨트롤시스템이 일시 해제된다. 한마디로 일시중지 버튼과 같은 역할을 한다. 이 버튼을 누르면, 크루즈 컨트롤의 설정 속도가 일시적으로 해제되는데 이때 크루즈 표시등이 흰색으로 점등된다. 그밖에도, 브레이크 페달을 밟거나, 클러치 페달을 수 초 이상 밟은 경우(수동기어 차량의 경우), 속도가 40 km/h 이하로 낮아진 경우 200 km/h로 높아진 경우에는 자동으로 일시 해제가 될 수 있다.

[그림 56] **크루즈 컨트롤 일시적 해제 버튼**

잠시 크루즈 컨트롤의 일시 해제 버튼을 눌러, 크루즈 컨트롤을 일시 중지시킨 후, 다시 사용하기 위해서는 조정 휠을 RES/+로 짧게 돌리면 된다. 그럼 직전에 설정되었던 속도로 정속 주행을 하게 된다. 그러나 속도가 40 km/h 미만인 경우나 기능이 해지된 경우(계기판에 크루즈 표시등이 소등된 상황)에는 재설정이 되지 않는다.

주행속도 설정을 위해서는 맨 처음에 온오프 버튼을 눌러 크루즈 컨트롤을 ON상태로 해야 한다. 크루즈 컨트롤시스템을 ON시키면 계기판에 크루즈 표시등이 흰색으로 점등된다. 다음에는 원하는 속도까지 가속페달을 밟으면 된다. 단 차량속도는 40 km/h 이상에서만 설정이 가능하다. 원하는 속도에 도달하면 조정 휠을 SET/–로 돌리면 된다. 이때 계기판에 크루즈 표시등이 녹색으로 점등되면서 일정한 속도를 유지하게 된다.

[그림 57] **조정 휠**

가운데 조정 휠을 통해서는 속도조절을 하게 된다.

① **설정속도를 증가시키려면** : 가운데 조정 휠을 RES/+로 돌릴 때마다 1 km/h씩 속도가 증가한다. RES/+로 돌린상태를 계속 유지하면 점차적으로 속도가 증가하는데 원하는 속도에 도달하면 손을 떼면 된다.

② **설정속도를 감소시키려면** : 가운데 조정 휠을 SET/-로 짧게 돌릴 때마다 1km/h 씩 속도가 감소한다. SET/-로 돌린 상태를 계속 유지하면 점차 속도가 감소하는데 원하는 속도에 도달하면 손을 떼면 된다.

③ **일시적인 속도 증가를 위해서** : 크루즈 컨트롤기능이 작동된 상태에서 일시적으로 속도를 올리고 싶을 때 이때는 가속페달을 밟아 속도를 증가시키면 된다. 설정된 값에 영향을 주지 않고 일시적으로 속도가 증가된다.

11.14. ISG 표시등(오토 스톱/스타트)

신호대기나 정차 중일 때 차의 엔진을 일시 정지해 연비를 향상시키고 배기가스 발생을 억제하는 기능이다. 시동을 켜면 작동하며 브레이크를 밟고 ISG OFF버튼을 누르면 해제할 수 있다.

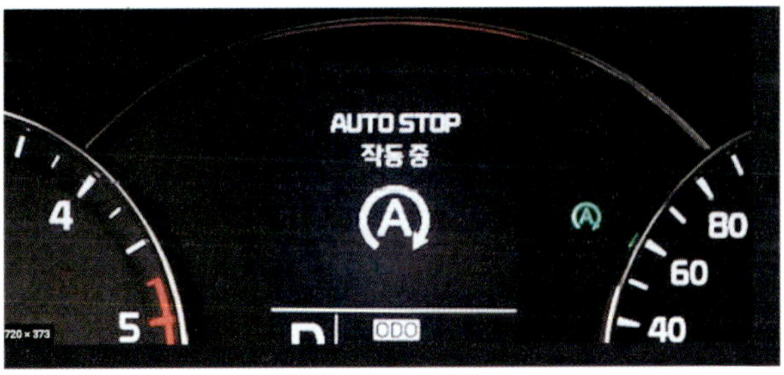

[그림 58] ISG 표시등

Chapter 03

소모품 교체주기 및 응급조치요령

1. 자동차 소모품점검 또는 교체주기
2. 자동차 응급조치요령

03 소모품 교체주기 및 응급조치요령

1. 자동차 소모품점검 또는 교체주기

차량의 소모품점검 또는 교체주기는 차량의 제조회사 및 주행거리·환경·운전자의 운전습관에 따라 다르나 부품 및 소모품점검 또는 교체주기는 자동차를 최적의 상태로 사용했을 때를 기준으로 한다.

본 내용은 일반적 사항을 기준으로 작성하였으며 정확한 것은 해당 제조사 정비지침서나 사용자 매뉴얼을 참고하여 점검일로 교체한다.

1.1. 엔진

항 목		점검 또는 교체주기	비 고
엔진오일, 오일필터, 에어클리너	가솔린	10,000 km~15,000 km(12개월)	-에어클리너는 오염 여부에 따라 교체 -가혹한 조건인 차량은 7500 km(6개월)
	디젤	15,000 km~20,000 km(12개월)	
연료필터		20,000 km~40,000 km	가솔린, LPI, 커먼레일 디젤필수(수분발생 즉시 교체)
부동액(냉각수)		30,000 km~40,000 km(2년)	수시점검하여 부동액 부족시 보충
팬벨트(겉벨트)		30,000 km~40,000 km	-교체시기와 관계없이 벨트 소손 시 교체 -엔진 시동 후 소음발생시 장력조정 또는 교체
흡기 플러싱(세정)		20,000 km~30,000 km	공기 흡입라인 스로틀바디 카본 및 슬러지 제거
엔진 플러싱(세정)		20,000 km~30,000 km	-엔진내부 슬러지 발생시 -플러그 교체시 통상 시행 권장
인젝터 크리닝		30,000 km~40,000 km	-디젤차량 : 매연발생, 수분유입, 엔진 출력 부족시 -LPI : 시동 불량시, 엔진출력 부족시
냉각라인 세정		40,000 km	냉각수 오염시, 녹 발생시 즉시
예열플러그		40,000 km(2년)	매 20,000 km마다 점검, 고장시 교체
록커암 커버 개스킷		70,000 km	교체시기와 관계없이 오일누유 시는 즉시교체

항 목	점검 또는 교체주기	비 고
타이밍벨트	70,000 km~80,000 km	-요즘 차량은 고장력 벨트라 100,000 km ~150,000 km까지 사용가능 -타이밍벨트와 관련부품 교체
산소센서	80,000 km~100,000 km	

1.2. 전기 · 에어컨

항 목	점검 또는 교체시기	비 고
등화 관련 전구	수시점검	전구 단선시 교체
와이퍼	10,000 km~20,000 km	와이퍼 작동시 유리면에 자국이 남을 때 교체
향균 필터	10,000 km~15,000 km(1년)	가혹조건(비포장, 시내운전)시 매 6개월마다 점검
점화플러그, 점화케이블	40,000 km	백금 플러그는 100,000 km
배터리	60,000 km(3년)	-초기 시동 성능이 떨어질 때(수시점검 -전조등 불빛이 어두워졌을 때
에어컨 냉매 점검	매 12개월마다 점검	냉풍이 약할 때 보충 또는 완충
점화 코일	80,000 km	매 20,000 5,000km 점검 불량시 교체
에어컨/히터 클리닉	매 12개월마다 점검	에어컨/히터 악취 발생시

[그림 1] **소모품 교체주기(1)**

1.3. 섀시

항 목		점검 또는 교체시기	비 고
타이어 공기압		3개월마다	수시점검
타이어 위치 교체		10,000km	마모한계선까지 마모시 교체
휠 밸런스		10,000km	60km 이상 주행시 핸들이 좀 튄다든가 떨면 점검
뒷 브레이크패드 또는 라이닝		20,000km~40,000km점검	마모시 교체(운전습관에 따라 차이가 있음)
브레이크패드	자동변속기	20,000km	-수시점검하여 마모시 교체(운전습관에 따라 차이가 있음) -브레이크페달을 밟았을 때 끽끽거리는 소음이 나거나 밀릴 때
	수동변속기	30,000km	
휠 얼라이먼트		상태에 따라 수시 점검	핸들이 쏠리거나 편 마모시 조정 또는 정비
파워스티어링 오일		30,000km ~40,000km(2년)	
브레이크 오일		30,000km ~40,000km(2년)	브레이크페달을 밟았을 때 스펀지현상(푹신푹신한 느낌)이 일어날 때 교체
자동변속기 오일		40,000km	필터 동시교체
파워 스티어링 오일		40,000km	오염 또는 조향력 증가시
브레이크 오일		30,000km ~40,000km(2년)	브레이크페달을 밟았을 때 스펀지현상(푹신푹신한 느낌)이 일어날 때 교체
자동변속기 오일		40,000km	필터 동시교체
파워 스티어링 오일		40,000km	오염 또는 조향력 증가시
디프렌셜 오일		40,000km(2년)	가혹조건, 적재량이 많은 차량 교체
드럼 브레이크		50,000km	수시점검 이상시(사이드 브레이크작동거리, 브레이크 유격이 커졌을 때) 조정 또는 교체
수동변속기 오일		80,000km	
수동변속기 클러치, 커버, 디스크, 베어링		70,000km~80,000km	슬립현상 발생시 교체(운전습관에 따라 차이가 있음)
엔진, 변속기 브래킷		100,000km	엔진에 진동이 오거나 소손시 교체
섀시 하체볼트, 너트 조임 상태, 쇽업소버, 마운팅(인슐레이터), 로워암, 드라이브 샤프트		수시점검	-섀시 하체볼트 및 너트가 풀려있으면 조여 준다. -쇽업소버는 오일누유 또는 작동불량시 교체 -로워암 및 드라이브샤프트는 부트 상태불량 또는 구리스 누유시 교체
브레이크 페달 유격		수시점검	

[그림 2] 소모품 교체주기(2)

2. 자동차 응급조치 요령

2.1. 엔진시동이 걸리지 않을 때

엔진시동이 걸리지 않을 때 두 가지의 경우로 생각해 볼 수 있다. 먼저 스타터모터가 구동하지 않은 경우와 스타터모터는 구동은 하지만 시동이 되지 않을 경우가 있다.

2.1.1. 스타터모터의 마그네틱 “틱” 또는 “탁탁”소리만 나면서 시동되지 않는 경우

① 시동을 걸기 위해 스타터로 키를 돌렸을 때 계기판의 경고등이 희미하게 보이고, 경음기를 눌러보고 실내등, 전조등을 켜보았을 때 경음기, 실내등, 전조등이 켜지지 않는다면 배터리가 방전이 되어 스타터 마그네틱에서 “틱” 또는 마그네틱 접점이 붙었다 떨어지는 “탁탁”소리만 난다.

② 이러한 현상은 스타터모터 배선 또는 배터리 (-)단자의 노후 및 접촉불량 등 스타터모터 자체의 고장이 발생되어도 나타날 수 있다. 배선을 점검하여 배선이 불량하면 배선을 교체하고, 스타터 모터 자체 고장 시는 스타터모터를 교체한다.

③ 배터리의 (+), (-)터미널을 손으로 흔들어 보았을 때 흔들림이나 헐거움이 발생되었다면 조여준다.

④ 배터리 터미널의 부식상태가 심각하면 청소 후 구리스를 발라주던가 또는 터미널을 교체한다.

⑤ 배터리가 방전이 되어있으면 배터리를 교체하던가 배터리를 연결하여 시동을 걸어보아야 한다.

(a) 터미널 단자 좌우 흔들어 확인

(b) 헐거운 단자 조임

(c) 부식된 터미널

(d) 와이어 브러쉬 청소

[그림 3] **배터리 터미널 점검**

2.1.2. 점프케이블의 연결방법

배터리가 방전이 되면 정확한 원인을 찾기 전에 우선 다른 배터리를 연결하여 시동을 걸어보아야 되기 때문에 점프케이블을 이용해야 한다. 이때 점프케이블 연결이 잘못되면 자동차에 치명적인 손상을 초래하므로 주의한다.

최근에는 이런 불편함을 덜어줄 기능을 탑재한 차량도 출시되고 있다. 현대차의 신형 싼타페에는 "배터리 모니터링시스템" 기능이 탑재되어 배터리 과다방전이 감지될 시 운전자가 시동을 걸 때 미리 경고를 해준다. 이 경우 배터리가 방전되어 문자가 생기기 전 충분히 사전조치를 할 수 있다.

[1] 점프케이블의 연결 전 준비사항

① 보조배터리 또는 정상적인 차량을 이용 시 동일 전압인지 확인한다.

② 방전된 차량의 모든 전기장치를 OFF한다.

③ (+)터미널에 덮혀 있는 덮개를 개방한다.

[그림 4] 전기장치 OFF

[그림 5] (+)터미널에 덮혀 있는 덮개를 개방

[2] 점프케이블의 연결

(1) (+)터미널의 연결방법

방전된 차량의 배터리의 (+)단자와 점프케이블 빨강색의 집게로 연결하고 보조 배터리 굵은 단자인 (+)에 연결한다.

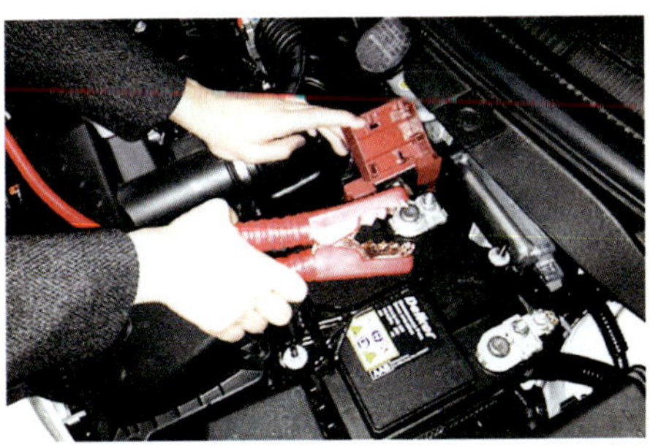

(a) 차량 배터리 (+)단자 연결

(b) 보조 배터리 (+)단자 연결

[그림 6] 배터리 (+)단자 연결

(2) (−)터미널 연결방법

① 방전된 차량의 (−)단자에 점프케이블(검은색)을 연결한 후 보조배터리의 (−)단자와 서로 연결한다(이때 방전된 차량의 (−)단자는 배터리가 아닌 차체의 철골이나 엔진블록에 연결하면 더 안전하다).

② 점프케이블로 배터리 연결이 완료되면 방전된 차량의 시동을 걸어주고, 배터리가 잘 충전될 수 있도록 10분 이상 시동을 걸어준다. 시동이 걸린 후 바로 끄게 되면 시동이 다시 안 걸릴 수 있다.

(a) 차량 배터리 (-)단자 연결

(b) 보조 배터리 (-)단자 연결

[그림 7] 배터리 (-)단자 연결

③ 충전이 완료되고 점프케이블을 제거할 때는 방전된 차량의 (−)단자부터 제거하고 보조 배터리의 (−)단자를 제거한다. 마찬가지로 방전된 차량의 (+)단자를 제거하고 보조 배터리의 (+)단자를 제거한다.

(3) 타 차량 이용하여 시동을 걸 때

① 타 차량의 배터리에 연결할 경우는 타 차량의 시동을 먼저 걸어 몇 분 기다린다.
② 위의 올바른 방법으로 점프케이블을 같은 극성끼리 연결 후 정상적인 차량에 시동을 걸어 놓은 상태에서 방전된 차량의 시동을 걸면 된다.
③ 엔진 시동이 걸리면 (−)단자에 연결된 점프케이블을 먼저 분리한 다음, (+)단자에 연결된 점프 케이블을 분리한다.

[그림 8] 타 차량과 점프케이블 연결

[3] 배터리 점프시 주의사항

① 점프시킬 배터리가 동일 전압인지 확인한다.

② (+), (-)극성을 정확히 확인 후 연결한다. 극성이 바뀌면 배터리 폭발, 전기장치 등 심각한 고장을 초래한다.

③ 점프케이블 취급 시 한쪽에 연결된 상태에서 플러스(+), 마이너스(-) 집게가 닿지 않게 피해준다.

④ 배터리가 충전될 때 가스를 배출하므로 폭발의 위험성이 있기 때문에 터미널 연결 시 불꽃이 튀지 않게 정확하고 확실히 장착한다.

⑤ 배터리가 어느 정도 충전될 수 있도록 시동을 켜주어야 한다. 이때 또 다른 이상현상이 발생될 수 있으므로 주의 깊게 관찰한다.

⑥ 배터리의 방전원인을 찾아 정확한 정비를 해 준다.

2.1.3. 스타터모터는 구동되지만 시동이 되지 않은 경우

① 시동키를 ON했을 때 계기판에 열쇠모양의 표시등 즉, 이모빌라이져 표시등이 점등되는지 확인한다. 만약 깜박거린다면 시스템의 문제이므로 수리해야 한다(참고 : 버튼시동 시스템도 동일하게 적용된다).

③ 배터리, 시동모터, 스티어링 락 등 모든 부문에 문제가 발견되지 않았다면 연료부족 또는 가솔린 및 LPI차량은 점화플러그를 의심해 볼 수 있고, 디젤차량은 예열플러그를 의심해 볼 수 있다.

④ 스타터 모터 구동은 되나 시동이 되지 않되는 경우는 엔진의 시동시스템의 전반적인 요인으로 발생될 수 있기 때문에 정확한 점검 후 수리한다.

[그림 9] 시동버튼 스위치 ON

[그림 10] 이모빌라이져 점등 확인

2.1.4. 스티어링 락 해제 후 시동

제조사들은 자동차의 도난방지를 위해 스티어링 락(Steering lock)기능을 탑재한다. 특별한 문제없이 도난방지를 위한 스티어링 락이 걸리면 차 키를 넣고 돌리려 해도 돌아가지 않게 된다. 단순히 핸들이 잠겨 있어 키가 돌아가지 않는 것이기 때문에 스티어링 락 기능을 해제하면 된다. 핸들을 좌우로 힘주어 돌리며 키를 돌리면 예전처럼 시동을 걸 수 있다.

참고로 버튼식 시동키에 스티어링 락을 해제하려면 모델에 따라 다르지만 일반적으로 스마트키를 가지고 있는 상태에서 브레이크를 밟거나 혹은 스마트키로 단순히 시동을 켜면 스티어링 락 상태가 풀리기도 한다. 이와 별개로 원격 시동이 걸리지 않는 경우는 대부분 리모컨 배터리의 전력부족이 원인이다. 이럴 땐 차량에 탑승해 직접 시동 버튼을 눌러 시동을 걸면 된다.

2.1.5. 브레이크스위치 불량시

[1] 브레이크스위치 고장시 증상

① 시동불량(스마트키 차량)

② 브레이크등 점등 불량

③ 자동변속기 레버 변경 불량

[2] 제네시스 기준

① 우선 기어는 P에 브레이크는 밟지 않는다.

② 버튼은 한번 눌러서 ACC상태로 놔 눈다.

③ 한번더 눌러서 시동을 거는데, 이때 시동버튼을 누른상태로 10초 가량을 누르고 있는 다. 그러면 내부적으로 센서 오류코드로 인식해서 시동을 걸어 준다.

[3] 아반떼 MD기준(스마트 버튼 시동일 때)

기본 시동(버튼식 시동)이 안 걸리고, 비상시동도 안 되는 상황

① 차가 밀리지 않게 사이드를 당겨 놓는다.

② 기어박스에 있는 시프트 락 릴리즈 버튼을 누른 상태로 기어를 한 번 전체적으로 아래까지 왔다갔다 움직여준다.

③ 다시 기어가 P에 있는지 확인 후 정상적으로 시동을 걸어 본다.

[그림 11] 시프트 락 릴리즈 버튼

2.2. 와이퍼가 작동하지 않을 때

비가 오거나 눈이 올 때 와이퍼가 갑자기 작동되지 않는 다면 시야 확보가 어려워 안전운전이 어렵게 된다. 앞 유리 오염이 심할 경우 블레이드의 수명단축과 와이퍼시스템의 고장원인이 될 수 있기 때문에 관리를 철저히 해 주어야 하며 와이퍼 고장 시에는 예상원인을 찾아 정확히 정비를 해야 한다.

2.2.1. 와이퍼스위치를 작동해도 전혀 작동하지 않을 때

[1] 와이퍼 관련 퓨즈 및 배선점검

① 자동차에서 실내 퓨즈박스의 위치를 확인한다. 와이퍼 퓨즈는 실내 퓨즈박스 안에 있다.

② 퓨즈박스의 커버를 연다.

③ 커버 안쪽의 퓨즈 배치도를 참고하여 와이퍼 퓨즈 위치를 확인한다.

④ 제거 핀을 이용하여 와이퍼 퓨즈를 뽑아낸다.

⑤ 확인 후 퓨즈가 끊어졌다면 새 퓨즈로 교체한 다음 퓨즈 박스 커버를 닫는다. 퓨즈가 계속 단선이 발생되었다면 정확한 원인을 찾고 수리를 한 후 퓨즈를 교체 및 작동을 해야 한다.

(a) 퓨즈 위치 확인

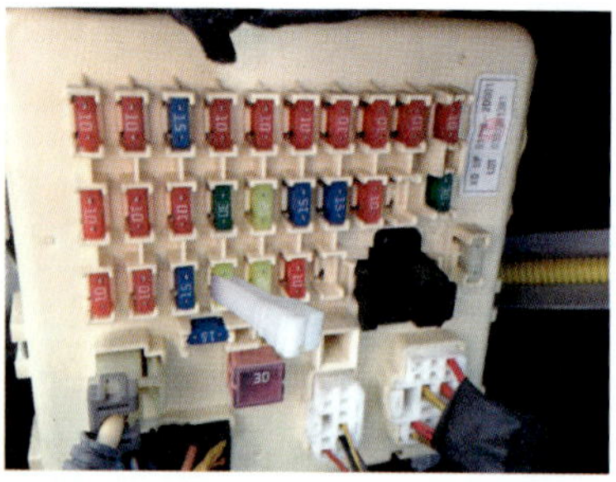

(b) 퓨즈 교체

(c) 정상 퓨즈

(d) 단선된 퓨즈

[그림 12] **와이퍼 퓨즈 교체**

⑥ 와이퍼 퓨즈가 정상이면 와이퍼 모터 배선 및 커넥터와 모터 자체를 점검해야 한다.

[그림 13] **와이퍼모터 커넥터 확인**

[2] 와이퍼모터 고장시

퓨즈를 교체하고 배선 및 커넥터에도 이상이 없는데 와이퍼가 작동하지 않는다면 와이퍼 모터를 교체해야 하고, 와이퍼스위치 OFF후에 와이퍼가 제자리로 가서 정지하지 않고 바로 정지되어도 와이퍼모터 고장이므로 와이퍼 모터를 교체해야 한다.

2.2.2. 와이퍼스위치 작동 시 와이퍼 모터 작동소리만 날 때

어떤 때는 잘 움직이다가, 어떤 때는 반만 움직이다가, 어떤 때는 아예 움찔하고 말거나, 어떤 때는 창문 밖으로 넘어가는 경우가 있거나, 한쪽 와이퍼만 작동하는 경우와 모터는 작동 음은 들리는데 링크가 움직이지 않을 때 이런 경우라면 기계적 결함이 의심된다. 와이퍼 링키지와 와이퍼 암 체결볼트를 우선적으로 점검해 봐야 한다.

와이퍼를 흔들어 보고 헐거운 느낌이 든다면, 암 연결부의 볼트가 헐거워진 경우이므로 와이퍼 암 커버를 열고 사이즈가 맞는 공구를 이용하여 볼트를 단단히 조여주면 된다. 와이퍼 링키지 어셈블리는 와이퍼 모터의 회전운동을 와이퍼 암의 왕복운동으로 바꾸어주는 부품인데, 이것이 노후되면 와이퍼 링키지와 와이퍼 암을 연결시키는 각 연결부위에 유격이 생겨 소음이 발생하거나 와이퍼 작동이 되지 않는다. 와이퍼 암을 제거하고 내부의 모터와 링크의 체결상태를 확인 후 너트가 풀렸다면 재체결하고, 링크가 파손되었다면 링크를 교체한다.

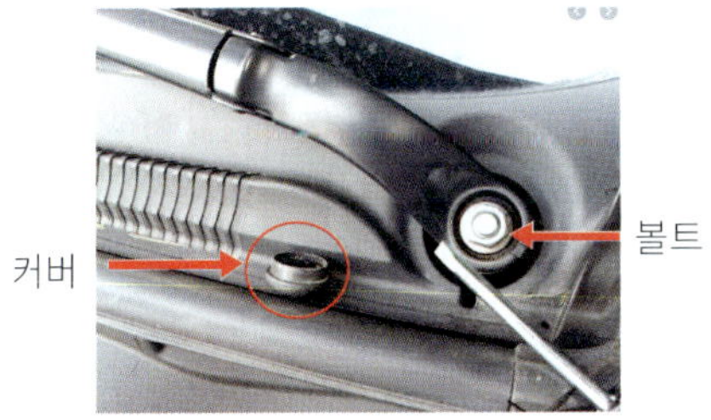

[그림 14] 암 연결부의 볼트

[그림 15] 와이퍼 링키지 어셈블리

[그림 16] 와이퍼 암 고정상태 확인

2.2.3. 와이퍼는 정상 작동하는데 워셔액이 나오지 않을 때

[1] 워셔모터는 작동하지만 워셔액이 나오지 않을 때

증상은 와이퍼 동작스위치를 위로 올리면 작동해야 하는 워셔액이 나오지 않는 증상으로 모터는 "웅~" 하면서 작동되는 소리가 나는 상태인데 워셔액이 나오지 않는 가장 단순한 원인은 워셔액이 들어있지 않을 때이다. 워셔액이 없는 경우는 양쪽 노즐에서 모두 워셔액이 나오지 않으므로 워셔액을 보충하면 된다.

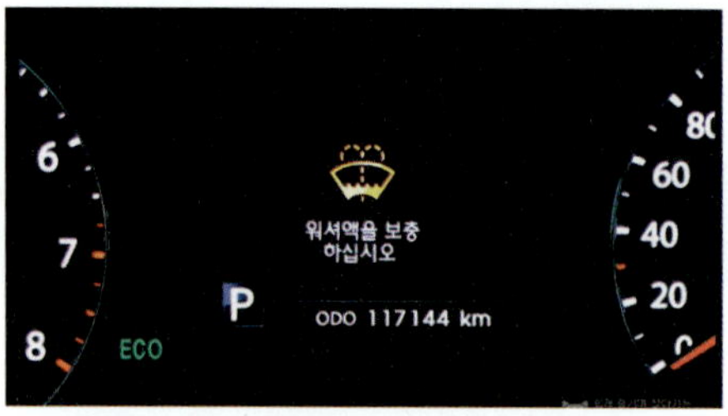

[그림 17] 워셔액 부족시 경고등

[그림 18] 워셔액 점검

하지만 워셔액이 분출되지 않는 원인과 워셔액 부족원인으로 다음과 같은 증상도 있다.

① 노즐 막힘으로 인해 워셔액이 분출되지 않는다. 이때는 바늘로 구멍을 뚫어 액이 분사될 수 있도록 하고 노즐은 워셔액 분사각도를 조절할 수 있으므로 워셔액 분사각도가 틀리면 바늘을 이용하여 노즐 각도를 조정하면 된다.

② 워셔액 리저브 탱크 파손시에는 탱크를 교체한다.

[그림 19] 노즐구멍 상태 점검

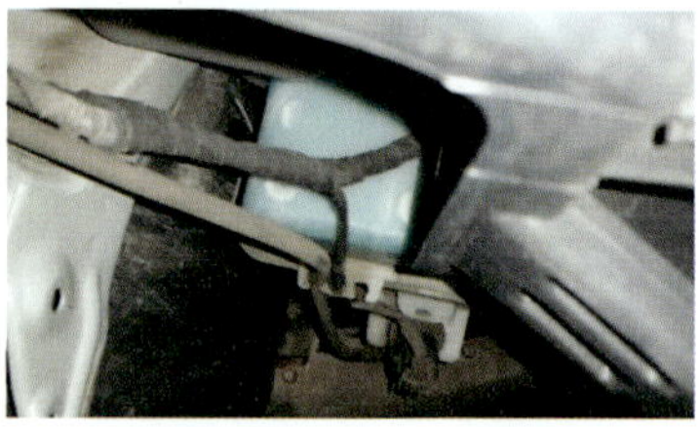

[그림 20] 워셔액 리저브 탱크상태 점검

③ 워셔액 호스 이탈시 모터가 작동해도 워셔액이 다른 곳으로 분사되므로 호스를 다시 끼우면 된다. 하지만 자꾸 이탈이 되면 호스를 교체한다. 또한 호스 파손시는 호스를 교체하고 꺾임이 있을 때는 꺾임을 수정한다.

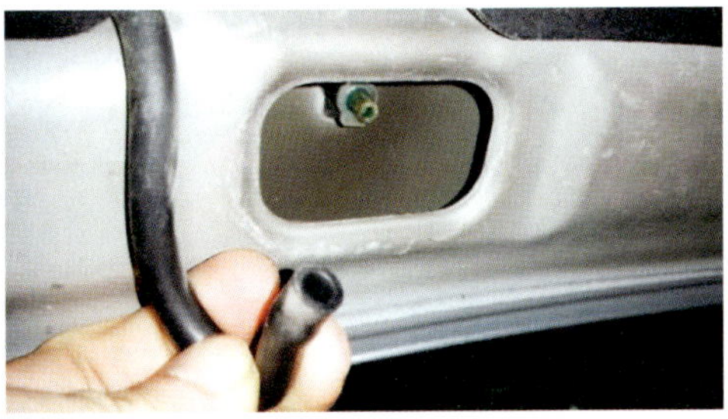

[그림 21] 와셔액 호스상태 점검

④ 모터 고무 패킹은 고무 특성상 오래되면 탄성이 떨어지고 부식으로 인해 워셔액이 누수될 수 있다. 모터 고무 패킹이 불량일 때는 고무 패킹만 교체해도 된다.

[2] 모터 작동음이 나지 않을 때

모터 작동음이 나지 않으면 워셔액 펌프 고장이나 접지불량, 모터 고착 등을 유추할 수 있는데 보통 모터고장 외에 접지나 고착은 거의 없으니 워셔액 작동 시 모터 작동음이 들리지 않는다면 모터작동 전기회로를 점검하고 전기회로에 이상이 없으면 모터작동 불량이므로 모터를 교체해야 한다.

2.2.4. 와이퍼 블레이드

[1] 닦임상태의 점검

(1) 현상

와이퍼 작동시 유리표면이 줄 모양이거나 물의 얼룩이 발생한다.

[그림 22] 줄 모양 및 얼룩발생

[그림 23] 유리표면 유막형성

(2) 원인

유리표면의 유막 및 오염이 심하거나, 와이퍼 블레이드 립의 성능이 저하되면 줄모양이나 얼룩이 나타난다.

(3) 조치

유리표면 세척을 위해 유막제거제를 세척전용 스펀지에 묻혀 전면유리 상하방향으로 먼저 닦고 다시 좌우, 상하로 3~4회 닦은 후 물로 세척하면 된다. 만약 동일 현상이 발생된다면 와이퍼블레이드의 성능저하로 교체해 준다.

[그림 24] 유막제거 닦는 방법

[2] 좌우 떨림 및 소음발생 점검

(1) 현상

와이퍼 작동시 좌우 동시 및 한쪽으로 떨림과 소음이 발생한다. 우선적으로 확인을 해줘야 하는 부분이 윈도우 브러쉬가 차 유리와 닿아 있을 때 브러쉬 고무부분과 유리 부분이 직각이 되어 있는지를 확인해 줘야 한다.

(2) 원인

보통 자동차를 세차 하거나 이전에 윈도우 브러쉬를 갈아 줄 때 등 여러 가지 상황에서 둥근 부분의 브러쉬 대가 자신도 모르게 휘는 경우가 있어 윈도우 브러쉬 고무와 자동차 유리 부분이 직각이 되지 않고, 유리의 표면에 유막이 발생되었기 때문이다.

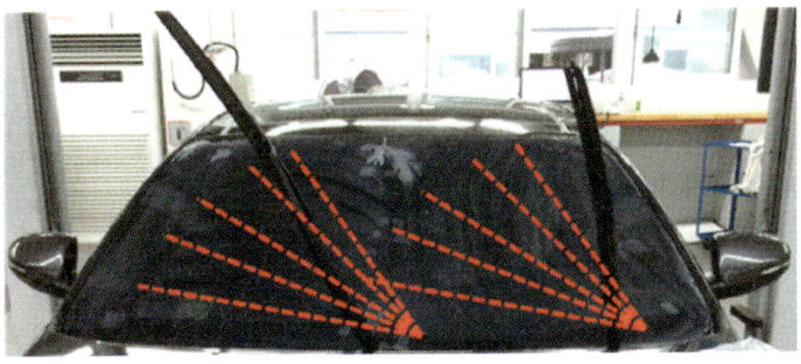

[그림 25] 떨림 발생

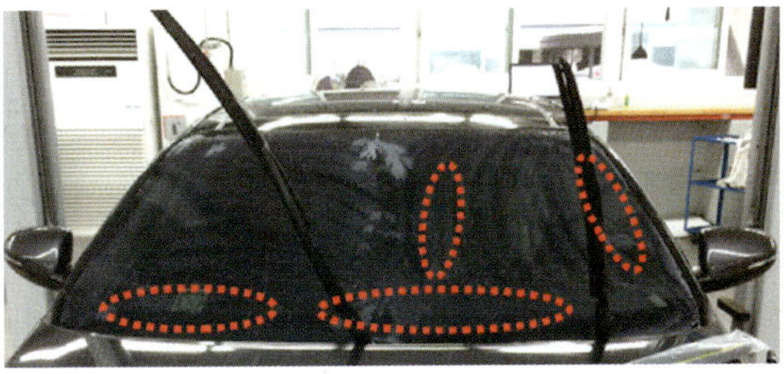

[그림 26] 유막형성

(3) 조치

와이퍼 암이 변형되면 윈도우 브러쉬 고무와 유리면이 직각이 아니고 틀어져 있어 한쪽 방향으로 떨림 및 소음이 발생하며 와이퍼 암의 변형 수정방법은 유리표면과 와이퍼 블레이드 립 부분이 90도 되게 놓았을 때 블레이드 립이 한쪽으로 기울게 되는데 이때 와이퍼 암을 손으로 주먹 쥐듯이 감싸서 반대방향으로 각도를 수정해 브러쉬 고무가 유리면에 닿았을 때 직각이 되게 해주면 된다.

대가 두꺼워 손으로 하는 방법으로 브러쉬 대를 조정하기 힘들 때는 틀어져 있는 브러쉬 대 부분을 플라이어 등의 도구로 잡아서 틀어져 있는 반대방향으로 움직여 조정을 해 주면 된다. 만약 유리표면에 유막이 생겼다면 위의 세척방법대로 진행하면 된다.

[그림 27] 와이퍼 암 수정방법

2.3. 선루프 열린상태에서 고장 시 조치방법

화창한 날씨에 선루프를 열고 도로를 달리면 상쾌함이 두 배로 느껴질 것이다. 하지만 선루프가 열린 상태에서 닫혀 지지 않을 때 수동으로 닫을 수 있다(단 : 일부차량의 선루프는 수동 닫힘 기능이 없다).

2.3.1. 수동으로 닫는 방법

① 선글라스 보관함을 뚜껑을 눌러 열고 드라이버를 이용하여 스크류를 풀고 실내등이랑 선루프 스위치가 붙어있는 비상핸들 캡을 드라이버를 이용하여 탈거한다.

② 비상핸들 캡 탈거하면 선루프 모터가 있고 거기에 서비스홀이 있다.

[그림 28] 선글라스 보관함 열기

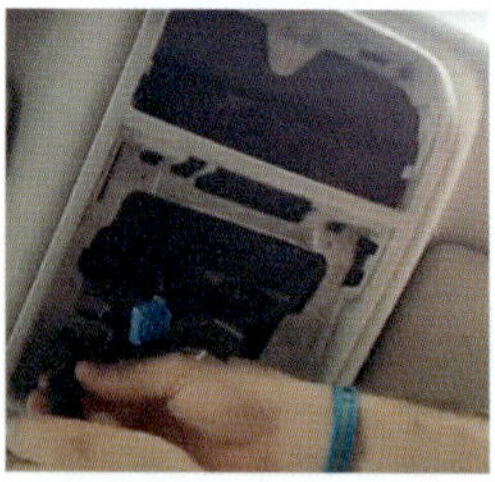

[그림 29] 비상핸들 캡 탈거

③ 핸들 육각렌치를 선루프 수동으로 구동되는 서비스홀에 끼워 시계방향으로 돌리면 열리고, 반시계방향으로 돌리면 닫히게 된다.

[그림 30] 수동으로 돌려 선루프 개방

④ 응급조치 후 정확한 원인을 찾아 수리, 정비한다.

⑤ 파노라마 선루프는 수동으로 닫을 수가 없기 때문에 수리 정비해야 한다.

2.3.2. 파노라마 선루프 초기화 방법

① 시동버튼 스위치를 ON상태에서 오버헤드 콘솔의 Close스위치를 10초 이상 유지 작동시킨다.

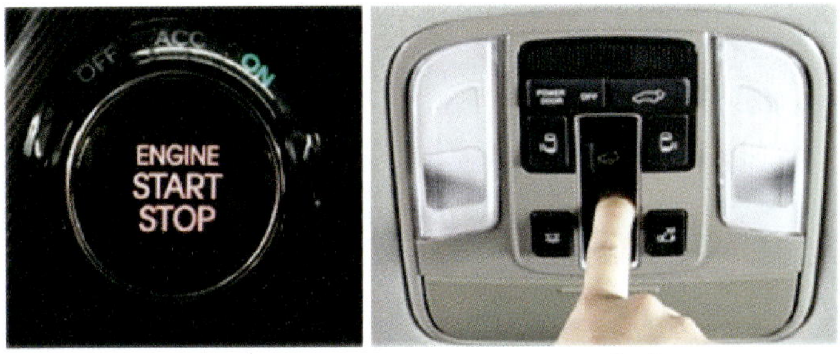

[그림 31] Close 스위치 10초 유지

② 이때 "딸싹"소리 확인한디.

③ Close 스위치를 해제한다.

[그림 32] "딸깍" 소리남

[그림 33] Close 스위치 해제

④ 5초 이내 다시 Close스위치 유지 작동한다.

[그림 34] Close 스위치 유지

⑤ 선루프 1회 열림, 닫힘 작동된다.

[그림 35] 열림

[그림 36] 닫힘

⑥ Close 스위치를 해제한다.

⑦ 초기화가 완료 된다.

[그림 37] Close 스위치 해제

2.4. 스마트키가 제대로 작동하지 않을 때

요즘 대부분의 운전자들이 스마트키를 사용하고 있다. 그런데 어떤 이유에서인지 스마트키가 제대로 작동하지 않을 때가 있다. 갑자기 스마트키가 먹통이 되어 문을 열 수 없거나 시동을 걸 수 없을 때, 무엇이 문제이고 어떻게 해결해야 하는지 알아본다.

2.4.1. 일반 키 사용 시, 차량 경보음이 발생하는 경우

스마트키의 주요 기능 중 한 가지는 바로 “이모빌라이저(Immobilizer)” 이다. 엔진에 설정된 암호가 일치해야 시동이 걸리도록 하는 차량 도난방지시스템으로, 타종 키나 단순 조작으로는 엔진 시동을 할 수 없게 하는 것이다.

기술의 발전으로 이모빌라이저 기술 역시 고도화되어 엔진 시동을 끌 때마다 다음 암호를 새로 만들기도 하고, 1000억 개의 암호코드를 조합하기도 한다. 때문에 일반 키로 자동차를 열려고 할 경우 경보음이 발생하게 되는데 자동차 도난방지시스템은 경계, 경보, 해제 3단계를 유지하도록 만들어져 있어 스마트키로 문을 잠그면 30초 후에는 자동으로 경계단계로 들어가게 된다. 일반 키로 문을 열 경우 경보음이 울리게 되는 것이다.

그러나 경계상태로 진입 후 보통 30초 내에 문이 열리거나 트렁크가 열렸을 때에는 경보 작동을 방지하기 위해 경계작동을 하지 않는다. 경보음이 울리기 시작하면 몇 분가량 지속되는데 도난방지시스템을 해제하는 방법은 제조사나 차종에 따라 차이가 있다. 보통은 차키를 꽂고 ON상태로 만든 다음, 30초 정도 시간이 흐른 뒤에 경보음이 멈춘 후 시동을 걸면 된다. 혹은 운전석 쪽 도어에 키를 꽂고 좌우로 돌린 다음, 문을 열고 닫으면 경보시스템이 해제되기도 한다.

2.4.2. 스타트기능이 작동하지 않는 경우

스마트 키 배터리가 방전되지 않은 상태인데도 시동이 걸리지 않을 때, 계기판에는 브레이크를 밟고 시동을 걸라는 메시지가 뜨게 된다. 안내에 따라 브레이크를 밟고 시동을 걸어도 시동이 걸리지 않을 수 있는데 이는 시동을 끈 상태에서 브레이크페달을 계속 밟아 브레이크 유압이 감소해 브레이크기능이 제대로 발휘되지 않았기 때문이다. 이를 해결하기 위해서는 브레이크를 밟지 말고 기어를 파킹위치에 놓은 다음 버튼 시동키를 짧게 누른 상태에서 스타트 버튼을 길게 눌러주면 시동을 걸 수 있다.

[그림 38] 브레이크를 밟고 시동을 걸라는 메시지

2.4.3. 스마트키 배터리방전 시 조치방법

스마트키는 고장나는 경우가 거의 없지만 배터리가 방전되면 문을 열 수 없거나, 시동을 걸 수 없게 된다. 스마트키 안에는 작은 배터리가 내장되어 있는데 사용환경에 따라 보통 1~2년 정도 사용한다. 배터리가 완전히 방전되기 전, 스마트키 인식이 잘 되지 않는 상황이 반복된다면 배터리를 교체하는 것이 좋다.

[1] 스마트키 방전시

(1) 스마트키 방전 확인방법

아무 버튼이나 눌렀을 때 스마트키 상단 LED가 빨간 불이 점등되면 배터리 상태는 정상이지만 점등되지 않거나 흐리게 점등된다면 방전된 것이다.

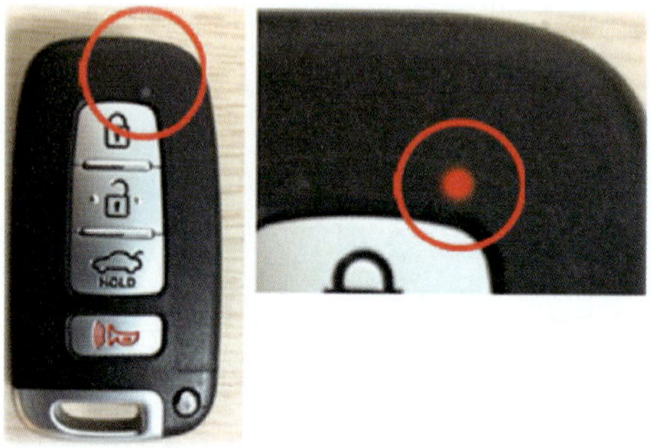

[그림 39] LED점등 확인

(2) 자동차 스마트키 배터리 교체방법

① 먼저 상단의 조그만 버튼을 눌러서 스마트키에서 비상키를 분리한다.

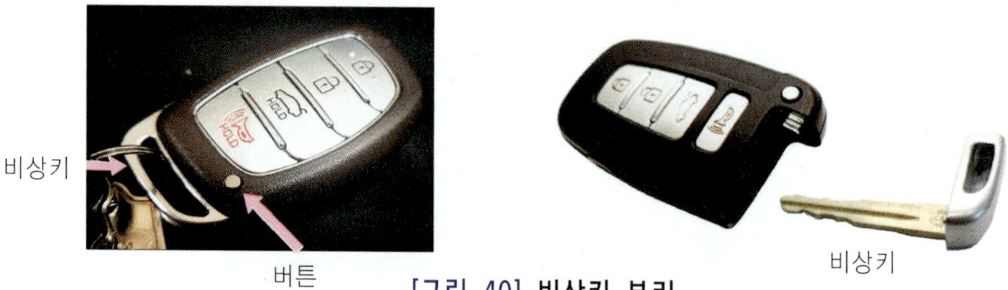

[그림 40] 비상키 분리

② 비상키 또는 드라이버를 보조키 홈에 끼워 비틀어 케이스 분리한다.

[그림 41] **케이스 분리**

③ 새 배터리로 교체한다.

④ 조립은 분해의 역순으로 케이스를 아래쪽부터 닫히게 하는 것이 조립이 잘된다. 재조립하고 비상키를 꽂아서 마무한다.

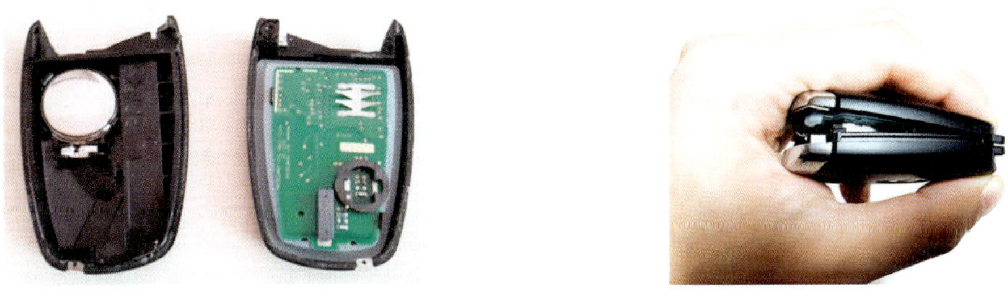

[그림 42] **배터리교체 및 케이스 조립**

[2] 외부에서 도어잠김 해제할 때

스마트키 자체 배터리가 방전이 되면 도어 락·언 락 및 트렁크 버튼이 작동되지 않으며 실내 스마트키가 있어도 시동이 되지 않을 경우가 발생된다. 이때 외부에서 도어잠김 해제할 때는 다음과 같다.

① 스마트키 비상키 탈착버튼을 눌러 비상키를 잡아당겨 분리한다. 비상키를 사용 후 넣고자 할 때 딸각하고 걸릴 때까지 그대로 넣는다.

[그림 43] **비상키 탈거**

② 운전석 도어캐치에 있는 열쇠구멍의 보호 캡이 있는 경우에는 보호 캡을 제거한다.

③ 운전석 도어 키 홀에 비상키를 끼우고 돌려서 도어를 연다.

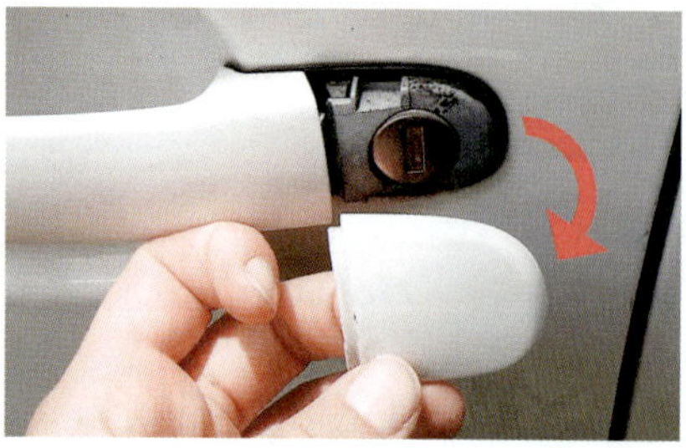

(a) 도어캐치에 있는 열쇠구멍 보호캡

(b) 비상키 삽입

[그림 44] 비상키로 도어 열기

[3] 스마트키 방전 시 시동방법

신차를 구입하고 일반적으로 2~3년 정도 운행하다 보면 스마트키에 장착되어 있는 배터리가 소진되게 되는데, 대부분의 자동차는 계기판에 화면을 통해서 스마트키의 배터리가 방전되기 전에 알람으로 표시해 준다. 그래도 갑자기 자동차 시동이 걸리지 않는 것은 대부분은 자동차 배터리방전이 원인이지만 간혹 스마트키 배터리방전이 원인이 되기도 한다.

자동차 배터리방전으로 인해 시동이 걸리지 않을 때에는 시동을 걸기 위해 시도를 하면 "따따따" 하는 소리와 함께 반응을 보이지만, 스마트키 방전은 이러한 반응이 없다. 만약 스마트키로 자동차 문을 열 수 없고, 시동 버튼이 작동하지 않는다면 스마트키 배터리 방전일 확률이 높다.

[그림 45] 스마트키 전압 낮음 알림표시

(1) 스마트키 홀더형식

① 조수석, 동반자석 글로브박스에 홀더를 찾아 홀더에 스마트키를 삽입시킨다. 이때 인식 등이 점등되는지 확인한다. 혹시 조수석 글로브박스 안에 홀더가 없다면, 시동 버튼 왼편, 아래쪽, 또는 중앙 콘솔박스 안에 홀더가 있다.

(a) 운전석과 조수석 사이 컵 홀더 근처

(b) 조수석 글로브박스 안

[그림 46] **스마트키 홀에 삽입**

② 브레이크를 밟으며 엔진 스타트 버튼을 눌러주면 시동이 걸린다. 이때 기어는 P 또는 N레인지에 있어야 한다.

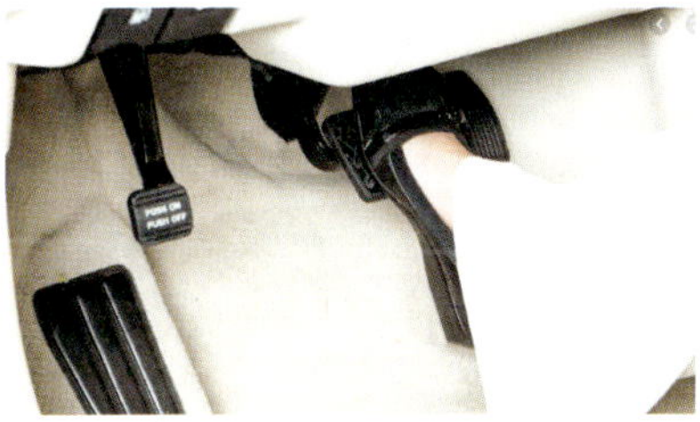

(a) 브레이크 페달 밟음

(b) 버튼스위치 누름

[그림 47] **시동걸기**

(2) 스마트키 홀드가 없는 형식(림폼방식)

림폼방식은 스마트키의 내장된 칩과 스타트 버튼에 내장된 안테나가 통신하는 원리를 이용하여 시동을 거는 방법이다. 스마트키의 배터리가 방전되거나 다른 전자기기에 의해 전자파 방해가 있는 경우에는 시동버튼을 눌러도 스마트키를 인식할 수 없기 때문에 방전된 스마트키를 그대로 엔진 스타트 버튼에 갖다 대고 스마트키로 시동버튼을 직접 눌러 주어야 시동이 된다.

[그림 48] 스마트키로 버튼스위치를 눌러준다.

2.5. 트렁크가 열리지 않을 때 조치방법

스마트키의 자체 배터리의 방전에 의해 리모컨이 작동되지 않을 때 또는 트렁크시스템의 고장 발생으로 열리지 않을 때 비상 열림시스템이 되어있기 때문에 자동차제작사의 차량취급설명서를 필히 숙지하여야 한다.

2.5.1. 스마트키로 트렁크가 열리지 않을 때

① 뒤 좌석 시트 등받이 위 트레이 위를 보면 비상용 트렁크 오픈 케이블이 있다.

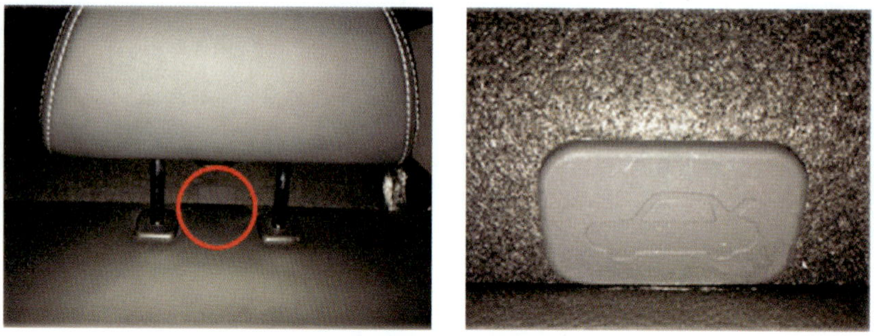

[그림 49] 비상용 트렁크 오픈 케이블 커버

② 비상용 트렁크 오픈 캡을 열고 케이블을 당기게 되면 트렁크가 수동으로 열리게 된다.

③ 비상키를 이용하여 열 수 있는 방법도 참고하고 스마트키의 자체 배터리의 방전도 아닌데 트렁크 스위치 또는 트렁크 잠금장치가 고장이 났으면 점검을 하고 조정 또는 교체한다.

(a) 케이블을 당겨서 트렁크 열기 (b) 비상키를 이용하여 트렁크 열기

[그림 50] **트렁크 열기**

2.5.2. 비상시 트렁크 삼금 해제장치

강도, 납치 등의 타의에 의해 트렁크에 갇혔을 때 탈출을 위해 사용되는 장치이다.

① 트렁크 락 부분에 노랑색 형광 레버를 확인한다.

② 노랑색 형광 락 레버를 화살표방향으로 작동시키면 트렁크가 열리게 된다(단, 자동차 제작사의 차량취급설명서 참조).

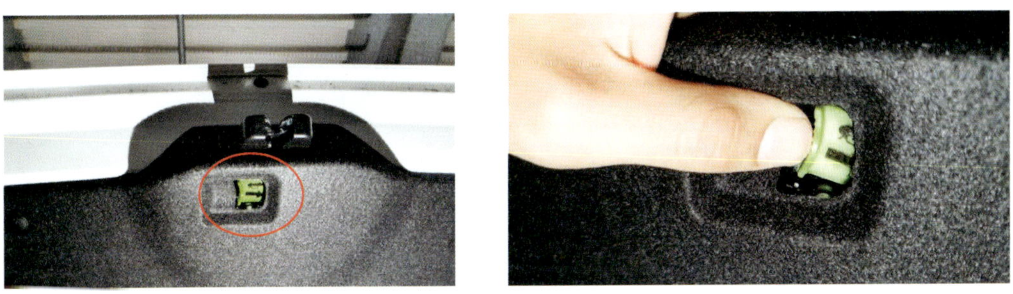

[그림 51] **락 레버 작동**

2.6. 주유구가 열리지 않을 때 조치방법

연료주입구 스위치를 작동해도 주유 도어가 열리지 않을 경우 드라이버 등으로 강제로 개방하게 되면 주유구 개폐를 담당하는 걸쇠 등이 파손될 가능성이 높다. 이때 비상용 케이블을 이용하여 열 수가 있다.

① 트렁크를 연다.

② 트렁크 좌측 편(연료주입구가 있는 방향에 설치됨)에 비상용 연료주입구 오픈 케이블을 당겨 열면 된다.

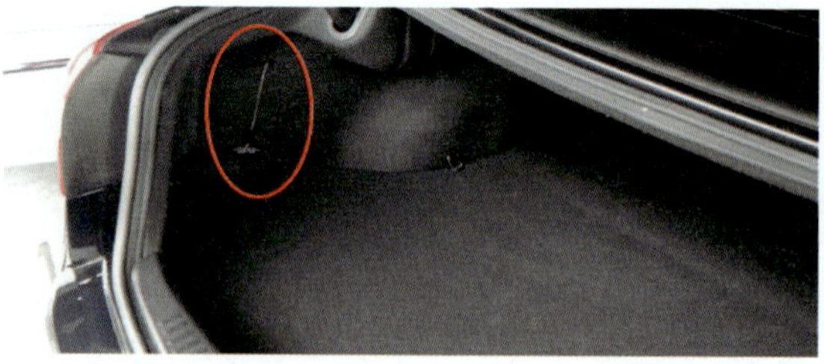

[그림 52] 벨크로에 내장에 붙어 있는 트렁크 개방 레버

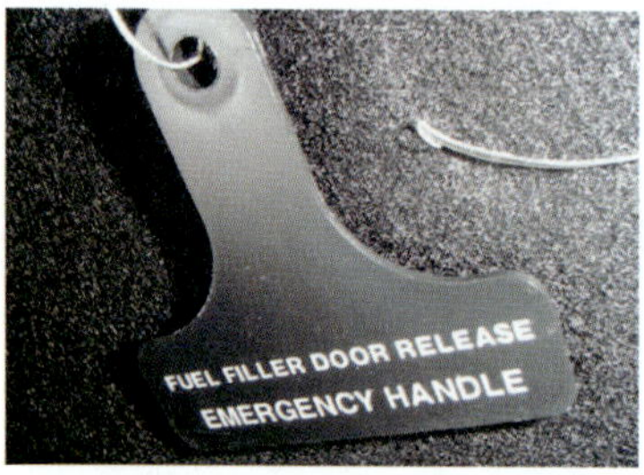

[그림 53] 비상용 주유구 오픈 케이블 당김

[그림 54] 주유구 열림

③ 주유구가 열리지 않을 때 연료주입구 스위치 또는 연료 주유구 잠금장치를 점검하여 연료주입구 조정 또는 교체한다.

Chapter 04

자가진단 사용법

1. HI-DS스캐너
2. G-scan 2

04 자기진단 사용법

1. HI-DS 스캐너

1.1. 각부의 명칭 및 조작원리(HI-DS 스캐너)

1.1.1. LCD부분

① 화면 제목부 : 현재 사용자가 선택하고 있는 화면의 제목을 보여주는 영역이다.

② 화면 내용부 : 사용자가 실제 얻고자 하는 데이터 및 정보를 표시하는 출력영역이다.

③ 부가기능 수행 표시부 : 각 화면에서 활용이 가능한 부가적인 기능을 사용할 경우 기능키를 이용하여 활용할 수 있다.

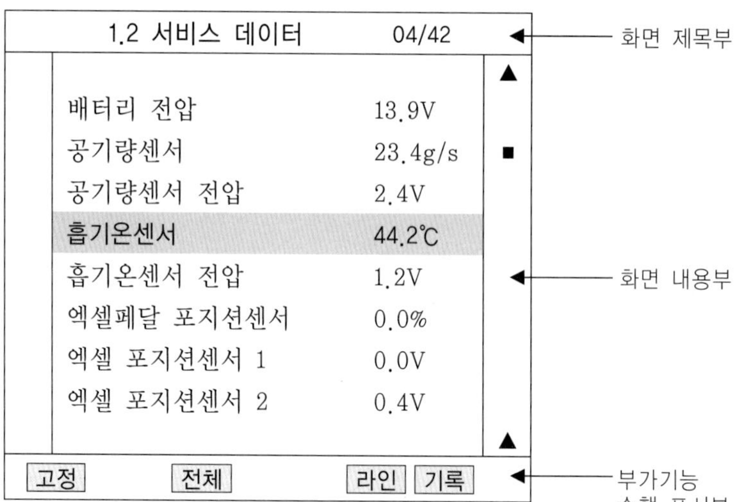

[그림 1] LCD화면

1.1.2. 키 패드부분

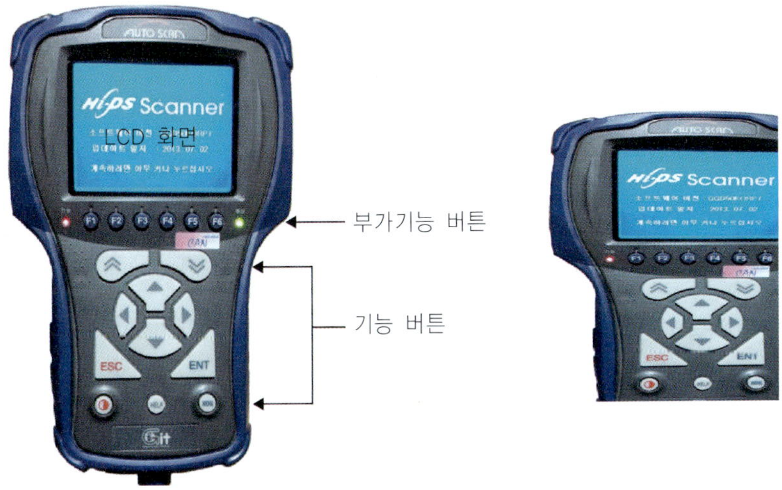

[그림 2] Hi-DS 키패드

[1] 부가기능 버튼(function button)

현재 운영화면의 기능을 정의하는 내용을 수행하는 키이다. 운영화면의 내용은 상황에 따라 계속 변하므로 기능도 당연히 변한다. F1에서 F6까지 6종류가 가능하다.

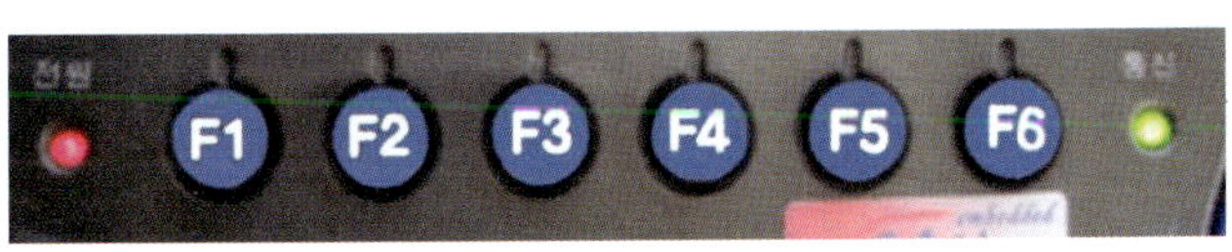

[그림 3] 부가기능 버튼

[2] 기능버튼

①  : 본체의 전원 ON(OFF시는 ON 버튼과 MENU버튼을 동시에 선택한다)

② 

: 커서로 선택된 메뉴 또는 기능의 실행을 위해 사용

③ 

: 현재 실행하고 있는 화면에서 이전 화면으로 이동을 할 경우 사용

④  : 커서를 위로 이동할 경우 사용

⑤  : 커서를 아래로 이동할 경우 사용

⑥ : 커서를 좌측으로 이동할 경우 사용

⑦ : 커서를 우측으로 이동할 경우 사용

⑧ : 화면이 두개로 분리되었을 경우 커서를 분리된 화면에서 위로 이동할 경우 사용한다. 또한 화면의 페이지 업 기능을 한다.

⑨ : 화면이 두개로 분리되었을 경우 커서를 분리된 화면에서 아래로 이동할 경우 사용한다. 또한 화면의 페이지다운 기능을 한다.

⑩ : 각 화면에서 도움말이 필요할 경우 사용하는 기능으로 주로 센서 출력에서 이 키를 누르면 해당 항목의 도움말이 제공된다.

⑪ : 메뉴를 표시하는 기능이다.

1.2. 차종별 진단기능

1.2.1. 연결방법

[1] 전원연결

Hi-DS 스캐너에는 아래 그림처럼 4가지 방법으로 전원을 공급할 수 있다.

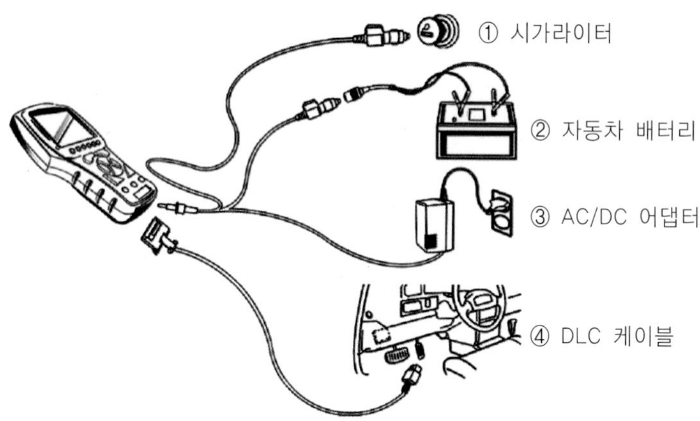

[그림 4] 전원 연결방법

[2] 데이터선 연결

OBD Ⅱ 규정을 지원하는 16핀 DLC케이블 앞에 차량에 맞는 어댑터 케이블을 연결하여 자기진단 단자와 Hi-DS 스캐너 본체와 연결하여 데이터를 전송한다.

[3] DLC케이블 연결

① 엔진의 점화스위치(key)를 OFF한다.

② Hi-DS 스캐너에 메인 DLC 케이블을 연결한다.

③ Hi-DS 스캐너에 필요시 축전지 전원 케이블을 연결하거나 담배 라이터 전원케이블을 연결한다.

④ 점검대상 차량의 DLC 케이블을 메인 DLC 케이블과 자기진단 커넥터에 연결한다.

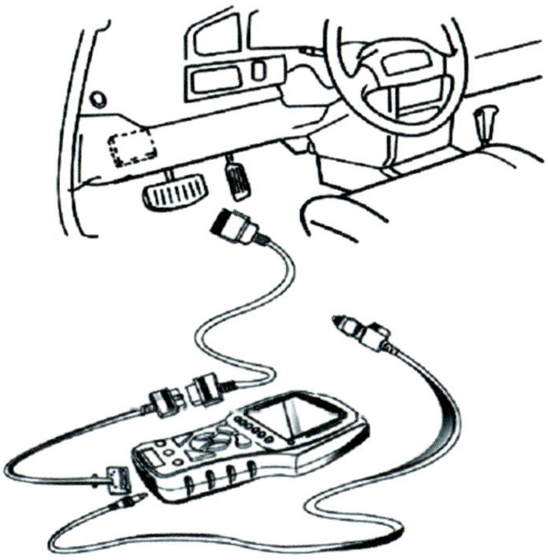

[그림 5] DLC케이블 연결방법

1.2.2. 점검방법

① Hi-DS 스캐너의 ON 키를 눌러 전원을 공급한다(MENU키와 ON 키를 같이 누르고 있으면 전원이 OFF된다).

② 전원이 공급되면 기본 로고 화면이 나타난 후 소프트웨어 카드 로고가 나타난다.

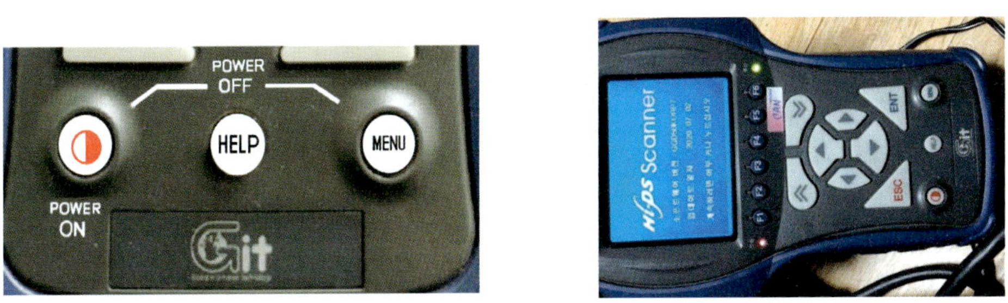

(a) ON/OFF스위치 (b) 로고화면

[그림 6] ON/OFF스위치 및 로고화면

③ 로고화면 상태에서 엔터(ENT) 키를 누르면 기능 선택화면이 나타난다.

④ 차종별 진단기능을 선택하는 경우에는 방향 이동키를 사용하여 커서를 차량통신에 위치시키고 엔터키를 누르면 차량 제조회사를 선택하는 화면이 나타난다.

기능선택
01. 차량통신
02. 스코프/미터/출력
03. 주행 DATA 검색
04. PC통신
05. 환경설정
06. 리프로그래밍

[그림 7] 기능선택 화면

1. 차종별 진단기능
01. 현대자동차
02. 기아자동차
03. GM 대우자동차
04. 쌍용자동차
05. 르노삼성자동차

[그림 8] 제조회사 선택화면

⑤ 점검 대상 차량을 방향키를 이동하여 해당 제조회사를 선택하고 엔터키를 누르면 차종을 선택하는 화면이 나타난다.

⑥ 방향 이동키를 사용하여 커서를 점검대상 차종에 위치시키고 엔터키를 누르면 제어장치 선택화면이 나타난다.

차종선택	21/49
21. EF쏘나타	31. 다이너스티
22. 쏘나타 Ⅲ	32. 뉴 그랜저
23. 쏘나타 Ⅱ	33. 그랜저
24. 쏘나타	34. 그레이스
25. 그랜저(TG)	35. 리베로
26. 뉴-그랜저 XG	36. 포토 Ⅱ
27. 그랜저 XG	37. 뉴-포터
28. 마르샤	38. 스타렉스
29. 에쿠스	39. 그랜드스타렉스
30. 뉴다이너스티	40. 택시

[그림 9] 차종선택 화면

제어장치 선택	1/7
차종 : EF쏘나타	
01. 엔진제어	
02. 자동변속	
03. 제동제어	
04. 에어백	
05. 트렉션제어	
06. 현가장치	
07. 파워스티어링	

[그림 10] 제어장치 선택화면

⑦ 제어장치 선택에서 방향 이동키를 사용하여 커서를 측정하고자 하는 제어장치에 위치시키고 엔터키를 누르면 측정하고자 하는 사양에 대한 화면이 나타난다.

⑧ 커서를 해당 사양에 위치시키고 엔터키를 누르면 통신시작을 알리는 화면이 나온 후 진단기능 선택화면이 나타난다.

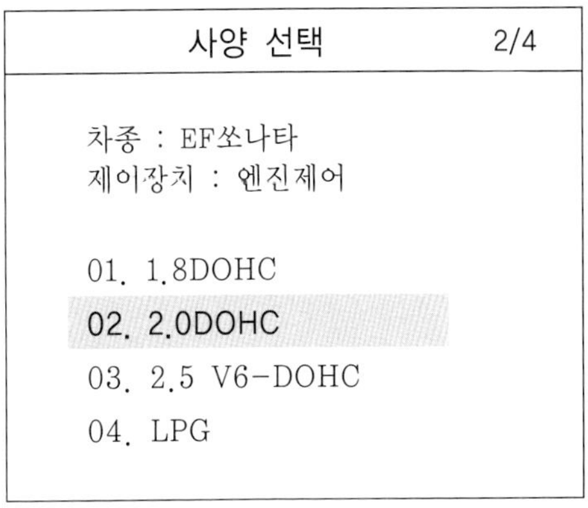

[그림 11] **엔진 사양 선택**

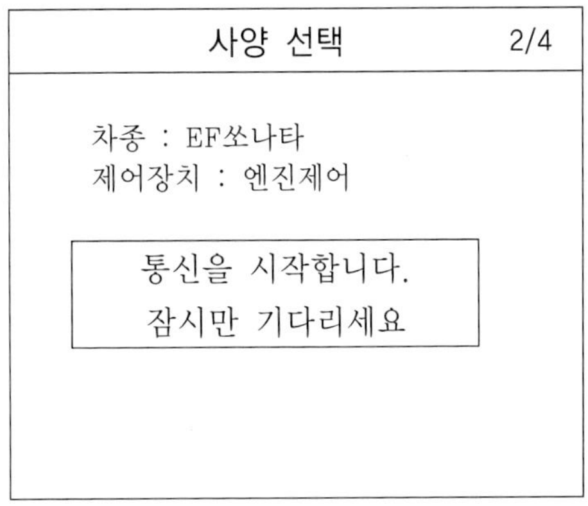

[그림 12] **통신시작 화면**

⑨ 진단기능 선택 화면에서 방향 이동키를 사용하여 커서를 자기진단에 위치시키고 엔터키를 누르면 자기진단을 실시 중 화면이 나타난 후 자기진단 결과 화면이 나타난다.

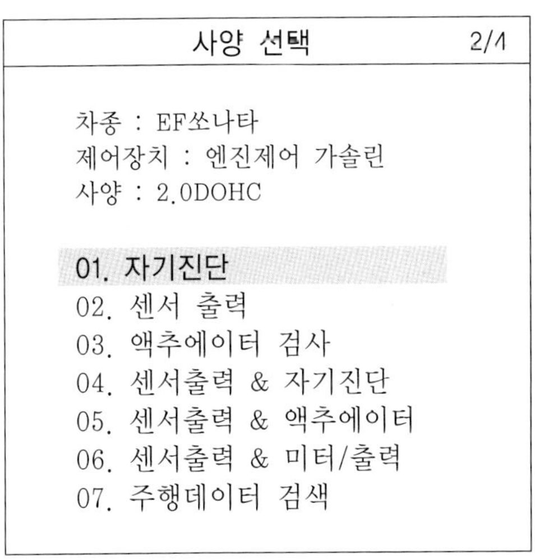

[그림 13] **진단기능 선택화면**

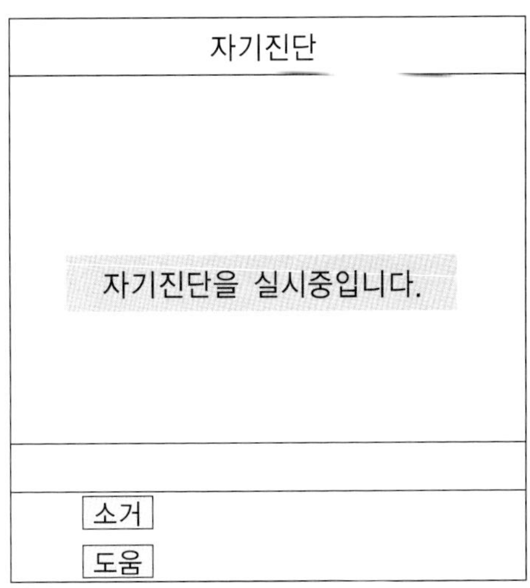

[그림 14] **자기진단 실시중 화면**

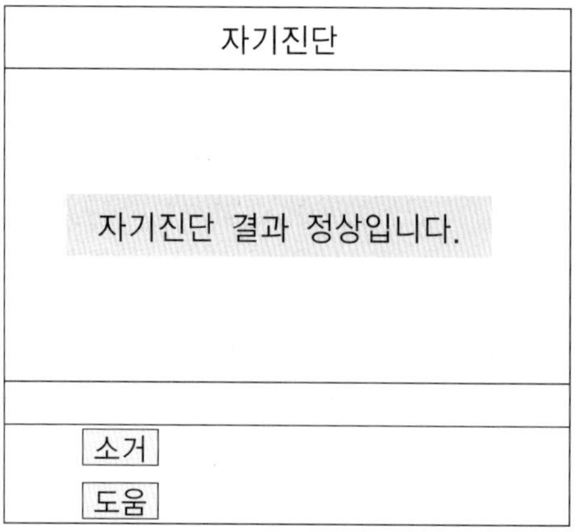

[그림 15] **정상인 경우 화면**

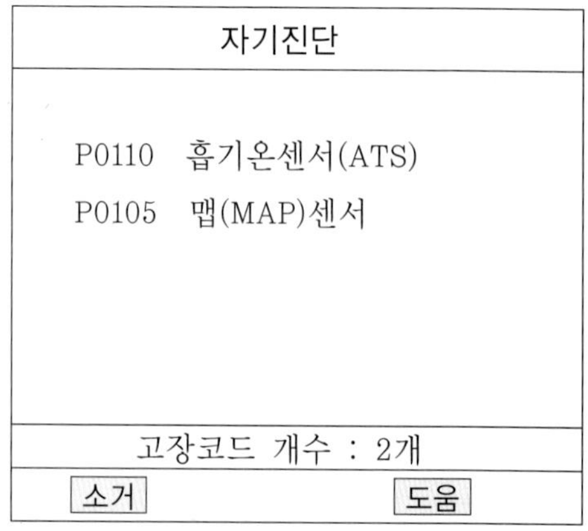

[그림 16] **고장개소 있을 때 출력화면**

⑩ ESC 키를 누르고 센서 출력을 선택하여 ENTER 키를 누르면 센서 출력화면이 나타난다.

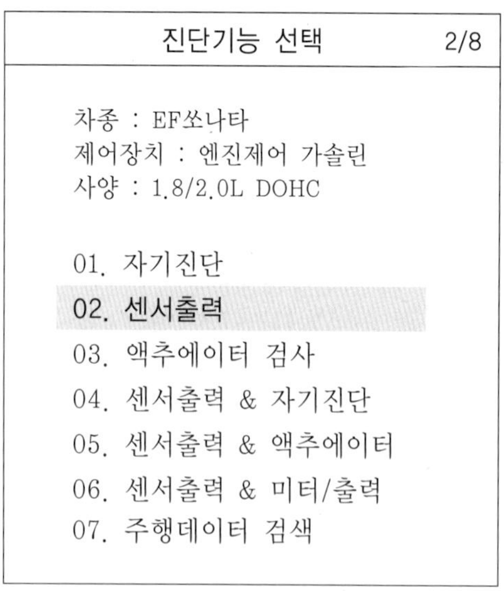

[그림 17] **센서출력 설정화면**

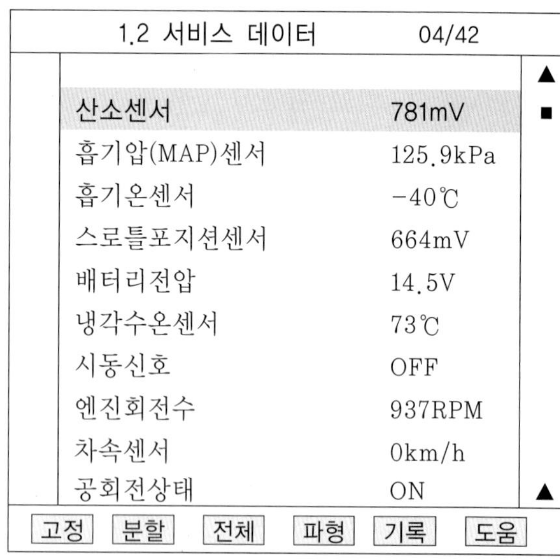

[그림 18] **센서 출력 데이터화면**

2. G-scan 2

터치스크린을 통한 사용환경으로 복잡한 버튼 조작없이 화면상에서 메뉴 및 기능선택을 할 수 있어 사용자가 쉽게 사용할 수 있도록 했다.

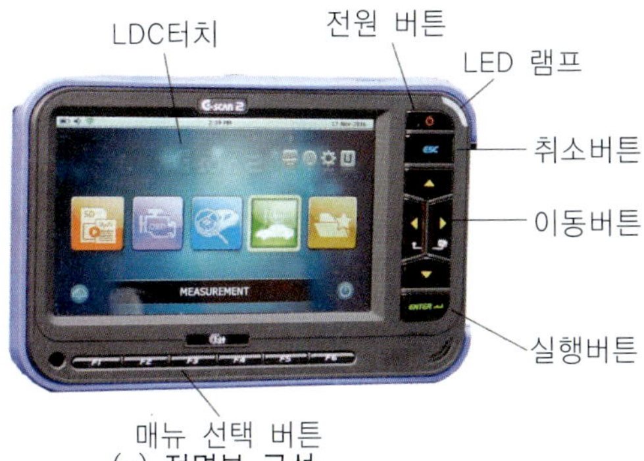

(a) 전면부 구성

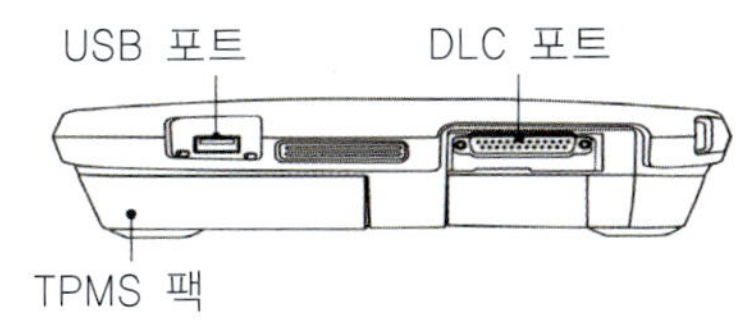

(b) 상면부 구성

[그림 19] G-scan 2

2.1. 전원 공급방법

G-scan 2 본체에 전원을 공급하는 방법은 아래의 4가지 방법이 있다.

① 차량의 진단 커넥터에서 전원을 공급하는 방법

② 시가 라이터에서 전원을 공급하는 방법

③ 배터리에서 전원을 공급하는 방법

④ AC/DC 어댑터를 이용하여 공급하는 방법

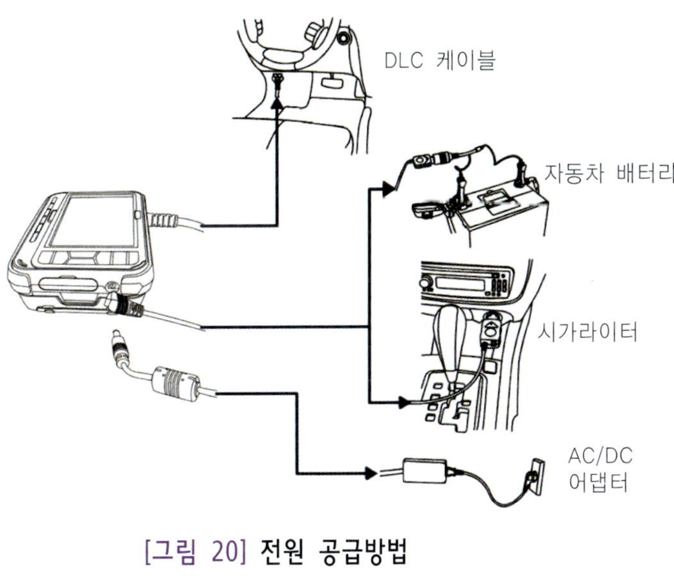

[그림 20] 전원 공급방법

2.2. 전원 ON/OFF

2.2.1. 전원 켜기

본체에 전원이 공급되고 있는 상태에서 전원 버튼을 약 0.5초 정도 눌러 주면 본체의 상태표시 LED가 파란색으로 점등되어 잠시 후 소등되며, 잠시 후 부팅과정이 진행된다. 부팅이 완료되면 메인화면을 확인할 수 있다.

2.2.2. 전원 끄기

전원 버튼을 약 2초 정도 눌러 주면 화면에 "시스템 종료 중 입니다."라는 메시지가 출력되고, 본체의 상태표시 LED 가 파란색으로 점등되었다가 소등되며, 잠시 후 본체 전원이 꺼진다.

2.3. 각부 기능설명

[그림 21] 메인화면의 영역구성

2.3.1. 상단 화면구성

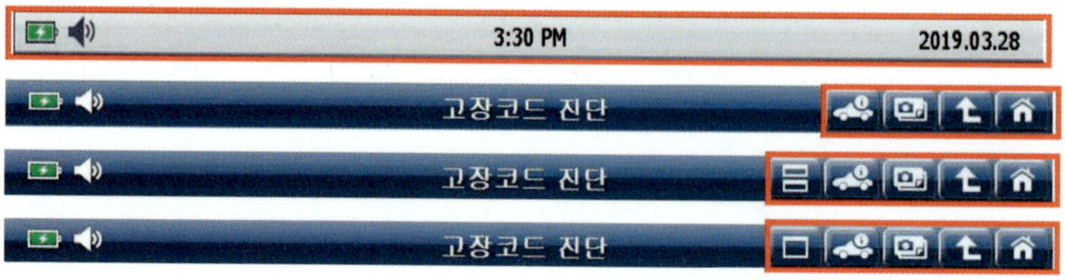

[그림 22] 상단화면 구성

아이콘	명 칭	설 명
	배터리	배터리상태를 나타낸다. 배터리는 사용 기간에 또는 충·방전횟수에 따라 성능이 저하되는 소모품이다. : 충전 중, : 충전완료, : 배터리전원을 사용 중이며, 배터리 잔량 상태를 표시.
	볼륨	볼륨(소리크기)의 레벨을 나타내며 스피커를 OFF 시키려면 환경설정 메뉴에서 설정 가능하다.
12:00 AM	시간	시간을 나타낸다.
2021.03.26	날짜	날짜를 나타낸다.
	듀얼 화면	듀얼 화면으로 분할하여 화면을 구성한다.
	싱글 화면	전체화면으로 화면을 구성한다.
	시스템 변경	통신 중인 차종 및 시스템 정보가 표출되며, 통신하고자 하는 시스템을 변경할 수 있다.
	화면 캡쳐	현재 보여 지는 화면을 캡쳐한다.
	이전화면	이전 화면으로 이동한다.
	홈	메인 화면으로 바로 이동한다.

2.3.2. 중단 화면구성

[그림 23] **중단 화면구성**

아이콘	명 칭	설 명
	사용자 가이드	"사용자 가이드가"구성되어 있으며, 간단한 사용방법을 확인할 수 있다.
	환경설정	S/W 버전 확인 및 시간 설정 등 제품 사용에 필요한 각종 설정을 할 수 있다.
	유틸리티	기계적 문제 분석, 차량 통신라인 점검, 단위 환산, 계산기, 테마 계산, 용어 약어 사전, OBD-II 고장코드명 검색과 같은 각종 유틸리티 항목이 구성되어 있다.

2.3.3. 주요 기능 구성

[그림 24] **중단영역의 메인 화면구성**

아이콘	명 칭	설 명
	저장데이터	저장한 화면(이미지 파일)과 기록데이터(센서데이터, 스코프데이터)를 볼 수 있다.
	OBD-II	ISO9141-2, ISO14230, ISO15765-4 규격을 만족하는 차량의 시스템을 진단할 수 있다.
	스캔테크	고장코드 진단, 센서데이터 진단, 강제구동 등 각 메이커 고유의 진단기능을 사용하여 차량을 진단할 수 있다.
	스코프테크(옵션)	오실로스코프, 멀티미터, 시뮬레이션 기능 등을 사용할 수 있다.
	즐겨찾기	자주 사용하는 차량 및 최근에 사용한 차량의 부가기능에 대해 즐겨찾기로 설정된 것을 빠르게 실행할 수 있는 기능이다.

[1] 저장 데이터

저장한 화면(이미지 파일)과 기록데이터(센서 데이터 파일, 스코프 파일)를 볼 수 있다. 3가지 파일종류로 구성되며, 종류는 아래와 같다.

① **이미지** : 화면 캡쳐기능으로 저장한 파일.

② **스캔** : 스캔테크기능의 센서 데이터를 기록한 파일.

③ **스코프** : 스코프테크(옵션) 기능으로 계측한 파일.

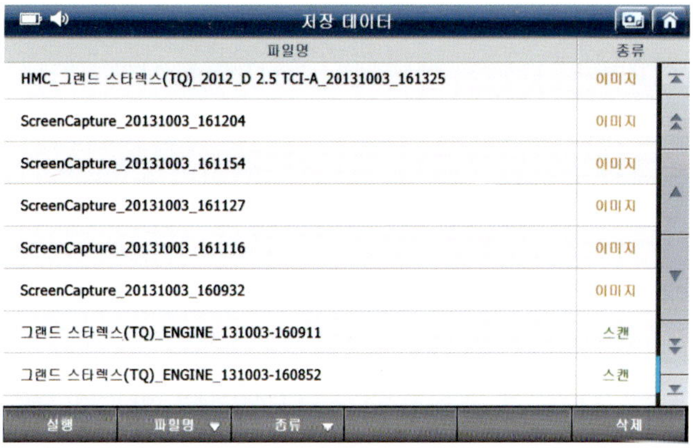

[그림 25] **저장 데이터**

실행 : 선택한 파일을 실행한다.

파일명 ▽ : 파일명을 오름차순, 내림차순으로 분류한다.

종류 ▽ : 종류 별로 항목을 분류한다.

삭제 : 선택한 파일을 삭제한다.

[2] OBD-II 기능

OBD-II 규격이 적용된 차량이라면 OBD-II 기능으로 통신이 가능하다. 단, 차량에 따라 OBD-II가 적용되지 않은 경우 통신되지 않으며, 통신되더라도 차량에 따라 지원되는 기능이 다를 수 있다.

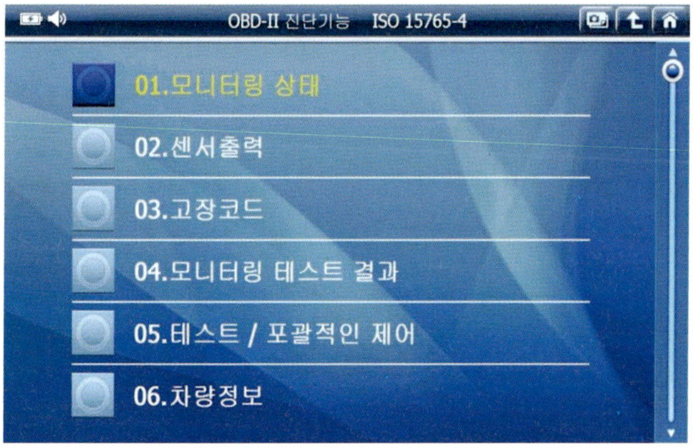

[그림 26] **OBD-II 진단기능**

[3] 스캔테크

차량의 제어기(ECU)와 통신하는 기능으로, 제어기에 저장되어 있는 고장코드를 확인하는 고장코드 진단, 제어기로부터 각종 시스템을 구성하는 각부의 데이터 값을 확인할 수 있는 센서 데이터 진단, 제어기를 통하여 차량에 장착된 액추에이터를 작동시켜 단품 불량을 점검하는 강제구동 등 제어기를 통하여 지원되는 여러 가지 기능이 구성되어 있다. 차량의 제어기(ECU)와 통신하기 위해서는 통신하려는 차종에 대한 선택을 해야 한다.

차종선택은 "모델 → 연식 → 연료타입 및 배기량 → 시스템" 순서로 선택한다. 차종선택이 차량과 맞지 않으면 차량 통신 불가 및 부정확한 데이터의 원인이 될 수 있다.

① **차량의 모델선택** : "빠른 이동기능"으로 선택하고자 하는 차량의 모델명 첫 자음을 선택하거나, 모델명이 영문인 경우 첫 알파벳을 선택하면 차량의 모델을 빠르게 검색할 수 있다. 한글과 영문 변환은"한/영"버튼으로 사용할 수 있다.

② **연식선택** : 연식 선택이 올바르지 않으면 통신 불량의 원인이 될 수 있다.

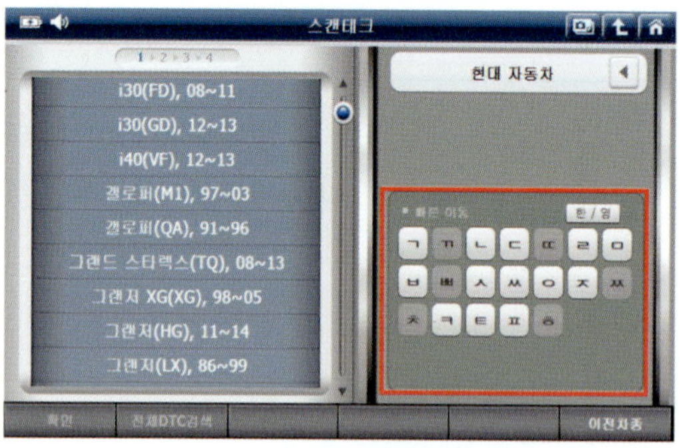

[그림 27] **차량의 모델 선택**

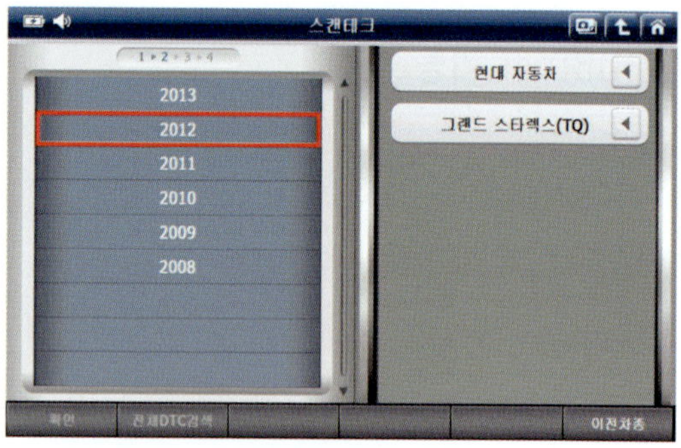

[그림 28] **연식 선택**

이전차종 : 가장 최근에 선택했던 "차종선택"으로 설정하는 기능이다. 이전에 선택한 차량에 대한 차종선택을 쉽게 할 수 있다.

③ **연료타입 및 배기량 선택** : 연료타입 및 배기량 설정이 올바르지 않으면, 차량통신 불가 및 데이터 이상의 원인이 될 수 있다.

④ 시스템선택

⑤ 시스템선택이 완료되면 "확인"을 선택하여 차종 선택을 완료한다.

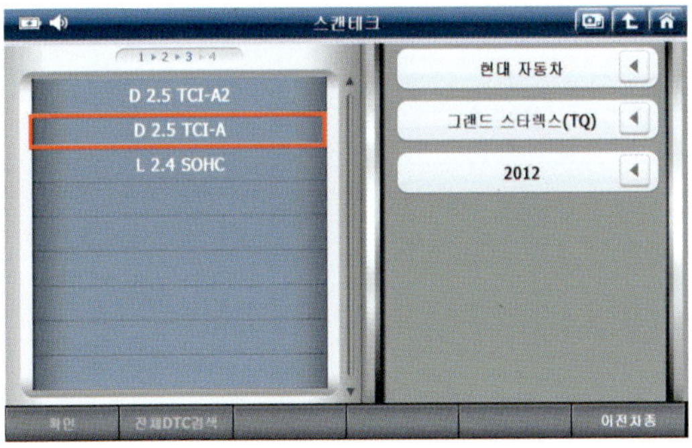

[그림 29] **연료타입 및 배기량 선택**

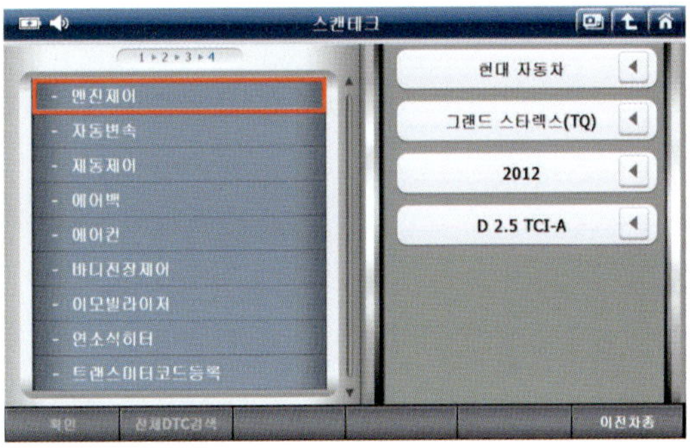

[그림 30] **시스템 선택**

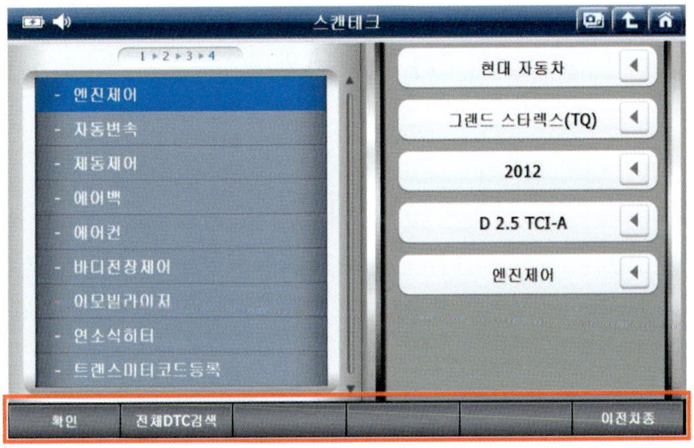

[그림 31] **차종선택 완료**

확인 : 차종선택 완료 시 "확인"버튼을 눌러 차종선택을 완료한다.

전체 DTC검색 : 차종선택 시 선택한 차량에 대한 전체 시스템에 대하여 고장코드를 검색한다.

이전차종 : 가장 최근에 선택했던 "차종선택"으로 설정하는 기능이다.

⑥ 차종선택을 완료한 후 차량과 통신하면 아래 그림 32와 같은 화면을 확인할 수 있다. 화면에 구성된 기능을 선택하여 선택한 차량에 대한 각 기능을 사용할 수 있다.

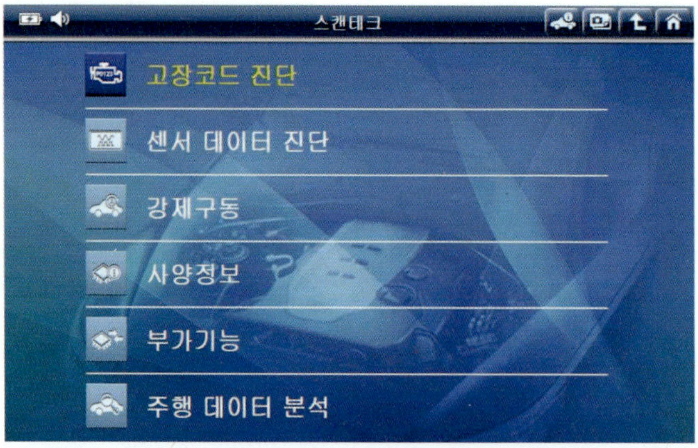

[그림 32] 스캔테크의 구성기능

(1) 고장코드 진단

진단차량의 각종 시스템을 구성하는 제어기(ECU)에 저장된 고장코드를 차량과 통신하여 확인할 수 있는 기능이다. 고장코드는 다른 표현으로 DTC(diagnostics trouble code)라고도 한다.

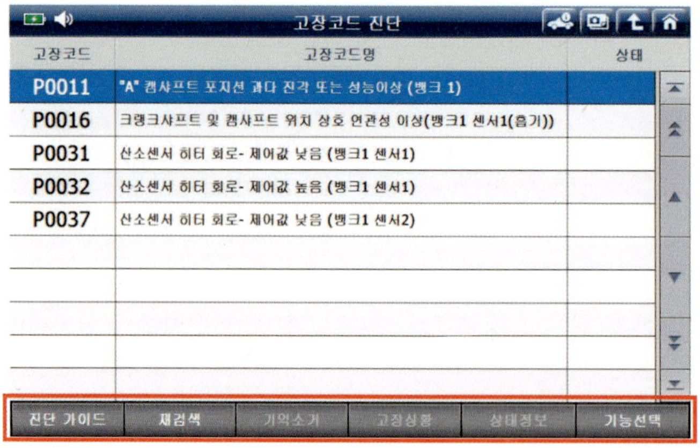

[그림 33] 고장코드

진단가이드 : 고장코드와 관계된 정보를 제공하는 기능이다. 이 기능은 해당 코장코드에 대한 정보가 있을 경우만 지원한다.

재검색 : 고장코드 검색을 재시도 한다.

기억소거 : 검색된 고장코드를 삭제하는 기능이다.

고장상황 : 발생한 고장코드에 관계된 데이터를 확인할 수 있는 기능이다. 이 기능은 특정 고장코드만 지원한다.

상태정보 : 고장코드의 상태를 확인할 수 있다. 특정 고장코드만 지원한다.

기능선택 : 동작기능 및 듀얼모드를 실행하는 기능이다.

(2) 센서 데이터 진단

차량의 각 시스템을 구성하는 제어기(ECU)와 통신하여 해당 시스템을 구성하는 데이터 항목을 확인할 수 있는 기능이다. 차량의 시스템에 따라 통신기능이 없는 제어기(ECU)가 있을 수 있으며, 이런 제어기가 적용된 차량의 시스템은 통신이 불가하다.

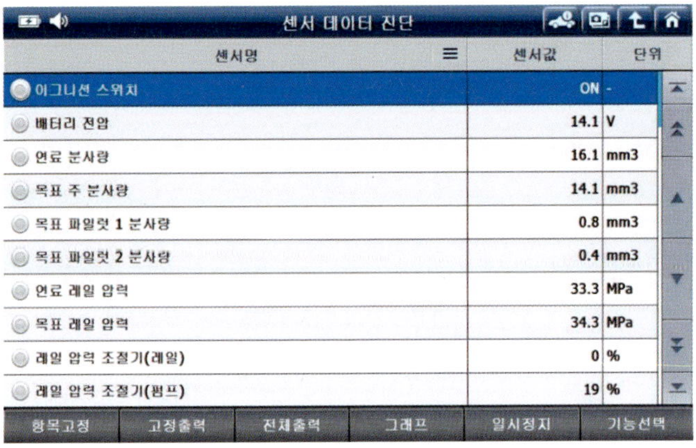

[그림 34] 센서데이터 진단

항목고정 : 센서 데이터 항목을 선택하는 기능이다.

고정출력 : 사용자가 선택(고정)한 센서 데이터 항목들만 데이터를 갱신할 수 있게 하는 기능으로 조금 더 조밀한 데이터 값을 확인할 수 있다.

전체출력 : 센서 데이터 항목을 한 화면에 최대로 표현할 수 있어 찾고자 하는 데이터를 빠르게 검색할 때 유용한 기능이다.

그래프 : 선택한 센서 데이터를 "그래프"로 볼 수 있어 센서 데이터의 추세와 경향을 분석하기에 유용하다. 그래프 모드에서 텍스트 모드로의 전환은 "텍스트"를 실행한다. 그래프모드 상태에서 "항목리스트"를 실행하여 다른 항목 선택도 가능하다.

일시정지 : 진행 중인 센서 데이터 출력을 일시 정지하는 기능이며, 시작으로 반전한다. 일시정지 시, 정지된 상태의 데이터를 저장할 수는 없다.

기능선택 : 동작기능 및 듀얼모드를 실행하는 기능이다.

(3) 강제구동

차량의 제어기(ECU)와 통신하여 차량에 구성된 액추에이터를 구동하는 기능이다. 강제구동 가능한 항목은 차량의 제어기(ECU) 사양에 따라 다르게 구성된다. 제어기(ECU)의 상태에 따라 작동하지 않을 수도 있다.

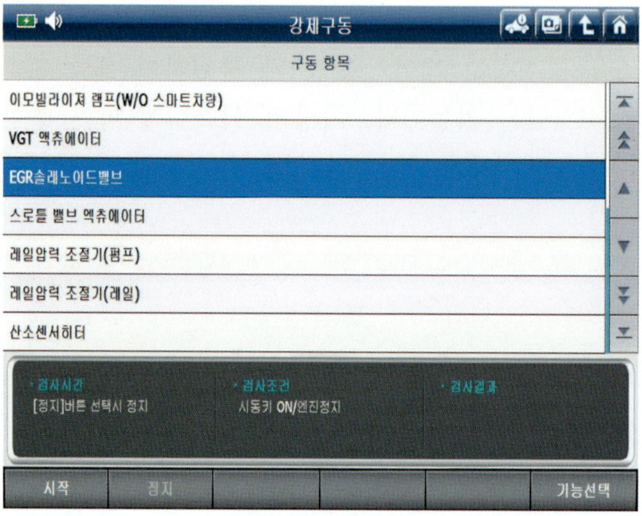

[그림 35] 강제구동

시작	: 액추에이터 테스트를 시작한다.
정지	: 액추에이터 테스트를 종료한다.
기능선택	: 각종 기능 및 듀얼모드를 실행하는 기능이다.

(4) 사양정보

차량의 제어기(ECU)에 프로그램 정보를 확인할 수 있는 기능이다.

(5) 부가기능

차량의 제어기(ECU)가 지원하는 "학습값 초기화", "이모빌라이져 등록", "인젝터 데이터 입력", "타이어압력모니터링", "증발가스 누설시험" 등 각종 기능을 사용할 수 있다. 부가기능은 차량의 제어기(ECU)에 따라 지원하는 기능이 다르다.

1) 인젝터 데이터 입력

① 부가기능 항목 중 "인젝터 데이터 입력"을 선택한다.

② "인젝터 데이터입력"에 대한 설명을 확인하고 "확인"을 선택한다.

③ 그림 37과 같이 현재 ECU에 입력되어 있는 인젝터 데이터가 확인된다.

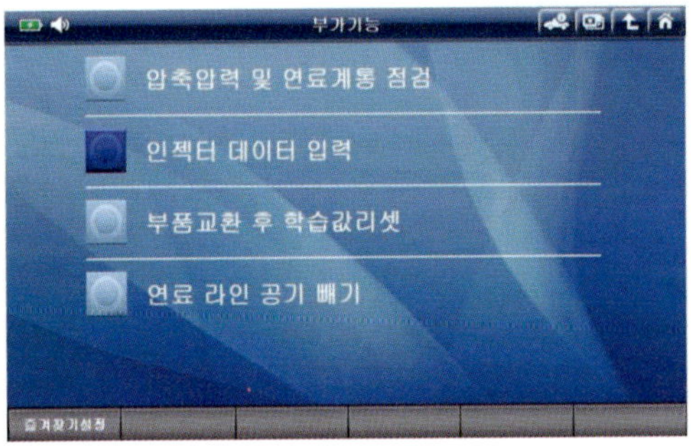

[그림 36] 인젝터 데이터 입력선택

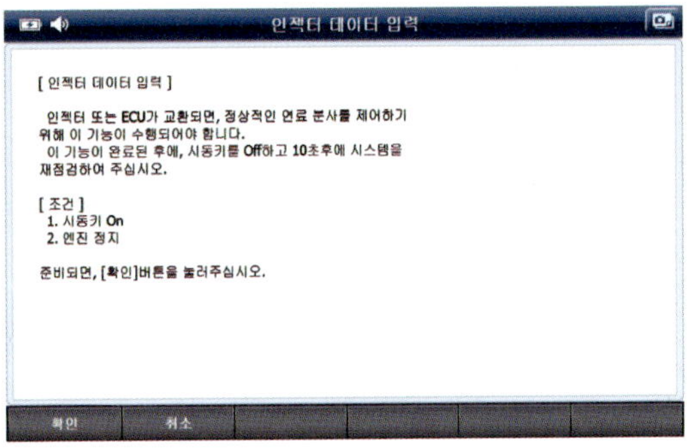

[그림 37] 확인 선택

④ 입력하고자 하는 인젝터에 해당하는 입력란을 터치하면 키패드가 표출된다. 해당 인젝터의 데이터값을 입력하고, 키패드의 "적용"을 선택한다. 입력한 값을 확인하고 해당 데이터를 입력하려면 "확인"을 선택한다.

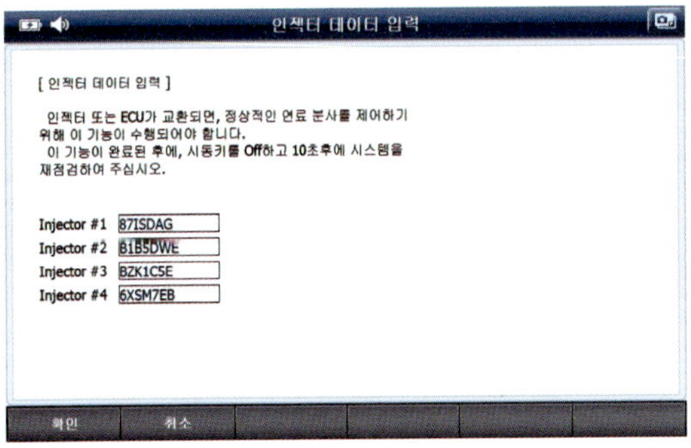

[그림 38] 인젝터 데이터 확인

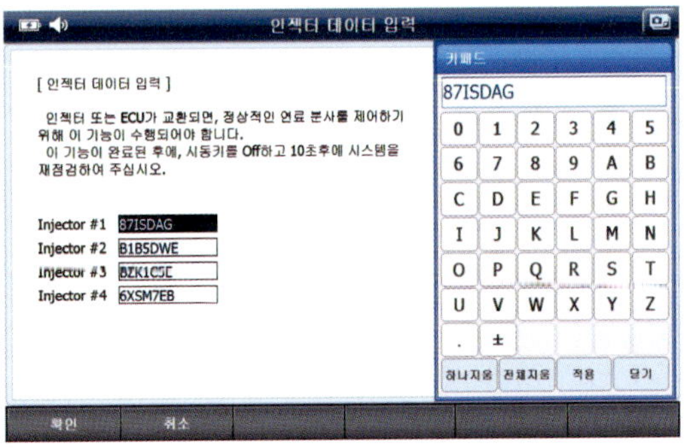

[그림 39] 키패드 표출 및 데이터 값 입력

⑤ 입력한 데이터가 정상적으로 입력되면, "쓰기 성공" 알림을 확인할 수 있다.

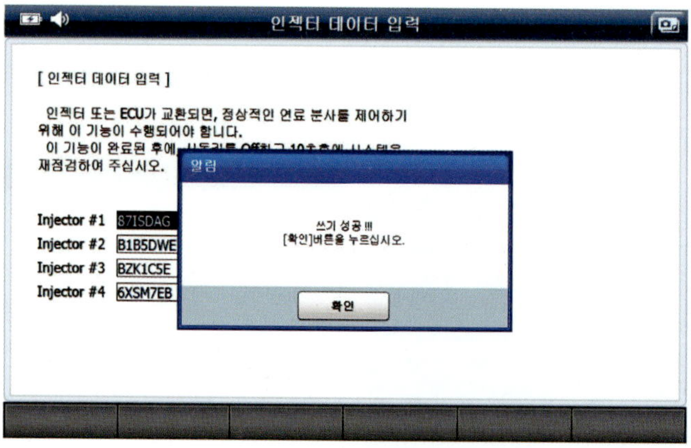

[그림 40] **정상적인 입력**

2) 부품교체 후 학습값 리셋

① 부가기능 항목에서 "부품교체 후 학습값 리셋"을 선택한다. 그림 23의 설명에 따라 "메뉴"를 선택한다.

② 부품교체 후 학습값 리셋 항목 중 해당하는 항목을 선택하고 "확인"을 선택한다.

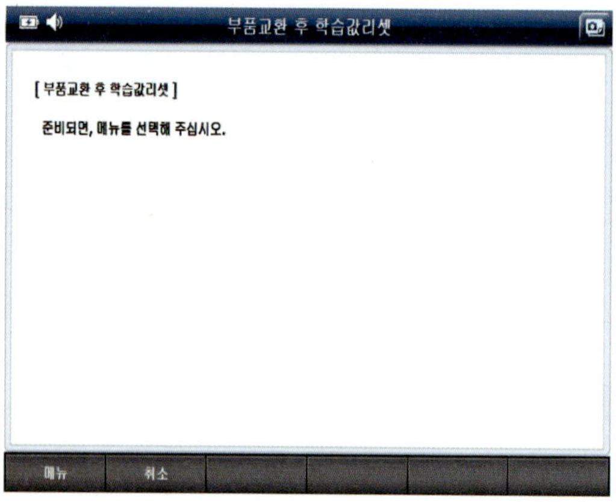

[그림 41] **메뉴선택**

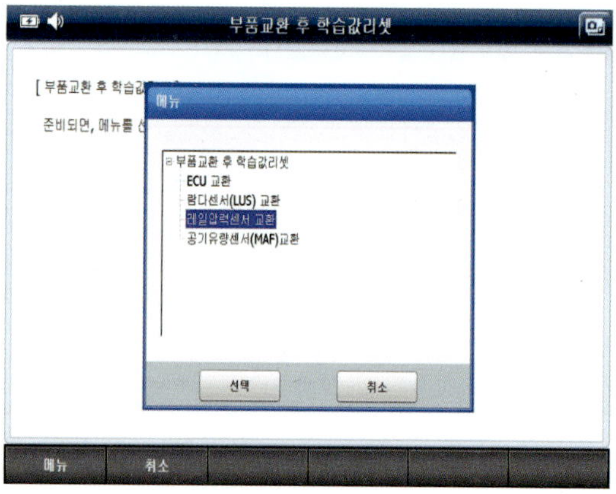

[그림 42] **부품교체 해당 항목선택**

③ 설명 내용을 확인하고 "확인"을 선택한다.

④ 알림 내용을 확인하고 "확인"을 선택하면 리셋이 완료된다.

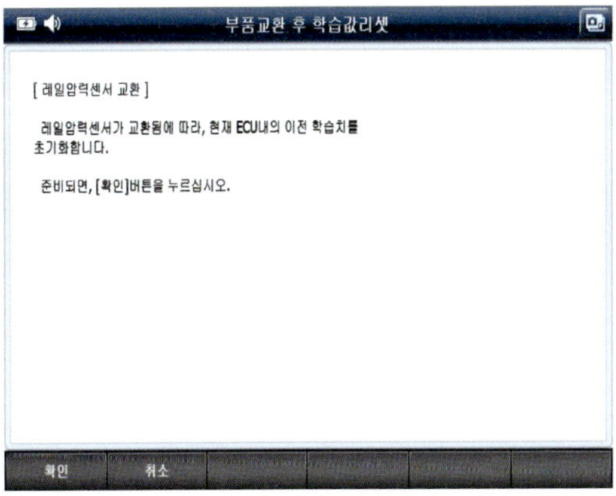

[그림 43] 설명내용 확인 후 확인버튼 선택

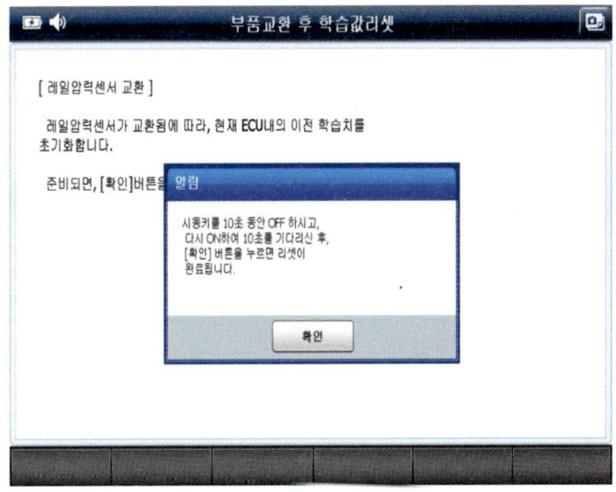

[그림 44] 알림내용 확인 후 확인버튼 선택

3) 연료라인 공기빼기

커먼레일 차량의 연료계통을 정비한 경우 시동시간이 지연될 수 있으며, 연료라인에 공기가 유입될 수 있다. 연료라인에 공기가 유입된 경우 차량의 부품손상 등이 발생할 수 있으며, 이를 방지하기 위해연료 라인에 형성되어 있는 공기를 제거하기 위한 기능이다.

① 부가기능 항목 중 "연료 라인 공기 빼기"를 선택한다.

② 설명내용과 실시 조건을 확인하고 "확인"을 선택한다.

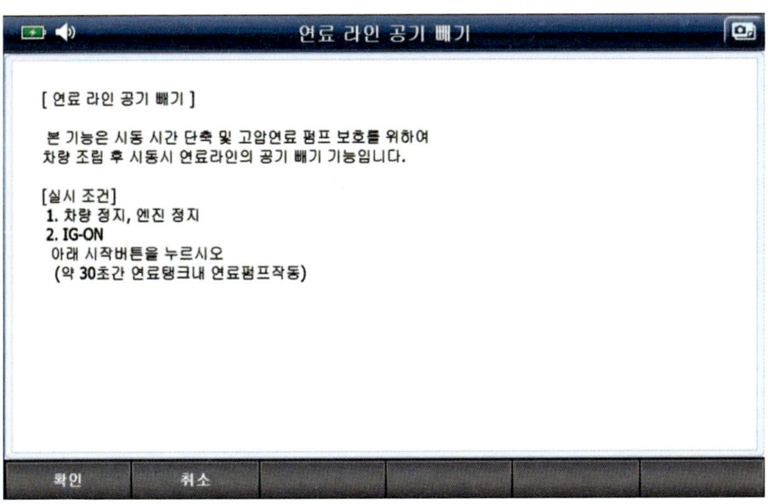

[그림 45] 설명 내용과 실시 조건

③ 연료 라인 공기빼기 작업이 진행된다.

④ "공기빼기 기능 작동완료"라는 알림이 확인되면 기능 작동이 완료된 것이다.

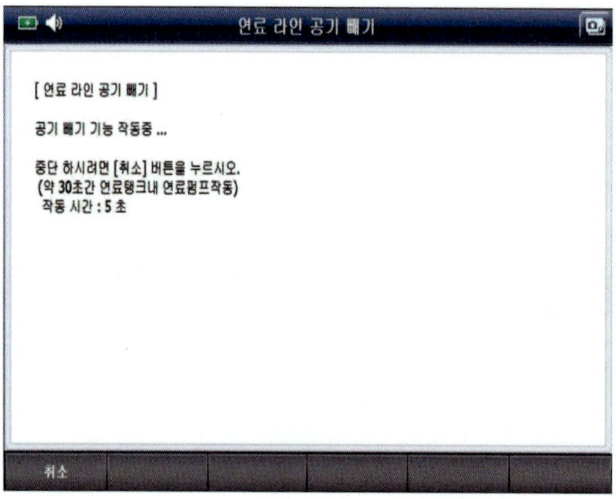

[그림 46] 공기빼기 작업진행

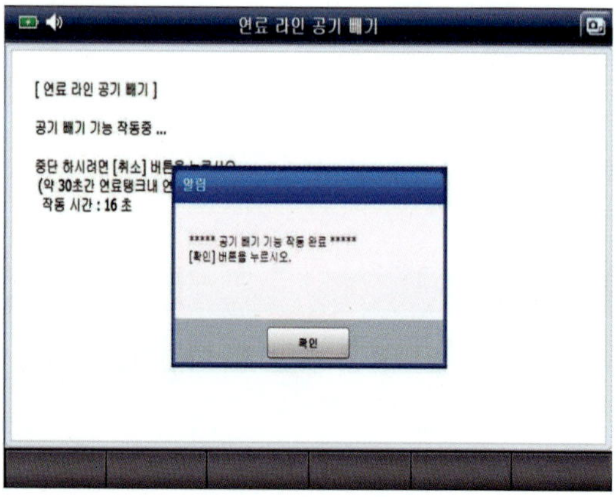

[그림 47] 공기빼기 작업완료

Chapter

05

엔진 현장 실무

1. 엔진오일 교체
2. 엔진오일 팬 개스킷 교체
3. 헤드커버 개스킷 교체
4. 오일 압력스위치 교체
5. 팬벨트(외부벨트, 겉 벨트) 교체
6. 냉각수 교체
7. 라디에이터 교체
8. 서모스탯 및 라디에이터 상·하부 호스 교체
9. 수온센서 교체
10. 워터펌프 교체
11. 뒷좌석 탈·부착 및 연료모터 교체
12. 연료필터 교체
13. 인젝터 교체
14. 커먼레일 고압펌프 교체
15. 예열플러그 및 EGR밸브 교체(D엔진)
16. 스로틀바디의 탈·부착 및 청소

05 엔진 현장 실무

1. 엔진오일 교체

자동차를 타고 시간이 지나면 엔진오일은 꼭 바꿔줘야 하는 것 중 하나이다. 오랫동안 엔진오일 교체를 하지 않으면 청정효과가 감소하게 되는데, 윤활과 기밀성 유지에 필요한 엔진 점도 유지는 오랫동안 유지가 되지만, 산화된 엔진오일은 청정상태 유지를 기대하기 어렵고 오히려 엔진 손상의 원인이 될 수도 있다. 엔진오일만 바꾸어도 엔진소음과 차량 주행시 훨씬 부드러워진 것을 느낄 수 있다.

요즘 자동차들은 기술의 발달과 엔진성능이 좋아져서 흔히 엔진오일 교체주기를 5000 km라고 얘기하는 경우가 많지만 엔진오일은 정상적으로 주행시 1만~1만 5000 km 혹은 1년마다 교체하면 된다. 가혹한 조건인 차량은 7500 km 또는 6개월마다 교체하면 된다.

① 리프트로 차량을 진입하여 시동을 정지한 후 보닛(bonnet)을 열고 오일 필러 캡을 반시계방향으로 돌려 열어 놓는다. 리프트로 차량을 들어 올린다. 엔진오일을 교체하기 전에 적어도 3분간은 차의 엔진이 작동해야 한다. 그래야 엔진오일이 내부 찌꺼기와 함께 빠져나오기 좋아진다.

② 리프트로 들어 올려 진 상태에서 언더커버를 탈거해야 오일교체가 가능한 차량은 언더커버를 탈거한다.

[그림 1] 리프트로 차량 올리기

[그림 2] 언더커버 탈거

③ 폐오일을 담을 수 있는 오일드레인(오일 회수통)을 준비한다.

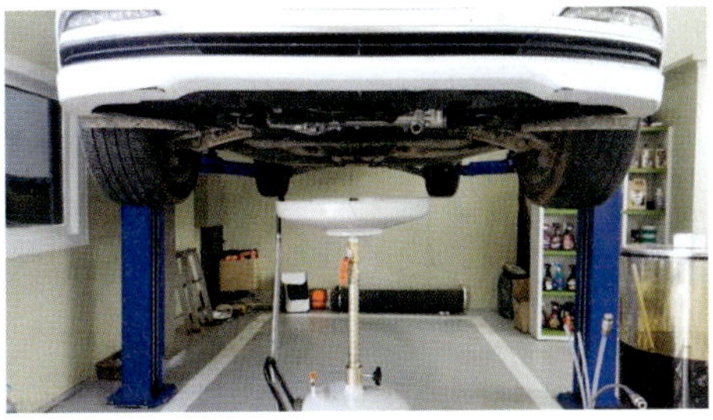

[그림 3] 오일드레인 준비

④ 엔진오일 팬의 드레인 플러그를 풀어준다.

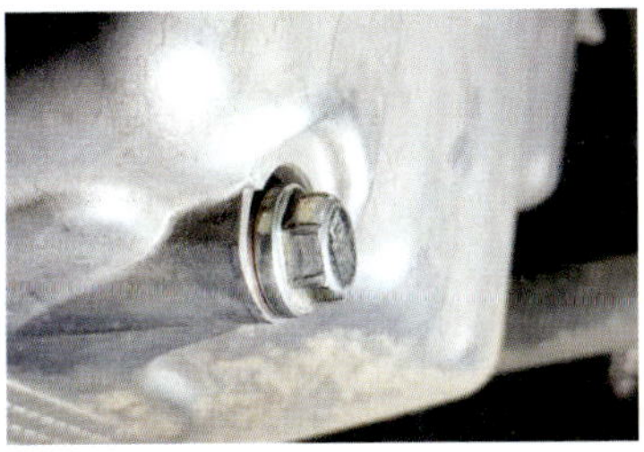

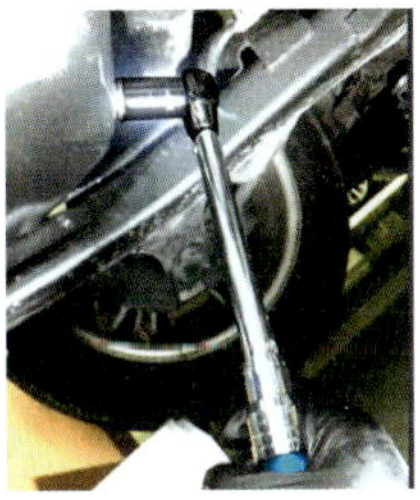

[그림 4] 드레인 플러그 탈거

⑤ 드레인 플러그를 빼내면 폐오일이 배출된다. 이때 오일이 뜨거울 수 있기 때문에 화상에 주의해야 하며, 엔진오일이 충분히 다 배출될 때까지 기다려준다.

[그림 5] 오일배출

⑥ 엔진오일이 거의 다 배출되면 드레인 플러그를 새것으로 교체하고 드레인 플러그를 규정토크로 체결한다(드레인 플러그 와셔만 교체하는 차량은 드레인 플러그 와셔만 교체한다).

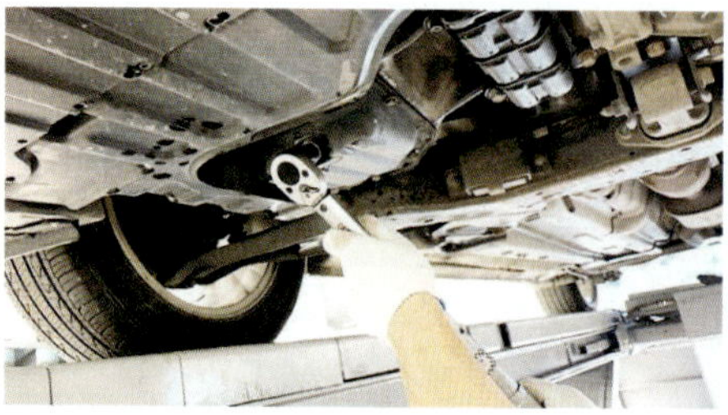
(a) 드레인 플러그 체결

(b) 드레인 플러그와 와셔

[그림 6] 드레인 플러그 체결

⑦ 오일 필터 렌치를 이용해서 오일 필터를 처음에는 살짝만 돌려주고 어느 정도 오일이 빠지면 필터를 완전히 탈거한다. 필터를 탈거하고 필터 삽입구를 깨끗하게 닦아준다(카트리지식 오일 필터 차량은 보통 리프트를 내려서 오일 필터 하우징 캡을 탈거하고 엘리먼트와 하우징 O링을 교체한다). 새 오일 필터 O링 부분에 엔진오일을 발라준 후 규정토크로 조립한다.

(a) 오일 필터 교체

(b) 필터 삽입구 청소

(c) 카트리지식 하우징 캡 탈거

(d) 카트리지식 하우징 O링 교체

(e) 카트리지식 오일 필터 교체

[그림 7] **오일 필터 교체**

⑧ 오일 드레인(오일 회수통)을 리프트 하강시 리프트와 접촉되지 않게 다른 곳으로 이동 시키고 리프트를 내려서 자동차를 지면가까이 내려놓는다.

⑨ 자동차 보닛(bonnet)을 열고 오일 필러 캡을 탈거한다.

[그림 8] **오일 필러 캡 열기**

⑩ 오일 깔대기를 오일이 밖으로 흐르지 않도록 잘 꽂아준다.

(a) 오일 주입

(b) 오일 자동 주입기로 주입시

[그림 9] **오일주입**

⑪ 새 엔진오일을 천천히 정비 매뉴얼에 있는 정량만큼 주입한다. 엔진오일을 한번에 다 부어서 넣기보다는 오일 레벨게이지(엔진오일 레벨게이지는 보통 노란색이다)를 마른 걸레나 휴지로 깨끗하게 닦아 가며 오일 양을 점검해 가면서 규정량만큼 엔진오일을 넣는 것이 좋다.

(a) 오일 레벨게이지 탈거

(b) 오일량 점검

[그림 10] 엔진 오일량 점검

⑫ 규정량으로 오일을 넣었으면 깔대기를 탈거하고 오일 필러 캡을 다시 닫아준다.

⑬ 에어필터(에어 크리너) 케이스 커버 고정클립 또는 고정 볼트를 풀어준다.

⑭ 에어필터 케이스 커버를 탈거한 후 오염된 에어필터를 제거하고 에어필터를 제거한 아래쪽에 이물질을 제거한다.

⑮ 새 에어필터로 교체 한다.

⑯ 교체 후에는 다시 에어필터 케이스 커버를 닫고 고정클립 또는 고정 볼트를 조여 준다.

(a) 고정클립 탈거

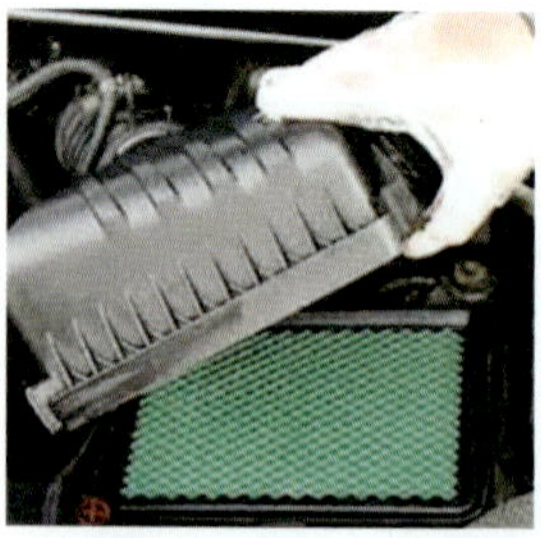

(b) 에어필터 케이스 커버 탈거

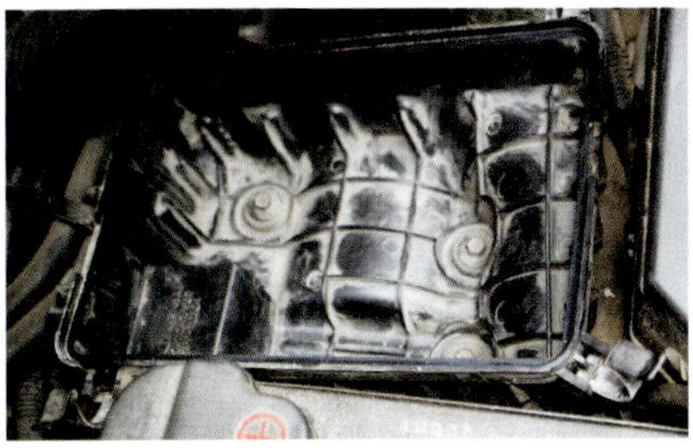

(c) 에어필터 아래 부분 청소

(d) 에어필터 교체

[그림 11] **에어필터**

⑰ 시동을 걸고 약 3~5분 후에 시동을 끄고 엔진 오일 양을 다시 점검한다. 처음보다 엔진오일양이 약간 줄어있으면 엔진오일 레벨 게이지의 F-L중간(F위치에서 3~4m 정도 약간 내려와 있는 수준)에 올 때까지 엔진오일을 조금씩 보충해준다.

⑱ 차량을 다시 들어 올려 드레인 플러그 또는 오일필터에서 오일 누유가 있는지 점검한다. 오일 누유가 없으면 언더커버를 탈거한 차량은 언더커버를 장착한다.

⑲ 리프트를 내려서 자동차를 지면가까이 내려놓는다.

2. 엔진오일 팬 개스킷 교체

오일 팬에서 오일이 누유되면 오일을 보충하며 타야하고 언더 커버에 누유된 오일이 고이거나 묻어있어 이물질이 묻기 때문에 미관상에도 안 좋다. 그리고 오일 팬을 탈거하려면 오일을 모두 배출해야 하기 때문에 동반되는 작업은 엔진오일 교체이다.

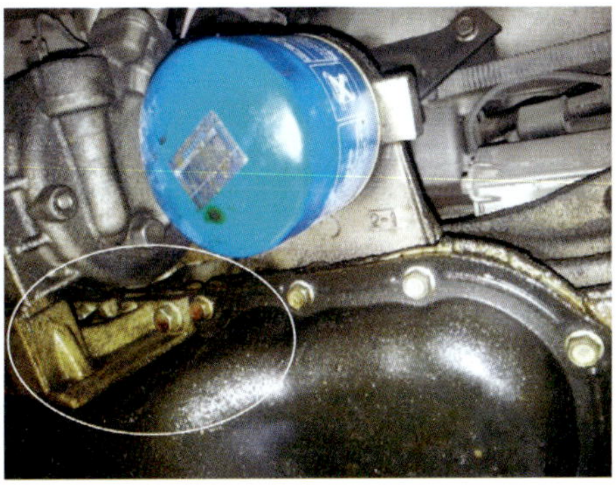

[그림 12] **엔진 오일 팬 오일 누유**

① 리프트로 차량을 진입한 후 시동을 정지시키고, 리프트로 차량을 들어 올린다.

② 리프트로 들어 올려 진 상태에서 언더커버를 탈거한다.
③ 폐오일을 담을 수 있는 오일드레인(오일 회수통)을 준비한다.
④ 오일 팬 드레인 플러그를 탈거하여 엔진오일을 배출한다.
⑤ 오일 팬 둘레의 볼트를 모두 풀어낸다. 오일 팬 탈거 시 머플러가 간섭되면 머플러를 탈거한다.

[그림 13] 언더커버 탈거

[그림 14] 오일 팬 고정볼트 탈거

⑥ 개스킷용 실리콘이 발라져있기 때문에 볼트를 다 풀어도 오일 팬이 분리가 잘 안 되면, 고무망치를 이용하여 오일 팬을 툭툭 쳐본다. 그래도 탈거가 안 되면 오일 팬과 엔진 블록사이를 스크레이퍼를 활용하여 망치로 흠집이 나지 않도록 쳐서 집어넣어 틈을 벌린 다음 스크레이퍼 뒤를 망치로 쳐가면서 계속 진행해주면 된다. 한번 벌어지면 그 다음부터는 수월하다.

[그림 15] 오일 팬 탈거

⑦ 탈거된 오일 팬은 기존 실리콘 개스킷을 제거하고 세척기에서 오일 및 이물질(슬러지)을 세척하여 제거한다. 새 오일 팬을 사용할 때는 세척할 필요가 없다.

[그림 16] **탈거된 오일 팬**

[그림 17] **세척된 오일 팬**

⑧ 오일 스트레이너에 이물질이 있나 확인하여 이물질이 있으면 이물질을 제거한다.

⑨ 오일 팬과 맞닿는 엔진 블록부분도 실리콘 개스킷을 제거한다.

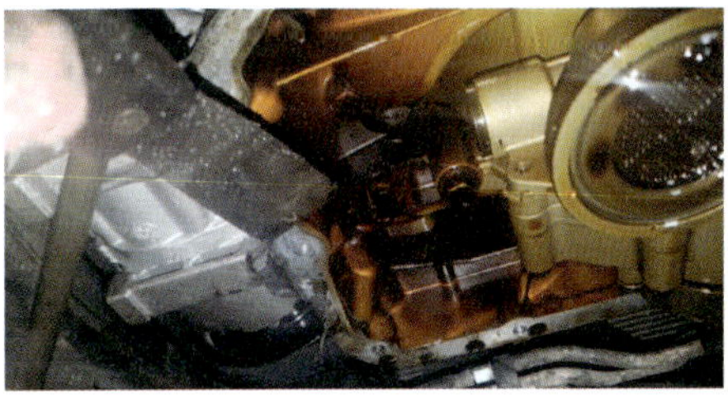

[그림 18] **엔진부분 실리콘 제거 및 청소**

⑩ 오일팬 드레인플러그를 조립하고 개스킷 전용 실리콘을 고르게 발라준다(실링작업).

⑪ 오일팬을 장착할 때 볼트는 한 번에 조이지 말고 조금씩 나눠서 균일하게 조인 후 규정토크로 조인다. 볼트를 조인 후 실리콘이 굳을 때까지 최소 30분 정도 기다린다.

[그림 19] 실링 작업

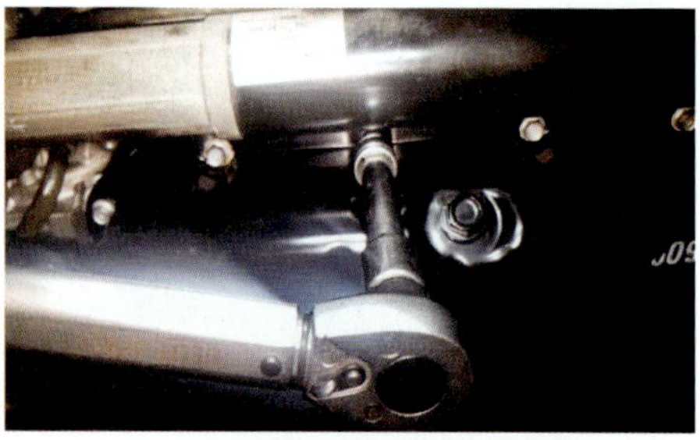

[그림 20] 오일 팬 볼트 조이기

⑫ 오일 드레인(오일 회수통)을 리프트 하강시 리프트와 접촉되지 않게 다른 곳으로 이동 시키고 리프트를 내려서 자동차를 지면가까이 내려놓는다.

⑬ 자동차 보닛(bonnet)을 열고 오일 필러 캡을 탈거한다.

⑭ 오일 깔대기를 오일이 밖으로 흐르지 않도록 잘 꽂아준다.

⑮ 새 엔진오일을 엔진오일 레벨 게이지의 F-L중간(F위치에서 3~4 mm 정도 약간 내려와 있는 수준)에 올 때까지 엔진오일을 넣는다.

⑯ 시동을 걸고 약 3~5분 후에 시동을 끄고 엔진 오일 양을 다시 점검한다.

⑰ 차량을 다시 들어 올려 오일 팬에서 오일 누유가 있는지 체크한다. 오일 누유가 없으면 언더커버를 장착한다.

[그림 21] 언더커버 장착

⑱ 리프트를 내려서 자동차를 지면가까이 내려놓는다.

3. 헤드커버 개스킷 교체

로커 암을 덮고 있는 헤드커버는 엔진 실린더헤드 상부와 결합되는데, 이 헤드커버와 헤드와의 틈새에 고무로 된 개스킷을 끼워 넣는다. 이 부분은 고무재질로 되어있는데 오래되면 고무가 경화되어 엔진오일이 이 틈새로 새어나오게 된다.

오일이 누유 되면 엔진에 누유된 오일에 의해 먼지 등 이물질이 쌓여 미관상 좋지 않고 배기다기관에 오일이 묻으면 화재의 위험도 따른다. 따라서 엔진 상부에 기름때가 흥건히 묻어있다면 기름때를 닦아내고 헤드커버 개스킷을 신품으로 교체해준다.

① 엔진커버를 탈거한다.

② 점화플러그 케이블을 탈거한다. 탈거하기 전에 순서를 혼동하지 않도록 번호를 적어놓으면 조립 시 혼동하지 않는다.

[그림 22] 엔진 커버 탈거

[그림 23] 점화플러그 케이블 탈거

③ PCV밸브를 탈거한다.

④ 블로바이 호스를 탈거한다.

[그림 24] PCV밸브 탈거

[그림 25] 블로바이 호스 탈거

⑤ 헤드커버 볼트를 탈거한다.

[그림 26] 헤드커버 고정 볼트 탈거

⑥ 볼트를 모두 제거하였다면 헤드커버의 체결 부위에 (−)드라이버를 살짝 넣어 들어 올리면서 헤드커버를 탈거한다.

[그림 27] 헤드커버 탈거

⑦ 신품 개스킷을 장착하기 위해 실린더 헤드의 개스킷이 닿는 부분과 헤드커버의 기름때 및 실리콘 찌꺼기를 깨끗이 닦아 준다. 실린더헤드 청소시 이물질이 실린더헤드 안으로 들어가지 않도록 주의하고 배기다기관에 오일이 묻어 있으면 오일을 닦아준다.

[그림 28] 헤드커버 청소

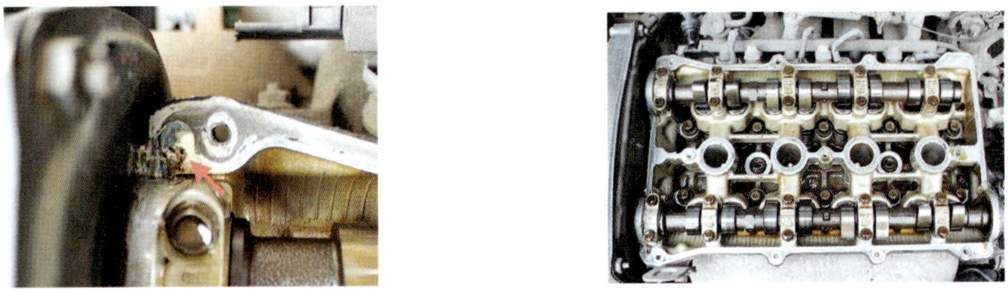

[그림 29] 실린더헤드 청소

⑧ 헤드커버에 신품 고무 개스킷을 홈에 잘 끼워 넣는다.

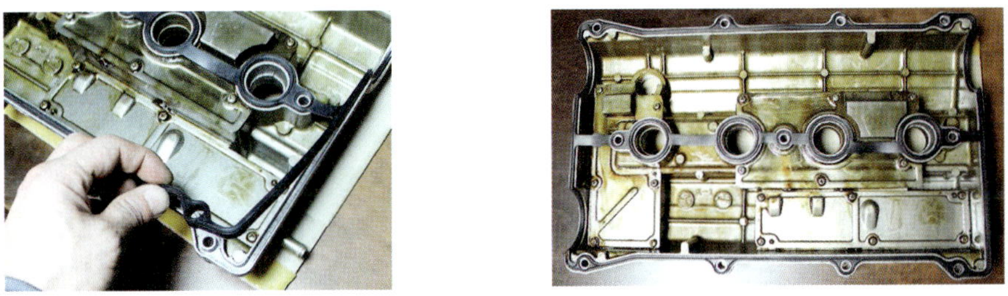

[그림 30] 신품 고무 개스킷 설치

⑨ 분해한 순서의 역순으로 다시 조립하면 모든 작업이 완료된다. 조립 시 주의할 점은 헤드커버를 헤드 위에 얹은 후 볼트 체결 시 대각선 방향으로 손가락 힘으로 더 이상 볼트를 조일 수 없을 때까지 조여 주고 복스를 사용하여 한번더 조인다음 토크렌치로 규정토크로 조여 주어야 볼트의 부러짐을 막을 수 있다. 생각보다 볼트는 쉽게 잘 부러진다.

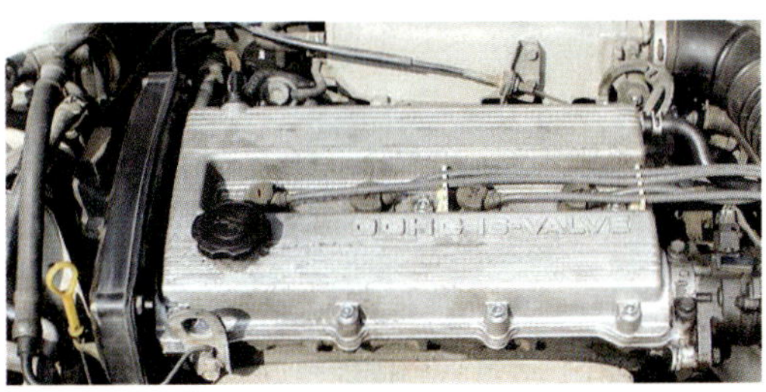

[그림 31] 헤드커버 개스킷 조립완료

4. 오일 압력스위치 교체

엔진오일 량은 정상인데 시동을 걸어도 엔진오일 경고등이 들어올 때는 오일 압력스위치 또는 오일펌프의 결함이다. 이때 엔진시동을 걸고 엔진오일 주입구 캡을 열어 엔진오일이 튀어 나오는지 점검한다. 엔진오일이 튀어나오면 오일펌프는 정상이고, 엔진오일이 튀어나오지 않으면 오일펌프 고장이다. 오일 압력스위치가 불량일 경우에는 key on에 놓고 엔진오일 경고등이 들어온 상태에서 오일 압력스위치 커넥터를 탈거하면 경고등이 소등이 된다(커넥터가 1선일 경우).

그래도 경고등이 들어오면 계기판 고장 아니면 배선의 간섭이 있는 경우이므로 계기판 또는 배선을 점검한다. 오일 압력스위치 설치위치는 차량마다 다르므로 탈거하는 방법이 약간씩 차이가 있다. 본 책자에서는 작업이 조금 까다로운 현대 제네시스 DH3.3 GDI 차량 오일압력 스위치를 교체하는 방법을 기술하였다.

[그림 32] 엔진오일 경고등

① 작업을 위해 먼저 엔진후드를 오픈한다.

[그림 33] 엔진 후드 오픈

② 고정너트 커버를 탈거한다. 와이퍼 암 고정너트가 고정너트 커버에 덮여있기 때문에 고정너트 캡을 보면 작은 홈이 하나 있다. 그 분분을 일자 드라이버를 이

용하여 집어넣고 지렛대 식으로 재껴 커버를 탈거한다.

③ 고정너트를 탈거하고 와이퍼 암을 탈거한다.

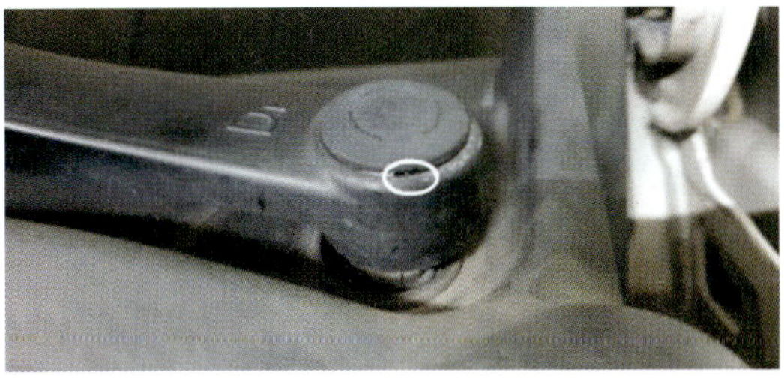

[그림 34] 고정너트 커버

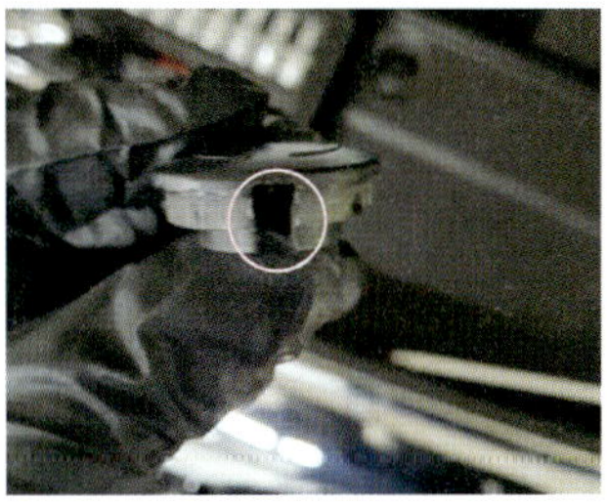

[그림 35] 고정너트 커버 탈거

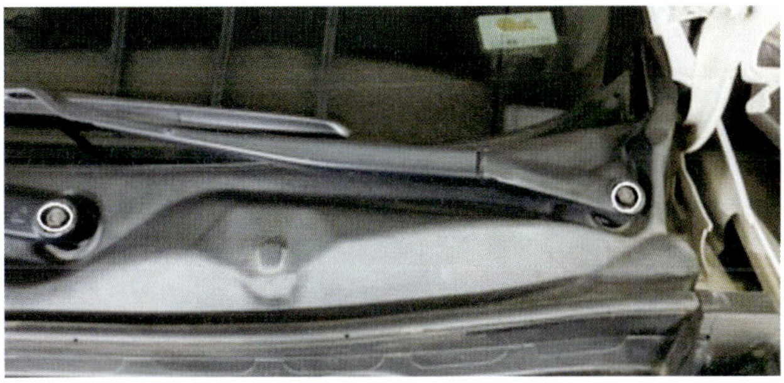

[그림 36] 와이퍼 암 고정볼트

④ 고정클립을 탈거하고 카울커버(와이퍼 커버) 탈착한다. 와셔같이 생긴 부분을 손으로 잡고 십자드라이버로 돌리면 고정클립이 빠지게 된다.

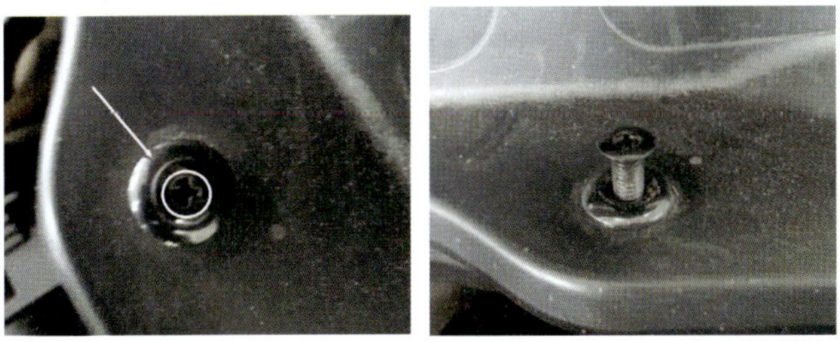

[그림 37] 고정클립 탈거

[그림 38] 카울커버 탈거

⑤ 좌측에 있는 후드 웨더 스트립부터 탈착을 한다. 탈착방법은 그냥 손으로 위로 잡아당겨주면 된다. 좌측이 끝났으면 우측도 동일하게 탈거하면 된다.

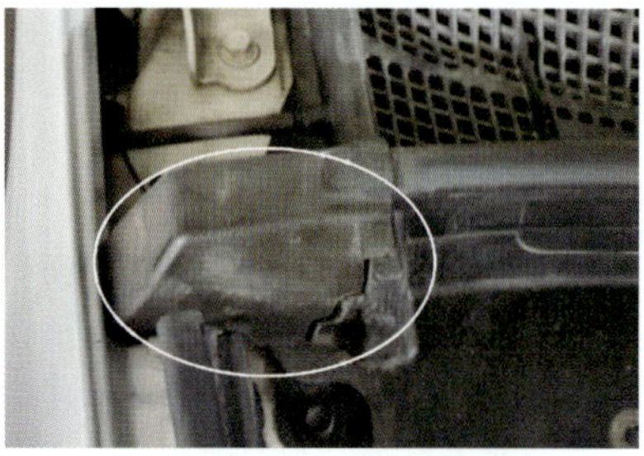

(a) 좌측

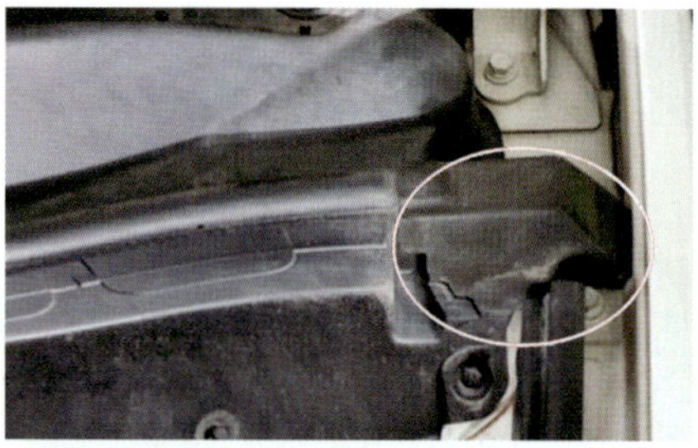

(b) 우측

[그림 39] 후드 웨더 스트립 탈거

⑥ 측면에 연결되어 있는 워셔액 호스 라인을 탈거한다.

⑦ 카울 커버를 탈거한다.

[그림 40] 워셔액 호스 탈거

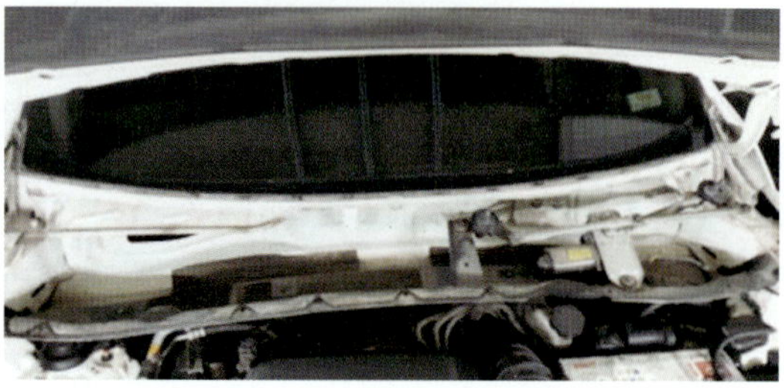

[그림 41] 카울커버 탈거

⑧ 엔진커버를 탈거한다.

[그림 42] 엔진커버 탈거

⑨ 흡기 인테이크 및 스로틀바디 부터 풀어준다. 스로틀바디는 볼트만 풀고 옆으로 재껴두고 주변 볼트와 커넥터등 작업에 지장을 주는 부분을 모두 풀어준다.

[그림 43] **스로틀바디 탈거**

[그림 44] **주변 볼트와 커넥터 탈거**

⑩ 흡기매니폴드를 탈거한다.
⑪ 중앙에 흡기라인을 탈거하고 인젝터까지 탈거한다.

[그림 45] **흡기매니폴드 탈거**

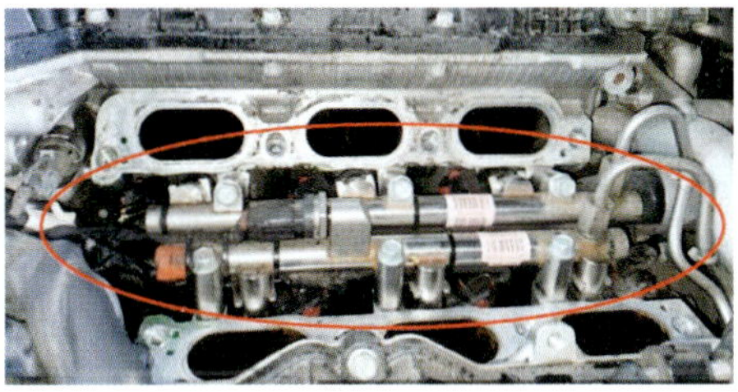
[그림 46] **인젝터 탈거**

⑫ 오일압력 스위치 커넥터를 탈거한다. 엔진오일이 묻어 있으면 엔진오일을 제거하고 커넥터에 손상이 있으면 커넥터를 수리한다.

[그림 47] **커넥터 탈거**

[그림 48] **오일압력 스위치 설치위치**

⑬ 오일압력 스위치 탈거는 24 mm 스패너를 탈거하기 편하게 가공을 해서 풀어야 한다. 일반적인 공구를 사용하게 되면 탈부착이 불가능하다.

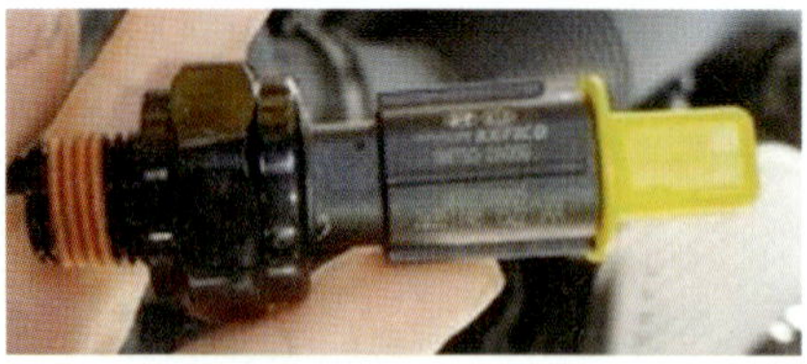

(a) 신품 오일 압력스위치 위치

(b) 작업에 맞게 스패너 가공

[그림 49] **신품 오일 압력스위치와 탈거공구**

⑭ 조립은 탈거의 역순으로 한다. 흡기쪽 라인을 탈거하면 냉각수가 배출이 되므로 냉각수 보충 후 에어빼기작업도 같이해준다.

[그림 50] **냉각수 보충**

5. 팬벨트(외부벨트, 겉 벨트) 교체

팬벨트는 원래 라디에이터를 냉각하기 위한 팬을 돌리는 벨트였기 때문에 팬벨트라고 부르고 있다. 현재의 엔진은 전동 팬들이 주류를 이루고 있지만 엔진 구동에 필요한 전기와 차량 편의 시설 등의 전원을 생산하는 발전기 및 엔진에 냉각수가 원활하게 순환하게 하여 엔진 과열을 막아주는 워터펌프, 에어컨, 파워 스티어링 펌프 등을 구동하고 있다.

벨트가 끊어지면 엔진에 전기 공급이 안 되어 자동차가 주행 중에 갑자기 멈추게 되고, EPS(전자식 파워스티어링시스템)가 없는 차량은 팬벨트가 탈거됨과 동시에 핸들이 무거워지게 되고, 발전기에 진공펌프가 달린 디젤차량은 브레이크가 무거워지며 브레이크가 밀려 큰 사고로 이어지는 경우도 있다.

벨트의 장력이 느슨해지면 아침에 시동을 걸었을 때 또는 급가속시 고무가 미끄러지는 다소 날카로운 소음이 발생한다. 이때는 벨트장력을 조정해야 한다. 육안으로 팬벨트 점검 시 안쪽 홈이 가로로 갈라지거나 균열이 보이면 팬벨트를 교체해야 한다.

벨트 소리점검은 간단하게 시동이 걸린 상태에서 물이 담긴 분무기로 벨트(안쪽 면)에 물을 뿌려서 소리가 사라지면 벨트가 문제인 것이다.

(a) 변색된 벨트

(b) 크랙이 발생한 벨트

[그림 51] 손상된 벨트

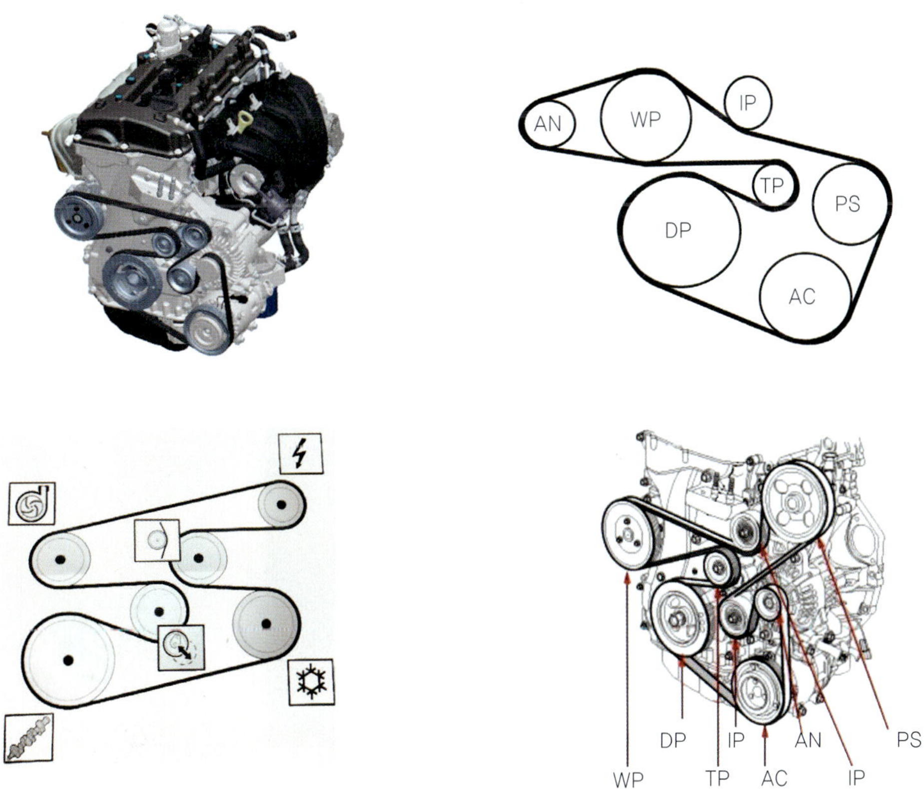

[그림 52] 1-BELT타입의 벨트 설치상태 예

이상 음이 발생하지 않았어도 일정한 주행거리나 사용 연수가 지나면 팬벨트 고무가 경화되기 때문에 팬벨트를 교체해야 한다. 차종에 따라 다르지만, 주행거리는 50,000~100,000 km마다, 사용기간 3~5년마다 교체를 하는 것이 좋다.

예전에는 벨트가 2~3개 이었으나, 요즘은 하나의 벨트(1-BELT 타입)로 전 장치를 작동시키고 있기 때문에 벨트 교체 시 지침서가 없으면 사진을 찍어 놓던가 아니면 그림을 그려놓아야 작업이 수월하다. 벨트는 조수석 바퀴 쪽에서 글씨가 바로 보이도록 설치하거나 화살표가 있는 것은 엔진회전 방향으로 설치한다.

5.1. 스포티지 팬벨트 교체

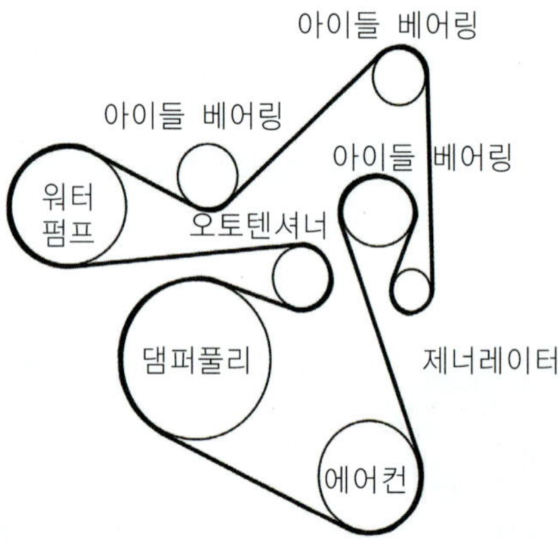

[그림 53] 스포티지 팬벨트의 설치도

① 엔진커버를 탈거한다.

[그림 54] 엔진커버 탈거

② 타이어를 탈거하고 조수석 물받이(휠가드) 고정 플라스틱 클램프를 제거한다.

(a) 물받이

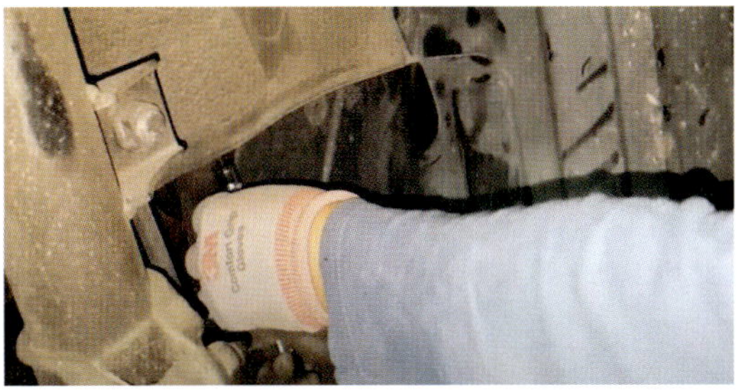

(b) 엔진 측면

[그림 55] **커버 분리**

③ 물받이 쪽 커버를 분리를 하고 안쪽 엔진 쪽 측면 커버를 분리한다.

④ 17 mm 스패너나 복스 공구를 사용하여 오토텐셔너를 시계 반대방향으로 당긴 상태에서 오토텐셔너에 고정 핀을 설치하여 고정시킨다. 시계방향으로 하면 볼트가 풀린다. 고정 핀이 없으면 4 mm 드릴 날 등을 이용해도 된다.

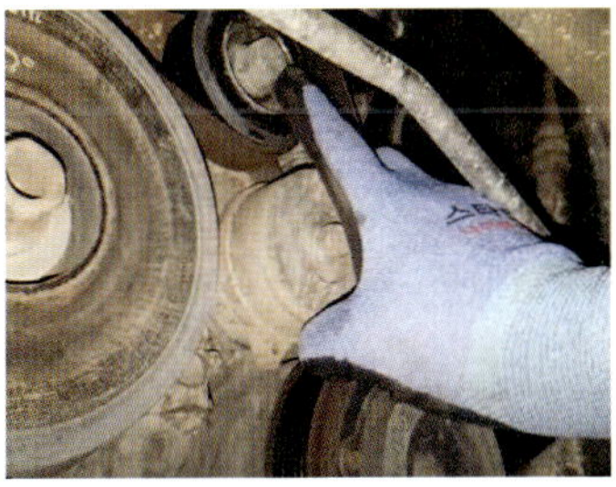

(a) 오토텐셔너

(b) 복스공구 설치

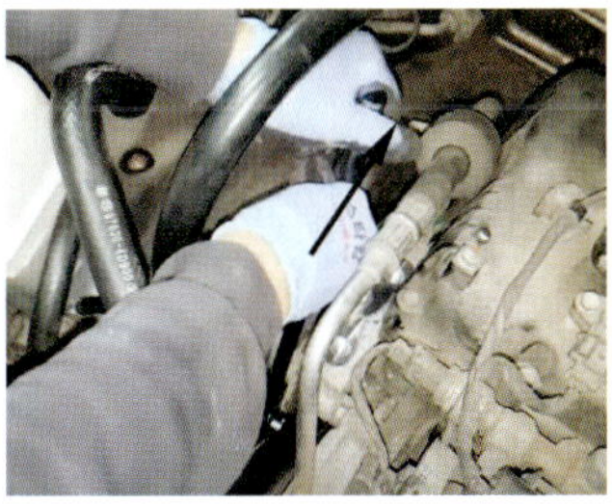

(c) 시계반대방향으로 당김

(d) 오토 텐셔너 핀 고정위치

(e) 고정 핀 설치

[그림 56] **벨트장력 제거**

⑤ 벨트를 탈거한다.

[그림 57] 벨트 탈거

⑥ 오토텐셔너, 아이들 베어링, 풀리 등이 불량하면 교체한다.

⑦ 팬벨트 설치 방향에 주의하여 팬벨트를 장착한다.

⑧ 17 mm 스패너나 복스 공구를 사용하여 오토텐셔너를 시계반대방향으로 당긴 상태에서 오토텐셔너에서 고정핀을 탈거한다.

⑨ 팬벨트 설치상태를 확인한 후 시동을 걸어 확인한다.

⑩ 엔진 및 물받이 커버를 장착한다.

⑪ 타이어를 조립한다.

[그림 58] 엔진 및 물받이 커버 장착

[그림 59] 타이어 조립

5.2. 렉스턴 팬벨트, 텐셔너, 아이들 베어링 교체

① 벨트 제거를 한다. 복스렌치(19 mm)를 텐셔너의 육각 조정 볼트에 걸고 왼쪽(시계 반대방향)으로 돌린다. 그러면 벨트 전체가 느슨해지면서 쉽게 탈거가 된다.

[그림 60] **슈퍼 렉스턴벨트의 설치상태**

[그림 61] **벨트장력 제거**

② 풀리 커버를 탈거한다. 아이들 풀리(아이들 베어링) 커버와 그루브드 아이들 풀리 커버를 송곳으로 제거한다. 풀리 커버는 재사용을 한다.

[그림 62] **풀리 커버 탈거**

③ T50 별소켓(복스)를 이용해 볼트를 풀어 그루브드 아이들 풀리를 탈거한다. 그루브드 풀리에는 홈이 있다.

④ 복스(17 mm)를 이용해 볼트를 풀어 아이들 풀리를 탈거한다. 아이들 풀리에는 홈이 없다.

[그림 63] 그루브드 아이들 풀리 탈거

[그림 64] 아이들 풀리 탈거

⑤ 벨트 텐셔너를 탈거한다. 텐셔너는 상, 하 2개의 볼트를 풀어야 제거가 된다.

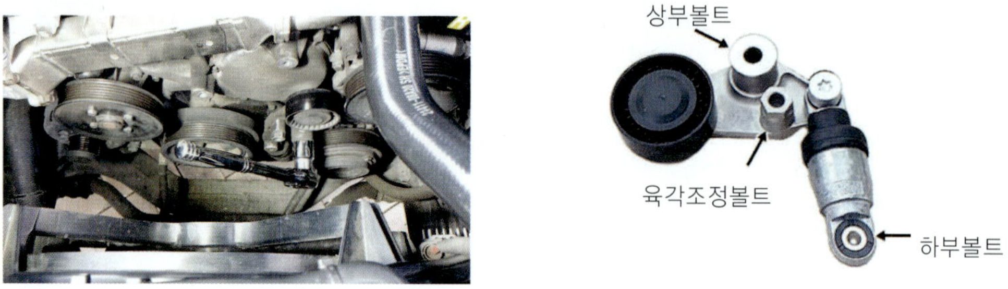

[그림 65] 벨트 텐셔너 탈거

⑥ 신품 벨트 텐셔너를 조립한다. 벨트 텐셔너는 보관할 때 오일 누유 때문에 반드시 세워서 보관해야 한다.

⑦ 신품 그루브드 아이들 풀리를 조립한다.

⑧ 신품 아이들 풀리를 조립한다.

⑨ 풀리 커버 2개를 끼운다.

⑩ 복스렌치를 텐셔서 육각 조정볼트(19 mm)에 꽂아 왼쪽으로 제친 후 신품 벨트를 각각의 풀리에 잘 맞추어 벨트를 걸어준다.

5.3. YF쏘나타 팬벨트 교체

① 작업 공간을 확보하기 위해 부동액 리저버 탱크를 탈거하고 엔진을 지지한 후 엔진마운트 브래킷을 탈거한다.

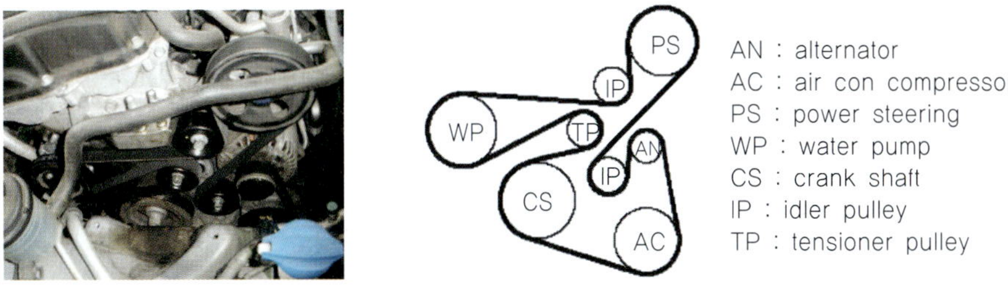

[그림 66] YF쏘나타 벨트 설치상태

(a) 부동액 리저버 탈거　　(b) 브래킷 볼트 및 너트탈거　　(c) 마운트 볼트 탈거

[그림 67] 엔진마운트 브래킷 탈거

② 오토텐션 베어링 볼트가 롤러 안쪽으로 약간 들어가 있기 때문에 17 mm 옵셋 렌치로 오토텐셔너 텐션베어링의 롤러부분에 걸고 조수석 방향(시계 반대방향)으로 밀어 올려 벨트 장력을 해제시킨다.

(a) 오토 텐셔너　　(b) 옵셋렌치로 텐션 조정

[그림 68] 벨트 탈거

③ 벨트를 탈거한다.

④ 텐셔너 부분으로 신품 벨트를 삽입하고 워터펌프 - 텐셔너 - 크랭크 풀리 - 에어컨 풀리 - 알터네이터 - 아이들 풀리 순으로 가 체결한다.

⑤ 옵셋렌치로 텐셔너 장력을 해제한 상태에서 파워스티어링 풀리를 최종적으로 체결한 후 텐셔너 장력을 주면 체결된다.
⑥ 시동을 걸어 벨트가 정확히 조립되었나 확인한다.
⑦ 엔진마운트 브래킷을 조립한다. 볼트나 너트는 우선 손으로 최대한 돌려 체결한 후 수공구를 사용하고 토크렌치를 이용하여 규정토크로 조여 준다.
⑧ 엔진을 받히고 있던 지지대를 제거한다.

5.4. SR차량 팬벨트 교체

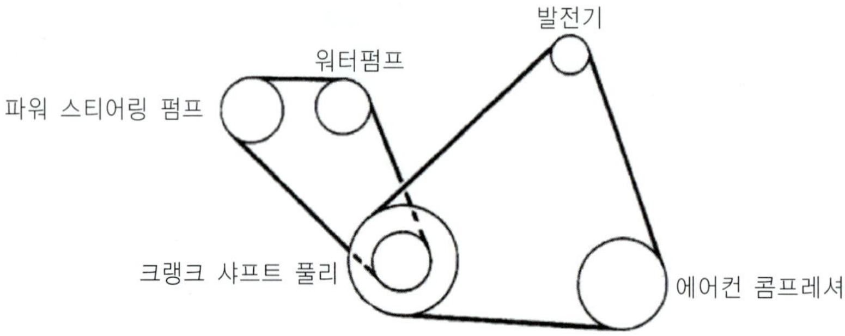

[그림 69] SR차량 벨트 설치상태

5.4.1. 발전기 벨트 탈거

① 장력해제 볼트(아래 화살표)로 3~4바퀴 풀어준다.
② 장력조절 볼트(위에 화살표)로 거의 바닥까지 풀어준다.
③ 발전기 몸체를 힘주어 손으로 누르면 쑥 내려간다. 벨트가 헐거워서 잘 빠질 수 있는 상태가 된다.

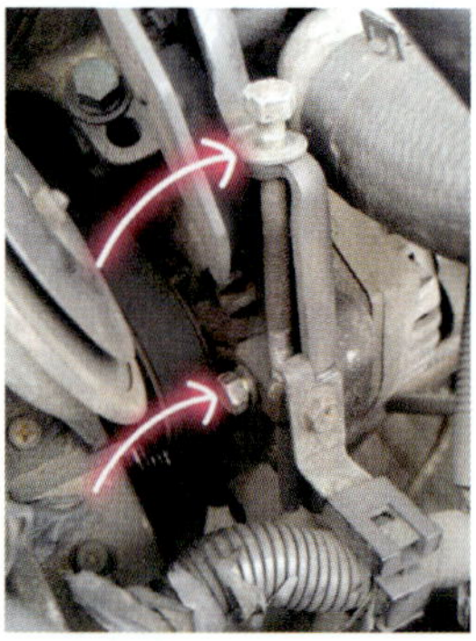

[그림 70] 발전기 벨트 장력해제

④ 손을 넣어 벨트를 당기면 빠진다. 벨트는 크랭크 풀리 - 에어컨 컴프레셔 풀리 - 발전기 풀리로 연결되어 있다.

5.4.2. 파워스티어링 벨트 탈거

① 파워스티어링 장력해제 볼트를 12 mm 렌치로 3~4바퀴 풀면 장력이 해제된다.

② 장력조절 볼트를 다 풀어 앞쪽에서 벨트를 당겨주면 파워펌프가 이동하며 벨트에 여유가 생긴다. 벨트를 빗겨 빼면 빠진다.

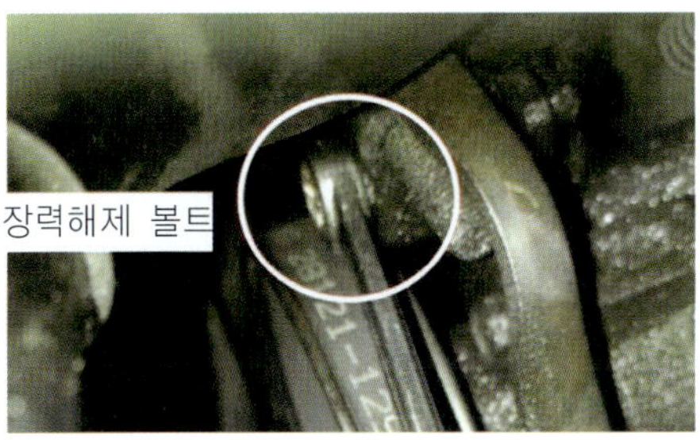

[그림 71] 파워스티어링 장력해제 볼트

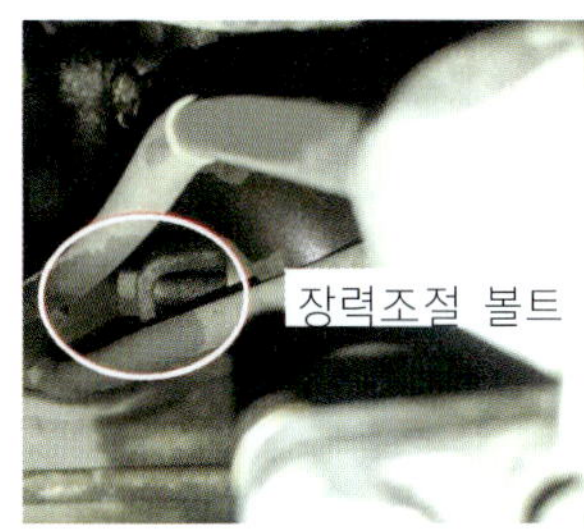

[그림 72] 파워스티어링 장력조절 볼트

5.4.3. 파워스티어링 신품 벨트 조립

① 신품 소 벨트를 크랭크 풀리(1)에 먼저 건다.

② 벨트를 파워스티어링 펌프(2)에 건다.

③ 벨트를 워터펌프(3)에 걸어준다. 워터펌프에 걸때 여유가 없다면 크랭크 풀리나 파워스티어링 풀리 홈에 정확히 걸리지 않은 거니 살살 흔들어 주거나 좌우로 움직여 정확하게 설치되면 여유가 생긴다.

④ 장력 조절볼트로 장력을 조정하고 장력해제 볼트를 조인다.

[그림 73] 파워스티어링 벨트 설치

5.4.4. 알터네이터 신품 벨트 조립

① 신품 대 벨트를 넣을 때 엔진 밑에 부터 걸어준다. 공간이 좁아 벨트를 비틀면 잘 들어간다. 크랭크 풀리, 에어컨 컴프레셔 풀리, 알터네이터 풀리 순으로 걸어준다.

② 나사조일 때 위에 나사 절반만 감아준 상태에서 벨트를 움직여서 잘 결속됐는지 확인한다. 이상 없으면 위에 나사로 장력을 조정한 후, 아래나사를 조인다.

③ 시동을 걸고 이상 없는지 확인한다.

[그림 74] 벨트 조립

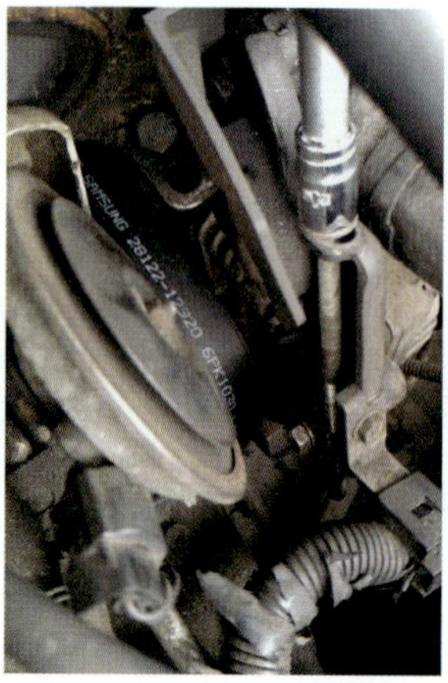

[그림 75] 장력조정

6. 냉각수 교체

냉각수는 물, 부동액, 부식 방지막(에틸렌글리콜)의 혼합액이다. 냉각수는 냉각시스템에서 부식 방지, 동결 방지, 비등점 높임 등의 기능이 있어 4계절용을 사용한다. 부동액 교체는 현대, 기아차의 경우 초록색 부동액을 사용하고, 교체주기 2년/40,000 km, GM차종은 붉은색 부동액을 사용하고, 교체주기 5년/100,000 km, 유럽에서 제조하는 차종은 노란색 부동액을 사용하고, 교체주기 5년/100,000 km이지만 차종별로 약간 차이가 있으므로 정확한 기간 및 냉각수 교체 방법은 매뉴얼을 참고한다.

냉각수 색깔이 짙은 갈색이나 검은색으로 변했다면 성분이 변질된 것이고, 냉각수를 보충하기 위해 물을 자주 보충하여 냉각수 비중이 낮아지면 겨울에 냉각라인이 얼거나 라디에이터의 녹과 기타 부유물로 인해 라디에이터 냉각라인이 막혀 엔진이 과열될 수 있어 바로 교체를 해 주어야 한다.

냉각수 보조탱크에 냉각수의 양이 많이 줄어들었다면 냉각수를 보충 하면 되지만 냉각수는 특별한 고장이 아닌 이상 줄어드는 양이 미미하기 때문에 짧은 시간에 꽤 많은 양의 냉각수가 없어졌다고 판단되면 반드시 냉각수계통에 누수를 점검해야 한다. 히터작동 시 또는 차 실내에서 부동액냄새(단내가 난다)가 나면 히터부분에 누수를 점검해야 한다. 부동액 교체는 라디에이터 코크 배출작업과 교체기 작업 두 가지가 있다.

6.1. 라디에이터 코크의 배출방법

라디에이터 코크 배출작업의 경우 라디에이터에 나와 있는 코크를 통해 배출하여 배출된 만큼 보충을 하는 방식이다. 예를 들어 100% 오염 부동액에서 40% 정도를 배출하고 나머지 60%는 새 부동액과 섞어서 중화시킨다.

① 리프트로 차량을 진입한 후 시동을 정지시키고, 보닛(bonnet)을 연다.

② 라디에이터 캡(냉각수 탱크 캡)을 개방한다. 주행 후 바로 라디에이터 캡을 열면 뜨거운 부동액이나 증기가 튀어나와 화상을 입을 수 있다. 냉각수가 충분하게 식은 뒤에 캡을 개방해야 화상을 입는 피해를 예방할 수 있지만 냉각수가 뜨거울 때는 수건 같은 것으로 몇 겹으로 캡을 감싼 후 캡을 천천히 한 번 돌리면 압력에 의해 뜨거운 부동액이나 증기가 서서히 빠지게 된다. 뜨거운 부동액이나 증기가 빠진 다음 살짝 누르면서 돌리면 캡이 완전히 빠진다. 캡은 한번 돌리면 빠지지 않게 안전장치가 되어 있다.

[그림 76] 라디에이터 캡 개방

③ 리프트를 상승시켜 차량을 들어올린다.

④ 리프트로 들어 올려진 상태에서 언더커버를 탈거해야 냉각수교체가 가능한 차량은 언더커버를 탈거 한다.

[그림 77] 리프트 상승

⑤ 냉각수 받을 통을 준비한다.

⑥ 드레인 플러그에 호스를 꼽는다.

⑦ 냉각수 드레인 플러그(배출 코크)를 천천히 연다. 밸브를 왼쪽으로 대략 3~4회 정도 돌리면 그때부터 냉각수가 나오기 시작한다. 드레인 플러그를 탈거하지 않은 상태에서 냉각수가 다 배출될 때 까지 기다린다. 냉각수가 뜨거우면 장갑을 끼고 조심히 풀어낸다. 드레인 플러그가 없는 차량은 하부호스를 탈거하여 냉각수를 배출한다.

⑧ 냉각수가 완전히 배출되었으면 드레인 플러그를 잠근다.

⑨ 폐 냉각수 받은 통을 안전한 곳에 두고 리프트를 하강시키고 보조물통에 있는 냉각수도 배출시킨다.

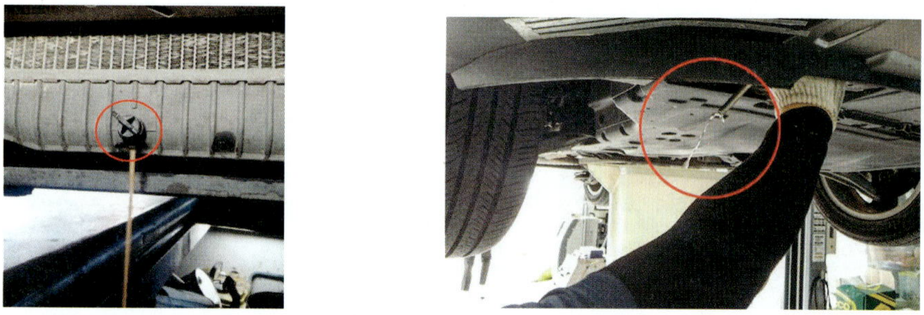

[그림 78] 드레인 플러그에서 냉각수 배출

⑩ 부동액과 증류수의 비율은 여름에는 3 : 7, 겨울에는 5 : 5사이로 맞추나 비중계를 이용해서 통상 우리나라 기온의 경우 부동액 비중을 영하 20도 수준에 맞춰 놓는다. 부동액 비중(비중계 눈금에서 화살표 있는 어두운 곳과 환한 곳의 경계선), 즉 부동액이 어는 점을 측정하여 그 이하일 경우에는 부동액 보충 또는 부동액을 교체를 해 주어야 한다. 만약 서로 다른 성분의 제품을 혼합할 경우 침전물이 생길 가능성이 있기 때문에 같은 제품을 사용해야 한다.

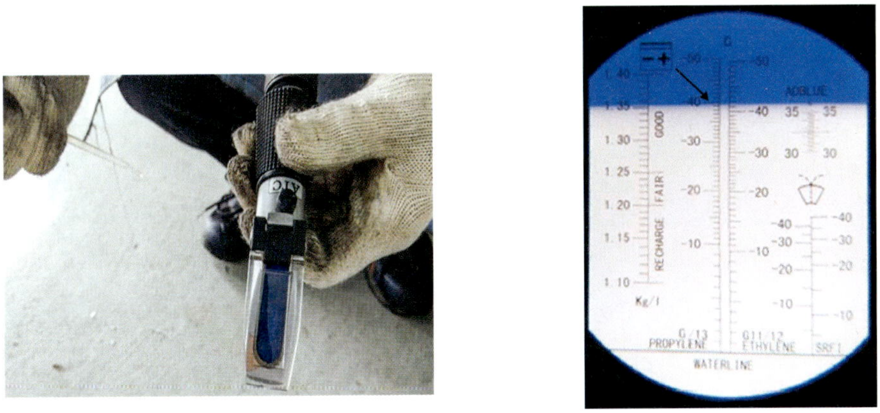

(a) 비중계 (b) 부동액 비중

[그림 79] **비중계와 부동액 비중**

⑪ 냉각수 탱크(라디에이터와 보조탱크)에 새 부동액를 서서히 부어준다. 냉각수탱크(라디에이터)에 냉각수가 냉각라인으로 흘러들어가면서 수위가 낮아짐에 따라 냉각수를 추가 보충하고, 냉각수의 수위가 어느 정도 안정되었다 싶으면 시동을 걸어 냉각수를 순환시킨다.

㉮ 냉각수 입구방식 같은 경우 냉각수 에어빼기밸브(볼트)가 장착된 차량은 냉각수 에어빼기 밸브를 열어 에어가 빠지고 냉각수가 흘러나올 때까지 냉각수를 부어 준 다음 밸브를 잠근다.

㉯ 대우 자동차 쉐보레 같은 차량은 냉각수 캡을 열어 놓으면 에러가 떠서 기계를 사용할 수 없기 때문에 냉각수의 수위가 어느 정도 안성되변 냉삭수 캡을 닫고 시동을 걸고 냉각수를 순환시키다 냉각수 캡을 조심스럽게 살짝 열어 에어를 빼주고 냉각수 수위가 낮아지면 냉각수를 다시 보충하고 다시 캡을 닫고 시동을 건 상태에서 기다렸다 다시 보충하는 과정을 반복해야 한다.

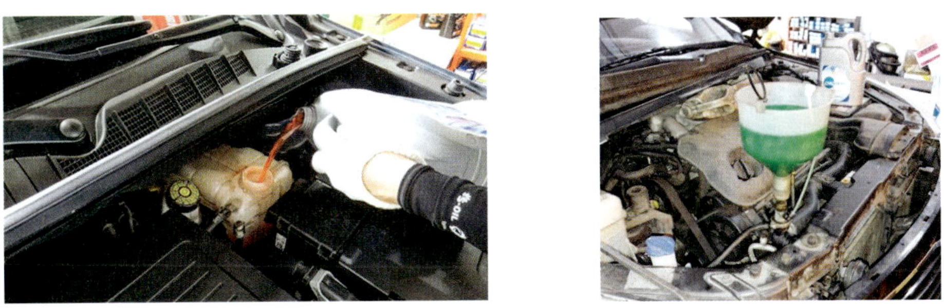

[그림 80] **냉각수 주입**

⑫ 서모스탯이 열릴 때까지 5~10분 동안 엔진 속도를 1,200 rpm으로 증가시킨다. 기포가 거의 안 올라오고 냉각팬이 돌기시작하면 엔진 공회전 상태에서 냉각팬이 멈춘 후 냉각수를 채우고 캡을 닫는다(보조 물탱크에도 냉각수를 적정량 보충한다).

⑬ 리프트로 차량을 들어 올려 드레인 코크 및 엔진에 냉각수 누출이 있는지 확인한다.

⑭ 언더커버를 탈거한 차량은 언더커버를 장착한다.

⑮ 리프트를 하강시킨다.

6.2. 부동액 교체기 작업

부동액 교체기 작업은 냉각라인에 있는 100% 부동액을 밀어내는 방식이다. 부동액 교체 방식이 복잡하고 교체기(제작회사마다 사용법이 다를 수 있다)가 필요하며 시간이 오래 걸려 가격이 비싼 것이 단점이다.

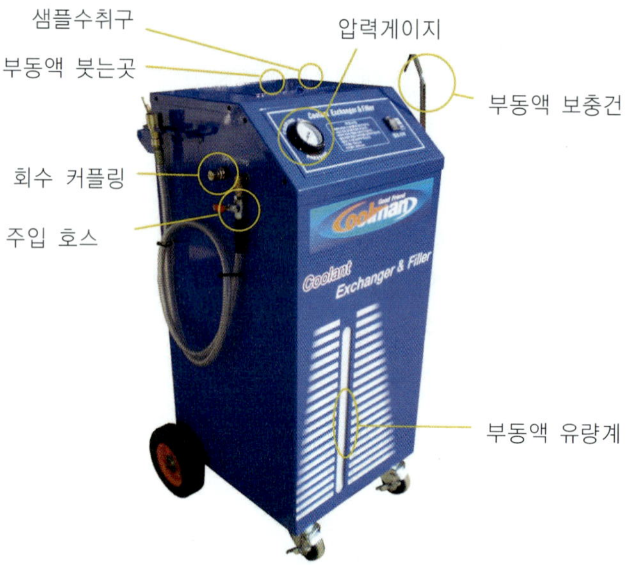

[그림 81] 부동액 회수기

6.2.1. 작업전 준비사항

① 기기 내에 부동액과 물을 혼합하여 붓는다.

② AC 220 V 전원을 연결한다.

6.2.2. 작업 전 주의사항

① 제동장치를 확인하고 고임목을 꼭 고일 것

② 필요시 보안경 및 보호구를 착용할 것

6.2.3. 부동액 교체

① 자동차 시동을 끄고 라디에이터 상부호스를 분리한다.

② 기기의 주입호스를 엔진 쪽에, 회수호스를 라디에이터 쪽에 연결한다.

③ 전원 S/W를 ON한다.

④ 주입호스와 회수호스의 부동액 색상이 같으면 교체작업을 끝낸다.

⑤ 전원 S/W OFF한다.

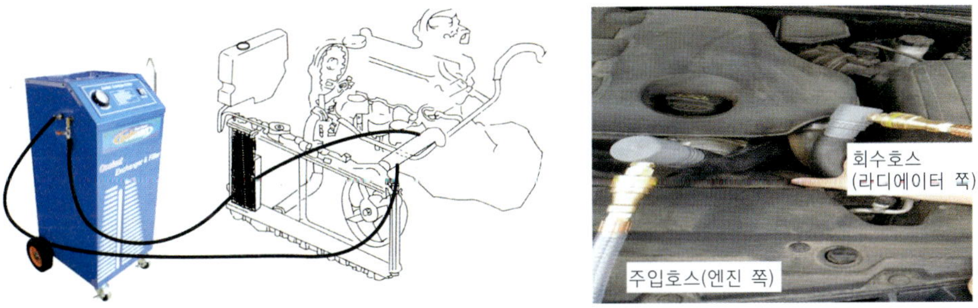

[그림 82] **부동액 교체기 설치상태**

6.2.4. 자동차에 녹물이 있을 때

① 자동차에 주입호스(엔진 쪽)와 회수호스(라디에이터)를 연결한다.

② 기기회수 커플링에서 회수호스를 분리한다.

③ 회수호스 끝에 커플링 호스(악세사리)를 연결한다.

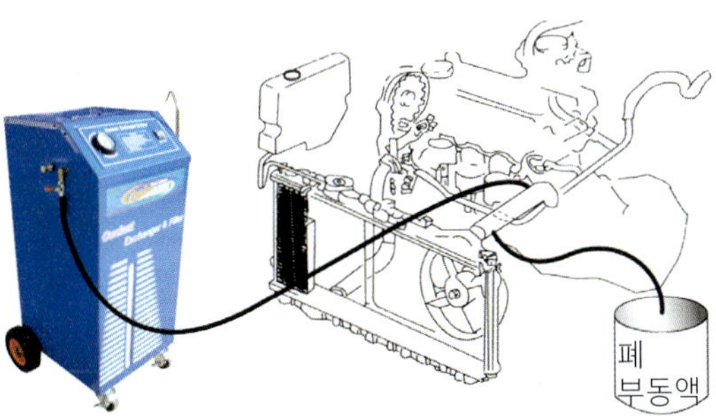

[그림 83] **자동차에 녹물이 있을 때 설치상태**

④ 회수호스 끝을 폐 부동액 통에 넣는다.

⑤ 전원 S/W ON한다.

⑥ 주입호스 색상과 회수호스 색상이 비슷하면 회수호스 끝을 기기 커플링에 연결한다.

⑦ 1~2분간 순환 후 전원 S/W를 OFF한다.

6.3. 코나 전기차(OS EV) 냉각수 교체

전기자동차도 모터, MCU, LDC, OBC 등에서 열이 발생하며, 발생된 열을 냉각시켜 일정한 온도를 유지해 주는 냉각시스템이 있다. 가급적 전기자동차 정비는 작업자 안전을 위하여 절연 바닥으로 시공된 전용 스톨에서 진행한다.

전용 스톨에서 작업진행이 어려울 때는, 이동용 절연 바닥재를 설치 후 작업을 진행한다. 아울러 절연 작업화 착용 후 정비를 진행한다. 고전압 관련 정비를 진행한다면, 무조건 고전압 차단 후, 일정시간이 지난 후에 작업을 진행하여야 한다.

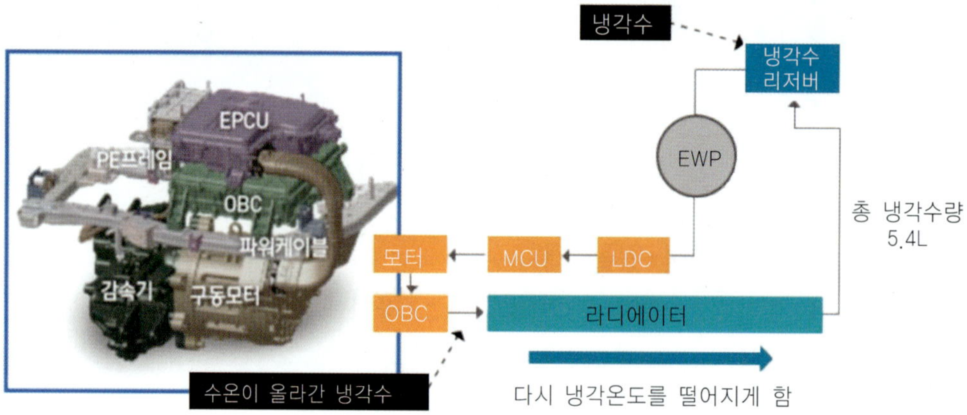

[그림 84] 전기자동차의 냉각계통

① 리프트로 차량을 진입한 후 시동을 정지시키고, 보닛(bonnet)을 열어 라디에이터 캡을 탈거하고 리프트로 차량을 들어 올린다. 라디에이터 캡을 열 때 화상을 입을 수 있으니 주의한다.

② 라디에이터 냉각수 드레인 플러그(배출 코크)를 천천히 연후, 냉각수를 충분히 배출한다.

[그림 85] 리프트 상승

[그림 86] 드레인 플러그에서 냉각수 배출

③ 고전압을 차단한다.

④ 고전압 배터리에 연결되어 있는 냉각호스 IN, OUT 호스를 제거한다. 호스 분리 과정에서 다량의 냉각수가 쏟아지므로 주의한다.

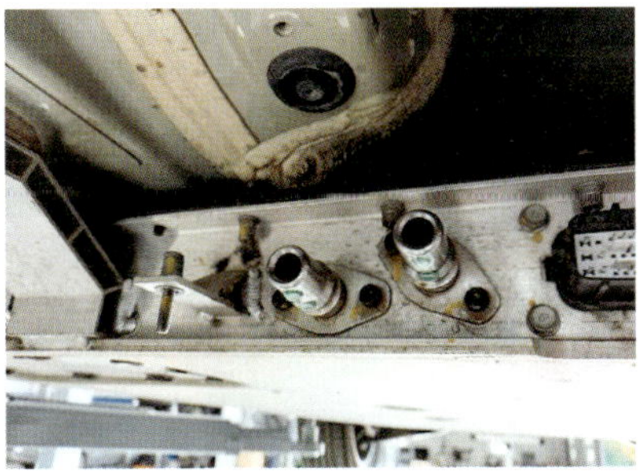

[그림 87] 고전압 배터리에 냉각호스 제거

⑤ 호스 분리 후, 압축공기 주입 및 냉각수 배출을 위한 어댑터를 장착하고 압축공기 주입 호스와 냉각수 배출호스를 어댑터에 연결한다.

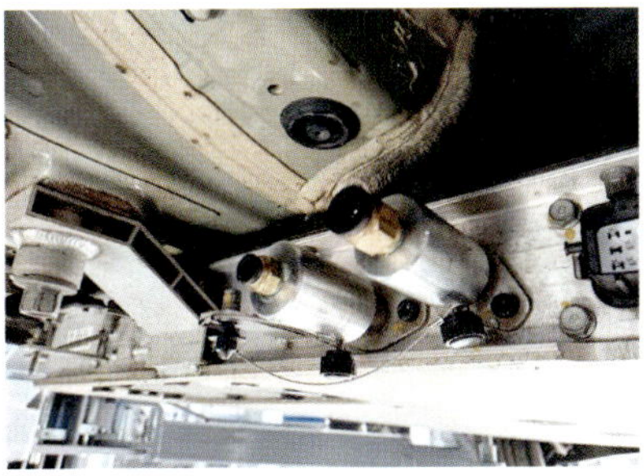

[그림 88] 어댑터 장착

[그림 89] 어댑터에 호스 연결

⑥ 공기 압력조절밸브를 이용하여 약 2bar로 조정하고 주입밸브를 서서히 열어 압축공기를 고전압 배터리 냉각라인에 주입하여 잔류 냉각수를 배출한다. 규정압력 이상의 압축공기를 사용 시, 고전압 배터리 냉각라인이 손상될 수 있다.

⑦ 배출호스로 냉각수가 아닌 압축공기가 배출되면 탈착했던 호스와 모든 부품을 원상태로 장착하고, 차단했던 고전압도 연결한다.

[그림 90] **압축공기 규정압력으로 조정**

[그림 91] **압축공기 주입**

[그림 92] **냉각수 배출**

⑧ 리프트를 하강시킨다.

⑨ 냉각수를 주입한다. 절대로 일반 냉각수 차량에는 일반 냉각수로 교체하여야 하며, 저 전도 냉각수 차량에는 저 전도 냉각수로 교체해야 한다. 절대로 혼용하여 사용하면 안 된다.

⑩ 전기자동차의 워터펌프는 엔진 팬벨트에 의해 구동되는 것이 아니라 전기모터로 구동되기 때문에 진단기를 이용하여 완전하게 냉각수 순환작업을 진행한다.

⑪ 냉각수 순환작업이 마무리 되었으면 냉각수 수위를 조정 후 라디에이터 캡을 닫고 마무리 한다.

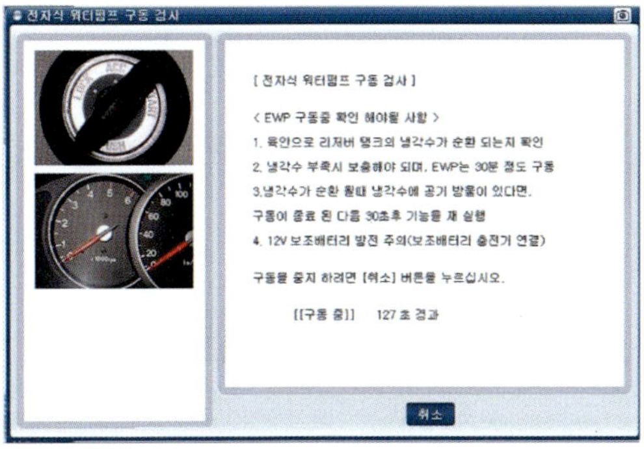

[그림 93] 진단기를 이용한 냉각수 순환작업

[그림 94] 냉각수 수위 조정

7. 라디에이터 교체

라디에이터는 냉각수의 열을 엔진 밖으로 방출하는 열 교체기이다. 라디에이터, 라디에이터 호스 등 냉각라인의 균열이나 파손으로 손상을 입었을 경우 누수로 인한 냉각수가 줄게 된다.

누수현상 확인은 육안으로 확인할 수 있으며 냉각수가 엔진 열로 인해 증발하면서 흰색연기(증기)가 발생하고, 차량 실내에서 냉각수(부동액)의 본연의 냄새인 달콤한 향기가 나게 된다. 녹물이나 이물질 등에 의해 미세 튜브가 막혀 냉각수 순환을 막거나 냉각핀의 손상으로 인한 열전도를 방해하여 열 교체기로서의 기능을 제대로 못하면 오버히트 현상(엔진룸에서 김이 모락모락 올라온다)이 발생하기도 한다.

라디에이터의 자동변속기오일 쿨러가 병행 장착된 차량의 경우 때로는 라디에이터 손상으로 라디에이터 캡을 열면 자동변속기 오일이 부동액과 섞여있기도 하며, 또한 누수 된 냉각수(부동액)와 오토 미션오일이 혼합되어 미션 내부로 흘러들어 갈 수 있는데 이때 유입된 수분으로 인해 오토미션 내부의 부품 파손과 심각한 문제를 일으킬 수 있다.

① 차량을 리프트에 진입시키고 차를 들어 올려 라디에이터의 드레인 플러그(드레인 콕)를 열어서 냉각수를 배출(냉각수 교체 참조)한다. 언더커버를 탈거해야 하는 차량은 언더커버를 탈거 한다.

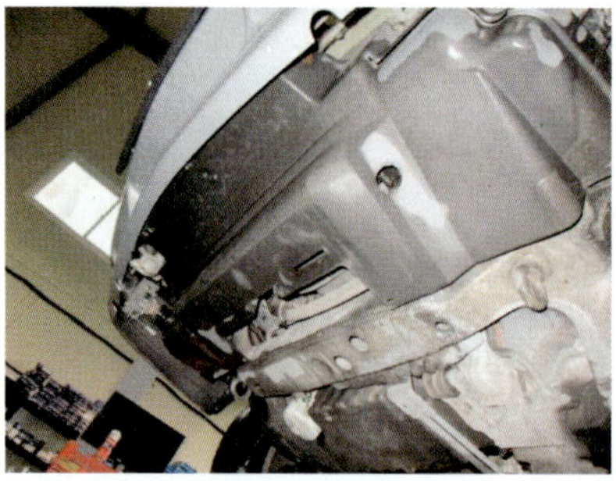

[그림 95] 언더커버 탈거

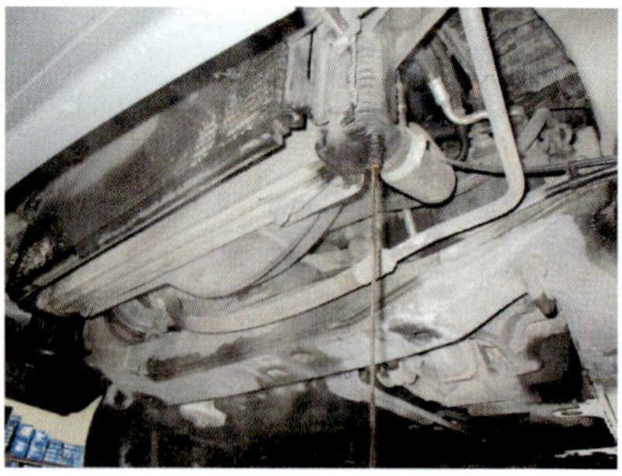

[그림 96] 냉각수 배출

② 라디에이터 하부호스를 탈거한다. 자동변속기 쿨러가 병행 장착된 차량인 경우 라디에이터에 있는 자동변속기 쿨러 호스도 탈거한다.

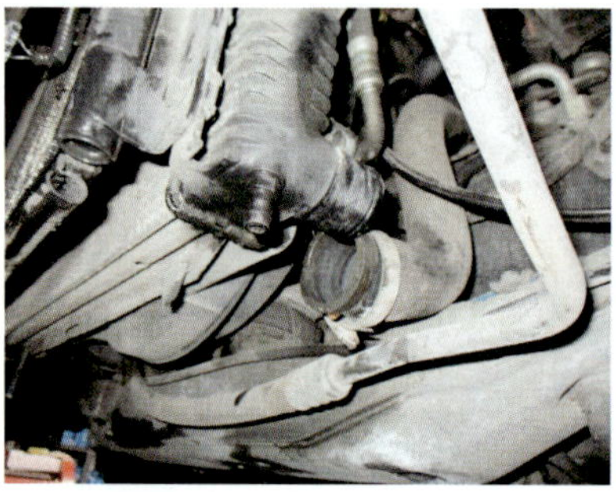

[그림 97] 하부호스 탈거

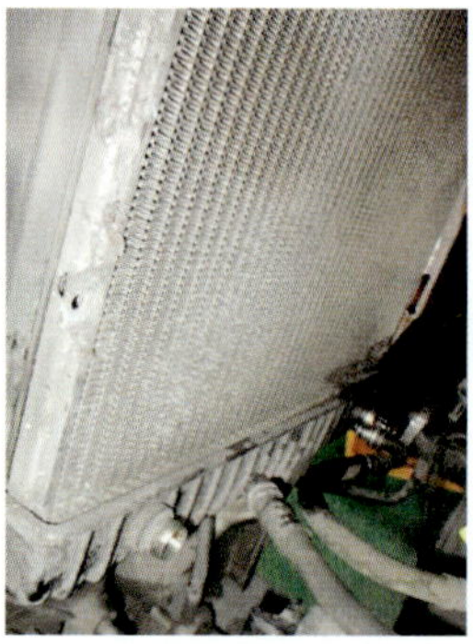

[그림 98] 자동변속기 쿨러 호스 탈거

③ 리프트를 하강시킨다.
④ 라디에이터 보조 물탱크와 연결된 리턴호스를 탈거한다.
⑤ 라디에이터 상부호스를 탈거한다.

[그림 99] 보조물탱크 리턴호스 탈거

[그림 100] 상부호스 탈거

⑥ 냉각팬과 연결된 커넥터를 탈거한다.

[그림 101] **냉각팬 커넥터 탈거**

⑦ 라디에이터 좌·우에 있는 라디에이터를 고정하고 있는 볼트를 탈거한다. 콘덴서와 연결된 볼트가 있으면 탈거한다.

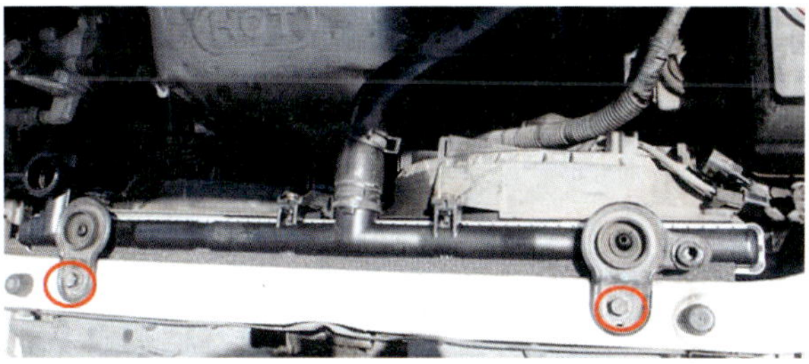

[그림 102] **라디에이터 탈거**

⑧ 라디에이터를 아래서 위 방향으로 당기면 쉽게 탈거된다. 냉각팬을 탈거한다.

⑨ 신품 라디에이터에 냉각팬을 장착하고 탈거의 역순으로 조립하며 냉각팬 커넥터와 호수 등을 다시 연결한다.

[그림 103] **라디에이터 캡 탈거**

[그림 104] **냉각수 주입**

⑩ 라디에이터 캡을 열고 냉각수를 부어준다(냉각수 교체 참조).

⑪ 작업이 완료되면 누수가 있나 확인하고 라디에이터 보조 물탱크에 냉각수를 보충하고 트랜스미션 쿨러 호스를 탈거한 차량은 자동변속기 오일을 점검하여 오일이 부족하면 자동변속기 오일도 보충한다.

8. 서모스탯 및 라디에이터 상·하부 호스 교체

서모스탯(수온조절기)은 엔진 온도조절기로 냉각수의 수온이 76~83℃ 정도가 되면 열팽창에 의해 밸브가 열리고 95℃ 정도에 이르면 밸브가 완전히 개방되어 라디에이터를 통해 냉각수가 순환되며 온도를 낮추기 위해 냉각팬이 작동한다.

반면 냉각수의 온도가 낮을 경우 밸브가 닫히는데 이 모든 과정이 외부장치의 도움 없이 서모스탯 자체에서 자동으로 이루어진다. 서모스탯 고장으로 인해 정비를 하기도 하지만 하우징 개스킷에서 누수로 인해 정비를 하기도 한다. 서모스탯 고장 시 증상은 다음과 같다.

① 서모스탯이 열린 채 고장 시 냉각수온이 안 올라간다.

② 서모스탯이 열린 채 고장 시 고속으로 달리면 오히려 수온계가 떨어진다.

③ 서모스탯이 열린 채 고장 시 시내 정체구간 또는 정차 중에 수온계가 올라가지만 곧, 주행 중에 올라가다 떨어진다.

④ 서모스탯이 열린 채 고장 시 히터를 켜면 미지근한 바람만 나온다.

⑤ 서모스탯이 적정온도에서 열리지 않는 고장이면 엔진의 오버히트로 큰 고장으로 이어질 수 있다.

보통 차종은 서모스탯 고장 시 서모스탯과 개스킷만 바꾸면 되는데, 하우징 어셈블리와 개스킷을 교체해야 하는 차종도 있다(예 : EF 쏘나타 시리우스 엔진 등).

① 시동을 정지시키고, 보닛(bonnet)을 연다.

② 서모스탯 및 호스를 교체하는 아래에 냉각수를 받을 통을 준비한다.

③ 라디에이터 상부호스 클램프를 분리하고 상부호스를 탈거한다. 냉각수가 일부 배출된다.

[그림 105] 상부호스 탈거

④ 서모스탯 쪽 호스 클램프를 분리하고 호스를 탈거한다. 대부분의 서모스탯은 상부 라디에이터 호스가 엔진에 결합하는 곳에 위치하고 있지만 서모스탯이 라디에이터 하부호스 라인에 있는 차종도 있다.
⑤ 서모스탯 하우징을 고정하고 있는 볼트를 탈거하고 서모스탯을 탈거한다.

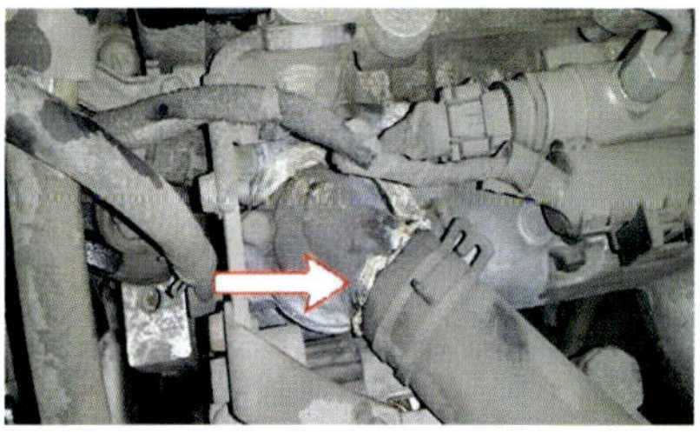

[그림 106] 서모스탯 쪽 호스탈거

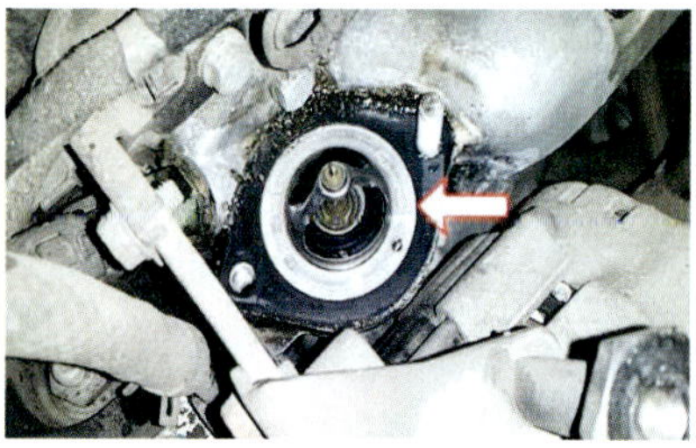

[그림 107] 서모스탯 탈거

⑥ 서모스탯 케이스 주변에 개스킷 제거 시 서모스탯이 있던 곳으로 들어가지 않도록 주의하면서 개스킷을 제거한다. 작업 시 이물질이 유입 방지를 위해 서모스탯 자리에 헝겊 등을 넣고 작업하거나 이물질이 들어가면 이물질을 제거해야 한다.
⑦ 서모스탯 하우징의 개스킷 또는 스케일 같은 이물질도 제거한다.

[그림 108] 케이스 개스킷 제거

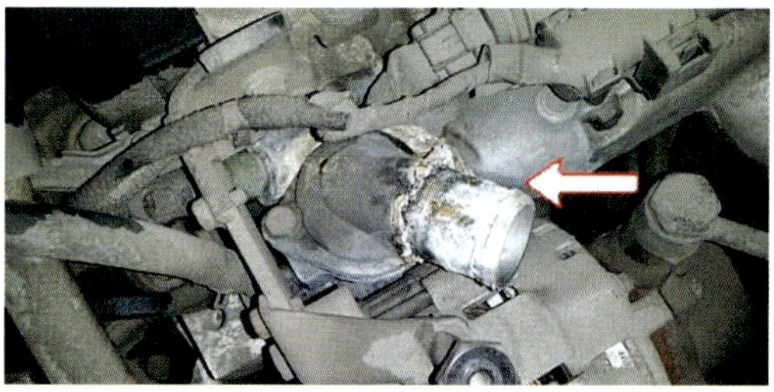

[그림 109] 하우징 이물질 제거

⑧ 신품 개스킷과 신품 서모스탯을 스프링 면이 아래로 오도록 제 위치에 설치한다.
⑨ 서모스탯 하우징을 설치하고 고정 볼트를 규정토크로 조인다.

[그림 110] **개스킷 및 서모스탯 설치**

[그림 111] **하우징 설치**

⑩ 신품 상부호스를 서모스탯 하우징에 조립하고 클램프를 호스에 설치한다. 호스 클램프대신 나사를 사용하는 경우 호스를 단단히 조인다.
⑪ 라디에이터 상부 파이프에 상부호스를 조립하고 클램프를 호스에 설치한다.
⑫ 엔진 측 하부 라디에이터 호스 클램프를 분리하고 호스를 탈거한다. 다량의 냉각수가 배출된다.

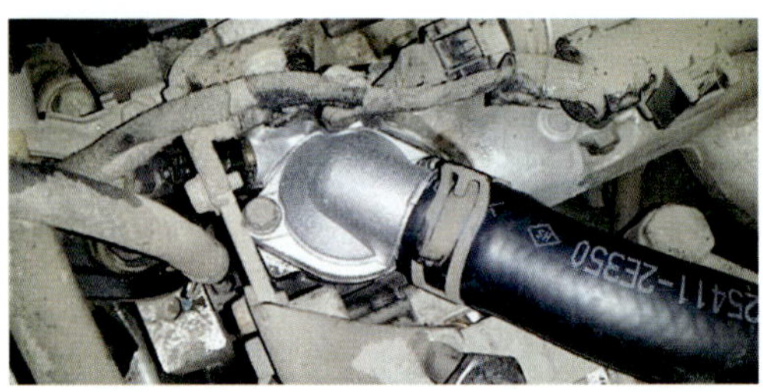

[그림 112] **호스 조립 및 클램프 설치**

[그림 113] **엔진 측 하부호스 탈거**

⑬ 라디에이터 측 하부 라디에이터 호스 클램프를 분리하고 호스를 탈거한다.
⑭ 호스 연결파이프에 이물질이 있으면 제거한다.
⑮ 신품 하부호스를 조립하고 클램프로 호스에 설치한다.
⑯ 신품 부동액을 주입한다(냉각수 교체 참조).

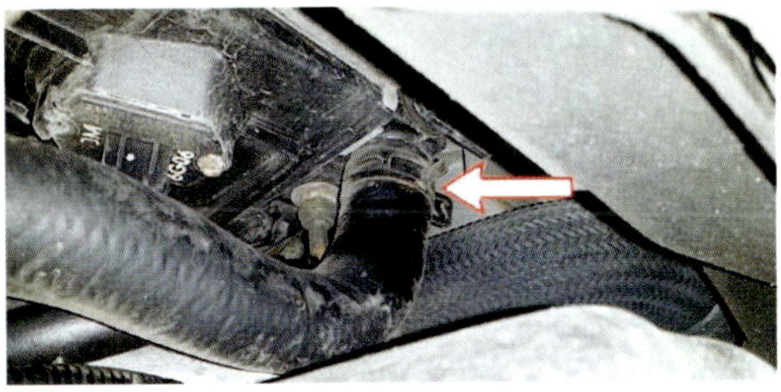

[그림 114] 하부호스 조립

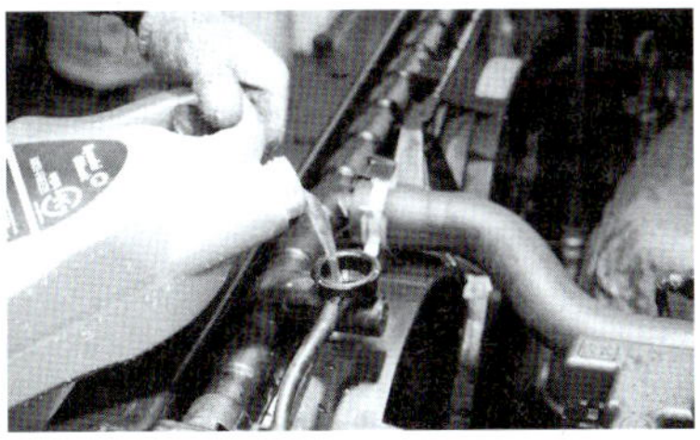

[그림 115] 냉각수 주입

9. 수온센서 교체

수온센서는 보통 라디에이터 상부호스가 엔진과 연결되는 곳에 또는 서모스탯 어셈블리에 설치되나 엔진 블록에 설치된 차량도 있으며 차종에 따라 설치위치가 다를 수도 있다.

수온센서는 자동차에 따라 1~4개가 있으며 한 센서가 여러 기능을 함께 수행하기도 하고 기능별로 나누어 각각 센서를 부착한 경우도 있다. 수온센서 교체시기는 수온센서 고장 시와 수온센서에서 누수가 있을 때이다. 수온센서가 고장일 경우는 다음과 같은 증상이 나타난다.

① 계기판 수온계의 지시치가 너무 낮 거가 너무 높아진다.
② 한랭 시 시동이 어렵게 걸리거나 아예 걸리지 않는다.
③ 냉각팬이 항상 돌거나 전혀 돌지 않는다.
④ 매연이 증가하고, 연비가 나빠진다.
⑤ 공회전시 RPM 불안정하다.
⑥ 엔진부조 현상이 발생한다.
⑦ 엔진고장경고등이 점등된다.

수온센서가 정상 상태에서 누수만 있은 때는 수온센서만 교체하면 되지만 수온센서 고장으로 엔진경고등이 점등 되었을 때는 스캐너로 점검을 하고 수리 후 확인을 한다.

① 엔진고장경고등이 점등 시 스캐너 진단기로 자기진단 및 센서 출력을 점검한다.

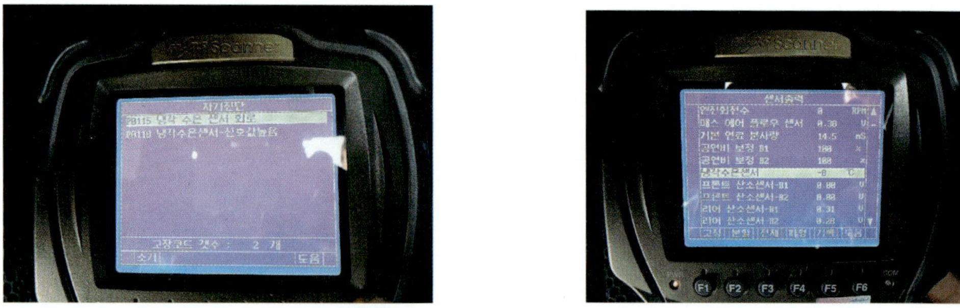

[그림 116] 수온센서 고장 시 스캐너 점검

② 수온센서의 커넥터를 탈거한다.
③ 수온센서를 탈거한다.

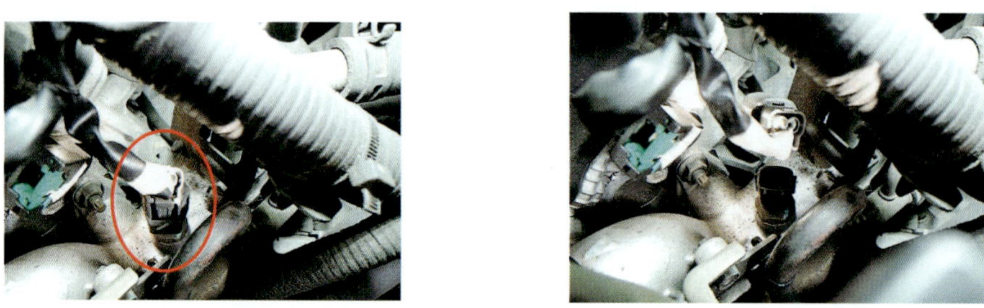
(a) 수온센서 위치 (b) 커넥터 탈거
[그림 117] 수온센서 커넥터 탈거

[그림 118] 탈거된 수온센서

④ 신품 수온센서를 조립한다.
⑤ 수온센서 커넥터를 연결한다.
⑥ 냉각수 부족 시 냉각수를 보충한다.
⑦ 시동을 걸고 스캐너 진단기로 고장개소 기억 소거시킨 후 자기진단 및 센서 출력 값을 점검한다.

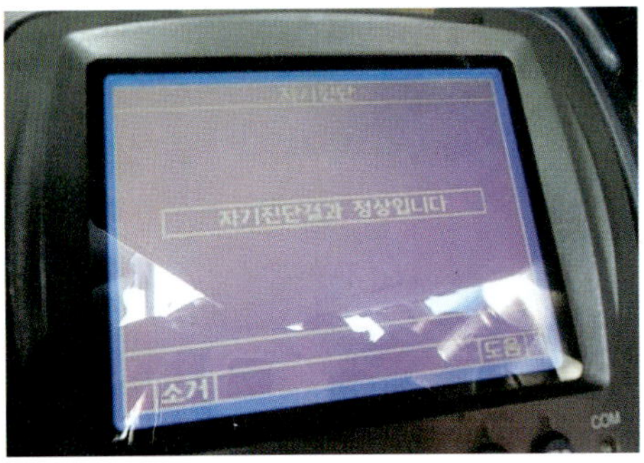

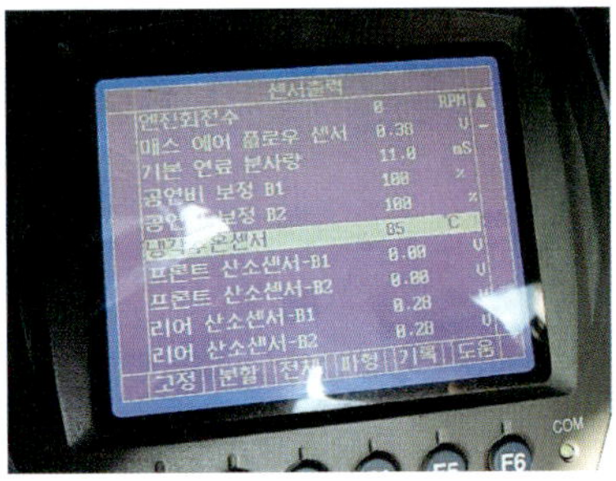

[그림 119] 수온센서 교체 후 스캐너 점검

10. 워터펌프 교체

워터펌프는 엔진을 적정온도로 유지하기 위해 냉각수를 순환시켜주는 펌프이다. 워터펌프의 고장은 주로 워터펌프 날개(임펠러) 소손과 워터펌프 개스킷 및 실링 손상으로 인한 누수 및 워터펌프 회전 시 베어링의 소손으로 인한 소음발생이 있다. 날개 소손은 부식에 의한 경우와 한랭 시 냉각수가 언 상태에서 시동을 걸었을 때 워터펌프 날개가 부러진 경우이다. 날개가 부러진 경우에는 부러진 날개조각들을 제거해야 한다.

워터펌프 고장 시 증상은 소음발생 외에 냉각수 부족 또는 냉각수 순환불량으로 계기판의 수온계 지시치가 너무 높아지거나 엔진 과열경고등이 점등되고, 냉각팬이 고속회전하며, 엔진 과열로 인한 오버히트 현상으로 엔진 룸에서 흰 수증기가 피어오르거나 기름이 눌러 붙은 것 같은 이상한 냄새가 나게 된다.

일반적으로 워터펌프는 엔진의 앞쪽에 붙어있으며, 그 전에는 타이밍벨트가 위치하고 있다. 또한 워터펌프가 타이밍벨트에 의해 작동되고 있는 경우도 많다. 워터펌프 고장시를 제외하고 일반적으로 100,000 km에서 교체를 권장하지만 100,000 km는 타이밍벨트 교체시기와 거의 비슷하기 때문에 워터펌프가 고장이 아니어도 타이밍벨트 교체 시 동시에 작업을 하는 것이 좋다. 이 책자에서는 타이밍벨트 탈거 시 탈거되는 방식이 아닌 팬벨트에 의해 구동되어 워터펌프만 교체할 수 있는 방식에 대해서 설명한다.

① 냉각수를 배출한다(냉각수 교체 참조).

② 벨트 장력을 해제 시킨다(팬벨트 교체 참조).

③ 워터펌프 고정 볼트를 탈거한다.

④ 워터펌프를 탈거한다.

[그림 120] 팬벨트 장력 해제

[그림 121] 워터펌프 고정볼트 탈거

[그림 122] 워터펌프 탈거

⑤ 워터펌프 하우징에 개스킷 같은 이물질이 있으면 깨끗이 청소한다.

⑥ 신품 개스킷을 설치한다.

⑦ 신품 워터펌프를 조립하고 고정 볼트를 조인다.

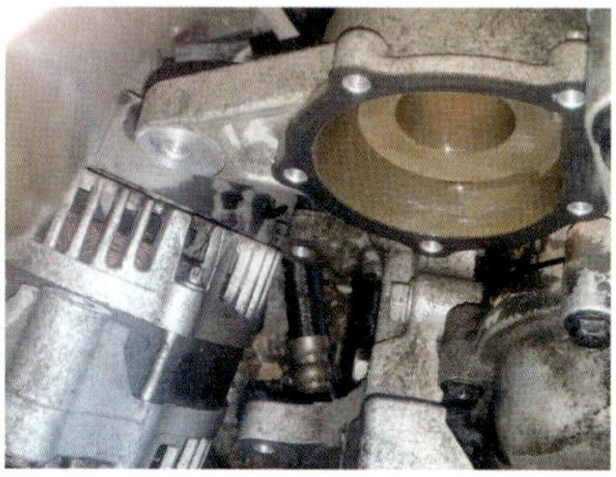

[그림 123] 신품 개스킷 설치

[그림 124] 고정 볼트 조임

⑧ 팬벨트를 설치한다(팬벨트 교체 참조).

⑨ 냉각수를 주입한다(냉각수 교체 참조).

⑩ 시동을 걸고 소음 및 누수가 있는지 확인을 한다.

11. 뒷좌석 탈·부착 및 연료모터 교체

연료모터는 엔진에 연료를 공급하는 중요한 역할을 한다. 연료모터가 고장이 나면 자동차는 움직일 수 없다. 일반적으로 100,000 km 정도면 고장나는 경우가 많으나 그렇다고 꼭 그때 고장나는 것은 아니다. 차량을 잘 관리하면 150,000 km~200,000 km 도 사용할 수 있다.

그러나 자주 연료가 부족하여 연료 경고등이 들어온 후에도 주행을 하다가 연료를 주입을 하면 모터 냉각이 불량하여 연료모터 수명이 단축된다. 연료경고등이 들어오기 전에 주유를 해야 모터 수명도 길어진다. 연료모터 고장 시 증상은 다음과 같다.

① 한랭 시 시동이 지연되거나 시동이 걸리지 않는다.

② 주행 중 차의 가속성능이 불량해진다.

③ 주행 중 시동이 꺼진 후 바로 시동이 걸리지 않고 엔진이 식은 후에 다시 시동을 걸면 시동이 걸린다.

④ 연료탱크에서 연료모터 작동소음이 발생한다.

⑤ 엔진 부조현상이 발생한다.

연료 모디위치는 뒷좌석 시트 밑 부분에 주로 설치되어 있으나, 연료탱크를 탈거해야하는 차량과 트렁크에 설치된 차량도 있다.

(a) 뒷좌석에 설치된 타입

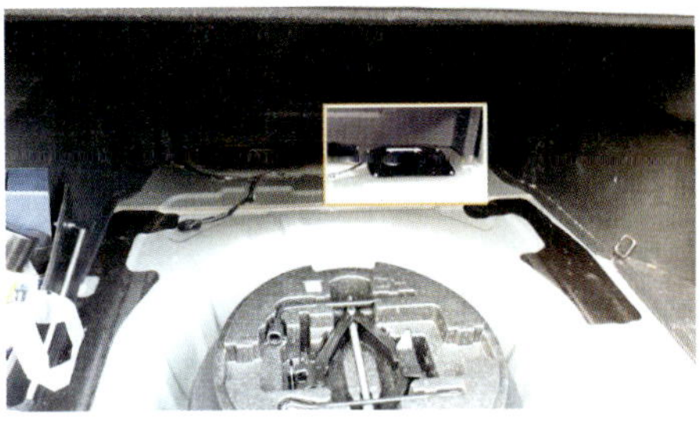

(b) 트렁크에 설치된 타입

[그림 125] **연료모터의 설치위치**

11.1. 뒷좌석 시트 탈거

11.1.1. 버튼방식

① 뒷좌석 시트에 조수석과 운전석 시트 양쪽에 하나씩 시트결속 버튼이 있다.

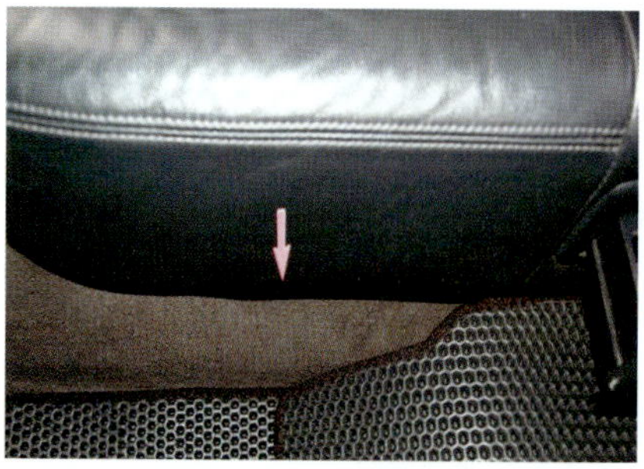

(a) 시트버튼 위치

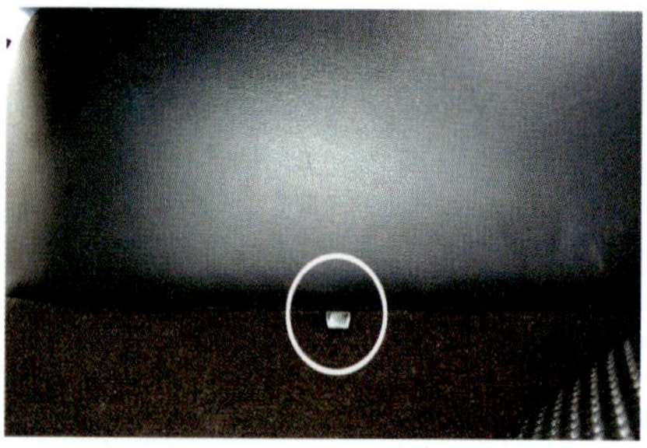

(b) 시트결속 버튼

[그림 126] 시트결속 버튼위치

② 시트결속 버튼을 누르면서 시트를 들어 올린다. 한쪽이 완료되면 반대쪽에 있는 시트결속 버튼도 마찬가지로 누르면서 시트결속 버튼에 걸려 있던 결속이 풀려 시트를 들어 올리면 된다.

③ 등받이 부분과 결속되어 있는 부분을 해체해야 한다. 시트를 들어 올리면서 앞으로 빼내면 결속이 풀린다.

[그림 127] 시트 탈거

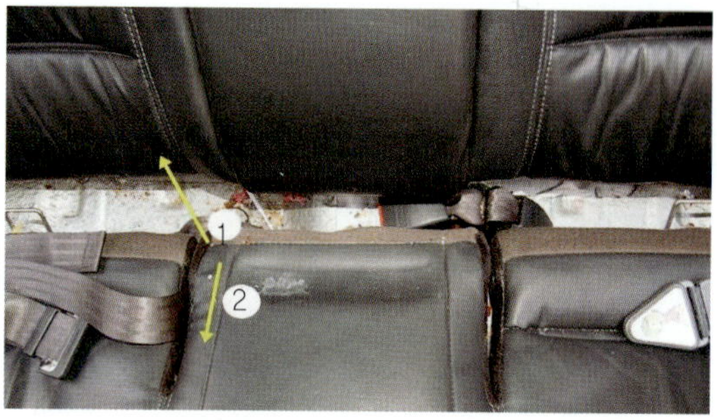

[그림 128] 등받이부분과 묶여있는 부분해체

④ 뒷좌석에 설치된 열선 커넥터를 탈거한다.

⑤ 조립 시는 탈거한 커넥터를 연결하고 안전벨트를 정리한 후 깊숙이 시트를 끝까지 밀어 넣고 시트를 아래로 눌러주면 된다.

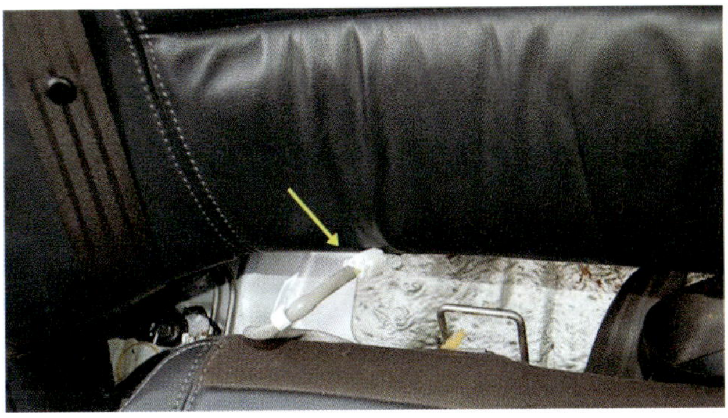

[그림 129] 열선 커넥디 탈거

11.1.2. 위로 당겨 탈거하는 방식

뒷좌석 시트 탈거 시 시트 앞쪽(무릎 쪽)을 좌측(혹은 우측)을 위로 당겨 고정 핀을 제거한 후, 우측(혹은 좌측)을 위로 당겨 고정 핀을 제거하고 위로 들어 올리면 탈거가 된다.

시트제거 시 열선 커넥터가 있는 차량은 고정 핀을 제거하고 열선 커넥터를 탈거한 후 탈거한다. 조립 시는 탈거한 커넥터를 연결하고 안전벨트를 정리한 후 깊숙이 시트를 끝까지 밀어 넣고 시트를 아래로 눌러주면 된다.

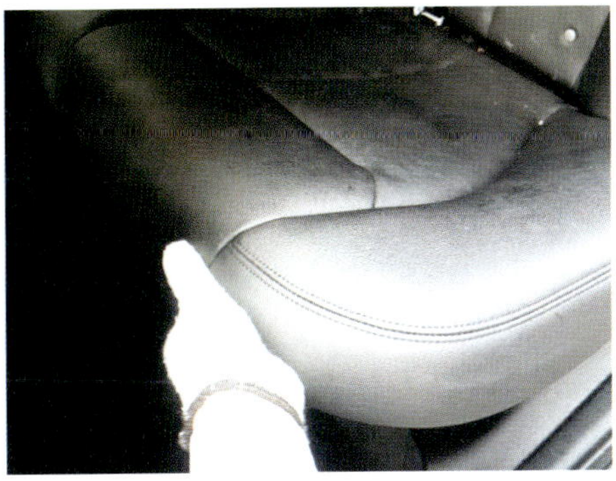

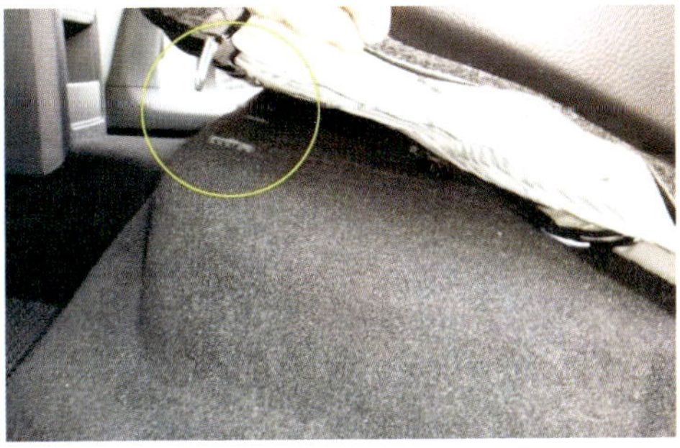

[그림 130] 의자를 들어 올린다.

11.1.3. 고정나사 타입

① 뒷좌석 시트 아래에 고정 볼트가 설치되어 있다.

② 트렁크 쪽 바닥재 마감재를 들어내면 뒤쪽에도 좌・우 고정 볼트를 탈거한다.

③ 조립은 탈거의 역순으로 하다.

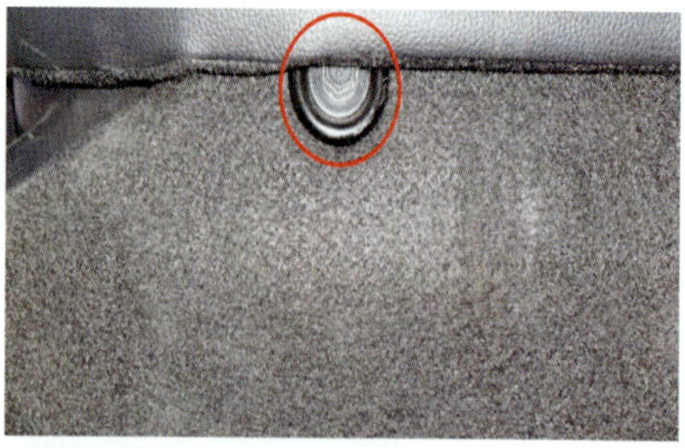

[그림 131] 앞쪽 고정 볼트

[그림 132] 뒤쪽 고정 볼트

11.2. 연료모터 및 연료필터 교체 시 주의사항

공기 중에 유증기가 날아다니기 때문에 다른 작업보다도 연료계통 수리 시에는 화재에 특별히 주의하여야 한다.

① 연료펌프와 연료필터 작업 전 연료라인에 연료 잔압을 제거한다. 연료 잔압 제거 순서는 다음과 같다.

㉮ 연료펌프 릴레이를 탈거한다.

㉯ 차량을 시동시키고(공회전 상태), 연료라인 내의 연료가 모수 소진되어 엔진이 저절로 멈추면 점화 스위치를 OFF한다.

㉰ 배터리 (-)케이블을 분리하고, 연료펌프 릴레이를 장착한다.

㉱ 연료라인 작업을 시행한다.

㉲ 연료라인 작업이 완료되면 배터리 (-)케이블을 연결한다.

㉳ 작업 완료 후에 경고등이 점등되면 스캐너를 이용하여 연료펌프 릴레이 관련 고장코드(DTC)를 소거한다.

② 차량과 사람이 많이 왕래하는 곳에서는 작업을 금지한다.

③ 배터리에서 (-)케이블을 분리하여 전원을 차단한다.

④ 모든 작업은 수작업으로 한다.

⑤ LPG차량 연료라인 정비 시 LPG를 배출해야 할 때에는 급하지 않게 조금씩 가스를 배출한다.
⑥ 주위를 환기시킨 다음(밀폐된 공간에서 작업불가)주위에 인화물질(불꽃이나 화기 등)이 없도록 주의한다. 작업등은 백열등을 사용하지 말고 LED 등이나 후레쉬를 사용한다.
⑦ 소화기를 비치한다.

11.3. 연료펌프 탈거

① 연료모터는 뒷자석 시트 밑 부분의 연료탱크 속에 내장되어 있으므로 시트를 들어 올린다.

[그림 133] 뒷좌석 시트 탈거

② 시트를 들어 올리게 되면 연료탱크 커버가 덮어져 있다. 커버를 들어올리기 위해 일자 드라이버를 활용해 조심스럽게 들어 올린다. 나사로 고정된 것은 나사를 탈거한다.

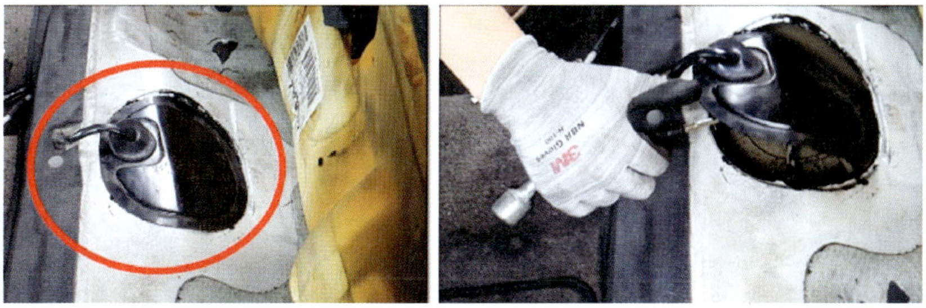

[그림 134] 연료탱크 커버 탈거

③ 커버를 들어 올리면 연료펌프가 있다. 연료펌프를 분리하기 전 연결된 커넥터를 탈거하고 연결 호스들을 분리한다. 연결호스를 분리하기 위해선 고정 클립을 플라이어로 풀어 분리시킨다.

[그림 135] 커넥터 탈거

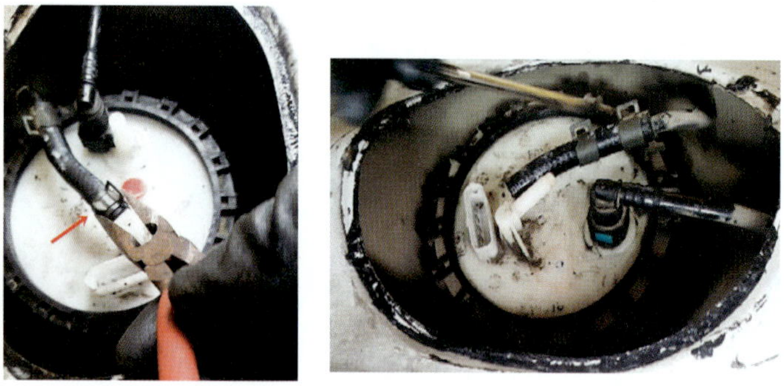

[그림 136] 고정클립 및 호스 탈거

④ 양쪽에서 힘을 가해주며 잭을 누르며 들어 올린다.
⑤ 연료펌프를 분리하기 전 연료탱크 안으로 이물질이 유입되지 않도록 먼지나 이물질을 닦아낸다.

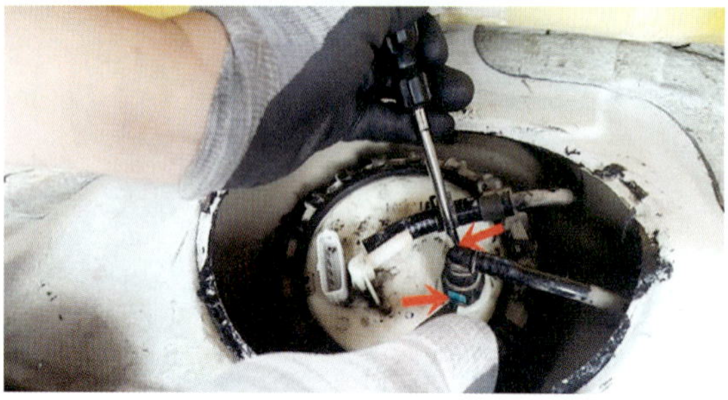

[그림 137] 잭 탈거

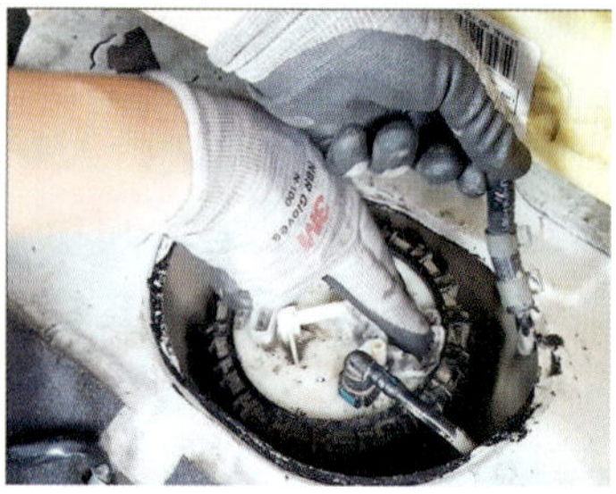

[그림 138] 이물질 청소

⑥ 연료펌프는 커버로 고정되어 있으므로 고정된 커브를 시계 반대방향으로 돌려 풀어준다. 장착볼트로 고정된 연료펌프 플레이트 방식은 고정 볼트를 풀고 연료펌프 플레이트를 탈거한다.
⑦ 연료펌프 고정 커버를 탈거한 후 연료탱크 속에서 연료펌프를 빼내어 준다. 연료펌프 안에 기름이 들어있으므로 흘리지 않게 조심한다.

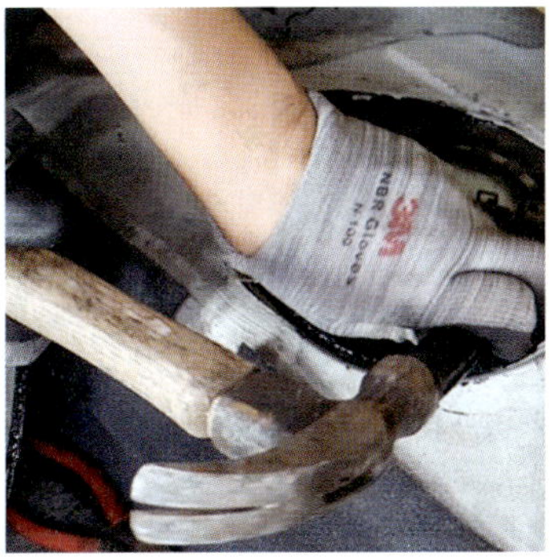

[그림 139] 연료펌프 커버 탈거

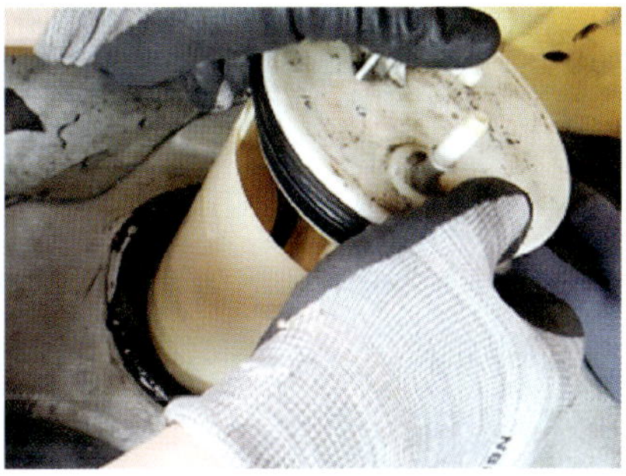

[그림 140] 연료펌프 탈거

⑧ 연료펌프 장착방법은 탈거의 역순으로 진행한다. 연료탱크 안으로 연료펌프를 방향에 맞게 넣은 후 커버를 씌우고 손힘으로 어느 정도 돌려준 후 일자 드라이버와 망치를 활용해 풀리지 않게 고정을 한다.

11.4. 연료 모터만 교체 시

① 연료펌프를 탈거한다. 연료펌프를 탈거하고 연료탱크에 이물질이 들어가지 않도록 연료펌프가 설치되었던 곳을 종이나 헝겊 등을 이용하여 임시로 막아놓는다.

② 커넥터를 탈거한다.

③ 연료호스를 탈거한다. 얇은 일자 드라이버로 안쪽의 작은 프라스틱을 위로 올리면서 들어주면 쉽게 탈거된다.

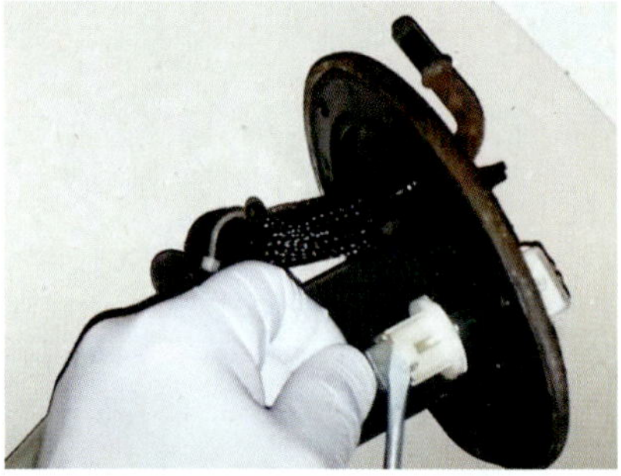

[그림 141] 커넥터 탈거

[그림 142] 연료호스 탈거

④ 연료압력 레귤레이터를 감싸고 있는 케이스를 드라이버로 탈거한다.

[그림 143] 연료압력 레귤레이터 케이스 탈거

⑤ 연료압력 레귤레이터를 감싸고 있던 케이스가 빠졌으면, 레귤레이터를 위로 들어 탈거한다.

⑥ 연료필터가 고정된 나사를 탈거한다.

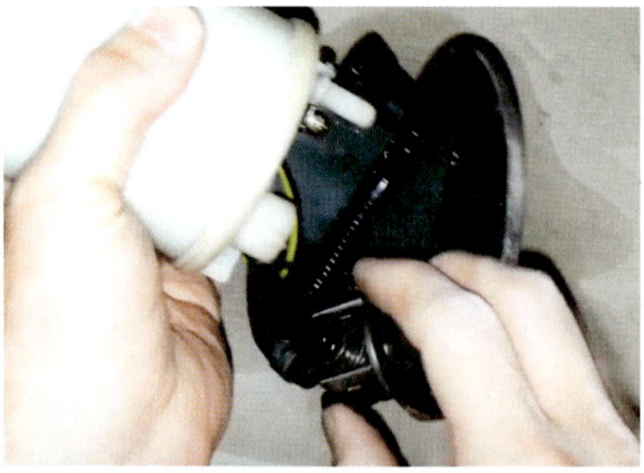

[그림 144] 연료압력 레귤레이터 탈거

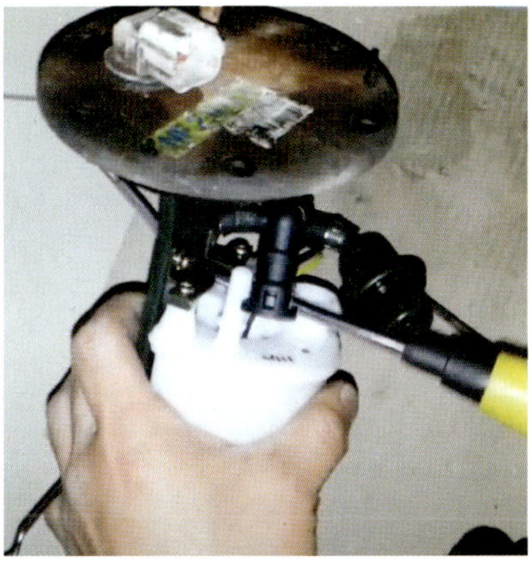

[그림 145] 연료필터가 고정된 나사탈거

⑦ 연료필터를 탈거한다. 나사를 풀었으면 연료필터를 위로 올려주면 고정 쇠와 분리가 된다.

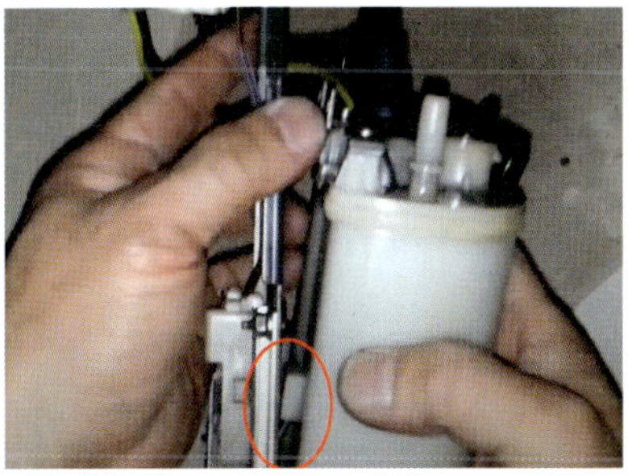

[그림 146] 연료필터 탈거

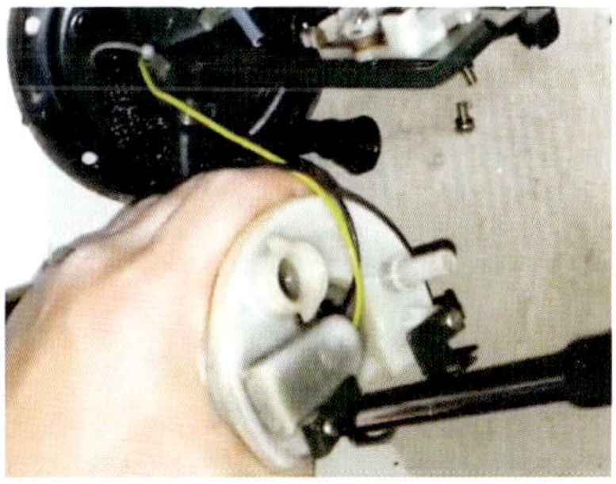

[그림 147] 고정 쇠 탈거

⑧ 연료필터를 교체할 때는 구품 연료필터를 고정했던 고정 쇠 2개를 풀어 신품 연료필터에 장착해 준다.

⑨ 연료모터 고정 후크를 탈거한다. 이 작업은 주의를 기울여야 한다. 자칫 잘못하여 깨져버리면, 연료펌프 어셈블리를 통째로 교체해야 한다.

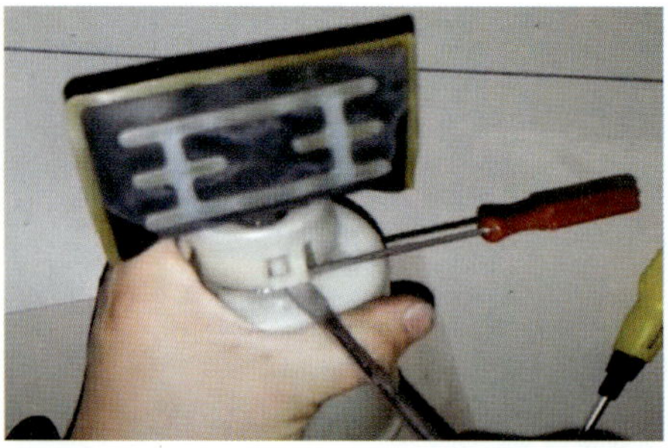

[그림 148] 연료모터 고정 후크 탈거

⑩ 연료모터를 탈거한다.

⑪ 연료모터 커넥터를 탈거한다.

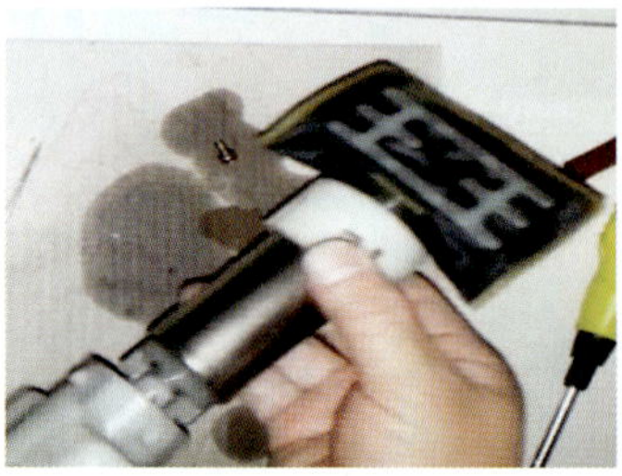

[그림 149] 연료모터 탈거

[그림 150] 연료모터 커넥터 탈거

⑫ 연료필터 안에 남아있는 오링을 탈거한다. 오일은 끝 부분에 돌기가 있는 6mm 육각렌치로 밀어 넣으면 걸려서 빠져나온다.

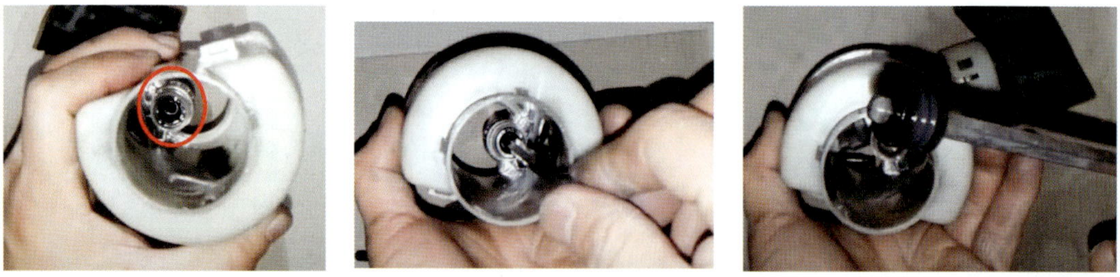

[그림 151] 오링 탈거

⑬ 모터에 연결할 커넥터를 필터 사이에 넣어주고, 육각렌치로 뽑은 오링은 펌프에 꽂아서 연료필터와 결합시켜준다.

(a) 커넥터 삽입　(b) 모터에 커넥터 결합　(c) 오링 결합

[그림 152] **커넥터 및 오링 결합**

⑭ 신품 연료모터와 필터를 조립한다.

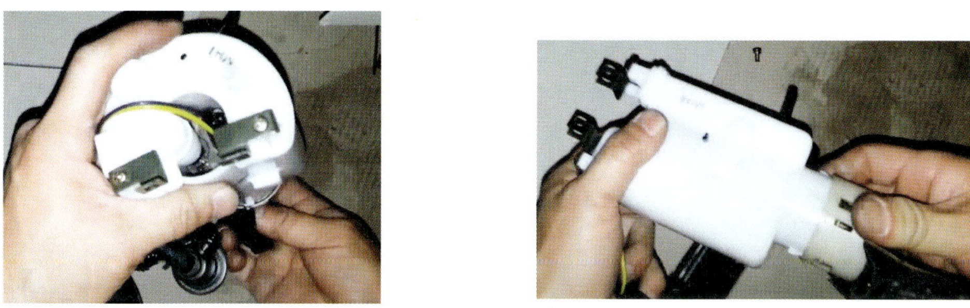

[그림 153] **연료모터와 필터조립**

⑮ 연료필터를 받침쇠에 걸고 나사로 조인다.
⑯ 연료호스를 조립한다.
⑰ 연료 압력조절기를 조립한다. 걸쇠는 방향이 있으므로 주의한다.

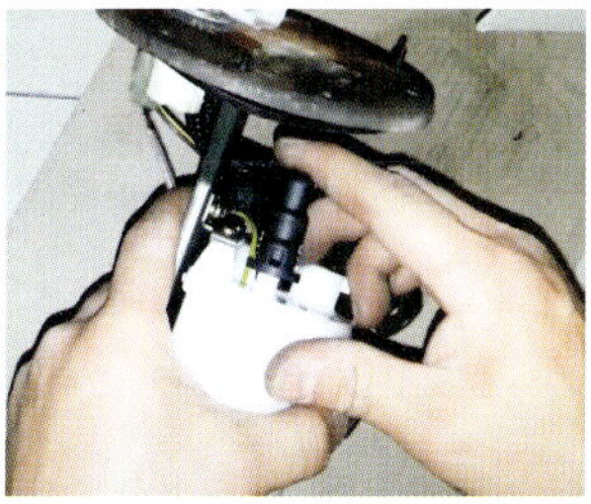

[그림 154] **연료호스 조립**

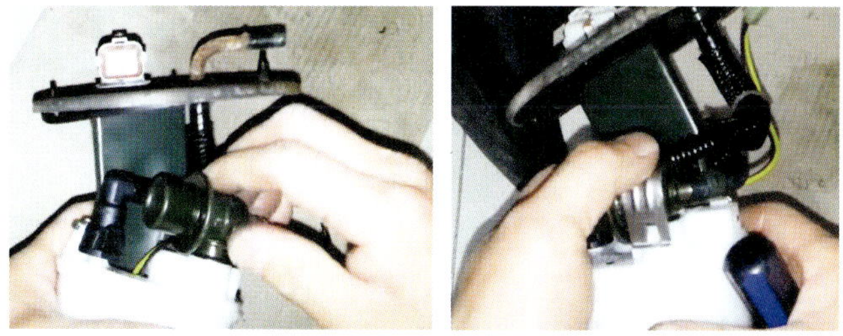

[그림 155] **연료 압력조절기 조립**

⑱ 커넥터를 결합한다.
⑲ 센서 모듈은 연료레벨 게이지가 이상이 있을 때 센서 모듈 부품만 교체한다.

[그림 156] 커넥터 결합

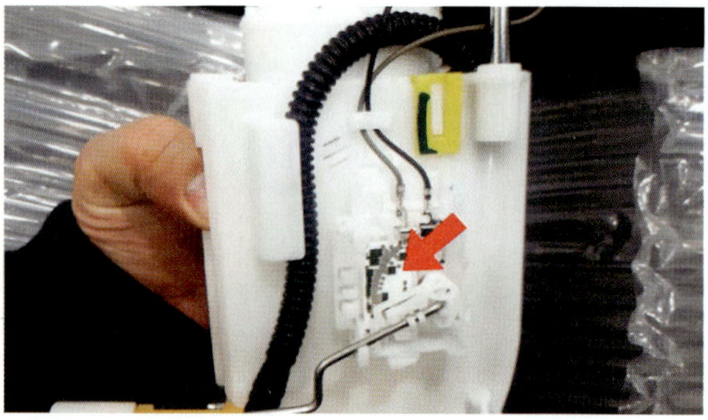

[그림 157] 센서 모듈

12. 연료필터 교체

자동차 연료필터 교체주기는 차종마다 약간씩 다르다. 일반적으로 가솔린과 LPG 차량은 60,000 km, 디젤 차량은 30,000 km로 연료필터 교체주기를 권장하고 있다. 디젤 차량은 가솔린 차량보다 주기가 짧은 이유는 디젤 차량의 경우 초고압 분사방식으로 수분을 흡수하는 성향이 강해 가솔린 차량보다 교체주기가 짧다. 연료필터 불량 시 나타나는 증상은 다음과 같다.

① 연료필터에 수분 센서가 있는 디젤 차량의 경우, 연료필터에 문제가 생기면 계기판 경고등을 통해 알 수 있다. 물이 차올라 경고등이 들어오면 연료필터에 수분이 감지되고 있다는 신호이다. 이러한 경우 연료탱크의 남아있는 기름을 추출하고 연료필터를 교체해 주어야 한다.

② 차량 출발 시 또는 1~2단 정차 후 재출발 시 가속력이 현저히 약해진 경우

③ 계기판의 RPM은 올라가는데 출력이 떨어지는 경우

④ 엔진 시동 시 시동을 제때 걸리지 않고 두세 번의 크랭킹 시동을 거는 경우

⑤ 운행 중 갑자기 RPM이 떨어지면서 가속페달을 밟아도 반응이 없는 경우

⑥ 평상시와 다르게 연비가 현저히 떨어진 경우

⑦ 연료송출 압력이 약하다고 고장코드가 발생할 경우

12.1. 가솔린 연료필터 교체

연료필터 및 연료호스 작업 시는 반드시 주위를 환기시킨 다음(밀폐된 공간에서 작업불가)주위에 인화물질(불꽃이나 화기 등)이 없도록 주의한다.

① 차종마다 다르긴 하나, 연료필터는 연료펌프와 함께 뒷좌석 시트 아래에 있기 때문에 뒷좌석 시트를 탈거한다.

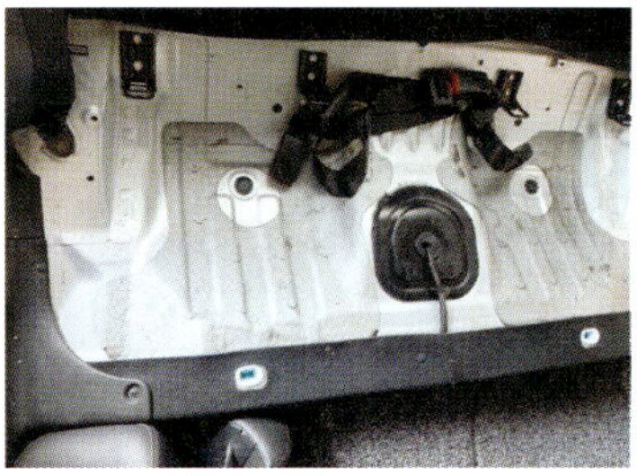

[그림 158] 뒷좌석 시트 탈거

② 연료펌프 커버를 탈거한다.

③ 이물질을 제거한 후 커넥터 및 연료라인을 탈거하고 고정 볼트를 탈거한다.

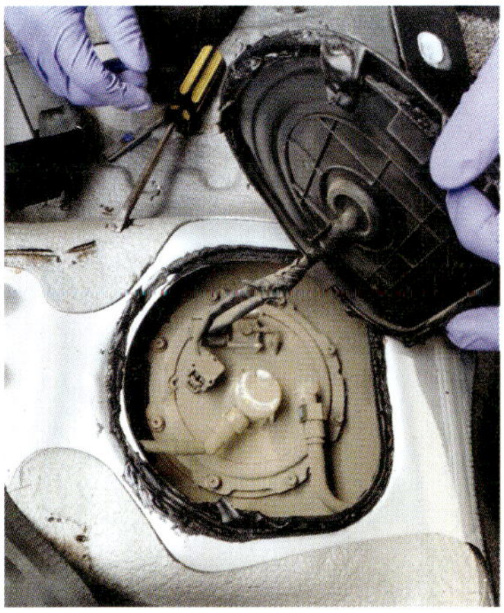

[그림 159] 연료펌프 커버 탈거

[그림 160] 커넥터 및 연료라인 탈거

④ 연료펌프를 탈거한다. 연료탱크 안에 물이나 이물질이 있나 확인을 한다. 물이 있으면 시동이 안 걸릴 수 있고 이물질이 있으면 연료라인을 손상시킬 수 있으므로 물이나 이물질이 있으면 연료를 빼서 물과 이물질을 제거한 후 연료를 채운다. 연료펌프를 탈거한 곳에 임시로 헝겊이나 수건 등을 이용하여 이물질이 들어가지 않도록 막아놓는다.

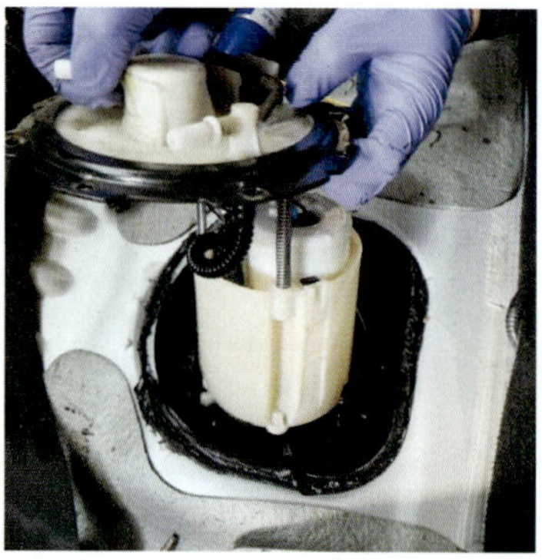

[그림 161] 연료펌프 탈거

[그림 162] 연료탱크속 이물질 검사

⑤ 연료펌프의 구품 연료필터를 신품 연료필터로 교체하고 아래쪽의 거름망 및 연료모터 어셈블리 내 연료필터 하우스안도 청소해 준다. 연료필터 교체 시 각종 홀 안에 고무오링을 잘보고 빼서 옮겨 줘야한다. 고무오링을 끼우지 않으면 시동이 안 걸릴 수 도 있다.

⑥ 신품 연료필터 장착 후 조립은 탈거의 역순으로 한다.

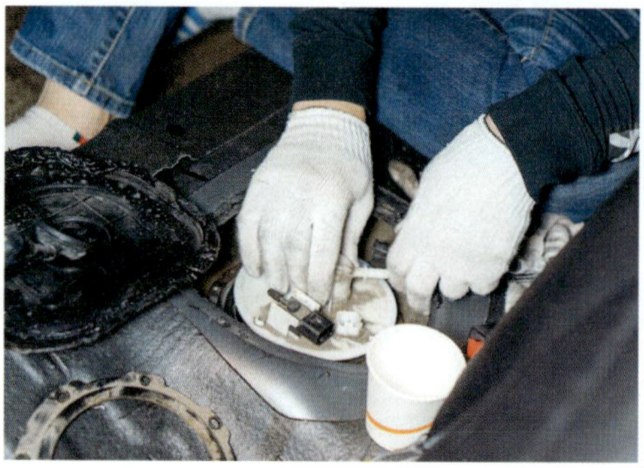

[그림 163] 연료펌프 조립

12.2. LPI 연료필터의 교체

불순물로 인하여 연료필터를 정기적으로 교체해 주지 않고 장시간 운행 시 연료장치의 구성부품 연료펌프, 인젝터, 연료압력조절기 등의 막힘 또는 마모로 인하여 기능이 저하될 수 있다. LPI 연료필터의 교체주기는 매 60,000 km이며 정기적으로 교체해야 한다.

주의사항으로 연료필터 및 호스류 작업 시는 반드시 주위를 환기시킨 다음(밀폐된 공간에서 작업불가)주위에 인화물질(불꽃이나 화기 등)이 없도록 주의한다.

연료필터 장착 시 반드시 연료 입구 측과 출구 측 방향이 바뀌지 않도록 주의한다. 장착 방향이 바뀌면 연료 필터링이 이루어 지지 않는다. LPI 연료필터 교체방법은 다음과 같다.

12.2.1. LF소나타 LPG 연료필터 교체

① 연료라인 잔류압력을 제거한다. 엔진시동을 건 후 LPG스위치를 OFF시키고 연료라인 내의 연료가 모두 소진되어 엔진이 저절로 멈추면 점화스위치를 OFF한다.

[그림 164] LPG 스위치

② 엔진 정지 후 서비스 커버를 탈거하고 봄베의 수동밸브(빨간색 밸브)의 밸브 원래 위치를 표시해 두고 시계방향으로 완전히 닫아서 연료공급 라인을 차단한다.

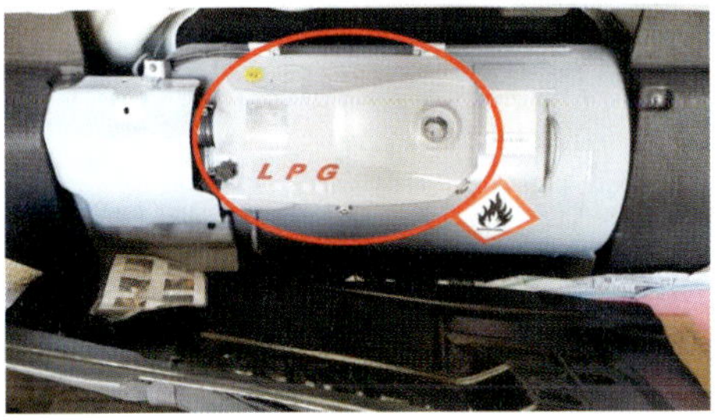

[그림 165] 봄베 서비스 커버 탈거

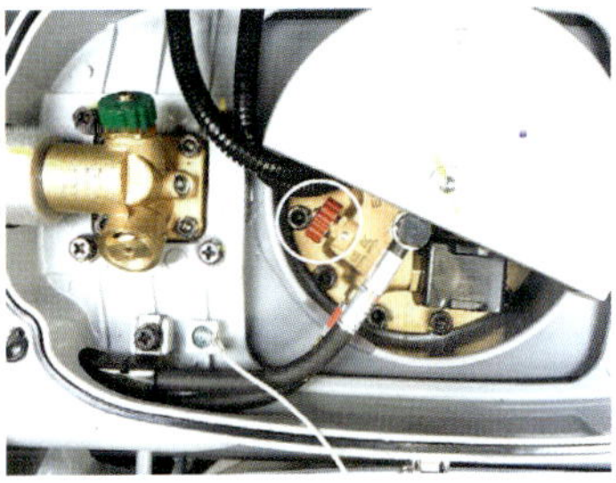

[그림 166] 봄베 수동밸브

③ 배터리 (-)케이블을 탈거 한다.

④ 리프트를 이용하여 차량을 들어올린다. 연료필터 어셈블리가 차체 하부에 있다.

⑤ 연료필터의 연료공급 튜브를 분리한다. 스패너로 연료공급 튜브를 살짝 풀고 천을 덮어주어 잔류가스가 제거될 때까지 기다린다.

⑥ 브래킷 장착볼트 2개를 탈거하고 연료필터를 차체와 분리한다.

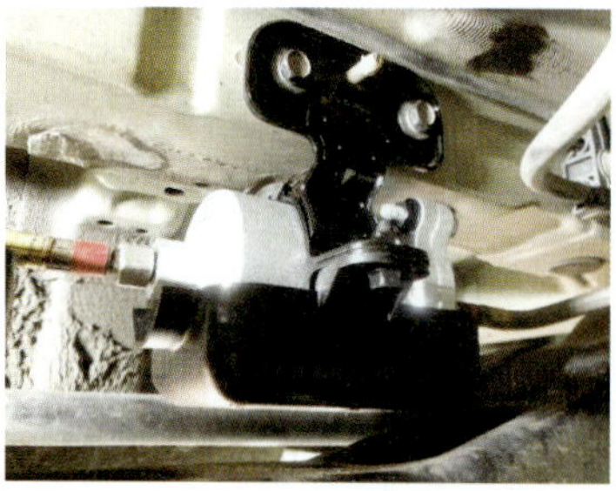

[그림 167] LPI 연료필터

[그림 168] 연료필터 탈거

⑦ 필터를 브래킷으로부터 분리한다.

⑧ 필터 카트리지 체결볼트를 탈거한다. 케이스에 있는 가루도 청소하고 개스킷 접촉면도 잘 닦아준다.

[그림 169] 필터를 브래킷으로 분리

[그림 170] 체결볼트 탈거

⑨ 신품 개스킷을 장착한다. 개스킷은 방향성이 있어 개스킷 장착방향에 주의해서 조립한다.

⑩ 신품 필터 카트리지를 장착한다.

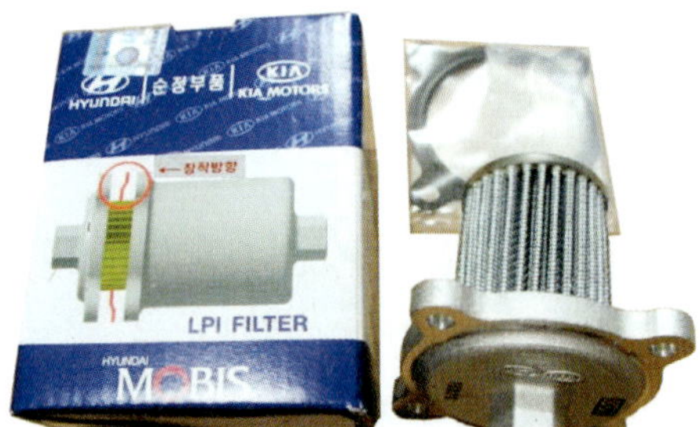

[그림 171] 신품 필터 카트리지

⑪ 연료필터 어셈블리를 차량에 장착하고 연료라인을 연결한다. 연료필터 어셈블리 장착 시 입력 측과 출력 측 방향이 바뀌지 않도록 주의해야 한다. 반대로 장착하면 연료필터의 기능을 할 수 없다.

⑫ 배터리(-)케이블을 연결한다.

⑬ 봄베의 수동밸브를 표시한곳 까지 열고 LPG스위치를 ON시켜 엔진시동을 걸면 몇 번 크랭킹해야 걸린다. 시동이 걸리면 연료필터 연결파이프와 개스킷에서 가스 누출이 있나 비눗물로 묻혀 확인한다.

[그림 172] 비눗물 검사

12.2.2. SM520 LPG 연료필터 교체(봄베)

① 연료라인 잔류압력을 제거한다. 엔진시동을 건 후 LPG스위치를 OFF시키고 연료라인 내의 연료가 모두 소진되어 시동이 꺼지면 점화스위치를 OFF한다.

② 기상밸브, 액상밸브, 충진밸브 3개 모두 잠근다. 원래 위치 볼펜으로 표시해 둔다.

③ 고리를 풀면 10 mm 볼트 4개를 풀고 서비스 커버를 탈거한다.

④ 연료필터 8 mm 볼트 8개를 풀어준다. 오른쪽이 기체연료 필터이고 왼쪽이 액체연료 필터인데, 액체연료필터 쪽 볼트를 살짝 풀면 LPG연료가 새어 나온다. 연료가 다 나오면 볼트를 마저 풀어준다.

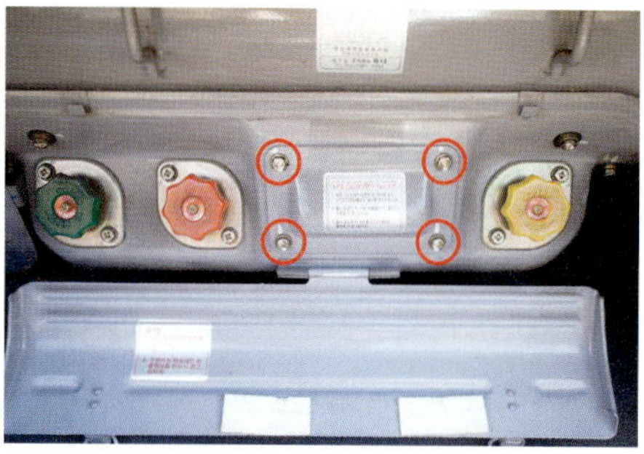

[그림 173] 서비스 커버 탈거

[그림 174] 연료필터

⑤ 손으로 필터를 탈거한다.
⑥ 신품 오링을 새것으로 교체한다.
⑦ 신품 필터를 손으로 눌러서 잘 결합한다.

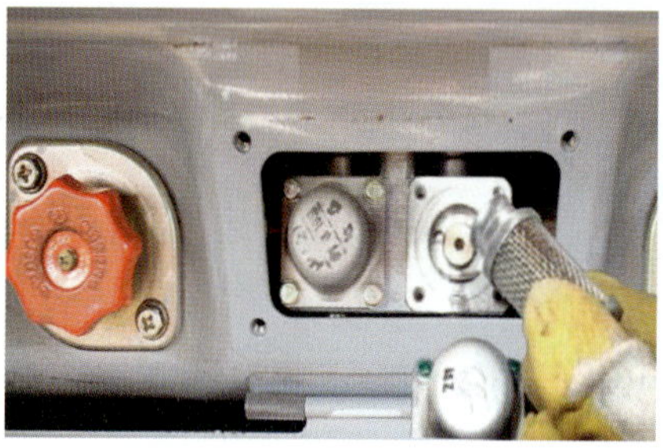

[그림 175] 필터 탈거

[그림 176] 필터 조립

⑧ 조립은 역순으로 하며, 볼트는 규정토크로 조인다.
⑨ 기상밸브, 액상밸브, 충진밸브 3개 모두 표시해둔 곳까지 풀고 운전석에 LPG 스위치 ON 누르고 시동을 걸면 몇 번 크랭킹해야 걸린다.
⑩ 시동이 걸리면 비눗물로 연료라인 연결부와 개스킷 접촉면의 가스 누출을 확인한다.

12.3. 커먼레일 디젤엔진의 연료필터 교체

구형 차량들은 연료필터가 엔진룸 앞쪽에 공간이 널찍하게 되어있지만 요즘 차들은 연료필터 교체 시 작업공간이 협소하다. 흡기덕트, 배터리, 배터리 트레이 그리고 ECU를 탈거하면 연료필터를 탈거할 수 있다. 손이 많이 가지만 연료필터 교체 시 필요한 개별 부품들의 탈거는 그리 어렵지는 않다.

[그림 177] 구형 커먼레일 디젤엔진 연료필터

12.3.1. 연료필터 카트리지 교체

① 배터리 (-), (+)단자를 탈거하고 배터리 고정걸쇠를 제거한다.

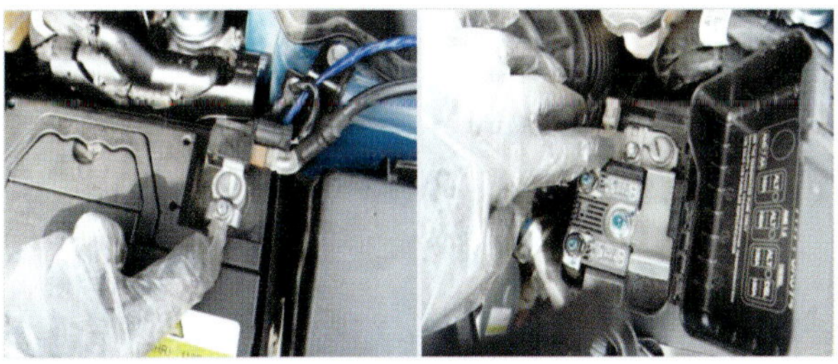

[그림 178] 배터리단자 탈거

[그림 179] 배터리 고정걸쇠 탈거

② 배터리를 탈거한다. 배터리를 빼낼 때 흡기박스를 유림시켜 놓고 작업하면 편리하다. 흡기박스에 흡기필터는 연료필터 교체 시 오염될 수 있으므로 따로 빼놓는다.

③ ECU 브래킷과 배터리 트레이의 고정된 볼트(은색)를 탈거한다.

[그림 180] 배터리 탈거

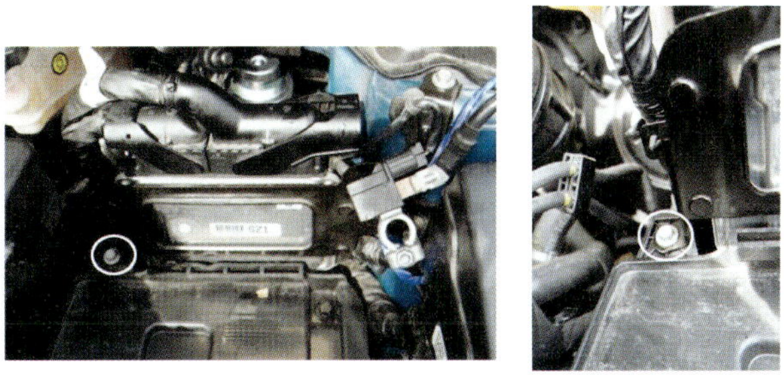

[그림 181] 볼트 탈거

④ 운전석 전륜 쇽업쇼버 하우스 상단에 고정된 ECU 브래킷 볼트(은색)를 탈거한다. (−)극 IBS센서(발전제어센서) 고정타이(은색)는 ECU차체 고정 브래킷 볼트 3개를 푼 후 브래킷을 유림 시켜 후면에 롱로즈로 물고 빼주면 재활용이 가능하다.

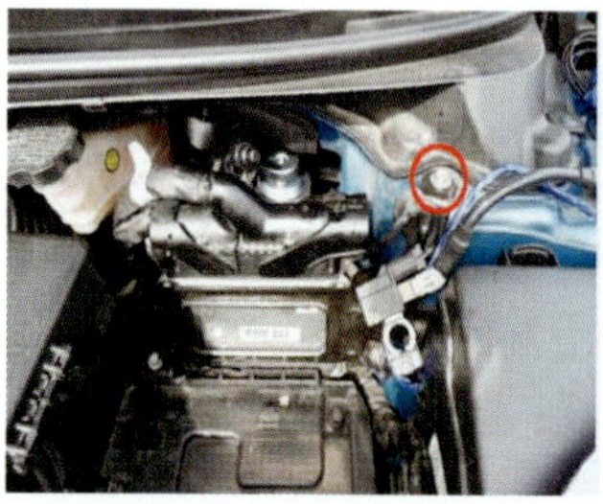

[그림 182] ECU 브래킷 볼트(은색) 탈거

⑤ ECU 브래킷 차체 결합 부는 쇽업쇼버 하우스 측면에 고정된 볼트(은색)를 풀어 주면 ECU 고정 브래킷은 탈거가 된다. 이후 IBS센서 고정 브래킷을 분리한다.

⑥ ECU커넥터를 제거하지 않고도 옆으로 돌려놓으면 연료필터 교체작업이 가능하다.

[그림 183] ECU 브래킷 차체 결합부 볼트 탈거

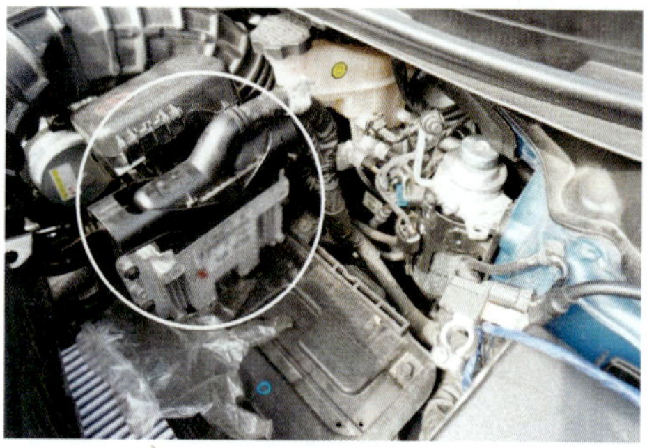

[그림 184] ECU를 연료필터 옆으로 돌려놓음

⑦ 연료필터에 장착된 연료히터 커넥터, 수분센서 커넥터를 아래에 있는 걸쇠를 살짝 잡아 빼면서 탈거한다. 모든 커넥터들이 방수커넥터여서 잘 안 빠질 수 있다.

⑧ 연료파이프 IN, OUT라인 커넥터는 양쪽 파란색 부분을 누르고 탈거한다.

⑨ 차체에 고정된 연료필터 브래킷 너트를 탈거한다.

[그림 185] **연료히터 및 수분센서 커넥터 탈거**

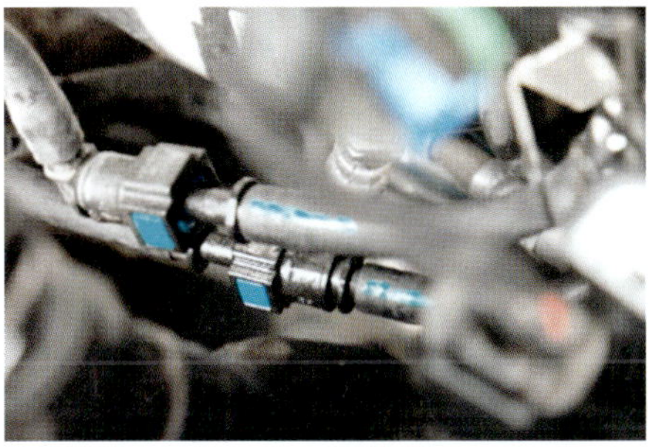

[그림 186] **연료파이프 커넥터 탈거**

[그림 187] **연료필터 브래킷 너트 탈거**

⑩ 탈거한 필터에는 연료(경유)가 들어있으므로 빈 통을 미리 준비해 필터를 기울여 내부에 있는 연료를 배출시킨 다음 필터 하단 "연료수분감지센서"를 손으로 풀어 나머지 연료를 배출시킨다. 연료필터 케이스볼트를 탈거하여 연료필터를 탈거한다.

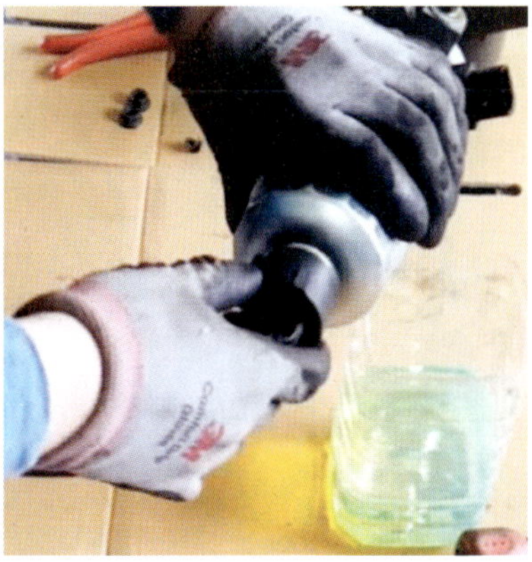

[그림 188] **연료수분 감지센서 탈거**

⑪ 연료필터 하우징 헤드를 바이스 등으로 고정시킨 후 필터렌치를 이용하여 연료필터 카트리지를 탈거한다.

⑫ 신품 연료필터 카트리지 오링에 경유를 도포한다.

[그림 189] 연료필터 카트리지 탈거

[그림 190] 신품 연료필터 카트리지 오링에 경유 도포

⑬ 먼지나 분순물이 없는 깨끗한 작업공간에서 신품 연료필터 카트리지를 조립한다. 조립할 때는 손으로만 돌리고 고무패킹이 닿은 뒤 2/3바퀴만 더 돌려주면 된다.

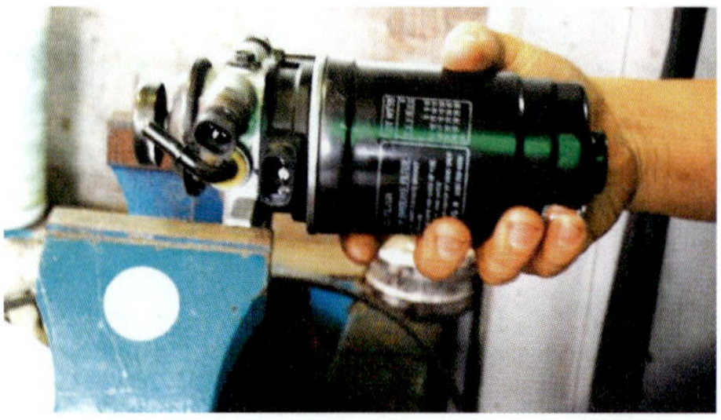

[그림 191] 연료필터 카트리지 조립

[그림 192] 연료필터 브래킷 고정

[그림 193] 커넥터 조립

⑭ 연료수분 감지센서는 플라스틱이므로 적당한 힘으로 손으로 조립한다.
⑮ 연료필터를 브래킷에 조립하고 연료필터 어셈블리는 탈거의 역순으로 조립한다.

12.3.2. 공기빼기

[1] 흡입펌프방식(기계식 저압 연료펌프)의 공기빼기

① 프라이밍펌프를 50회 정도 상하로 작동한다.
② 십자드라이버를 이용하여 공기빼기 홀을 개방한 후 공기빼기를 실시하고 볼트를 다시 체결한다.
③ 프라이밍펌프를 15회 정도 상하로 작동한다.
④ 십자드라이버를 이용하여 공기빼기 홀을 개방한 후 공기빼기를 실시하고 볼트를 다시 체결한다.
⑤ 프라이밍펌프를 5회 정도 상하로 작동한다.

프라이밍펌프 작업 횟수는 예상 치이며, 실제작업 시는 펌프가 빽빽해질 때까지 작업해야 한다. 공기빼기를 1회만 실시하면 공기가 모두 빠지지 않으므로 반드시 2회 이상 실시해야 한다. 오버플로우 밸브방식 에어빼기는 프라이밍 펌프를 손으로 빽빽해질 때까지 수차례 또는 수십 차례 누른다.

(a) 오버플로우 밸브　　(b) 프라이밍 펌프

[그림 194] 오버플로우밸브와 프라이밍펌프

[2] 전기식 저압 연료펌프

① 스캐너를 사용해 연료라인에 에어빼기 작업을 실행한다. 약 30초 가량 연료펌프를 강제 구동하여 공기가 가득 차 있는 필터에 연료를 다시 채우고 분해되었던 라인에서 공기를 제거한다. 이때 연료필터에도 압력이 가해지기 때문에 제대로 조립이 되어 누유가 없는지도 확인 가능하다.

② 에어빼기가 정상적으로 완료되면 시동을 건다. 시동 후 스캐너로 이상여부를 다시한번 확인 후 작업을 종료한다.

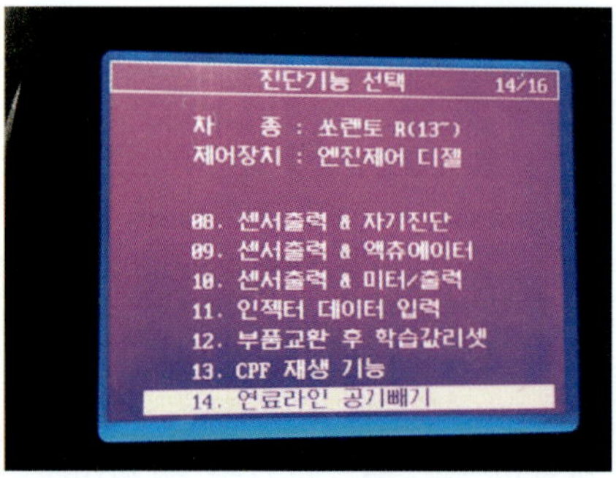

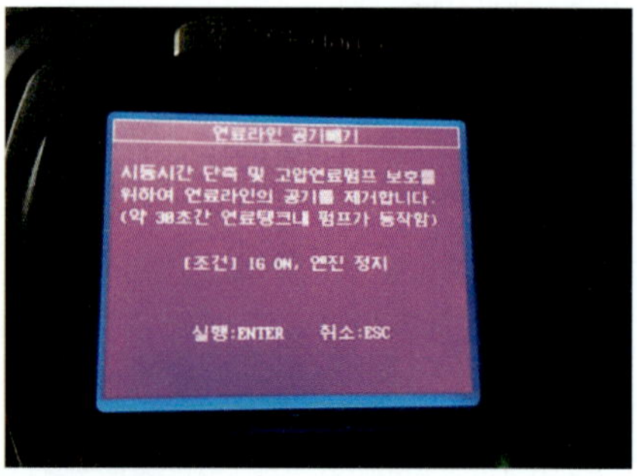

[그림 195] **스캐너로 연료라인 공기빼기**

[3] 분사펌프방식의 에어빼기

① 프라이밍펌프를 상하로 작동한다.

② 프라이밍펌프에 압이 걸리면 나비너트를 풀어서 에어를 빼준다.

③ 다시 나비너트를 잠근다.

④ ①, ②, ③작업을 반복적으로 하면서 완전히 공기가 나오지 않고 연료만 나올 때까지 한다.

④ 나비너트를 규정 토크로 잠그고(너무 세게 조이면 패킹이 망가짐) 시동을 건다.

[그림 196] **프라이밍 펌프 상하 작동**

[그림 197] **나비너트 풀기**

13. 인젝터 교체

인젝터란 연료분사 노즐로서, 연료를 뿜어 줄 뿐 아니라 액체 연료를 분무화하여 엔진 실린더 가장 가까이서 연료가 공기와 잘 섞이도록 연료를 최종 공급하는 장치이다. 인젝터는 교체보다는 전용장비로 클리닝을 많이 한다. 보통 2~3년마다 하거나 또는 40,000 km마다 전용장비로 인젝터 클리닝을 해 주는 게 좋다.

인젝터의 수명을 100,000 km로 본다. 따라서 100,000 km를 기준으로 100,000 km 이상 주행을 하고 나서 인젝터에 결함이 없다면 계속해서 사용해도 무방하고 여유가 된다면 인젝터를 교체해 주는 게 더 좋다. 인젝터 고장 시 증상으로는 시동불량 현상, 시동꺼짐, 시동 지연현상, 엔진공회전시 부조 현상, 높은 연료소비, 가속불량 현상, 매연발생, 냉간 시 떨림현상, 차가 무거워지고 중속에서 추월을 할 때 엔진출력이 떨어지며, 고속 풀 액셀을 하면 간헐적으로 버벅 거리고 최고속이 줄어들며(연료량이 불규칙, 막힘 등), 간헐적으로 저속에서 갑자기 진동이 심해지며 출력이 안 나온다.

LPI차량은 인젝터 내부 솔레노이드 기밀이 불량할 경우 시동 후 실내에 가스 냄새가 나고(비눗물로 인젝터 검사 시 거품이 난다), 커먼레일 차량은 인젝터 동와셔가 많이 마모기 되기나 변형이 되면 기름이 누설되어 노즐을 타고 올라오기도 한다.

13.1. 가솔린엔진의 인젝터 교체

① 연료라인 잔류압력을 제거한다. 트렁크 쪽 연료펌프 커넥터 또는 연료펌프 릴레이를 제거 하여 엔진시동을 건 후 연료라인 내의 연료가 모두 소진되어 엔진이 저절로 멈추면 점화스위치를 OFF한다.

② 보닛을 열어 엔진룸 커버를 탈거한다.

③ 배터리에서 (–)커넥터를 탈거한다.

④ 연료압력 조절기에서 진공호스 및 리턴파이프를 탈거한다.

⑤ 연료 압력조절기만 교체 시에는 연료레일에 연료 압력조절기 고정나사를 탈거하고 연료 압력조절기를 연료 배출파이프에서 탈거한다. 오링이 분리되지 않고 남아 있으면 제거한다(조립 시는 신품으로 교체한다).

[그림 198] 진공호스 탈거

[그림 199] 리턴 파이프 탈거

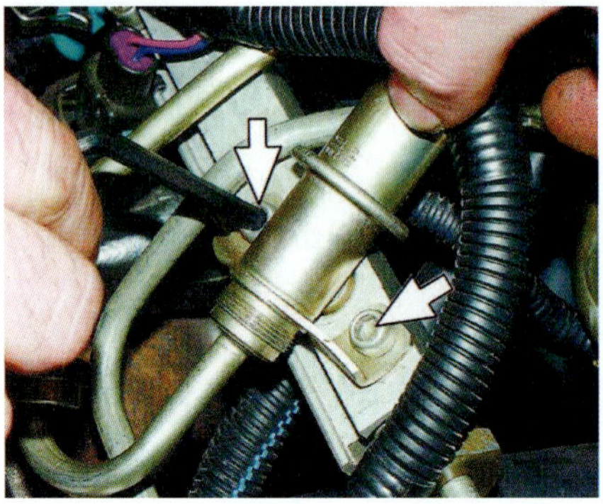

[그림 200] 고정나사 탈거

⑥ 연료레일(분배파이프)와 연결된 연료공급파이프의 피팅을 풀고 연료압력을 제거한다.

⑦ 연료레일에 있는 인젝터와 연결된 커넥터를 탈거한다.

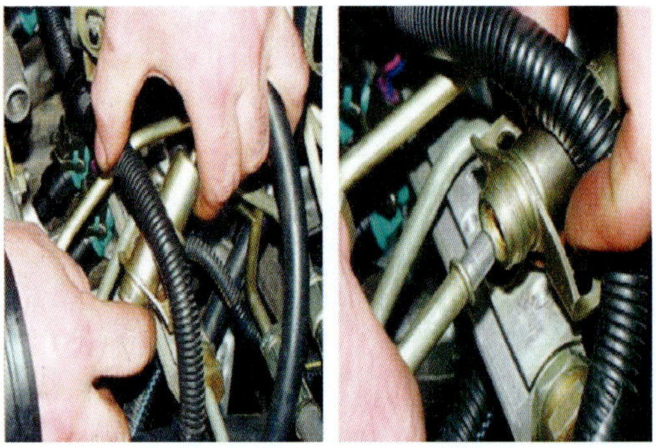

[그림 201] 연료 압력조절기의 탈거

[그림 202] 커넥터 탈거

⑧ 십자드라이버로 연료파이프 장착 브래킷의 나사를 풀어 브래킷을 탈거한다.

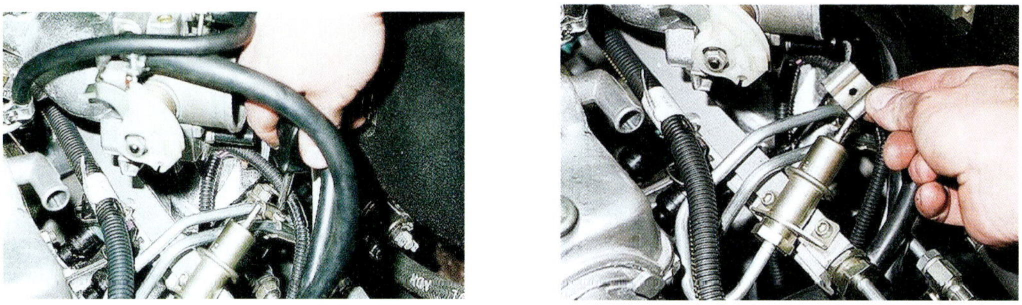

[그림 203] 연료파이프 브래킷 탈거

⑨ 연료레일을 고정하고 있는 나사를 탈거한다.
⑩ 인젝터를 흡기다기관 시트에서 모두 탈거한 다음 연료레일과 함께 탈거한다.
⑪ 스프링 브래킷을 압착한 후 인젝터 커넥터를 탈거한다.

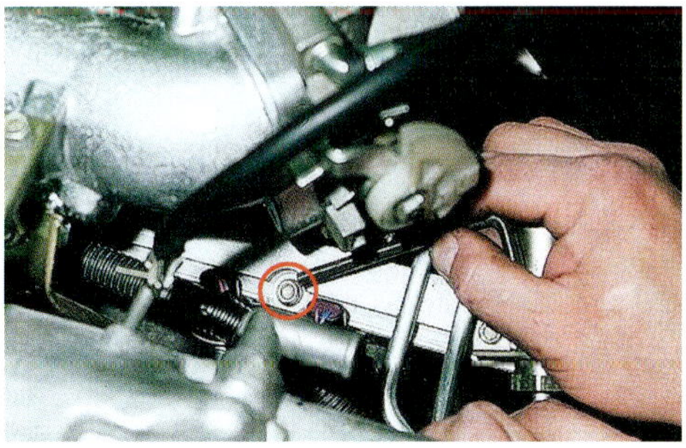

[그림 204] 연료레일 고정나사 탈거

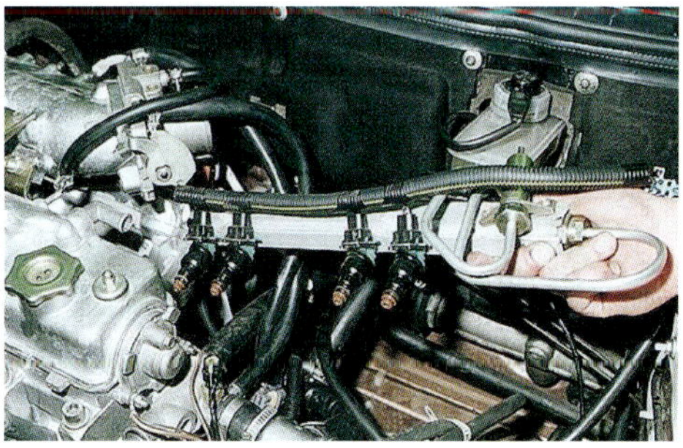

[그림 205] 인젝터 및 연료레일 탈거

[그림 206] 인젝터 커넥터 탈거

⑫ 스크루 드라이버를 사용하여 인젝터 고정장치를 밀어 탈거한다.

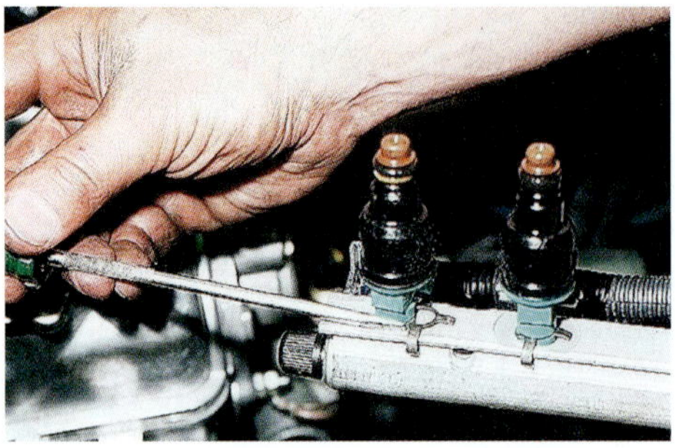

[그림 207] 인젝터 고정장치 탈거

⑬ 인젝터를 살살 흔들면서 연료레일에서 탈거한다.

[그림 208] 인젝터 탈거

⑭ 신품 인젝터를 탈거의 역순으로 조립한다. 인젝터를 크리닝하여 재사용할 경우 모든 인젝터의 오링을 송곳이나 스크루 드라이버를 이용하여 인젝터 본체에서 오링을 탈거한 후 신품으로 교체한다. 인젝터를 삽입할 때 고무 오링에 엔진오일을 조금 발라서 살살 조립한다. 인젝터를 장착 전에 인젝터가 설치되었던 홀 청소를 한다.

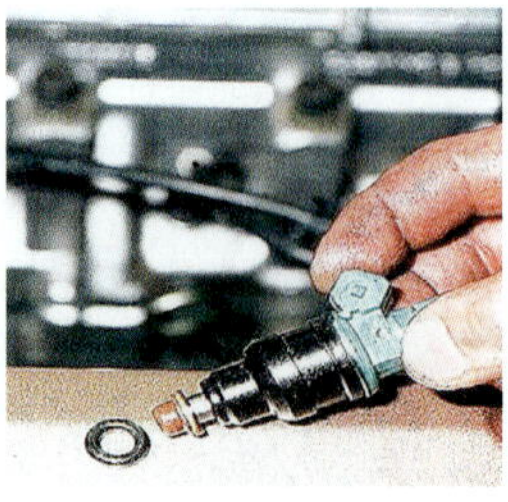

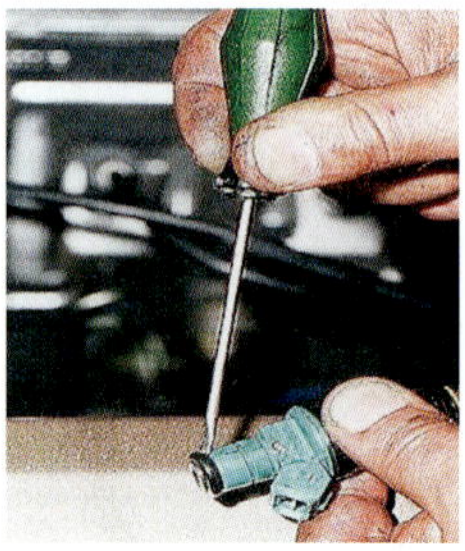

[그림 209] 인젝터 오일 탈거

13.2. 커먼레일 인젝터 교체

커먼레일 연료분사시스템은 극도로 높은 압력(1600bar) 하에서 작동함으로 인젝터 탈거 시 다음 사항에 주의를 요한다.

① 엔진 작동 중이나, 시동을 끈 후 30초 동안은 커먼레일 연료분사시스템과 관련된 어떠한 작업도 해서는 안 된다.
② 항상 작업 안전사항을 지켜야 한다.
③ 작업장을 청결하게 유지해야 하며, 커먼레일 구성부품은 항상 청결하게 취급한다.
④ 특별한 상황을 제외하고는 인젝터를 분해하지 않는다.
⑤ 연료시스템 조립 시 내부에 이물질 유입 없도록 주의해서 조립한다.
⑥ 인젝터, 튜브 호스 등 이물질 유입 방지용 보호 캡은 장착 바로 직전에 탈거한다.
⑦ 인젝터 탈·부착 시 인젝터 접촉부는 세척하고, 오링은 새것으로 교체해준다.
⑧ 인젝터 오링에 디젤유를 도포한 다음 실린더헤드에 삽입한다.
⑨ 실린더헤드에 인젝터를 삽입할 때 수직방향으로 충격 등의 손상이 없도록 정확히 삽입한다.
⑩ 고압 연료 튜브 조립 시 플레어 너트와 상대 부품과 수직으로 체결한다.

[1] 분해순서

① 배터리 (-)커넥터를 탈거한다.
② 인터쿨러가 장착된 차량은 인터쿨러 고정 볼트를 탈거한다.

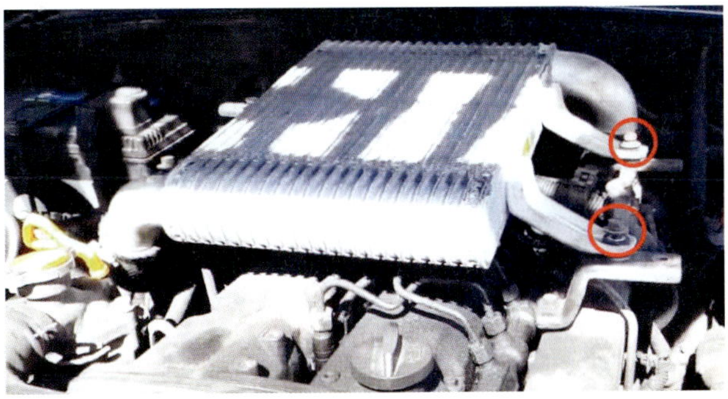

[그림 210] 인터쿨러 고정볼트 탈거

③ 인터쿨러 입구와 출구 측 파이프 클램프를 십자드라이버를 이용하여 풀고 인터쿨러를 탈거한다.

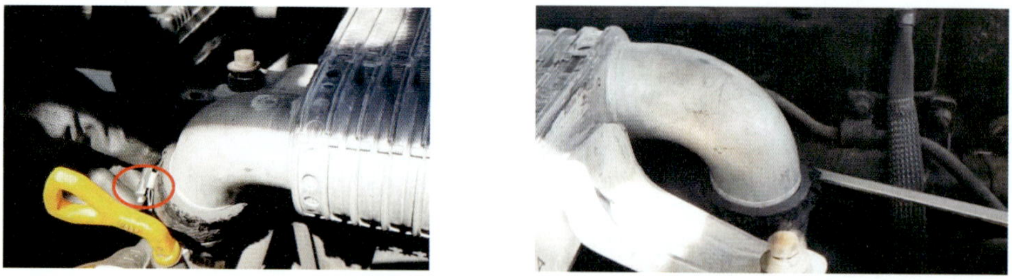

[그림 211] 인터쿨러 클램프 탈거

④ 인젝터 커넥터를 탈거한다. 스프링을 살짝 눌러주고 당기면서 탈거한다.

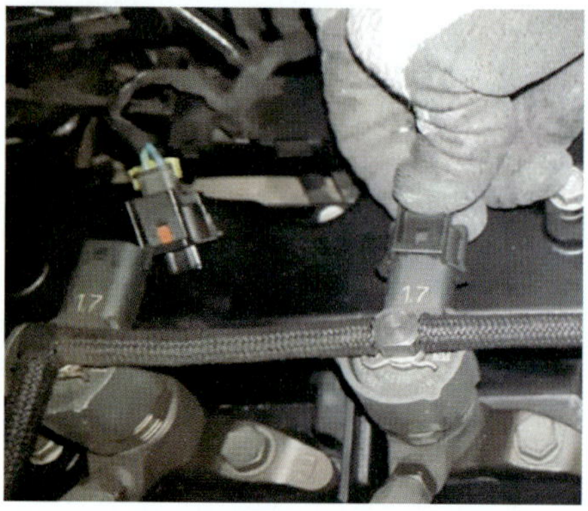

[그림 212] 인젝터 커넥터 탈거

⑤ 연료 리턴호스를 탈거한다. 롱 로즈나 니퍼를 이용하여 리턴호스 고정 클립을 뽑아주고, 인젝터와 연결된 연료 리턴호스를 잡아 뺀다.

[그림 213] 리턴호스 고정 클립 탈거

[그림 214] 리턴호스 탈거

⑥ 파이프 순서가 바뀌지 않도록 파이프에 미리 표시를 해둔다. 스패너로 커먼레일 파이프(딜리버리 파이프)에 연결된 고정너트와 인젝터에 연결된 고정너트를 풀고 연료파이프를 탈거한다. 이물질 등이 들어갈 수 있으므로 한쪽은 유림 시키고 한쪽만 완전히 풀어도 인젝터를 탈거할 수 있다. 파이프를 탈거한 곳은 이물질이 들어갈 수 있으므로 고무 캡이나 은박지를 잘라 감싸거나 랩 비닐로 감싸둔다.

(a) 인젝터 측

(b) 커먼레일 측

[그림 215] 연료공급 파이프 탈거

⑦ 플러그가 설치된 차량은 인젝터 플러그 고정 볼트를 탈거한 후 롱로즈 등으로 플러그를 잡고 위로 당기면 탈거된다.

[그림 216] 플러그 고정 볼트 탈거

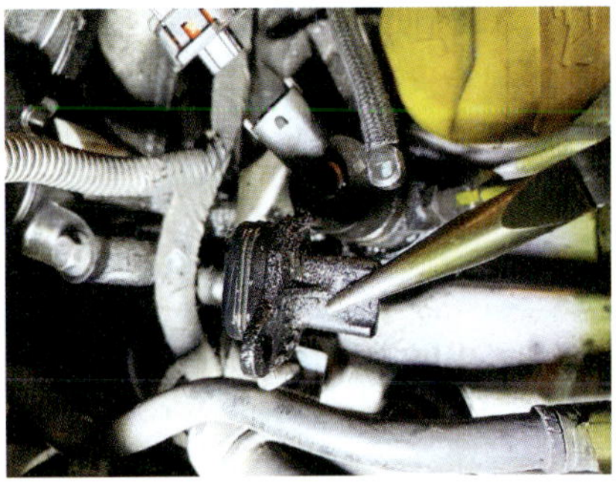

[그림 217] 플러그 탈거

⑧ 플러그가 없는 차량은 인젝터 고정 클램프 볼트를 탈거하고, 롱로즈와 같은 집게를 이용하여 클램프를 올려서 탈거한다.

[그림 218] 클램프 볼트 탈거

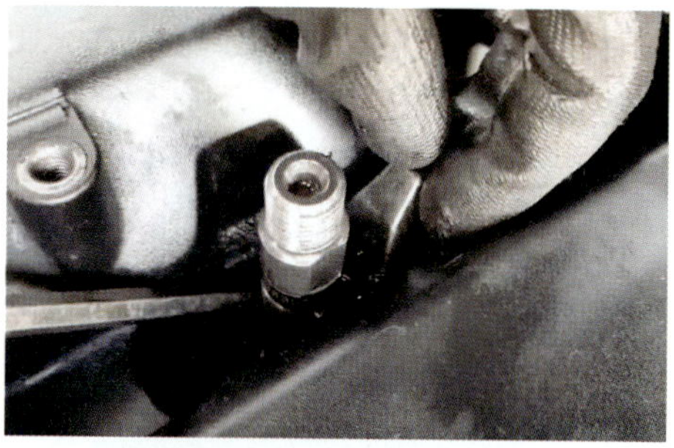

[그림 219] 클램프 탈거

⑨ 플러그가 설치된 차량은 인젝터 고정나사를 탈거한다.

⑩ 스패너 등으로 인젝터 몸체에 결합하여 좌우로 흔들어 탈거하면 되지만 대부분 인젝터는 심하게 고착되어 있어서 특수공구를 사용해야 할 경우가 많다.

[그림 220] 인젝터 고정나사 탈거

[그림 221] 인젝터 탈거

⑪ 인젝터 홀 입구에 오일 실이 있으면 니퍼 등으로 잡아 빼거나 드라이버를 대고 한쪽을 고무망치로 톡톡 쳐주면서 탈거한다.

⑫ 오일 실을 제거하고 신품 오일 실을 장착하기 전에 그 동안 누유 되어 고착되어진 인젝터 홀 내부를 청소 해준다. 홀 안으로 이물질이 들어가지 않도록 조심하며 직접 세척제 등을 분사하지 않고 헝겊에 클리너를 도포하고 닦아 내는 것이 가장 좋은 방법이다.

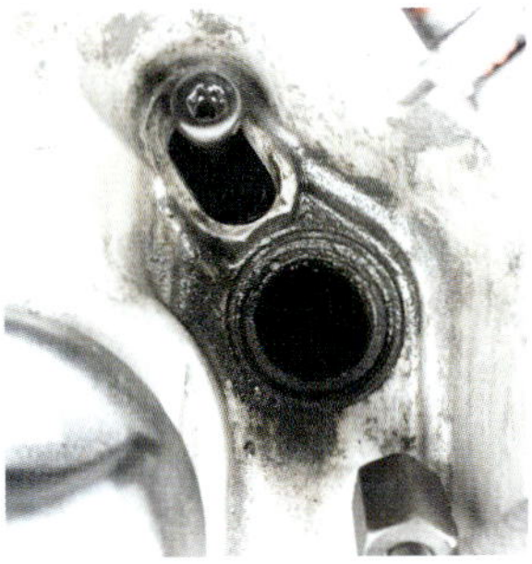

[그림 222] 오일 실 탈거

[그림 223] 홀 청소 후 상태

⑬ 신품 오일 실 장착은 오일 실 내부와 비슷한 내경의 소켓을 이용해서 복스 연결대를 이용해서 끼워주고 테두리를 라쳇의 뒷부분을 이용하여 경계면에 대고 고무망치로 살살 톡톡 치며 장착한다.

[그림 224] 오일 실 장착

⑭ 신품 인젝터를 교체한다. 동와셔 와 오링을 신품으로 교체하고 오링을 끼울 때는 오링에 경유를 바르고 오링이 뒤집히지 않게 끼운다.

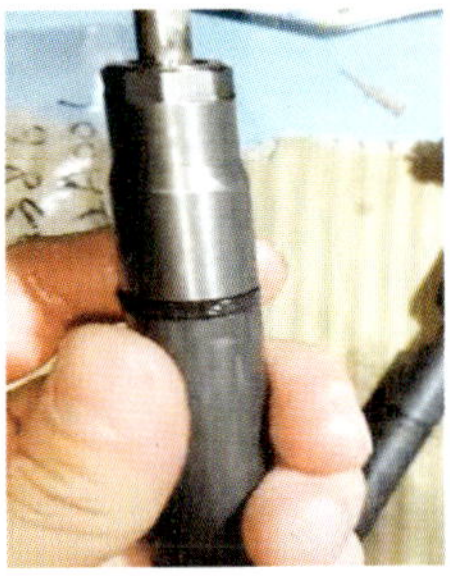

[그림 225] 오링 교체

[그림 226] 동와셔 교체

⑮ 조립은 탈거의 역순으로 한다.

⑯ 작업완료 후 한 번에 시동이 걸리지 않는다고 오랜 시간 크랭킹하지 말고 여러 번 나누어 시동을 건다. 시동 후 인젝터 주변이나 파이프 등에서 연료가 새어 나오는지 확인해보고 RPM을 높여 다시 한번 연료라인의 누유를 확인한다. 이상이 없다면 엔진커버, 인터쿨러 등을 장착한다.

⑰ 신품 인젝터 교체 후에는 신품 인젝터 데이터 입력을 스캔을 사용하여 해당 인젝터 데이터를 입력해야 한다. 입력을 하지 않으면 엔진부조나 시동 꺼짐이 발생할 수 있다. 초기화 시 4개 인젝터 코드 모두 입력해야 된다.

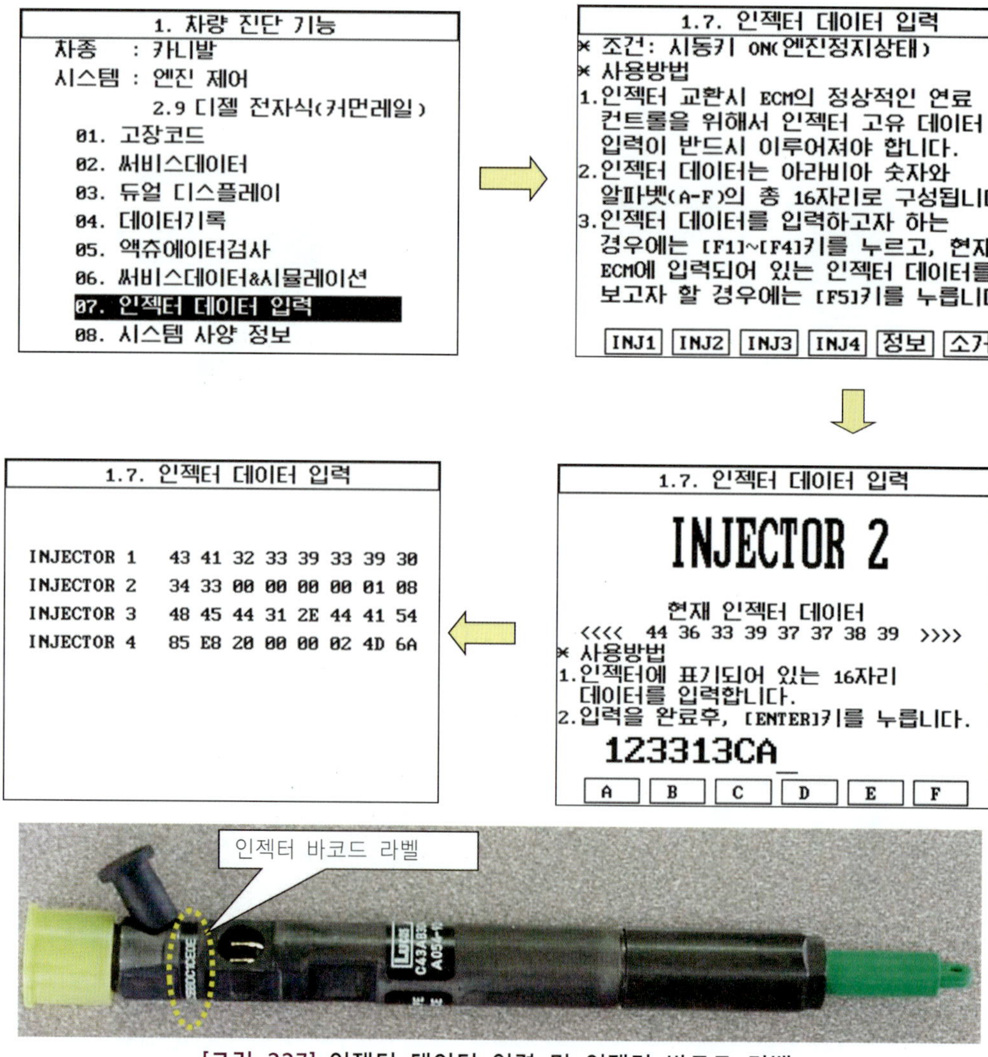

[그림 227] 인젝터 데이터 입력 및 인젝터 바코드 라벨

13.3. LPI 인젝터의 교체

① 엔진커버를 탈거한다.

[그림 228] 인젝터 설치상태

② 연료라인 잔류압력을 제거한다. 엔진시동을 건 후 LPG스위치를 OFF시키고 연료 라인 내의 연료가 모두 소진되어 엔진이 저절로 멈추면 점화스위치를 OFF한다.

③ 봄베밸브를 잠근다.

④ 배터리 (-)단자를 탈거한다.

⑤ 클립을 눌러 인젝터 커넥터를 탈거한다.

⑥ 인젝터 커넥터 단자 밑에 동그란 링을 돌려 풀어준다.

[그림 229] 커넥터 탈거

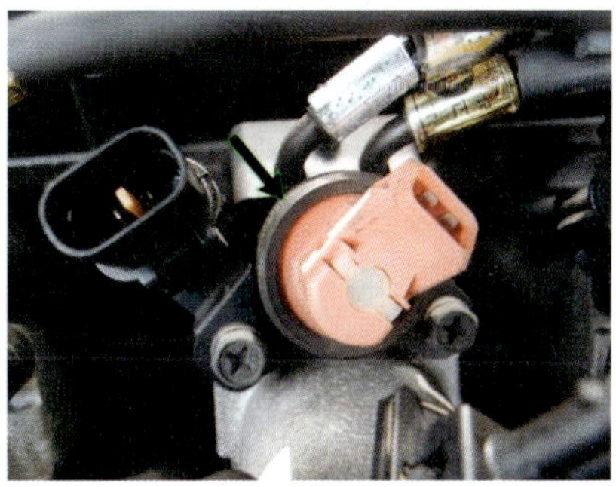

[그림 230] 링을 돌린다.

⑦ 인젝터를 탈거한다. 인젝터 탈거 장비가 따로 있으나 바이스플라이어로 탈거해도 된다.

⑧ 신품 인젝터에 윤활제를 발라주고 힘으로 누른 뒤 고리를 돌려서 잠근다.

⑨ 신품 인젝터에 커넥터를 연결힌다.

⑩ 봄베 밸브를 열고, 배터리 (-)단자를 연결한 후 LPG스위치 ON시켜 시동을 걸어준다.

⑪ 비눗물을 이용하여 가스 누설여부를 확인한다.

14. 커먼레일 고압펌프 교체

고압펌프는 자동차의 모든 작동영역에서 고압연료를 충분히 공급하는 것이며, 또한 커먼레일 에서의 급격한 압력상승과 원활한 시동을 위해 연료를 비축하는 기능도 갖추고 있어야 한다. 고압펌프가 고가품인 관계로 고압펌프 교체 시 압력이나 누유를 충분히 육안검사하고 필히 교체 전에는 시운전, 주행 후 엔진 오일량을 체크해야 한다. 고압펌프의 불량으로 인해 연료가 엔진으로 유입되어 인젝터 팁 마모는 물론 델파이의 경우는 엔진 피스톤까지 심각한 고장을 주는 경우가 종종 발생되고 있다.

고압펌프 고장 시 나타나는 증상은 시동이 안 걸리거나, 냉간시 시동불량 발생, 출력저하가 되면서 시동이 꺼지는 증상, 간헐적 출력부족 현상, 도로 주행 중 액셀을 밟으면 덜컹덜컹거리는 증상과 속도가 나지 않으며, 지속적으로 엔진 경고등이 점등된다.

데이터스트림명	값	단위
연료 감압 조절 밸브 듀티 사이클	8.235	%
연료 레일 압력	30	Kpa
연료 레일 압력 - 원하는 값	29830	Kpa
연료 레일 압력 센서	0.298	V
연료 레일 온도 센서 전압	1.554	V
연료 볼륨 컨트롤 밸브 - 전류 - 측정됨	0.406	A

[그림 231] 출력값 확인

엔진 경고등이 점등되면 진단기로 스캔을 해야 하며, 고장코드에는 연료압력 낮음 또는 높음, 공급펌프 고장 등 고장코드가 발생한다. 고장코드 확인 후에는 해당 사항 출력 값을 확인한다. 출력저하 또는 시동이 꺼지는 증상은 주로 고압펌프 마모에 의한 쇳가루가 연료라인을 순환하고 있는 경우가 많다.

인렛미터링 밸브를 탈거해 고압펌프 안에 쇳가루가 있는지 확인을 하고 연료탱크 내부에도 쇳가루가 있는지 확인을 해서 쇳가루가 있으면 연료탱크 내 연료를 모두 배출한 뒤 탱크에 남아있는 쇳가루를 제거하고 새로운 연료를 주입해야 한다. 쇳가루로 인해 연료라인이 막힘 현상이 발생하므로 연료라인을 교체 또는 청소해야 한다.

[그림 232] 인렛미터링 밸브의 쇳가루

[1] 고압펌프 교체방법

① 배터리 (−), (+)단자를 탈거한다.

② 배터리를 탈거한다.

③ 라디에이터 상부 보호커버를 탈거한다.

[그림 233] 배터리 탈거

[그림 234] 라디에이터 상부 보호커버 탈거

④ 라디에이터 상부호스를 탈거한다.

⑤ 흡기 쪽에 연결되어 있는 인테이크 호스 및 파이프를 탈거한다.

[그림 235] 라디에이터 상부호스 탈거

[그림 236] 인테이크 호스 및 파이프 탈거

⑥ 고압펌프에 붙어있는 각종 센서 커넥터 및 파이프를 탈거한다.

[그림 237] 커넥터 및 파이프 탈거된 상태

㉮ 커먼레일 측 고압파이프 플랜지 너트(A)를 푼다.
㉯ 고압펌프 측 고압파이프 플랜지 너트(B)를 푼다.

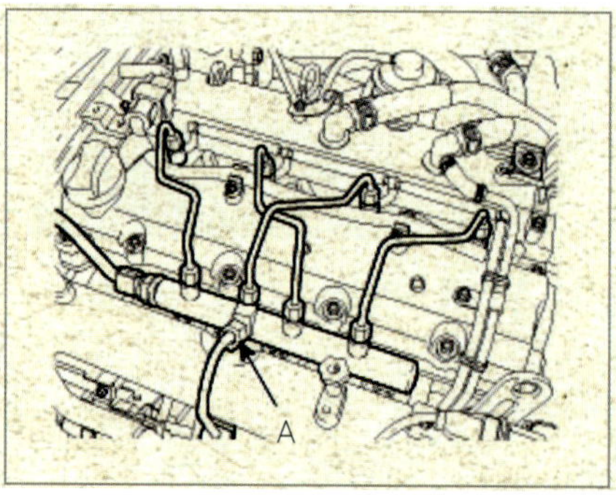

(a) 커먼레일

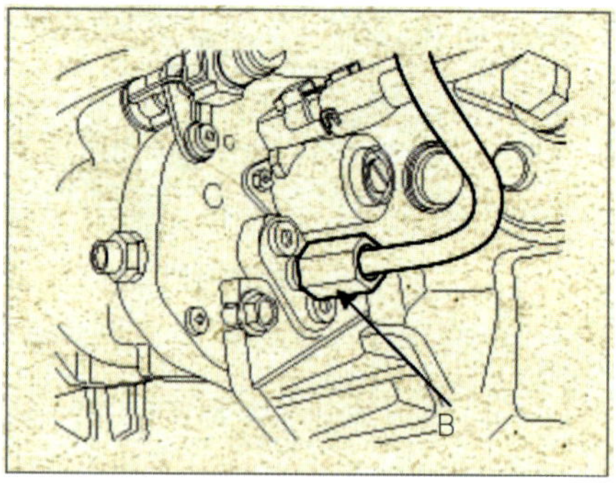

(b) 고압펌프

[그림 238] 고압파이프 플랜지 너트

㉰ 그림 239의 고압파이프 클램프(A)를 탈거하고, 고압파이프(B)를 탈거한다.
㉱ 그림 240의 연료 온도센서 커넥터(A)와 인렛 미터링밸브 커넥터(B)를 탈거한다.
㉲ 연료 공급호스(C)를 탈거한다.
㉳ 인젝터와 연결되는 리턴호스(D)를 탈거한다.
㉴ 연료 필터와 연결되는 리턴호스(E)를 탈거한다.

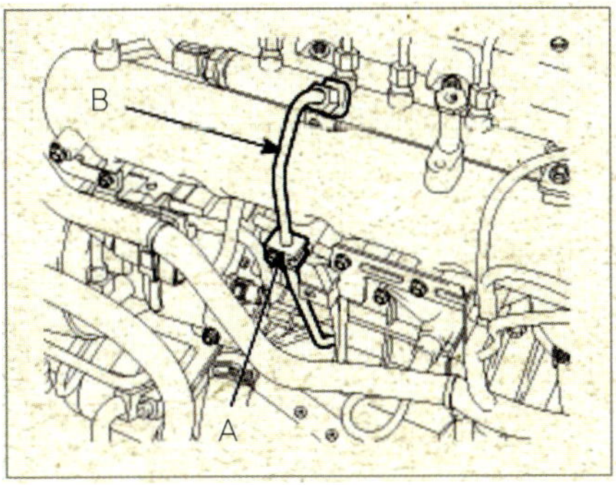

[그림 239] 고압파이프 클램프

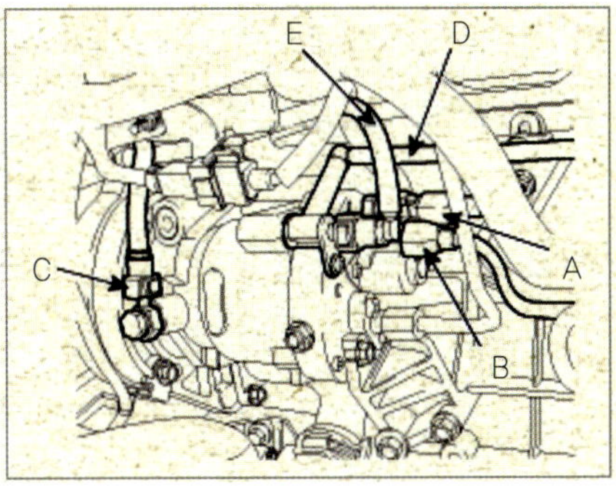

[그림 240] 고압펌프 각종 커넥터 및 호스

㉵ 그림 241의 브래킷(고압펌프 측) 장착볼트(A)를 탈거한다.
㉶ 그림 241의 브래킷(실린더블록 측) 장착볼트(B)를 탈거하고 브래킷을 탈거한다.

⑦ 라디에이터 팬 상부커버를 탈거한다.

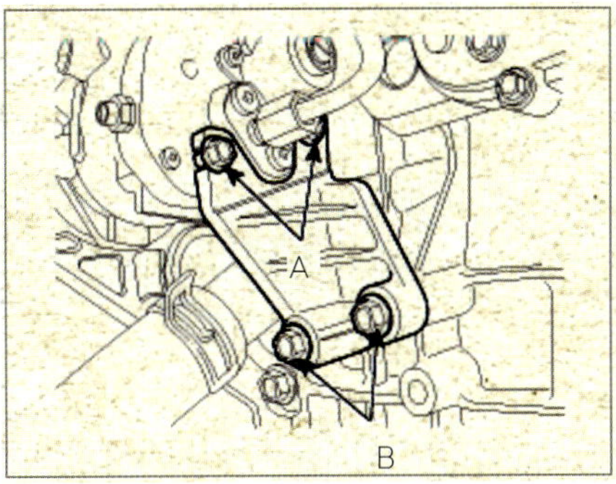

[그림 241] 브래킷 장착 볼트

[그림 242] 라디에이터 상부커버 탈거

⑧ 고압펌프의 기어너트를 탈거하기 위해서 엔진의 프런트 케이스를 탈거한다(고압펌프 스프로켓 측에 고무커버가 장착된 차량은 고무커버만 탈거).

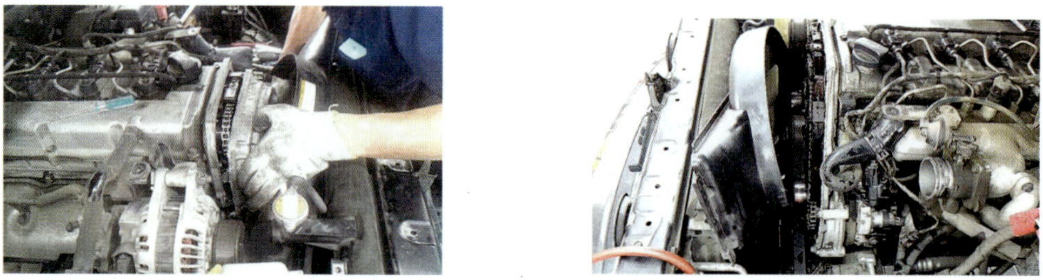

[그림 243] 엔진 프런트 커버 탈거

⑨ 커먼레일 고압펌프를 탈거할 때 스프로켓기어(고압펌프와 타이밍체인이 연결된 부위)를 고정하기 위해 특수공구를 설치한다. 특수공구가 없으면 작업이 거의 불가능하거나 타이밍이 틀어지는 경우가 생기기 때문에 완벽하게 고정을 시켜놓고 작업한다.

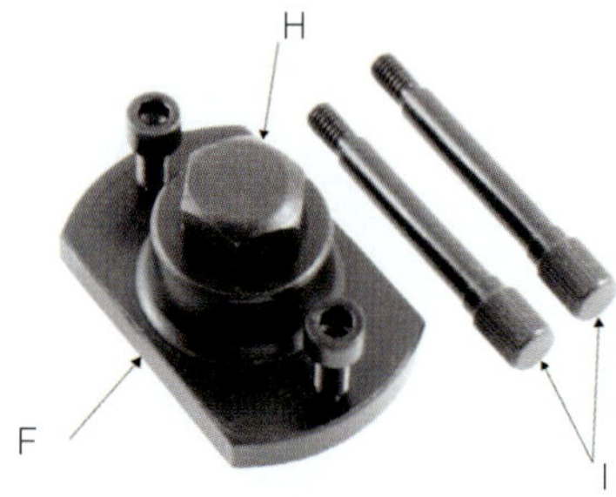

[그림 244] 고압펌프 탈거 특수공구

㉮ 스프로켓의 고정 홀(A)가 타이밍케이스 고정 홀(B)에 일치하도록 스프로켓(C)을 회전 시킨 후, 특수공구에 포함된 고정볼트(I)를 이용하여 스프로켓(C)을 타이밍케이스에 고정시킨다.

㉯ 고압펌프 고정 너트(D)를 푼 후, 타이밍케이스 고정 볼트(E)를 탈거한다.

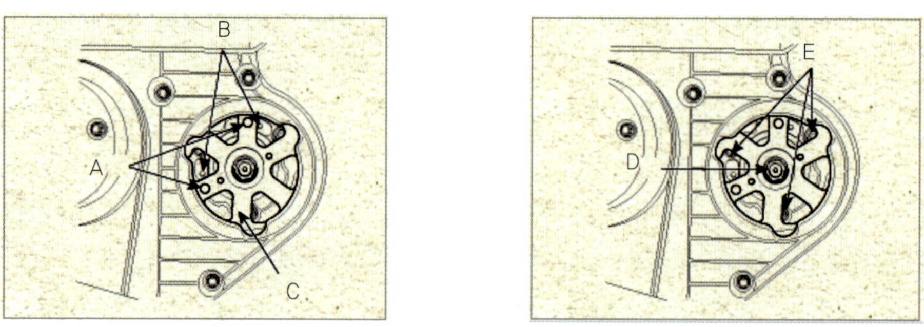

[그림 245] 고압펌프 스프로켓

㉰ 특수공구 본체(F)를 스프로켓 장착 홀(G)에 장착한다.

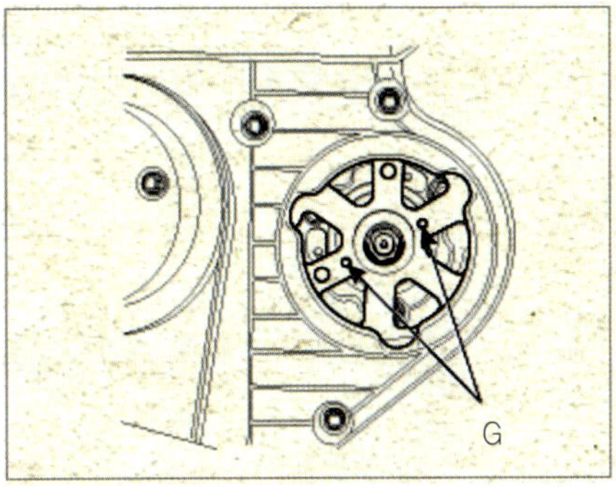

[그림 246] 스프로켓 장착 홀

[그림 247] 특수공구 설치상태

㉱ 특수공구 조임볼트(H)를 스패너 또는 복스를 사용해서 시계방향으로 회전시켜, 고압펌프를 타이밍케이스에서 탈거한다.

[그림 248] 조임볼트 회선

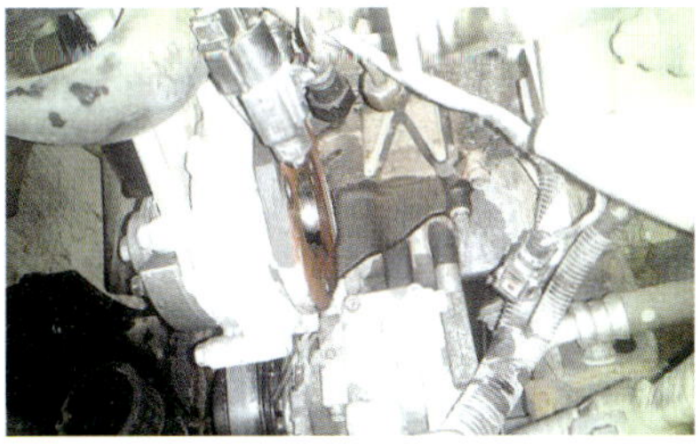

[그림 249] 고입핌프 달거된 싱데

⑩ 고압펌프 탈거의 역순으로 조립하고 특수공구를 탈거한다.

[그림 250] 고압펌프 조립

⑪ 프런트 케이스를 탈거하면 실리콘이 남아있으므로 오일누유발생을 방지하기 위해 실리콘을 잘 긁어주고 기름기 없이 닦아준 후 프런트 케이스에 실리콘을 도포한다.

⑫ 프런트 케이스를 장착한다(고압펌프 스프로켓 측에 고무커버가 장착된 차량은 고무커버만 장착).

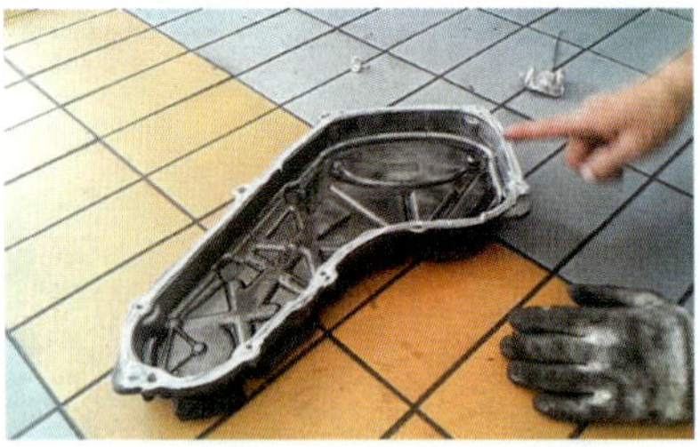

[그림 251] **프런트 케이스 실리콘 도포**

[그림 252] **프런트 케이스 장착**

⑬ 라디에이터 팬 상부 커버를 장착한다.

⑭ 인테이크 호스 및 파이프를 장착한다.

⑮ 라디에이터 상부 호스를 장착하고, 라디에이터 상부 보호커버를 장착한다.

⑯ 배터리를 장착하고 배터리 단자를 연결한 후 상부 호스 탈거 시 빠진 냉각수를 보충한다.

⑰ 시동을 걸고 누유상태를 확인한 후 고장진단을 하며 출력 값을 확인한다.

15. 예열플러그 및 EGR밸브 교체(D엔진)

예열플러그 교체시기는 3년이나 4년, 60,000 km에서 8만km사이에서 교체를 해주는 것이 좋으며 차량이 오래 되었다면 1년에 한번 정기점검을 하는 것이 좋다. 예열플러그가 고착되면 실린더헤드를 교체해야 하거나 특구공구를 이용해서 고착된 예열플러그를 탈거해야 한다. 디젤차량의 예열플러그 상태 표시등으로 돼지꼬리() 모양의 램프를 사용한다.

예열플러그 고장 시 증상은 시동을 걸고 난 후에도 예열표시등이 1분 이상 지속되거나 사라지지 않거나 깜빡거리며, 영하의 날씨에 배터리는 정상인데 시동이 걸리지 않거나, 수차례의 크랭킹으로 시동이 걸렸어도 흰 연기나 검은 연기가 나온다. 예열플러그 탈거는 차종에 따라 쉽게 접근할 수 있는 차량도 있지만, EGR 쿨러나 흡기매니폴드를 제거해야 예열플러그를 탈거할 수 있는 차종이 있다.

[그림 253] 예열표시등

본 책자에서는 EGR 쿨러를 탈거해야 예열플러그가 탈거되는 차종에 대해서 수록했다. 예열플러그를 교체할 때 예열플러그 릴레이에서 예열플러그로 오는 (+)본선 케이블 상태도 점검하여 경화되어 불량하면 교체하고, 예열플러그 릴레이(컨트롤러)도 함께 교체해 주는 것이 좋다.

① 배터리 (-)단자를 탈거한다.
② 엔진커버를 탈거한다.
③ EGR 진공호스를 탈거한다.

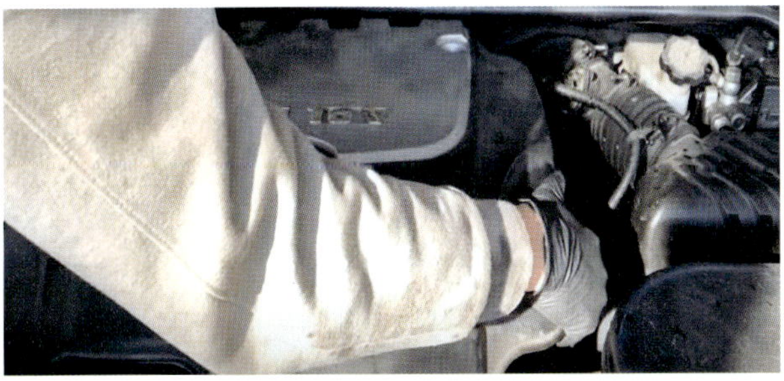

[그림 254] 엔진커버 탈거

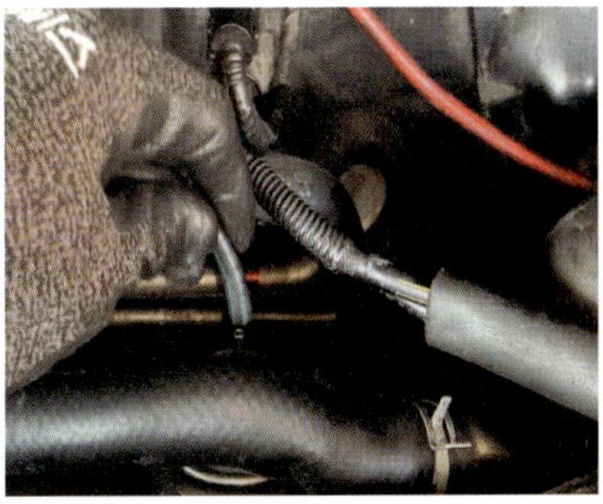

[그림 255] EGR 진공호스 탈거

④ 인젝터 커넥터를 모두 탈거하고 캠각 센서 커넥터도 탈거한다.
⑤ 배선 고정클립 3개를 롱노즈를 이용해서 고정클립을 눌러주면서 당기면 쉽게 탈거된다. 탈거한 후 배선을 들어서 엔진커버 스터드에 걸쳐 놓는다.

(a) 인젝터

(b) 캠각 센서

[그림 256] **커넥터 탈거**

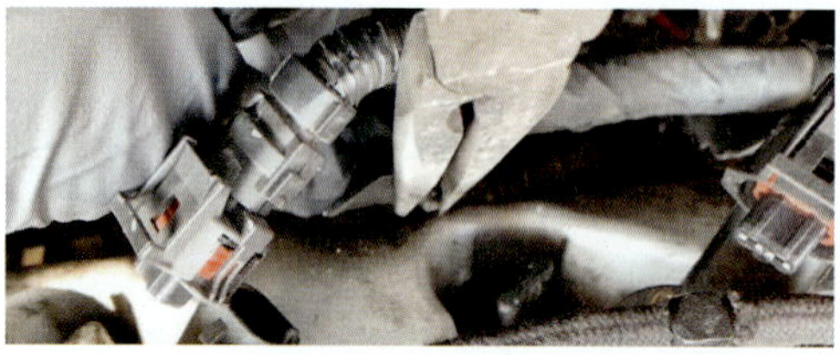

(a) 배선 고정클립 탈거

(b) 배선정리

[그림 257] **배선 탈거**

⑥ 진공호스를 비틀면서 당기면 쉽게 탈거되고 고착되어도 고무 끝부분을 힘껏 당기면 탈거된다. 진공호스에 표시를 해서 조립 시 바뀌지 않도록 한다.

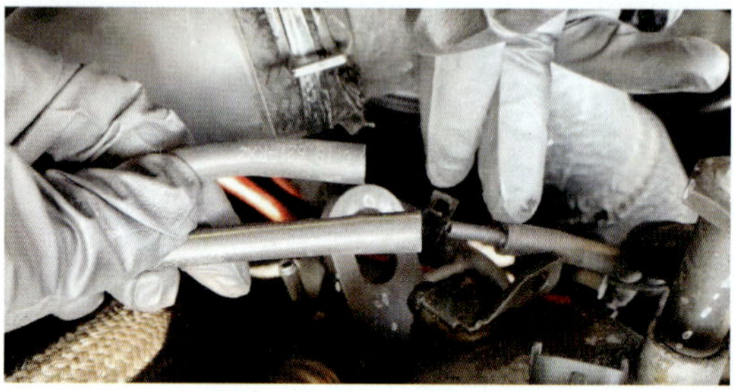

[그림 258] **진공호스 탈거**

⑦ 브레이크 부스터 호스의 클램프를 뒤로 이동시킨 후 롱노즈 플라이어를 이용하여 밀어서 탈거한다.

⑧ 냉각호스에 압이 걸려있어 냉각수가 쏟아져 나올 수 있으므로 라디에이터 캡을 열어 라인압력을 제거한다.

⑨ 브리드 호스를 탈거한다.

(a) 클램프 탈거

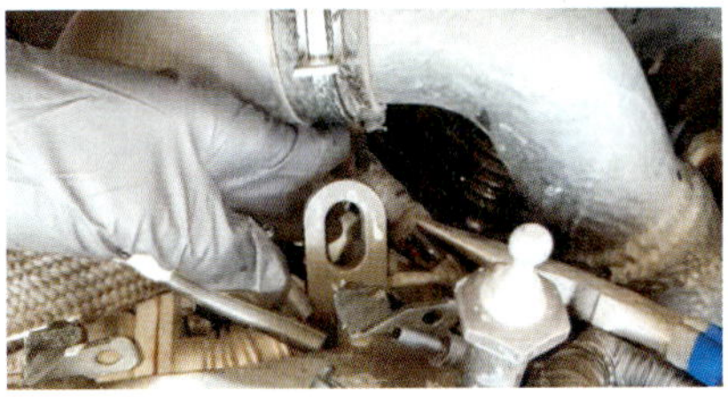
(b) 호스 탈거

[그림 259] 브레이크 부스터 호스 탈거

[그림 260] 라디에이터 캡 탈거

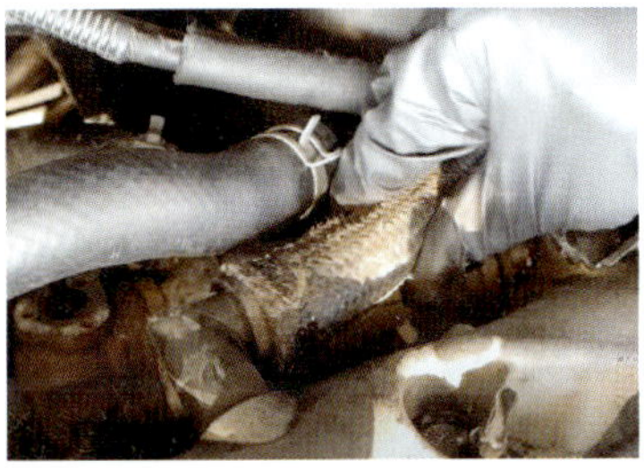
[그림 261] 브리드 호스 탈거

⑩ 바깥쪽 쿨러 냉각호스에서 클램프를 탈거한 후 냉각수가 나올 수 있으므로 호스 아래 부분에 수건(보루)을 깔고 호스를 탈거한다.

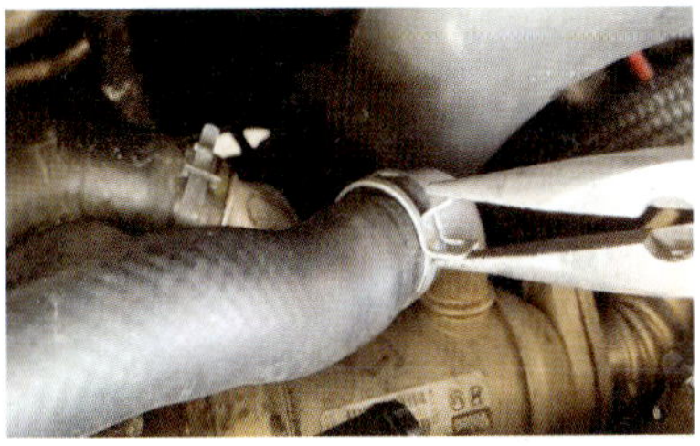
(a) 클램프 탈거

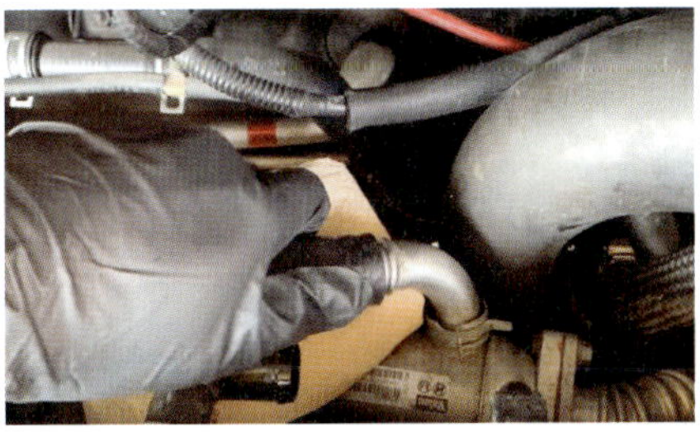
(b) 호스 탈거

[그림 262] 바깥쪽 냉각 호스 탈거

⑪ 안쪽 쿨러 호스도 클램프를 탈거한 후 냉각수가 나올 수 있으므로 호스 아래 부분에 수건(보루)을 깔고 호스를 탈거하고 반대쪽 부분도 클램프를 탈거하고 호스를 탈거한다. 탈거한 EGR 쿨러 냉각 호스자리에 비닐장갑 등을 이용하여 냉각수가 빠지지 않도록 막아 준다.

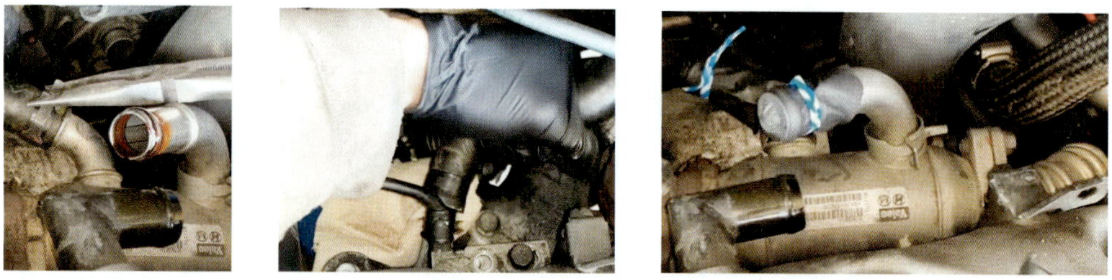

(a) 클램프 탈거 (b) 호스 탈거 (c) 호스라인 밀봉

[그림 263] 안쪽 냉각 호스 탈거

⑫ EGR 쿨러 고정너트 및 EGR쿨러 파이프 고정나사를 탈거하고 개스킷을 탈거한다.

[그림 264] EGR밸브 고정너트 탈거

[그림 265] EGR 쿨러 파이프 탈거

⑬ 예열플러그 플레이트 10 mm 고정너트를 모두 탈거하고 예열플러그 전원공급 (+)선을 1번 예열플러그에서 탈거한다.

[그림 266] 플레이트 고정 너트 탈거

[그림 267] 예열플러그 (+)선 탈거

⑭ 예열플러그 플레이트를 탈거한다.

⑮ 예열플러그를 모두 탈거한다. 탈거한 곳에 신품 예열플러그를 모두 조립한다. 최종 체결은 토크렌치를 사용하여 규정토크로 조립한다.

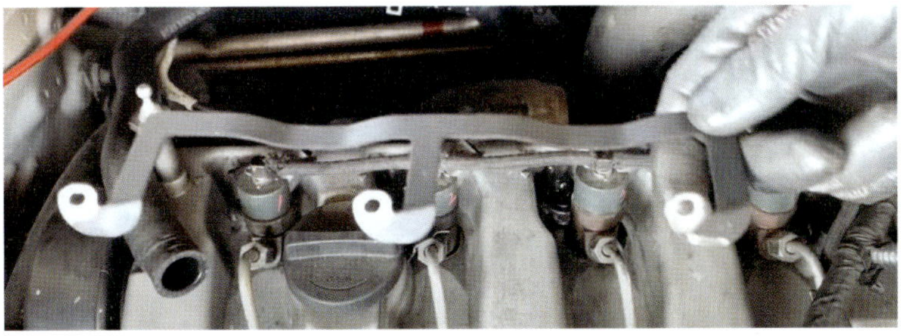

[그림 268] 예열플러그 플레이트 탈거

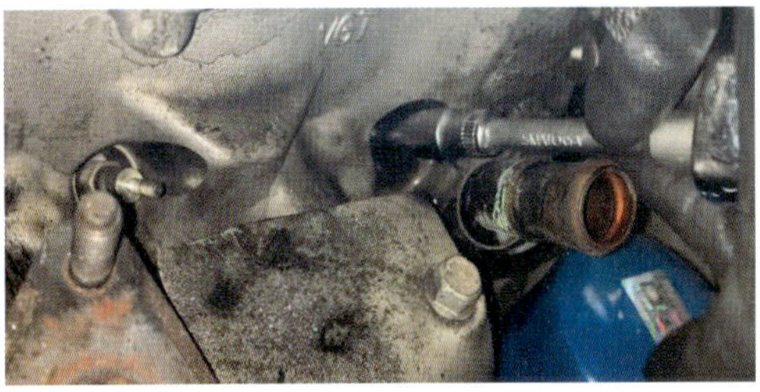

[그림 269] 예열플러그 탈거

[그림 270] 신품 예열플러그 조립

⑯ 탈거된 예열플러그 플레이트를 설치하고 예열플러그 전원공급 (+)선을 1번 예열플러그에 연결한 후 플레이트 고정너트를 조립하고 토크렌치로 규정토크로 조인다.

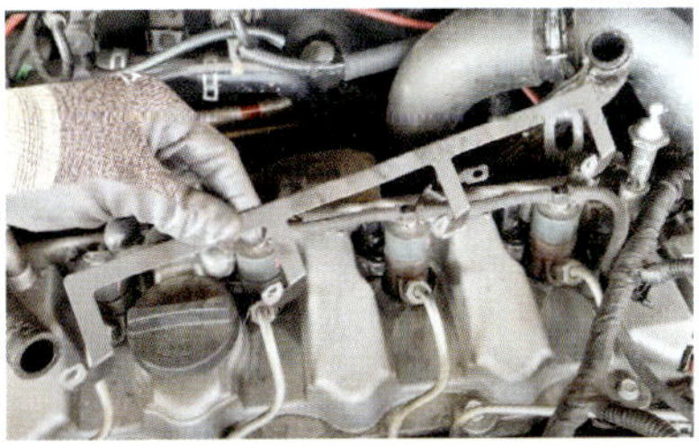

(a) 플레이트 설치

(b) 전원공급 (+)선 조립

(c) 플레이트 고정 너트 조립

[그림 271] 예열플러그 플레이트 조립

⑰ 이물질이 들어가지 않게 구멍을 막고 와이어 브러시로 엔진 쪽과 파이프 쪽 개스킷 자리를 청소한 후 구멍을 막았던 것을 제거한다.

[그림 272] 개스킷 설치장소 청소

⑱ EGR 쿨러에서 EGR밸브와 파이프를 탈거한 후 개스킷 설치했던 곳에 이물질을 제거하고, 신품 EGR 개스킷 및 신품 EGR 밸브를 조립한다. 최종 체결은 토크렌치로 규정토크로 조인다.

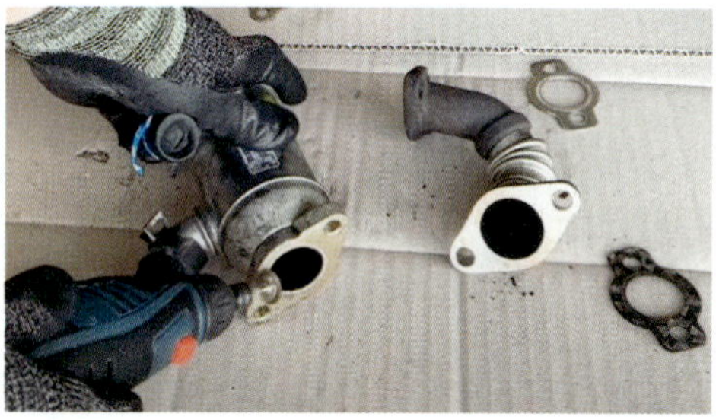

[그림 273] EGR밸브와 파이프 이물질 제거

[그림 274] 신품 EGR밸브 조립

⑲ 파이프 쪽도 개스킷 설치했던 곳에 이물질을 제거하고, 신품 개스킷으로 교체 후 파이프를 조립한다. 최종 체결은 토크렌치로 규정토크로 조인다.

[그림 275] 파이프 조립

⑳ 엔진 쪽에 금속 개스킷을 올려주고 파이프 쪽은 개스킷을 볼트 구멍에 정확히 맞춰서 놓는다.

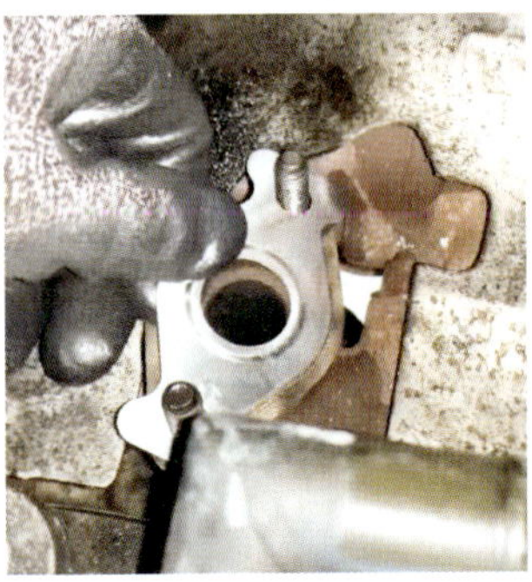

(a) 엔진 쪽 개스킷 설치

(b) 파이프 쪽 개스킷 설치

[그림 276] 개스킷 설치

㉑ 파이프와 EGR 쿨러를 조립한다. 최종 체결은 토크렌치로 규정토크로 조인다.

(a) 파이프 조립

(b) EGR 쿨러 조립

[그림 277] 파이프 및 EGR쿨러 조립

㉒ 쿨러호스 설치 파이프의 막았던 것을 제거한 후 쿨러호스를 조립하고 클램프로 조인다. 클램프는 자국이 나있는 기존에 있었던 자리에 그대로 걸어주는 것이 좋다.

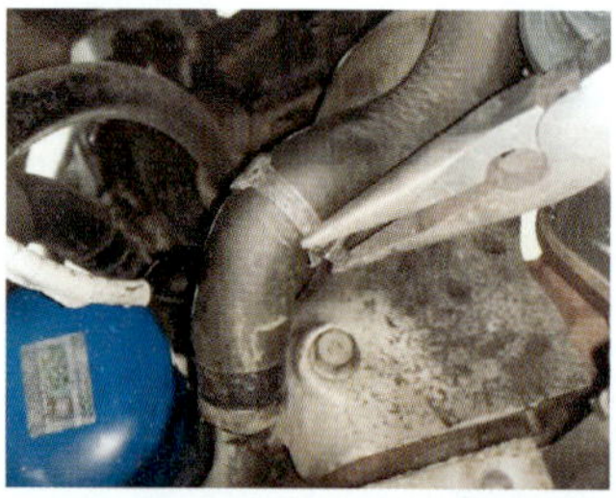

[그림 278] **쿨러호스 조립**

㉓ 브레이크 부스터 호스를 조립하고 클램프로 조인다.

㉔ 진공호스를 진공파이프에 조립한다.

[그림 279] **부스터 호스 조립**

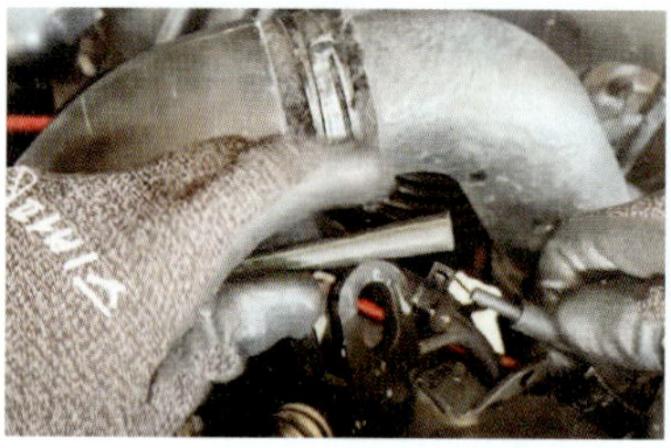

[그림 280] **진공호스 조립**

㉕ 인젝터 커넥터 및 캠각 센서 커넥터를 조립하고 배선 고정클립을 끼운다.

[그림 281] **인젝터 커넥터 배선 조립**

㉖ EGR밸브에 진공호스를 조립한다.

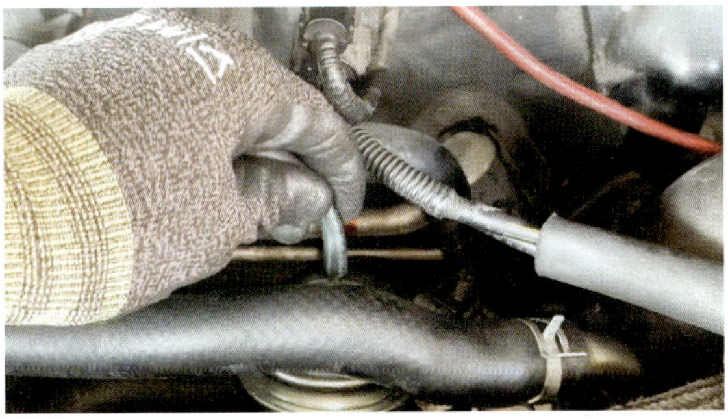

[그림 282] EGR 진공호스 조립

㉗ 시동을 걸어 예열상태를 확인 한 후 이상이 없으면 엔진커버를 조립한다.

16. 스로틀바디의 탈·부착 및 청소

스로틀바디는 엔진으로 유입되는 공기량을 조절해주는 장치이다. 최적의 엔진상태를 유지하기 위해 주기적으로 클리닝하여 관리해주는 것이 좋다. 스로틀바디(ETC, 전자식 스로틀 바디)가 오염이 심하거나 고장 시 나타나는 증상은 다음과 같다.

① 정차 후 엔진회전수 불안정한 현상

② 초기 시동 시 시동이 걸렸다가 꺼지는 현상

③ 가속지연 및 부조

④ 간헐적 시동 꺼짐

⑤ 운행 중 변속불량

⑥ 간헐적으로 경고등이 출력

⑦ 가속시 페달이 무겁게 느껴진다.

16.1. 스로틀바디의 탈거

① 보닛을 열고 배터리 (-)터미널을 탈거한다.

② 엔진커버를 탈거한다. 볼트로 조여 있는 타입이 아니면 단순히 잡아당기면 쉽게 탈거가 된다.

[그림 283] 배터리 (-)터미널 탈거

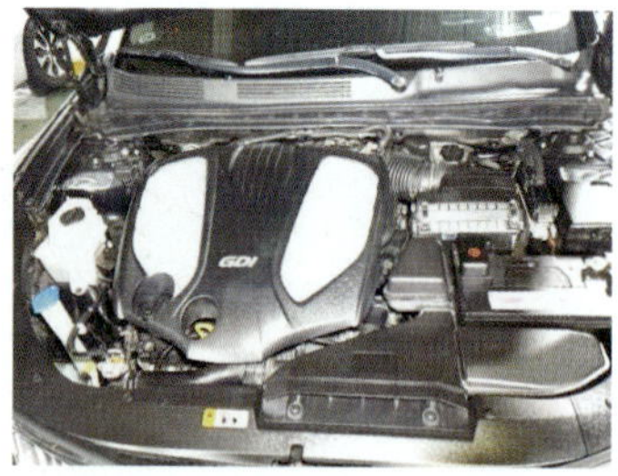

[그림 284] 엔진커버 탈거

③ 에어클리너 어셈블리의 커버클립 4개를 탈거한다(앞쪽 2개, 뒤쪽 2개).

④ 그림 286(좌측)에서 화살표의 주름관 클램프의 10 mm 볼트를 십자드라이버를 이용하여 느슨하게 풀어준다.

[그림 285] 커버클립 탈거

[그림 286] 주름관 클램프 이완

⑤ 클립을 어느 정도 풀어준 뒤 롱로즈 플라이어 또는 플라이어를 이용해 고무호스 끝의 클립을 뒤로 이동시키고, 고무호스를 비틀면서 탈거한다.

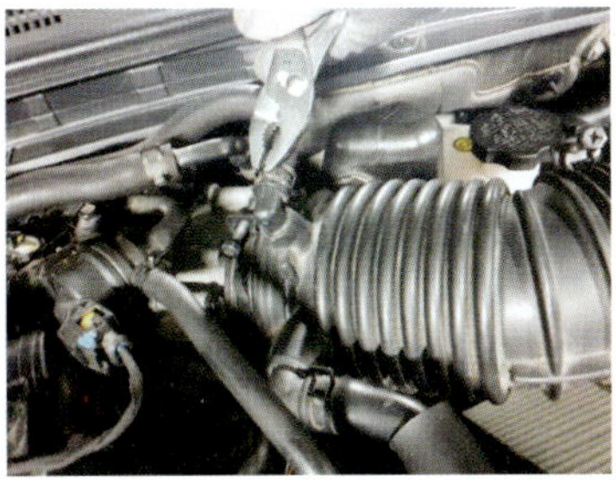

[그림 287] **고무호스 탈거**

⑥ 고무호스를 탈거한 후 주름관 아래쪽 고무호스는 탈거하지 않고 주름관을 탈거하여 작업에 방해되지 않는 위치로 이동시킨다.

[그림 288] **주름관 탈거**

⑦ 스로틀바디에 냉각수 호스와 진공호스가 연결된 차량은 냉각수 호스 및 진공호스를 탈거한다.

(a) 냉각수 호스 탈거

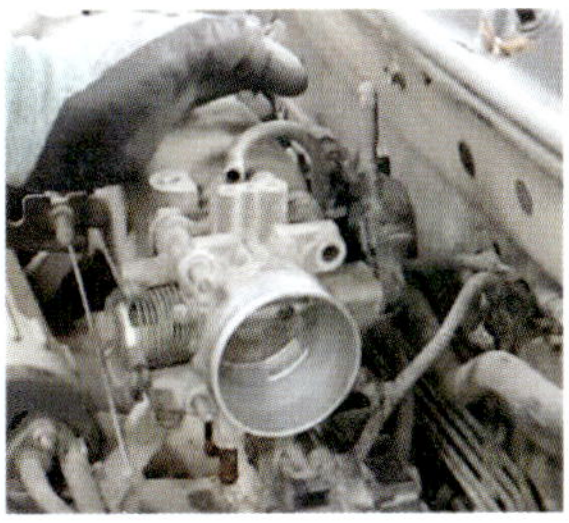

(b) 진공호스 탈거

[그림 289] **냉각수 호스 및 진공호스 탈거**

⑧ 액셀레이터 케이블 설치차량은 액셀레이터 케이블을 탈거한다(ETC 타입은 케이블이 없다).

[그림 290] **액셀레이터 케이블 탈거**

⑨ 스로틀바이의 커넥터를 탈거한다.

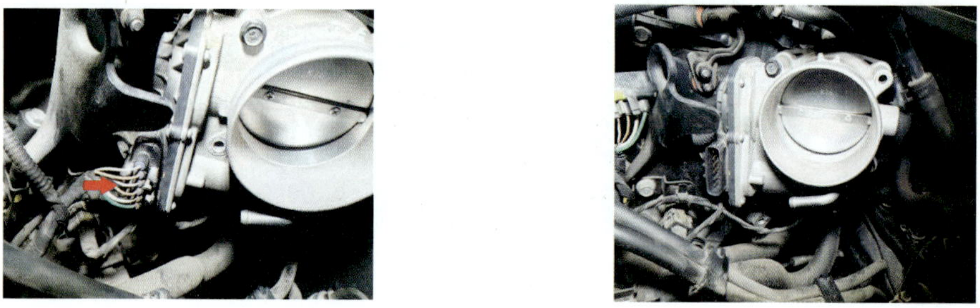

[그림 291] **커넥터 탈거**

⑩ 스로틀바디 고정 볼트 2개 고정 너트 2개(10 mm)를 탈거한다.

[그림 292] **스로틀바디 고정볼트 및 너트 탈거**

⑪ 옆에 엔진탈거용 고리에 걸려서 안 빠지므로 12 mm 볼트 두개 중 오른쪽은 완전히 풀어서 빼주고, 왼쪽볼트는 이완시킨 후 고리를 재껴주면 된다. 그리고 스로틀바디를 탈거한다.

(a) 엔진 탈거용 고리 이완

(b) 스로틀바디 탈거

[그림 293] **엔진 탈거용 고리 이완 및 스로틀바디 탈거**

⑫ 개스킷을 탈거하고 스로틀바디 및 스로틀바디가 설치되었던 서지탱크입구의 이물질을 제거한다.

⑬ 탈거 절차의 역순으로 스로틀바디(ET)을 장착하고 개스킷은 신품으로 교체한다. 최종 체결은 토크렌치로 규정토크로 조인다.

[그림 294] **개스킷 탈거**

16.2. 스로틀바디(ETC) 청소

① 스로틀바디를 탈거한다(스로틀바디 탈거 참조).

② ETC 카본 세척은 반드시 탈거상태에서 실시한다(장착상태에서 작업 시 연소실 내 이물질 유입에 의한 엔진 손상 우려 또는 산소센서, 촉매 등 공연비 제어장치의 기능 저하를 유발한다).

③ 세척액을 스로틀바디(ETC)에 직접분사하지 않도록 주의한다(보푸라기가 일어나지 않는 부드러운 천에 세척액을 묻혀서 사용).

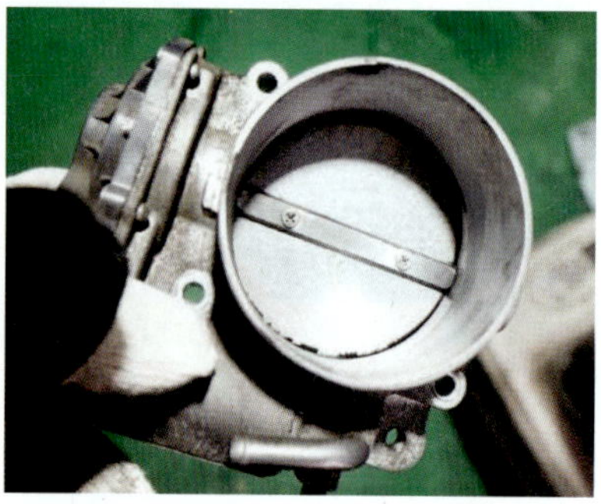

[그림 295] 스로틀바디 탈거

[그림 296] 세정액 도포

④ 스로틀바디(ETC) 플레이트를 연 상태로 오염부분을 세척하면 된다. 이때 밸브 플레이트 및 밸브가 접촉되는 바디 내부 접촉면 긁힘, 찍힘, 밸브 휨 등 손상이 발생될 수 있기 때문에 주의한다.

⑤ 그림 298과 같이 세정액이 샤프트 주변 코팅액에 닿지 않도록 주의한다(코팅액이 없을 시 샤프트 내부 베어링 부 이물질 유입 가능).

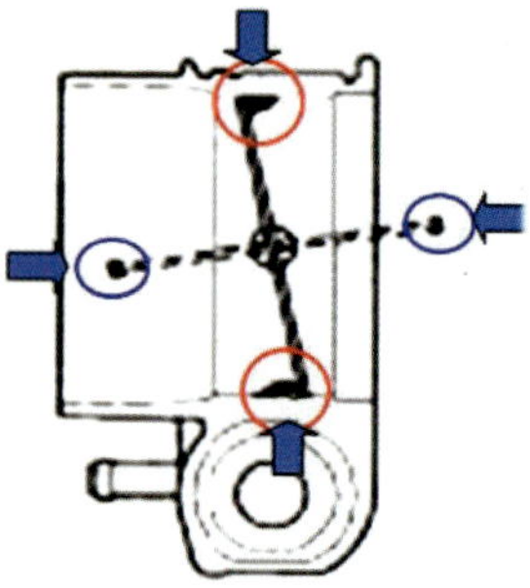

[그림 297] ETC 청소부위

[그림 298] 닦지 않는 부위

16.3. 스로틀바디(ETC)의 학습절차

세척 후 반드시 스로틀바디(ETC)는 학습절차에 따른 ECU 재학습을 실시해야만 정상적인 상태가 되며 다음 순서대로 진행한다. 미학습시 정차 후 시동 꺼짐 및 엔진회전수가 불안정할 수 있다.

① 시동버튼 또는 시동키를 IG ON 상태로 1분간 대기한다(단, 시동은 걸지 않는다).

[그림 299] 시동버튼 스위치 ON

② 시동 후 아이들(idle)상태로 15분간 유지한다.

[그림 300] 시동 후 아이들 상태 15분간 유지

③ ETC 학습완료

④ 재 시동을 걸고, 아이들(idle) 엔진회전수가 안정한지 확인한다.

⑤ 위와 같이 초기화를 해도 안 될 때는 스캐너로 초기화시킨다. 초기화 순서는 다음과 같다.

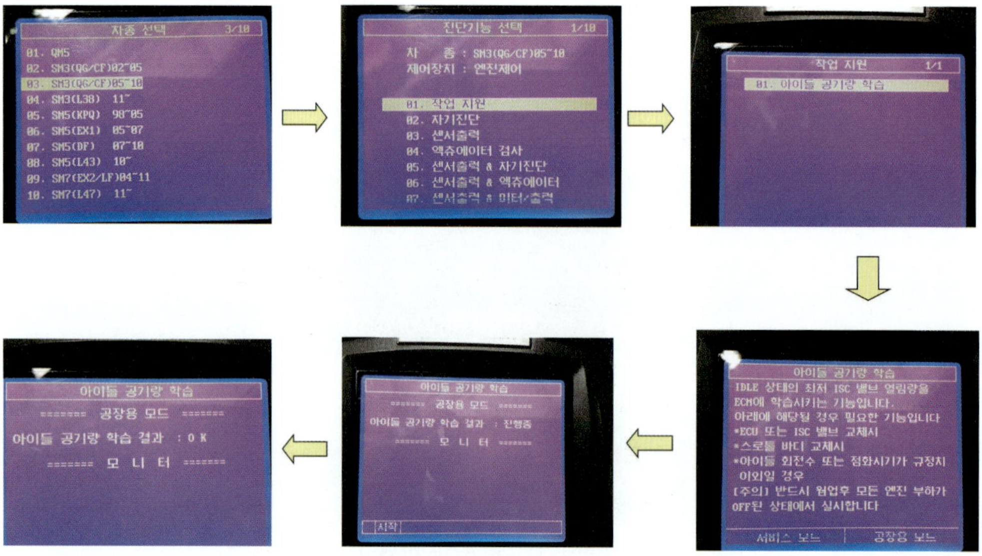

[그림 301] 스캐너로 초기화

Chapter

06

전기 현장 실무

1. 배터리 교체
2. 기동전동기(스타트 모터) 교체
3. 발전기(알터네이터) 교체
4. 점화코일, 점화플러그, 점화코일 배선 교체
5. 크랭크각 · 캠각 센서의 교체방법
6. 에어컨시스템 교체
7. 계기판 교체
8. 윈도우 레귤레이터(파워 윈도우 모터) 교체
9. 도어 래치 액추에이터(도어 모터) 교체
10. 다기능스위치(콤비네이션스위치) 교체
11. 윈드 실드 와이퍼 모터 교체
12. 헤드라이트(전조등) 교체
13. 안개등 전구 교체
14. 방향지시등 교체
15. 후미등 교체
16. 사이드 · 룸미러 교체
17. 실내등 교체
18. 경음기(크락션, 혼) 교체

06 전기 현장 실무

1. 배터리 교체

자동차 배터리는 시동을 거는 것부터 시작해서 동시에 다른 모든 기기들을 작동하는 제어시스템의 전원이다. 자동차에 없어서는 안 되는 중요한 역할을 하는 부품인데, 시동을 걸고, 내비게이션과 블랙박스의 전원을 켜는 것, 에어컨과 전조등을 키고, 와이퍼를 작동시키는 것들 모두가 자동차 배터리가 사용된다. 전기자동차도 보조배터리가 완전 방전되면 시스템가동 및 고압충전이 안 되는 경우도 있다.

1.1. 배터리점검 및 교체시기

자동차 배터리는 추운 날씨에 쉽게 소모가 일어나 방전되기 쉬운데, 이유는 -10℃ 이하시 배터리 성능이 50% 이하까지 떨어지게 된다. 갑자기 시동이 걸리지 않는다면 자동차 보닛을 열고 배터리 표면에 있는 인디케이터를 통해 방전 여부를 확인해주어야 한다.

색상은 제조회사별 색상이 다를 수 있으나 보통 인디케이터 표시가 녹색이면 정상이며, 흑색이라면 충전 필요, 백색이면 방전으로 교체를 뜻한다.

자동차 배터리 표면에 인디케이터가 없는 경우에는 전압측정기를 이용하여 점검해야 한다. 전압을 측정할 때 시동 전 약 12.3 V 이상, 시동 후 13.5~14.5 V사이라면 정상이다. 특히 배터리교체 시기가 2년이 넘었다면 수시로 배터리 전압을 확인해 줘야한다. 보통 자동차 배터리교체 시기는 2~3년, 40,000~60,000 km이지만 새 차인 경우는 이보다 수명이 길다. 하지만 요즘은 각종 소형 기기들을 차량 내에서 많이 사용하기 때문에 배터리를 어떻게 사용하느냐에 따라 교체주기는 달라지게 된다.

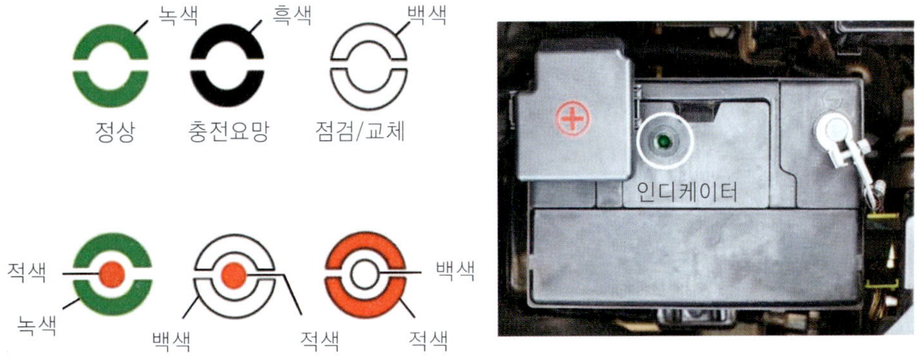

[그림 1] **인디케이터 표시**

그러므로 주행거리가 약 10,000 km가 되었다면 정기적으로 배터리 점검이 필수이며 특히 겨울철에는 전조등과 안개등, 열선 사용이 많아지므로 겨울이 되기 전에 교체해주는 것이 가장 좋다. 배터리 모델명을 보면 DF80L 이런 식으로 마지막의 알파벳이 L 또는 R로 끝난다. (+)양극이 왼쪽에 있으면 L형(Left), (+)양극이 오른쪽에 있으면 R형(Right)이다.

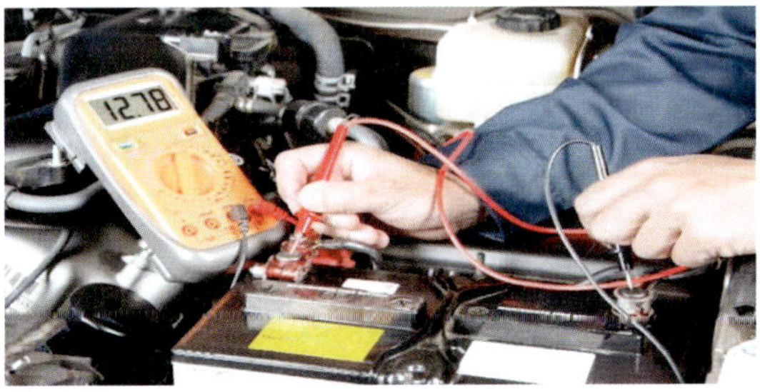

[그림 2] **배터리 점검**

[그림 3] **L형과 R형의 차이점**

1.2. 자동차 배터리의 방전원인

[1] 온도차

여름에는 높은 외부온도가 배터리에 무리를 주어 배터리방전 및 고장의 원인이 되기도 한다. 반대로 겨울에는 내부의 전해액이 얼어붙어 시동전압이 낮아지고 시동이 걸리지 않는 경우가 발생하므로 겨울 저녁에는 지하 주차장에 주차를 하거나 차량 보호덮개를 덮어주는 것이 좋다.

[2] 많은 전력소모

내비게이션, 블랙박스, 에어컨, 오디오부터 전조등과 와이퍼까지 배터리가 소모하는 전력량이 많아지면 많아질수록 방전도 빨라진다.

[3] 대기전력

깜빡하고 라이트를 끄지 않은 경우나 블랙박스를 계속해서 사용하는 경우에도 배터리 방전의 원인이 되므로, 블랙박스의 경우 주차 시 상시 전원을 꺼두는 것이 좋다.

1.3. 배터리 교체시기 증상

① 자동차에 시동을 걸었을 때 둔탁한 소리가 나거나 시동 거는 힘이 약해졌을 때

② 충전 시스템 경고등이 운전 중에도 불이 계속 들어와 있는 경우

③ 야간운전 시, 라이트를 켰을 때 빛이 약하거나 가속 페달을 밟는 정도에 따라 빛의 밝기가 변할 때

④ 자동차 경적(클랙션) 소리가 작아졌다고 느껴질 때

⑤ 차량 내 디지털시계 세팅이 지워져 1 : 00를 표시하거나 라디오 주파수 단축 메모리가 지워졌을 때

1.4. 배터리의 교체방법

① 배터리 교체 전 엔진 시동을 끄고 차량 문이 잠길 수도 있으므로 창문을 열어 놓고 키를 뽑아 주머니나 차량 외부에 보관한다.

② 현재 사용하고 있는 배터리 제거 시 우선 (−)단자 케이블을 탈거하고, 그 다음 (+)단자 케이블을 탈거한다.

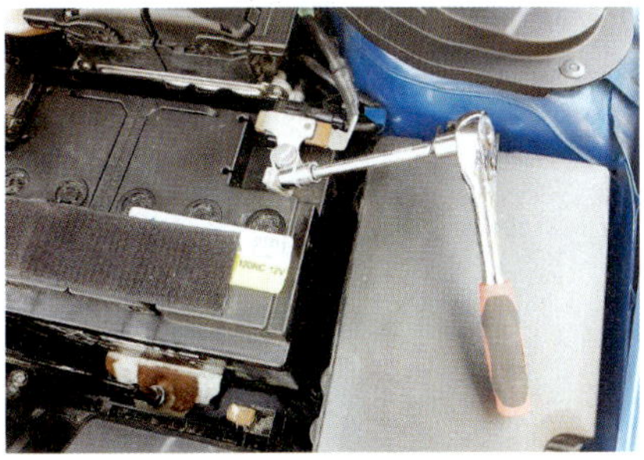

(a) (-)단자 탈거

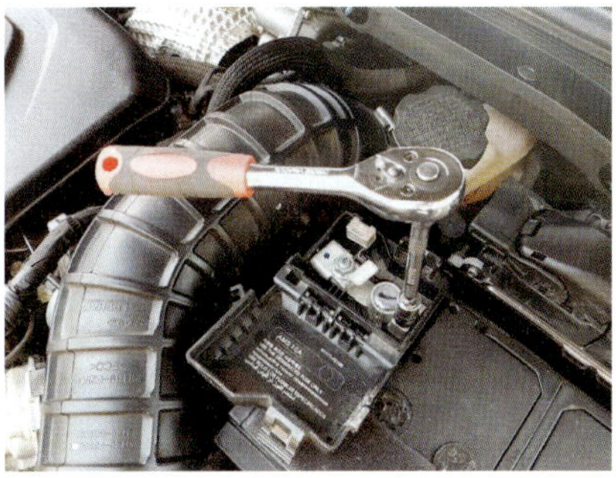

(b) (+)단자 탈거

[그림 4] **배터리단자의 탈거**

③ 배터리 고정 브래킷 또는 지지대를 탈거하고 배터리를 탈거한다.

㉮ 배터리 고정 브래킷방식은 자동차 배터리 앞쪽에 보면 자동차 배터리를 고정시키기 위한 배터리 고정 브래킷 나사를 T자형 복스 렌치로 풀고 배터리 고정 브래킷을 탈거한다.

㉯ 지지대 방식은 지지대 너트를 풀고 지지대를 탈거한다.

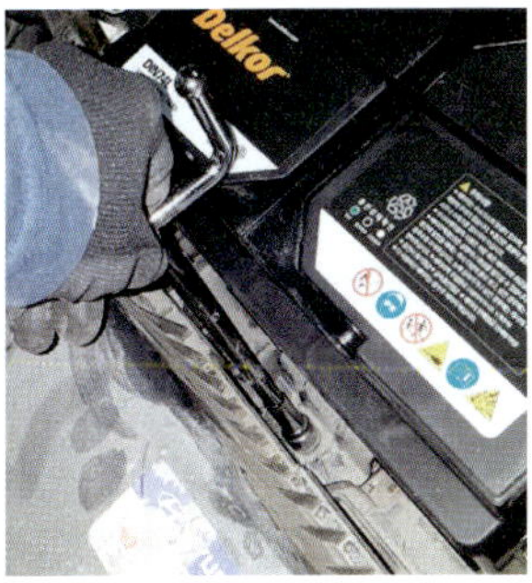

(a) 고정 브래킷

(b) 지지대 탈거

[그림 5] **고정 브래킷 또는 지지대 탈거**

④ 배터리 누액이 발생했을 경우도 있으므로 배터리 거치대 및 체결된 볼트 등을 깨끗이 청소하고 구리스나 녹 방지제를 도포한다. 또한 배터리 연결 (+)(-)단자들이 부식되어 있으면 부식된 부분을 사포나 와이어 브러시로 깨끗이 청소해주고 구리스나 녹 방지제를 도포한다.

⑤ 신품 배터리 가스 배출구에 스티커 혹은 마개가 있으면 폭발 등 위험이 있기 때문에 반드시 가스 배출구에서 스티커 혹은 마개를 탈거한다.

[그림 6] 가스 배출구 개방

⑥ 신품 배터리를 이전과 동일하게 (+)단자와 (-)단자의 방향을 맞춰 설치한다.

⑦ 배터리 고정 브래킷 또는 지지대를 조립한다. 손으로 배터리가 완전히 고정되었는지 확인한다.

⑧ 케이블은 (+)단자를 먼저 연결하고, 다음에 (-)단자를 연결한다. 단자의 케이블 연결 순서를 지키지 않을 경우 쇼트가 발생할 수 있다.

1.5. 배터리 초기화 항목

배터리가 방전되었다가 충전된 경우, 퓨즈를 교체한 후 또는 메모리 퓨즈를 분리/장착한 후에는 파워 윈도우, 선루프, 트립컴퓨터, 히터 및 에어컨, 시계 항목은 다시 초기화 또는 설정해야 한다. 참고로 자동차 배터리의 교체를 위해서 터미널 단자를 탈거하면 ECU에 전원이 꺼져버려 기존에 저장된 설정 값이나 데이터가 초기화 되거나 오류가 발생할 수 있으므로 보조전원을 설치하고 배터리를 교체하면 ECU 및 전장품의 초기화를 방지할 수 있다.

1.6. IBS센서의 활성화 조건

① 차량의 모든 전기장치를 출고 상태로 돌려놓는다(블랙박스 전원차단, 기타 상시 전원 차단. 즉, 순정 이외의 모든 장치는 해제).

② 본넛을 열고 IBS 커넥터를 분리한 후 2분 ~ 5분 정도 기다린다.

③ IBS 커넥터를 연결한 후, 꼭 리모컨으로 문을 잠근다.

④ 차에서 멀리 떨어져 리모컨으로 Unlock하고 기다린다(수십 초 후 자동으로 차량의 상태가 Lock으로 변한다).

⑤ 4시간 이상을 방치한다(절대 전기를 사용해서는 안 됨).

⑥ 차 문을 열고, 브레이크를 밟지 않은 상태에서 ACC → ON → OFF를 3번 반복한다.

⑦ 시동을 건다.

1.7. 하이브리드자동차 12V 배터리 방전 시

1.7.1. 12V BATT RESET(12V 배터리 리셋) 버튼

하이브리드차량의 경우 주기적인 교체가 필요한 일반 12 V 배터리가 없다. 리튬 폴리머 타입으로 하이브리드 고전압 배터리에 통합되어 있다. 차량에는 12 V 배터리를 차단할 수 있는 12 V 배디리 보호시스템이 있어 완전 방전을 방지한다. 차량 방전 시 12 V 배터리 충전을 위해서는 "12 V BATT RESET" 버튼을 눌러 배터리 충전을 시도해야 한다.

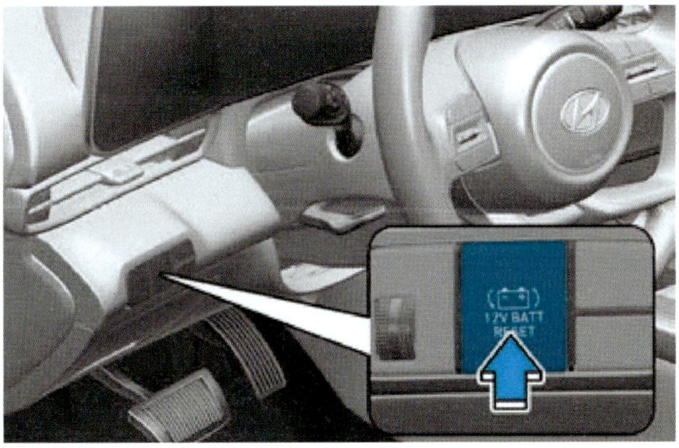

[그림 7] 12V BATT RESET 버튼

1.7.2. 12V 배터리의 충전방법

① 12V 배터리가 방전이 되면 리모컨 키 또는 스마트키로 도어를 열수 없다. 도어를 열기 위해서는 차 밖에서 도어 핸들 커버를 탈거하여 비상키로 도어잠금 해제 후 열어야 한다.

② "12 V BATT RESET" 버튼을 누른다.

③ 약 15초 이내에 시동을 건다. "12 V BATT RESET" 버튼을 누른 후 15초 이내에 시동을 걸지 않으면 과방전을 방지하기 위해 12V 배터리 전원이 자동으로 차단된다. 시동을 걸기 전에 12 V 배터리가 차단되었다면 "12 V BATT RESET" 버튼을 다시 누르고 언급된 방법으로 배터리 충전을 다시 시도 한다. 충분히 12 V 베터리가 충전되기 전 계속해서 "12 V BATT RESET" 버튼을 누르면 배터리가 과방전될 수 있다. 과방전이 되면 점프스타트를 해야 한다.

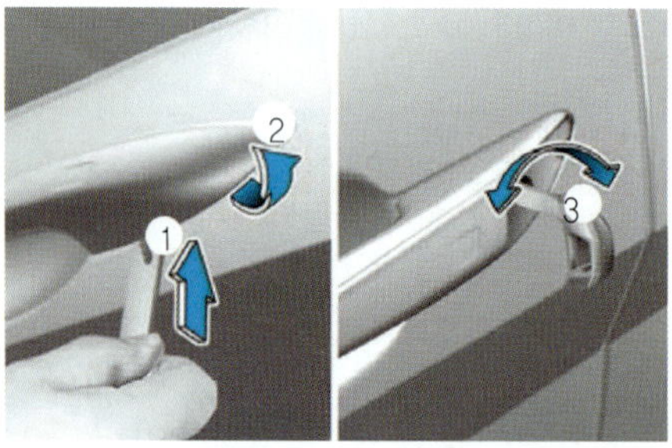

[그림 8] **비상키로 도어잠금 해제**

④ 주행가능(🚗) 표시등이 켜진 상태에서 30분 동안 정차하거나 주행을 해야 한다(시동을 건 후 주행가능(🚗) 표시등 켜짐). 엔진의 구동여부와 관계없이 12 V 배터리가 충전된다. 엔진 소리가 나지 않더라도 가속페달을 밟을 필요가 없다.

1.7.3. 점프 스타트 요령

12 V 배터리가 과방전된 경우에는 타 차량의 배터리나 보조배터리를 점프 케이블로 연결하여 시동을 걸 수 있다. 점프 스타트는 잘못하면 대단히 위험하므로 전문가에게 조치를 받아야 한다.

① 방전된 차량의 모든 전기장치를 끈다.

② 방전배터리의 양극(+)(1)과 보조배터리의 양극(+)(2)을 점프케이블로 연결한다.

③ 보조배터리의 음극(-)(3)과 방전된 차량의 래치(4)에 점프케이블을 연결한다. 적절한 위치의 래치를 찾을 수 없을 때에는 도장이나 코팅이 되지 않은 차체(금속부분)에 연결해도 된다.

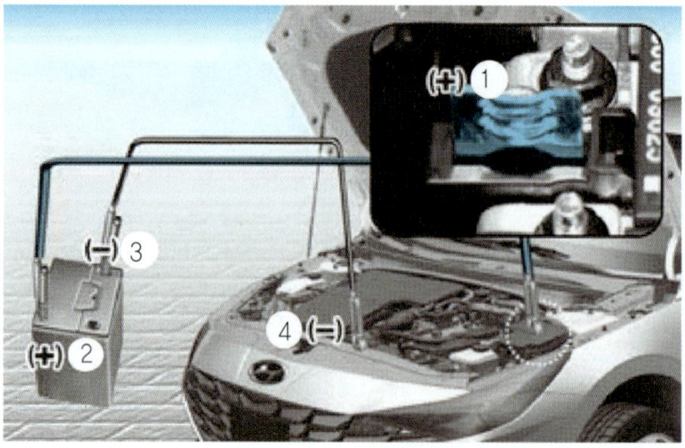

[그림 9] **점프스타트**

엔진이 시동될 때 움직이는 부품의 근처에 절대 연결하지 말아야 되며, 또한, 정확한 배터리 극이나 정확한 접지를 제외하고는 점프케이블을 어떠한 곳에도 닿지 않도록 하고, 연결할 때는 무리하게 힘을 주지 말아야 한다.

④ 타 차량의 배터리에 연결할 경우는 타 차량의 시동을 먼저 걸어 몇 분 기다린다.

⑤ "12 V BATT RESET" 버튼을 누른다.

⑥ 약 15초 이내에 방전된 차량의 시동을 건다.

⑦ 주행가능(🚘) 표시등이 켜진 상태에서 30분 동안 정차하거나 주행을 한다.

⑧ 시동이 걸리면 음극(-)에 연결된 점프 케이블을 먼저 분리한 다음, 양극(+)끼리 연결된 점프 케이블을 분리한다.

참고

① 충전기의 전압 범위는 13.3~14V이며, 전류 범위는 60A 이하이어야 한다.
② 명시된 전압 및 전류범위 보다 높은 충전기의 사용은 오버히트를 야기하여 12V 배터리가 손상될 수 있다.
③ 올바르지 않은 충전기를 사용하면 12V 배터리를 보호하기 위해 전원이 차단된다. 차량의 전원이 차단된 후 잘못된 충전기를 계속하여 사용하지 말아야 한다.
④ 하이브리드 차량으로 타 차량을 점프 스타트 하지 않는다. 점프 스타트를 시도할 경우 하이브리드 차량의 12V 배터리(리튬 폴리머 타입)에 손상을 준다.

2. 기동전동기(스타트 모터) 교체

자동차 기동전동기는 엔진을 시동하는 전동기로서, 점화스위치에 의하여 작동된다. 전동기가 회전을 시작함과 동시에 마그네틱 스위치가 선단에 부착된 피니언을 밀어서, 피니언이 플라이휠의 링 기어와 맞물려 엔진을 회전시키는 구조로 되어 있다. 따라서 기동전동기의 문제가 발생하면 시동이 걸리지 않게 되는데, 이러한 고장은 마그네틱 스위치의 불량과 노후로 인한 단선 및 합선에 기인하고 있다.

기동전동기 불량은 기어마모에 의해 나타나기도 한다. 시동을 걸때 갈리는 듯한 소리가 발생한다면, 이것은 피니언 기어와 링 기어의 맞물림이 정확하지 않아 손상되면서 나타나는 소리이다. 따라서 이 증상이 심해질 경우 기어가 헛돌게 되어 시동 문제를 일으킬 수 있어 기동전동기와 링 기어를 교체해야 한다. 또한 피니언 기어의 위치를 조정하고 모터에 전류공급 및 차단 역할을 하는 솔레노이드스위치가 고장난 경우에도 시동에 문제가 생긴다.

시동을 얼마나 많이 걸었는지에 따라 다르나 보통 스타트 모터는 대략 10만km~20만km사이에 고장이 많이 난다. 80,000 km나 10년 가까이 주행을 했다면 예방차원에서 미리 교체하는 것도 좋다.

2.1. 기동전동기가 회전하지 않는 경우

2.1.1. 현상

① 시동키를 돌려도 엔진룸에서 아무런 반응이 일어나지 않는다.
② 계기판 전원은 들어오나 시동키를 완전히 돌려도 엔진이 전혀 회전하지 않는다.
③ 경우에 따라 "딸깍, 딸깍"하는 소리만 나거나 기동전동기 회전이 느리거나 회전하지 않는다.

2.1.2. 원인

① 시동키 박스에 전기를 공급하는 점화스위치 퓨즈가 끊어졌다. 계기판의 각종 경고등 점등이 되지 않고 시동키를 ST위치로 돌려도 기동전동기가 회전하지 않는다.
② 배터리 방전으로 배터리가 불량일 때 계기판의 각종 경고등이 희미하게 점등되며 시동키를 돌릴 때 계기판 전원이 꺼지면서 기동전동기가 회전하지 않는다.
③ 수동변속기 차량에서 클러치 페달을 완전히 밟지 않았거나 자동변속기 차량에서 브레이크페달을 완전히 밟지 않았을 경우
④ 자동변속기 차량에서 변속레버가 "P" 또는 "N" 이외의 위치에 있을 경우
⑤ 기동전동기 고장일 경우
⑥ 시동관련 전기회로의 고장(시동 스위치, 기동전동기의 S(ST)단자, M/T는 클러치 스위치, A/T는 브레이크 스위치 또는 인히비터 스위치, 시동 릴레이, 시동 퓨즈 등)
⑦ 배터리 (+) 또는 (-)터미널 조임불량 또는 접촉불량
⑧ 버튼 시동키나 도난방지시스템 등 특수한 장치들이 이상이 있는 경우

2.2. 기동전동기의 외부에 고장이 있을 때 점검

2.2.1. 배터리

기본적으로 배터리 용량은 경음기 소리, 전조등 밝기를 보면 된다. 배터리에 이상이 없다고 판단되면 배터리 접지부분이나 단자부분을 육안으로 살펴보고 손으로 흔들어 유격 정도를 점검하여 단자 부식상태, 단자 풀림을 점검하며 단자의 교체 또는 부식된 단자는 청소를 하고 구리스를 도포하며 풀림이 있으면 조여 준다.

2.2.2. 기동전동기의 배선점검

시동할 때 접촉이 나쁘면 저항이 커져 소모전류가 많아 기동전동기 성능에 영향이 생길 수 있다. 전원(배터리 +단자)에서 기동전동기(B단자)로 가는 배선이 끊어졌는지 진동으로 단자가 풀렸는지, 배선이 부식이 되었는지 점검해 본다.

간단한 방법으로 점프 선으로 배터리와 모터 단자를 직결해서 기동전동기가 작동하면 단자 어느 부분이 불량인지 알 수 있다. 변속기와 차체로 연결된 접지 배선 또는 접지 볼트가 풀렸는지 확인하고 조임상태가 나쁘면 접지 볼트를 조여 준다. 변속기에서 차체로 가는 접지 배선이 부식 등으로 인해 접촉이 나빠도 기동전동기 회전이 느리거나 회전하지 않는다.

간단한 방법으로 점프 선으로 배터리 (-)단자와 엔진 또는 변속기 차체를 직결해서 기동전동기가 작동하면 엔진 또는 변속기와 차체를 연결하는 접지선이 불량한 것이다.

2.2.3. 전자스위치(마그넷 스위치)의 접촉상태 점검

기동전동기 자체는 차체에 붙어 몸체가 접지된 상태이므로 전원부분이 양호한데도 모터의 회전이 느리거나 회전하지 않을 때는 기동전동기가 설치된 엔진 또는 변속기에 부착된 볼트가 풀렸는지 확인하고 조임 상태가 나쁘면 볼트를 탈거하고 닦아서 다시 조여 준다.

기동전동기 주 단자(배터리전원 B단자)와 전자스위치 입력단자(S단자, ST단자)를 점프선을 이용하여 직결시켜 모터의 회전여부를 점검한다. 모터가 회전하는 경우에는 기동전동기 시동스위치에서 오는 배선불량 또는 시동스위치 불량이다. 모터가 회전하지 않는 경우에는 주 단자(배터리전원 B단자)와 배터리사이의 회로불량 또는 마그넷 접점불량이다.

2.3. 기동전동기의 교체방법

① 엔진커버를 탈거한다.

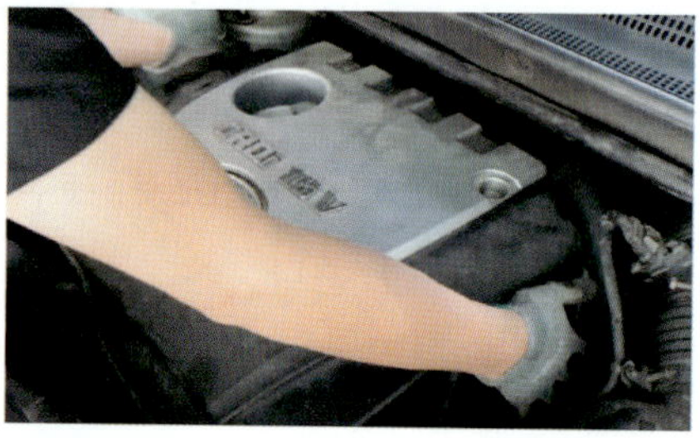

[그림 10] **엔진커버 탈거**

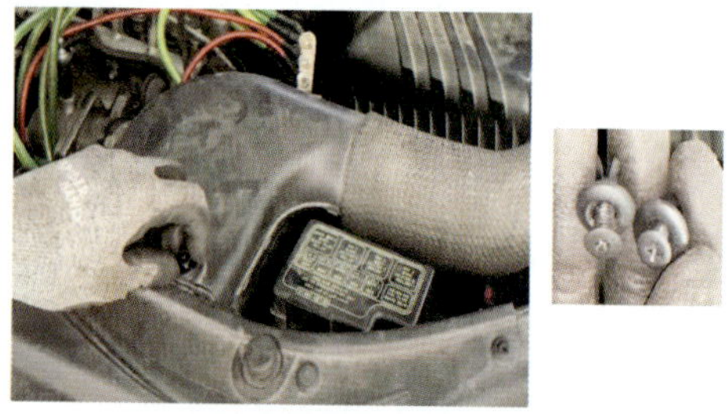

[그림 11] **에어닥트 고정 클립 탈거**

② 에어닥트 고정클립을 탈거한다. 중간부분은 십자드라이버로 풀 수 있고 잠그면 다리가 벌어지는 구조이지만 중간부분이 헛도는 경우가 많아서 테두리부분을 잘 잡고 탈거해야 한다. 조립 시에는 테두리먼저 탈거한 구멍에 넣고 중간부분을 손으로 눌러서 조립한다.

③ 에어닥트를 손으로 접어 돌리면서 탈거한다.

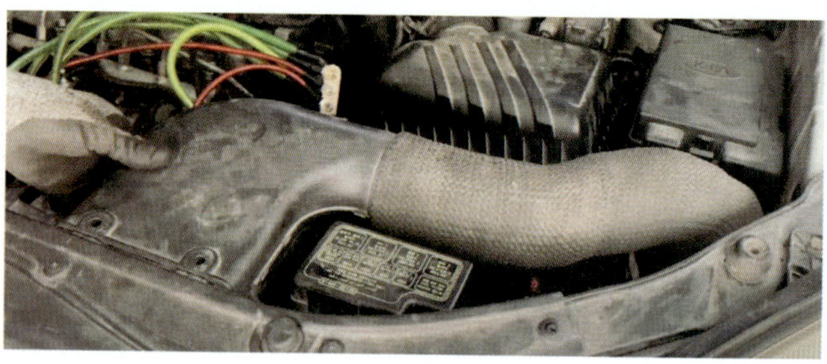

[그림 12] **에어닥트 탈거**

④ 배터리 (−)단자와 (+)단자를 탈거한다.

(a) (-)단자 탈거

(b) (+)단자 탈거

[그림 13] **배터리단자 탈거**

⑤ 배터리 고정 브래킷 및 고정볼트를 탈거한다.
⑥ 배터리를 탈거한다.

[그림 14] **배터리 고정 브래킷 탈거**

[그림 15] **배터리 탈거**

⑦ 에어크리너 통 고정 볼트를 탈거하고 앞쪽 클램프를 탈거한다.

(a) 고정 볼트 탈거

(b) 클램프 탈거

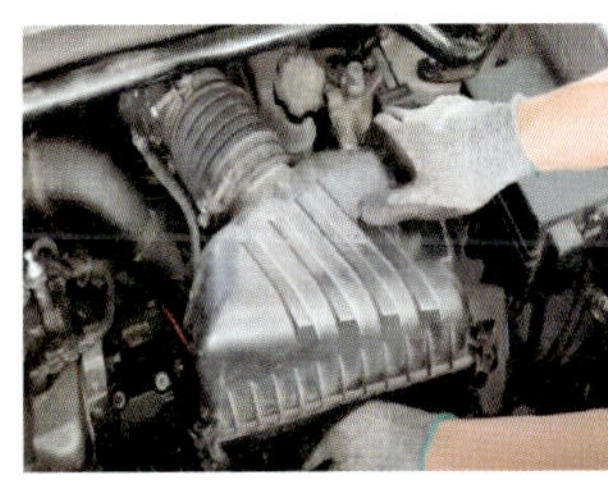

(c) 에어크리너 통 탈거

[그림 16] **에어크리너 통 탈거**

⑧ 배터리 거치대 고정 볼트를 탈거하고 배터리 거치대를 탈거한다.
⑨ 인터쿨러 호스 클램프를 플라이어와 일자드라이버 또는 소켓을 이용하여 탈거하고 고착된 인터쿨러 호스를 좌우로 비틀어 가면서 탈거한다.

(a) 고정 볼트 탈거

(b) 거치대 탈거

[그림 17] **배터리 거치대 탈거**

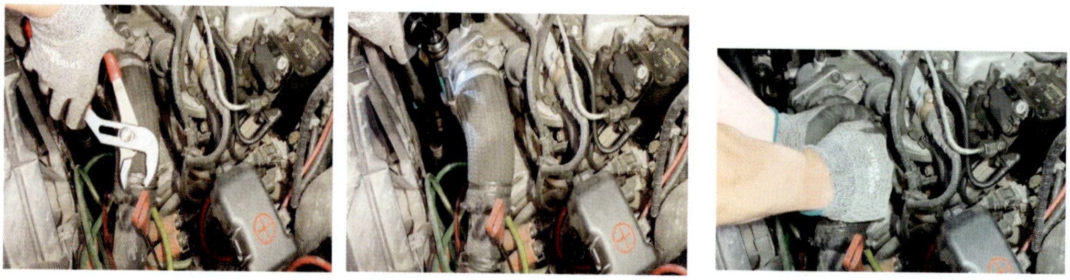

(a) 클램프 탈거 (b) 호스 탈거

[그림 18] **인터쿨러 호스 탈거**

⑩ 차량 아래에서 ST단자와 B단자 커넥터를 탈거한다. ST단자는 롱로즈를 사용해 누르는 부분이 아닌 걸린 쪽을 눌러주면서 탈거하면 쉽게 탈거된다. B단자는 고무커버를 벗기고 B단자 커넥터 고정볼트를 탈거한다.

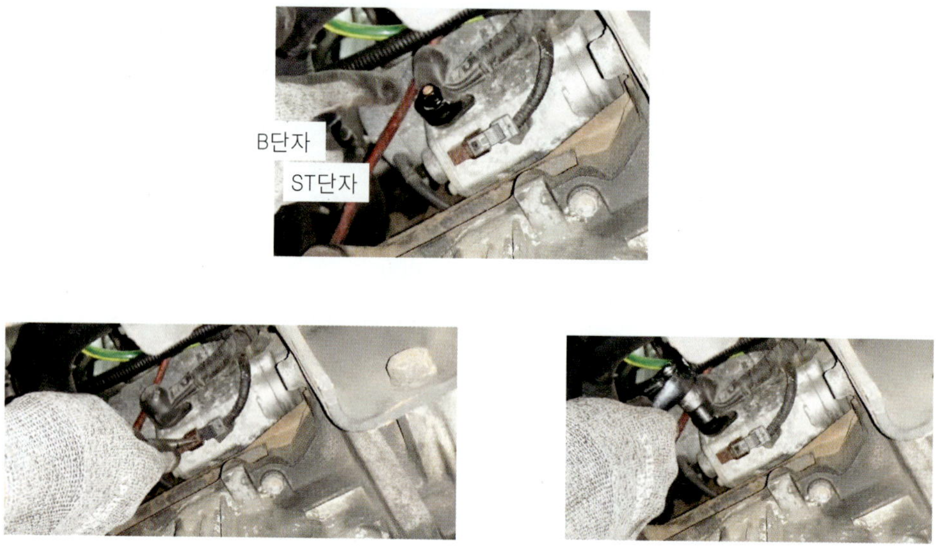

(a) ST단자 탈거 (b) B단자 탈거

[그림 19] **ST단자와 B단자 탈거**

⑪ 변속기 측에서 기동전동기 고정 볼트를 탈거하고 기동전동기를 탈거한다. 고정 볼트 머리가 확실히 소켓에 물렸는지 확인하고 고정 볼트를 탈거하는데 접지선도 볼트와 같이 물려있으므로 조립 시 볼트를 다시 조립할 때 접지선과 함께 조립해야 한다.

(a) 고정볼트

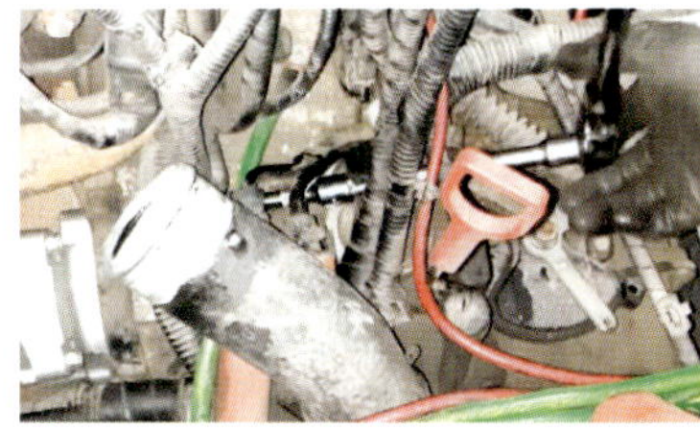

(b) 고정볼트 탈거

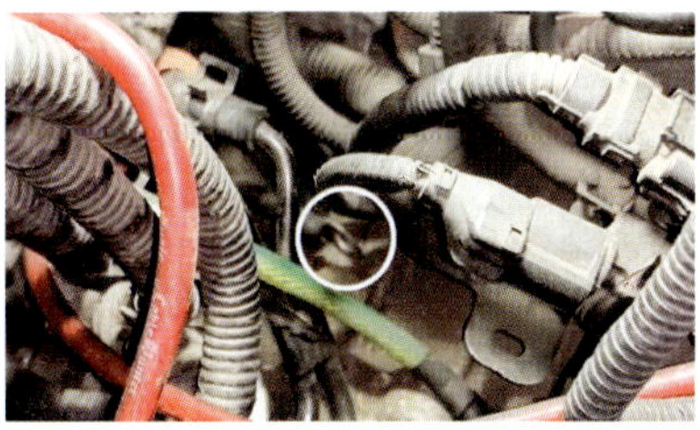

(c) 접지선

(d) 기동전동기 탈거

[그림 20] **기동전동기 탈거**

⑫ 신품 기동전동기 장착은 탈거의 역순을 진행한다.

2.4. 하이브리드자동차의 엔진 시동이 안 걸릴 때

① 변속단 P(주차)위치에서만 시동이 걸리므로 다른 위치에 있지 않은지 점검한다.

② 하이브리드 차량의 경우 일반 12V 배터리가 없다. 리튬 폴리머 타입으로 하이브리드 고전압 배터리에 통합되어 있다. 차량에는 12V 배터리를 차단할 수 있는 12V 배터리 보호시스템이 있어 완전방전을 방지한다. 시동이 걸리지 않는 경우, 우선 "12V BATT RESET" 버튼(스티어링 휠 좌측에 위치)을 눌러 12V 배터리를 다시 연결한다. 이 때 "12V BATT RESET" 버튼을 누르고 반드시 15초 안에 시동을 걸어야 한다. 시동을 건 후, 12V 배터리를 완전히 충전하기 위해 차량을 외부에서 주행가능( ) 표시등이 켜진 상태로 약 30분 동안 정차 또는 주행을 한다.

③ 하이브리드 스타트 모터는 회전하나 시동이 걸리지 않을 때는 연료량을 점검한다.

3. 발전기(알터네이터) 교체

자동차는 엔진의 동력을 이용해 달리는 동안 발전기는 교류발전기로 교류 전기를 발생시켜 비교적 낮은 엔진 속도에서도 배터리를 충전할 수 있는 발전기이다. 제너레이터라고도 불리며 기계식 에너지를 전기식 에너지로 바꾸어 준다. 이렇게 충전된 배터리는 자동차 내 전기를 이용하는 장치들에 사용하게 되는데, 배터리가 전기를 지속적으로 공급하기 위해서는 계속적으로 충전이 되어야 한다. 그렇지 않을 경우 전압이 떨어져 시동이 꺼지거나 다시 시동이 걸리지 않아 주행을 할 수 없게 된다. 이렇게 배터리가 방전되지 않도록 전기를 만들어 공급하는 것이 바로 발전기가 하는 일이다.

발전기 수명은 가솔린 차량의 경우 80,000~130,000 km, 디젤의 경우 130,000 km~80,000 km 정도라고 하는데, 하지만 이는 운전자의 운전습관이나 차량 내 전기장치 사용 여부에 따라 달라질 수 있다. 하지만 눈에 잘 보이지 않고 자가 점검이 쉽지 않은 부품이니 만큼 배터리 성능이 저하되는 2년을 주기로 함께 점검하는 것이 좋다.

발전기 충전전압 점검은 테스터기 프로브의 (+)리드선을 발전기 B단자에, (-)리드선을 축전지(-)에 연결한다. 발전기 충전전압 측정값이 13.5~14.5V이면 정상으로 판정하며, 기준 전압 이하 또는 이상일 경우에는 발전기 불량이므로 교체를 해야 한다.

3.1. 발전기의 이상증상 및 고장원인

발전기의 상태를 알 수 있는 전조증상을 살펴보면 다음과 같다.

① 시동이 한 번에 잘 걸리지 않는다.

② 자동차 헤드라이트 등의 램프 류의 조도가 평소보다 어두워졌다.

③ 윈도우 와이퍼 작동 시 속도가 느려졌다.

④ 차량 주행 중 오디오 및 AV장치가 꺼지거나 오디오 음질이 나빠지는 증상이 발생한다.

⑤ 배터리 교체 후 또는 배터리 교체시기 이전에 잦은 방전이 생긴다.

이와 같은 증상이 나타났을 때 가속페달을 가볍게 밟아 RPM을 올렸을 때 램프의 밝기가 밝아지고 와이퍼작동 속도가 빨라지면 발전기의 문제가 없는 것이지만, 전혀 변화가 없다면 발전기 불량을 의심하여 점검하여야 한다.

이와 더불어 주행 중 시동 꺼짐, 출력저하, 변속 시 충격발생, 배출가스와 소음 및 진동이 커지고 배터리 경고등이 점등되거나 차량 내에서 식초 또는 달걀 썩은 냄새가 난다면 발전기 불량을 의심해야 한다.

3.2. 발전기의 교체방법

① 엔진커버를 탈거한다.

② 에어닥트 고정클립을 탈거한 후 에어닥트를 탈거한다.

[그림 21] **엔진커버 탈거**

[그림 22] **에어닥트 탈거**

③ 배터리 (−)단자를 탈거한다.

④ 조수석 타이어를 지면에서 들어 올린 후 조수석 앞바퀴를 탈거한다.

[그림 23] **배터리 (-)단자 탈거**

[그림 24] **타이어 탈거**

⑤ 사이드 커버 고정 볼트를 탈거하고 사이드 커버를 탈거한다.

(a) 사이드 커버 볼트 탈거

(b) 커버 탈거

[그림 25] **사이드 커버 탈거**

⑥ 크랭크축 풀리와 에어컨 컴프레서 풀리 사이의 오토 텐셔너 볼트에 콤비네이션 렌치 등을 이용하여 시계방향으로 밀어 벨트장력을 해제시켜 크랭크축 풀리 쪽에서 벨트를 이탈시킨다.

(a) 오토 텐셔너

(b) 벨트장력 해제

[그림 26] **벨트 이탈**

⑦ 렌치를 제거하고 발전기 쪽으로 와서 발전기 풀리에 걸려있는 팬벨트를 탈거한다.
⑧ 엔진커버 고정부 고정 볼트를 탈거하고 엔진커버 고정 부를 탈거한다.

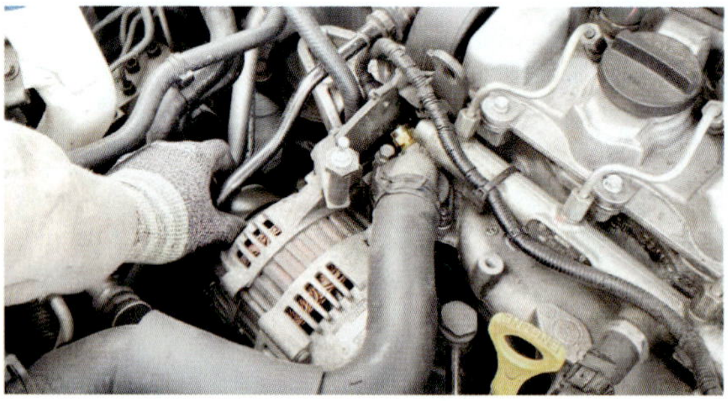

[그림 27] **팬벨트 탈거**

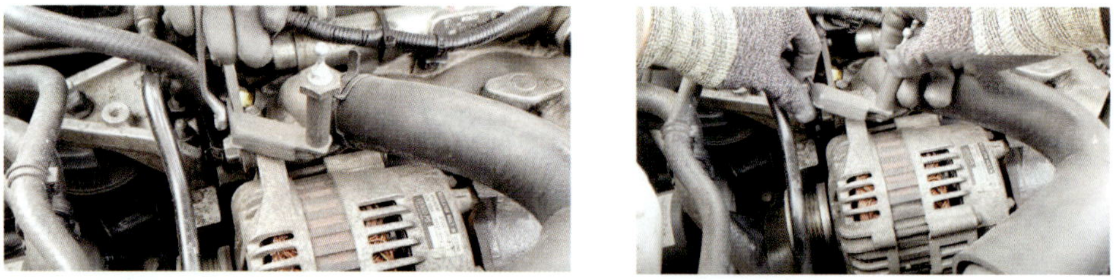

[그림 28] **엔진커버 고정부 탈거**

⑨ 발전기 오른쪽에 튀어나온 커넥터를 일자 드라이버로 누르면서 탈거한다.

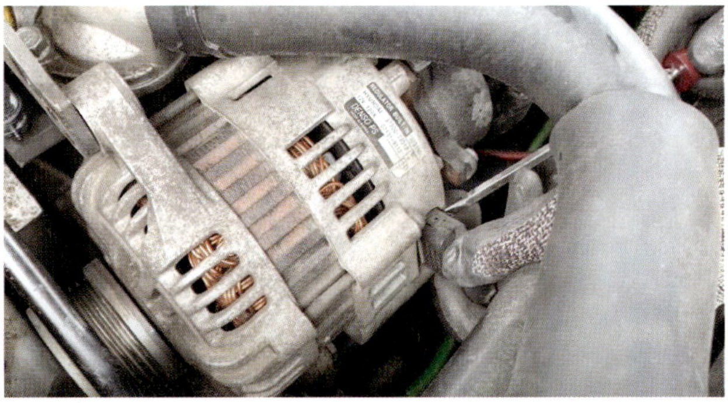

[그림 29] 발전기 커넥터 탈거

⑩ 발전기 B단 고무 커버를 벗겨내고 B단자 고정 볼트를 풀고 배선을 탈거한다.

[그림 30] B단자 배선탈거

⑪ 진공호스 클램프를 롱노즈를 이용하여 아래쪽으로 옮기고 호스를 롱노즈로 밀어 주면서 탈거하거나 호스를 비틀어서 탈거한다.

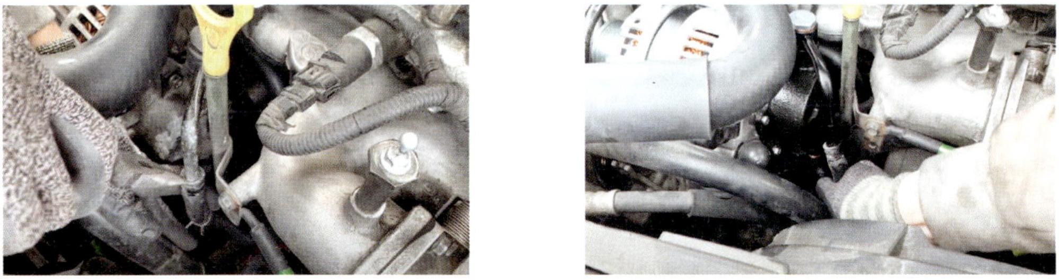

(a) 클램프 탈거　(b) 호스 탈거

[그림 31] 진공호스 탈거

⑫ 진공펌프 호스 볼트를 렌치를 이용해서 적당히 풀어 주고 손으로 완전히 풀어 주는데 신품 동 와셔를 준비하지 않았으면 동 와셔를 분실하지 않게 주의해야 한다.

엔진오일이 묻어나오니 라텍스 장갑을 끼고 작업하는 것이 좋다. 진공펌프 호스를 조립 시에는 볼트에 신품 동 와셔를 한 개 끼운 상태로 진공펌프 호스통과 후 그 위에 신품 동 와셔를 더 올린 다음 진공펌프에 연결해 준다.

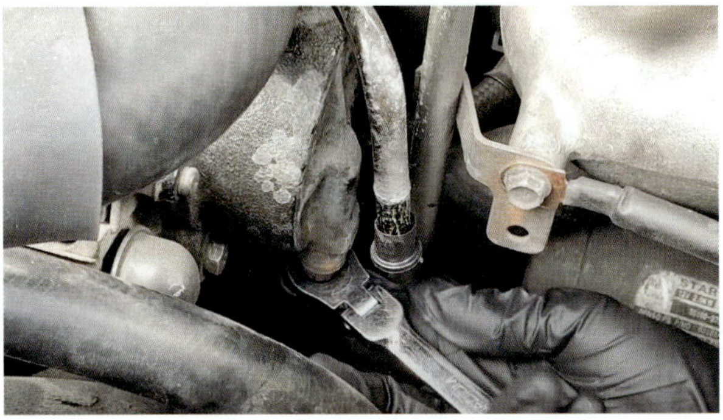

[그림 32] **진공펌프 호스 탈거**

⑬ 오일공급 호스 클램프를 롱노즈로 호스 아래쪽으로 옮겨 주고 호스를 탈거한다.

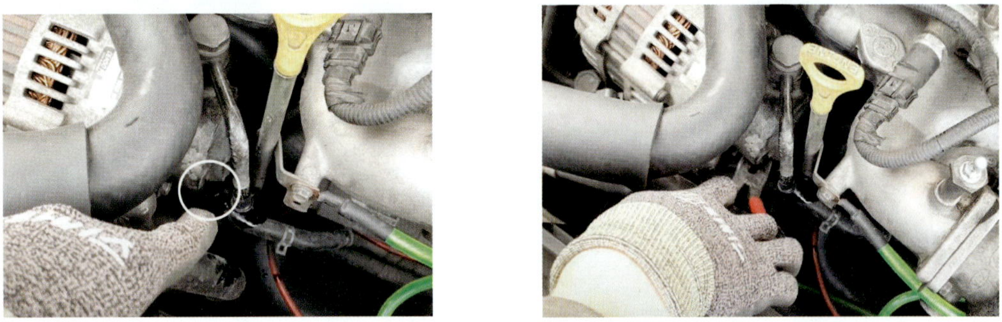

(a) 오일공급 호스 (b) 호스 탈거

[그림 33] **오일공급 호스 탈거**

⑭ 발전기 고정 볼트를 콤비네이션 렌치로 탈거한다.

⑮ 발전기 아래 부분에 고정너트를 소켓으로 탈거하고 손을 관통볼트에 넣어서 발전기를 살짝 흔들어가면서 관통볼트를 당겨 탈거한다.

[그림 34] **발전기 고정 볼트 탈거**

(a) 고정너트

(b) 고정너트 탈거

[그림 35] **고정너트 탈거**

⑯ 발전기를 탈거한다.

(a) 발전기 탈거

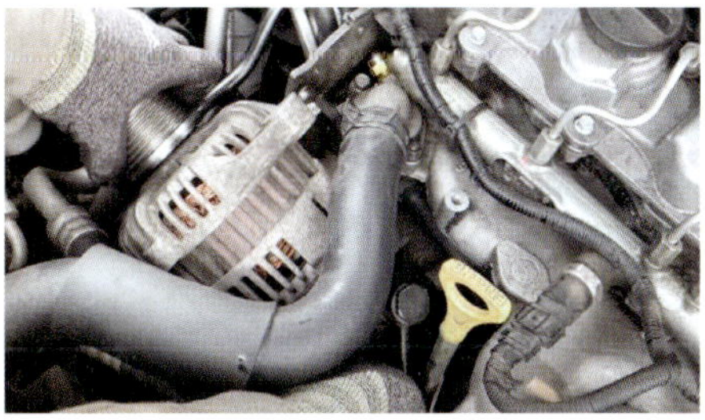

(b) 관통볼트

[그림 36] **발전기 탈거**

⑰ 신품 발전기 조립은 탈거의 역순으로 하고 동 와셔는 신품으로 교체하며 볼트 및 너트는 가 체결을 모두한 후 규정토크로 조인다.

4. 점화코일, 점화플러그, 점화코일 배선 교체

4.1. 점화코일

4.1.1. 점화코일의 교체시기

점화코일의 역할은 엔진에 흡입되고 있는 공기와 연료의 혼합가스를 점화시켜 폭발시키는 역할을 한다. 시동을 걸기 시작하여 시동을 끌 때까지 계속 작동하며 높은 온도와 충격까지 버텨야하는 소모품이기 때문에 교체주기에 맞춰 정비해 주는 것이 좋다. 보통 40,000 km에서 교체를 하거나, 길게는 100,000 km까지 교체주기로 보는 경우도 있고 요즘 신차들은 160,000 km의 교체주기를 갖고 있는 경우도 있다.

4.1.2. 점화코일의 고장으로 인한 증상

① 시동불능 현상 발생

② 시동 시 부조현상 발생

③ 급가속 불량현상 발생

④ 엔진 부조현상 발생

4.1.3. 점화코일의 이상유무 진단법

① 시동을 켠 상태에서 점화코일을 한 개씩 빼고 다시 집어넣으면서 확인한다.

② 한 개씩 차례대로 빼 봤을 때 엔진이 요동치는 것이 심해지면 정상이다.

③ 그에 비해 좀 덜 요동치거나 변화가 없으면 불량이다.

④ 점화코일 배선에 문제가 생기면 시동이 원활하지 않고 점화코일 고장 증상과 같다. 이 경우 차량 스캐너로 고장 부위를 발견할 수 있고, 점화코일 커넥터를 하나씩 탈거해가면서 부조 여부를 확인할 수 있다.

4.2. 점화플러그(스파크플러그)

4.2.1. 점화플러그의 교체시기

오랜시간 동안 높은 온도, 압력을 버티게 되면서 카본이 쌓이고 플러그에 변형이 생기면서 충격 등으로 인해 카본이 퇴적되기도 한다. LPG의 경우 엔진 열이 높기 때문에 백금이나 이리듐이 사용되는 경우가 많고 가솔린엔진의 경우 일반플러그나 백금플러그를 사용하기도 한다.

점화플러그 교체시기는 운전자의 운전습관 등 가혹조건에 따라 달라지며 손상된 점화플러그를 오래 사용할 경우 엔진에 심각한 손상을 일으킬 수 있다. 일반적으로 2만 km 주기로 점검하고, 일반 점화플러그(니켈합금)의 경우 3~40,000 km를 주기로 교체, 백금 점화플러그의 경우 80,000 km를 주기로 교체, 이리듐 점화플러그의 경우 160,000 km 주기로 교체하는 것이 좋다. 만약 플러그 전극 간극측정 시 플러그의 간극이 기준(1.0~1.1 mm) 이상으로 벌어져 있다면 마모가 많이 된 상태이니 교체해야 한다.

4.2.2. 점화플러그의 고장으로 인한 증상

① 시동불능 현상 발생

② 연비가 안 좋아진다.

③ 엔진 부조현상이 나타난다.

4.2.3. 점화플러그의 교체증상

[1] 카본에 의한 오염

절연체 표면, 전극, 점화플러그 몸체에 검은 색 그을음이 부착된 상태라면 카본에 의한 오염을 의심해야 한다.

① **증상** : 출력저하, 실화(불꽃이 안 터짐), 동절기 시동불량의 증상이 나타남

② **원인** : 혼합비 불량, 에어크리너 막힘, 급제동이 빈번한 주행에서 낮은 열가가 의심되는 상황

③ **해결** : 혼합비 조정, 에어크리너 교체, 경우에 따라 높은 열가로 교체, 동절기 시동장치 점검

4기통 기준 2개 이상 검게 변해있다면 모두 교체하는 것이 바람직하며, 1개만 불량이라면 고운 사포나 줄로 점화플러그 주위를 깨끗하게 청소하면 된다.

[2] 오일에 젖어있는 상태

엔진오일이 유입되어 전극부위에 오일 퇴적물이 부착된 상태

① **증상** : 출력저하, 실화(불꽃이 안 터짐), 시동불량의 증상이 나타남.

② **원인** : 연소실에 과도한 윤활유의 유입이 원인이며 엔진 오일이 너무 많거나 피스톤링, 실린더의 과대 마모 및 밸브가이드링 마모가 의심되는 상황이다.

③ 해결 : 마모부품(피스톤링, 밸브가이드, 오일 실 등)을 교체하거나 점화플러그 교체

[3] 전극이 부분적으로 녹았거나 파손됨

① 증상 : 실화, 엔진 출력손실, 엔진손상, 완전히 녹았을 경우 절연체 표면 균열 가능성 등이 나타남.

② 원인 : 조기점화에 의한 과열, 연소실 내 카본 퇴적, 밸브불량, 옥탄가 낮은 연료 사용, 간혹 너무 높은 열가의 플러그 사용이 의심되는 상황

③ 해결 : 엔진점검, 점화 및 혼합기계통 점검, 열가가 맞는 점화플러그로 교체

4.3. 점화코일, 점화플러그, 점화코일 배선 교체방법

4.3.1. 4기통 엔진 점화코일, 점화플러그

[1] 탈거

① 점화플러그를 탈거하기 전에 배터리 (−)단자를 탈거한다. 너트는 절대 끝까지 풀지 말고 살짝 풀어준 다음에 배터리 터미널을 좌·우로 흔들면 쉽게 빠진다.

[그림 37] (-)단자 탈거

② 엔진 커버를 탈거한다.

(a) 엔진커버

(b) 점화코일 위치

[그림 38] **엔진커버 탈거**

③ 점화코일에 각각 배선이 연결되어서 전류를 공급해주는 방식이다. 연결된 커넥터는 회색 레버까지 이중으로 고정되어 있는데, 일자 드라이버로 좌·우 틈을 조금씩 들어 올리면 "탁"하면서 회색레버가 풀린다. 그 다음에 가운데 검정색 부분을 누르면 커넥터는 쉽게 빠진다.

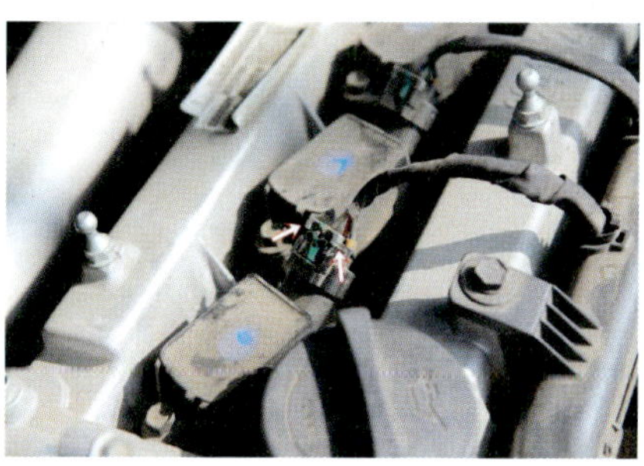

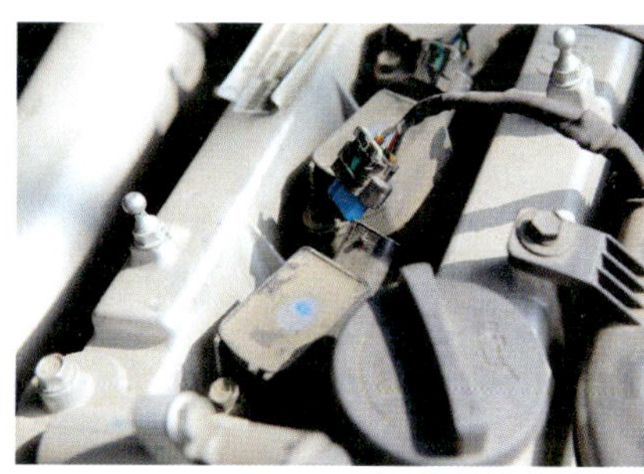

[그림 39] **커넥터 탈거**

④ 10 mm 소켓으로 점화코일을 고정하고 있던 볼트를 탈거한다.

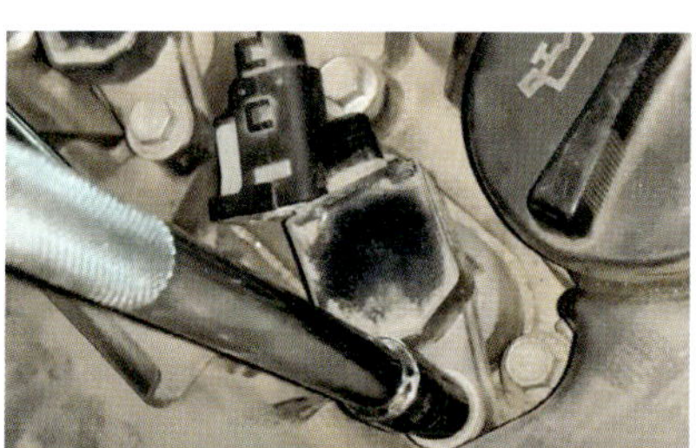

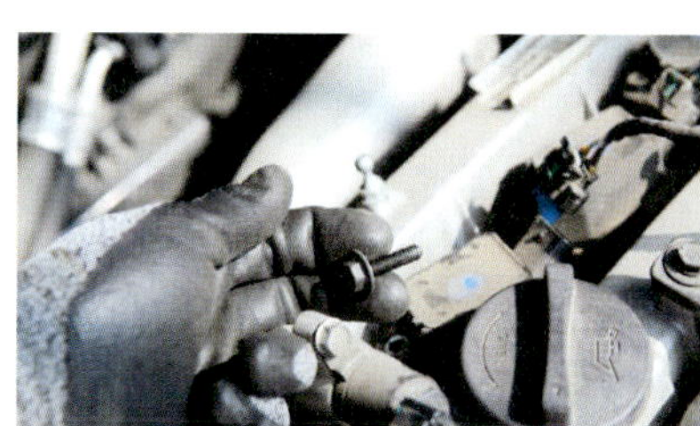

[그림 40] **볼트 탈거**

⑤ 점화코일을 손으로 잡고 살짝 흔들어주면서 잡아당기며 탈거한다. 나머지 점화 코일도 탈거한다.

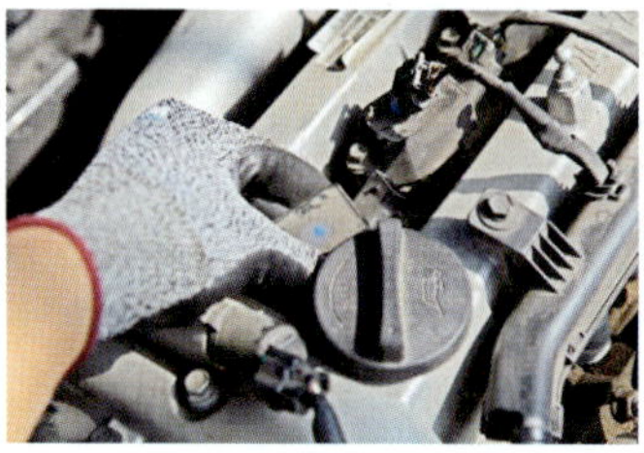

[그림 41] **점화코일 탈거**

⑥ 점화플러그를 탈거한다. 점화플러그 전용 소켓을 사용하면 점화플러그가 붙어서 나온다.
⑦ 위와 같은 방법으로 점화플러그를 모두 탈거한다.

[그림 42] **점화플러그 탈거**

[2] 조립

① 신품 점화플러그 전극이 어디에도 부딪히지 않도록 조심스럽게 실린더 상단으로 넣어준다. 처음부터 공구를 사용하지 말고 연결대 끝을 손으로 잡아서 나사산이 제대로 물리도록 살살 돌려준다. 더 이상 손가락 힘만으로 조여지지 않을 때 토크렌치를 사용하여 규정토크로 조인다.

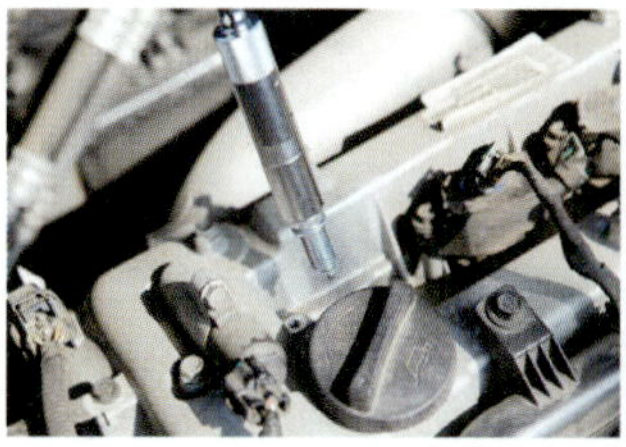

[그림 43] **점화플러그 조립**

② 점화코일을 제 위치에 넣어주고 볼트를 조립한다.

[그림 44] 점화코일 조립

③ 점화코일 배선 커넥터를 결선한다. 회색 이중 잠금장치도 밀어서 딸깍 소리가 나도록 고정시켜준다.

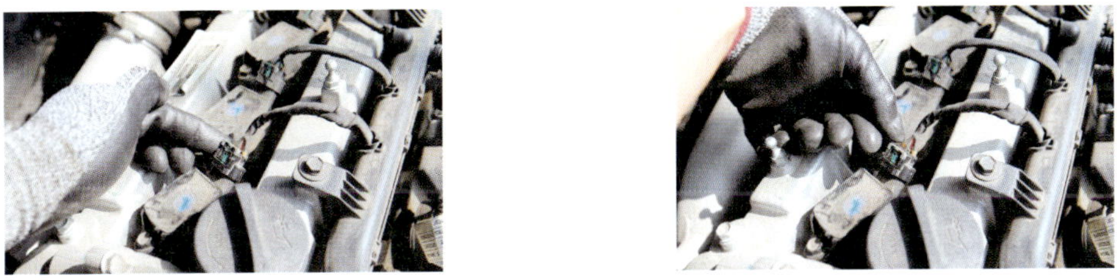

[그림 45] 커넥터 조립

④ 엔진커버를 조립한다.

⑤ 배터리 (–) 단자를 조립한다.

4.3.2. 6기통 엔진

① 엔진커버를 탈거한다.

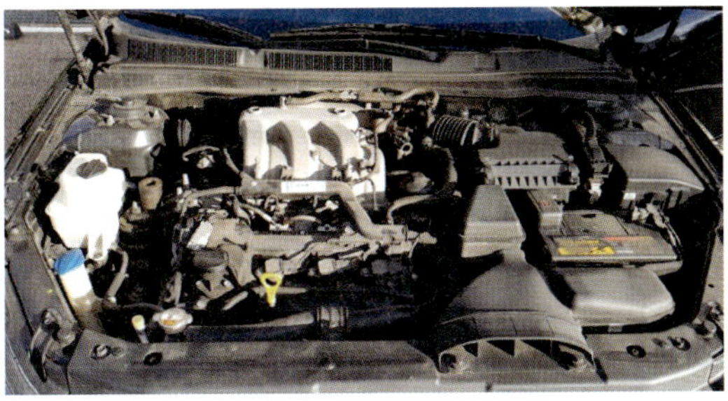

[그림 46] 엔진커버 탈거

② 보닛 앞쪽에서 흡기덕트를 볼트 2개를 탈거하고 에어덕트를 탈거한다.

③ 배터리 (-)단자와 (+)단자를 탈거한 후, 배터리 고정 볼트를 탈거하고 배터리도 탈거한다.

④ 에어크리너 박스 볼트를 탈거한다.

⑤ 에어크리너 박스와 흡기 인테이크 호스 분리 후 아래 볼트를 탈거한다.

[그림 47] 에어크리너 고정 볼트

[그림 48] 아래 볼트

⑥ 스로틀바디를 서지탱크에서 탈거한다. 먼저 우측부터 작업을 한다.

⑦ 점화코일 커넥터는 후크타입으로 되어 있어서 일자 드라이버를 이용하여 틈을 살짝 눌러서 점화코일 커넥터를 탈거한다.

⑧ 점화코일에 고정볼트를 탈거하고 점화코일을 탈거한다.

[그림 49] 점화코일 커넥터

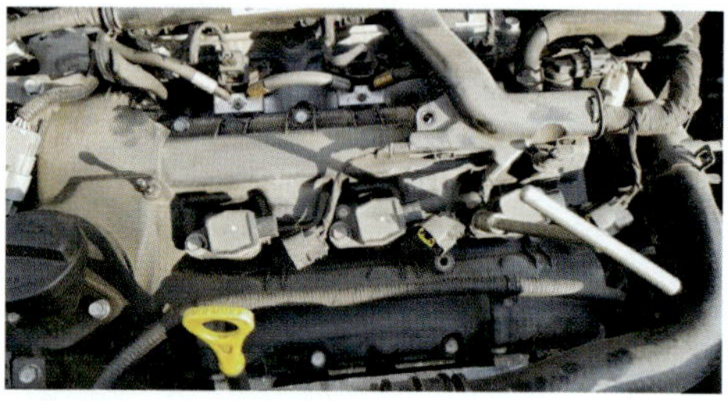

[그림 50] 점화코일 고정볼트 탈거

⑨ 점화플러그를 탈거한다. 일반적으로 16mm 점화플러그용 롱 복스를 사용한다.

⑩ 우측 점화플러그 및 점화플러그를 모두 탈거한다.

[그림 51] **점화플러그 탈거**

⑪ 신품 점화플러그를 장착한다. 렌치를 이용하여 플러그를 엔진에 체결한 후 손으로 돌려주고 힘을 이용하여 270도 가량 돌려서 체결한 후 토크렌치를 이용하여 규정토크로 조인다.

⑫ 탈거 역순으로 조립을 해주면 엔진우측(앞쪽)은 작업이 완료된다.

⑬ 엔진좌측 작업을 위해서 서지탱크를 탈거해야 한다. 차량마다 볼트 사이즈는 상이하나 기본적으로 V6방식은 비슷하다. K7 3.0람다 엔진의 경우 서지탱크를 고정하고 있는 앞쪽 12 mm 볼트 6개와 상부 10 mm 볼트를 제거하여 서지탱크 위로 지나가는 지지대 볼트 10 mm 모두 탈거한다.

⑭ 차량 연식마다 차이가 있으나 뒤쪽 지지용 고정 볼트를 탈거한다.

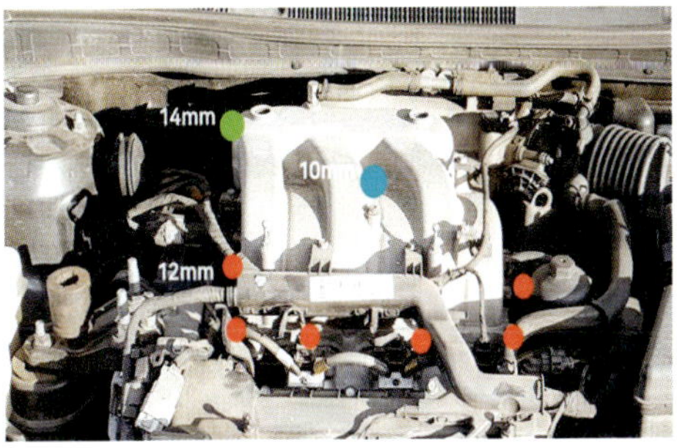

[그림 52] **서지탱크 고정볼트**

[그림 53] **지지용 고정볼트**

⑮ 서지탱크를 제거하면 엔진내부로 이물질이 들어가지 않도록 주의하며 나머지 좌측 부분도 우측(앞쪽) 부분처럼 점화코일과 점화플러그를 교체한다.

(a) 서지탱크 탈거상태

(b) 이물질 유입방지

[그림 54] **서지탱크 탈거**

⑯ 조립은 탈거 역순으로 진행한다. 조립 시 개스킷은 신품으로 교체한다.

4.3.3. 점화코일의 배선교체

① 엔진커버를 탈거한다.

② 신품 배선을 맞춰본다.

[그림 55] **엔진커버 탈거**

[그림 56] **신품 배선**

③ 엔진 옆에 끼워져 있는 커넥터를 분리한다.

④ 커넥터 고정클립을 탈거한다.

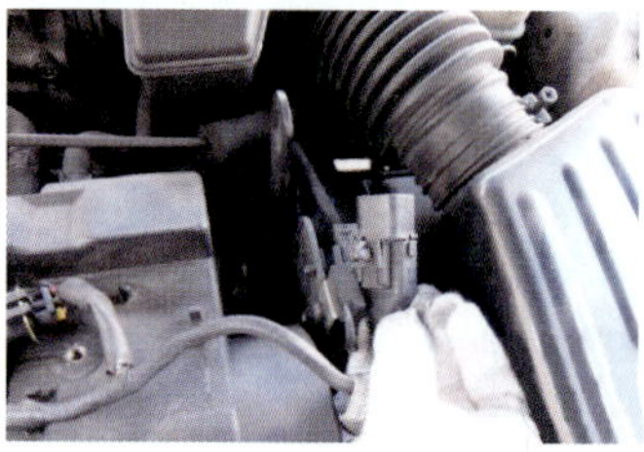

[그림 57] **커넥터 탈거**

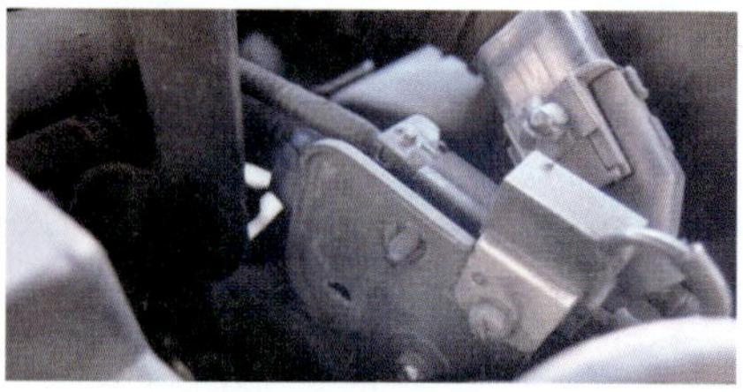

[그림 58] **고정클립 탈거**

⑤ 점화코일에 연결되어 있는 커넥터를 탈거한다.

⑥ 신품 배선을 순서가 바뀌지 않게 길이를 재보면서 커넥터를 한 개씩 연결하고 배선정리를 한다.

[그림 59] 커넥터 연결

[그림 60] 배선정리

⑦ 커넥터 고정클립을 끼워서 조립한다.

⑧ 엔진 옆에 끼워져 있는 커넥터를 조립한다.

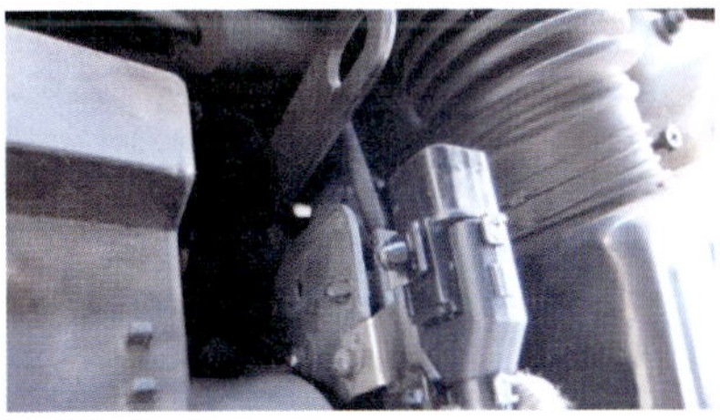

[그림 61] 고정클립 조립

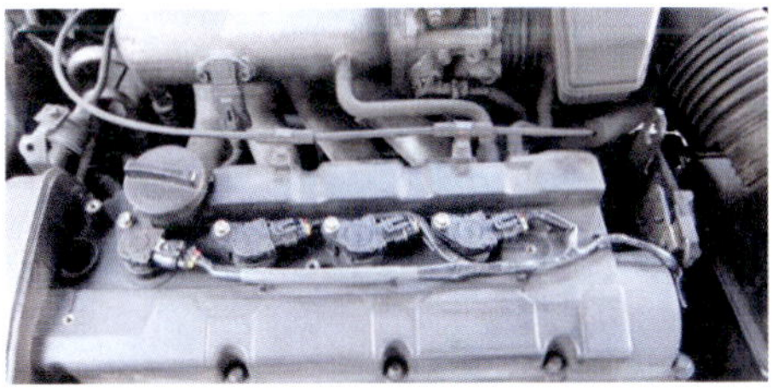

[그림 62] 커넥터 조립

⑨ 엔진커버를 장착한다.

[그림 63] 엔진커버 장착

5. 크랭크각 · 캠각 센서의 교체방법

5.1. 크랭크각 센서

5.1.1. 역할

크랭크각 센서(크랭크샤프트 위치센서)는 엔진의 회전수에 따른 각 피스톤의 위치 정보를 ECU에 전달해서 시동상태를 유지하게 해주는 센서이다. 즉, 차량의 rpm상태에 따라 ECU가 최적의 엔진 점화시기를 결정하게 해주는 센서이다.

크랭크각 센서는 크랭크샤프트에 달린 휠의 기어 회전수로 rpm을 감지하지만 시동 불량이나 시동지연, 시동꺼짐 시에 스캐너로 진단을 해도 고장개소가 나오지 않는 경우 크랭크각 센서 고장일 확률이 높다.

5.1.2. 고장시 증상

① 냉간 또는 열간 시 시동이 불가하다.

② 공회전 및 주행 시 또는 정차 시 갑자기 시동이 꺼진다.

③ 주행 중 간헐적으로 충격이 발생한다.

④ 출발, 급제동시 울컥하는 충격이 발생한다.

⑤ 부조현상 및 출력이 저하된다.

5.1.3. 교체

① 크랭크각 센서는 보통 엔진 뒤 쪽에 있다. 방열판 고정 볼트를 탈거하여 방열판을 탈거한다. 장시간 운행한 직후에 작업을 하면 화상을 입을 우려가 있기 때문에 충분히 식힌 후에 작업을 한다.

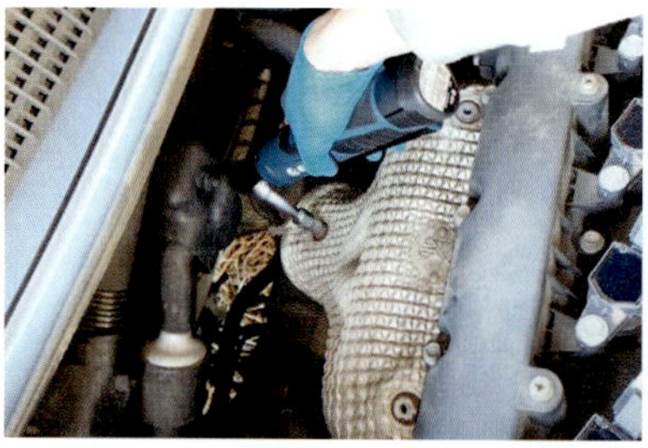

(a) 고정볼트 탈거

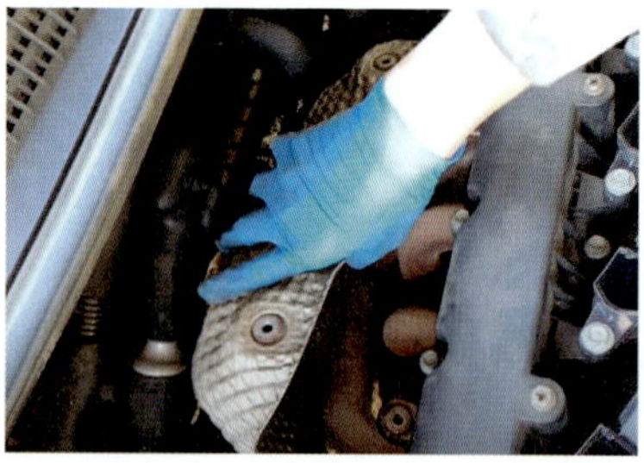

(b) 방열판

[그림 64] 방열판 탈거

② 센서커버 고정 볼트를 탈거하고 커버를 탈거한다.

(a) 고정 볼드 탈거 (b) 센서커버

[그림 65] **센서커버 탈거**

③ 크랭크각 센서 고정 볼트를 탈거하고 크랭크각 센서를 커넥터를 잡아당기며 탈거한다.

(a) 고정 볼트 탈거 (b) 크랭크각 센서

[그림 66] **크랭크각 센서 탈거**

④ 위쪽 커넥터부분은 클립으로 고정되어 있는데 양손으로 들어 올리고 롱노즈로 커넥터 고정클립을 잡아당겨서 탈거한다. 클립을 탈거하면 커넥터는 쉽게 빠진다.

⑤ 신품 크랭크각 센서 커넥터를 조립하고 커넥터 고정클립을 손으로 밀어 끼운다.

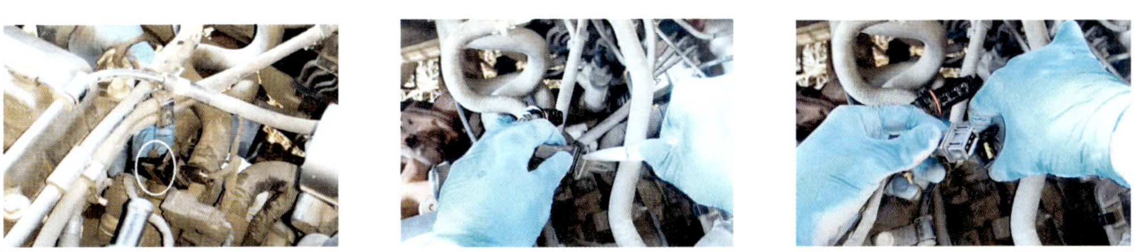

(a) 클립 (b) 고정클립 탈거 (c) 커넥터 탈거

[그림 67] **커넥터 탈거**

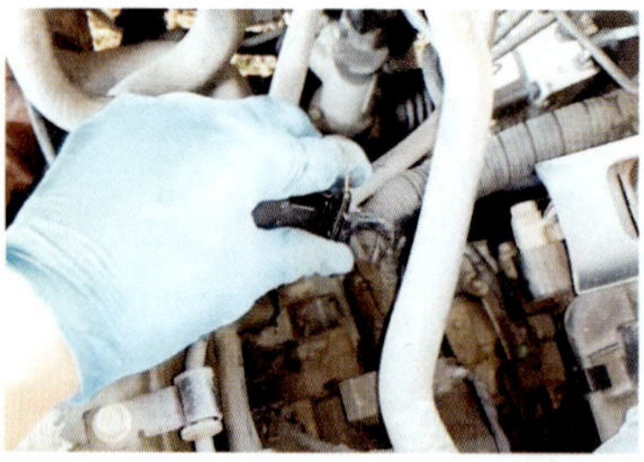

[그림 68] **고정클립 조립**

⑥ 크랭크각 센서 머리부분을 다시 배선사이로 통과시켜서 아래쪽으로 내려준다.
⑦ 커넥터를 클립에 끼워준다.
⑧ 크랭크각 센서를 조립하고 고정 볼트로 조인다.
⑨ 방열판를 설치하고 고정 볼트로 조인다.

5.2. 캠샤프트 위치센서(TDC 센서)

5.2.1. 역할

캠샤프트 위치센서는 1번 실린더의 피스톤 상사점 위치를 검출하는 센서로, 크랭크샤프트 위치센서와 동일 기준점으로 하여 크랭크샤프트 위치센서에서 확인이 불가능한 1번 피스톤의 상사점 위치를 검출해서 ECU가 확인할 수 있게 해줌으로써 최적의 피스톤 위치에서 점화플러그에 점화를 일으키도록 해주는 센서이다.

5.2.2. 고장시 증상

① 시동불량
② 시동꺼짐
③ 엔진부조(rpm이 오르락내리락 함)
④ 연료소모 증가
⑤ 냉간시 배기가스 과다배출

5.2.3. 교체

DOHC엔진은 캠축이 두 개라서 캠샤프트 위치센서도 2개이다. 캠샤프트 위치센서는 대부분 엔진 상단의 흡기와 배기의 캠축 실린더헤드 커버 쪽에 설치되어 비교적 작업하기 쉽다.

① 에어크리너 쪽 인테이크 호스 클램프를 적당히 풀어준다.
② 인테이크 브리더 호스 2개를 롱노즈나 플라이어로 클램프를 옆으로 옮겨준다.

[그림 69] **에어크리너 측 클램프 탈거**

[그림 70] **브리더 호스**

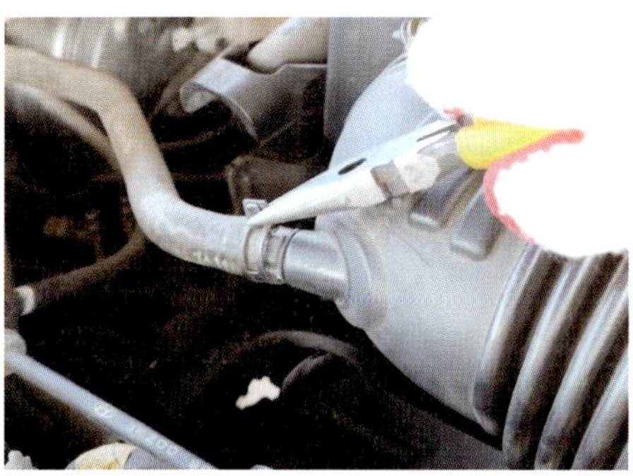

(a) 클램프 탈거

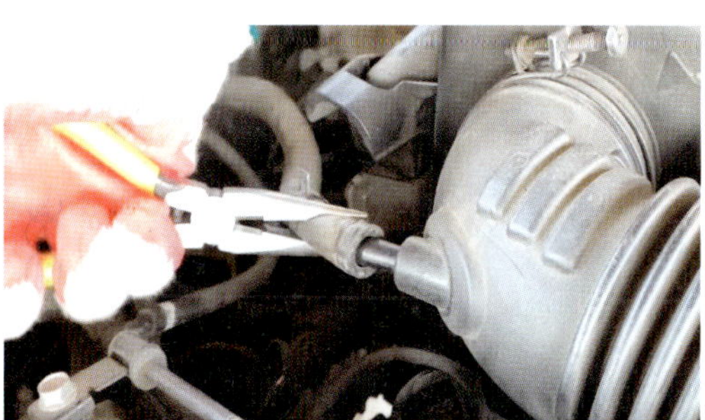

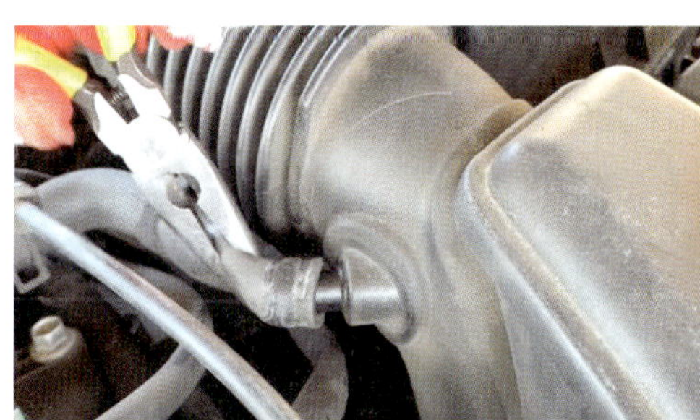

(b) 호스 탈거

[그림 71] **브리더 호스 탈거**

③ 스로틀바디쪽 에어 인테이크 호스 클램프는 십자드라이버를 이용하여 풀어준다.
④ 에어 인테이크를 탈거한다.

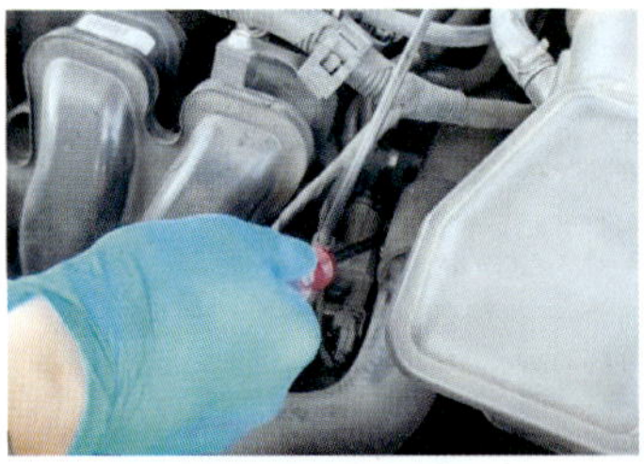

[그림 72] **스로틀바디 쪽 클램프 탈거**

[그림 73] **에어 인테이크 탈거**

⑤ 롱노즈를 이용하여 커넥터 고정부를 누름과 동시에 커넥터를 탈거한다.

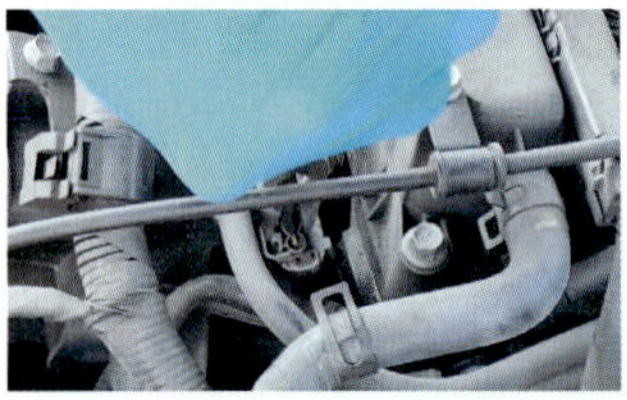

(a) 고정부 누름

(b) 탈거된 커넥터

[그림 74] **커넥터 탈거**

⑥ 캠각 센서 고정 볼트를 플렉시블 라쳇렌치를 이용하여 손가락으로 풀 수 있을 정도로 풀어준 후 손가락으로 떨어지지 않게 주의하면서 풀어서 탈거한다.

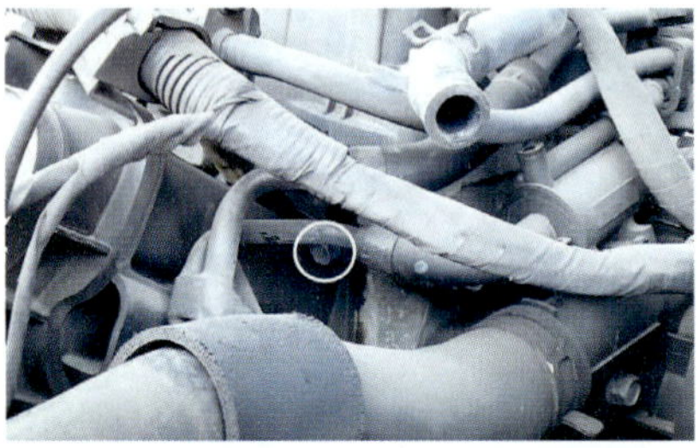

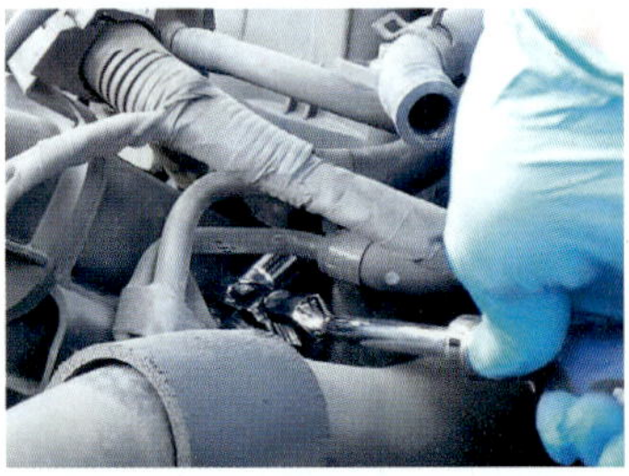

[그림 75] **캠각 센서 고정 볼트 탈거**

⑦ 캠각 센서가 고착되어 있으므로 좌우로 몇 번 돌려주고 일자드라이버로 캠각 센서와 록커암 커버 사이를 지렛대처럼 걸어주면서 캠각 센서를 탈거한다.

[그림 76] **캠각 센서 탈거**

⑧ 신품 캠각 센서를 끼우고 고정 볼트를 떨어뜨리지 않게 주의하면서 손으로 최대한 조여 준 후 플렉시블 라쳇렌치로 조여준다.
⑨ 커넥터를 탁 소리가 나게 끼워준다.
⑩ 에어 인테이크를 끼우고 클램프를 조인다. 호스 클램프는 물려 있었던 곳에 그대로 물리는 게 가장 좋다.
⑪ 뒤쪽에 있는 캠각 센서 커넥터도 롱노즈로 고정부를 눌러서 탈거한다.
⑫ 캠각 센서 고정 볼트를 플렉시블 라쳇렌치 또는 옵셋렌치를 이용하여 손으로 풀 수 있을 정도로 풀어준 후 손가락으로 떨어지지 않게 주의하면서 풀어서 탈거한다.

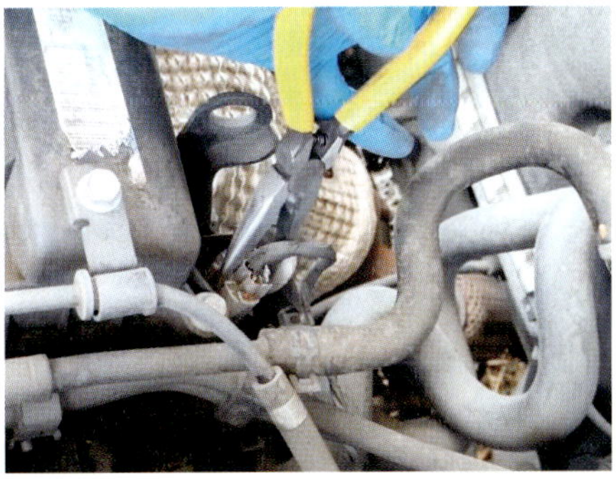

[그림 77] **뒤쪽 캠각센서의 커넥터 탈거**

[그림 78] **고정 볼트 탈거**

⑬ 캠각센서가 고착되어 있으므로 좌우로 몇 번 돌려주고 일자드라이버로 캠각센서와 록커암 커버사이를 지렛대처럼 걸어주면서 캠각센서를 탈거한다.
⑭ 신품 캠각 센서를 끼우고 고정 볼트를 떨어뜨리지 않게 주의하면서 손으로 최대한 조여 준 후 플렉시블 라쳇렌치 또는 옵셋렌치로 주여준다.
⑮ 커넥터를 탁 소리가 나게 끼워준다.

6. 에어컨시스템 교체

6.1. 에어컨장치의 점검방법

6.1.1. 에어컨 부위별 고장판별

[1] 에어컨가스 누기문제

에어컨가스 누기문제로 정비할 경우 반드시 고객에게 에어컨라인은 하나의 사이클로 이루어지므로 고치고 나서 또 다른 부위에서 추후 얼마든지 샐 수 있다는 것을 확실히 인식시켜야 한다. 그러나 너무 그렇게 할 경우 고객이 불안해하므로 에어컨 정비 후 가스를 넣는 시점은 분명히 안 새는 상황이라는 것을 확인시켜야 한다.

① 에어컨라인 압력실험은 반드시 저압으로 넣고 고압게이지로 본다(테스트 압력 200~ 250psi). 고압으로 넣을 경우 서서히 일정시간 떨어지고 저압게이지는 압력실험을 하면 손상이 간다.

② 에어컨라인에 기름 먼지(오일 누유) 있는 부위는 모두 샌다고 보면된다.

③ 고압 및 저압밸브를 열 때 압력이 느껴지면 샌다고 본다.

④ 드레인호스 아래 얼룩이면 에버퍼레이터가 샌다고 본다.

⑤ 컴프레서 클러치판이 젖었으면 샌다고 본다.

⑥ 호스 외피를 벗겨 축축하면 샌다고 본다.

⑦ 콘덴서에 얼룩은 모두 샌다고 본다.

⑧ 어큐뮬레이터 스위치부분에 방울이 올라오면 샌다고 본다.

[2] 가스주입 문제

① 가스주입 때 반드시 에어컨가스 주입 전용기계를 사용하거나 최소한 저울을 사용해 정량을 넣어야 한다.

② 부품 교체 때는 반드시 오일을 보충한다.

③ 콘덴서나 호스, 에버퍼레이터 등을 교체했을 경우 오일을 30cc 정도 보충한다.

④ 진공작업은 흐린 날이나 비 오는 날은 두 배로 한다.

[3] 컴프레서 교체

① 컴프레서가 소음이 날 경우에는 교체하는 것이 원칙이다. 주의할 점은 컴프레서 분리 때 구정물 또는 쇳가루가 보일 경우, 드라이탱크와 콘덴서도 함께 교체하고 나머지 라인은 청소를 한다. 만일, 그렇게 안 할 경우 컴프레서 수명을 보장

할 수 없다. 컴프레서에서 소음이 난다는 것은 컴프레서 피스톤과 사판사이에 마모가 생겨 간격이 생겼다는 것을 의미한다.

② 에어컨작동 때 고압과 저압 차이를 본다. 가스 정상주입 때 고압과 저압이 10 : 1, 최소한 5 : 1 비율로 나와야 한다. 컴프레서 성능은 저압으로 판단한다. 아무리 더운 날도 에어컨 작동시 저압이 40psi가 넘으면 컴프레서 흡입이 약한 경우다. 이 경우 컴프레서는 교체가 원칙이다.

③ 컴프레서 이상 유무 진단. 컴프레서 분리 때 저압이나 고압이 클러치판을 회전했을 때 5초 이상 그 압력을 유지해야 한다. 그렇지 않을 경우 컴프레서는 교체한다. 이 방법은 재생 컴프레서나 중고 컴프레서의 이상 유무 판별법으로 적당하다.

④ 컴프레서 몸통에 기름이 묻었을 경우 누기로 판단한다.

[4] 콘덴서 고장

① 콘덴서를 손으로 만졌을 때 입력 측과 출력 측 온도차이가 적당(온도 차이가 약 20도 정도)히 나야 한다. 입력 측에서 출력 측까지 서서히 온도가 떨어져야 한다. 어느 한 지점을 지나면서 급격히 온도가 떨어지면 그 부위가 막힌 것으로 보아도 된다.

② 고압이 300psi가 넘을 경우 그 콘덴서는 교체해야 한다. 이런 경우 방치하면 반드시 컴프레서가 고장난다.

③ 콘덴서에 얼룩은 무조건 누기로 본다. 앞면만 보지 말고 라디에이터를 제쳐 뒷면을 반드시 확인한다.

④ 콘덴서 내부에 오일이 차면 막힌 증상을 보인다.

[5] 드라이탱크

드라이탱크를 손으로 만졌을 때 느껴지는 뜨겁기가 전체가 같으면 드라이 탱크 정상

[6] 어큐뮬레이터 저압스위치

23psi 작동, 46psi 컷. 드라이탱크 타입의 스위치는 가스압력 감지 스위치와 같음(드라이탱크 스위치).

[7] 에버퍼레이터

에버퍼레이터 내부에 한 줄로 어는 증상을 보이면 내부가 막힌 것으로 보아 교체해야 한다. 이런 차들은 장시간 운행하면 에버퍼레이터 전체의 동결로 이어진다.

[8] 팽창밸브

공전이나 가속 시에 에어컨 압력이 변화하다가 둔해지는 지점이 있으면 팽창밸브는 정상이다.

[9] 블로워모터 및 레지스터

블로워모터 고장 시는 모터가 전혀 회전을 하지 않거나 귀뚜라미 같은 소리나 나고, 레지스터는 1, 2, 3단에서는 모터가 전혀 작동을 하지 않고 4단 에서만 작동을 하면 레지서터의 고장이다.

6.1.2. 유형별 고장사례 및 점검방법

① 아침과 저녁에는 잘 나오는데 한 낮에는 에어컨이 약하다. - 컴프레서 약함, 콘덴서 막힘, 가스 부족

② 고속으로 달리면 잘 나오는데 서 있으면 약하다. - 컴프레서 약함, 콘덴서 모터 문제(냉각문제), 가스부족, 외기 온도센서의 불량, 컨트롤 패널에 문제가 있을 경우

③ 시내주행 때는 잘 나오는데 고속으로 달리면 잘 안 나온다. - 에버퍼레이터 동결, 템프(온도 스위치) 문제, 외기 흡입

④ 바람세기가 조절이 안 되거나 가끔씩 바람이 나오지 않는 경우. - 블로우모터의 불량. 블로우모터의 노후로 인한 공조기의 문제이거나, 블로우모터의 속도를 조절해 주는 레지스터의 문제가 원인일 수 있다.

⑤ 계기판의 온도계가 비정상적으로 상승하거나 적색부분에 있음에도 불구하고 냉각팬이 작동하지 않는다. - 오버히트현상이 발생하게 되며 그 원인은 냉각팬의 불량, 수온센서의 불량, 배선문제, 에어컨불량 4가지를 의심해야한다.

⑥ 비 오는 날에는 잘 나오는데 맑은 날은 약하다. - 컴프레서 약함, 가스부족, 콘덴서 과열

⑦ 맑은 날은 잘 나오는데 비만 오면 안 나온다. - 에버퍼레이터 동결

⑧ 가스만 넣으면 잘 나오는데, 며칠 지나면 약해진다. - 냉매누기

⑨ 냉기가 정면으로 안 나오고 유리창으로 자꾸 나온다. - 플래늄 덕트 이상

⑩ 에어컨이 돌면 시끄럽다. - 컴프레서 소음, 팬 모터 소음, 댐퍼 풀리 이상

⑪ 에어컨 가동 때 가끔 "삑삑" 하는 소음이 난다. - 벨트 슬립, 댐퍼 풀리 이상

⑫ 그늘에서는 시원한데, 햇볕에서는 덥다. - 냉기가 약하거나 선팅부족

⑬ 에어컨이 잘 나오다가 밀리는 길에만 가면 안 나온다. - 서모스탯 이상으로 엔진과열, 팬 모터 미 작동

⑭ 에어컨이 잘 나오다가 하얀 김이 막 나온다. - 에버퍼레이터 동결(핀센서 고장 또는 에어컨 컨트롤러), 외기유입, 특히 습기가 많은 날

⑮ 에어컨이 잘 나오다가 바람소리만 요란하고 냉기가 전혀 안 나온다. - 에버퍼레이터 동결(핀센서 고장 또는 에어컨 컨트롤러)

⑯ 매년 가스를 새로 넣어야 한다. - 냉매누기

⑰ 에어컨이 잠깐 나오다가 에어컨 등이 깜빡거리면서 안 나온다. - 벨트 록 이상, 에어컨 ECU 이상

⑱ 에어컨은 잘 나오는데 온도게이지가 하이(Hi)로 올라간다. - 라디에이터 막힘, 서모스댓 막힘

⑲ 에어컨이 나올 때 엔진 rpm이 너무 올라가거나 엔진 rpm이 떨어진다. - 스탭모터, ISC 점검

⑳ 에어컨을 틀면 차가 너무 힘이 없다. - 냉매과다, 엔진 튠업

㉑ 컴프레서가 붙었다 떨어질 때 진동이 너무 크다. - 냉매과다, 컴프레서 클러치판 간격 이상(클러치판 밀러나옴)

㉒ 컴프레서가 붙는 소리는 나는데 에어컨이 안 나옴. - 컴프레서 클러치판 간격 과다로 클러치판 슬립

㉓ 에어컨 바람 방향이 제 멋대로 움직인다. - 흡기 매니폴드 진공호스 이상, 배큠탱크 누기, 에어컨 ECU 또는 에어컨 컨트롤러 이상

㉔ 에어컨 물은 많이 떨어지는데 시원하지 않다. - 외기흡입, 히터 바람 섞임

㉕ 에어컨 물이 실내로 유입된다. - 드레인 호스 빠짐, 에버퍼레이터 동결(핀센서 고장)로 에버퍼레이터에 이슬 맺힘, 에버퍼레이터 크랙, 드레인 호스 막힘

6.2. 에어컨 필터교체

에어컨 필터는 외부로부터 들어오는 오염물질을 최전방에서 막아주고, 걸러주어 운전자의 호흡기를 보호하는 중요한 역할을 한다. 에어컨 필터를 적절한 시기에 교체하지 않으면 차량 내부 공기가 나빠지거나, 에어컨·히터 바람 세기가 줄고, 악취가 발생할 수 있다.

자동차 에어컨 필터는 6개월마다 한 번, 혹은 10,000 km마다 교체해야 한다. 하지만 미세먼지가 많을 때는 에어컨 필터 교체주기를 조금 앞당겨야 한다.

① 시동은 반드시 끄고 조수석 좌석을 최대한 뒤로 밀어두면 작업하기가 수월하다.

② 글로브박스를 열어, 안에 있는 내용물을 전부 치운다.

③ 글로브박스 안쪽의 좌·우 고정용 스토퍼를 탈거한다. 고정용 스토퍼 탈거는 차종에 따라 다를 수 있다.

㉮ 돌려서 분리하는 방식 : 글로브박스 안쪽의 좌·우 고정용 스토퍼를 돌려서 탈거한다.

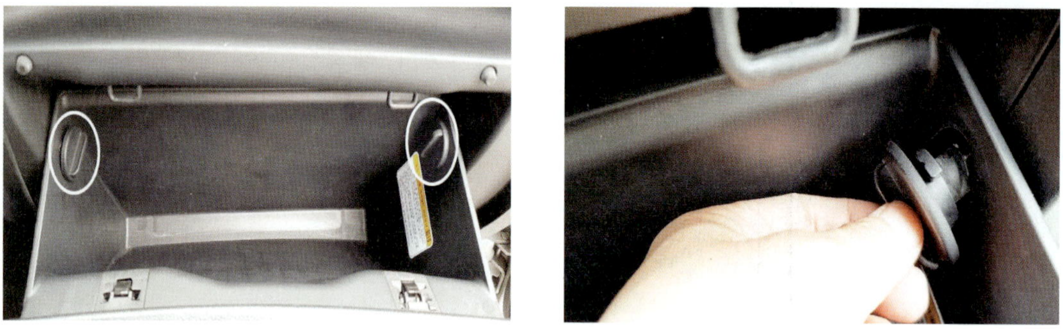

[그림 79] 돌려서 분리하는 방식

㉯ 드라이버 등으로 젖혀주는 방식 : 글로브박스 좌·우측에 고정용 스토퍼를 드라이버를 이용해서 스토퍼 뒷부분에 대각선 방향으로 꾹 눌러준다. 글로브박스에 흠집이 나지 않게 드라이버를 앞뒤로 조금씩 움직이면서 밀어 넣으면 스토퍼가 튀어 나온다. 튀어나온 스토퍼를 손으로 잡고 조금씩 흔들어 빼준다. 안쪽이 고무로 되어 있어 부러지지 않는다.

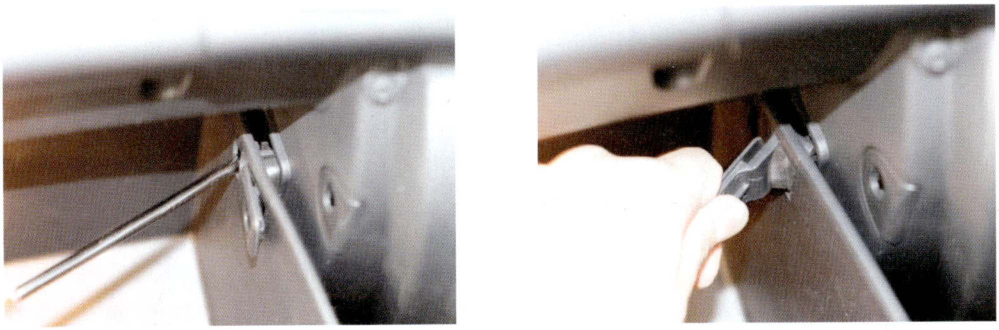

[그림 80] **젖혀주는 방식**

④ 댐퍼를 탈거한다. 댐퍼탈거는 차종에 따라 다를 수 있다. 댐퍼를 제거하면 글로브박스가 떨어지는 것처럼 확 열리기 때문에 글로브박스를 잡고 빼주는 것이 좋다.

㉮ 댐퍼탈거(예 1) : 양쪽 고정용 스토퍼 2개를 분리하면 글로브박스가 많이 열리는데 왼쪽을 보면 글로브박스가 부드럽게 열리도록 하는 댐퍼 연결부가 있다. 먼저 그림 ①번 화살표부분(뒷편도 동시에 눌러준다)을 눌러준 상태서 그림 ②번 부분에 헤라나 일자드라이버로 사이를 벌리며 그림 ③의 댐퍼 연결부를 화살표방향으로 빼준다.

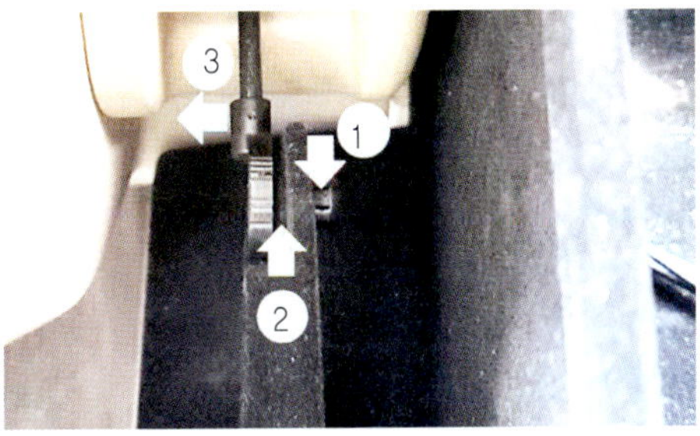

[그림 81] **댐퍼탈거(1)**

㉯ 댐퍼탈거(예 2) : 스토퍼제거 후 글로브박스 우측을 보면 열리는 속도를 줄여주는 댐퍼가 설치되어 있다. 안쪽으로 손가락을 넣고 힘껏 당겨서 빼주거나 일자드라이버 등을 이용하여 젖혀서 빼준다.

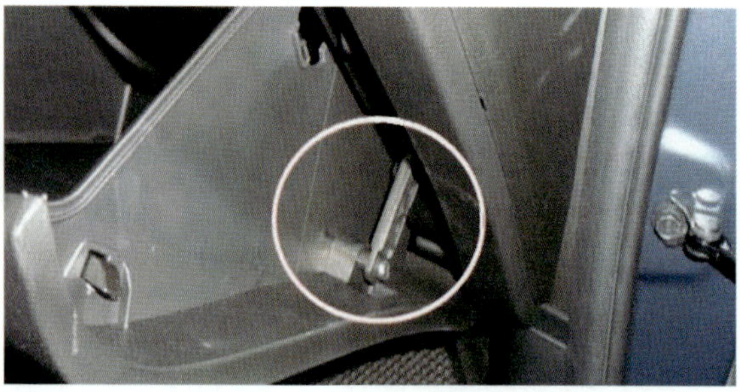

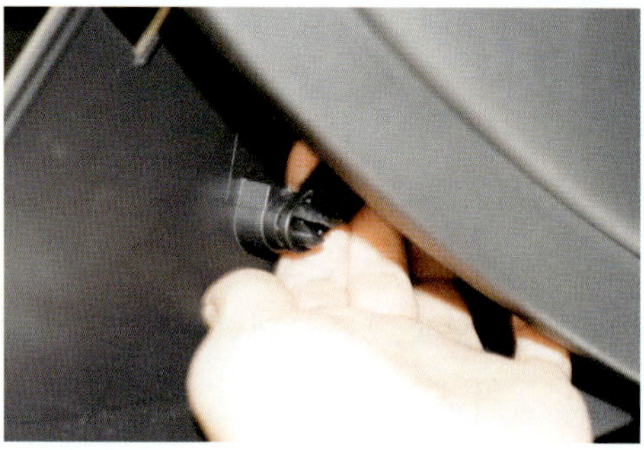

[그림 82] **댐퍼탈거(2)**

⑤ 글로브박스를 완전히 열면 안쪽에 필터 커버가 보인다.

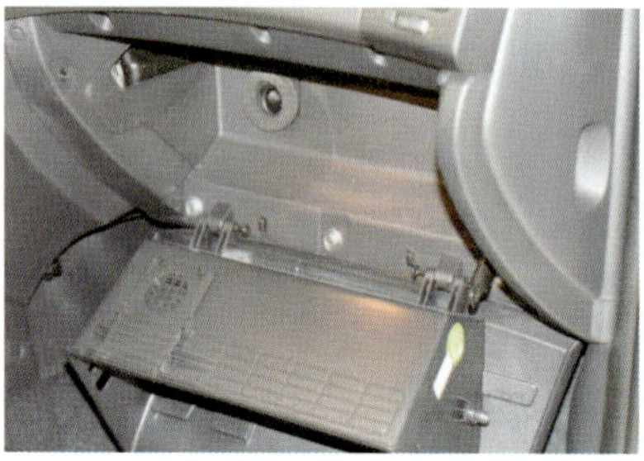

[그림 83] **완전히 열린 글로브박스**

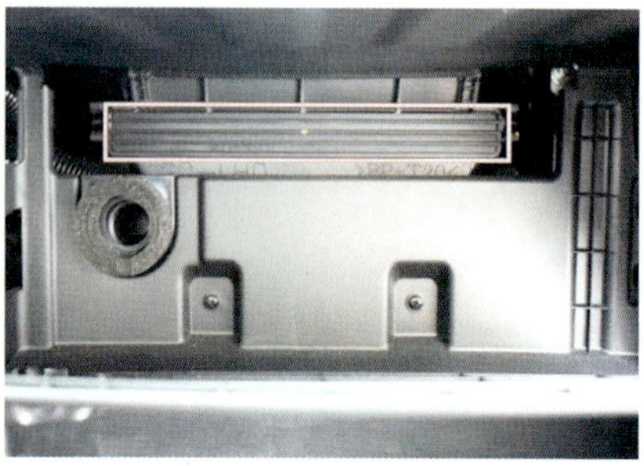

[그림 84] **에어컨 필터 커버**

에어컨 필터 커버 오른쪽에 고정 핀이 있다. 두 손가락으로 위아래로 눌러 열어준다. 차종에 따라 잡아당겨 제거가 가능한 경우와 위, 아래, 좌, 우로 눌러 제거가 가능한 경우가 있으니 참고하여 필터 커버를 탈거한다.

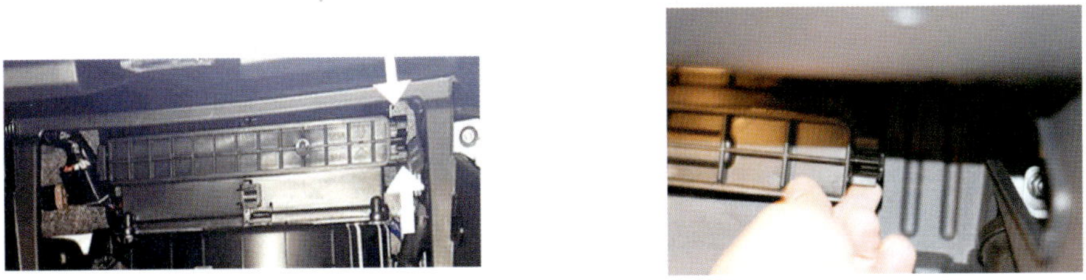

[그림 85] **필터 커버 탈거**

⑥ 커버를 완전 탈거하고 안쪽에 보이는 에어필터를 잡아서 탈거한다.

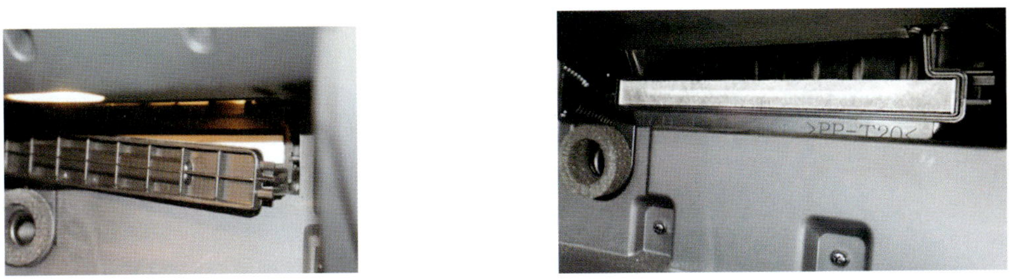

(a) 커버 탈거　　　　(b) 에어컨 필터

[그림 86] **필터 탈거**

⑦ 필터에도 위아래가 있기 때문에 신품 필터교체 할 때 화살표 방향이 아래로 가게 끼운다.

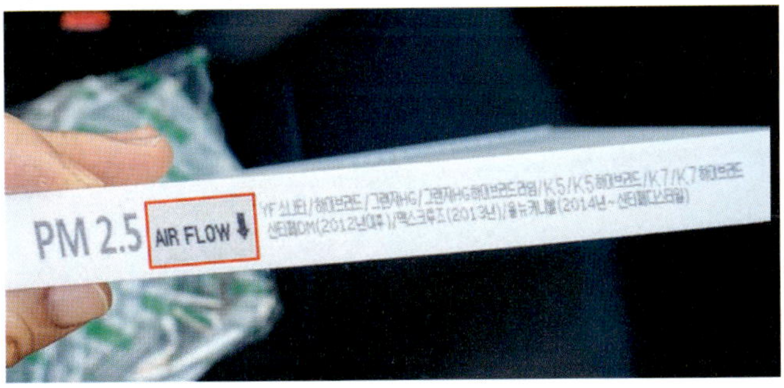

[그림 87] **화살표 방향**

⑧ 탈거한 순서 반대로 조립한다.

6.3. 블로워 모터 및 레지스터 교체

① 조수석 하단에 있는 하단커버를 탈거 한다. 총 세 군데의 핀이 있는데 핀 구멍 안쪽으로 손가락을 집어넣고 조수석 의자방향으로 누르면서 3개의 핀을 하나씩 제거한다.

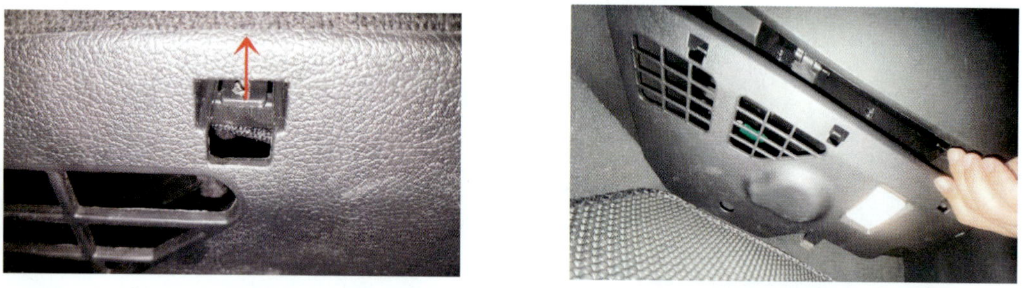

[그림 88] 하단커버 탈거

② 풋 전구 커넥터는 가볍게 눌러서 탈거한다.

③ 대시보드 하단에 눕듯이 들어가 머리 들이대고 블로워모터 커넥터를 탈거 한다.

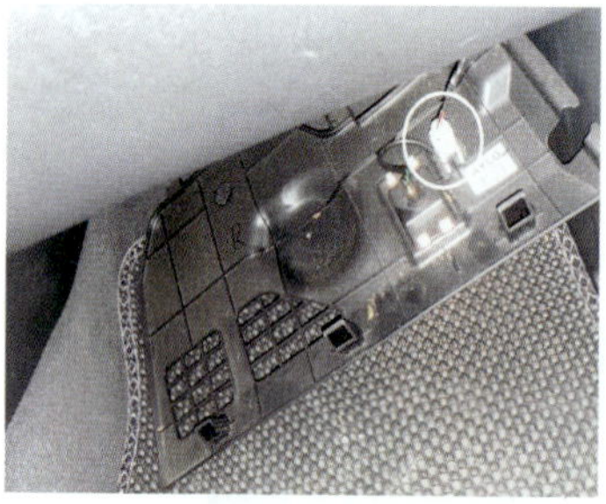

[그림 89] 풋 등 커넥터 탈거

[그림 90] 블로워모터 커넥터

④ 블로워모터 고정나사 3개를 주먹드라이버로 풀어준다.

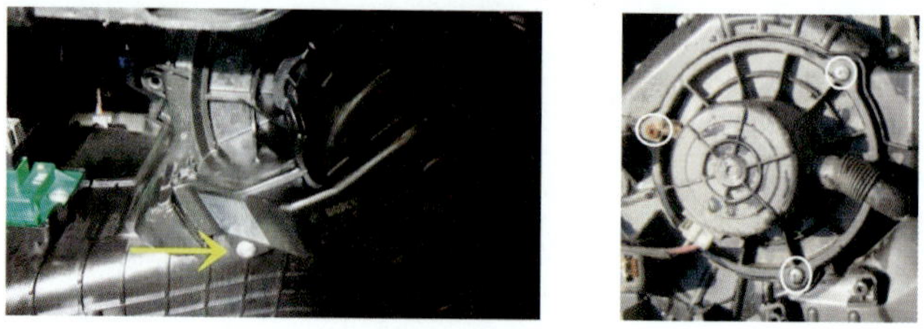

[그림 91] 블로워모터 고정나사

⑤ 두 손으로 팬을 잡고 블로워모터를 탈거한다.
⑥ 레지스터 커넥터를 탈거한다.
⑦ 레지스터 고정나사 2개를 탈거한다.
⑧ 레지스터를 탈거한다.

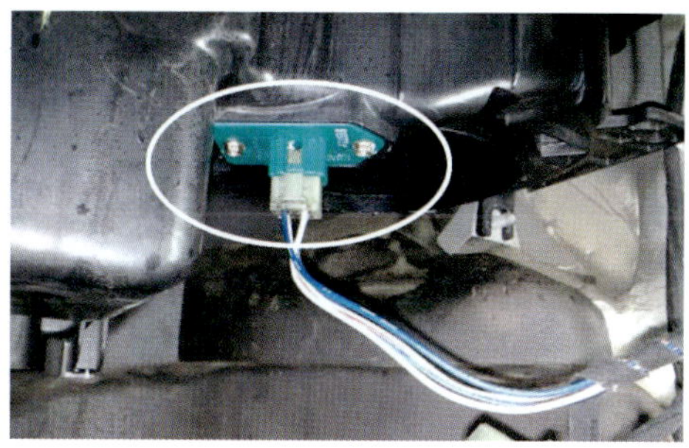

[그림 92] **레지스터**

⑨ 신품 레지스터를 결합하고 고정나사 2개를 조립한다.
⑩ 레지스터 커넥터를 연결한다.
⑪ 신품 블로워모터를 결합한다.
⑫ 블로워모터 고정나사 3개를 조립한다.
⑬ 블로워모터 커넥터를 연결한다.
⑭ 풋 등 커넥터를 연결한다.
⑮ 하단커버를 조립한다.

6.4. 에어컨 컴프레서 교체방법

① 시동키를 off 시킨 후 시동키를 탈거한다.
② 에어컨 가스를 회수한다.

[그림 93] **에어컨 가스 회수**

③ 차량을 리프트로 들어올린다.
④ 조수석 타이어를 탈거한다.
⑤ 사이드 커버 고정 볼트를 탈거하고 사이드 커버를 탈거한다.

[그림 94] **타이어 탈거**

[그림 95] **사이드 커버 탈거**

⑥ 팬벨트를 탈거한다.
⑦ 에어컨 컴프레서 커넥터를 탈거한다.

[그림 96] **팬벨트 탈거**

[그림 97] **커넥터 탈거**

⑧ 에어컨 고압 및 저압파이프 고정 볼트를 풀고 파이프를 분리한다.

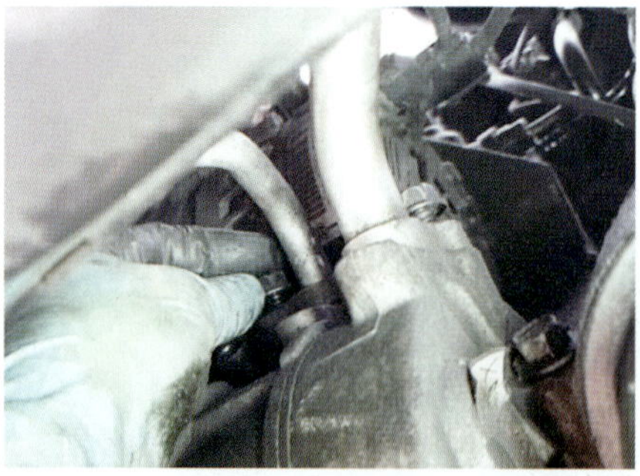

[그림 98] **고압 및 저압 파이프 탈거**

⑨ 컴프레서 고정 볼트 3개를 탈거한다. 마지막 고정 볼트는 컴프레서가 떨어지지 않게 컴프레서를 한 손으로 잡고 손으로 풀어준다.

(a) 옆쪽 볼트

(b) 아래쪽 볼트

(c) 위쪽 볼트

[그림 99] **고정 볼트 탈거**

⑩ 컴프레서를 탈거한다.

⑪ 신품 컴프레서를 설치한다.

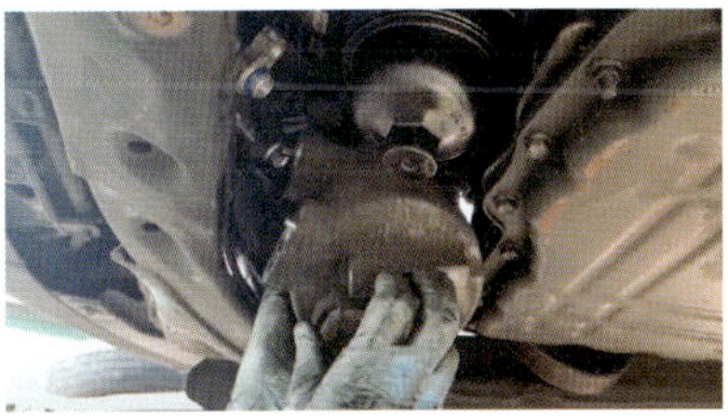

[그림 100] **컴프레서 탈거**

[그림 101] **신품 컴프레서 설치**

⑫ 컴프레서 고정 볼트를 조립한다.

[그림 102] **고정 볼트 조립**

⑬ 고압파이프와 저압파이프를 조립한다.

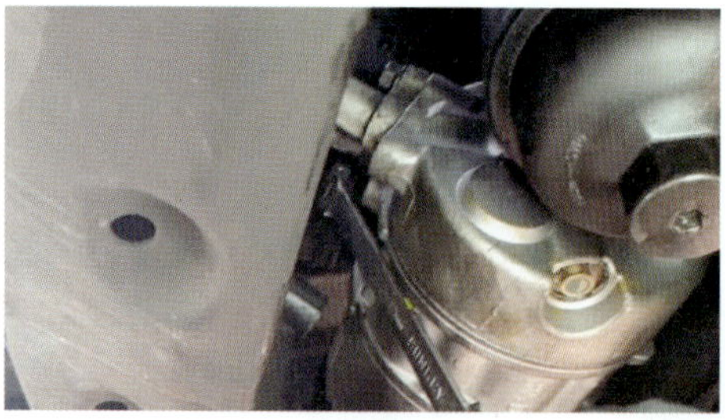

[그림 103] **파이프 조립**

⑭ 컴프레서 커넥터를 연결한다.
⑮ 벨트를 조립하고 팬벨트가 제대로 걸렸나 확인한다.

[그림 104] **커넥터 연결**

[그림 105] **팬벨트 조립**

⑯ 사이드 커버를 조립한다.

[그림 106] **사이드 커버 조립**

⑰ 타이어를 조립하고 리프트를 하강시킨다.
⑱ 에어컨 가스를 주입하고 에어컨을 작동시켜 본다.

6.5. 전동팬 및 전동팬 레지스터 교체

6.5.1. 전동팬

① 라디에이터 위 커버 고정클립을 탈거한다.

[그림 107] 커버 고정클립 탈거

② 에어닥트 고정클립을 탈거한 후 에어닥트를 탈거한다.

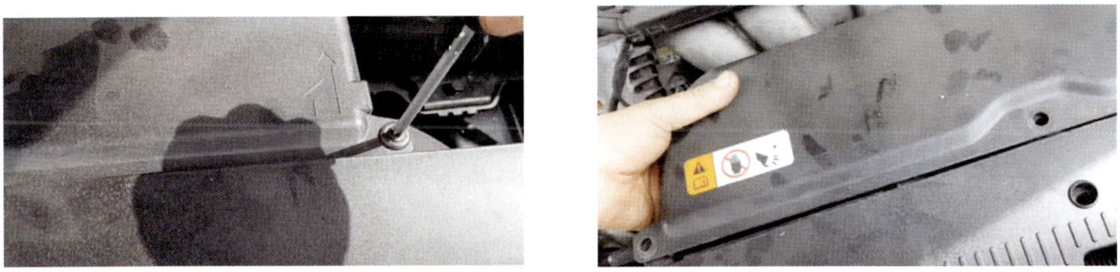

[그림 108] 에어닥트 탈거

③ 전동팬 고정 키 좌측, 우측 키를 앞으로 당겨서 라디에이너에서 이탈시킨다. 라디에이터에 볼트로 조여 있는 전동팬은 볼트를 탈거한다.

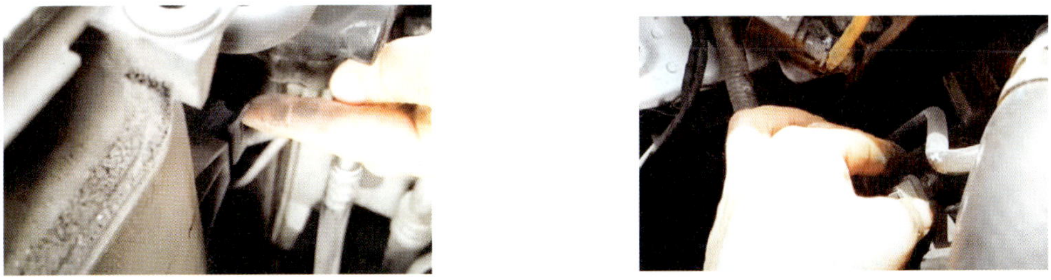

[그림 109] 고정 키 이탈

④ 전동팬 커넥터를 탈거한다.

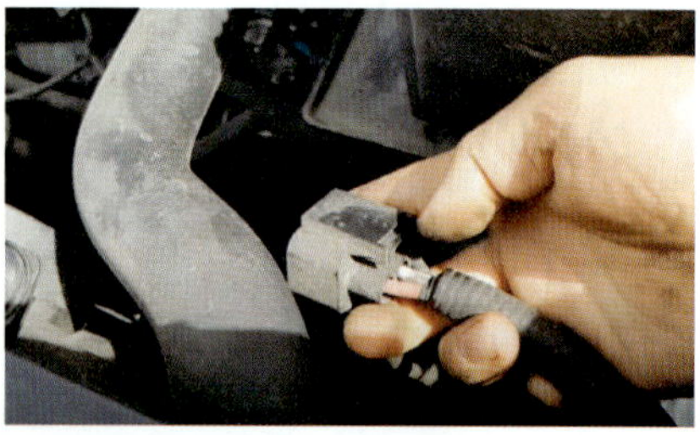

[그림 110] 커넥터 탈거

⑤ 라디에이터 위 커버를 들어 올려 좌측, 우측 라디에이터 고정 볼트를 탈거한다.

[그림 111] 라디에이터 고정 볼트 탈거

⑥ 전동팬을 앞으로 당기면 라디에이터가 앞으로 나올 때 전동팬을 들어 올려서 탈거한다.

⑦ 신품 전동팬을 설치되었던 곳에 꽂아 누르면서 조립하면 키는 자동으로 잠긴다. 볼트로 조립되었던 전동팬은 전동팬이 설치되었던 곳에 설치하고 볼트를 조립한다.

[그림 112] 전동팬 탈거

[그림 113] 전동팬 조립

⑧ 커넥터를 연결한다.
⑨ 라디에이터 고정 볼트를 조립한다.
⑩ 에어닥트를 조립한다.
⑪ 라디에이터 위 커버 고정클립을 조립한다.

6.5.2. 전동팬 레지스터

① 위·아래 커넥터를 탈거한다.

(a) 아래 커넥터 탈거

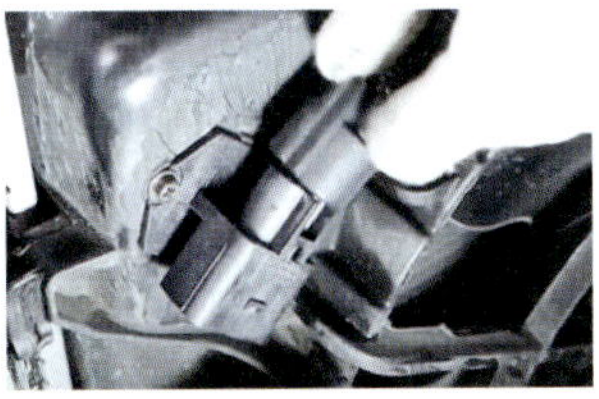

(b) 위 커넥터 탈거

[그림 114] **커넥터 탈거**

② 레지스터 고정볼트를 탈거한다.
③ 레지스터를 탈거한다.

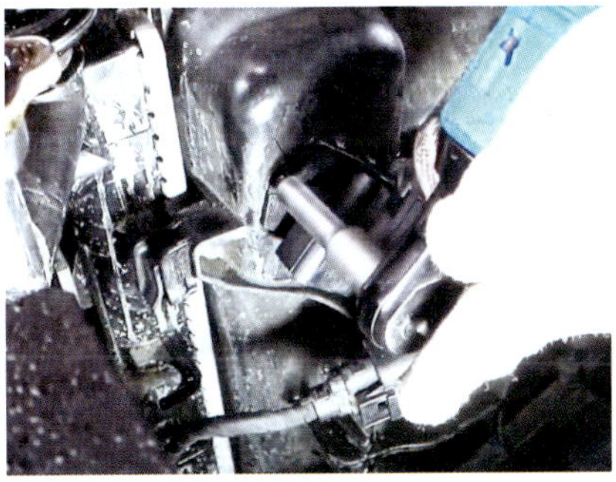

[그림 115] **고정 볼트 탈거**

[그림 116] **레지스터 탈거**

④ 신품 레지스터를 장착한다.
⑤ 레지스터 고정 볼트를 조립한다.
⑥ 레지스터 커넥터를 체결한다.

6.6. 에어컨 냉매(R-134a) 충전

6.6.1. 에어컨 냉매충전기의 사용법(카멘토 장비)

① 전원스위치를 ON으로 한다.

② 장비가 부팅될 때까지 기다린다.

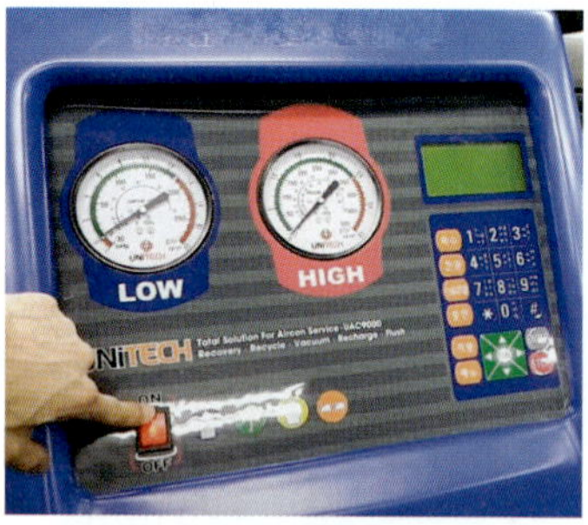

[그림 117] **전원 ON**

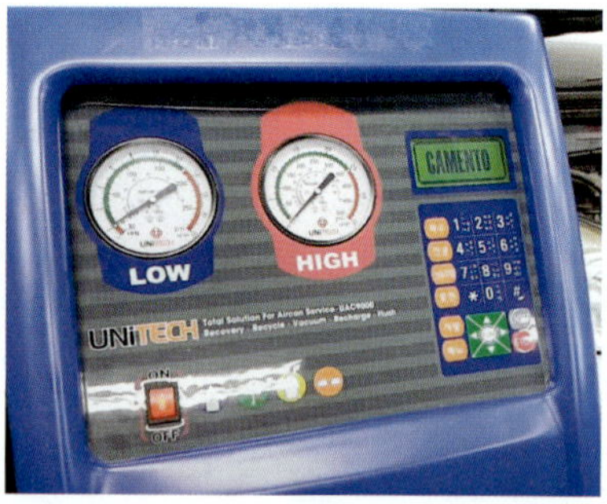

[그림 118] **장비가 부팅 중**

③ 차량의 냉매포트 마개를 탈거하고 냉매주입 커플러를 연결한다.

[그림 119] **냉매포트 마개 탈거**

㉮ 고압 및 저압 커플러 연결방법은 동일하다.

㉯ 고압 커플러는 빨간색, 저압은 청색이다.

㉰ 고압과 저압의 서비스 니플의 크기는 서로 다르다. 커플러의 크기를 확인하고 규격에 맞는 니플과 연결 한다.

④ 커플러를 당겨서 체결 후 오른쪽으로 끝까지 돌려준다.

㉮ 상부 고정핸들이 완전히 열렸는지 확인한다.

[그림 120] **고정핸들 완전히 개방**

㉯ 커플러 하단의 원형 고정부를 위로 올린다.

[그림 121] **고정부를 위로 올린다.**

㉰ 차량 에어컨 니플에 원형 구멍의 중심을 일치시키고 삽입한다.

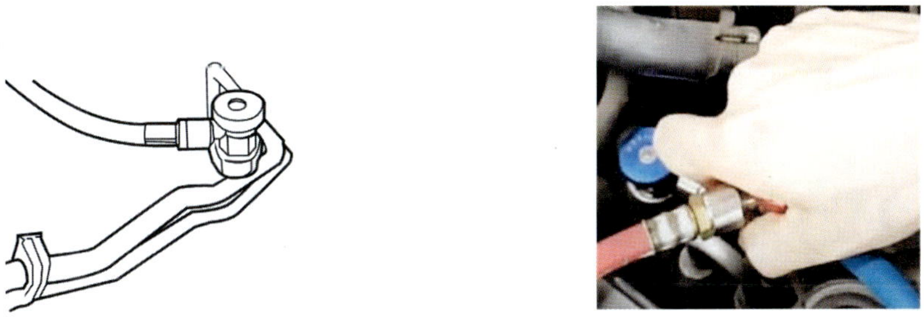

[그림 122] **니플에 삽입**

㉱ 삽입이 되면 커플러 고정핸들을 시계 방향으로 부드럽게 돌려 움직이지 않을 때까지 돌려 고정한다.

㉲ 작업이 끝나고 커플러를 분리할 때는 커플러의 고정핸들을 시계 반대방향으로 완전히 풀어낸 후 하단의 고정 브라켓을 상부로 완전히 들어 올리고 잡아당겨 분리시킨다.

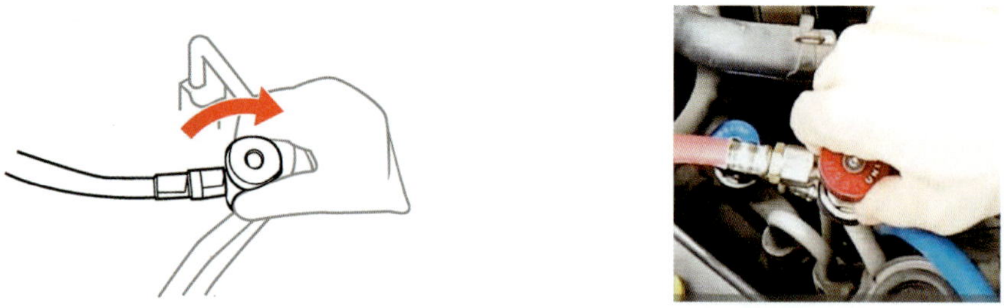

[그림 123] **고정핸들 조임**

⑤ 가장먼저 회수버튼을 누르고 ENTER 버튼을 누르면 냉매 회수를 시작한다(약 2분). 회수 마지막 단계에서는 폐오일 배출작업이 진행된다.

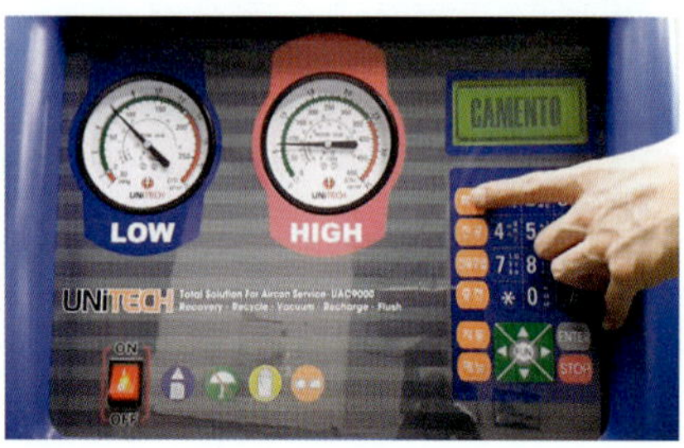

(a) 회수버튼

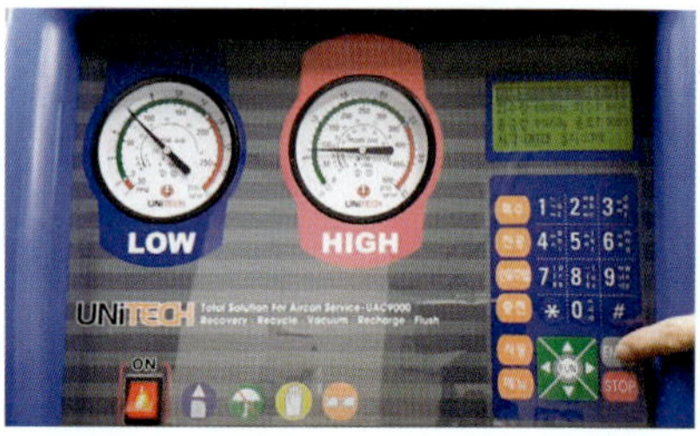

(b) ENTER 버튼

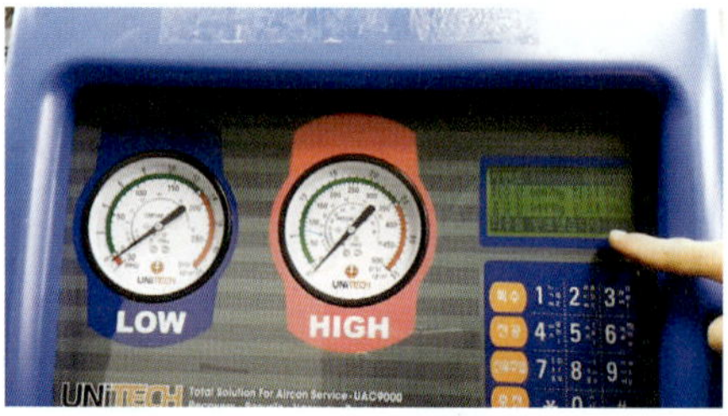

(c) 냉매 회수 완료

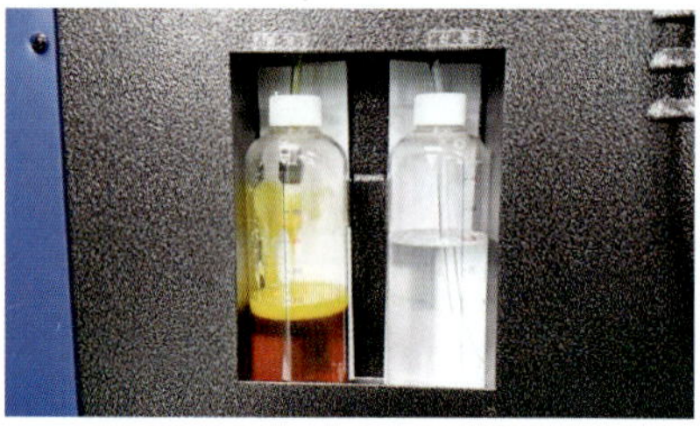

(d) 폐오일 회수

[그림 124] **에어컨 냉매 회수**

⑥ 회수작업 완료 후 라인 내부를 진공시킨다(약 10분, 습기가 많거나 비 오는 날은 진공을 더 오래한다).

⑦ 진공버튼을 누른 후 숫자판을 눌러 진공시간을 설정하고 ENTER 버튼을 누른다. 진공이 되지 않으면 냉매라인의 누설 부위 수리를 진행한다.

(a) 진공버튼

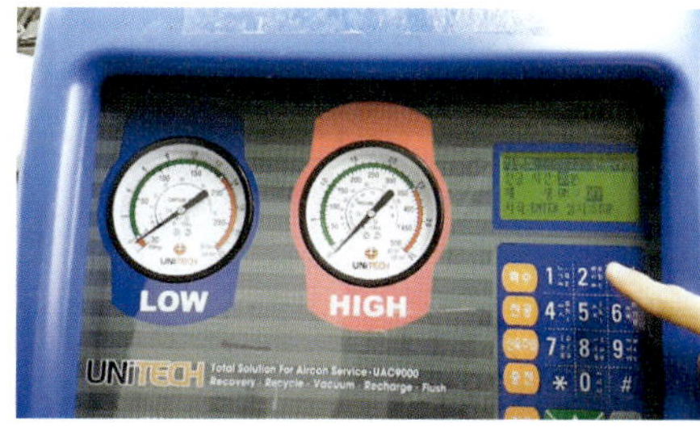

(b) 시간설정

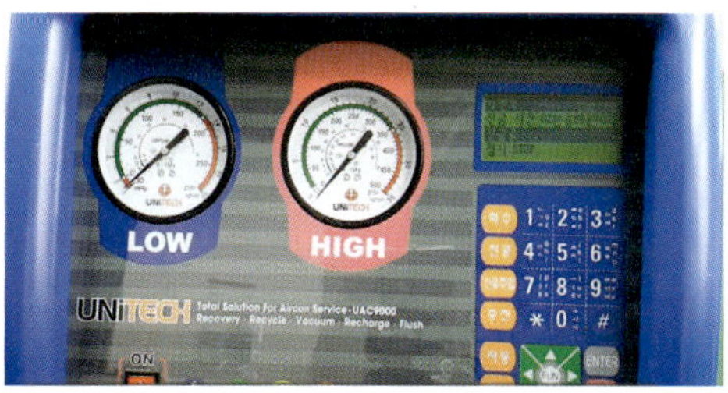

(c) 진공 중

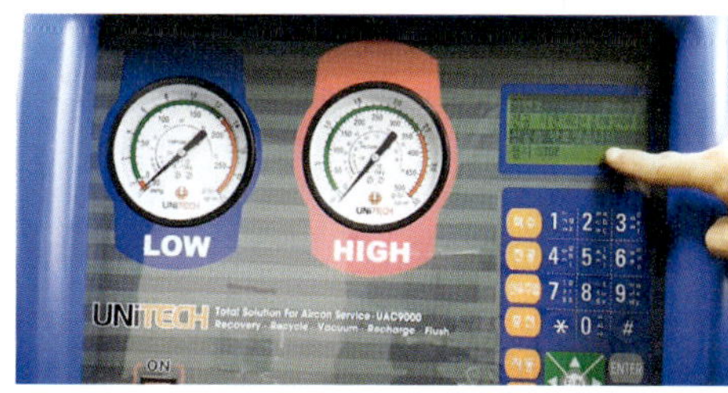

(d) 진공완료

[그림 125] **라인 진공작업**

⑧ 진공이 완료되면 STOP 버튼을 누른다.

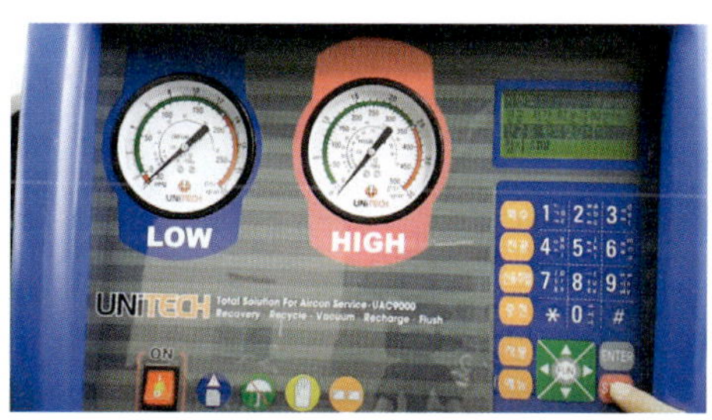

[그림 126] **STOP 버튼**

⑨ 신유주입 버튼을 누른다. 화면주입에 ENTER 문자가 표시된다. 신유 주입 시 ENTER 버튼을 누르면서 주입량을 확인하며 주입한다. 신유 주입이 완료되면 STOP 버튼을 누른다.

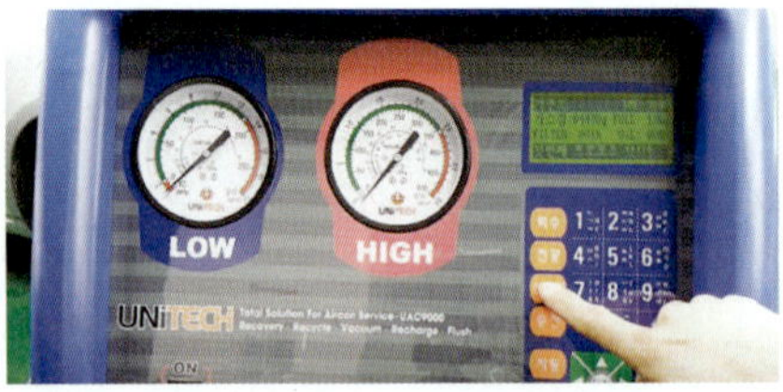

(a) 신유주입 버튼

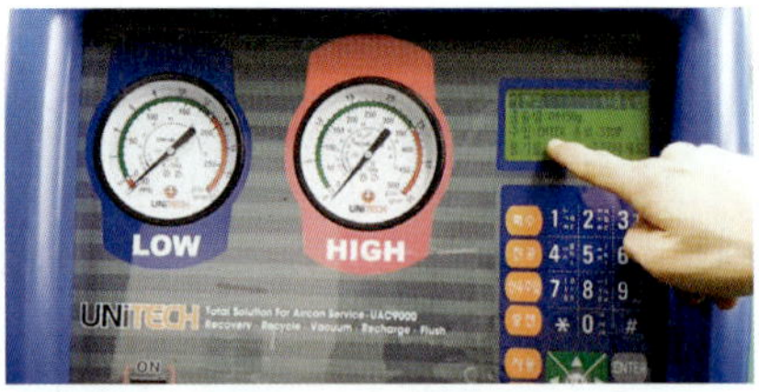

(b) ENTER 글씨

(c) 신유 주입량 확인

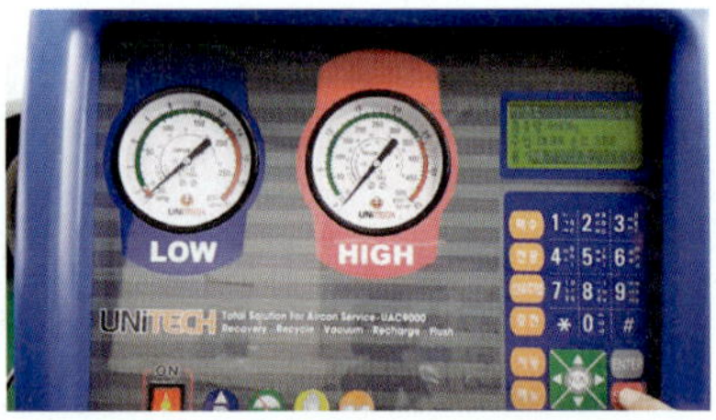

(d) STOP 버튼

[그림 127] **신유 주입**

⑩ 충전버튼을 누른다. 냉매 충전 시 작업차량을 검색하여 냉매량을 확인 후 작업 한다.

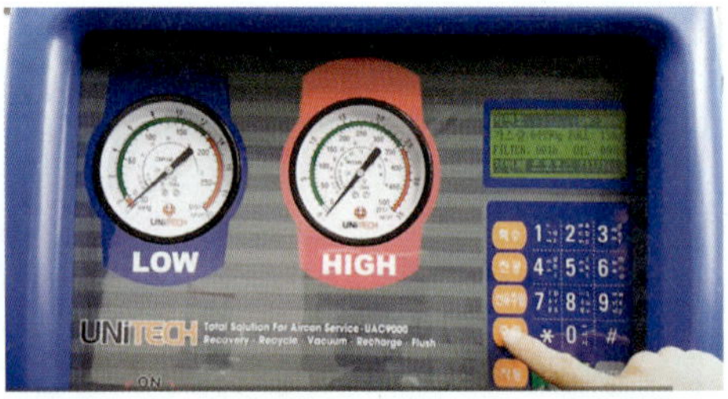

[그림 128] **충전버튼**

⑪ 차종선택은 FUN 버튼을 누른다.

[그림 129] FUN버튼

⑫ FUN의 ▽ △ 버튼을 누르면서 제조회사를 설정한 후 ENTER 버튼을 누른다.

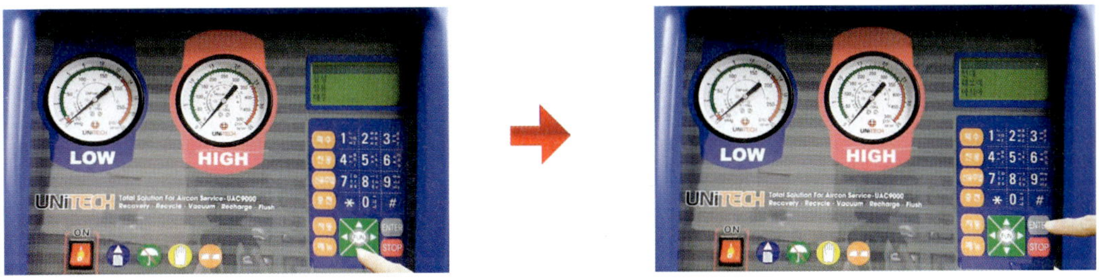

[그림 130] **제조회사 설정**

⑬ FUN의 ▽ 버튼을 누르면서 년식과 차종을 설정한 후 ENTER 버튼을 누른다.

(a) 차종선택 (b) 선택완료

[그림 131] **년식 및 차종설정**

⑭ ENTER 버튼을 다시 누르면 차종의 에어컨 냉매 주입량이 나온다.

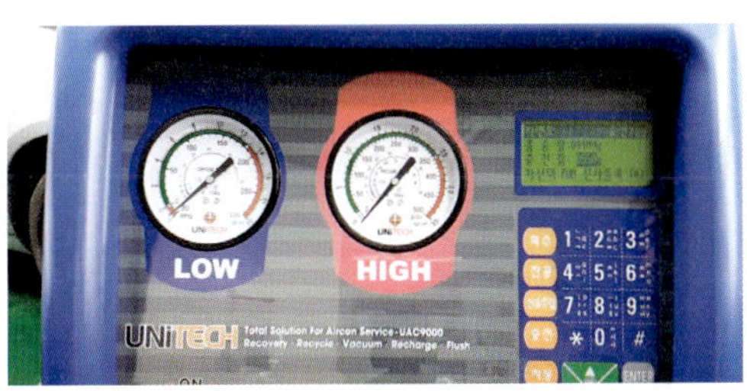

[그림 132] **가스주입량 표시**

⑮ ENTER 버튼을 다시 누르면 냉매가 주입이 되고 냉매 충전이 완료되면 충전완료 문자가 표시된다.

⑯ 냉매 주입 커플러를 탈거하고 에어컨 포트 마개를 조립한다.

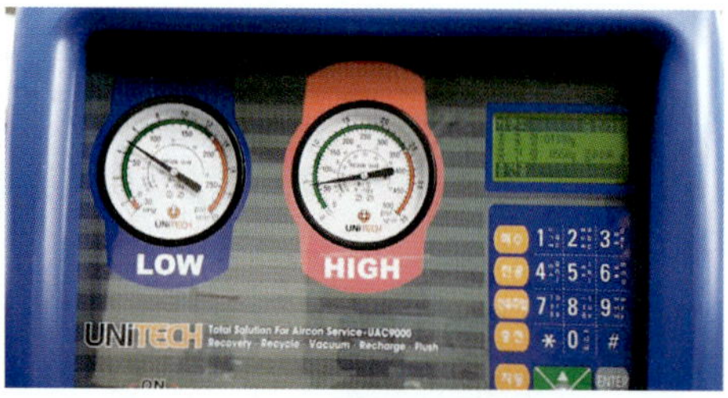

[그림 133] 냉매 주입 중

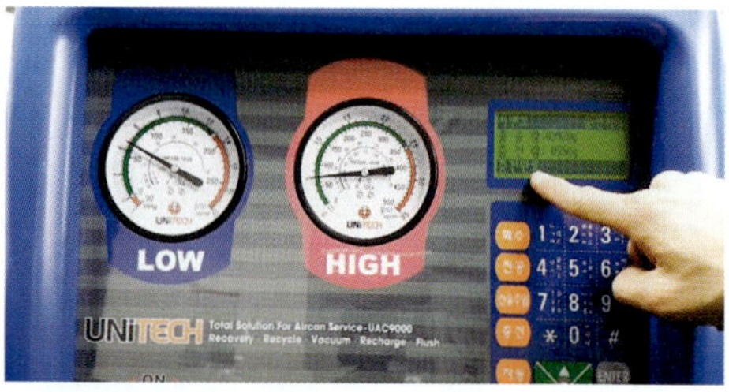

[그림 134] 충전완료

[그림 135] 커플러 탈거

6.6.2. 매니폴드 게이지를 이용

[1] 냉매 회수

① 매니폴드 게이지를 고압 니플과 저압 니플에 연결한다.

② 센터 호스 끝 부분을 수건 위에 놓는다.

③ 고압밸브를 천천히 열어 냉매를 배출시킨다.

④ 매니폴드 게이지의 눈금을 3.5kgf/cm^2 이하로 낮춘 후에 저압의 밸브를 서서히 개방시킨다.

⑤ 압력이 0 kgf/cm^2 될 때까지 개방시킨다.

[2] 에어컨시스템 진공작업

① 점화스위치가 OFF위치에 있는지 확인한다.

② 매니폴드 게이지를 고압과 저압 니플에 연결하고 양쪽 고정핸들을 잠근다.

③ 냉매가 에어컨계통 내에서 완전히 배출되었는지 확인한다.

④ 매니폴드 게이지 센터 호스를 진공펌프 흡입부에 연결한다.

⑤ 진공펌프를 작동시키고 매니폴드 게이지 고압 및 저압밸브를 개방시킨다.

⑥ 양쪽 매니폴드 게이지의 눈금이 0.96kgf/cm^{2}의 진공을 약 10분정도 유지시킨다.

이때 진공이 유지되지 않으면 에어컨계통 내에서 누설이 있으므로 누설부위를 찾아 수리한다.

⑦ 10분 정도 진공작업을 실시한 후 양쪽 매니폴드의 고정핸들을 닫고 진공펌프를 정지시킨 후 진공펌프에서 센터 호스를 탈거한다.

[그림 136] **매니폴드 게이지 설치**

[그림 137] **진공작업**

[3] 냉매 충전(주입)

① 에어컨 계통의 진공작업 후 매니폴드 게이지의 센터 호스를 냉매 저장용기의 시비스 밸브에 연결한다.

② 냉매 저장용기의 밸브를 반 시계방향으로 완전히 돌린다. 냉매 주입시 저장용기는 똑바로 세운 상태에서 주입한다.

③ 저압밸브를 열고 냉매가스를 주입한다.

④ 엔진을 공회전 상태를 유지하면서 에어컨을 작동시켜 작동상태를 확인한다.

저압	$1.5kgf/cm^2 \sim 2.5kgf/cm^2$/아이들	고압	$14kgf/cm^2 \sim 18kgf/cm^2$/아이들

⑤ 컴프레서를 구동시키면서 주입 시에는 매니폴드 게이지의 고압측 밸브는 항상 닫아둔다.

⑥ 규정의 냉매를 주입시킨 후 저압 측 밸브를 잠근다.

⑦ 냉매 저장용기 밸브를 잠근다.

⑧ 에어컨을 끄고 엔진 시동을 끈 후 매니폴드 게이지를 분리한다.

⑨ 고압 및 저압 냉매포트 마개를 씌운다.

7. 계기판 교체

차량계기판이 고장 났다고 해서 다른 소모품이나 부품처럼 손쉽게 교체 하는 것이 아니고, 교체를 해야 하는 상황에 따라 행정절차를 거쳐서 교체해야 한다. 계기판의 주행거리 임의 조작은 범법행위이므로 위반 시 과태료나 벌금이 부과되며 형사처분까지 받을 수 있고, 2급 이상 자동차정비업소 에서만 교체가 가능하다. 계기판 교체가 가능한 경우는 다음과 같다.

[표 1] 「자동차관리법시행령」의 주행거리계(계기판)교체 가능한 경우

고장유형	발급기관	관련증명서
교통사고	경찰서/보험회사	교통사고 사실 증명서
자연재해	관련행정기관(시, 군, 구청)	자연재해 사실 증명서
기타(고장/파손)	교통안전 관리공단 검사소	주행거리계 고장 확인서

[표 2] 주행거리계(계기판) 교체하는 방법 및 순서

순서	교체방법 및 관련자료
1	고장유형에 따른 관련 증명서(주행거리계 고장확인서)를 발급 받는다.
2	발급받은 증명서를 정비소에 제출하여 계기판 교체 후 정비내역서를 발급 받는다.
3	관할구청(구청 교통행정과)에 관련 자료를 제출한다(방문이 어려울 경우 팩스나 전화통화로 통보한다). 관련자료 : 관련증명서(주행거리계 고장확인서), 정비내역서, 자동차등록증

① 시동키를 off 시킨다.

② 핸들의 틸트(핸들을 올리고 내리는 것)를 이용해 핸들을 아래로 내려놓는다.

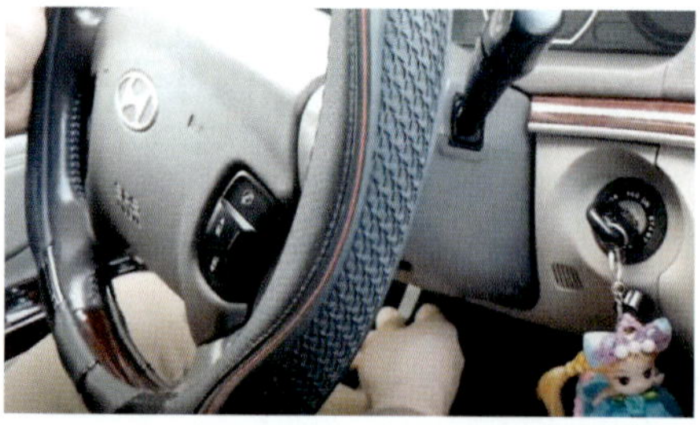

[그림 138] 틸트를 이용해 핸들 아래로

③ 우드몰딩 전용 탈착공구를 이용하여 우측 우드몰딩을 탈거한다.

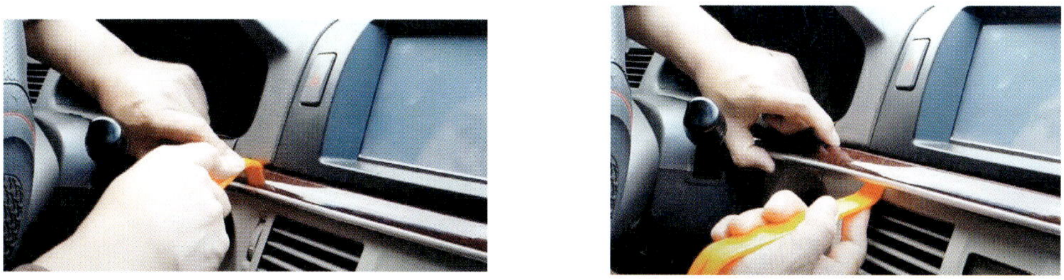

[그림 139] **우측 우드몰딩 탈거**

④ 우드몰딩 전용 탈착공구를 이용하여 좌측 우드몰딩도 탈거한다.

[그림 140] **좌측 우드몰딩 탈거**

⑤ 리셋 스위치 달린 바닥판을 당겨서 탈거하고 커넥터를 탈거한다.

[그림 141] **바닥판 탈거**

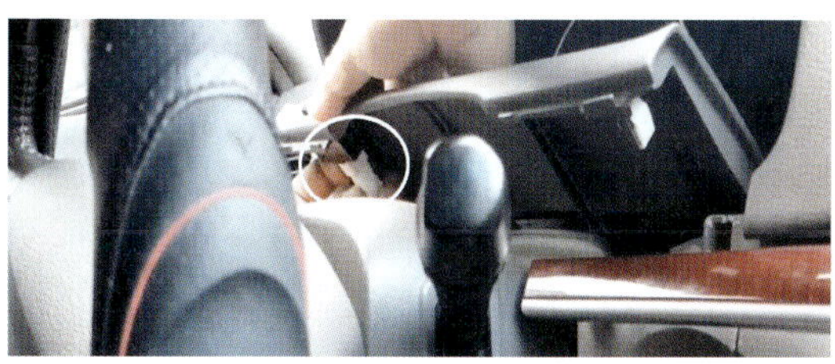

[그림 142] **바닥판 커넥터 탈거**

⑥ 계기판 하단 고정나사 2개를 탈거한다.

⑦ 계기판 뒤편 위 양쪽에 플라스틱 키로 고정되어 있기 때문에 당기면 빠진다.

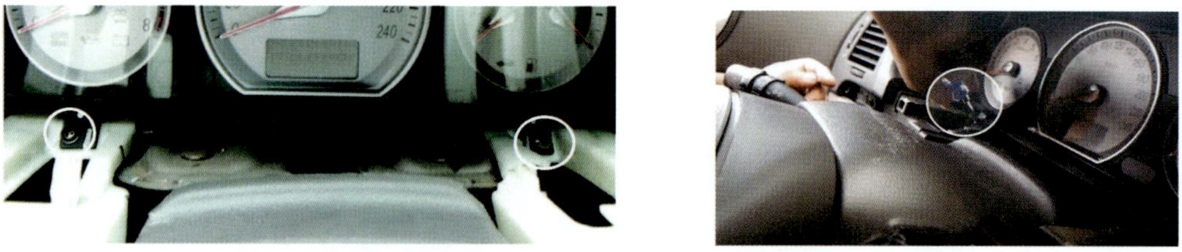

[그림 143] 하단 고정나사 탈거

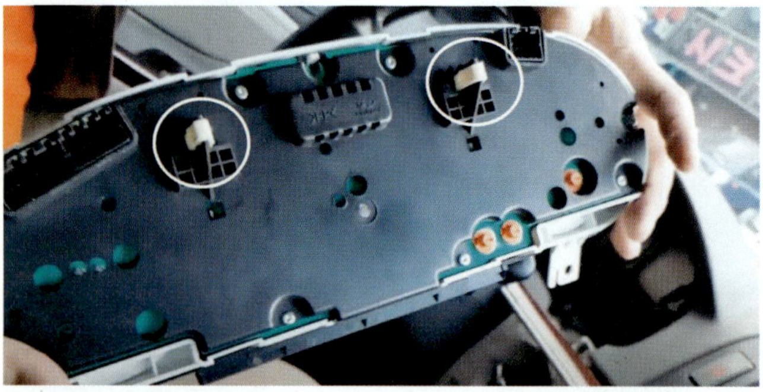

[그림 144] 플라스틱 키

⑧ 계기판을 앞으로 당긴 후 뒤편에 있는 커넥터를 탈거한다.

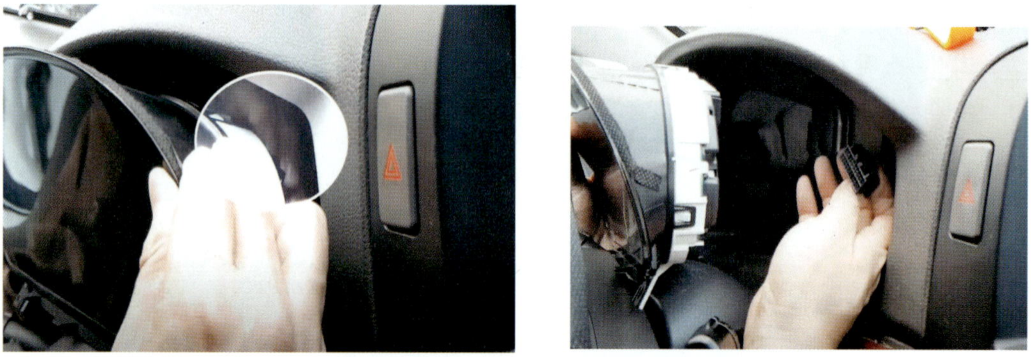

[그림 145] 커넥터 탈거

⑨ 계기판을 탈거한다.

⑩ 조립은 탈거의 역순으로 한다.

⑪ 조립 후 계기판이 정상적으로 작동하는지 확인한다.

[그림 146] 계기판 탈거

[그림 147] 계기판 작동상태 점검

8. 윈도우 레귤레이터(파워 윈도우 모터) 교체

8.1. 탈거

① 도어를 열어 사이드미러 안쪽 커버를 탈거한다.

② 사이드미러 안쪽 커버의 커넥터를 탈거한다.

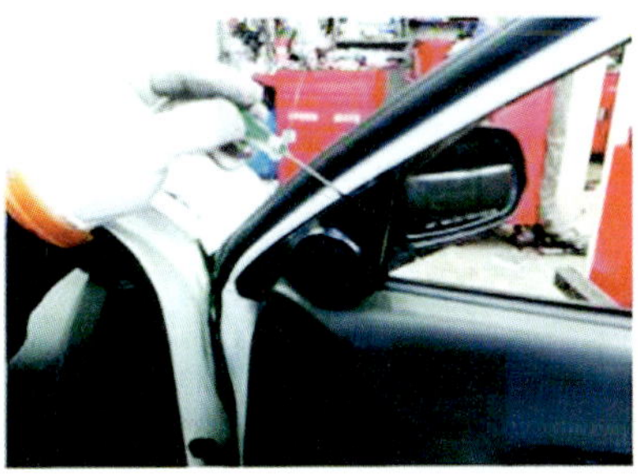

[그림 148] 사이드미러 커버 탈거

[그림 149] 사이드미러 커넥터 탈거

③ 도어 내측 트립의 플라스틱 고정 핀을 제거한다.

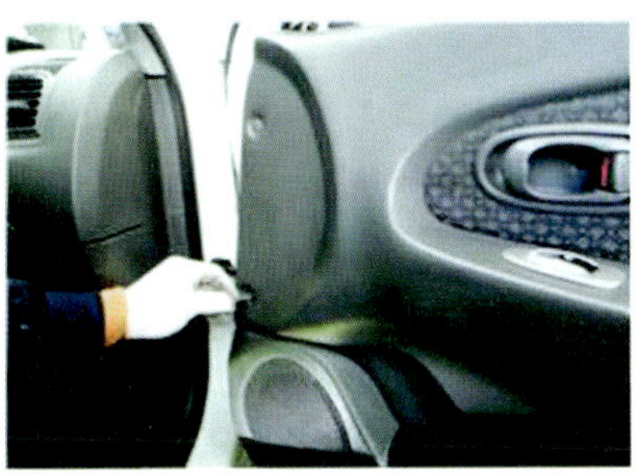

[그림 150] 플라스틱 고정핀 제거

④ 도어 내측 트립의 고정피스를 드라이버를 이용하여 탈거한다.
⑤ 드라이버를 이용하여 도어 내측 트립의 손잡이 고정피스를 탈거한다.
⑥ 도어 내측 트립의 도어 열림 캐치 고정피스를 드라이버를 이용하여 탈거한다.

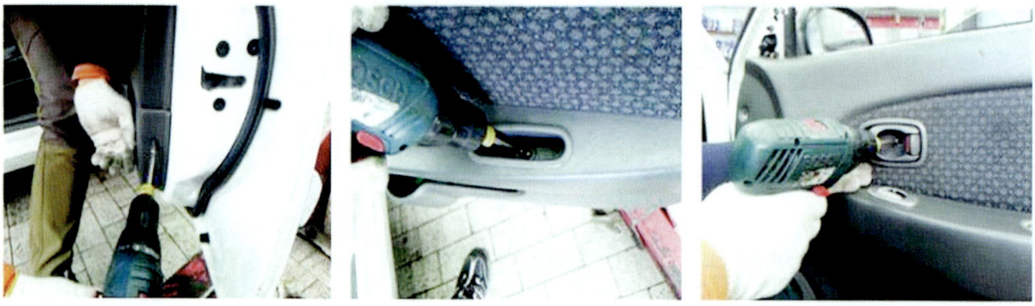

(a) 트립 (b) 손잡이 (c) 캐치

[그림 151] **고정 피스 탈거**

⑦ 인사이드 핸들(내캐치) 링크 키를 분리하고 캐치를 탈거한다.
⑧ 도어 내측 트립의 하단을 손으로 잡아당겨 이격시키고 위쪽으로 밀어 올려 트립을 탈거한다.

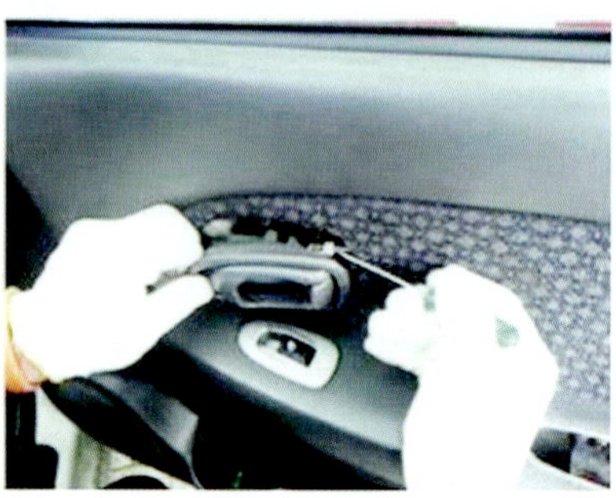

[그림 152] **내 캐치 링크 키 분리**

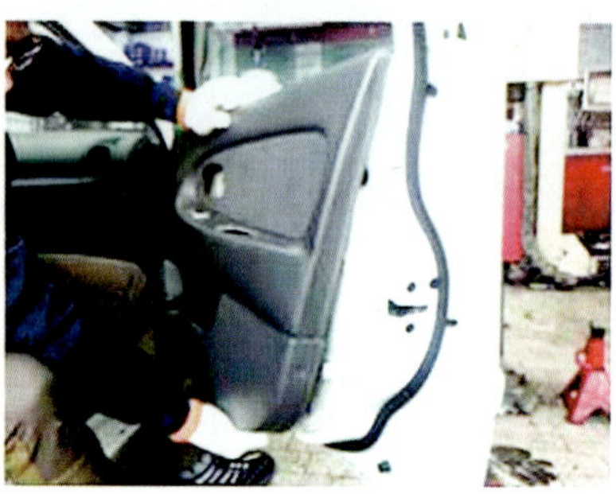

[그림 153] **트립 탈거**

⑨ 트립 안쪽의 커넥터를 탈거한다.
⑩ 트립을 제거하고 드라이버를 이용하여 트립과 고정하는 브래킷(bracket)을 탈거한다.

[그림 154] 커넥터 탈거

[그림 155] 트립 고정 브래킷 탈거

⑪ 더스트(dust) 커버를 탈거한다.

⑫ 도어유리 고정 볼트(2개)를 탈거한다. 볼트를 풀면 유리가 떨어져 깨질 수 있으니 유리가 떨어지지 않도록 고정 장치를 끼우고 작업한다.

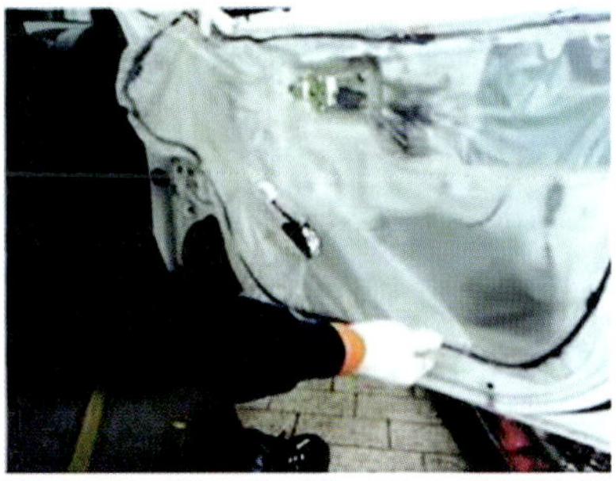

[그림 156] 더스트 커버 탈거

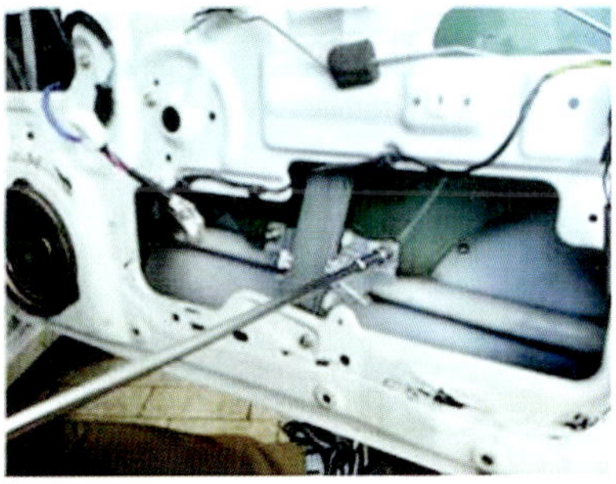

[그림 157] 도어유리 고정 볼트 탈거

⑬ 파워 윈도우 레귤레이터 고정 너트(4개)를 탈거한다.

⑭ 파워 윈도우 모터 커넥터를 탈거한다.

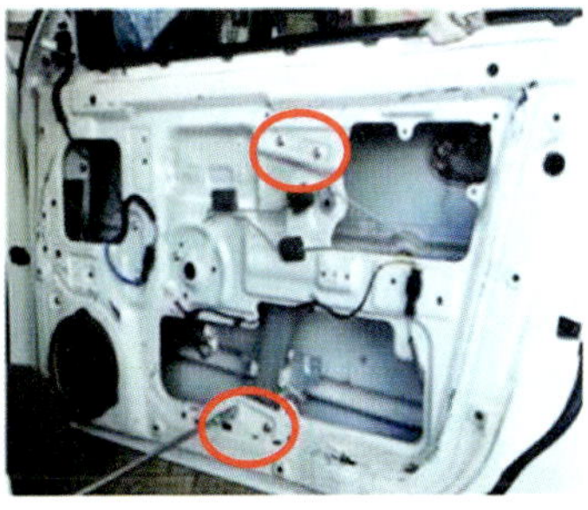

[그림 158] 레귤레이터 고징니드 탈거

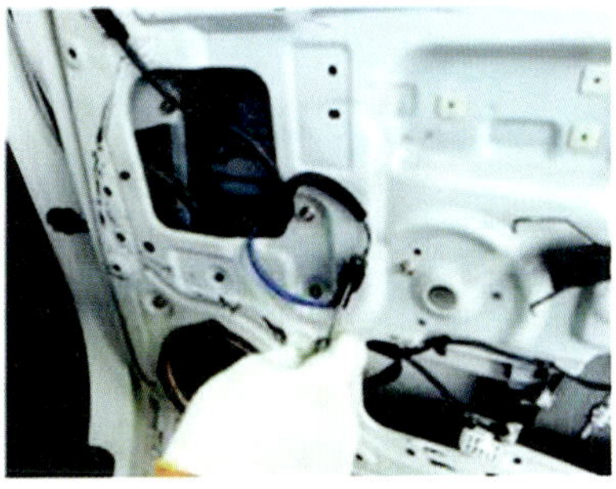

[그림 159] 모터 커넥터 탈거

⑮ 파워 윈도우 모터 고정너트(3개)를 탈거한다.

⑯ 파워 윈도우 모터와 레귤레이터를 탈거한다.

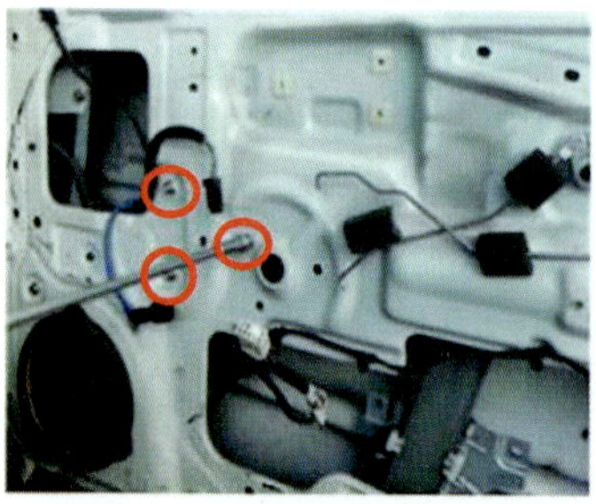

[그림 160] **모터 고정너트 탈거**

[그림 161] **링키지 탈거**

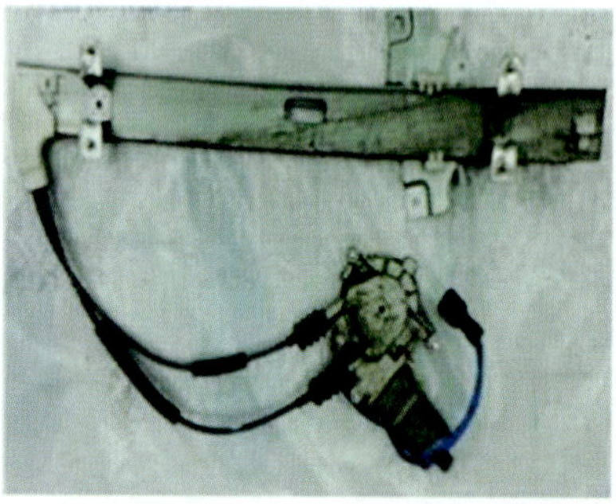

[그림 162] **윈도우 레귤레이터**

8.2. 조립

① 파워 윈도우 모터와 레귤레이터를 끼운다.

② 파워 윈도우 모터 고정너트를 손으로 충분히 돌려 고정한다.

③ 파워 윈도우 레귤레이터 고정너트를 손으로 충분히 돌려 고정한다.

④ 고정 너트를 조인다.

⑤ 파워 윈도우 모터 커넥터를 연결한다.

⑥ 도어유리를 정 위치에 맞추고 고정 볼트(2개)를 고정한다.

⑦ 더스트(dust) 커버를 붙인다.

⑧ 트립과 고정하는 브래킷(bracket)을 조립한다.

⑨ 트립 안쪽의 커넥터를 연결한다.

⑩ 도어 내측 트립을 위쪽에서 아래방향으로 눌러 끼우고 트립과 도어의 키를 맞추어 체결한다.

⑪ 인사이드 핸들(내캐치)의 링크키를 끼우고 캐치를 조립한다.
⑫ 드라이버를 이용하여 인사이드 핸들(내캐치)의 손잡이 고정피스를 조립한다.
⑬ 드라이버를 이용하여 도어 내측 트립의 손잡이 고정피스를 조립한다.
⑭ 드라이버를 이용하여 도어 내측 트립의 고정피스를 조립한다.
⑮ 도어 내측 트립의 플라스틱 고정 핀을 조립한다.
⑯ 사이드미러 안쪽 커버의 커넥터를 조립한다.
⑰ 사이드미러 안쪽 커버의 키 홈을 일치시켜 눌러 조립한다.
⑱ 파워 윈도우 모터스위치를 작동시켜 정상 작동상태를 확인한다.

9. 도어 래치 액추에이터(도어 모터) 교체

도어록 스위치를 눌렀을 때 어떤 특정 도어의 도어핸들이 록 또는 언록 되지 않을 경우, 해당 도어의 "도어 래치 액추에이터(도어 모터)" 가 고장일 경우가 높다.

① 도어틀 커버를 탈거한다.
② 트위터 커넥터를 탈거한다.

[그림 163] **도어틀 커버 탈거**

[그림 164] **트위터 커넥터 탈거**

③ 도어트림 고정피스를 탈거한다.

[그림 165] **도어트림 고정피스 탈거**

④ 도어트림 하단부터 벌린 후 좌우측을 차츰 벌려서 도어트림을 도어에서 분리한다.
⑤ 도어트림을 위로 올려서 도어에서 빼낸 후 안쪽의 커넥터를 분리하여 도어트림을 탈거한다.

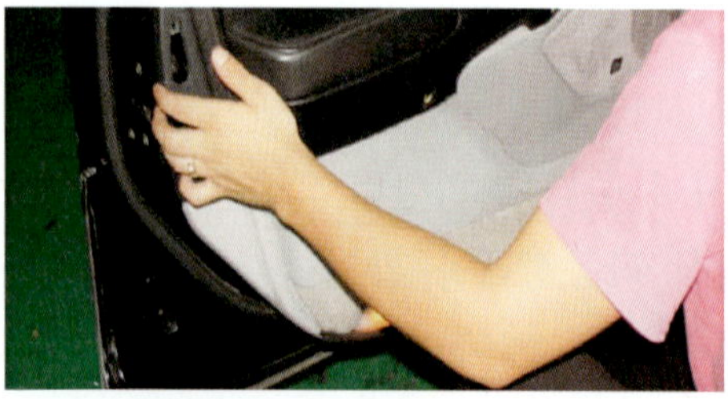

[그림 166] **도어트림 분리**

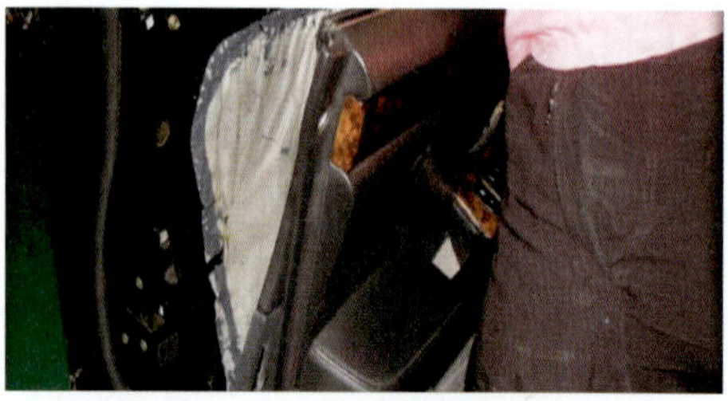

[그림 167] **도어트림 탈거**

⑥ 도어측면 래치 고정 스크루를 탈거한다.
⑦ 윈도우 채널어셈블리 아래쪽 볼트를 탈거한다.
⑧ 윈도우 채널어셈블리 위쪽 볼트를 탈거한다.

[그림 168] **고정 스크루 탈거**

(a) 아래쪽 (b) 위쪽

[그림 169] **볼트 탈거**

⑨ 도어 액추에이터와 도어핸들과 연결된 케이블을 도어핸들에서 분리한다.

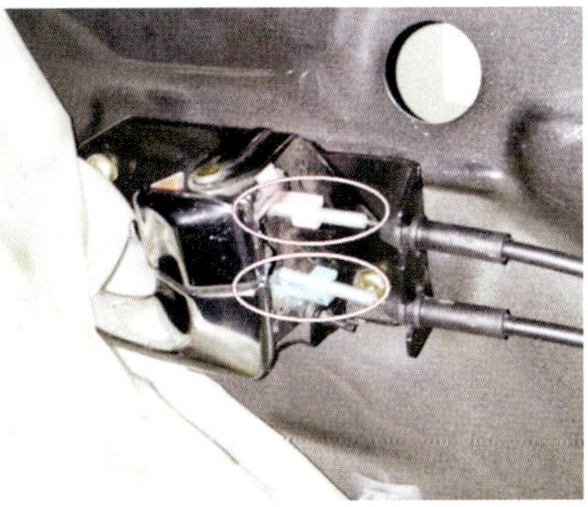

[그림 170] **케이블 도어핸들에서 분리**

⑩ 도어안쪽에 도어액추에이터와 연결된 아웃사이드 핸들 철사 2개를 고정플라스틱과 분리한다.

⑪ 도어 액추에이터 커넥터를 탈거한다.

[그림 171] **고정플라스틱과 분리**

[그림 172] **커넥터 탈거**

⑫ 아래 구멍으로 도어 래치 액추에이터를 빼낸다.

⑬ 도어핸들 케이블을 도어 액추에이터에서 분리한다.

[그림 173] 액추에이터 탈거

[그림 174] 도어핸들 케이블 분리

⑭ 신품의 도어 래치 액추에이터를 탈거 역순으로 장착한다.

10. 다기능스위치(콤비네이션스위치) 교체

① 배터리 (-)케이블을 탈거한다. 배터리를 분리하면 안되는 이유가 있으면 에어백 퓨즈라도 탈거한다.

② 양쪽 면 아랫부분에 있는 에어백을 고정하는 볼트를 풀고 에어백을 탈거한다.

[그림 175] 배터리 (-)케이블 탈거

[그림 176] 에어백 탈거

③ 상단에 고정키를 먼저 풀고, 커넥터의 주황색 클립을 위로 뽑아 에어백 커넥터를 분리한다.

(a) 고정키 탈거 (b) 클립을 위로 (c) 커넥터 탈거

[그림 177] **에어백 커넥터 탈거**

④ 스티어링 휠 너트를 풀고 스티어링 휠에 표시를 해준다. 스티어링 휠을 그냥 탈거하면 조립할 때 제자리를 찾기 어렵고 스티어링 휠 방향이 틀러질 수 있다. 스티어링 휠 조립은 탈거 시 표시한 자리에 맞게 조립하고 너트를 조인다.

[그림 178] **스티어링 휠 너트 탈거**

[그림 179] **스티어링 휠에 표시**

⑤ 너트를 완전히 빼지 않고 끝부분에 걸려 있을 정도로만 조여 준다. 이유는 스티어링 휠을 빼낼 때 너트가 없으면 얼굴에 부딪혀 다칠 수가 있다.

⑥ 클럭 스프링에서 커넥터를 탈거한다.

⑦ 스티어링 휠을 좌우로 조금씩 흔들어 주며 빼낸다. 스티어링 휠이 헐거워지면 너트를 완전히 풀어 준다. 너트 밑에 와셔도 있으니 같이 탈거 한다.

[그림 180] **스티어링 휠 탈거**

⑧ 컬럼 커버를 정면에 보이는 좌, 우의 스크류와 하단 스크류를 탈거한다. 위아래 커버가 핀 형태의 플라스틱 돌출부로 연결되어 있으니 위아래 커버를 벌려주며 분리시킨다.

(a) 좌, 우 스크류

(b) 하단 스크류

[그림 181] **컬럼 커버 탈거**

⑨ 클럭 스프링은 키로 고정되어 있기 때문에 부러지지 않게 탈거한다. 클럭 스프링은 핸들 회전반경에 맞게 되어있다. 클럭 스프링을 재사용 할 경우 조립 시 주의사항을 참조한다.

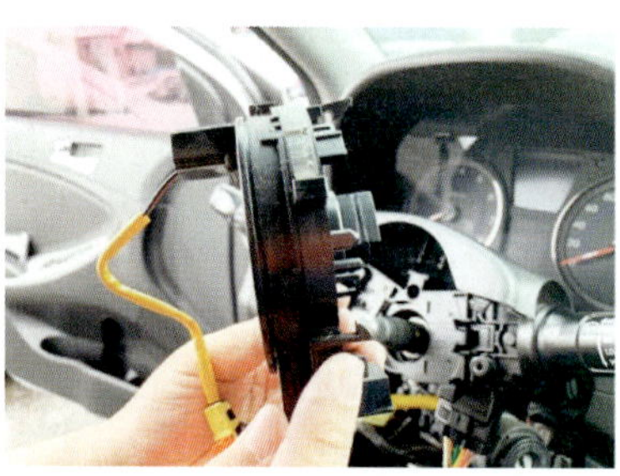

[그림 182] **클럭스프링 탈거**

[그림 183] **클럭스프링 조립시 주의사항**

⑩ 다기능 스위치 커넥터를 탈거한다.

⑪ 위아래 고정 볼트를 풀고 다기능 스위치를 탈거한다.

[그림 184] **커넥터 탈거**

[그림 185] **다기능스위치 탈거**

⑫ 신품 다기능 스위치를 탈거의 역순으로 조립한다.

11. 윈드 실드 와이퍼 모터 교체

11.1. 윈드 실드 와이퍼 모터의 탈거

① 보닛을 열고 배터리 (-)케이블을 탈거한다.

② 와이퍼 블레이드 암 고정너트 캡을 탈거한다.

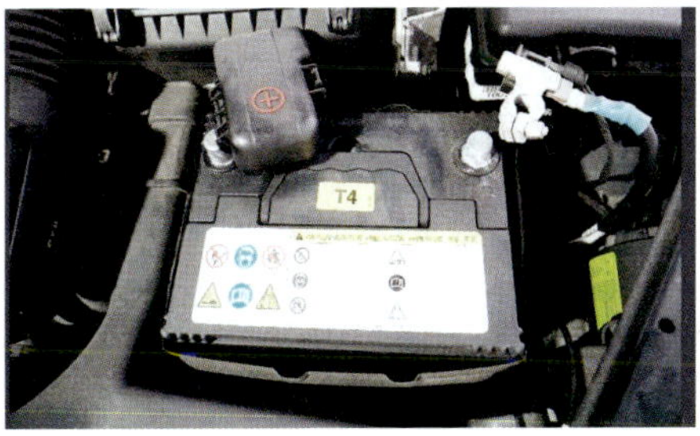

[그림 186] **배터리 (-)케이블 탈거**

[그림 187] **캡 탈거**

③ 와이퍼 블레이드 암 고정너트를 탈거한다.

④ 그림 189처럼 해당부위를 한두 번씩 눌러 가면서 와이퍼 블레이드 암을 탈거한다.

[그림 188] **고정너트 탈거**

[그림 189] **블레이드 암 탈거**

⑤ 고무 패드를 탈거한다. 몰딩사이에 핀이 있기 때문에 핀을 제거해야한다.

⑥ 카울 커버를 고정하고 있는 고정 피스 및 좌·우측 플라스틱 고정 핀을 탈거한다.

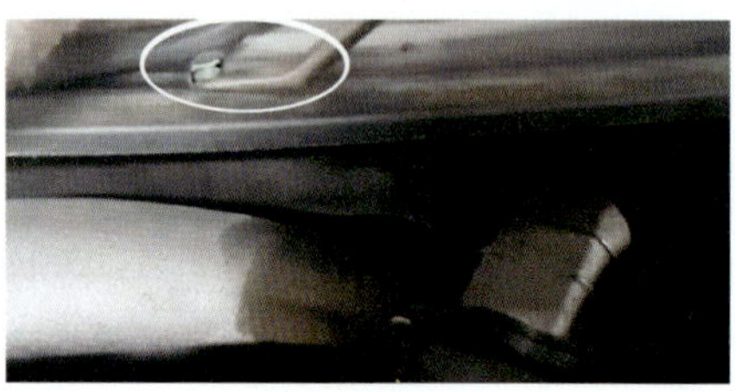

(a) 핀제거

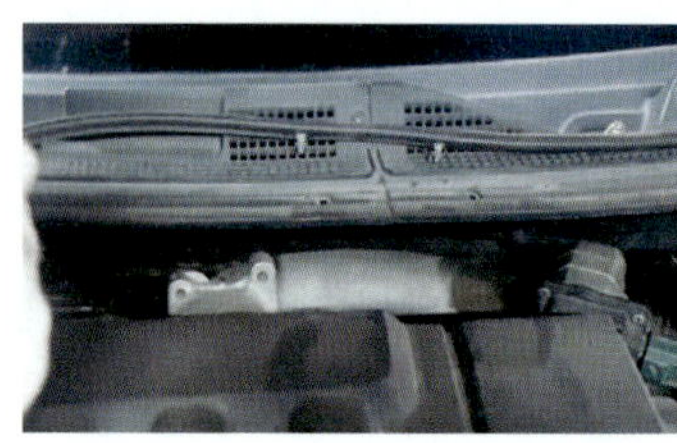

(b) 고무패드

[그림 190] **고무패드 탈거**

[그림 191] **카울 커버 고정 핀 및 고정피스 탈거**

⑦ 가운데 부분을 들어 올려서 왼쪽 카울 커버를 탈거하고 오른 쪽도 위로 당겨서 카울 커버를 탈거한다.

⑧ 와이퍼 모터 커넥터를 탈거한다. 드라이버를 이용해서 고정된 커넥터를 탈거한다.

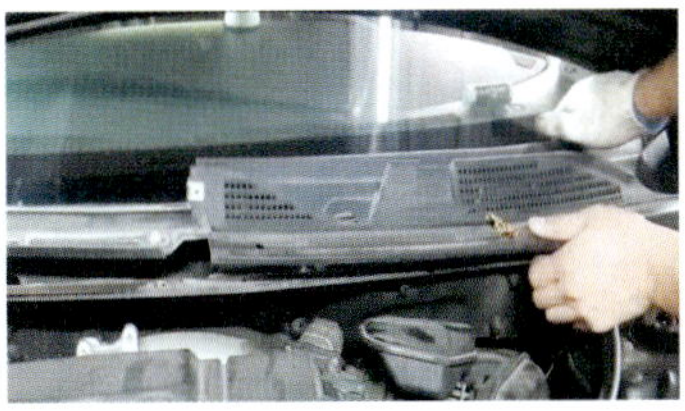

[그림 192] 카울 커버 탈거

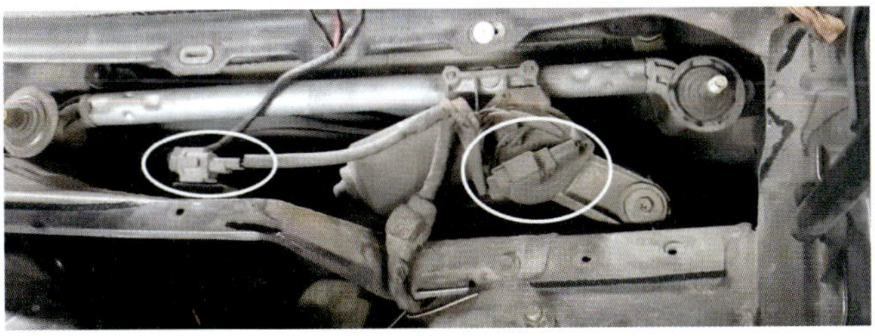

[그림 193] 와이퍼 모터 커넥터 탈거

⑨ 와이퍼 모터 링키지 고정 볼트 3개를 풀고 링키지와 모터를 탈거한다.

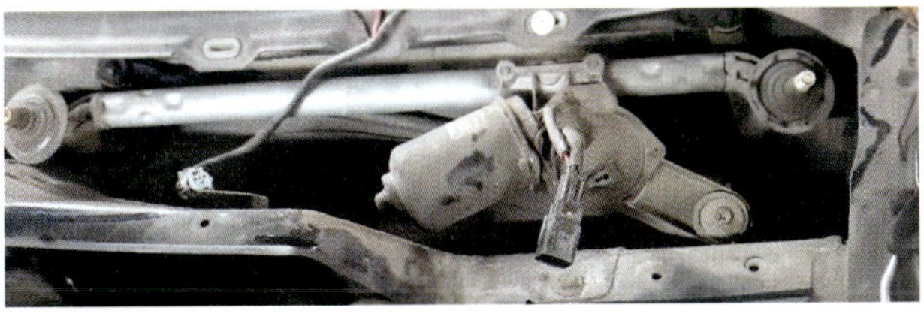

[그림 194] 링키지 고정 볼트 탈거

⑩ 와이퍼 모터 링키지에서 모터 고정 볼트를 탈거한다.
⑪ 와이퍼 모터를 탈거한다.

[그림 195] 와이퍼 모터 고정 볼트 탈거

11.2. 윈드 실드 와이퍼 모터 조립

① 신품 와이퍼 모터 링키지에 신품 모터를 설치하고 모터 고정너트를 조립한다.
② 링키지와 모터는 골에 손으로 툭툭 쳐서 끼운다.

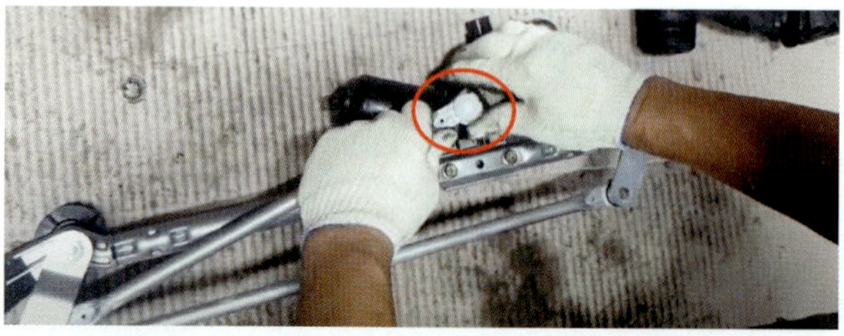

[그림 196] 링키지와 모터 골에 끼우기

③ 와이퍼 모터와 링키지 어셈블리를 제 위치에 설치하고 고정 볼트로 조립한다.
④ 와이퍼 모터 커넥터를 조립한다.
⑤ 카울 커버 고정피스 및 플라스틱 키를 끼운다.
⑥ 고무패드를 조립한다.
⑦ 와이퍼 블레이드 암을 정확한 위치를 선정하여 조립하고 고정너트를 조립한다.
⑧ 배터리 (-)케이블을 연결한다.
⑨ 와이퍼를 작동시켜 정상작동 여부를 확인한다.

11.3. 와이퍼블레이드 교체

자동차 와이퍼블레이드 교체시기는 6개월 내외로 교체해 주는 것이 가장 적당하며, 10,000 ~2만km 정도 주행했을 때 교체해줄 것을 권장하고 있다. 와이퍼블레이드 교체 시 주의사항으로는 와이퍼 블레이드를 와이퍼 암에서 빼낼 때, 분리 후에 와이퍼 암 쇠 부분을 손에서 놓지 말아야 한다. 간혹 확 놓게 되면 유리가 파손될 수도 있어 위험하다. 작업할 때 두꺼운 수건을 깔고 하면 안전하게 작업할 수 있다.

11.3.1. 자동차 와이퍼 교체방법(1)

자동차 와이퍼 암을 세운 다음 와이퍼 밑 부분에 누르는 부분이 있다. 엄지로 살짝 눌러 주고 와이퍼를 아랫방향으로 빼준다. 와이퍼 암에서 분리된 것이 보이면 이제 완전히 밑으로 빼주고 새것을 분해의 역순으로 교체해주면 된다.

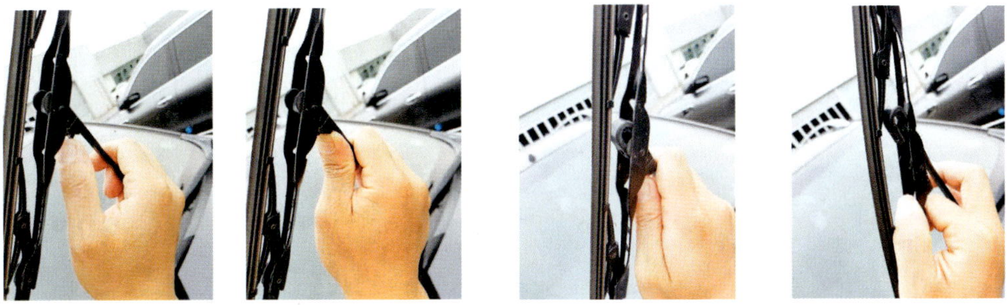

(a) 와이퍼를 암을 세운다. (b) 와이퍼 밑 부분을 누른다. (c) 아랫방향으로 빼준다. (d) 완전히 탈거한다.

[그림 197] **자동차 와이퍼 교체방법 (1)**

11.3.2. 자동차 와이퍼 교체방법(2)

와이퍼 암을 살짝 올리면 밑 부분에 누르는 곳이 있다. 엄지와 검지를 이용해 눌러준다. 누른상태에서 앞 쪽으로 밀듯이 빼주면 완전히 분리가 된다.

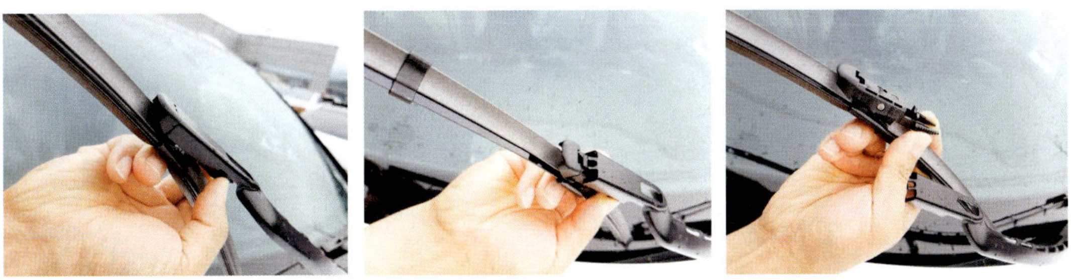

(a) 와이퍼 암을 들어 올린다. (b) 와이퍼 밑 부분을 누른다. (c) 앞 쪽으로 빼준다.

[그림 198] **자동차 와이퍼 교체방법(2)**

11.3.3. 자동차 와이퍼 교체방법(3)

이번 건은 위에 누르는 부분이 있는 방식으로, 네모난 곳을 손가락으로 누르면서 다른 손으로 와이퍼를 잡고 살짝 당겨주면서 다 나오지는 않고 걸리는데, 엄지손가락 부분을 누르고 마저 당겨주기면 완전히 분리된다.

(a) 와이퍼 윗부분을 누른다.

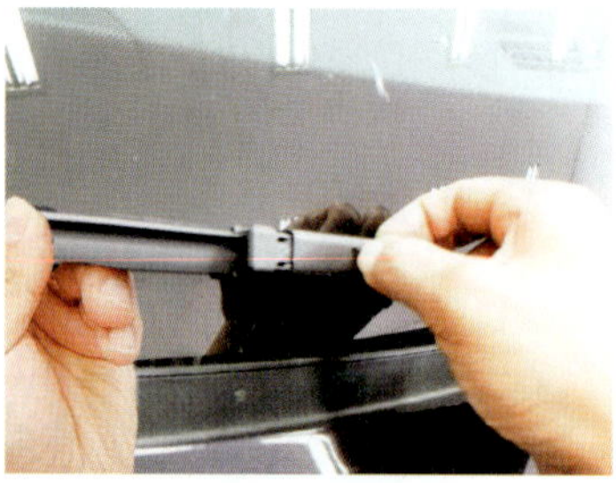

(b) 와이퍼 당겨준다.

(c) 엄지손가락 부분을 누르고 당긴다.

[그림 199] **자동차 와이퍼 교체방법 (3)**

11.3.4. 자동차 와이퍼 교체방법(4)

삼성 QM6 차량이다. 기존 누르는 방식이랑은 다른데, 공구를 이용해 제껴 완전히 들어 올리고 잡아 빼면 된다.

[그림 200] **자동차 와이퍼 교체방법(4)**

11.4. 와셔액 통 교체

① 양쪽 휠 하우스 커버를 고정해주는 고정핀을 탈거한다.

② 보닛을 열고 범퍼 상단에 있는 고정핀을 탈거한다.

[그림 201] **휠 하우스 커버 탈거**

[그림 202] **범퍼 상단 고정핀 탈거**

③ 범퍼 하단에 있는 고정핀을 탈거한다.

④ 휀다와 범퍼가 만나는 자리에 양쪽에 고정 볼트가 하나씩 있는 것을 탈거한다.

[그림 203] **범퍼 하단 고정핀 탈거**

[그림 204] **고정볼트 탈거**

⑤ 안개등 커넥터를 탈거한다.

⑥ 범퍼를 탈거한다.

⑦ 워셔액 모터 커넥터를 탈거한다.

[그림 205] **범퍼 탈거**

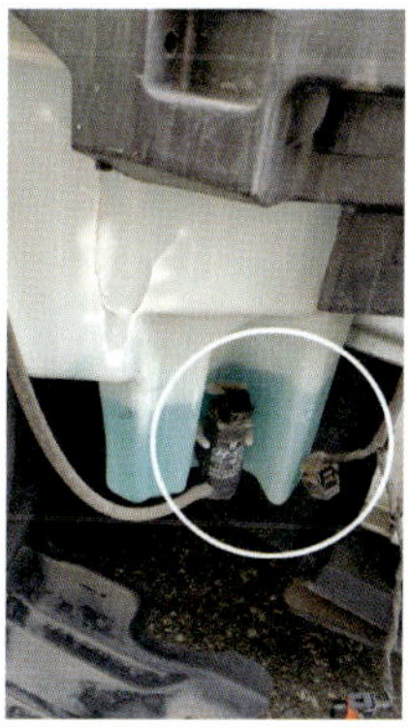

[그림 206] **와셔액 모터 커넥터 탈거**

⑧ 워셔액 통 고정 볼트를 탈거한다.

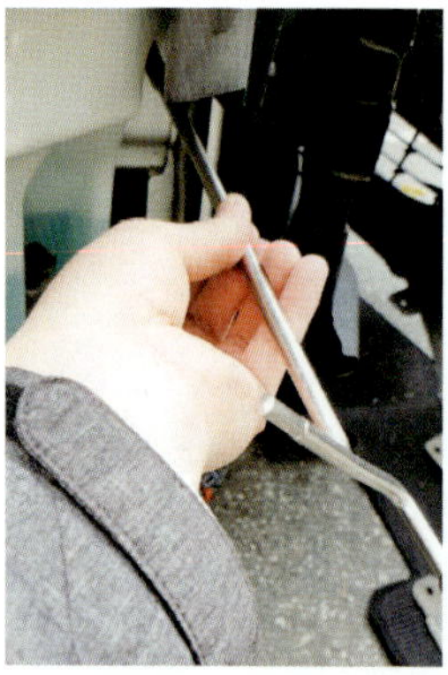
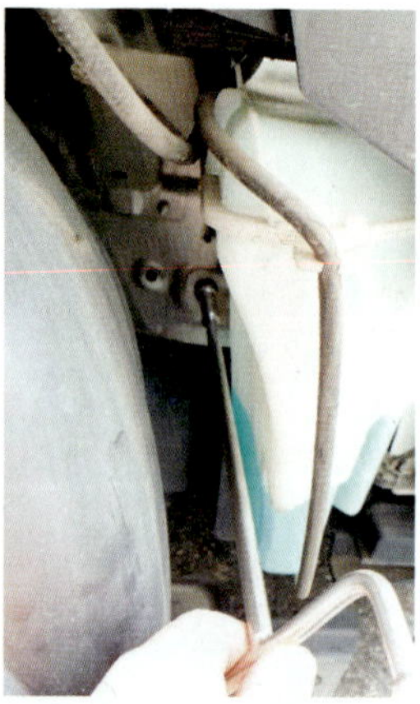

[그림 207] **워셔액 통 고정볼트 탈거**

⑨ 조수석 쪽 라이트 옆에 보면 워셔액 통에서 노즐로 향하는 호스를 탈거한다.
⑩ 신품 워셔액 통 어셈블리를 조립한다.
⑪ 안개등 커넥터 및 와셔액 모터 커넥터, 노즐로 향하는 호스를 조립한다.
⑫ 휠 하우스를 비롯해서 범퍼를 조립한다.
⑬ 와셔액을 주입한다.

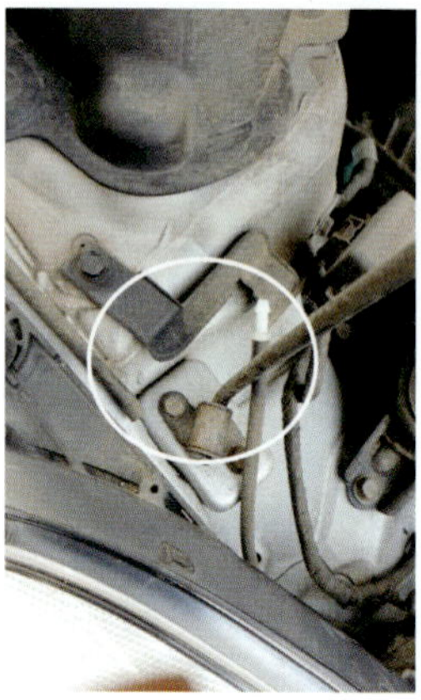

[그림 208] **호스 탈거**

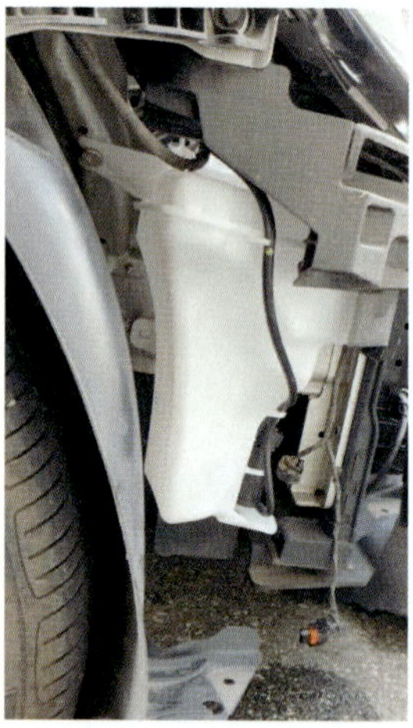

[그림 209] **신품 워셔액 통 조립**

[그림 210] **와셔액 주입**

⑭ 와이퍼를 작동시켜 보고 와셔액 분무 상태와 누수 등이 없는지를 점검한다.

11.5. 와셔모터 교체

① 조수석 타이어를 탈거한다.

② 휠 하우스 고정핀을 탈거한다. 휠 하우스 하부측 십자 고정 볼트도 탈거한다.

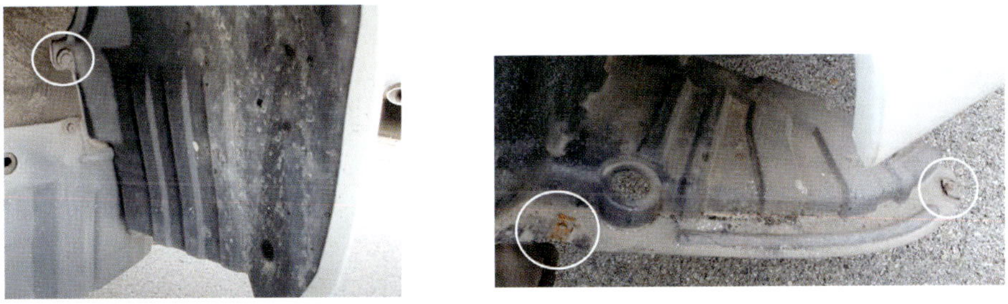

[그림 211] 휠 하우스 탈거

③ 와셔모터 커넥터를 탈거한다.

④ 워셔모터 호스를 탈거하고 와셔액을 받아낸다.

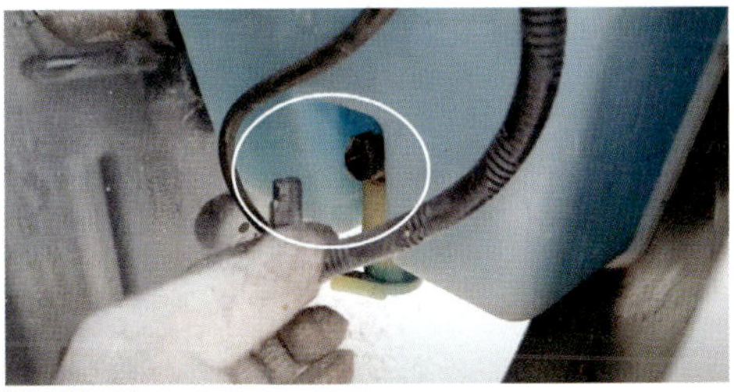

[그림 212] 커넥터 탈거

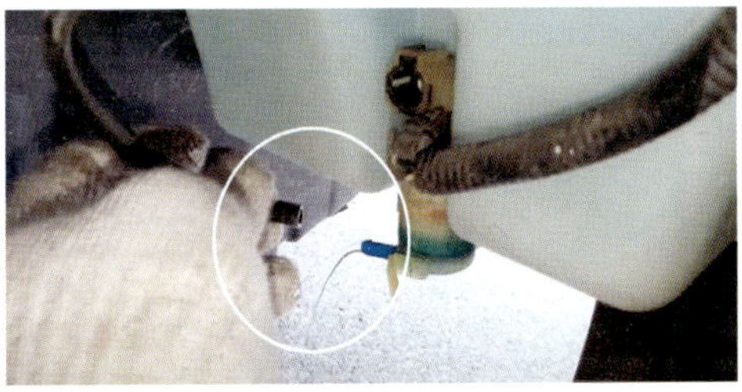

[그림 213] 워셔 모터 호스 탈거

⑤ 일자드라이버 등을 이용하여 부싱고무(패킹) 사이로 넣어 벌린 후 모터를 손으로 잡아당겨 탈거한다.

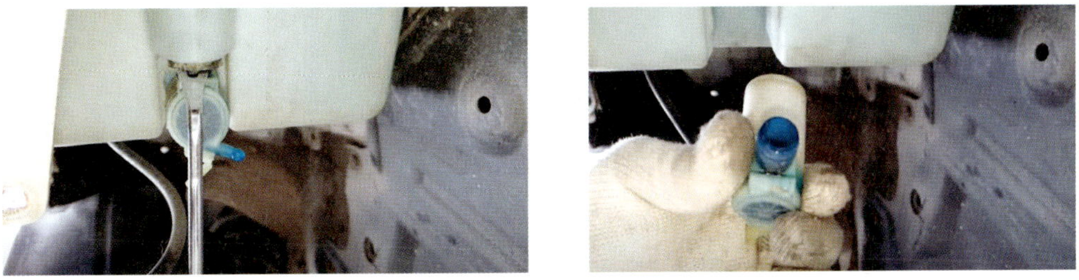

[그림 214] 워셔모터 탈거

⑥ 고무 부싱(패킹)을 당겨서 탈거한다. 부싱도 같이 교체해야 누수가 되지 않는다.
⑦ 신품 고무 부싱(패킹)을 워셔액 통에 조립한다.

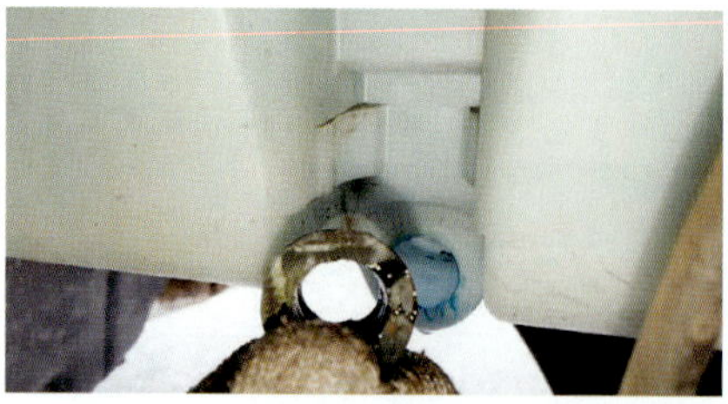
[그림 215] **고무부싱 탈거**

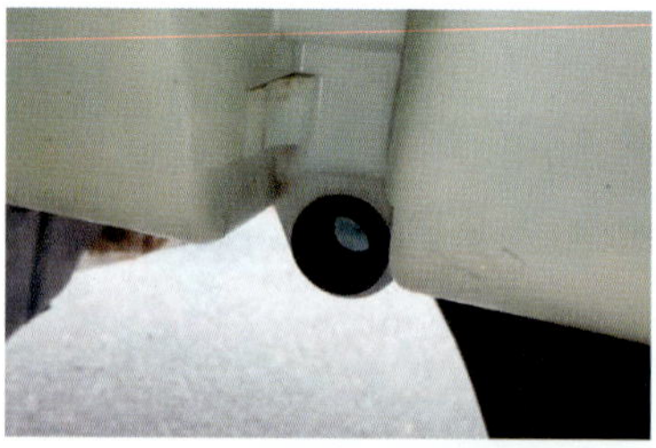
[그림 216] **신품 고무부싱 조립**

⑧ 신품 워셔모터를 조립하고 밀착 상태가 좋은지 체결상태를 확인한다.
⑨ 워셔액 호스를 조립한다.

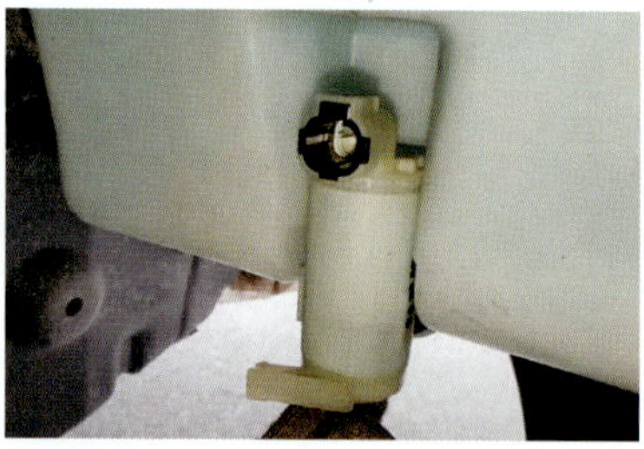
[그림 217] **워셔모터 조립**

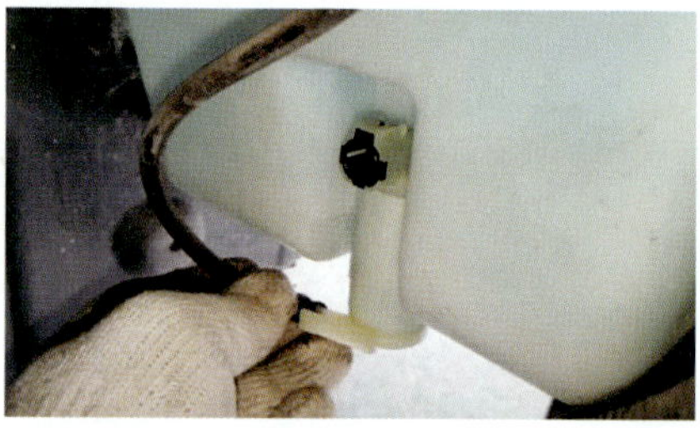
[그림 218] **와셔액 호스 조립**

⑩ 모터 커넥터를 딱 소리나게 조립한다.
⑪ 워셔액을 부어준다.

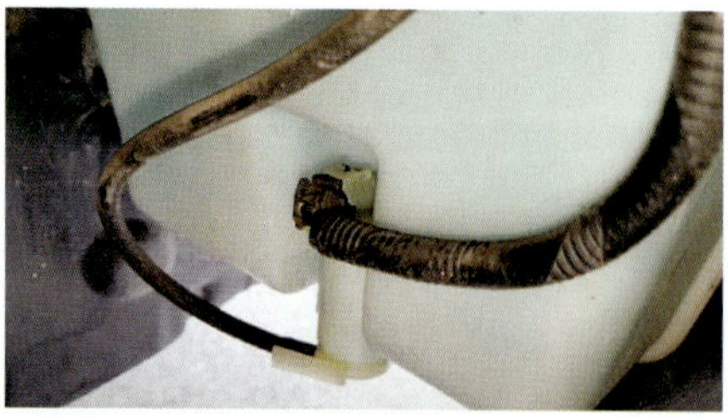
[그림 219] **커넥터 조립**

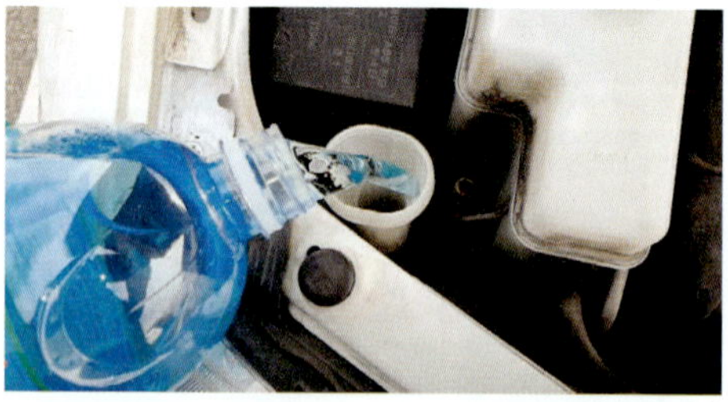
[그림 220] **워셔액 주입**

⑫ 워셔액 누수 여부를 확인하고 와셔 작동 상태를 점검한다.

⑬ 휠 하우스 커버를 조립한다.

⑭ 탈거한 타이어를 조립한다.

12. 헤드라이트(전조등) 교체

12.1. 헤드라이트의 전구교체

헤드라이트 전구를 다룰 때는 반드시 유리부분을 잡지 말고 전구의 소켓가드 부분을 잡아주어야 한다. 전구에 지문이나 이물질이 묻어 광도가 변하거나 조사 각이 변한다.

① 보닛을 연다.

② 헤드라이트 전구 커버를 시계 반대방향으로 돌려서 탈거한다.

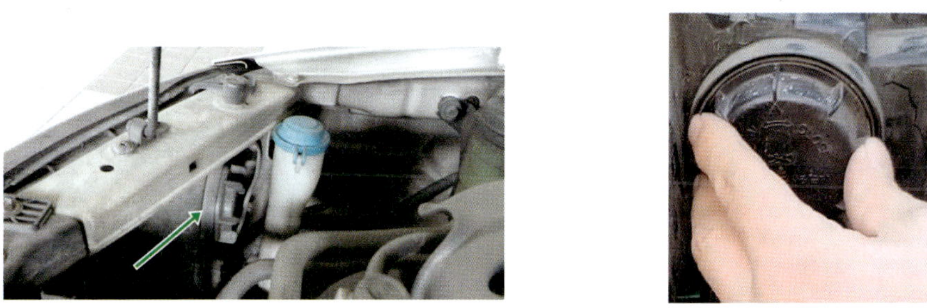

[그림 221] **커버 탈거**

③ 헤드라이트 전구 커넥터를 탈거한다.

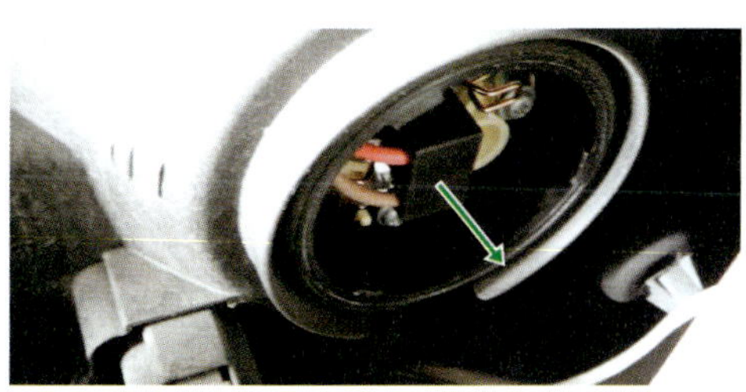

[그림 222] **커넥터 탈거**

④ 스프링 클립을 살짝 누르면서 화살표 방향으로 밀어서 고리에서 이탈시켜 헤드라이트 전구 고정을 해제시킨다.

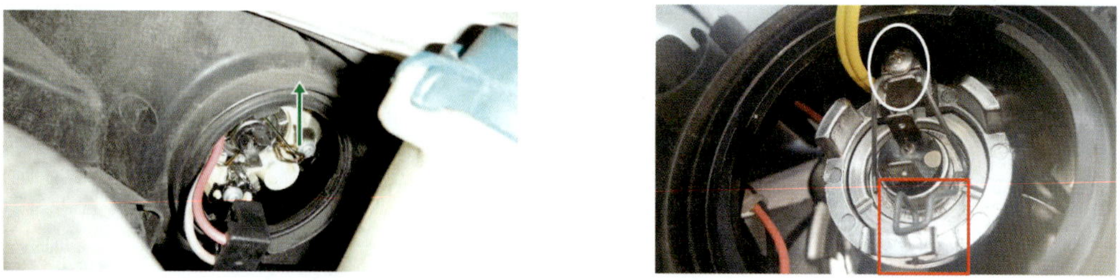

[그림 223] **스프링 클립 탈거**

⑤ 헤드라이트 전구를 탈거한다.
⑥ 전구 소켓의 튀어나온 부분이 딱 맞게 신품 헤드라이트 전구를 조립한다.

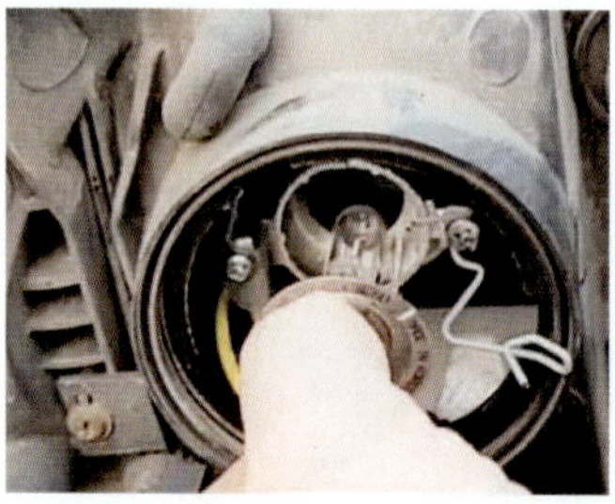

[그림 224] **전구 탈거**

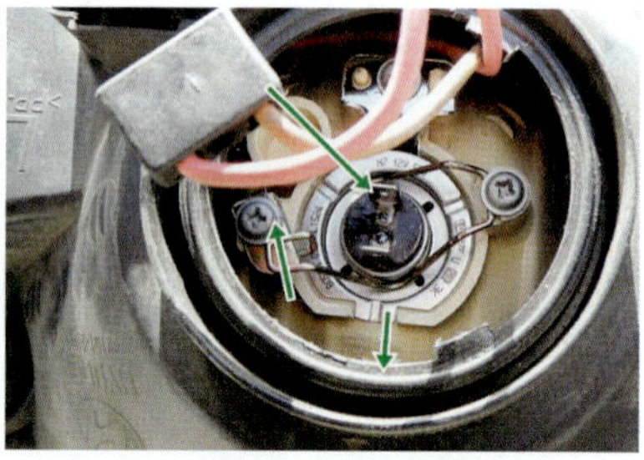

[그림 225] **전구 조립**

⑦ 스프링 클립을 눌러서 고리에 걸어 헤드라이트 전구를 고정시킨다.

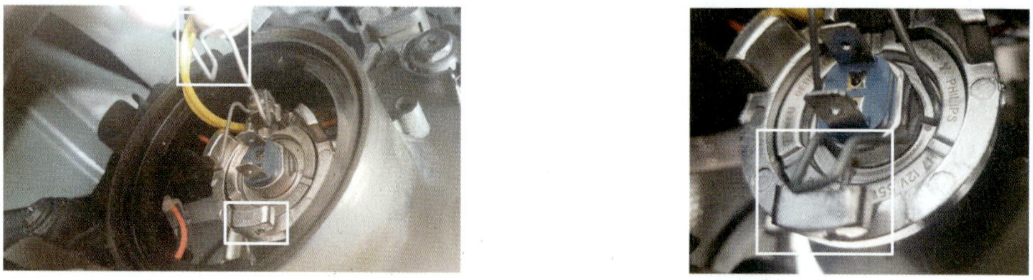

[그림 226] **스프링 클립 고정**

⑧ 헤드라이트 전구 커넥터를 연결한다.
⑨ 헤드라이트 전구 커버를 시계 방향으로 돌려서 조립한다.
⑩ 작업이 모두 끝난 뒤 정상적으로 헤드라이트가 작동하는지 확인한다.

12.2. 헤드라이트의 탈거 및 조립

① 보닛을 연다.

② 헤드라이트 고정 나사 좌우로 총 6개를 탈거한다.

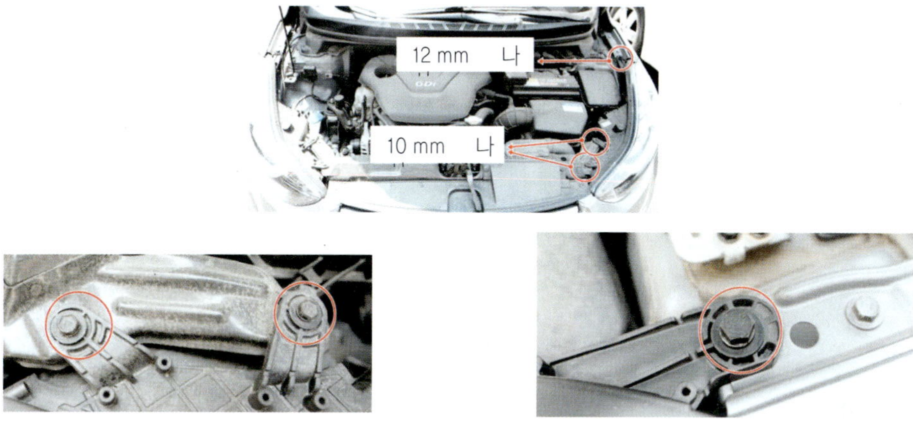

[그림 227] 헤드라이트 고정볼트

③ 헤드라이트 커넥터는 손가락으로 버튼 부분을 누르면서 탈거한다.

④ 헤드라이트를 탈거한다.

[그림 228] 커넥터 탈거

[그림 229] 헤드라이트 탈거된 모습

⑤ 조립은 탈거의 역순으로 하고 조립이 완료되면 헤드라이트 작동상태를 확인한다.

13. 안개등 전구 교체

① 타이어와 범퍼사이에 있는 범퍼 고정 핀을 탈거한다.

[그림 230] 범퍼 고정 핀 탈거

② 범퍼 하단 고정 핀을 탈거한다.

③ 커버를 타이어 쪽으로 젖힌다.

[그림 231] 범퍼 하단 고정 핀 탈거

[그림 232] 커버를 젖힌다.

④ 안개등 케이블을 탈거한다.

⑤ 안개등 전구를 시계 반대방향으로 돌려서 탈거한다.

[그림 233] **커넥터 탈거**

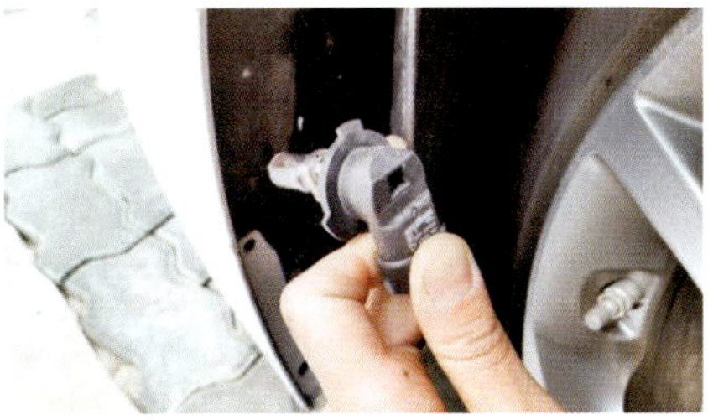

[그림 234] **안개등 전구 탈거**

⑥ 신품 안개등 전구를 조립한다.
⑦ 안개등 커넥터를 체결한다.
⑧ 커버를 끼우기 전 시동을 켜고 안개등이 정상으로 작동하는지 확인한 후 탈거의 역순으로 조립한다.

14. 방향지시등 교체

14.1. 프런트 방향지시등의 전구 교체

① 보닛을 연다.
② 방향지시등 커넥터를 탈거한다. 커넥터를 탈거할 공간이 없는 차량은 헤드라이트를 탈거해야 한다.
③ 소켓 부분을 잡고 돌리면 전구와 소켓이 유닛에서 탈거된다.

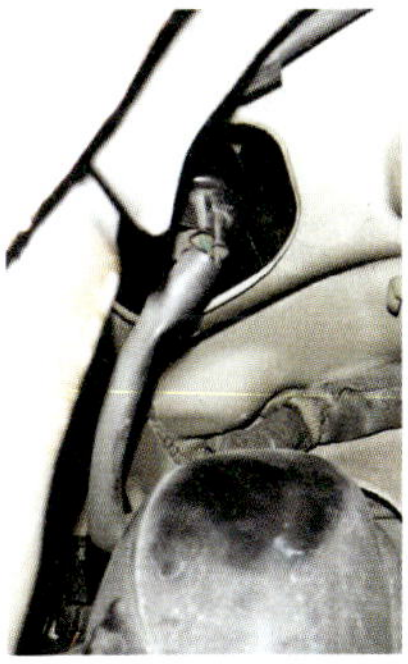

[그림 235] **커넥터 탈거**

[그림 236] **전구와 소켓 탈거**

④ 전구를 위에서 소켓 쪽으로 누른 뒤 돌려주면서 전구를 탈거한다.

⑤ 신품 전구를 준비할 때 주의할 점은 방향지시등은 노란색 전구이고 차폭등과 방향지시등 두 가지 용도로 쓰이는 차량은 필라멘트가 2개 이다. 탈거한 전구의 규격을 확인하고 같은 규격의 신품 전구를 탈거할 때와 반대로 소켓 홈에 잘 맞춰 전구를 넣고 누른 다음 돌려서 소켓에 조립한다.

[그림 237] **전구 탈거**

[그림 238] **전구 조립**

⑥ 커넥터를 연결하고 차폭등과 방향지시등이 정상적으로 작동상태를 확인한다.

(a) 차폭등 확인

(b) 방향지시등 확인

[그림 239] **작동상태 확인**

⑦ 전구를 탈거할 때와 반대로 전구를 방향지시등 부위에 넣은 뒤 전구 밑 부분 소켓에 돌출된 부분을 맞춰 넣어 돌려서 조립을 하고 보닛을 닫는다.

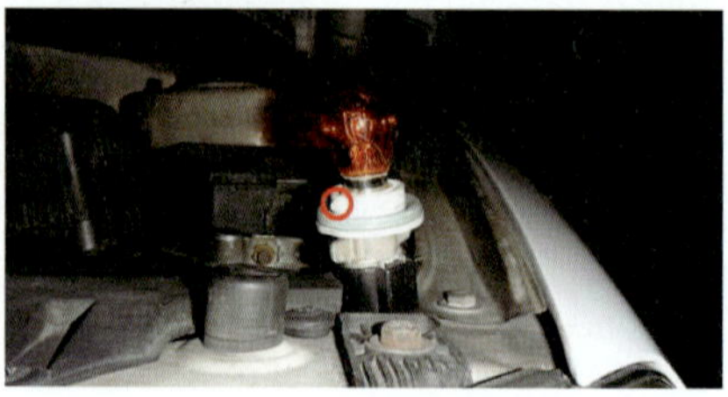

[그림 240] **소켓 돌출 부분**

14.2. 리어 브레이크등, 방향지시등의 전구교체

① 트렁크를 연다.

② 좌우측 브레이크 등 안쪽에 커버 고정나사를 탈거하고 커버를 탈거한다.

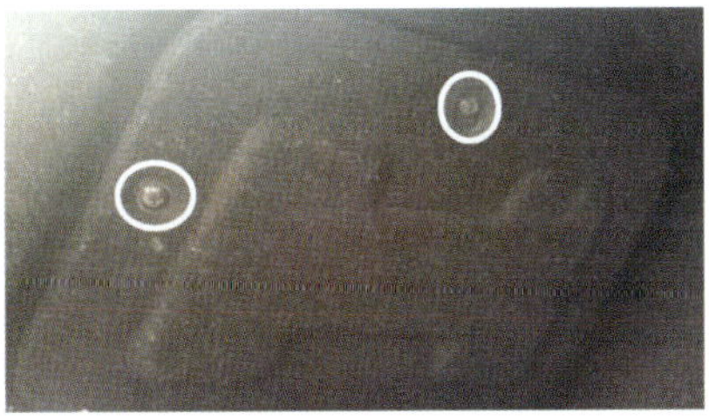

[그림 241] **커버 고정나사**

③ 소켓은 시계반대방향으로 돌려서 탈거한다.

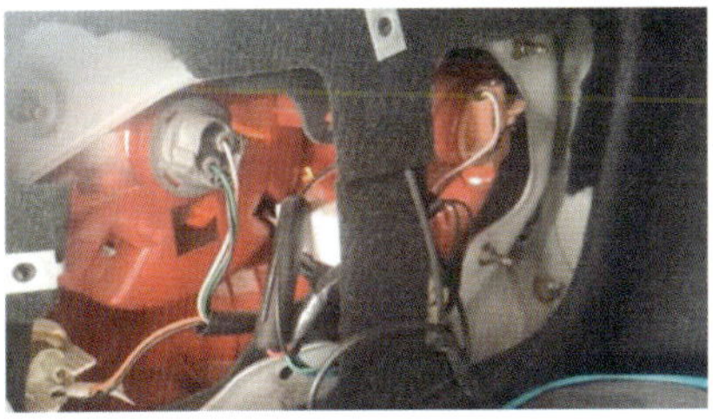

[그림 242] **소켓 탈거**

④ 전구를 소켓 안쪽으로 밀어 넣듯이 힘을 주고 돌려서 전구를 탈거한다.

[그림 243] **전구탈거**

⑤ 탈거한 전구의 규격을 확인하고 같은 규격의 신품 전구를 탈거할 때와 반대로 소켓에 소켓 홈에 잘 맞춰 전구를 넣고 누른 다음 돌려서 소켓에 선구를 조립한다.

⑥ 교체한 전구가 정상적으로 작동되는지 확인한다.
⑦ 소켓에 돌출된 부분을 맞춰 넣어 돌려서 조립한다.
⑧ 좌우측 브레이크 등 안쪽에 커버를 조립한다.
⑨ 트렁크를 닫는다.

15. 후미등 교체

① 트렁크를 연다.
② 트렁크 쪽 후미등을 탈거하기 위해서는 트렁크 커버 고정나사를 탈거하고 트렁크 커버를 탈거한다.

[그림 243] 후미등

[그림 244] 트렁크 열기

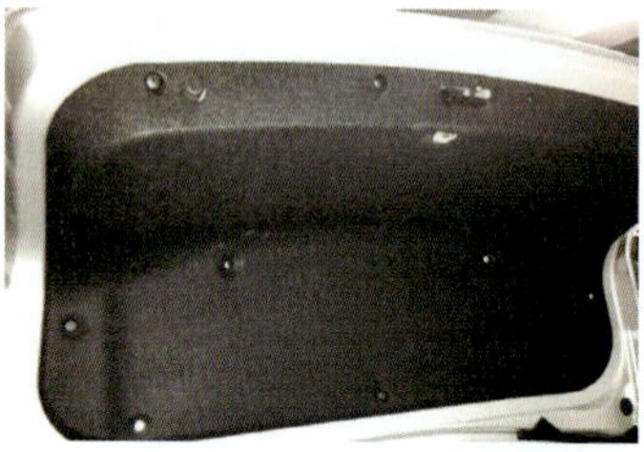

[그림 245] 트렁크 커버 고정나사 탈거

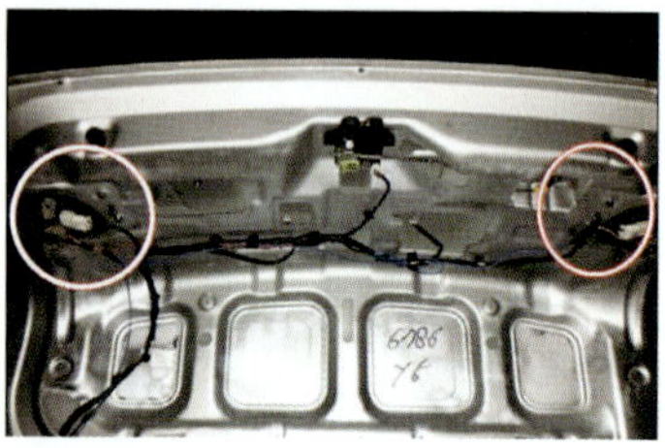

[그림 246] 트렁크 커버 탈거

③ 커넥터를 탈거한다.
④ 후미등 고정 볼트를 탈거한다.

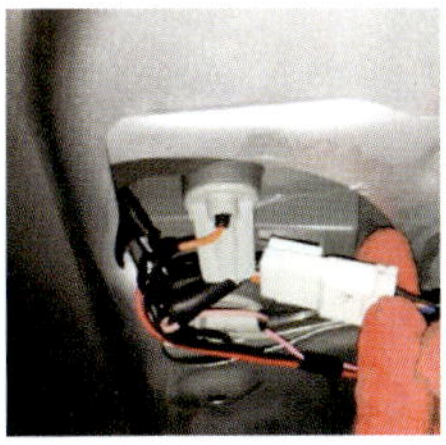

[그림 247] 커넥터 탈거

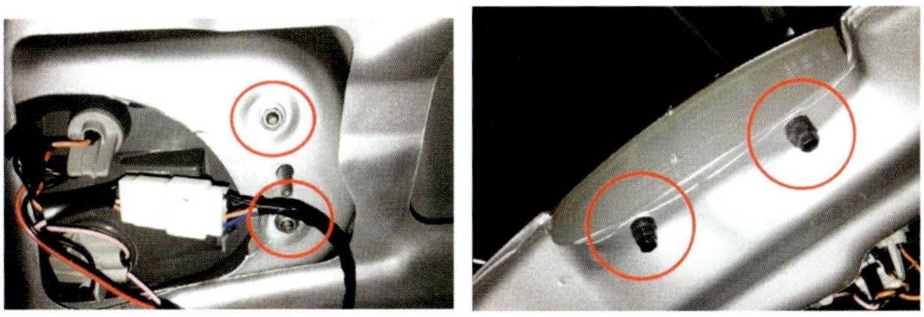

[그림 248] 고정 볼트 탈거

⑤ 트렁크 쪽 후미등을 탈거한다. 잘 안 빠지면 볼트를 고무망치나 롱노즈 등으로 눌러서 빼면 탈거된다.

⑥ 휀다 쪽 후미등은 트렁크 안쪽에 커버가 있고 커버에 커버 고정 나사가 있으면 나사를 풀고, 나사가 없으면 홈에다 드라이버나 헤라를 꽂고 당기면 탈거된다.

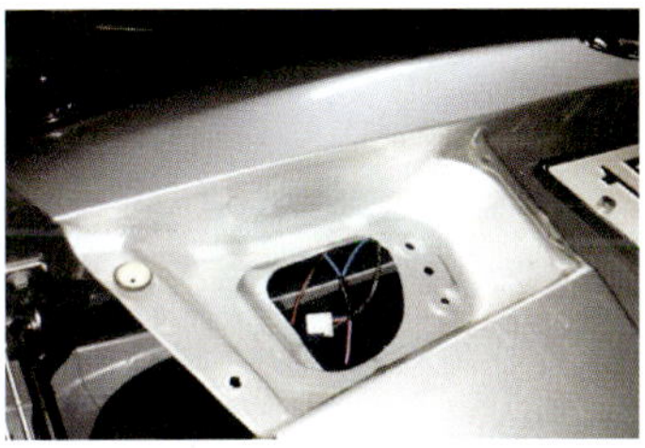

[그림 249] 탈거된 모습

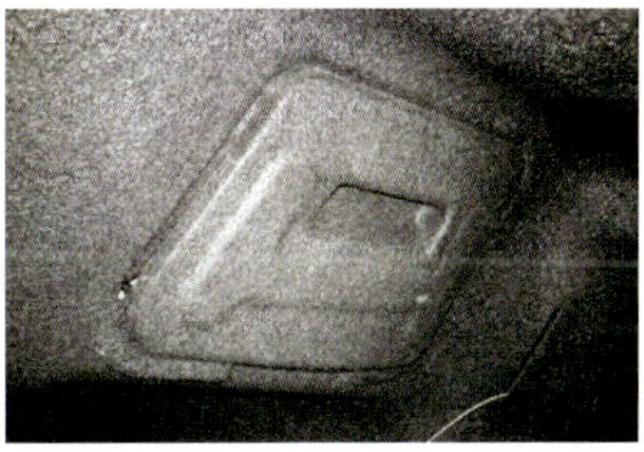

[그림 250] 커버탈거

⑦ 커넥터를 탈거하고 휀다 쪽 후미등 고정 볼트를 탈거한다.

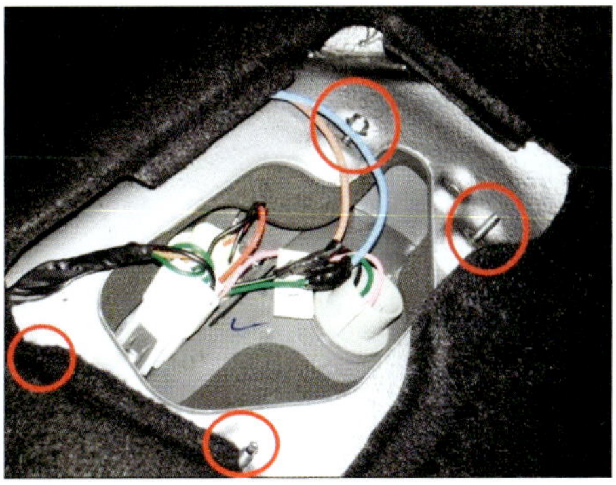

[그림 251] 고정 볼트 탈거

⑧ 휀다 쪽 후미등을 당기면 쉽게 탈거된다.

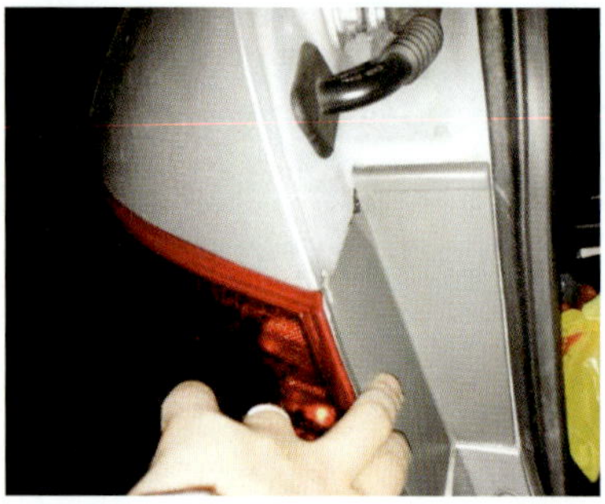
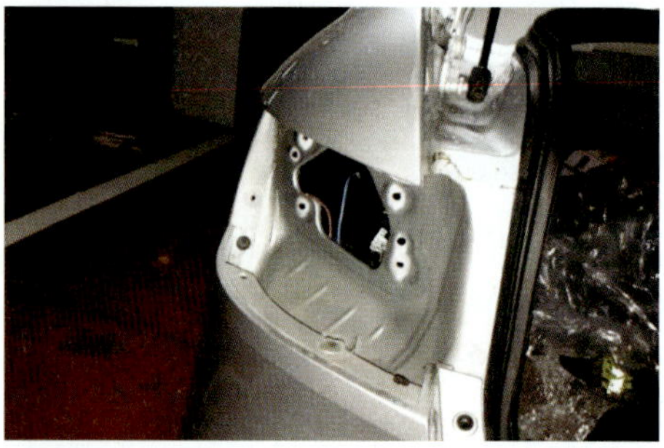

[그림 252] 휀다 쪽 후미등 탈거

⑨ 트렁크 쪽 후미등 및 휀다 쪽 신품 후미등을 조립을 하고 커넥터를 조립한다.
⑩ 반대쪽도 같은 방법으로 탈거 및 조립을 한다.
⑪ 좌·우측 후미등을 모두 교체한 후 작동유무를 확인하고 커버를 조립한 뒤 트렁크를 닫는다.

16. 사이드·룸미러 교체

16.1. 사이드미러 교체

자동 사이드미러를 강제로 접거나 혹은 기능상의 이유로 사이드 미러에 내장된 모터나 기어가 고장 나는 경우가 발생하면 교환한다.

① 플라스틱 틈 가이드 사이에 헤라를 넣고 약간의 힘을 주어 사이드 미러 커버를 탈거한다. 너무 세게 하면 고정 핀이 부러질 수 있으니 주의한다.

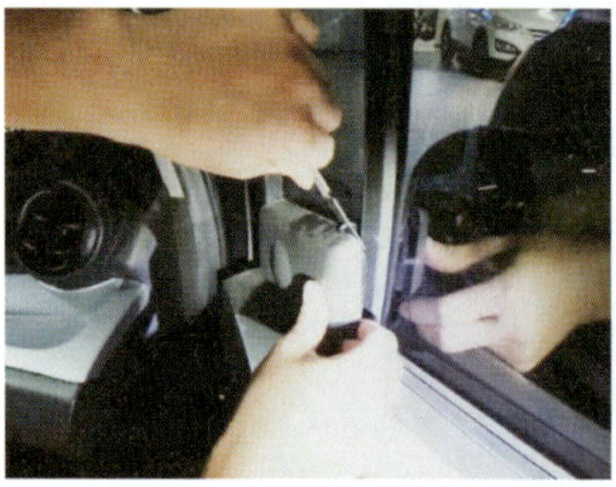
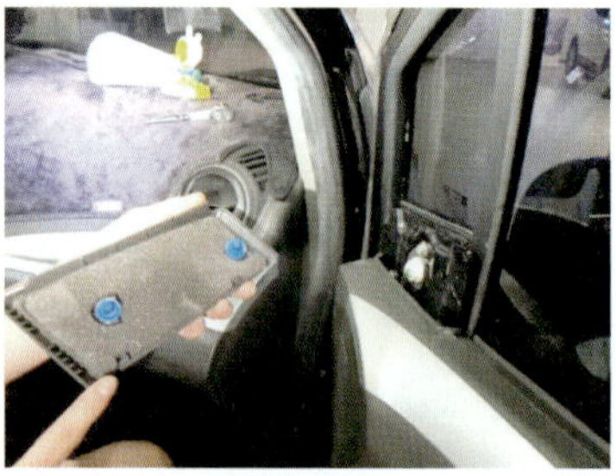

[그림 253] 사이드 미러 커버 탈거

② 사이드 미러 고정 너트를 탈거한다. 문짝 몰딩을 탈거하면 고정 볼트 1개가 더 보인다. 문짝 몰딩도 헤라를 틈새에 끼워 조금만 힘을 주어 당기면 딱 소리와 함께 너트를 풀 수 있는 공간이 생긴다.

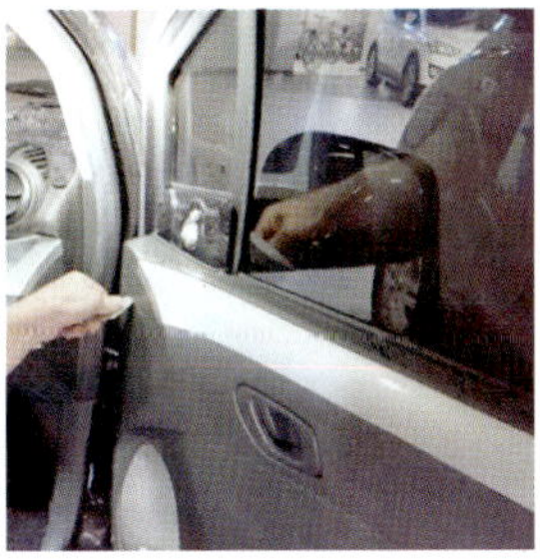

[그림 254] 몰딩 탈거

[그림 255] 사이드 미러 고정 너트 탈거

③ 너트를 다 풀면 사이드 미러가 탈거되는데 LED 등 작동과 거울 조작 작동에 필요한 사이드 미러 커넥터를 탈거한다.

④ 신품 사이드 미러가 떨어지지 않게 한손으로 잡고 고정 볼트를 조립한다.

⑤ 신품 사이드 미러에 커넥터를 조립한다.

[그림 256] 커넥터 탈거

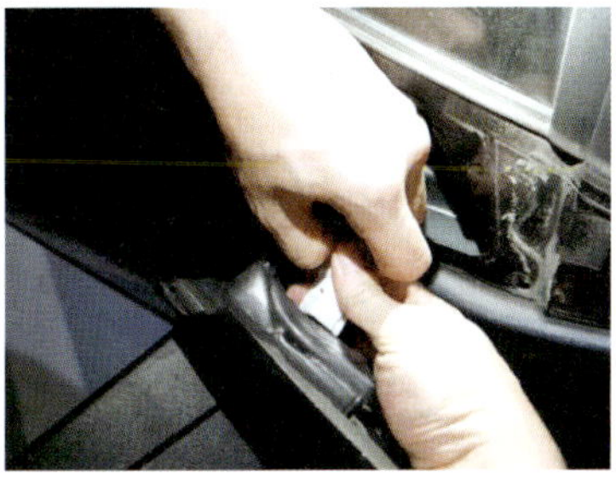

[그림 257] 커넥터 조립

⑥ 문짝 몰딩을 손으로 눌러 조립한다.

⑦ 시동을 켠 후 LED등과 전동 거울이 잘 작동되는지 확인을 한 후, 사이드 미러 커버도 손으로 눌러 조립한다.

16.2. 룸미러 교체

① 드라이버나 헤라를 이용하여 아래 그림 257과 같이 첫 번째 내장재를 탈거한다.

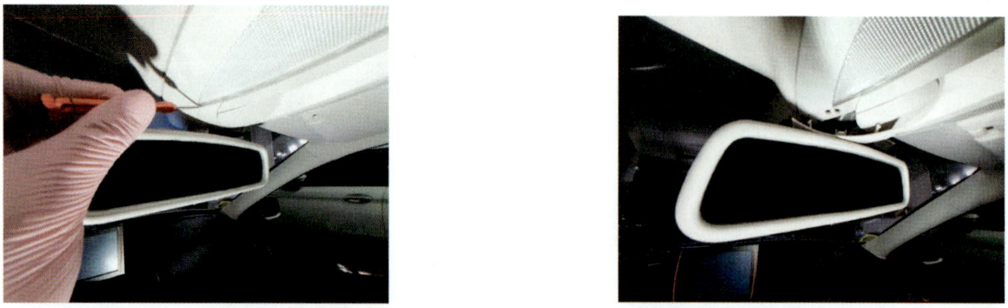

[그림 258] 내장재 탈거(1)

② 그림 258과 같이 두 번째 내장재를 탈거한다. 선루프가 있는 모델은 선루프 조정 버튼을 탈거한다.

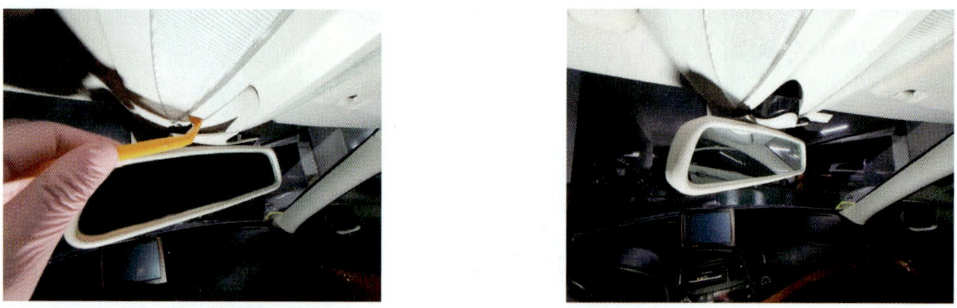

[그림 259] 내장재 탈거(2)

③ 두 손으로 룸미러를 잡고 아래고 잡아당기면 룸미러가 이탈된다.

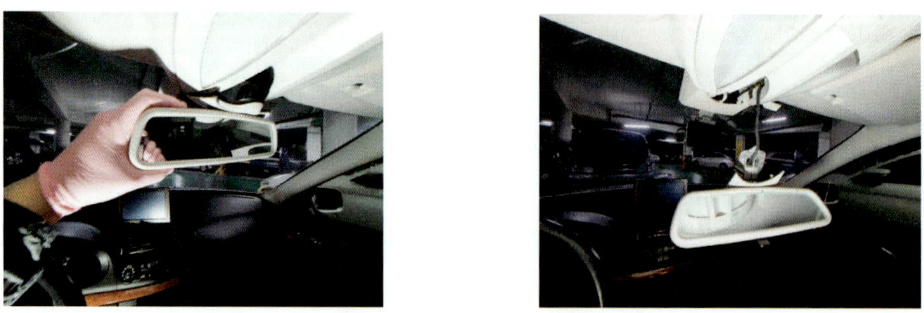

[그림 260] 룸미러 이탈

④ 룸미러 마감 내장재를 탈거한다. 신품 룸미러 교체 시에 조립해야 한다.

[그림 261] 마감 내장재 탈거

⑤ 그림 261과 같이 내장재를 아래로 잡아당겨 탈거한다.

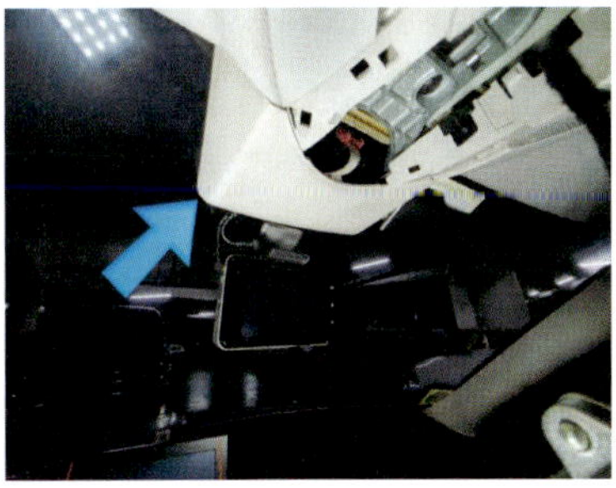

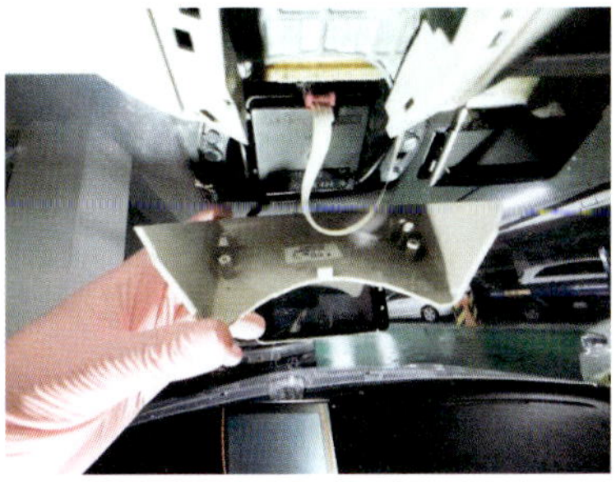

[그림 262] 내장재 탈거(3)

⑥ 조명을 탈거한다. 검은색 버튼은 양쪽에 2개가 있고 버튼을 누르면서 아래로 잡아당기면 조명이 탈거된다. 이때 흰색 전원 케이블 단선에 유의해야 한다.

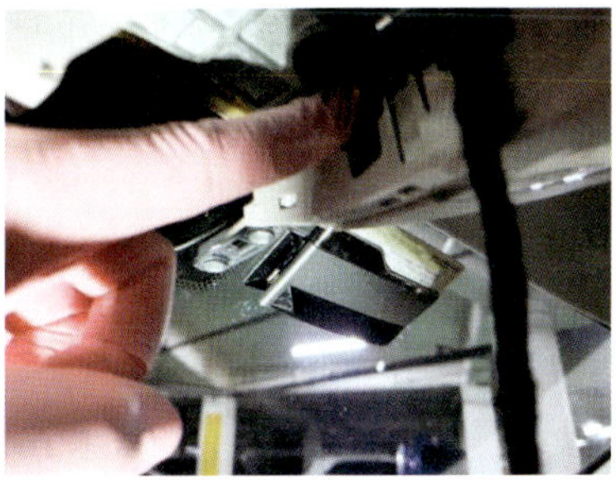

[그림 263] 조명 탈거

[그림 264] 전원 케이블 단선주의

⑦ 조명 오른쪽을 보면 배선이 2개가 있는데 표기한 잭을 탈거하면 룸미러가 탈거 된다.

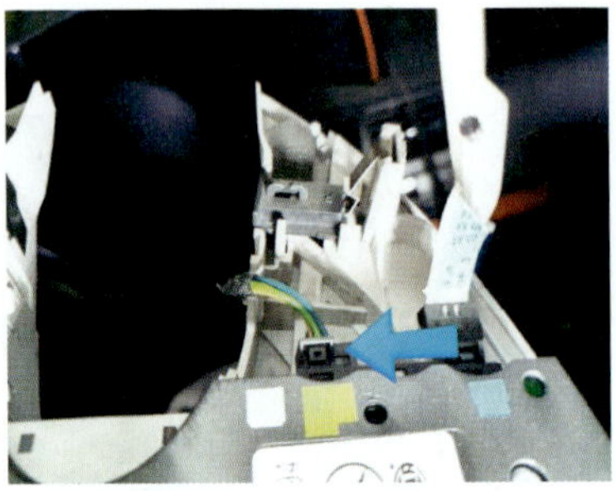

[그림 265] 커넥터 탈거

[그림 266] 룸미러 탈거

⑧ 신품 룸미러를 탈거의 역순으로 조립을 한다.

17. 실내등 교체

17.1. 실내등 전구만 교체

① 헤라를 이용하여 실내등 커버를 탈거한다.

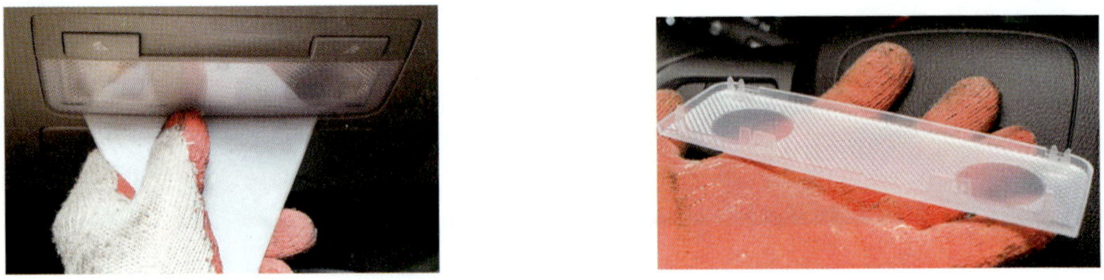

[그림 267] 커버 탈거

② 실내등 전구를 손으로 잡아당겨 탈거한다.

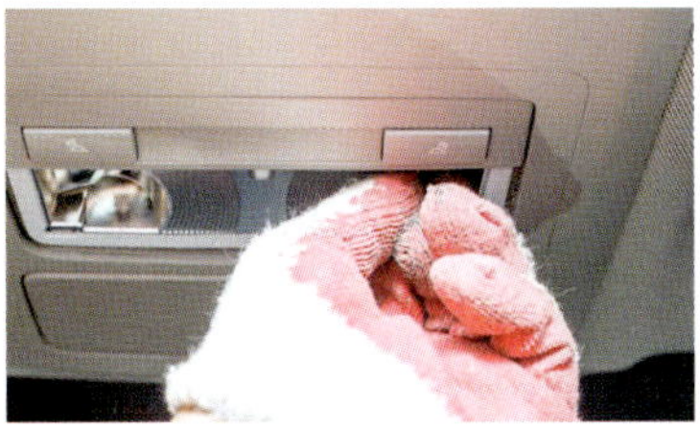

[그림 268] 전구 탈거

③ 신품 전구를 밀어 넣어 조립한다.

④ 실내등 커버를 조립한다. 대충 자리를 잡아 눌러주면 커버의 고정 쇠가 부러질 수 있으므로 조심해서 끼운다.

⑤ 실내등 작동상태를 확인한다.

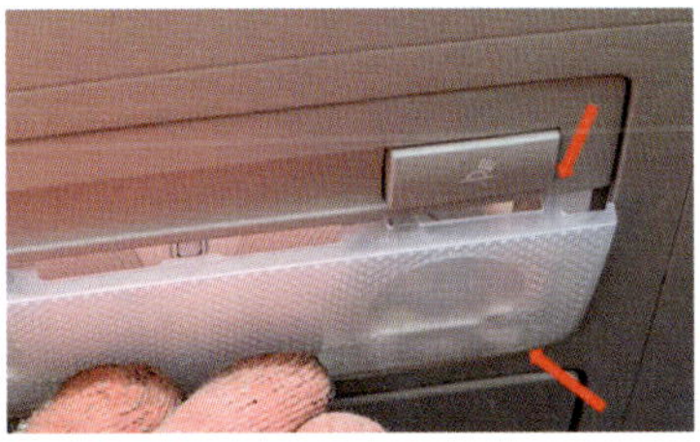

[그림 269] 커버 조립

[그림 270] 실내등 작동 확인

17.2. 실내등 어셈블리의 탈거

① 미니 일자드라이버를 커버 홈에 넣고 제겨서 실내등 커버를 탈거한다.

② 실내등 고정 볼트를 탈거한다.

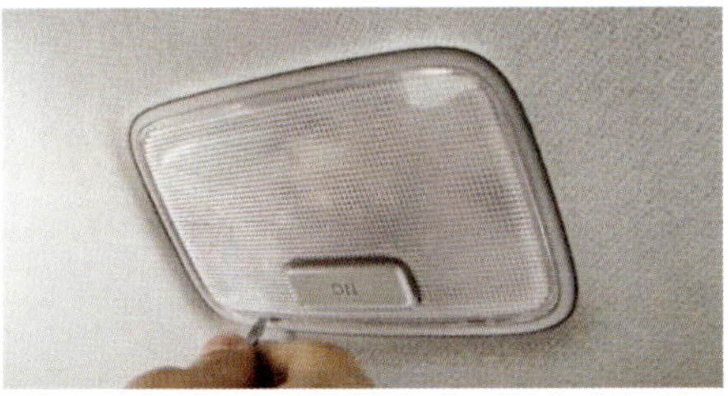

[그림 271] 실내등 커버 탈거

[그림 272] 고정 볼트 탈거

③ 실내등을 손으로 잡아당기며 탈거한다.

④ 실내등 커넥터를 탈거한다.

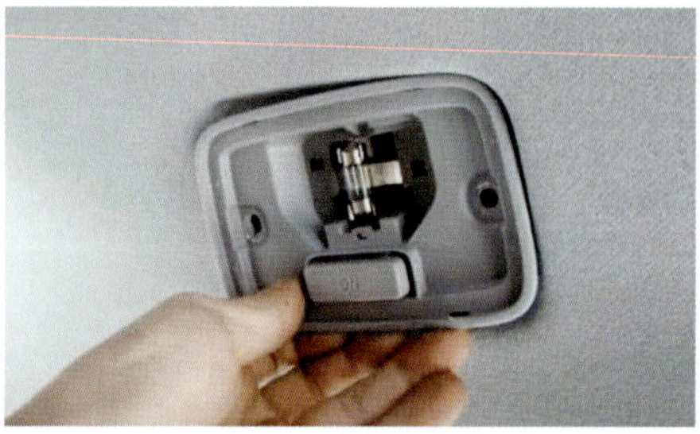

[그림 273] 실내등 탈거

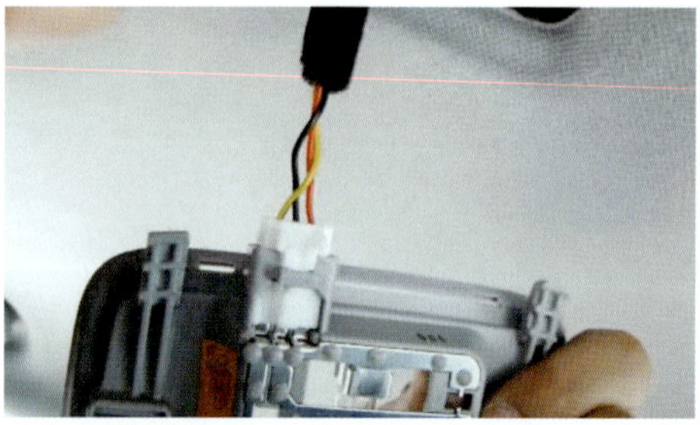

[그림 274] 커넥터 탈거

⑤ 신품 실내등 조립은 탈거의 역순으로 하고 조립 후 작동상태를 확인한다.

18. 경음기(크락션, 혼) 교체

① 보닛을 연다.

② 그릴 상단의 핀을 탈거한다.

③ 커버를 탈거한다.

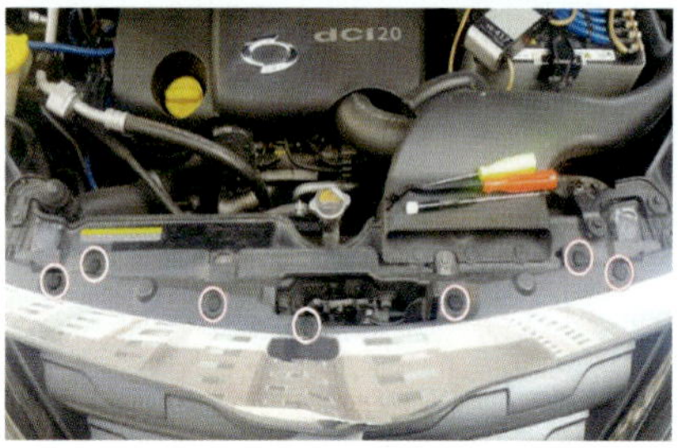

[그림 275] 그릴 상단 핀 제거

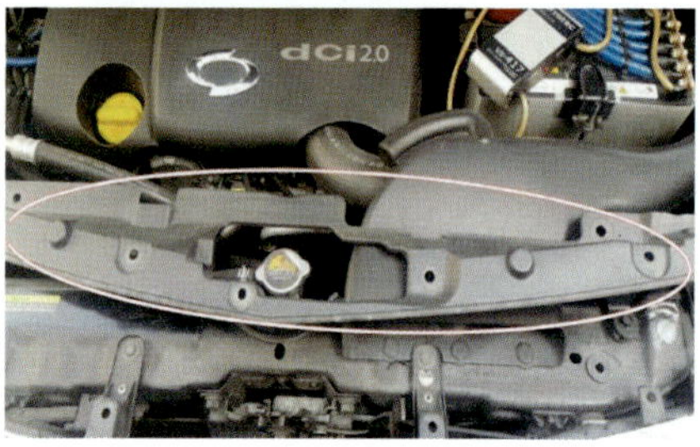

[그림 276] 커버 탈거

④ 커버 탈거 후 그릴의 좌·우측 핀을 탈거한다.

(a) 좌측핀

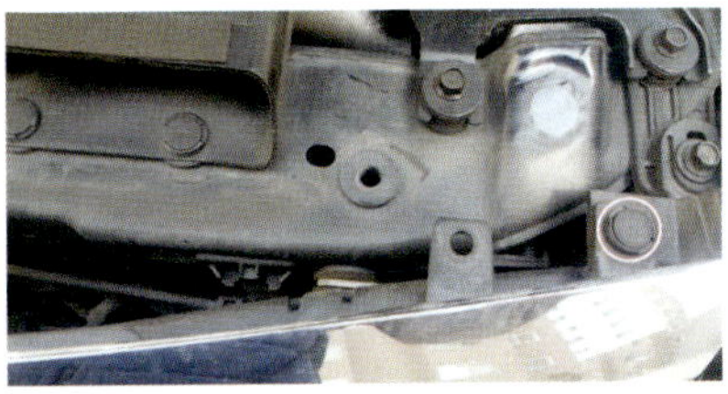
(b) 우측핀

[그림 277] 그릴 핀 탈거

⑤ 가운데 볼트 2개를 풀어 준 후 안쪽으로 손을 넣어서 하단 4곳에 있는 락을 손으로 살짝 들어 올려준다. 좌·우측의 락은 들어 올릴 필요 없이 그릴을 앞으로 당기며 탈거한다.
⑥ 경음기 커넥터를 탈거한다.

[그림 278] 그릴 고정 볼트 탈거

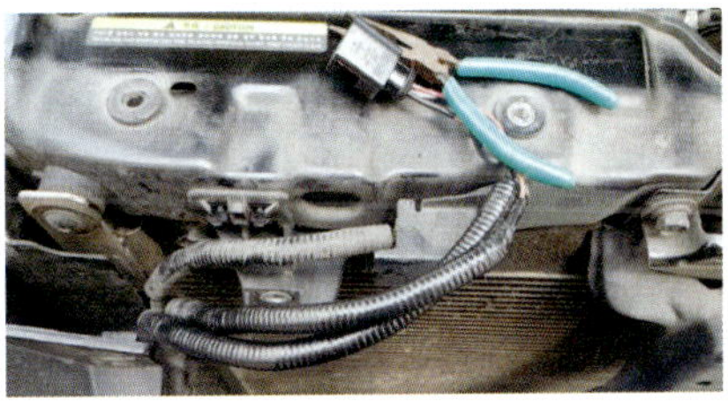
[그림 279] 커넥터 탈거

⑦ 경음기 브래킷 고정 볼트를 탈거한다.
⑧ 경음기 브래킷과 경음기를 연결하는 고정 볼트를 탈거하고 브래킷과 경음기를 분리한다.

[그림 280] 브래킷 고정 볼트 탈거

[그림 281] 경음기와 브래킷 분리

⑨ 브래킷과 신품 경음기를 연결하는 고정 볼트를 조립한다.

⑩ 경음기 브래킷을 조립한다.

[그림 282] 경음기 조립

⑪ 경음기 커넥터를 체결한다.

⑫ 경음기 작동상태가 정상적으로 작동되는지 점검한다.

⑬ 조립은 탈거의 역순으로 한다.

Chapter 07

섀시 현장 실무

1. 클러치
2. 수동변속기
3. 자동변속기(오토미션) 교체
4. 등속조인트 교체
5. 종감속 기어(디퍼런설 기어)의 오일실 및 오일 교체
6. 타이어
7. 파워 스티어링 펌프의 교체 및 에어빼기
8. 쇽업소버 교체
9. 어퍼 암 교체
10. 로워암 교체
11. 타이로드 엔드 교체
12. 전륜 스태빌라이저 링크, 고무 교체
13. 피스톤 브레이크 패드 교체
14. 캘리퍼 교체
15. 드럼 브레이크(drum brake) 라이닝 교체
16. 휠 실린더(wheel cylinder) 교체
17. 브레이크 에어빼기
18. 스톱램프 스위시 교체
19. 마스터실린더 교체

07 섀시 현장 실무

1. 클러치

클러치 마스터실린더 또는 클러치 릴리스 실린더에 오일이 누유가 되면 기어변속이 불량하게 된다. 클러치페달이 답력이 느껴지지 않게 힘없이 밟히는 경우도 클러치 마스터실린더 또는 클러치 릴리스 실린더의 불량 증상으로 본다. 실린더의 내부 피스톤의 불량으로 오일의 누유가 없어도 이런 경우가 발생되기도 한다. 이럴 때는 클러치 페달을 반복적으로 밟다보면 정상으로 돌아오는 경우도 있다.

1.1. 클러치 릴리스 실린더(오페라 실린더) 교체

① 배터리를 탈거한다. 퓨즈박스와 에어크리너 케이스사이에 에어크리너 케이스 고정 볼트가 있어 배터리 때문에 탈거가 불가하다.

② 에어크리너 호스의 클램프를 풀고, 에어크리너 호스를 바디에서 탈거한다.

[그림 1] 배터리 탈거

[그림 2] 에어크리너 호스 탈거

③ 에어크리너 박스 핀 4개를 제겨서 에어크리너 박스를 탈거한다.

④ 에어크리너 케이스를 원활히 탈거하기 위해서 퓨즈박스의 고정 볼트 들을 탈거하고 퓨즈박스는 탈거하지 않는다. 에어크리너 케이스 탈거 시에 공간을 만들어 주기 위함이며 약간의 유격을 발생시키기 위해 탈거한다.

[그림 3] **에어크리너 박스 탈거**

[그림 4] **퓨즈박스 고정볼트 탈거**

⑤ 에어크리너 케이스의 고정나사가 우측(운전석 휀더측)에도 있으므로 탈거한다.

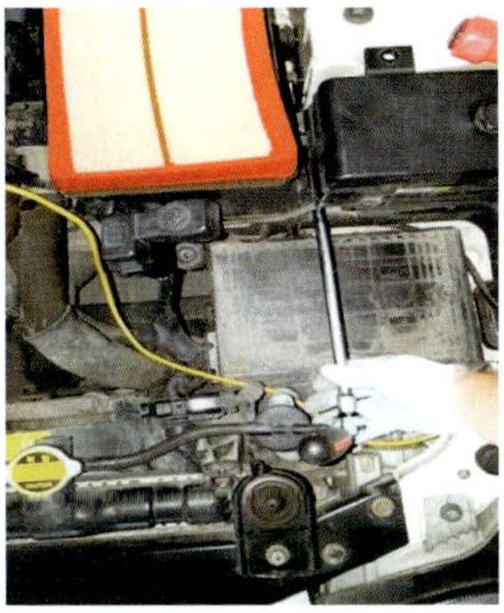

[그림 5] **흡기필터 케이스 고정볼트 탈거**

⑥ 에어크리너 케이스 고정나사를 풀고 탈거한다. 탈거 후 릴리스 실린더가 보인다.

[그림 6] **에어크리너 케이스 탈거**

[그림 7] **릴리스 실린더**

⑦ 바이스 플라이어를 클러치 오일 플렉시블 호스에 물어준다.
⑧ 릴리스 포크와 연결된 코터 핀을 플라이어 등을 이용하여 잡아당겨서 탈거하고, 고정나사를 탈거한다.

[그림 8] 코터 핀 및 고정나사 탈거

⑨ 릴리스 실린더 유압호스를 탈거한다. 유압호스의 너트를 탈거하면 동 와셔가 2개 있으므로 탈거 시에 분실하지 않도록 주의 한다. 호스 탈거 시 오일이 누유되므로 걸레 등을 준비하여 오일이 흐르면 닦아낸다.

⑩ 릴리스 실린더 고정 볼트를 풀고 릴리스 실린더를 탈거한다.

[그림 9] 유압호스 탈거

[그림 10] 릴리스 실린더 고정볼트 탈거

⑪ 신품 릴리스 실린더를 탈거의 역순으로 조립하며 바이스 플라이어를 클러치 오일 플렉시블 호스에서 제거하고 클러치 오일(브레이크 오일)을 리저브 탱크에 보충하여 에어빼기를 한다.

1.2. 클러치 마스터실린더의 교체

① 클러치페달에서 코터 핀을 화살표 방향으로 잡아 당겨 나사를 탈거한다.

② 마스터실린더 고정 너트를 탈거한다.

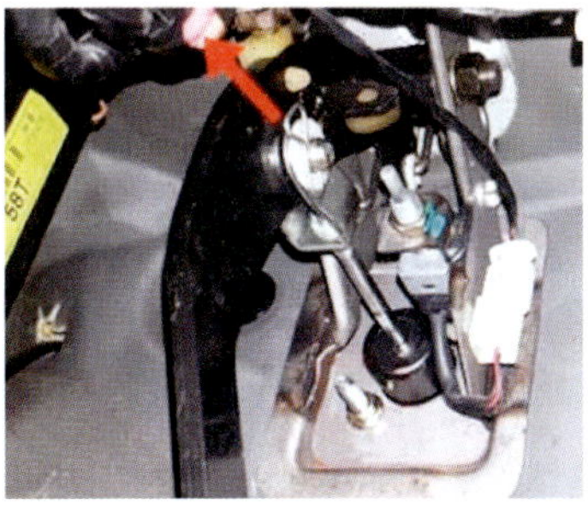

[그림 11] 코터핀 탈거

[그림 12] 고정너트 탈거

③ 리저브 탱크에 있는 오일을 주사기 등을 이용하여 배출한다.
④ 엔진룸에서 운전석 측의 마스터실린더 고정 너트를 탈거한다.
⑤ 마스터실린더 유압호스를 플레어 너트 렌치로 탈거한다. 오일이 누유되므로 걸레 등으로 오일이 흐르지 않게 한다. 작업 시 주의사항은 클러치 오일(브레이크 오일)이 독성이 강하므로 피부에 닿지 않도록 주의해야 한다. 차량 도색 면에 닿으면 도색이 벗겨질 정도이다.
⑥ 신품 마스터실린더를 교체할 때 구품 푸시로드 길이와 비교하여 길이가 틀리면 고정너트를 풀어 길이를 조정하고 고정너트를 조인 후 탈거의 역순으로 조립하며 클러치 오일을 리저브 탱크에 보충하고 에어빼기를 한다. 클러치 간극은 페달을 완전히 밟은 상태에서 2cm~3cm 정도 놓으면 차량이 서서히 출발해야하며 5cm범위 안에서는 완벽하게 물려 회전되어야 한다. 5cm~7cm 정도는 페달의 자유간극으로 보면 된다.

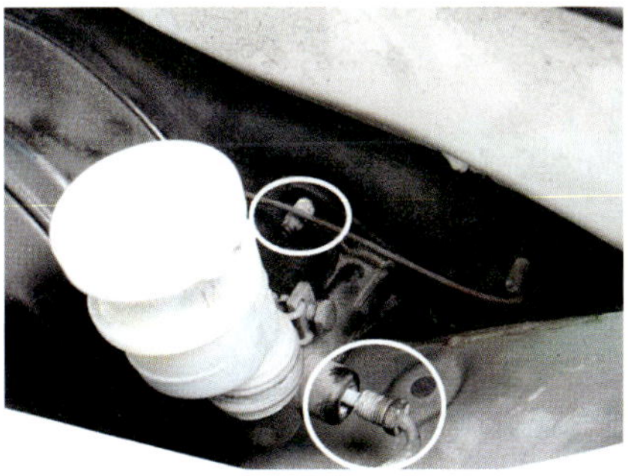

[그림 13] 고정너트 및 유압호스 탈거

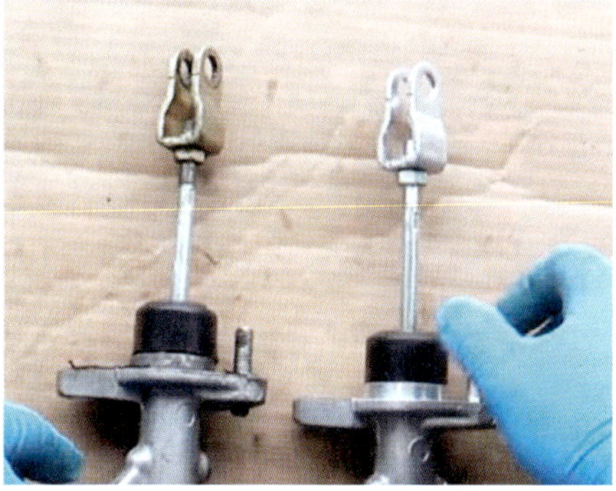

[그림 14] 푸시로드 조정

1.3. 에어빼기

① 공기빼기작업을 위해 클러치 릴리스실린더의 에어브리더 스크루에 공구를 끼운 후 클러치 액이 외부로 튀는 것을 방지하기 위하여 투명호스를 끼우고 한쪽 끝은 용기에 담는다.

② 클러치 마스터실린더 리저브 탱크 캡을 열어 클러치 액을 채운다.

[그림 15] **에어브리더 스크류**

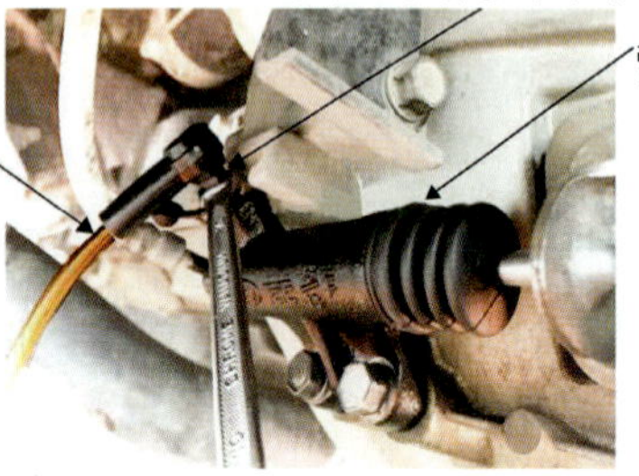

[그림 16] **공구설치 및 투명호스설치**

③ 차량을 들어 올린 후 1명은 운전석에 앉아 클러치 페달을 여러 번 나누어 밟아 잔압이 형성되도록 한 후 클러치를 밟은 상태에서 차량 아래쪽 사람에게 신호를 준다.

[그림 17] **용기설치**

④ 신호를 받은 차량 아래쪽 사람은 클러치 릴리스 실린더 에어브리더 스크루를 돌려 공기를 배출하고 잠근 후 운전석 사람에게 신호를 준다. 계통내의 공기가 모두 빠질 때 까지 ③번부터 ④번 항목을 수차례 반복한다.

⑤ 공기빼기가 완료되면 투명호스를 제거하고 에어브리더 스크루를 고정한 다음 유압계통에 오일누출 유무를 점검한다.

⑥ 클러치 마스터실린더 리저브 탱크에 규정의 오일 량으로 보충한다.

[그림 18] 클러치 액 보충

[그림 19] 클러치 페달 밟아주기

2. 수동변속기

2.1. 수동변속기의 오일 교체

변속기 오일이 부족하거나 오일이 변질되면 기어변속기 잘 안되고 기어가 뻑뻑하게 들어가며 급가속시 기어 울림이 심하게 발생한다.

① 리프트로 차량을 진입시킨다.

② 리프트로 차량을 상승시키기 전 차체 손상 방지를 위해 리프트 고무 받침대를 받힌다.

[그림 20] 차량진입

[그림 21] 고무 받침대 설치

③ 리프트로 차량을 작업이 편할 정도로 상승시킨다.

④ 차량을 상승시킨 후 하부 언더커버 및 옆쪽 사이드 커버를 탈거한다.

⑤ 변속기 오일을 받을 오일 회수통을 설치한다.

[그림 22] 리프트 상승

[그림 23] 언더커버 및 사이드 커버 탈거

[그림 24] 오일 회수통 설치

⑥ 변속기 오일 주입구 볼트를 풀어준다. 오일 주입구를 풀어주어야 오일배출이 잘 된다.

⑦ 변속기 오일 교체 드레인 볼트를 탈거한다.

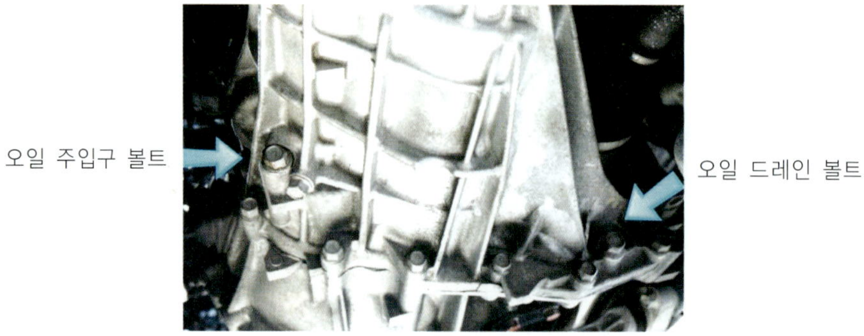

[그림 25] 오일 주입구 볼트 및 오일 드레인 볼트

⑧ 오일 배출시 뜨거운 오일로 인한 화상에 조심해야 하고, 오일이 신체에 묻지 않도록 조심하며 배출한다.
⑨ 오일배출이 끝나면 신품 드레인 볼트와 와셔를 규정토크로 장착한다.

[그림 26] **변속기 오일 배출**

[그림 27] **드레인 볼트 장착**

⑩ 신품 오일을 오일 주입구로 흘러넘칠 때까지 천천히 주입한다.
⑪ 오일 주입 후 신품 주입구 볼트(레벨링 볼트)와 와셔를 규정토크로 장착한다.

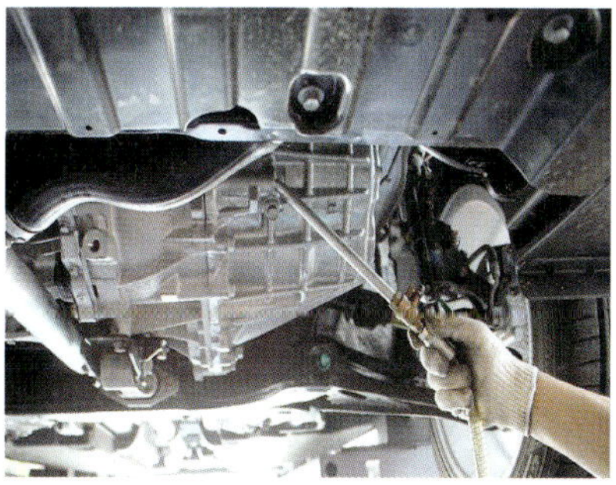
[그림 28] **오일 주입**

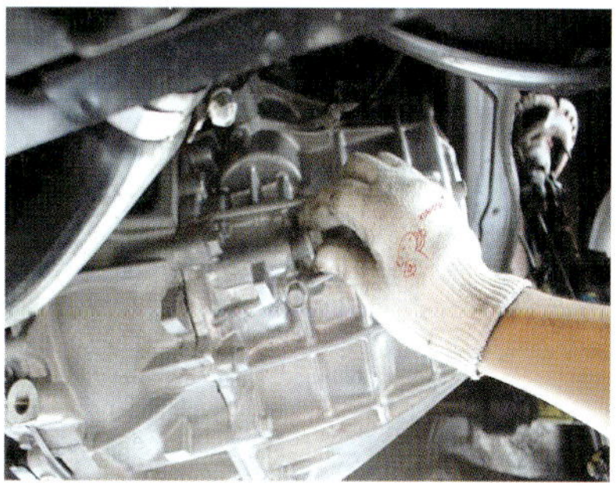
[그림 29] **주입구 볼트 장착**

⑫ 변속기 폐유를 받은 오일 회수통을 안전한 곳으로 이동시킨다.
⑬ 하부 언더커버 및 옆쪽 사이드 커버를 장착한다.
⑭ 시동을 걸고 오일 누유상태를 점검한다.
⑮ 리프트를 하강시킨 후 시운전을 해본다.

[그림 30] 오일누유 확인

[그림 31] 리프트 하강

2.2. 차속센서의 교체

어느 때에는 계기판 속도계가 시동 걸고 출발함과 동시에 잘 작동하다가, 또 어떤 때에는 출발 하여 한참을 주행하는 도중 "띵" 하는 차임벨 음과 함께 작동하기 시작하기도 하고, 또 며칠 동안 전혀 작동하지 않는 경우도 있다.

엔진제어 컴퓨터에 차량속도신호가 입력되지 않으면 최적제어를 하지 못하고 기본적인 데이터만 가지고 엔진이 동작하도록 하는데, 그래서 속도계가 동작하지 않는 때는 연비도 떨어지고, 회전수가 부조를 보이거나 아이들로 복귀하지 않는 현상이 나타난다. 가속 시 충격이 크고 울컥거리는 현상이 심하게 나온다.

① 기어박스의 센서 주변을 청소한다.

② 잠금장치를 꽉 쥐고 커넥터를 탈거한다.

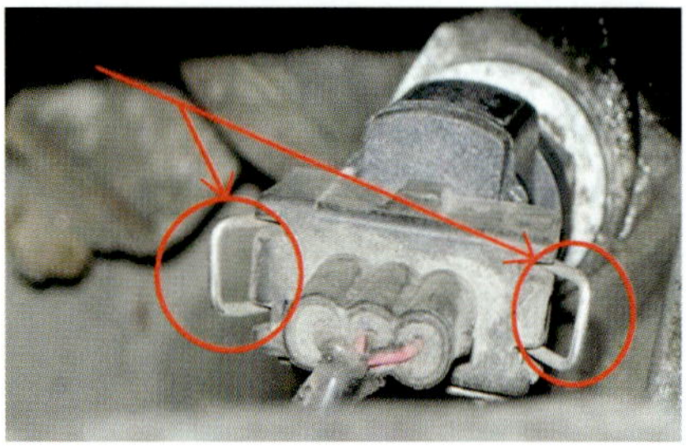

[그림 32] 잠금장치

[그림 33] 커넥터 탈거

③ 센서는 나사형식으로 되어있어 시계 반대방향으로 돌려 탈거한다.

④ 드라이브에 고장이 있으면 드라이브를 탈거한다. 10 mm볼트를 탈거한 후 드라이브를 조심스럽게 탈거하고 변속기 안에 이물질이 들어가지 않도록 주의한다.

[그림 34] **센서 탈거**

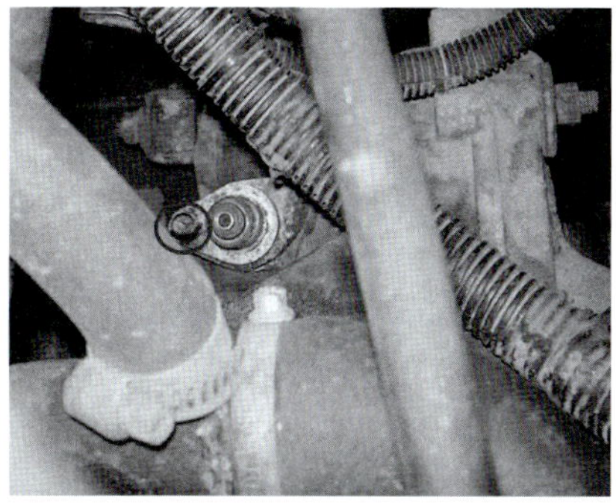

[그림 35] **드라이브 고정볼트**

⑤ 신품 드라이브를 조립한다. 드라이브가 확실히 조립되었나 확인하고 10 mm볼트를 조립해야 한다. 조립이 안 된 상태이거나 너무 세게 10 mm볼트를 조이면 드라이브가 부러지는 경우가 생긴다. 신품 속도센서를 시계방향으로 돌려서 조립한다. 커넥터를 연결하고 주행 테스트를 실시한다.

2.3. 후진등 스위치의 교체

후진등 스위치가 불량하면 후진 시 후진등이 들어오지 않거나, 후진등이 상시 점등되며, 후방카메라 설치 차량은 후방 카메라가 미 작동 또는 계속 작동을 한다.

① 차량을 리프트에 진입시키고 리프트로 차량을 상승시킨다.

[그림 36] **차량 상승**

[그림 37] **후진등 스위치 설치위치**

② 후진등 스위치 교체 시 커넥터의 버튼을 눌러 커넥터를 탈거한다.

③ 후진등 스위치 크기에 맞는 스패너를 이용하여 후진등 스위치를 시계 반대방향으로 탈거한다.

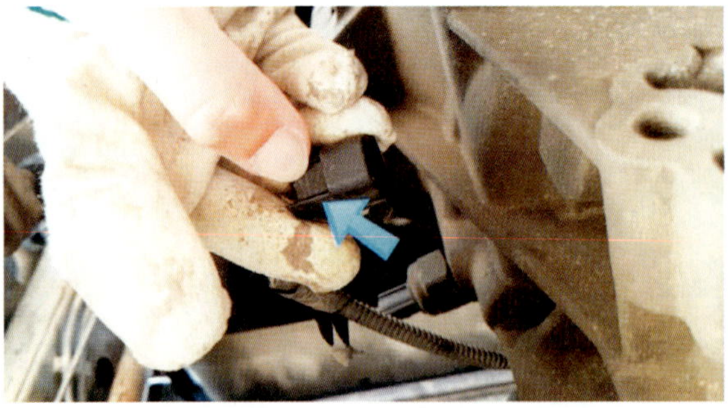

[그림 38] 커넥터 탈거

[그림 39] 후진등 스위치 탈거

④ 신품 후진등 스위치를 손으로 가조립하고 스패너를 이용하여 시계방향으로 돌려 규정토크로 조인다.

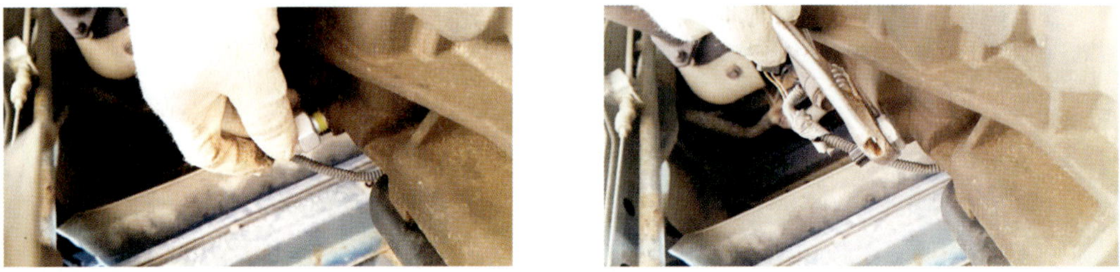

[그림 40] 신품 후진등 스위치 장착

⑤ 탈거했던 커넥터를 딸깍 소리가 날 때까지 체결한다.

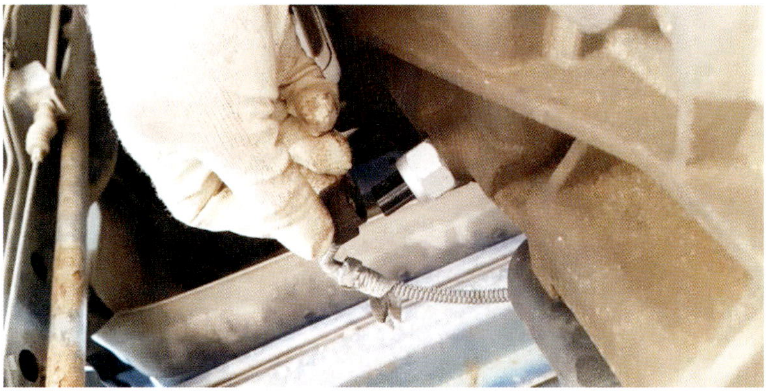

[그림 41] 커넥터 체결

⑥ 후진등 스위치 작동상태를 점검한다.

⑦ 리프트를 하강시킨다.

2.4. 변속기의 탈·부착 및 클러치 디스크와 커버 교체

클러치 디스크가 마모되었거나 과격한 조작으로 태워먹었을 때 나타나는 증상으로는, 초기에는 시동을 걸고 기어가 들어간 상태에서 클러치 페달이 거의 다 올라올 때쯤에 돼서야 차가 움직이려 하거나 동력이 전달되어 떨리기 시작한다. 좀 더 마모가 진행되면, 시동상태에서 기어 중립시 클러치 페달을 놓으면 지이익하는 소음이 난다. 그리고 소음의 크기와는 다르게 작은 미세한 떨림이 온다.

중립에서 액셀을 밟으면 그 떨림과 소음이 더 커지거나, 오히려 언제 그랬냐는듯 소음과 진동이 사라진다. 디스크가 얇아지는 만큼 유격이 줄어들에 되고, 접촉이 불완전해지면서 생기는 현상이다. 때문에, 불규칙 마모가 아니라면 클러치 페달을 밟았을 때 소음진동이 사라진다. 마모가 더욱 진행되면, 주행할 때 평상시보다 같은 속도에서 RPM이 더 높게 나오거나 흔히 밟아도 차가 잘 안 나가는 상황이 발생한다.

2.4.1. 후륜 수동변속기

① 차량을 리프트에 진입시킨 후 작업하기 편안한 높이로 상승시킨다.

② 배터리 (-)단자를 탈거한다.

[그림 42] 배터리 (-)단자 탈거

③ 변속기 오일 회수통을 준비한다.
④ 디퍼런셜 박스(종감속기어)를 4주식 리프트는 리프트 잭으로 뒤 타이어가 들릴 정도로 상승시킨다.
⑤ 사이드 커버 고정 볼트를 탈거하고 사이드 커버를 탈거한다.

[그림 43] 디퍼런셜 박스 상승

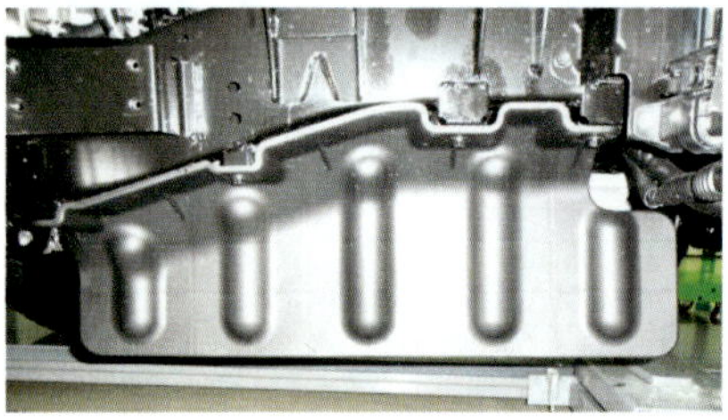

[그림 44] 사이드 커버 탈거

⑥ 변속기 오일 주입 볼트를 탈거한다.

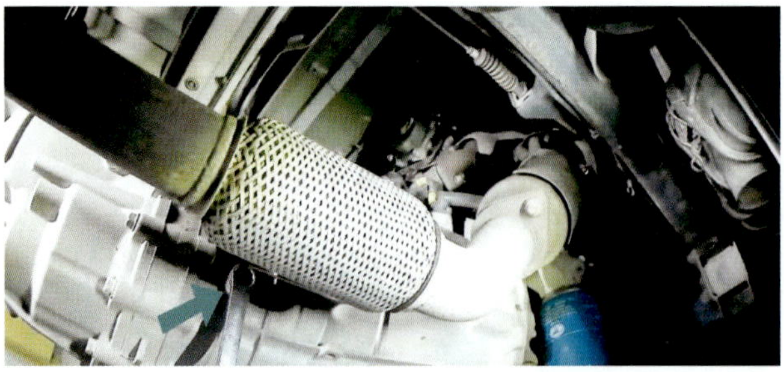

[그림 45] 오일 주입 볼트 탈거

⑦ 변속기 오일 배출 볼트를 탈거하고 변속기 오일을 모두 배출한다.

[그림 46] 오일 배출 볼트 탈거

[그림 47] 오일 배출

⑧ 변속기 오일 배출 볼트를 규정토크로 장착한다.

⑨ 프로펠러 샤프트(추진축)와 디퍼런셜 플랜지에 탈거 전 표시를 한다. 조립 시에는 표시 방향으로 맞춰서 조립한다.

[그림 48] 오일 배출 볼트 장착

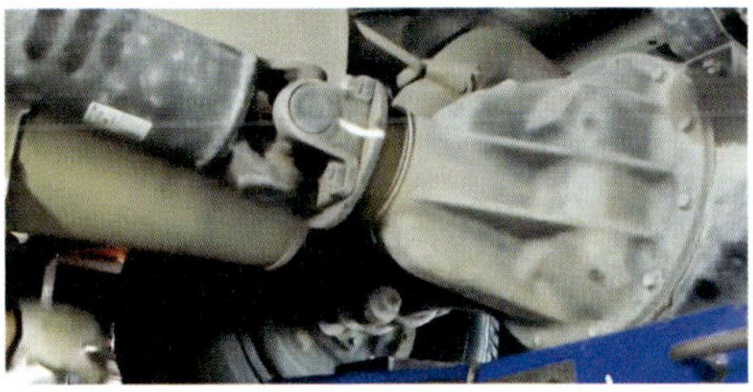

[그림 49] 프로펠러 샤프트와 플랜지에 표시

⑩ 프로펠러 샤프트 고정 볼트와 너트 4개를 풀은 뒤, 추진축의 변속기 쪽은 슬립 이음으로 되어 있기 때문에 뒤로 잡아당겨서 디퍼런셜 박스에서 프로펠러 샤프트를 탈거한다. 프로펠러 샤프트가 탈거된 변속기 출력 측에 이물질이 들어가지 않도록 헝겊 등으로 막는다.

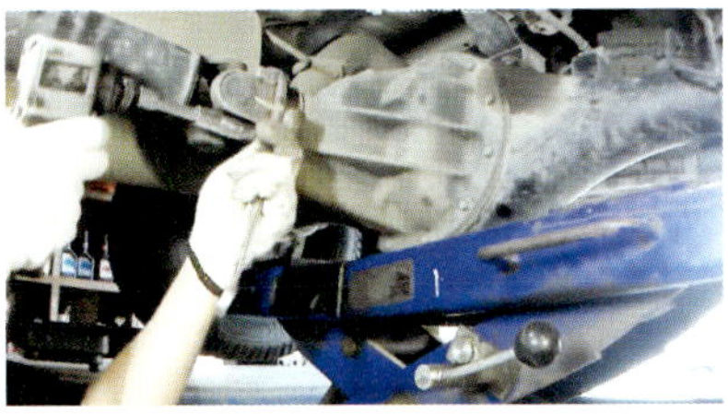

[그림 50] 추진축 볼트 및 너트 탈거

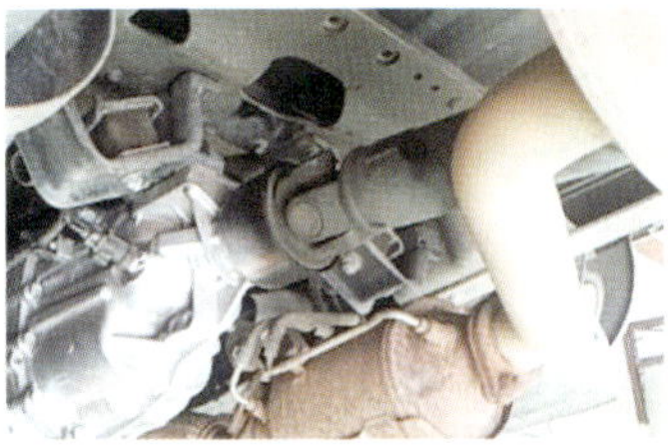

[그림 51] 변속기 측 추진축 설치상태

⑪ 클러치 오페라 실린더(릴리스 실린더) 고정 볼트를 탈거하여 오페라 실린더를 탈거한다. 이때 플랙시블 호스는 탈거하지 않고 작업에 지장이 되지 않는 곳에 놓아둔다. 오페라 실린더 탈거 시 푸시로드 빠짐에 주의한다.

(a) 고정 볼트 탈거

(b) 탈거된 상태

[그림 52] **오페라 실린더 탈거**

⑫ 변속기 셀렉터 케이블 핀 및 와셔를 탈거한다. 핀 및 와셔분실하지 않도록 한다.
⑬ 변속기 시프트 케이블 핀 및 와셔를 탈거한다. 핀 및 와셔분실하지 않도록 한다.

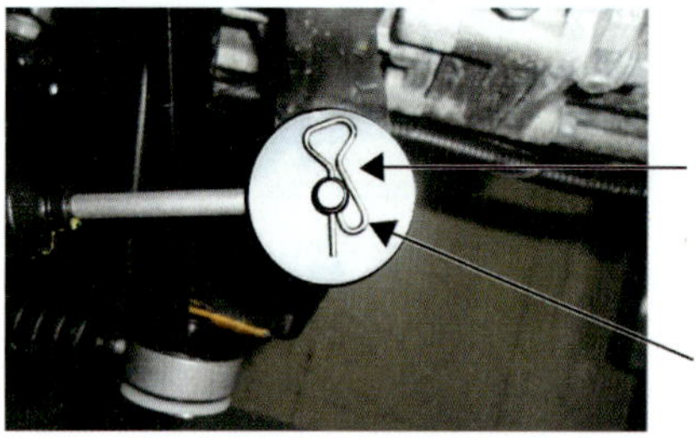

[그림 53] **셀렉터 케이블 핀, 와셔 탈거**

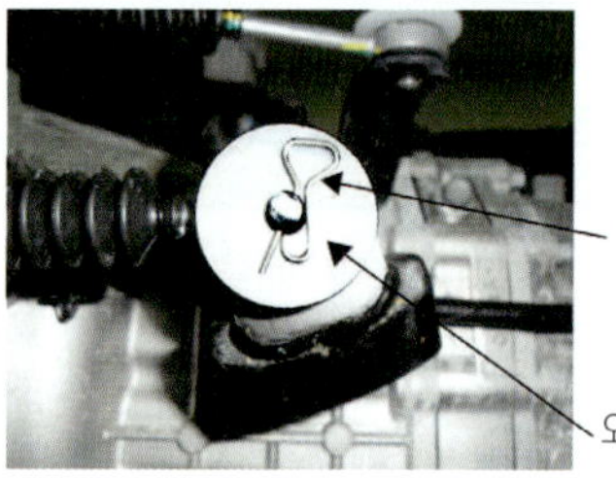

[그림 54] **시프트 케이블 핀, 와셔 탈거**

⑭ 변속기에 설치된 기어 케이블 브래킷 고정 볼트를 탈거한다.

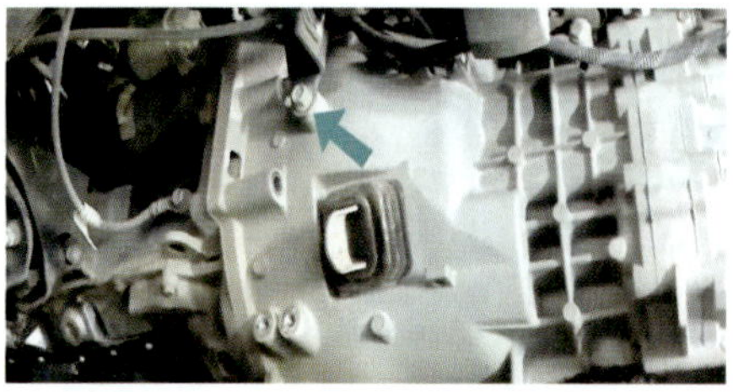

[그림 55] **케이블 브래킷 고정 볼트 탈거**

⑮ 변속기에 부착된 커넥터 및 배선들을 탈거하고 변속기 탈거 시 작업에 지장이 가지 않게 정리하여 둔다.

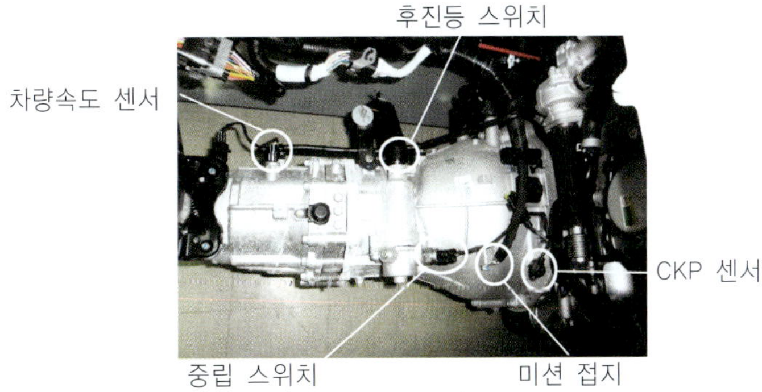

[그림 56] **커넥터 탈거**

⑯ 엔진과 변속기에 연결된 둘레 볼트를 모두 탈거한다.

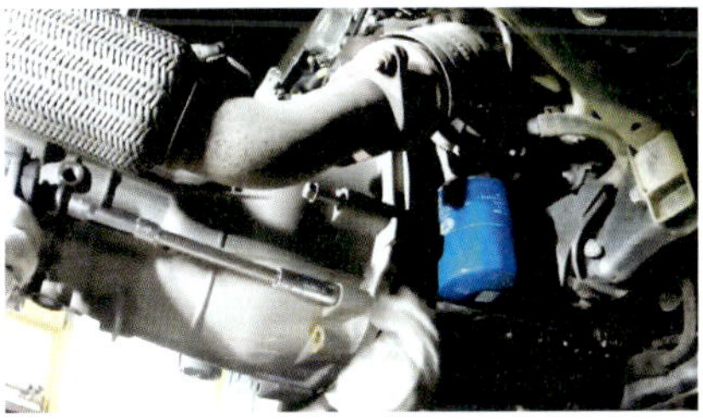

[그림 57] **엔진과 변속기 연결된 볼트 탈거**

⑰ 변속기 잭을 설치하여 변속기를 받힌다. 4주식 리프트는 리프트 잭으로 변속기를 받힌다.

⑱ 변속기 마운트 볼트를 탈거한다.

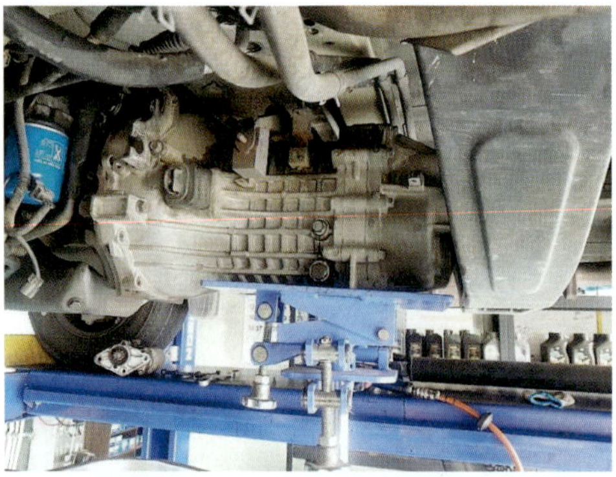

[그림 58] 변속기 잭 설치

(a) 고정 볼트 탈거

(b) 볼트

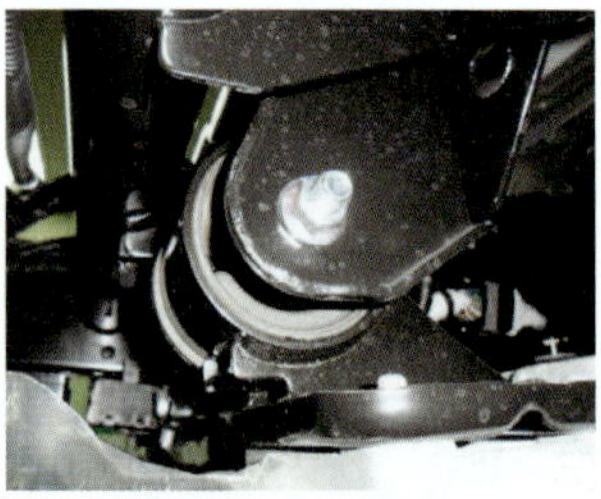

(c) 너트

[그림 59] 변속기 브래킷 고정볼트 및 너트 탈거

⑲ 변속기를 흔들면서 변속기를 엔진에서 탈거한 후, 변속기 잭을 내려 변속기를 작업장에 떨어지지 않게 안전한 곳에 둔다.

[그림 60] 변속기 탈거

[그림 61] 변속기 탈거된 상태

⑳ 릴리스 포크 고정 핀을 당겨서 릴리스 포크를 입력 축에서 들어 올리면서 릴리스 베어링을 탈거한다.

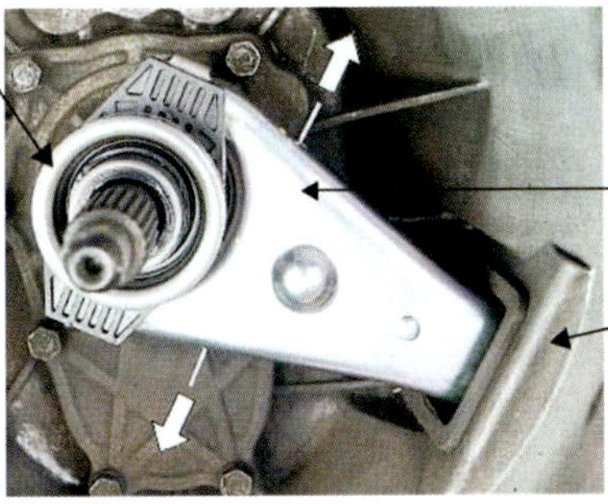

[그림 62] **릴리스 포크 및 릴리스 베어링**

㉑ 특수공구를 사용하여 센터 스플라인에 집어넣어 클러치 디스크가 떨어지는 것을 방지한다. 클러치 커버 볼트를 탈거하고 클러치 커버와 디스크를 탈거한다. 클러치 커버와 디스크가 떨어트리지 않도록 하고, 탈거 시 디스크 가루가 작업복 안으로 들어가지 않도록 주의한다.

(a) 클러치 커버 탈거

(b) 탈거 순서

[그림 63] **클러치판 커버 볼트 탈거**

㉒ 플라이휠 고정 볼트를 탈거하고 플라이휠을 탈거한다. 고정 볼트는 대각선 방향으로 풀고 플라이휠은 무겁기 때문에 탈거 시 고정 볼트 1개는 완전히 풀지 말고 손으로 풀 정도로 이완시킨 후 한손으로 플라이휠이 떨어지지 않도록 받치고 다른 한 손으로 고정 볼트를 탈거하며 떨어트리지 않도록 주의하며 탈거한다.

[그림 64] 플라이휠 탈거

㉓ 크랭크축 리테이너 고정 볼트를 제거 하고 리테이너를 탈거한 후 신품 리테이너와 플라이휠을 조립한다.

㉔ 클러치 디스크와 클러치 커버를 다웰핀에 설치하고 디스크와 커버가 떨어지지 않게 손으로 볼트를 가체결 한다.

㉕ 특수공구를 사용하여 센터 스플라인에 집어넣어 클러치 디스크와 커버 센터를 잡고 볼트를 2~3회 나누어 대각선 방향으로 조인 후 규정토크로 조이고 특수공구를 탈거한다.

[그림 65] 크랭크축 리테이터

[그림 66] 디스크 및 클러치 커버 조립

㉖ 변속기 안쪽을 깨끗하게 청소하고 신품 릴리스 포크 접촉면에 다목적 그리스를 도포한다. 그리스가 과도하게 발라졌을 경우 클러치가 미끄러져 차량이 떨리게 되므로 주의한다.

㉗ 다목적 그리스를 신품 릴리스 베어링의 홈과 신품 클러치 릴리스 포크와 접촉되는 면에 바른다.

㉘ 소량의 그리스를 클러치 신품 디스크 스플라인에 바른다.

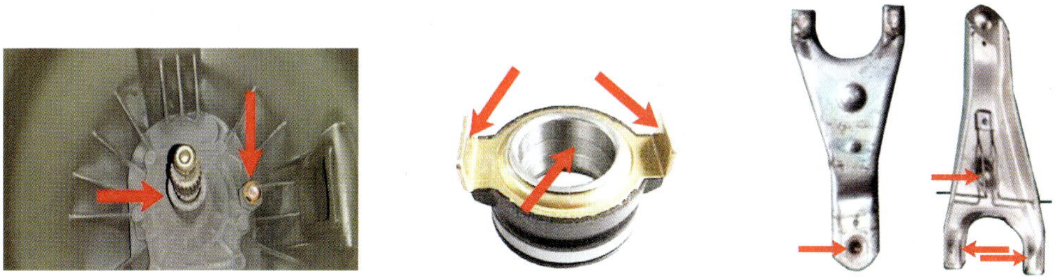

(a) 변속기 입력축　　(b) 릴리스 베어링　　(c) 릴리스 포크

[그림 67] **그리스 바르는 부위**

㉙ 스러스트 베어링을 포크와 함께 장착한다. 간혹 포크볼에서 포크가 빠지는 경우가 있으니 장착 후 스러스트 베어링과 포크가 부드럽게 움직이나 확인한다.

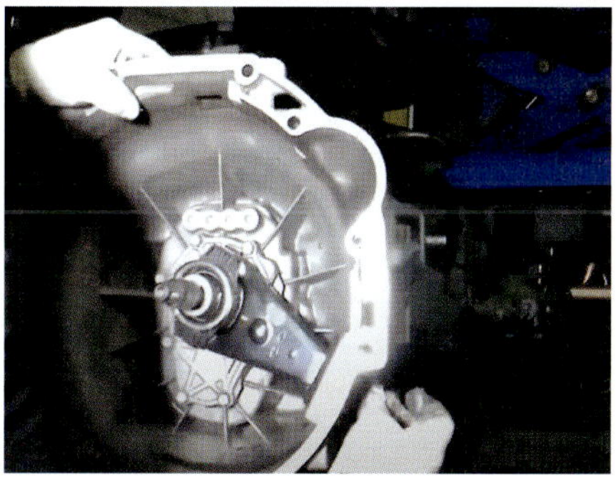

[그림 68] **작동상태 확인**

㉚ 미션 잭(4주식 리프트는 리프트 잭)을 이용하여 엔진에 변속기를 장착한다. 변속기 입력축과 디스크 스플라인부가 맞지 않으면 변속기가 한 번에 장착이 되는 경우가 드물기 때문에 약간씩 흔들어 가며 밀어 넣으면서 장착을 한다.

㉛ 나머지 조립은 탈거의 역순으로 장착한다.

㉜ 변속기 조립이 완료되면 변속기 오일을 주입하고 주입 볼트를 장착한다.

㉝ 변속기 사이드 커버를 장착하고, 배터리 (-)단자를 체결한 후 시운전을 해본다.

2.4.2. 전륜 수동변속기

① 축전지 (-)단자, 에어클리너 및 호스, 후진등 스위치 커넥터, 클러치 튜브 및 클립을 탈거한다.

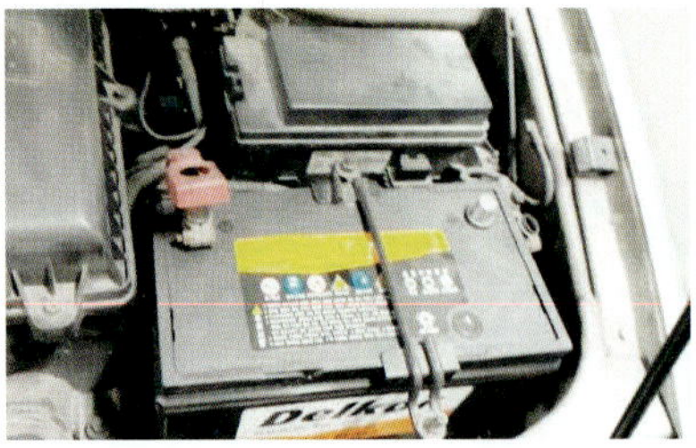

[그림 69] 축전지 (-)단자 탈거

[그림 70] 에어클리너 탈거

② 클러치 릴리스 실린더, 속도계 케이블, 선택 케이블 및 변속케이블을 탈거한다.

[그림 71] 클러치 릴리스 실린더 탈거

[그림 72] 선택 케이블 및 변속케이블 탈거

③ 기동전동기 마운팅 볼트를 푼 다음 특수공구를 사용하여 엔진을 지지한다.

[그림 73] 특수공구로 엔진지지

④ 트랜스액슬 마운팅 브래킷 및 인슐레이터를 떼어낸 후 자동차 들어 올리고 타이어를 탈거한다.

⑤ 변속기 드레인 플러그를 풀고 오일을 배출시킨 후 타이로드, 로워 암 볼 조인트 및 구동축을 탈거한다.

⑥ 기어박스 조인트 및 리턴 튜브 마운팅 볼트를 떼어낸 다음 앞 소음기, 보조 프레임 마운팅 볼트를 푼다.

⑦ 트랜스액슬 앞·뒤 마운팅 브래킷, 트랜스액슬 사이드 마운팅 브래킷을 탈거한다.

⑧ 트랜스액슬을 잭으로 지지하여 탈거한다.

[그림 74] **잭으로 트랜스액슬지지**

⑨ 특수공구를 사용하여 센터 스플라인에 집어넣어 클러치 디스크가 떨어지는 것을 방지한다.

⑩ 클러치 커버와 플라이휠을 체결하는 볼트를 순차적으로 푼다. 이 볼트를 풀 때 커버 플랜지가 휠 우려가 있으므로 2~3회 나누어 푼다.

⑪ 릴리스 베어링과 리턴 클립을 탈거한다.

⑫ 클러치 릴리스 샤프트, 패킹, 리턴 스프링, 릴리스 포크를 탈거한다.

(a) 특수공구 설치

(b) 탈거 순서

[그림 75] **클러치 탈거**

⑬ 플라이휠에 있는 3개의 다웰핀이 완전히 고정되어 있는지와 손상이 없는지를 점검한다.

[그림 76] **다웰 핀 점검**

⑭ 신품 릴리스 포크 접촉면에 다목적 그리스를 바른 다음 클러치 하우징 부위에 다목적 그리스를 바른다. 이때(클러치를 장착할 때) 그리스를 각 부위에 발라야 하며 과도하게 바르지 않도록 주의한다. 그리스가 과도하게 발라졌을 경우 클러치가 미끄러져 차량이 떨리게 된다.

⑮ 다목적 그리스를 신품 릴리스 베어링의 홈과 신품 클러치 릴리스 포크와 접촉되는 릴리스 레버 면에 바른다.

⑯ 소량의 그리스를 클러치 신품 디스크 스플라인에 바른다.

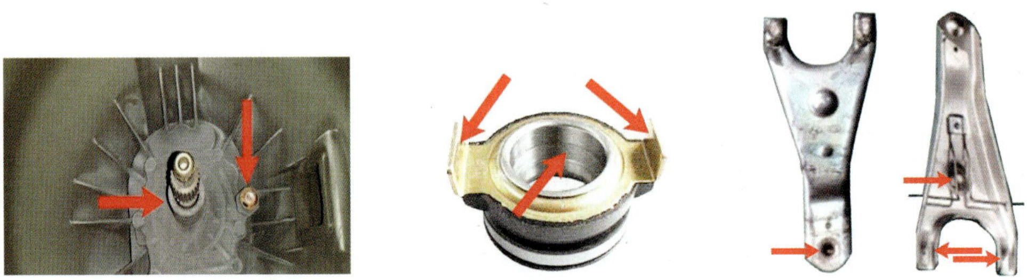

(a) 변속기 입력축 (b) 릴리스 베어링 (c) 릴리스 포크

[그림 77] **그리스 바르는 부위**

⑰ 특수공구(디스크 가이드)를 사용하여 센터 스플라인에 집어넣어 신품 클러치 디스크 어셈블리를 플라이휠에 장착한다. 클러치 디스크를 장착할 때 제작사의 각인된 쪽이 압력판 쪽을 향해야 한다.

⑱ 신품 클러치 커버 어셈블리는 6개의 볼트를 탈거의 역순으로 장착한다.

⑲ 순차적으로 볼트를 2~3회 나누어 조이고 마지막으로 규정 토크로 조인다.

⑳ 지지공구를 떼어내고 변속기를 장착 후 클러치 자유유격을 조정한다.

㉑ 변속기 어셈블리 장착은 탈거의 역순으로 하며 트랜스액슬을 장착한 후 오일을 규정량으로 주입하고 각 변속 단마다 이상이 없는 지 검사를 한다.

3. 자동변속기(오토미션)의 교체

3.1. 자동변속기의 고장시 증상

자동변속기는 전기, 전자, 유압, 기계적인 요소가 복합적으로 작용하는 정밀 기계장치이다. 따라서 주행 중에 발생하는 고장현상은 여러 가지 형태로 나타난다. 일반적으로 주행 중 변속시 충격이나 슬립(공회전)이 발생한다던지, 자동변속이 안 되는 경우와 평상시보다 연료가 더 소모될 경우 등이 자동변속기의 고장이다. 또한 전, 후진이 안 된다던지 주행 중 소음이 발생하거나 오일이 새는 경우 등은 기계적인 고장이 발생한 것이다.

특히 전자제어방식의 자동변속기는 주행 중의 상태를 변속기용 컴퓨터(TCU)가 감시하는 시스템이 적용되어 있으며 변속기 계통에 이상이 발생하면 안전운행을 위해 일시적으로 주행 중의 변속 단을 3단으로 강제 고정시키는 방식을 도입하였다. 이러한 시스템을 Fail Safe System이라고 하며 차종에 따라 계기판에 OD Lamp 또는 POWER Lamp 등을 점멸시켜 고장이 발생하였음을 운전자에게 알려주게 되어 있다.

이러한 현상은 정지 후 출발 시 힘이 없거나 언덕길 등판 시 파워 부족으로 주행이 어렵고 고속에서 엔진회전수가 과도하게 상승하여 소음이 커지며 연료소모가 많다는 것을 느끼게 된다. 일반적으로 자동변속기 오일 교체 주기는 40,000 km이나, 100,000 km 정도를 타고 교체해도 충분하다는 의견 등 다양한 의견이 있으나, 가장 정확한 교체 시기는 미션 오일의 오염도를 점검한 후 교체여부를 결정하는 것이 중요하다.

3.1.1. 전기, 전자적인 고장

① 변속 시 충격이 발생한다.

② 변속이 늦게 이루어진다.

③ 자동변속이 안 된다.

④ 출발 시 힘이 없다.

⑤ 연비가 나빠진다.

3.1.2. 유압적인 고장

① 변속 시 일시적으로 공회전한다.
② 드라이브나 후진 선택 시 충격이 크다.
③ 차체 떨림이 심하거나 시동이 꺼진다.
④ 변속 시 충격이 발생한다.

3.1.3. 기계적인 고장

① 전진 또는 후진이 안 된다.
② 변속기 내부에서 소음이 크다.
③ 특정 속도에서 공회전한다.
④ 오일이 샌다.

3.2. 자동변속기의 오일 교체

3.1.1. 자연 배출식(드레인식)

드레인 코크만 열어서 자연적으로 빠지는 양 만큼만 교체하는 방식으로 장점은 작업이 빠르고, 별도의 장비가 필요 없으며, 비용이 저렴하고, 낭비되는 오일이 적지만, 단점으로는 오토미션(자동변속기)의 구조상 드레인 만으로는 오일 배출량이 총량보다 현저히 적어 완전한 오일 교체가 안 된다.

① 차량을 리프트에 진입시킨 후 보닛을 연다.
② 오토미션 오일게이지를 탈거한다. 요즘 차량들은 오토미션 오일 게이지가 없는 차량도 있다. 그래서 점검 하려면 오토미션 측면에 위치한 레벨링 플러그를 열어봐야 한다.

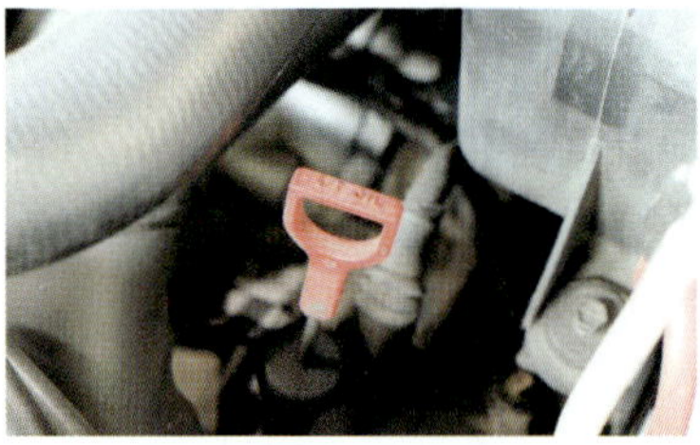

[그림 78] **오토미션 오일 게이지**

[그림 79] **차량상승**

③ 작업이 편리할 정도로 리프트를 상승시킨다.

④ 언더커버를 탈거한다.

⑤ 오토미션 오일 회수 통을 준비한다.

⑥ 오토미션 오일 드레인 플러그를 탈거하여 기존의 오토미션 오일을 배출시킨다. 작업 시에는 드레인 플러그 밑에 계량컵 등으로 받아내어 빠져나온 양을 측정, 오일 주입 시 그만큼만 새로 넣어주면 작업이 한 번에 마무리 된다.

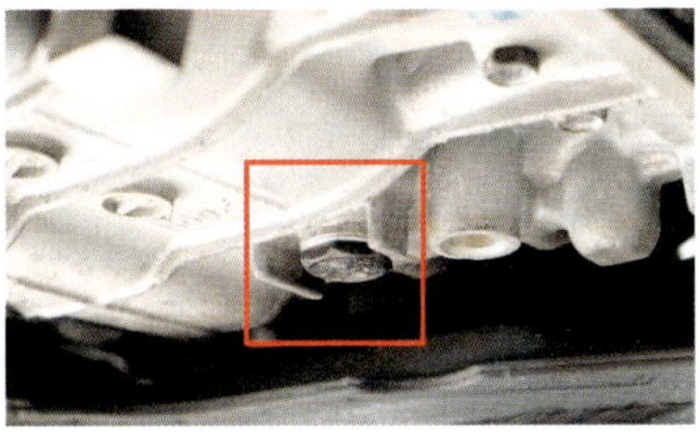

[그림 80] **드레인 플러그**

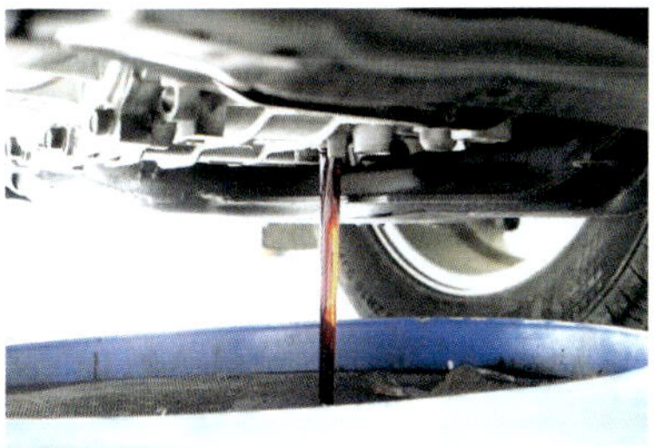

[그림 81] **드레인 플러그 오일배출**

⑦ 드레인 플러그 위쪽에 보면 LR, UD, 2ND 각인된 볼트 3개를 탈거한다. 플러그를 풀면 오일이 더 나오지만 많은 양은 나오지 않는다. LR, UD, 2ND는 오토미션의 기어변속 작동을 위한 각 부의 클러치(브레이크)를 의미하며 오토미션이 작동중인 상태에서 각 클러치(브레이크)에 걸리는 오일 압력 계측을 위한 게이지를 연결하는 플러그이다. 이 플러그는 각 부의 클러치와 회로가 연결되어 있다. 이 플러그는 오토미션의 측면 혹은 상단에도 있을 수도 있다.

[그림 82] **LR, UD, 2ND 볼트**

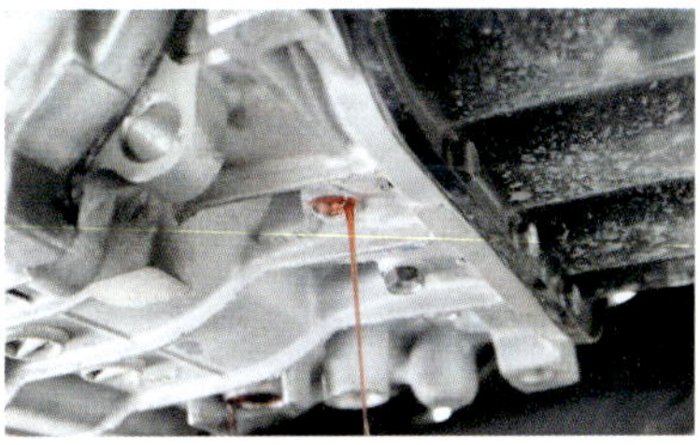

[그림 83] **LR, UD, 2ND 오일 배출**

⑧ 드레인 플러그에 붙어있는 쇳가루를 깨끗하게 닦아준다.

[그림 84] **쇳가루 제거**

⑨ 라디에이터에 연결된 오토미션 오일 냉각라인 호스 중 한곳을 탈거한다. 호스를 빼면 냉각라인 호스 안에 있던 남아있던 오일이 빠져나온다. 하지만 이 역시 양은 얼마 안 된다.

[그림 85] **냉각라인 호스**

[그림 86] **호스 오일 배출**

⑩ 빼낸 냉각라인 호스에 에어건으로 압축공기를 불어서 밀어내 준다. 에어를 불면 남아있던 폐유가 흘러나오며 동시에 희뿌연 오일 증기(미스트)가 막 쏟아져 나오는데 주의해야하고, 에어를 강제로 불어내는 호스에서 오일이 역류할 수 있으니 뒤집어쓰지 않도록 주의해야 한다.

⑪ 오일이 모두 배출되면 풀었던 볼트를 모두 잠근다. 볼트들의 와셔는 신품으로 교체한다.

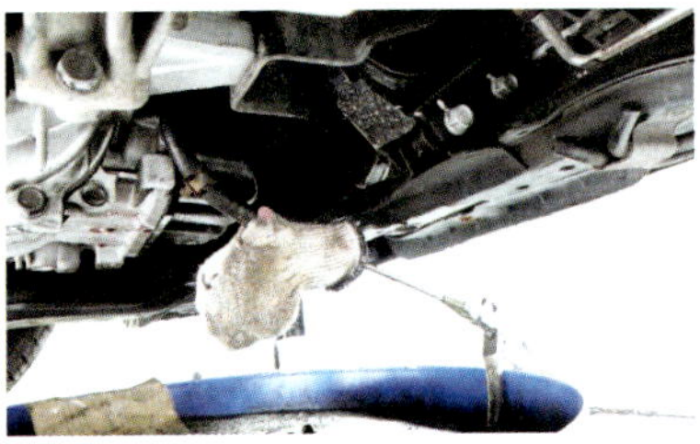

[그림 87] 에어주입

[그림 88] 에어주입 시 오일배출

⑫ 오일 회수통을 작업에 지상이 가지 않는 곳으로 옮긴다.
⑬ 언더커버를 조립한다.
⑭ 리프트를 하강시킨다.
⑮ 오토미션 오일 게이지가 있던 곳으로 주입 깔대기를 설치한다. 오일 주입 플러그가 있지만 이게 더 편하고 많이 쓰이는 방식이다.
⑯ 정품 오일을 주입한다. 오일을 일단 4L 정도 주입하고 시동을 걸어 기어를 각 단에 약 5초씩 위치시키고 10회 정도 반복한다. 오토 오일이 많이 부족하게 되면 겔겔 갈갈 거리면서 이상한 소리가 발생될 수도 있다. 오일을 더 보충해주면 소리는 사라지며 오일펌프가 헛도는 소리이기에 별 문제는 없다.

[그림 89] 깔대기 설치

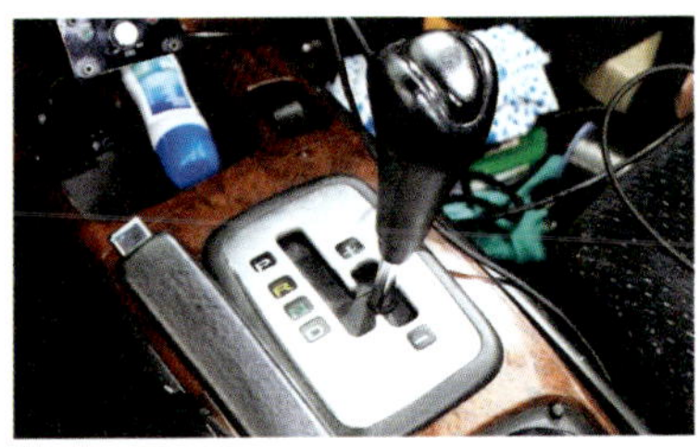

[그림 90] 각 단으로 기어 변속

⑰ 기어 중립상태에서 두고 오일 레벨을 확인하고 오일을 추가적으로 오일 레벨이 적정선에서 유지 할 때까지 1~2회 보충을 한다. 다시 기어를 각 단에 5회 정도 반복하고 오일 레벨을 확인한다.
⑱ 하이스캔 스캐너 장비로 오토미션 오일온도를 확인해 준다. 온도가 약 70~80도에 도달하면 열간시 상태로 보고 있다.
⑲ 오일을 HOT 범위까지 부어 놓고 시운전을 해본다. 오일이 정상적으로 채워질 수 있도록 1~4단 기어를 여러 RPM에서 골고루 작동해본다.

⑳ 시운전이 끝나고 오일 레벨 게이지를 찍어 본다. HOT 범위의 1/3 지점쯤까지 오일이 찍혀져 나오면 충분하게 오일이 들어가 있는 것이며 꼭 범위의 최대치에 맞춰 둘 필요는 없다. 범위 안에만 있으면 정상이다.

[그림 91] 오일온도 확인

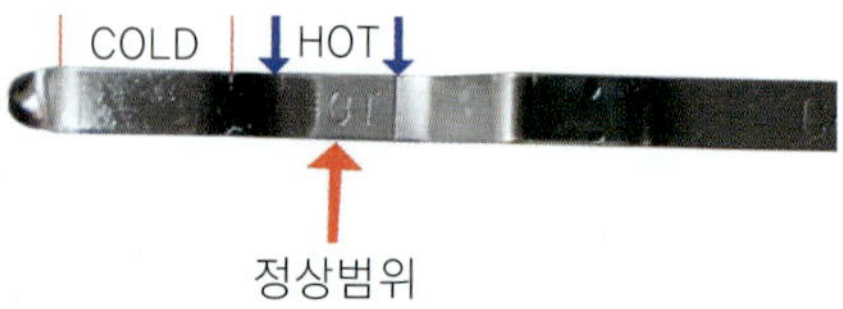

[그림 92] 게이지 정상범위

3.1.2. 강제 순환식

엔진 가동 상태에서 순환장비를 연결(주로 오토미션 오일 냉각라인에)하여 신유와 폐유를 교체하는 방식으로 장점은 오토미션을 구동시켜 순환하는 상태에서 신유를 계속하여 밀어 넣기 때문에 토크컨버터나 또는 밸브바디, 솔레노이드 부품의 오일을 배출시킬 수 있어 좋지만, 단점으로는 작업이 오래 걸리고, 별도의 장비가 필요하며, 비용이 좀 고가이면서 오일낭비가 심하다.

① 자동변속기 오일 교체기에 신품의 오일을 채운다.

② 폐유 통은 비워놓는다.

③ 오일쿨러 IN, OUT 라인 중 오일쿨러 호스 한 개를 탈거한다.

④ 탈거한 호스에 자동변속기 오일 교체기의 어댑터를 직렬로 연결한다.

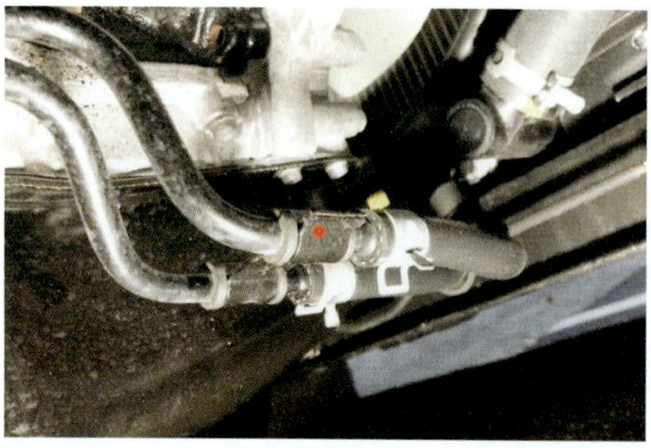

[그림 93] IN, OUT호스 탈거

[그림 94] 어댑터 설치

⑤ 설치된 어댑터에 자동변속기 오일교체기 호스와 연결한다.

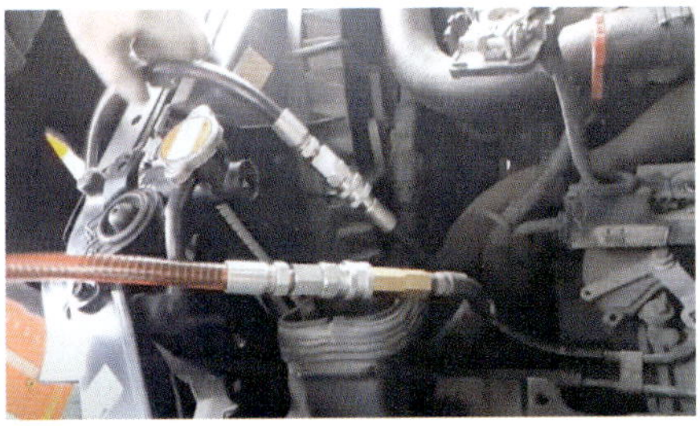

[그림 95] **호스연결**

⑥ 자동변속기를 P에 두고 시동을 건다. 압력계가 1.0~1.5kgf/cm^2의 압력을 유지해야 정상 연결이다. 압력계가 올라가지 않으면 시동을 끄고 호스를 IN라인과 OUT라인을 반대로 다시 연결한다.

⑦ 자동변속기 오일교체기의 폐유양을 표시해 둔다.

⑧ 폐유 흡입밸브를 흡입 쪽으로 돌려서 차량 변속기에 오일을 밖으로 배출시킨다.

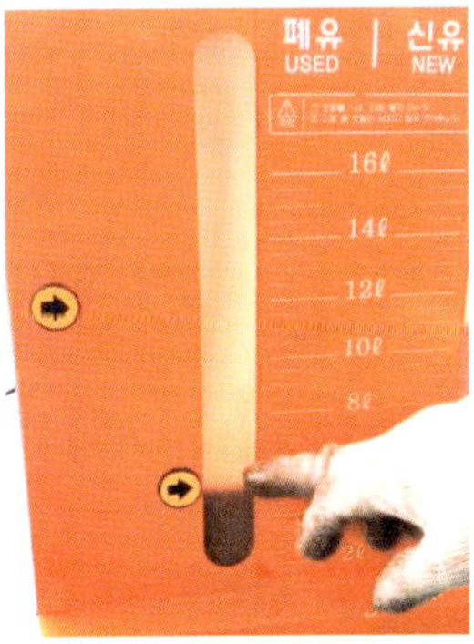

[그림 96] **폐유량 표시**

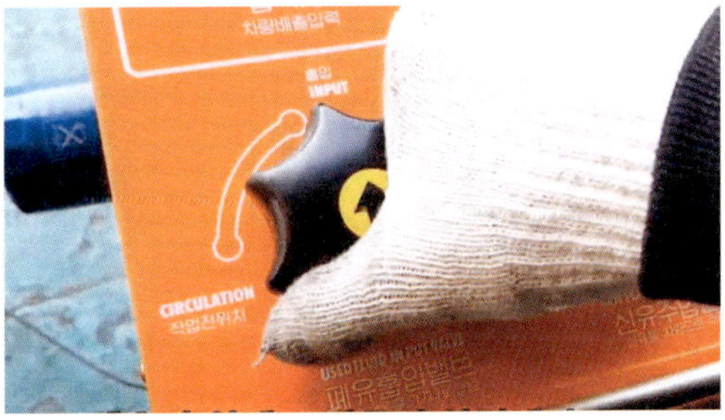

[그림 97] **폐유흡입밸브 작동**

⑨ 자동변속기 오일펌프 압력으로 회수되므로 폐유라인을 확인하여 오일에 오염상태를 확인한다.

⑩ 폐유라인에 기포가 올라오면 배출이 완료된 것이다.

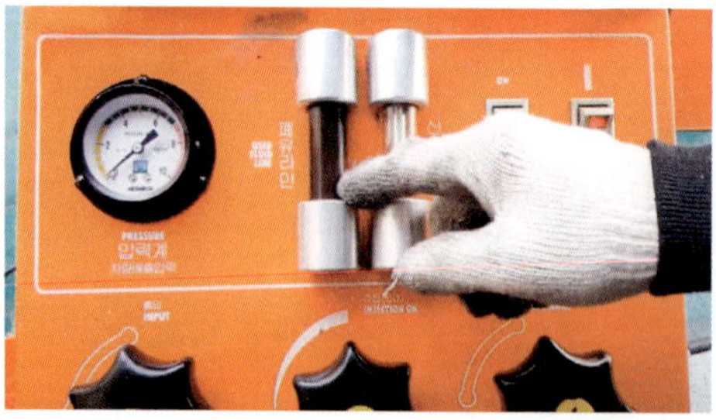

[그림 98] 오염상태 점검

[그림 99] 기포발생

⑪ 폐유 흡입밸브를 작업 전 위치로 돌려 더 이상 차량의 오일이 나오지 않게 한다.
⑫ 시동을 끈다.
⑬ 배출량을 확인한다.
⑭ 배출량을 확인하고 배출량만큼 신유 주입량을 표시한다.

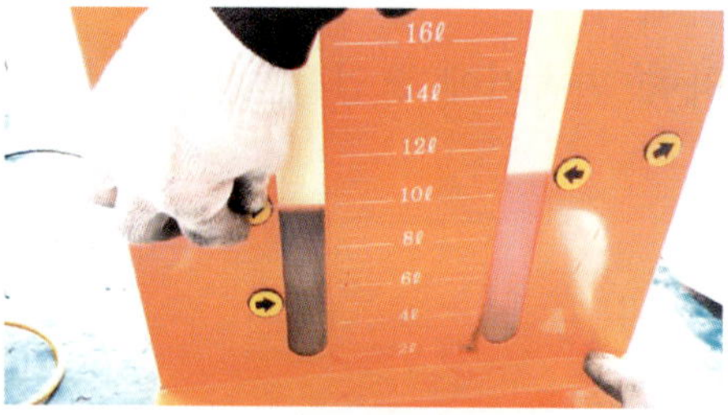

[그림 100] 배출량 확인

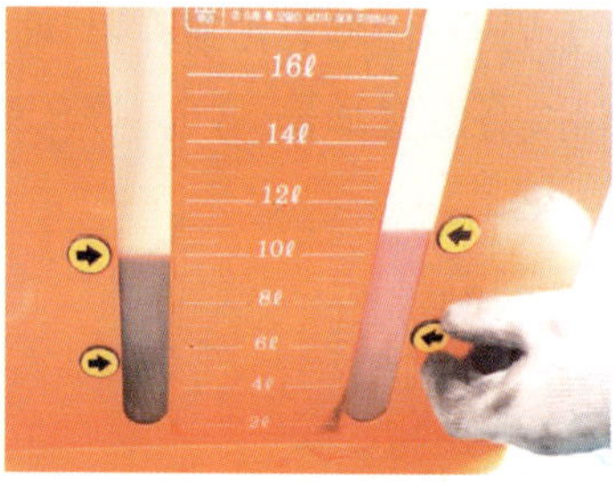

[그림 101] 주입량 표시

⑮ 자동변속기 오일교체기의 전원을 ON시키고 펌프 스위치도 ON시키면 펌프 작동 소리가 들린다.
⑯ 신유 주입밸브를 주입으로 돌린다.

[그림 102] 전원 및 펌프 ON

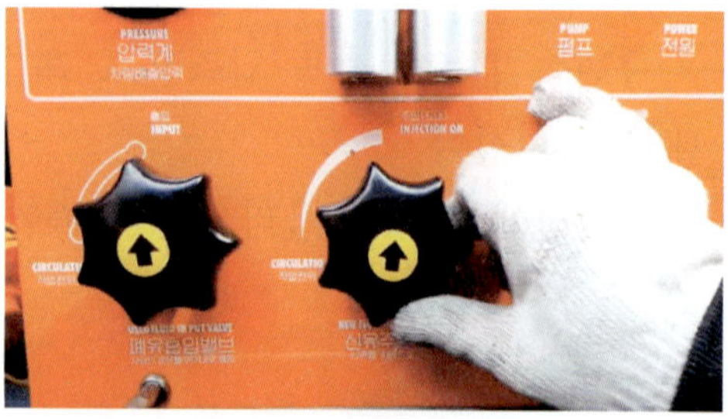

[그림 103] 신유 주입밸브 개방

⑰ 신유 주입시 배출된 오일양 만큼 주입한다.

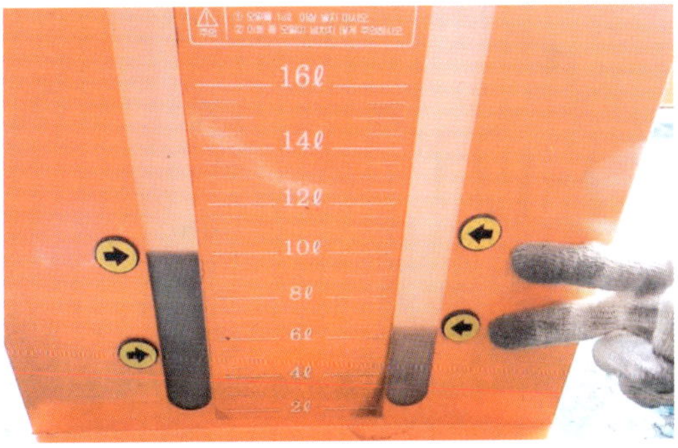

[그림 104] **신유주입**

⑱ 신유를 배출량만큼 주입 후 신유주입밸브를 작업 전 위치로 놓고 신유주입을 중지시킨다.

⑲ 오일의 오염도가 심할 때는 2~3번 정도 위와 같은 방법으로 세척을 한다.

⑳ 신유 주입 후 차량시동(5~10분) 후 P, R, N, D각 레인지에서 10초간씩 유지한다.

㉑ 레인지를 P또는 N에 놓고 오일량을 점검하여 부족하면 보충한다.

㉒ 오일 교체기 내부의 폐유 배출방법

㉮ 전원 스위치를 먼저 ON시키고, 펌프 스위치도 ON시킨다. 펌프가 작동을 한다.

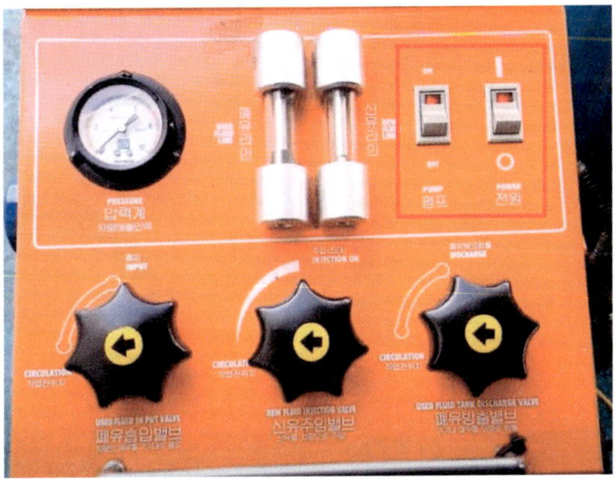

[그림 105] **전원 및 펌프스위치 ON**

㉯ 주입호스에 어댑터를 연결한다.

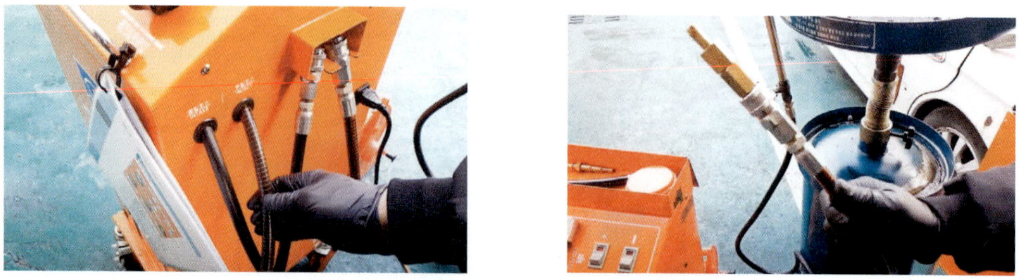

[그림 106] **주입호스에 어댑터 연결**

㉰ 주입호스에 연결된 어댑터를 오일 회수통에 설치한다.

[그림 107] **회수통에 설치**

㉱ 폐유방출 밸브를 개방하고 신유주입밸브도 개방하면 자동변속기 오일 회수기에 있던 폐유가 방출된다. 방출이 완료되면 모든 스위치를 OFF시킨다.

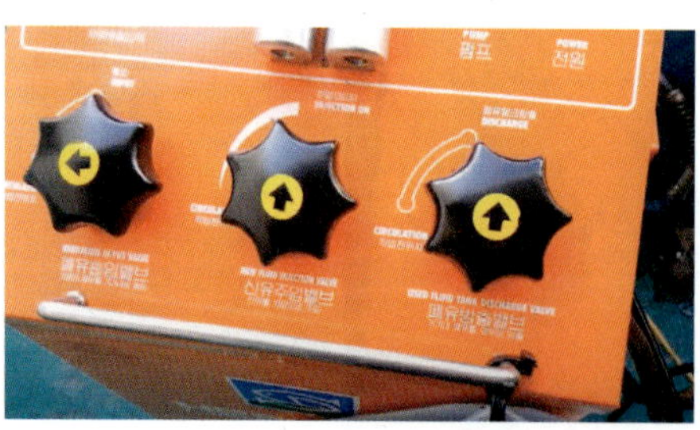

[그림 108] **밸브개방**

[그림 109] **폐유방출**

3.3. 여과지식 오일 필터의 교체 및 오일 교체

① 차량을 리프트로 진입시킨 후 리프트를 상승시킨다.

② 오일 회수통을 준비한다.

[그림 110] **리프트 상승**

③ 드레인 플러그를 탈거하여 오일을 배출시킨다.

④ 트랜스퍼에도 플러그를 탈거하여 오일을 배출시킨 후 플러그를 조립한다.

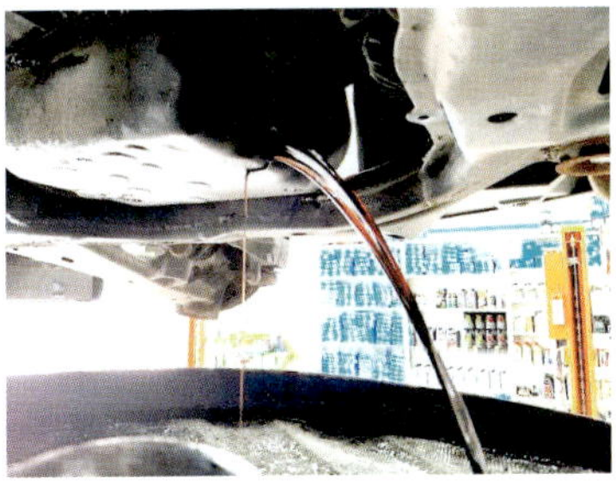

[그림 111] **오일배출**

[그림 112] **트랜스퍼 오일배출**

⑤ 오일팬의 고정 볼트를 탈거하고 오일팬을 탈거한다.

[그림 113] **오일팬 탈거**

[그림 114] **오일필터 설치상태**

⑥ 오일필터 고정 볼트를 살짝 풀어 잔량오일을 배출한다.

[그림 115] 오일필터 유림

⑦ 오일필터 고정 볼트를 풀고 오일필터를 탈거한다.

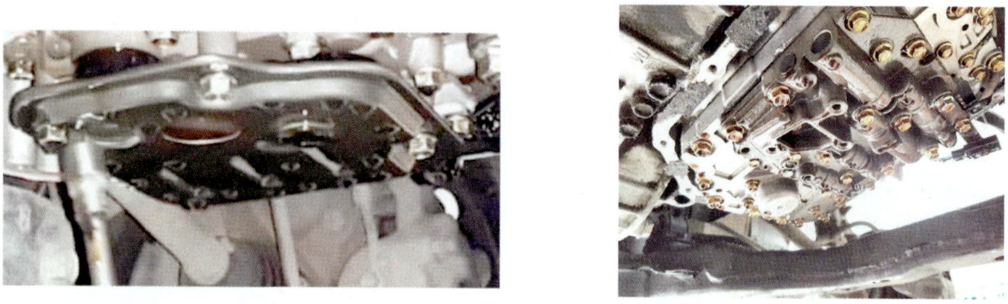

[그림 116] 오일필터 탈거

⑧ 밸브바디 체결볼트를 살짝 풀어 잔량 오일을 배출시킨다.

[그림 117] 밸브바디 잔량 오일 배출

⑨ 오일팬 안쪽의 자석에 붙은 쇳가루를 제거하고 오일팬을 재 사용시는 개스킷과 이물질을 깨끗이 닦아내고 드레인 플러그를 조립하고 자석을 설치한다. 오일팬이 설치되는 변속기 쪽에도 개스킷 및 이물질을 제거한다.

(a) 탈거 후

(b) 청소 후

[그림 118] **자석 및 오일팬 청소**

⑩ 풀었던 밸브바디 고정 볼트를 조인다.

⑪ 신품 오일필터를 조립한다.

[그림 119] **오일필터 조립**

⑫ 오일팬에 실리콘 개스킷을 바르고 15분 정도 기다린 후 오일 팬을 붙이고 고정 볼트를 장착한다.

(a) 실리콘 개스킷 바르기

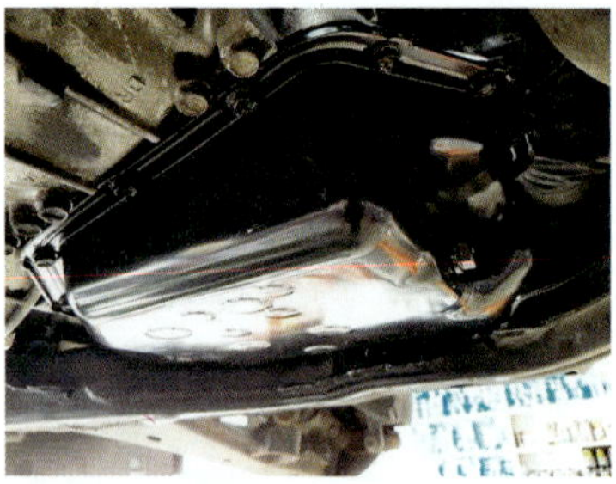

(b) 오일팬 고정 볼트 장착

[그림 120] 오일팬 장착

⑬ 오일 회수통을 작업에 지장이 가지 않는 곳으로 이동시킨다.

⑭ 리프트를 하강시킨다.

⑮ 자동변속기 신유를 주입한다.

⑯ 신유 주입 후 차량시동(5~10분)후 P, R, N, D각 레인지에서 10초정도 유지한다.

⑰ 레인지를 P 또는 N에 놓고 오일량을 점검하여 부족하면 보충한다.

[그림 121] 오일주입

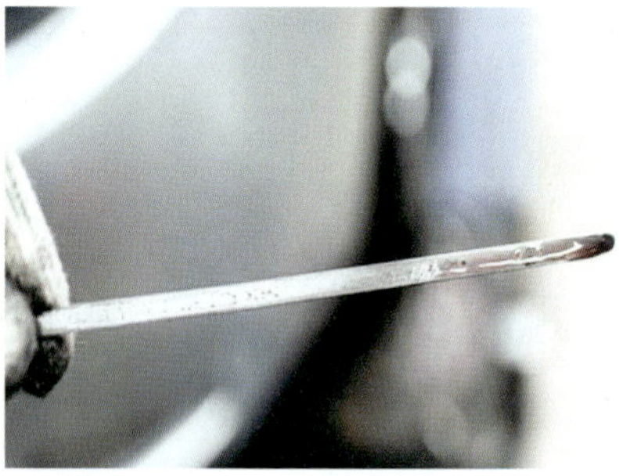

[그림 122] 오일량 점검

3.4. 입·출력센서 및 인히비터 스위치 교체

3.4.1. 입·출력센서 교체

① 변속레버를 N에 위치시킨다.

② 배터리 (-)단자와 (+)단자를 탈거한다.

[그림 123] (-)단자 탈거

[그림 124] (+)단자 탈거

③ 배터리 고정 브래킷 고정 볼트를 탈거하여 브래킷을 탈거한다.

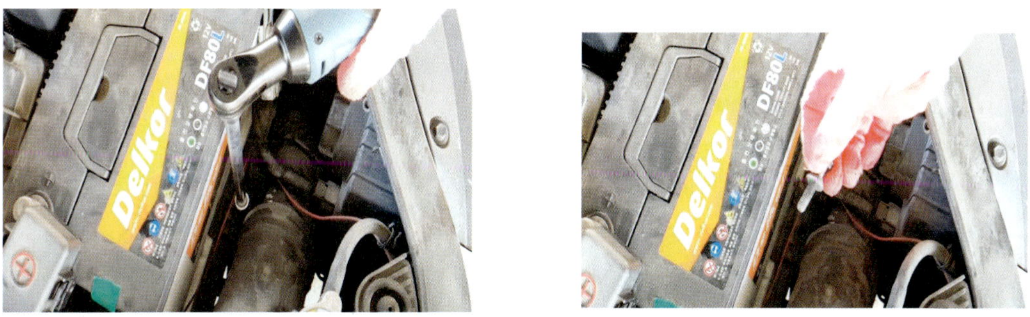

[그림 125] 배터리 고정 브래킷 탈거

④ 배터리를 탈거한다.

⑤ 배터리 장착 브래킷 부분에 볼트를 탈거한다.

[그림 126] 배터리 탈거

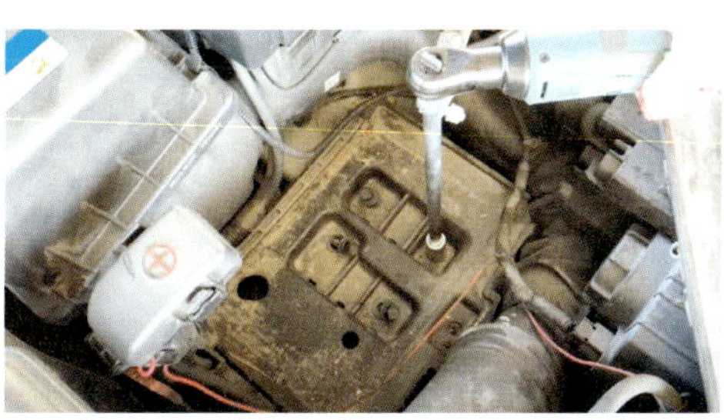

[그림 127] 브래킷 볼트 탈거

⑥ 에어 인테이크 클램프를 적당히 풀어준다.

⑦ 앞, 뒤 블리더 호스 클램프를 롱노즈나 플라이어를 이용하여 옆으로 이동시킨 후 호스를 탈거한다.

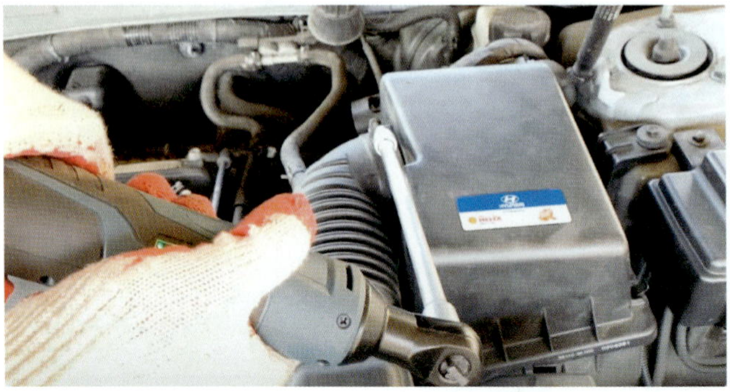

[그림 128] 에어 인테이크 클램프

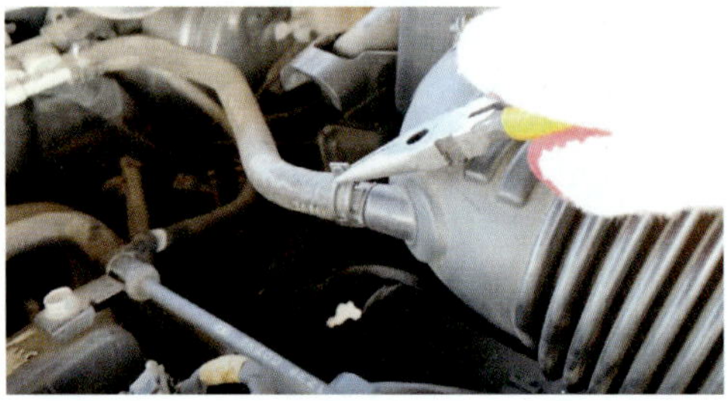

(a) 위 블리더 호스

(b) 아래 블리더 호스

[그림 129] 블리더 호스 탈거

⑧ 스로틀바디 쪽 인테이크 호스 클램프를 십자드라이버를 이용하여 적당히 풀어준다.

⑨ 에어클리너에서 스로틀바디로 이어지는 에어 인테이크를 비틀면서 탈거한다.

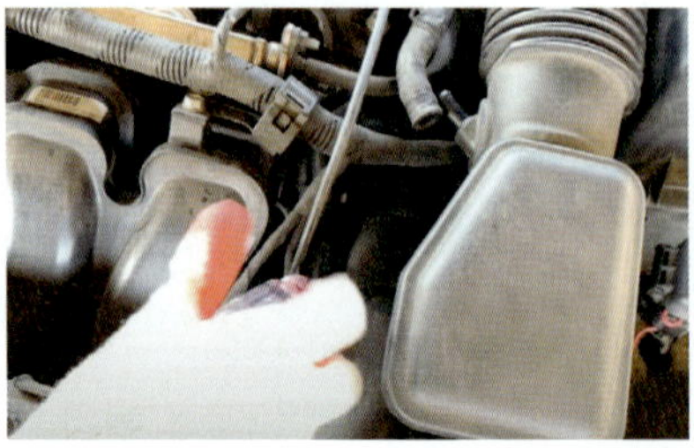

[그림 130] 스로틀바디 쪽 인테이크 호스 클램프

[그림 131] 에어 인테이크 탈거

⑩ 에어클리너 커버를 고정하고 있는 클램프를 전부 풀어준다.
⑪ 에어클리너 커버와 에어클리너를 탈거한다.

[그림 132] **커버 클램프 개방**

[그림 133] **커버와 에어클리너 탈거**

⑫ 에어클리너 케이스와 차체를 고정해주는 볼트를 탈거한다.
⑬ 에어클리너 케이스와 배터리 트레이를 고정해주는 볼트를 탈거한다.

[그림 134] **차체 고정 볼트 탈거**

[그림 135] **배터리 트레이 고정 볼트 탈거**

⑭ 에어클리너 케이스 옆에 있는 볼트를 탈거한다.

[그림 136] **케이스 옆 고정 볼트 탈거**

⑮ ECU 커넥터 손잡이를 올려주면서 ECU커넥터를 탈거한다.

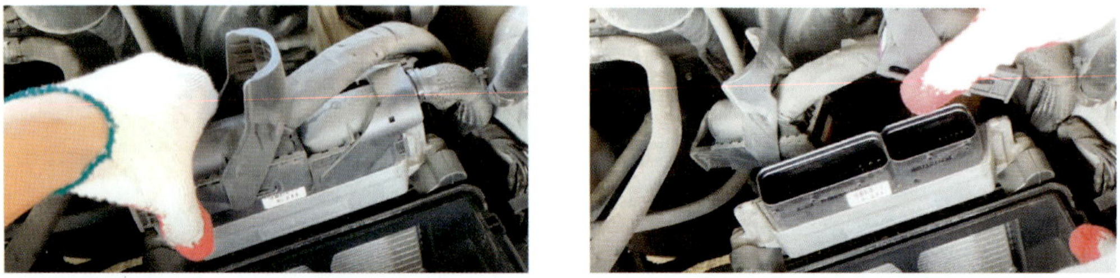

[그림 137] ECU 커넥터 탈거

⑯ 에어클리너 케이스를 탈거한다.

⑰ (+) 케이블을 손으로 당기면서 꺼내주고 배터리 트레이 뒤 쪽에 배선 고정클립을 배터리 트레이를 들어주면서 롱노즈로 눌러서 탈거하고 배터리 트레이를 탈거한다.

[그림 138] 에어클리너 케이스 탈거

[그림 139] 배선 고정클립 탈거

⑱ 미션 마운트에 있는 에어클리너 브래킷 고정 볼트 2개를 탈거하여 브래킷을 탈거한다.

[그림 140] 브래킷 탈거

⑲ 출력센서 고정 볼트를 탈거한다.

⑳ 고착된 출력센서를 비틀면서 탈거한다.

[그림 141] **고정 볼트 탈거**

[그림 142] **센서 탈거**

㉑ 출력센서 커넥터 버튼을 누르면서 커넥터를 탈거한다.

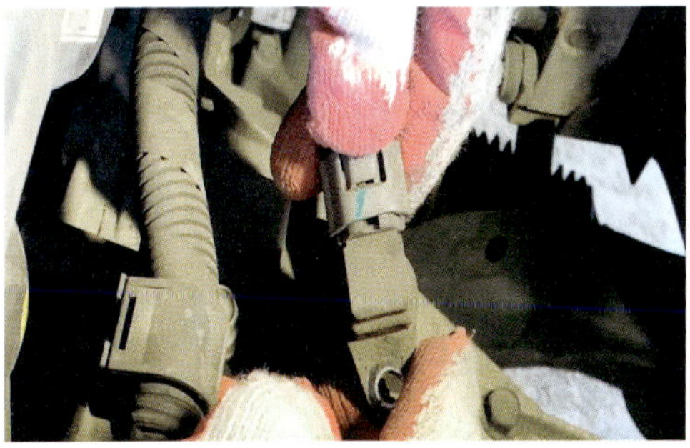

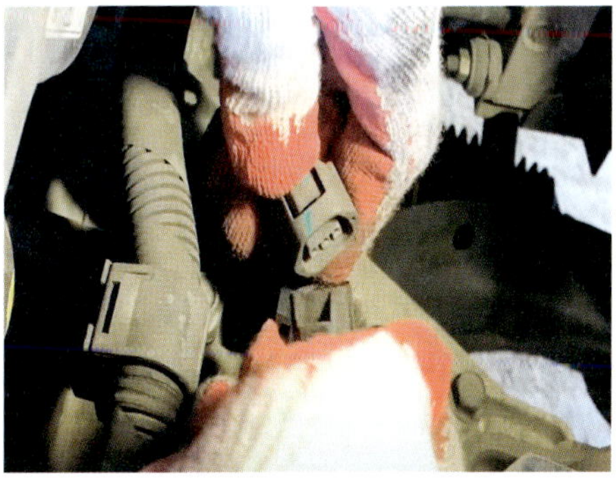

[그림 143] **커넥터 탈거**

㉒ 입력센서 위에 있는 케이블 브래킷을 탈거한다. 브래킷 밑면에 입력속도 센서가 위치하기 때문에 브래킷 고정용 볼트 및 케이블 고정 볼트를 탈거하여 작업공간을 확보한다.

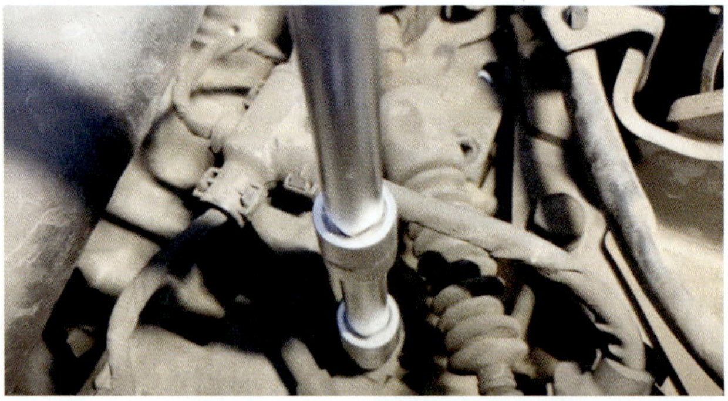

[그림 144] 케이블 고정 볼트 탈거

㉓ 입력센서 고정 볼트를 탈거한다.

㉔ 고착된 입력센서를 비틀면서 탈거한다.

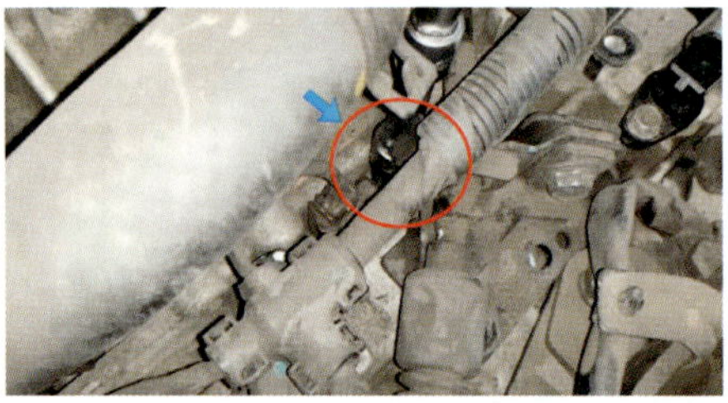

[그림 145] 고정 볼트 탈거

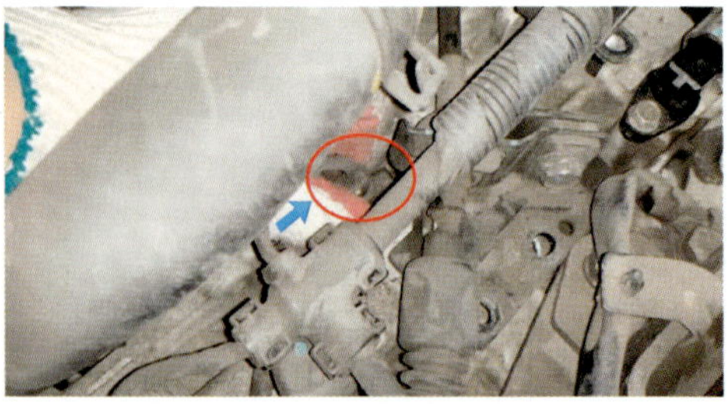

[그림 146] 입력센서 탈거

㉕ 입력센서 커넥터 버튼을 누르면서 커넥터를 탈거한다.

[그림 147] **커넥터 탈거**

㉖ 신품 입력센서와 출력센서를 탈거의 역순으로 장착한다.

3.4.2. 인히비터 스위치 교체

① 입·출력센서 교체작업 ①~⑱번 까지 작업은 동일하다.

② 인히비터 스위치 탈거 시 인히비터 스위치 변속단이 바뀌지 않게 N드라이브 셋팅 홀 끼리 맞게 위치한 후 핀 또는 송곳을 끼운다. 탈거할 때 틀어지지 않게 하기 위한 방법이다.

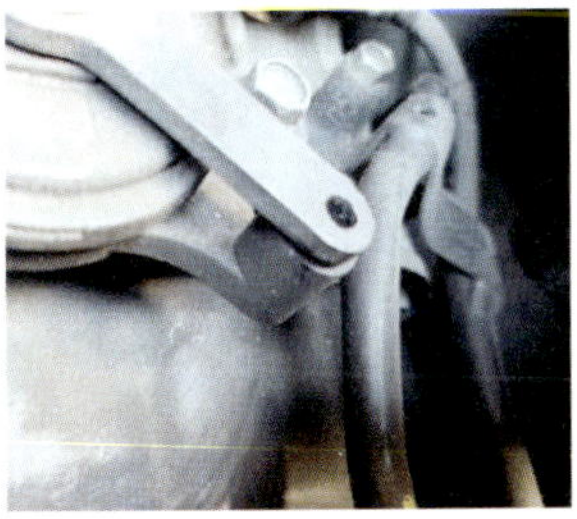

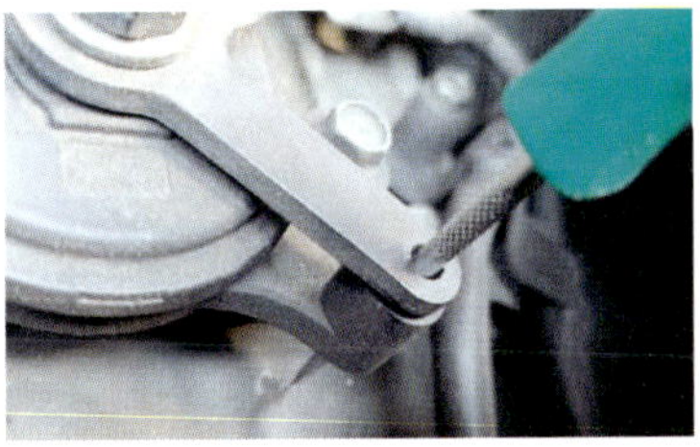

[그림 148] **핀 설치**

③ 인히비터 스위치 가운데에 있는 선택버튼 너트를 탈거한다. 와셔는 분실하지 않도록 주의한다.

④ 인히비터 스위치 고정 볼트 2개를 탈거한다.

[그림 149] 선택버튼 너트 탈거

[그림 150] 고정 볼트 탈거

⑤ 시프트 케이블 마운팅 와셔 붙이 너트를 탈거한다.

⑥ 매뉴얼 컨트롤 레버 브래킷을 탈거한다. 약간은 고착되어 있는 경우가 많으므로 좌우 또는 위아래로 흔들면서 탈거한다.

[그림 151] 마운팅 너트 탈거

[그림 152] 브래킷 탈거

⑦ 인히비터 스위치를 들어 올려서 커넥터 후크를 누르면서 커넥터를 탈거한다.

⑧ 매뉴얼 컨트롤 레버 브래킷이 고정된 볼트 자리에 녹이 있으면 깨끗이 청소한다.

[그림 153] 커넥터 탈거

[그림 154] 브래킷 고정된 볼트자리 청소

⑨ 신품의 인히비터 스위치에 커넥터를 연결한다.

⑩ N드라이브 셋팅 홀 끼리 맞게 위치한 후 위치 홀에 송곳이나 핀을 꽂아 두고 인히비터 스위치 볼트 2개를 체결 후 규정 토크로 조이면 된다.

[그림 155] 핀 설치 및 고정볼트 가체결

[그림 156] 브래킷 조립

⑪ 시프트 케이블 마운팅 너트 체결 전에 브래킷 홀 안으로 들어오게 위치한 다음 너트를 규정토크로 고정시킨다.

⑫ 인히비터 스위치 가운데에 있는 선택버튼 너트와 스프링와셔를 규정토크로 고정시키고 N드라이브 셋팅 홀에 고정시켰던 핀을 탈거한다.

[그림 157] 선택버튼 너트 조립

⑬ 차 실내로 들어가 시프트락 릴리스(shift lock release)버튼을 누르고 N→D→N→R→P→R→N→D 순서로 3초씩 머물면서 이동시켜 준다. 그리고 나서 N드라이브에 위치시키고 N드라이브 셋팅 홀 위치가 잘 맞는지 확인 후 인히비터 스위치 고정 볼트 2개를 규정토크로 조여준다.

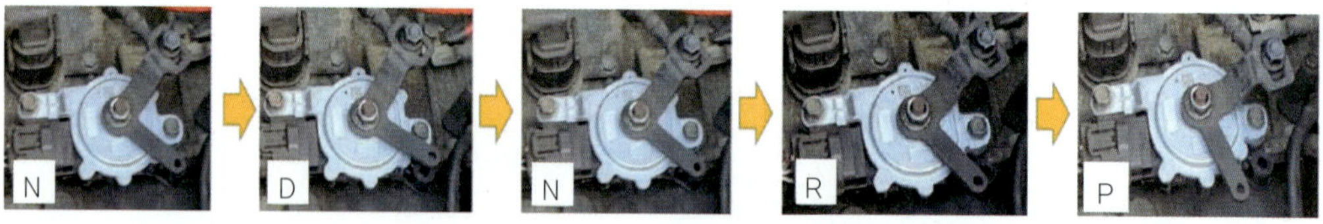

[그림 158] 인히비터 스위치 각 레인지 위치

⑭ 나머지 부품조립은 탈거의 역순으로 조립하고, 시동걸고 경고등 점등 유무와 변속레버가 뻑뻑한지 부드러운지 확인하고, 뻑뻑하면 N드라이브 셋팅 홀 위치가 잘 안 맞은 것 일수도 있으니 N드라이브에 놓고 시동을 끄고 홀의 위치가 일치하는지 확인한다.

4. 등속조인트 교체

등속조인트 고장 중에서 많이 나타나는 증상으로 고무 부트가 찢어지고 그리스가 다 새어나오거나 고무 부트는 멀쩡한데 등속조인트 축과 밴드사이로 그리스가 새어나오기도 하며 출발할 때 핸들을 돌리면 하체에서 뚜둑~뚜드득~뚜득~따다닥 소리가 나고 유격이 느껴지고 주행 중에도 뚝뚝 거리는 소음이 나타나는 경우가 있다.

① 차량을 리프트에 진입시키고 리프트를 상승시킨다.
② 등속조인트 교체할 곳의 타이어를 탈거한다.
③ 언더커버 고정 볼트를 풀고 언더커버를 탈거한다.

[그림 159] 타이어 탈거

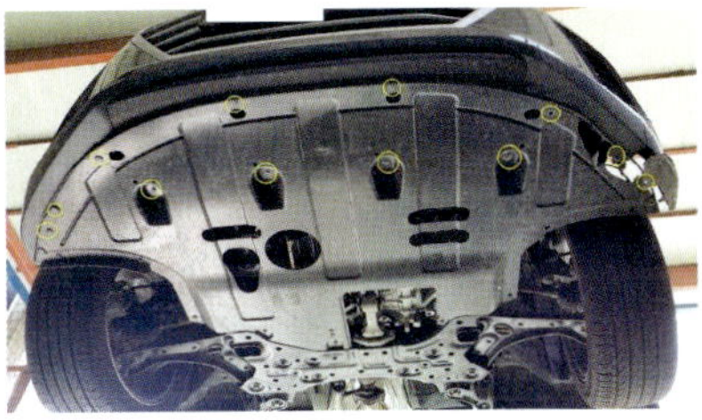
[그림 160] 언더커버 탈거

④ 등속조인트 끝단에 허브너트가 풀리는 것을 방지하기 위한 분할 핀(코터 핀)을 탈거한다.

[그림 161] 분할 핀 탈거

⑤ 허브 너트와 와셔를 탈거한다. 와셔는 자석 자바라를 이용하면 쉽게 탈거된다.

[그림 162] **허브 너트와 와셔 탈거**

⑥ 캘리퍼 가이드 핀 고정 볼트 2개를 탈거하고 캘리퍼 호스에 하중이 걸리지 않도록 캘리퍼를 종이박스나 통을 준비하여 위쪽에 올려놓는다.

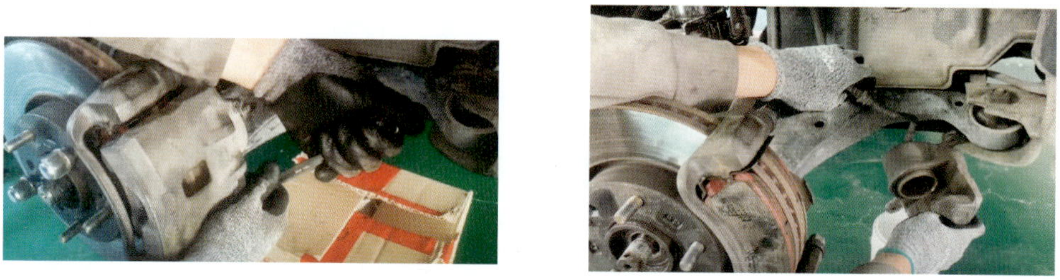

[그림 163] **캘리퍼 탈거**

⑦ 쇽업소버와 너클을 연결해 주는 위쪽 관통볼트와 너트를 풀기만 한다.

[그림 164] 위쪽 관통볼트 및 너트

⑧ 휠 스피드 센서 배선 고정 볼트 2개를 탈거한다.

[그림 165] 배선 고정 볼트 탈거

⑨ 쇽업소버와 너클을 연결해 주는 아래쪽 관통볼트와 너트를 풀기만 한다.

⑩ 타이로드 엔드 분할 핀(코터 핀)을 탈거한다.

[그림 166] 아래쪽 관통볼트 및 너트

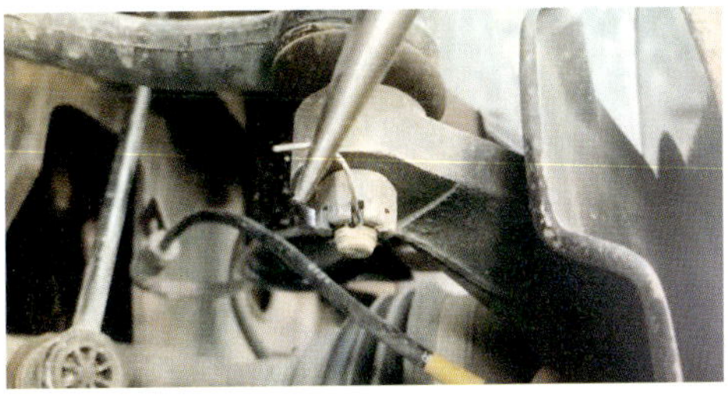

[그림 167] 분할 핀 탈거

⑪ 타이로드 엔드 고정 볼트를 풀어주었다가 특수공구 사용 시 나사산이 망가지지 않을 정도로 볼트를 다시 잠근다.

[그림 168] 타이로드 엔드 고정 볼트 탈거

⑫ 특수공구(타이로드 엔드 풀러)를 그림 169와 같이 타이로드 엔드 고무 부트와 허브 너클사이에 끼우고 한쪽은 타이로드 엔드 고정 볼트에 설치하여 소켓으로 특수공구를 조이면 안전하게 타이로드 엔드가 탈거된다.

⑬ 로워암 볼 조인트 고정 볼트 2개를 탈거 한다.

[그림 169] 타이로드 엔드 탈거

[그림 170] 로워암 고정 볼트 탈거

⑭ 허브너트를 살짝 잠가준다.

⑮ 망치로 허브너트를 쳐서 등속조인트 스플라인부를 허브에서 탈거한다.

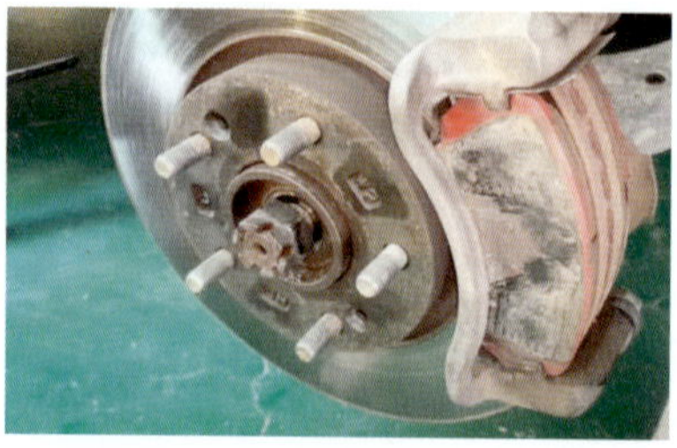

[그림 171] 허브너트 설치

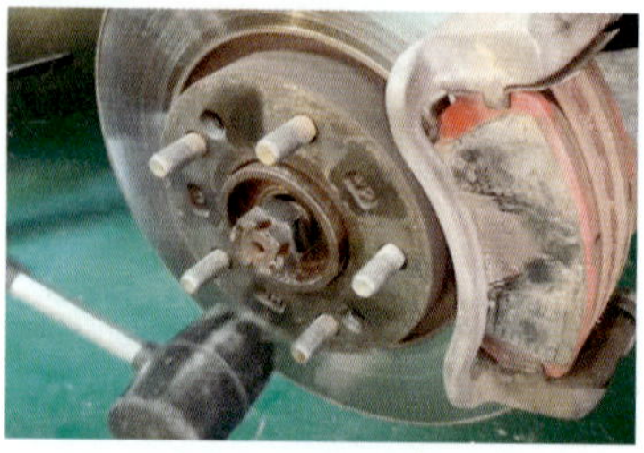

[그림 172] 스플라인부 탈거

⑯ 스피드센서 고정 볼트를 탈거한다.

[그림 173] 스피드센서 고정 볼트 탈거

⑰ 휠스피드 센서를 탈거한다.

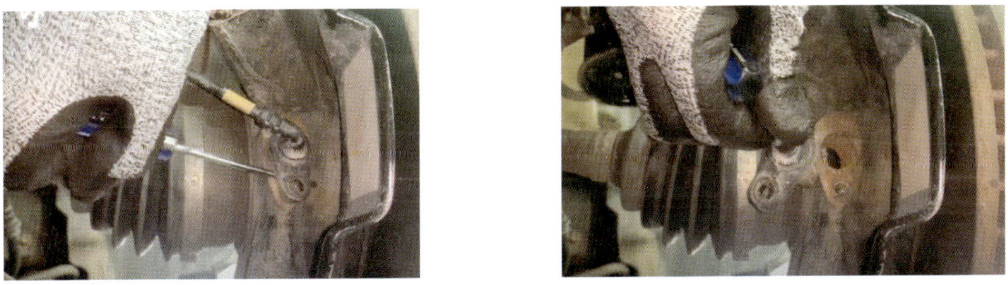

[그림 174] 스피드센서 탈거

⑱ 작업에 방해가 되지 않도록 센서와 배선을 옆쪽에 정리해 놓는다.

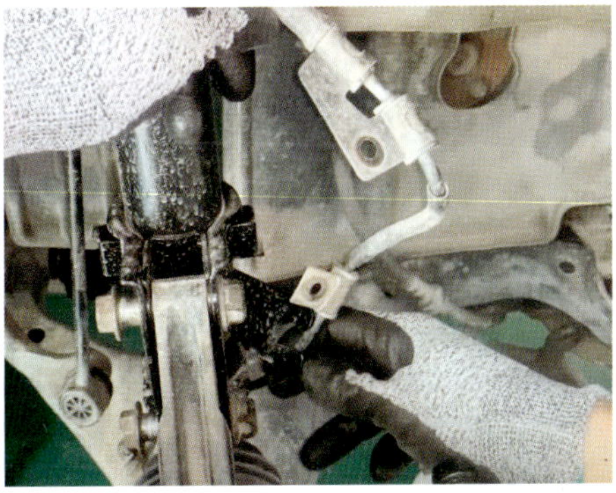

[그림 175] 배선정리

⑲ 타이로드 엔드 너트도 탈거하고 타이로드 엔드를 탈거한다.

[그림 176] 타이로드 엔드 탈거

⑳ 쇽업소버 관통볼트 및 너트를 탈거한다.

㉑ 너클과 쇽업소버를 분리한다.

[그림 177] 관통볼트 및 너트 탈거

[그림 178] 너클과 쇽업소버 분리

㉒ 등속조인트 끝부분을 손으로 눌러주면서 허브를 탈거한다.

㉓ 등속조인트 탈거 시 변속기에서 오일이 빠질 수 있기 때문에 리테이너 실 아래에 오일 회수통을 준비한다.

[그림 179] 허브 탈거

[그림 180] 오일 회수통 준비

㉔ 등속조인트를 손으로 당겨서 뽑을 수 있는 경우도 있지만 대부분 변속기 측 등속조인트는 일자대드라이버나 플라이바를 지렛대원리를 이용하여 등속조인트를 변속기에서 뽑아서 탈거한다.

㉕ 리테이너 실을 전용공구 또는 일자드라이버로 지렛대 원리를 이용하여 탈거한다.

(a) 변속기 측 등속조인트 탈거

(b) 휠 하우스 쪽으로 탈거

[그림 181] **등속조인트 탈거**

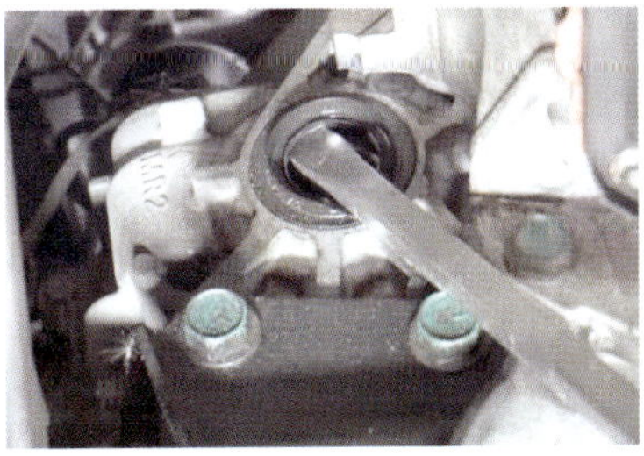
(a) 일자드라이버 삽입

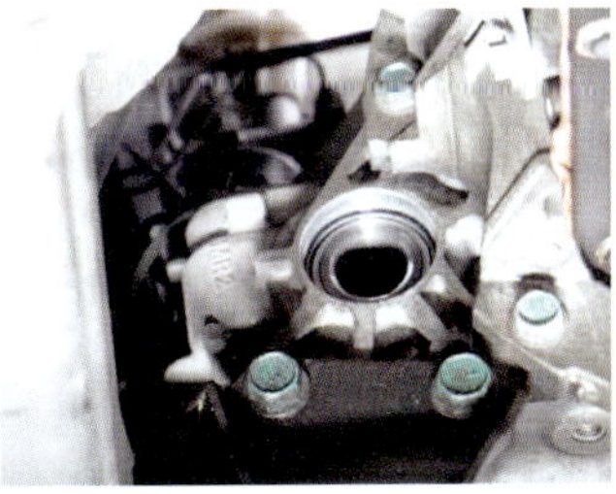
(b) 탈기 후

[그림 182] **리테이너 실 탈거**

㉖ 신품 리테이너 실을 조립한다.

(a) 리테이너 실 설치

(b) 조립 후

[그림 183] **리테이너 실 조립**

㉗ 리테이너 실이 손상되지 않게 등속조인트를 변속기에 끼워준다. 등속조인트 끝부분에 작은 링이 달려 있어서 순간적인 충격을 주어야만 빠지고 끼워지는 구조이기 때문에 링이 잘 들어가지 않으므로 힘을 주면서 충격을 주어 끼워야 한다.

㉘ 등속조인트 스플라인부를 허브에 조립한다.

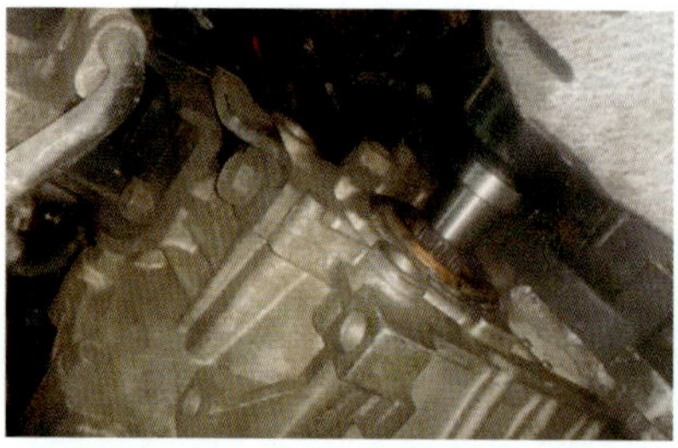

[그림 184] **등속조인트 조립**

[그림 185] **등속조인트 허브에 조립**

㉙ 너클과 쇽업소버를 조립하고 관통볼트와 너트를 조여준다.

㉚ 타이로드 엔드를 조립하고 고정너트를 조립하고 신품 분할 핀을 조립한다. 분할 핀이 안 들어가면 고정너트를 좀 더 조여 주어 분할 핀을 끼워준 후 분할 핀이 빠지지 않고 다른 부품과 간섭이 되지 않도록 적당히 휘어준다.

[그림 186] **분할 핀 설치**

㉛ 로워암을 살짝 내린 상태에서 로워암 고정 볼트를 조립한다.

㉜ 허브너트 와셔를 보면 한쪽 면은 평평하고 또 한쪽은 둥근 데 평평한 면이 안쪽을 보게 끼운 후, 고정너트도 손으로 조인 후 규정토크로 조이고 신품 분할 핀을 끼우고 빠지지 않고 다른 부품과 간섭이 되지 않도록 적당히 휘어준다.

(a) 로워암 눌러준다

(b) 고정 볼트 조립

[그림 187] **로워암 설치**

[그림 188] **와셔조립**

㉝ 스피드 센서 배선 및 스피드 센서를 조립한다.

㉞ 캘리퍼를 설치하고 가이드 핀 고정 볼트를 조인다.

㉟ 타이어를 조립하고 언더커버도 조립한다. 시동 후 기어를 넣고 바퀴를 돌려보아 리테이너 실에서 변속기 오일 누유 또는 이상이 없는지 점검하고 변속기 오일을 확인하여 부족하면 보충한다.

㊱ 리프트를 하강시킨다.

5. 종감속 기어(디퍼런셜 기어)의 오일실 및 오일 교체

종감속기어 오일은 차종마다 차이가 있지만 보통 약 5만km 정도에서 교체하며, 종감속기어 차동기어 케이스 오일 실에서 오일이 누유 되기도 한다. 종감속기어 오일관리를 하지 않으면 윤활 역할을 못하기 때문에 소음이 발생하게 된다. 보통 60 km 정도에서 윙-웅웅 하는 소리가 나는데 이를 무시하고 운행하다가 나중엔 더 큰 고장으로 이어진다.

① 차량을 리프트에 진입시키고 리프트를 상승시킨다.

② 오일 회수 통을 종감속기어 밑에 설치한다.

③ 종감속기어 뒤쪽 옆에 주입구 볼트를 풀어준다. 공기가 들어갈 수 있게 해주면 빠르게 오일이 배출된다.

[그림 189] **리프트 상승**

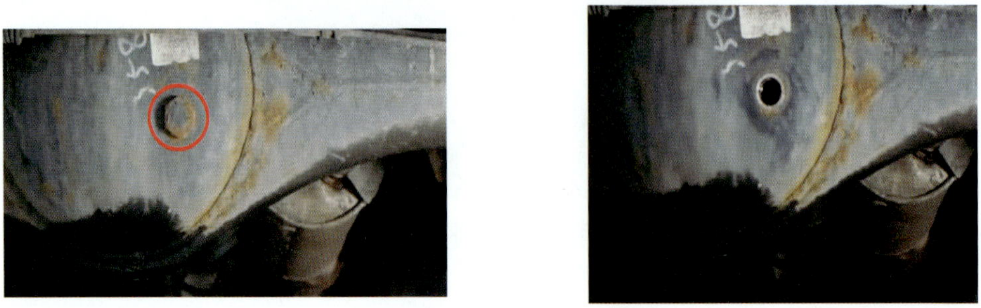

[그림 190] **주입구 볼트 탈거**

④ 종감속기어 하부 드레인 볼트를 풀어서 오일을 배출한다.

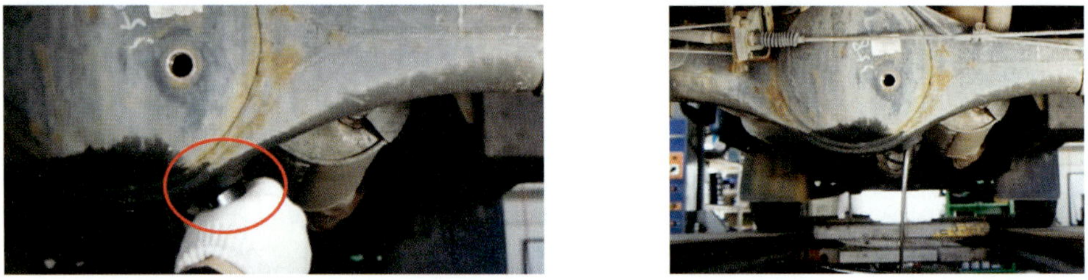

[그림 191] **드레인 볼트 탈거**

⑤ 하단 드레인 볼트를 탈거 했을 때 자석 부분에 쇳가루를 확인하여 쇳가루가 있을 때에는 쇳가루를 닦아낸다.

⑥ 추진축 플랜지와 종감속기어 플랜지에 결합 일치마크를 표시한다.

⑦ 추진축 플랜지와 종감속기어 플랜지 결합 볼트 4개와 너트 4개를 탈거한다.

[그림 192] 드레인 볼트 청소

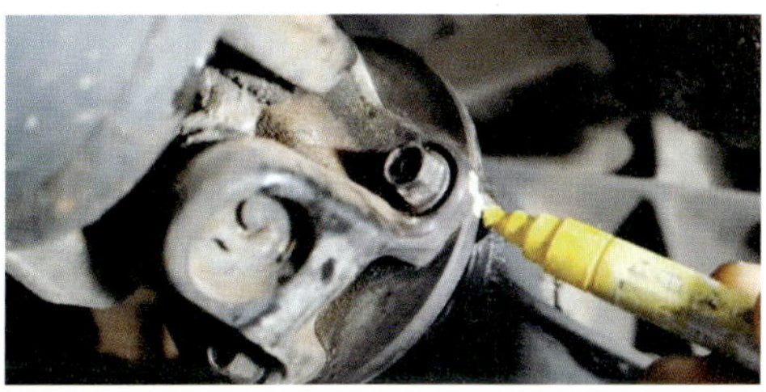

[그림 193] 일치마크 표시

[그림 194] 추진축 볼트 및 너트 탈거

⑧ 연질해머로 톡톡 쳐서 추진축 플랜지를 분리시키고 추진축을 탈거한다.

[그림 195] 추진축 탈거

⑨ 셀프 록킹 너트와 와셔를 탈거한다.

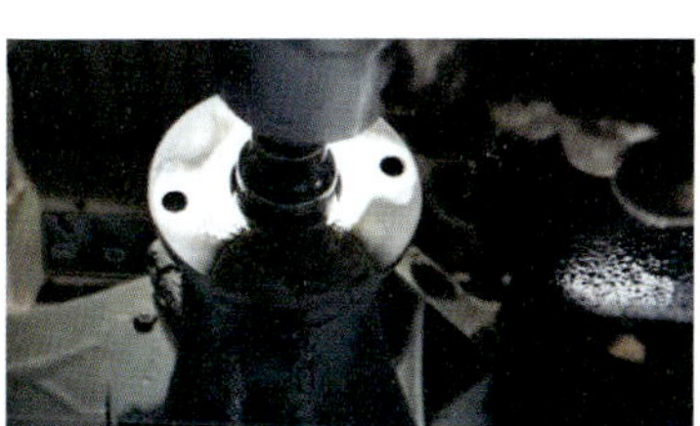

[그림 196] 너트와 와셔 탈거

⑩ 연질 해머로 톡톡 쳐서 종감속기어 플랜지를 탈거한다.

[그림 197] 플랜지 탈거

⑪ 일자드라이버를 이용하여 오일 실을 탈거한다.

[그림 198] 오일 실 탈거

⑫ 오일 실이 설치되었던 홈 및 주위의 이물질을 제거한다.
⑬ 신품 오일 실을 파손에 주의하면서 장착한다.

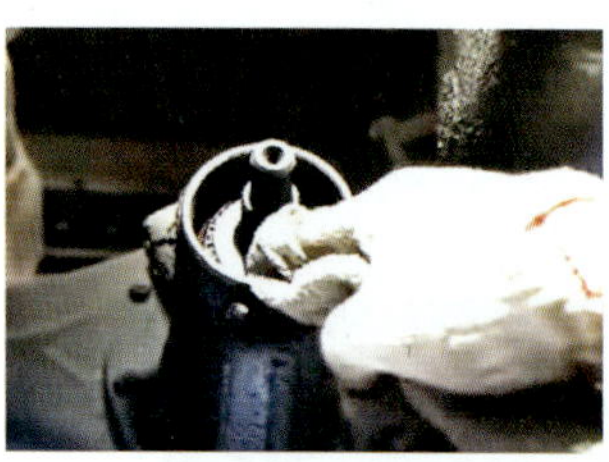

[그림 199] 이물질 제거

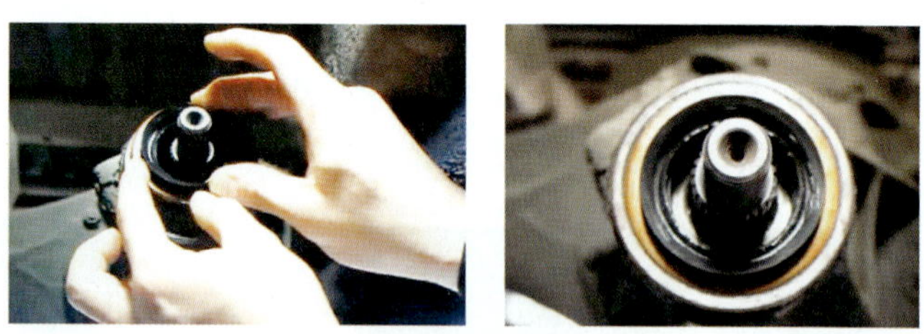

[그림 200] 오일 실 조립

⑭ 고무망치로 톡톡 쳐가면서 플랜지를 조립한다.
⑮ 셀프 록킹 와셔와 너트를 조립하고 너트를 규정토크로 조인다.

[그림 201] 플랜지 조립

(a) 와셔 조립

(b) 너트 조립

[그림 202] 와셔 및 너트 조립

⑯ 탈거하기 전 추진축 플랜지와 종감속기어 플랜지에 결합표시 마크 위치를 맞춘다.

⑰ 추진축이 떨어지지 않도록 주의하면서 추진축 플랜지와 종감속기어 플랜지 결합 볼트와 너트를 규정토크로 조인다.

⑱ 하부 드레인 볼트를 체결한다.

⑲ 오일 주입기로 신유를 주입구 부분으로 넣어 준다. 오일이 어느 정도 들어가 주입구 부분으로 오일이 흐르면 충분히 주입했으므로 오일주입을 멈추고 주입구 볼트를 체결한다.

[그림 203] 추진축 조립

[그림 204] 오일 주입

⑳ 오일 회수통을 안전한 곳으로 이동시킨다.

㉑ 뒤 바퀴를 리프트에서 들어 올려서 구동시키며 오일 누유 및 이상부위가 있는지 확인한다.

㉒ 리프트를 하강시킨다.

6. 타이어

6.1. 펑크수리

타이어 펑크수리는 타이어를 차량에서 탈거해서 수리하기도 하고 타이어를 탈거 안 하고 바퀴를 조금씩 움직이면서 펑크 난 곳을 찾아내서 수리하기도 한다. 펑크난 곳은 눈으로 이물질이 박힌 곳을 직접 확인하고 이물질을 제거 후 비눗물을 뿌려 거품이 발생하는지 점검 하지만 이물질이 없을 때는 타이어에 비눗물을 뿌려가며 거품이 나오는 곳을 찾기도 한다. 이때 타이어에는 규정압력보다 약간 높은 공기압을 주입하면 좋다. 타이어 구찌(공기주입구)도 점검해봐야 한다. 특히 타이어 구찌를 손으로 돌렸을 때 돌아가면 타이어를 휠에서 탈거하여 구찌를 필히 교체해야 한다. 미세 펑크일 때는 타이어에 규정압력보다 2배 정도 높은 공기압을 주입하고 물속에 잠기게 하여 기포가 발생하는 부위를 천천히 찾아봐야 한다.

타이어 펑크 씰(지렁이)은 임시방편으로 펑크 난 공간만 채우고 시간이 경과되면 접착력이 약해지고 점성도 약해져서 쪼그라들어 공간이 생겨 타이어 공기압이 샐 수가 있다. 패치는 안쪽으로 넓게 밀봉되므로 펑크수리가 더 완벽한 수리방법이다.

(a) 타이어 펑크 씰 사용 시

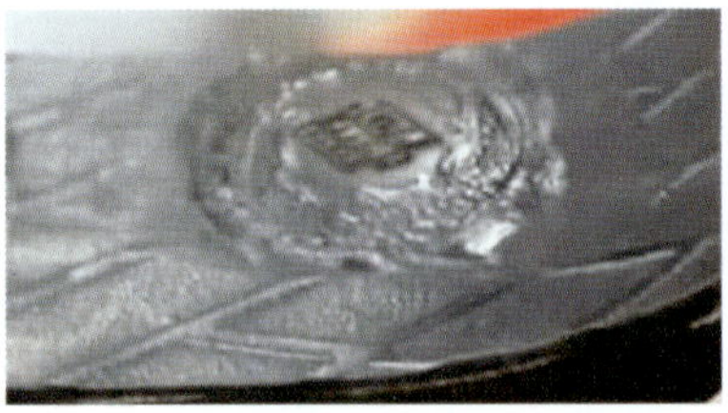

(b) 패치 사용 시

[그림 205] **펑크수리방법의 종류**

타이어가 지면에 닫는 트레드는 펑크 수리가 가능하지만 측면인 사이드월은 주행 중 움직임이 있고 타이어 재질상 펑크 수리가 어렵다. 트레드도 유리조각 등으로 인해서 찢어지거나 펑크 부위가 넓은 경우에는 수리가 어렵다.

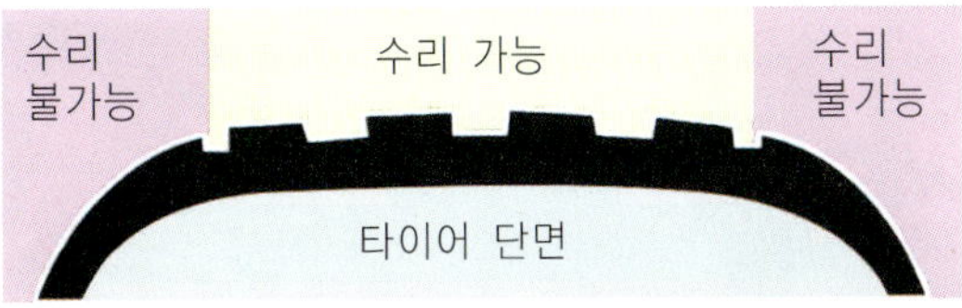

[그림 206] 타이어 수리가능 부위 및 어려운 부위

6.1.1. 타이어 펑크 씰(지렁이)의 사용법

① 이물질(못, 쇳조각 등)이 있는 곳에 비눗물을 뿌려서 거품이 나는지 확인한다.

② 니퍼로 지렛대 원리를 이용하여 이물질을 제거한다. 이물질이 직각으로 박혀있는지 사선으로 박혔는지 뽑으면서 이물질이 박힌 방향을 파악한다.

(a) 타이어 탈거시

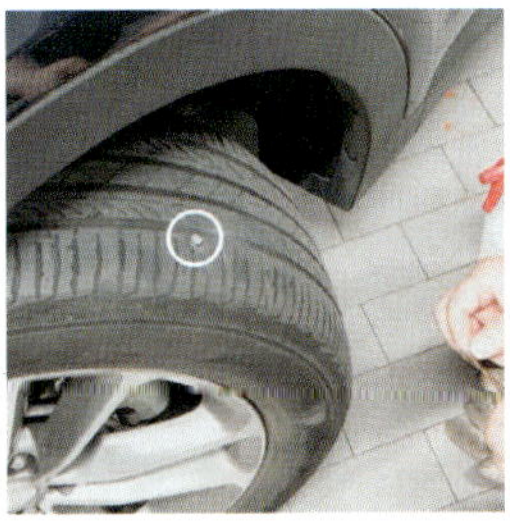
(b) 실차에서

[그림 207] 펑크상태 확인

[그림 208] 이물질 제거

③ 이물질 제거 및 타이어 펑크 씰 삽입 공간 확보를 위한 펑크수리 공구 중 가이드 구멍을 뚫어 주는 송곳으로 가이드 구멍을 뚫으면서 약간 넓혀 준다.

④ 타이어 펑크 씰을 타이어에 꽂는 바늘에 타이어 펑크 씰을 끼워 넣어준다.

(a) 전동드릴 사용　　(b) 송곳사용

[그림 209] 가이드 구멍작업

[그림 210] 바늘에 타이어 펑크 씰 삽입

⑤ 타이어에 규정량 공기를 주입한다. 타이어에 공기가 너무 없으면 타이어 펑크 씰이 타이어가 눌려 잘 안 들어간다.

⑥ 타이어 펑크 씰을 펑크난 곳에 트레드 밖으로 1cm 정도 튀어 나올 때까지 찔러 넣어주고 타이어 펑크 씰 꽂은 바늘을 잡아당겨 뺀다.

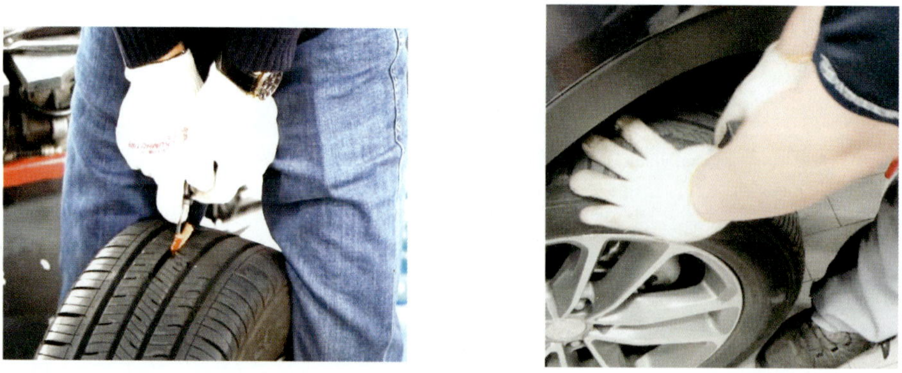

(a) 타이어 탈거시　　(b) 실차에서

[그림 211] 타이어 펑크 씰 타이어에 삽입

⑦ 비눗물을 뿌려 공기가 누출되는지 확인한다.

⑧ 타이어 펑크 씰 노출부위를 트레드 높이 정도로 커트 칼 또는 니퍼로 잘라준다.

(a) 타이어 탈거 시

(b) 실차에서

[그림 212] **공기누출 확인**

⑨ 타이어에 공기를 규정량 주입한다.

6.1.2. 패치 사용법

① 타이어를 휠에서 탈거한다.

② 펑크난 곳 타이어 안쪽에 그라인더로 패치 붙일 자리를 표면만 살짝 벗겨낸다.

[그림 213] **타이어 탈거**

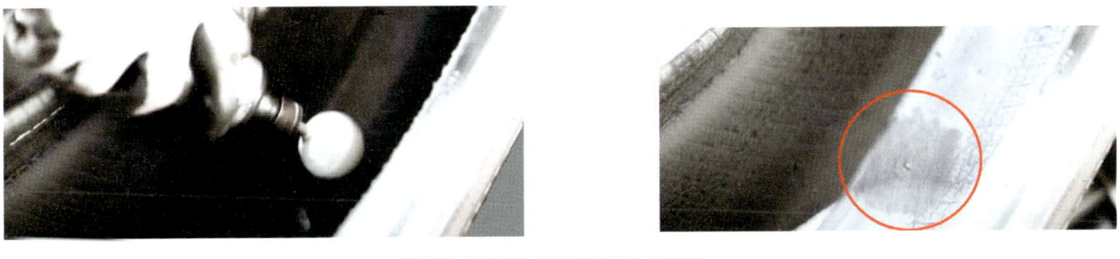

[그림 214] **그라인더 작업**

③ 패치를 붙인 자리에 본드를 발라준다.
④ 펑크난 부위에 패치를 끼운다.

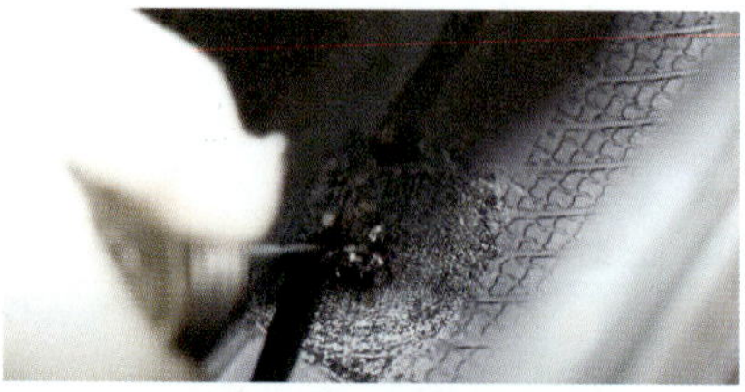

[그림 215] 본드 바르기

[그림 216] 패치 설치

⑤ 패치를 당겨준다.
⑥ 패치가 잘 붙도록 롤러로 골고루 눌러준다. 롤러가 없으면 고무망치로 두들겨 준다.

[그림 217] 패치 당김

[그림 218] 롤러로 눌러주기

⑦ 그라인더로 긁어냈던 부분까지 튜브 역할을 하는 고무 재질인 실러를 완전히 덮어서 발라준다. 실러를 굳히기 위해 실러를 바른 상태로 10분 정도를 건조시킨다.
⑧ 실러가 굳으면 패치 꼬리를 잘라준다.

[그림 219] 실러 바르기

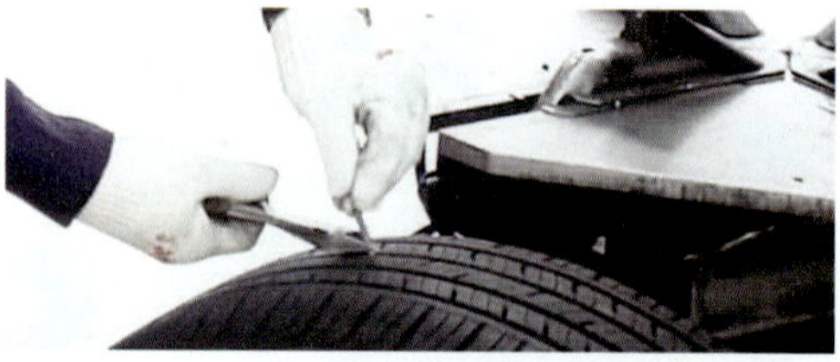

[그림 220] 패치 꼬리 자르기

⑨ 타이어를 휠에 조립한다.
⑩ 규정 공기압을 주입한다.
⑪ 펑크 수리가 잘 되었나 비눗물로 확인한다.

[그림 221] **펑크수리 확인**

⑫ 휠 밸런스를 맞추고 차량에 타이어를 조립한다.

6.2. 타이어 탈착기의 사용법

6.2.1. 탈거

① 탈거된 휠에서 에어밸브 마개를 열고 에어밸브 탈착기를 이용하여 밸브 코어 플러그(에어밸브)를 제거한 후 공기압을 해제하고 평형추(밸런스 웨이트)를 탈거한다.

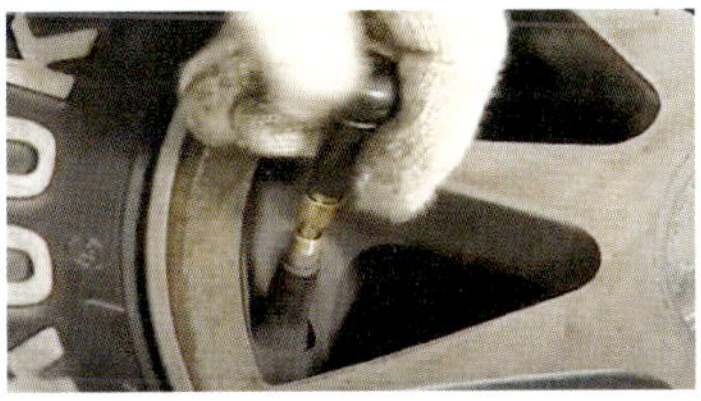

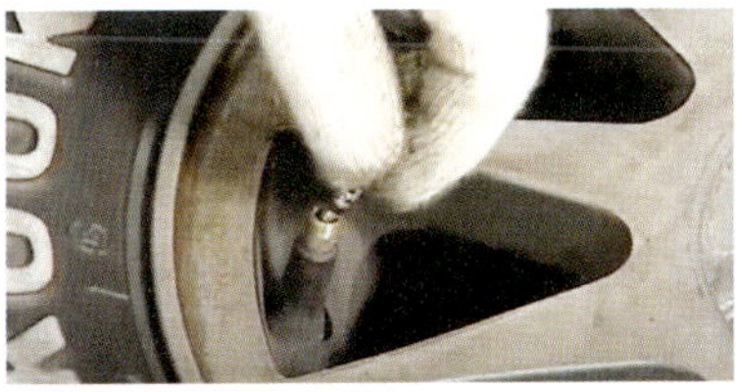

[그림 222] **공기압 해제**

② 비드 브레이크를 벌려 타이어 바깥쪽 사이에 끼우고 비드 브레이크페달을 밟아 림과 타이어를 분리시킨다. 타이어가 림에서 완전히 분리될 때까지 타이어를 돌려가며 작업을 한다. 이때 TPMS가 손상되지 않도록 주의한다.

(a) 비드 브레이크 설치

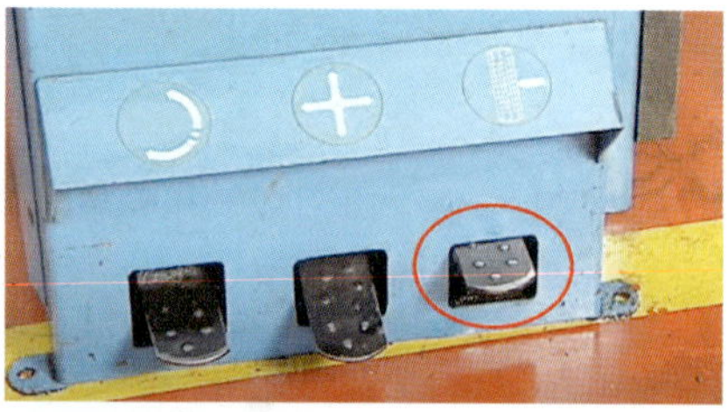

(b) 페달 밟기

(c) 타이어 압축

[그림 223] **바깥쪽 림과 타이어 분리**

③ 안쪽 부분도 ②번과 같은 방법으로 시행한다.

④ 타이어를 탈착기 위에 올려놓고 휠 고정 록 페달을 밟아 탈착기에 휠을 고정시킨다.

[그림 224] **안쪽 분리**

[그림 225] **휠 고정**

⑤ 마운팅 바를 내려서 마운트 헤드 위치를 조정하여 휠에 밀착시킨다.

[그림 226] **마운트 헤드 휠에 밀착**

⑥ 레버를 상단 휠과 타이어사이에 끼워 반대방향으로 당겨서 타이어의 비드 부위를 마운트 헤드 위로 들어올린다.

⑦ 모터 회전 페달을 밟아 회전시켜 상단 휠과 타이어를 분리시킨다.

(a) 레버 끼우기 (b) 비드 들어올리기

[그림 227] **레버를 이용한 상단 비드 들어올리기**

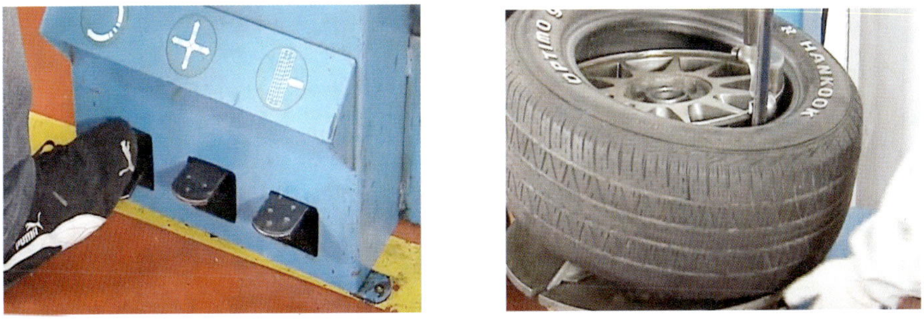

[그림 228] **상단 휠과 타이어 분리**

⑧ 레버를 상단 휠과 하단 타이어사이에 끼워 반대방향으로 당겨서 타이어의 비드 부위를 마운트 헤드 위로 들어올린다.

[그림 229] **하단 비드 들어올리기**

⑨ 모터 회전 페달을 밟아 회전시켜 하단 타이어를 휠과 분리시킨다.

[그림 230] **하단 휠과 타이어 분리**

⑩ 록 레버를 해제해서 고정된 마운팅 바를 올려놓고, 고정된 스윙 암을 분리해서 제겨 놓고 타이어를 내려놓는다.

[그림 231] **록 레버 해제**

6.2.2. 조립

① 타이어 비드부에 타이어 크림(오일)을 바른다.

[그림 232] **비드부에 크림 바르기**

② 타이어를 끼울 때는 타이어 사이드부에 inside와 outside가 표시되어 있는 타이어는 방향을 확인하여 조립한다.

③ 마운팅 바를 내려서 마운트 헤드 위치를 조정하여 휠에 밀착시킨다.

④ 타이어를 휠에 끼울 때는 모터 구동페달을 밟아 돌려주면서 타이어를 화살표방향으로 눌러주면서 장착한다.

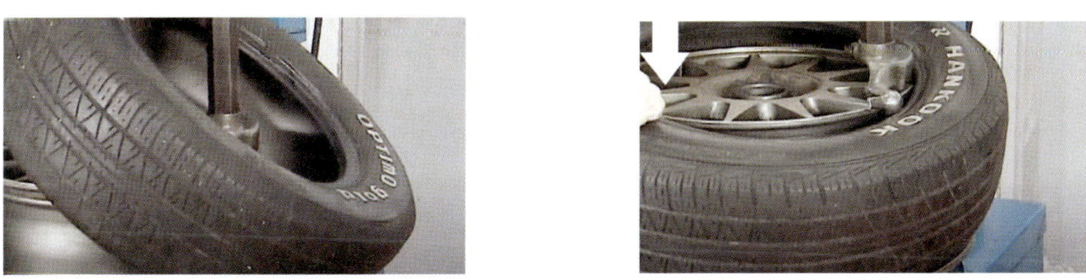

(a) 하단부 (b) 상단부

[그림 233] **타이어 끼우기**

⑤ 휠 고정 록 페달을 밟아 탈착기에서 휠을 탈거한다.

⑥ 밸브 코어 플러그를 장착한다.

[그림 234] **밸브 코어 플러그 장착**

⑦ 압력게이지 사용시 타이어에 공기 주입기를 설치하고 스위치를 눌렀을 때는 공기가 들어가고, 스위치를 놨을 때는 공기량이 표시되기 때문에 스위치를 눌렀다 놨다를 하며 공기량을 점검해가면서 규정 공기를 주입하고, 에어밸브 마개를 닫는다.

⑧ 타이어 공기압은 운전석 차량 문을 열면 안쪽에 혹은 주유구 쪽에 나와 있는 적정 공기압대로 넣어야 되며, 타이어 제조사에서도 타이어에 권장 공기압이 타이어에 기록되어 있다.

(a) 자동 주입

(b) 압력 게이지로 주입

[그림 235] **공기주입**

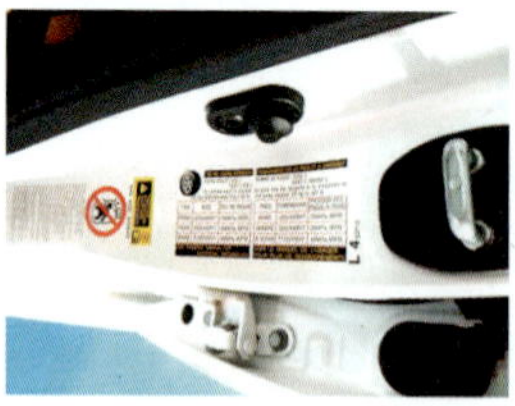

(a) 차량에 기록된 공기압

(b) 타이어에 기록된 공기압

[그림 236] **타이어 공기압**

⑨ 타이어 공기압 자동 주입기 사용 시는 사용법에 따라 공기를 주입한다.

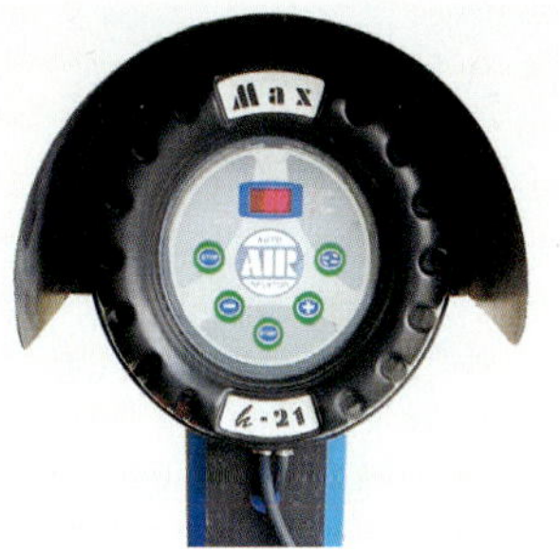

[그림 237] **타이어 공기압 자동 주입기**

㉮ 차량별 적정 공기압 수치를 확인한다.
㉯ 적정 공기압을 (+), (-) 눌러 설정한다.
㉰ 에어밸브 마개를 탈거한다.
㉱ 공기주입기 호스를 타이어 공기주입구에 연결한다. 타이어압이 5psi 이상 시 자동으로 동작되고, 타이어압이 5psi 이하 시 START키를 누른다.

[그림 238] **에어밸브 마개 탈거**

[그림 239] **공기 주입**

㉲ 부저음이 울리면 주입 완료된 것이다. 공기주입기를 타이어에서 분리시킨다.
㉳ 에어밸브 마개를 닫는다.

6.3. 광폭타이어의 탈착기

6.3.1. 사용방법

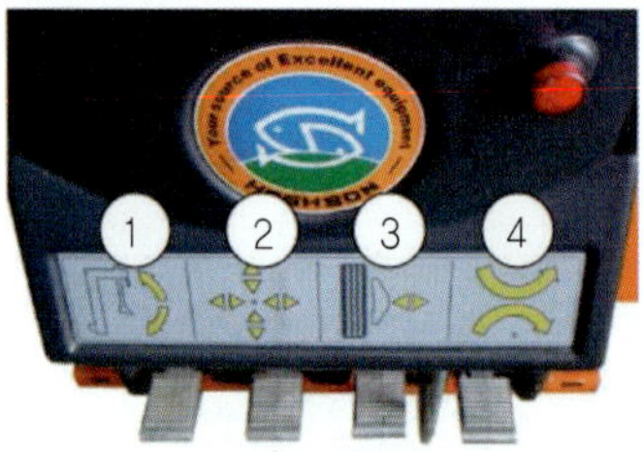

[그림 240] 페달

[1] 스윙 암 작동 페달

① 스윙 암 뒤로 젖힘 : ①번 페달을 한번 누르면 스윙 아암이 뒤로 젖혀진다.

② 스윙 암 원상복귀 : ①번 페달을 한번 더 누르면 스윙 아암이 원상복귀한다.

[2] 클램프 조

① 클램프 조 조임 : 클램프 조가 멀어져 있거나 중간 멈춤 상태에서 ②번 페달을 밟으면 조가 조여진다.

② 클램프 조 멈춤 : ②번 페달을 한번 더 누르면 클램프 조가 멈춘다.

③ 클램프 조 벌림 : ②번 페달을 한번 더 누르면 클램프 조가 벌어진다.

[그림 241] 스윙 암 작동 페달

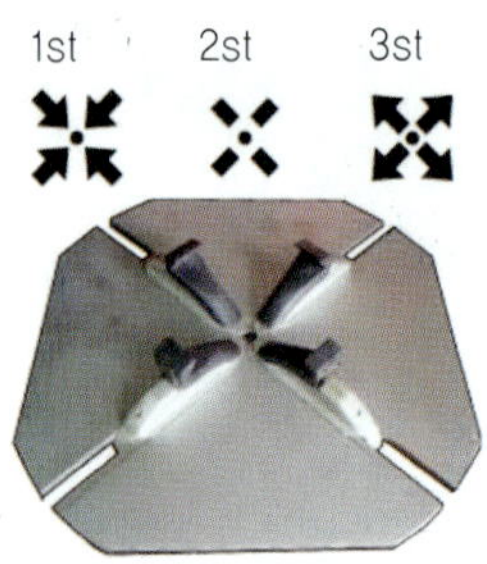

[그림 242] 클램프 조

[3] 타이어 압착

① 타이어 압축 : ③번 페달을 타이어가 완전히 압착될 때까지 밟는다.

② 비드 브레이커 복귀 : ③번 페달을 타이어가 완전히 압착된 후 페달을 놓으면 자동복귀 된다.

[그림 243] 타이어 압착

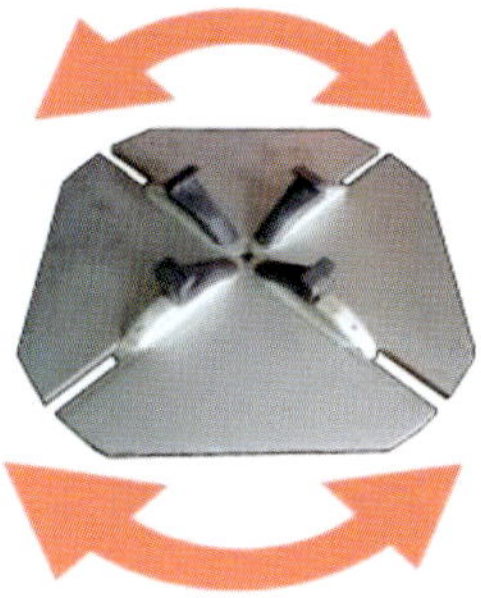

[그림 244] 턴테이블 회전

[4] 턴테이블 회전

① 턴테이블 정회전 : ④번 페달을 아래로 밟으면 시계방향(오른쪽)으로 정회전한다.

② 턴테이블 역회전 : ④번 페달을 발등으로 위로 올리면 시계 반대방향(왼쪽)으로 역회전 한다.

[5] 부가기능

① 스윙 암 작동버튼(손잡이) : 버튼을 누르고 스윙 암을 상·하·좌·우로 자유롭게 위치를 조정할 수 있다.

② 제트 브러스터 작동페달 : 1단계 누르면 타이어에 공기를 주입하고, 2단계 깊게 페달을 밟으면 타이어 전체에 공기압을 불어넣는다.

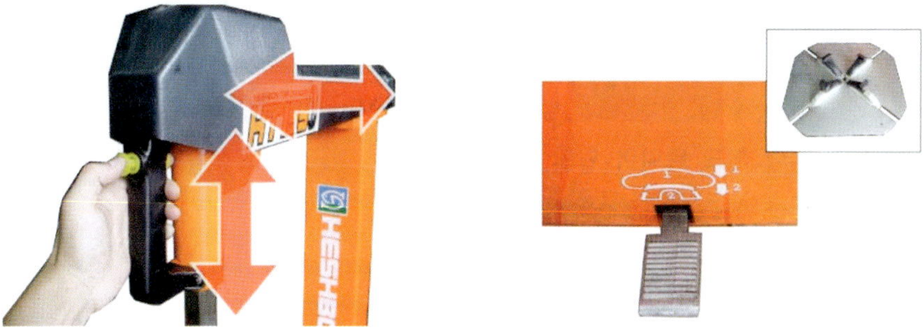

(a) 스윙 암 작동버튼　　(b) 제트 브러스터 작동페달

[그림 245] 부가기능

6.3.2. 타이어의 탈착방법

① 비드 브레이커 위치에 바퀴를 고정 후 타이어 비드 근처에 비드 브레이드를 대고 압축용 페달을 누른다.

② 타이어의 비드 전체가 림(RIM)으로 부터 자유로워 질 때까지 타이어의 다른 위치에서 반복하여 작동시킨다. 이때 TPMS가 손상되지 않도록 주의한다.

③ 타이어를 탈착기의 턴테이블 위에 바르게 올려놓는다.

④ 림(RIM)을 바깥쪽과 안쪽 클램핑하는 것을 휠 규격에 맞춰 선택 후 클램핑한다.

⑤ 클램핑 할 때에는 클램핑 조 위에 바퀴를 올려놓고 홈 아래로 림(RIM)을 슬며시 밀며 바르게 고정시킨다.

⑥ 고정 후 비드에 오일(크림)을 붓으로 발라준다.

⑦ 마운트헤드를 타이어 휠의 정 위치에 고정시킨다.

⑧ 헬퍼의 탈착공구를 타이어에 고정시킨다.

[그림 246] **마운트헤드 타이어 휠에 설치**

[그림 247] **탈착공구 타이어에 고정**

⑨ 레버를 이용해 타이어 상부를 마운트헤드 위치에 올려놓는다.

⑩ 턴테이블을 회전시켜 타이어 윗부분을 휠에서 빼낸다.

[그림 248] 타이어 상부 마운트헤드에 올려놓기

[그림 249] 턴테이블 회전

⑪ 타이어 상부가 탈착이 완료된다.

⑫ 헬퍼의 탈착공구를 타이어 하부에 위치시킨다.

[그림 250] 타이어 상부 탈착완료

[그림 251] 탈착공구 타이어 하부에 위치

⑬ 레버를 사용해 타이어 하부를 마운트헤드에 걸리게 하고 턴테이블을 회전시킨다.

⑭ 타이어 전체가 탈착이 완료된다.

[그림 252] **타이어 하부 마운트 헤드에 올려놓기**

[그림 253] **타이어 탈착 완료**

6.3.2. 타이어의 부착방법

① 타이어를 부착하기 전에 비드 뒷부분에 약간의 오일(크림)을 붓으로 바른다.

② 마운트헤드를 타이어 위에 올려놓는다.

③ 림(RIM)쪽으로 비드의 한 부분을 손으로 미끄러뜨린 후 헤드로부터 오른쪽으로 90° 각도에 튜브밸브를 놓는다.

④ 마운트헤드 모서리 쪽으로 타이어의 비드 뒷부분을 올린다.

⑤ 턴테이블을 회전시키면서 타이어가 1차로 끼워지는지 확인한다.

[그림 254] **타이어의 비드 뒷부분을 올린다.**

[그림 255] **턴테이블 회전**

⑥ 회전페달을 누르면서 타이어를 1차로 끼운다.

⑦ 헬퍼의 탈착공구를 사용해 타이어 상부를 눌러준다.

[그림 256] 타이어 1차로 끼우기

[그림 257] 디이어 상부 눌러주기

⑧ 타이어를 누르면서 턴테이블을 회전시킨다.

⑨ 타이어 부착작업이 완료되면 규정의 공기압을 채운다.

[그림 258] 턴테이블 회전

[그림 259] 타이어 부착 완료

6.4. 타이어 휠 밸런스

① 타이어의 평형추(밸런스 웨이트)를 탈거한다.

② 타이어를 휠 밸런스 테스터기에 장착한다.

③ 휠 허브 사이즈에 맞는 콘을 밀어 넣는다.

④ 휠 클램프를 끼운다.

⑤ 테스터기와 휠과의 거리를 측정한 후 입력시킨다(자동은 자동으로 입력됨).

⑥ 휠의 폭을 입력시킨다(휠의 안쪽 또는 바깥쪽에 휠 사이즈가 기록되어 있다).

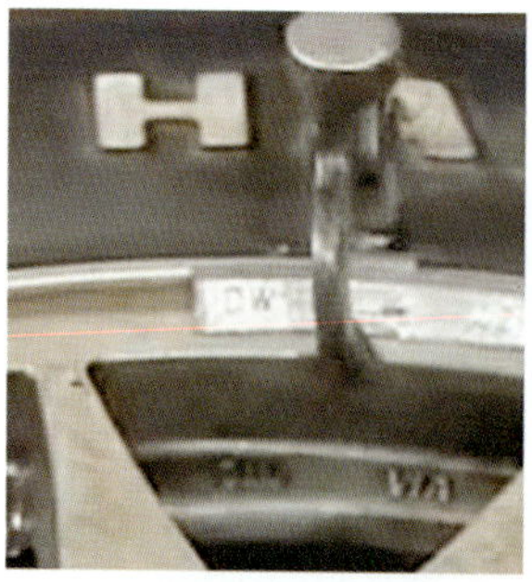

[그림 260] 평형추 탈거

[그림 261] 타이어 콘 장착

[그림 262] 타이어 클램프 장착

[그림 263] 휠과의 거리측정

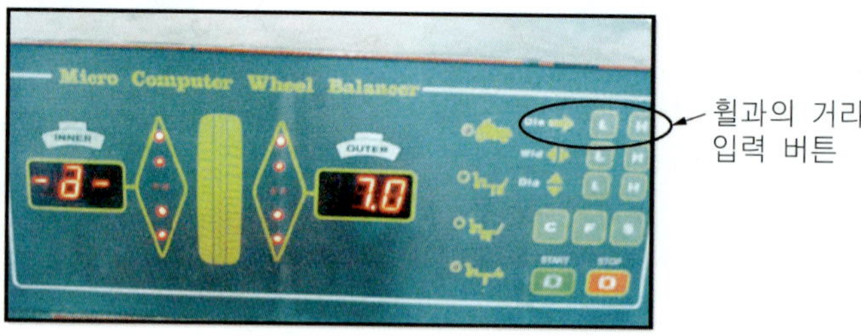

[그림 264] 휠과의 거리 입력

⑦ 휠의 직경 사이즈를 입력시킨다(타이어 체인에 휠 사이즈가 기록되어 있다).
⑧ 안전커버를 닫는다.

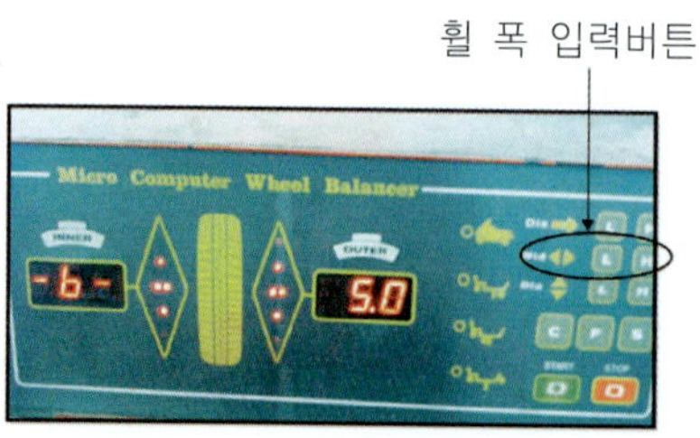

[그림 265] 휠 폭 입력

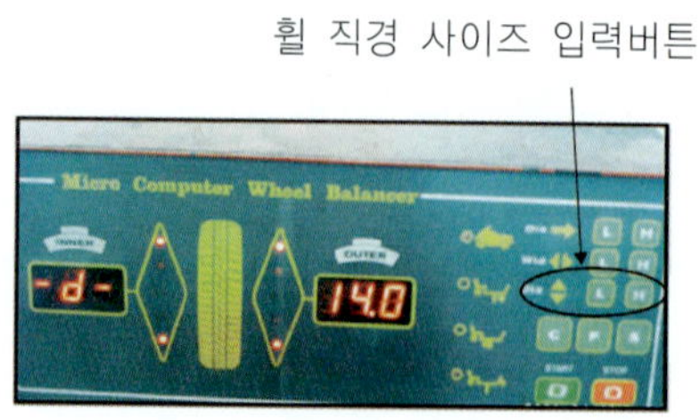

[그림 266] 휠 직경 사이즈 입력

⑨ start버튼을 누른다(안전커버를 내리면 자동으로 회전하는 장비도 있음).
⑩ 타이어가 회전을 하고 멈추면 계기판에 수정할 수치가 나타난다.

[그림 267] 안전 커버를 닫는다.

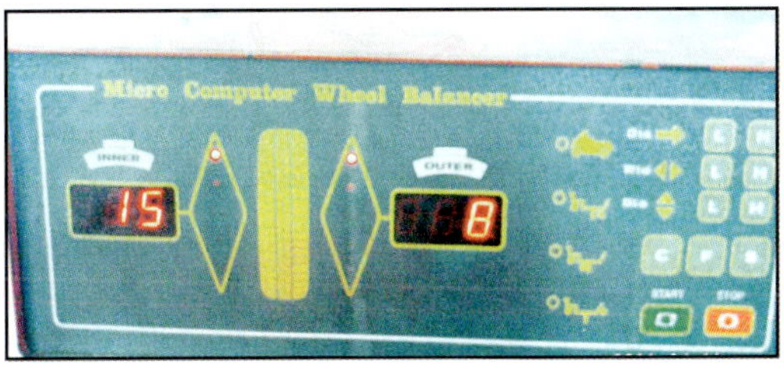

[그림 268] 수정 수치

⑪ INNER 값을 확인하고 타이어를 손으로 돌려 INNER의 수정위치에(왼쪽 불이 모두 점등될 때)화면에 나타난 값의 평형추를 휠 상단 안쪽에 부착한다.

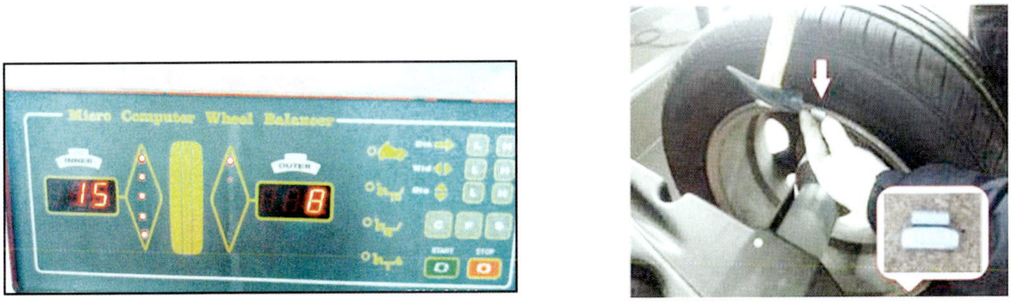

(a) 수정위치 점등

(b) 평형추 부착

[그림 269] 안쪽(INNER) 수정

⑫ OUTER 값을 확인하고 타이어를 손으로 돌려 OUTER의 수정위치에(오른쪽 불이 모두 점등될 때) 화면에 나타난 값의 평형추를 휠 상단 바깥쪽에 부착한다.
⑬ 평형추를 부착하고 안전커버를 내리고 START 버튼을 눌러 타이어가 멈춘 후 평행추의 부착이 정확한지 확인한다.
⑭ INNER, OUTER 모두 "0" 의 값이 나오면 수정이 완료된 것이다.

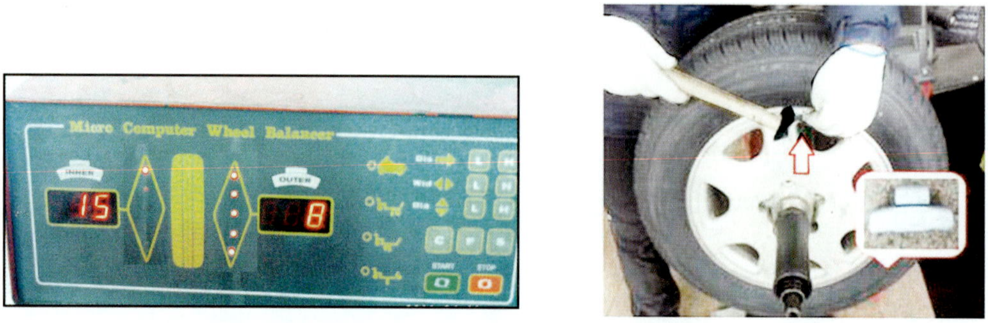

(a) 수정위치 점등　　　　　　　　　　　(b) 평형추 부착

[그림 270] **바깥쪽(OUTER) 수정**

[그림 271] **수정 완료**

6.5. TPMS센서

6.5.1. 교체

① 타이어를 탈거한다. 비드 브레이크 설치시 TPMS센서와 접촉되지 않도록 주의한다.

② 톡스(별) 렌치를 사용하여 스크류를 푼다.

③ 화살표방향으로 센서를 분리한다.

[그림 272] **스크류 탈거**

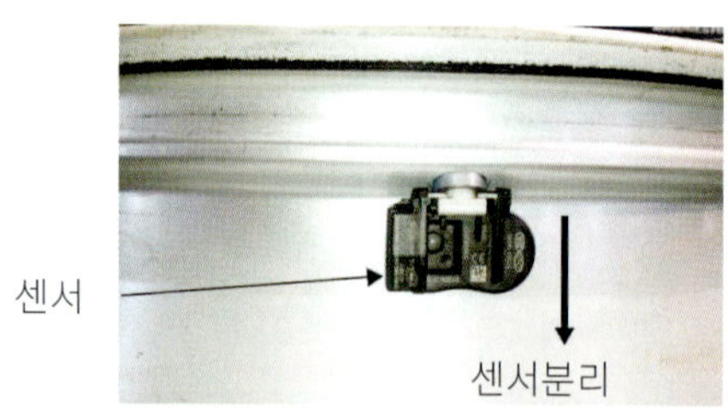

[그림 273] **센서 분리**

④ 림에서 분리되기 용이하도록 칼로 밸브 하단의 고무부분을 적당히 잘라낸다. 밸브 장착 도구를 장착하고 화살표방향으로 힘을 가해 밸브를 림에서 분리한다.

(a) 밸브 하단 고무부분 절단

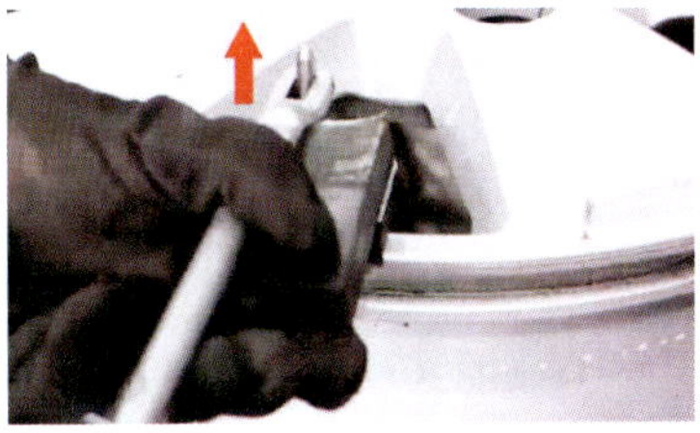

(b) 밸브 림에서 분리

[그림 274] **밸브 림에서 분리**

⑤ 새로운 밸브의 표면에 물을 뿌려 주거나 타이어용 비누를 적당량 도포해 준다.

⑥ 밸브의 고무부분이 림에 장착되어 헐렁하지 않는지 확인하고 센서 몸체의 앞부분이 림에 닿지 않는지 확인한다.

⑦ 밸브 장착 기구를 사용하여 휠에 센서를 삽입한다.

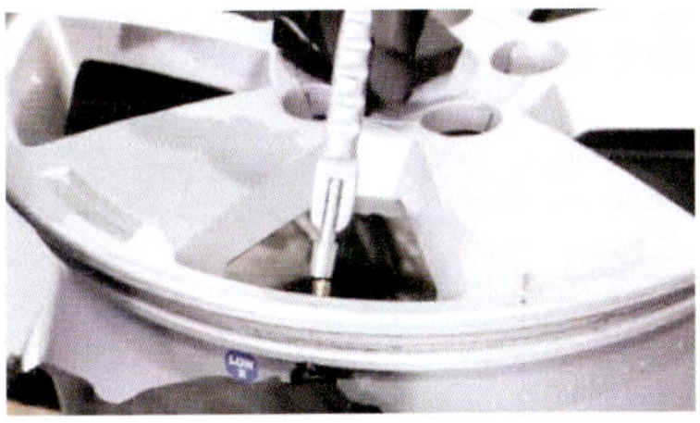

[그림 275] **휠에 센서 삽입**

⑧ 타이어의 상부 및 하부 비드에 비눗물 또는 윤활제를 도포한다.

⑨ TPMS 센서를 5시 방향으로 놓고 12시 방향으로부터 하부 비드를 장착한다.

⑩ 시계방향으로 회전시키면서 3방향에서 타이어를 눌러준다.

⑪ 같은 방법으로 상부 비드도 장착한다.

⑫ 비드가 제자리를 찾을 때까지 에어를 주입한다.

⑬ 규정 타이어 공기압에 맞게 에어를 주입한다.

6.5.2. 진단기기를 이용한 진단절차

① 운전석 측 크래쉬 패드 하부에 있는 자기진단 커넥터(16핀)에 진단기기를 연결하고, 시동 키 ON 후 진단기기를 켠다.

② GDS 차종 선택 화면에서 "차종" 과 "TPMS" 시스템을 선택한 후 확인을 선택한다.

[1] 센서 ID등록

① 센서 ID등록 초기화면

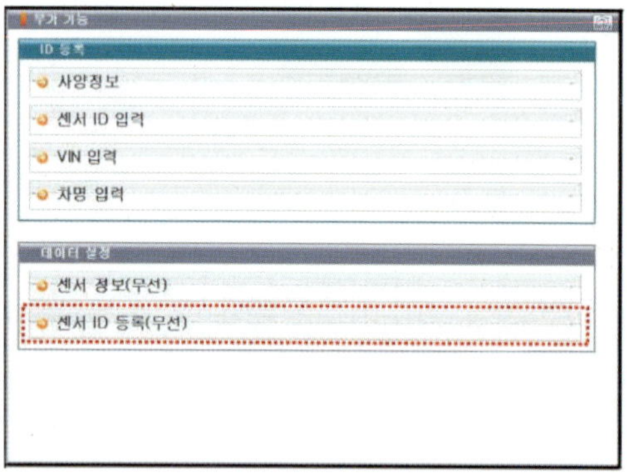

[그림 276] 센서 ID 등록 초기화면

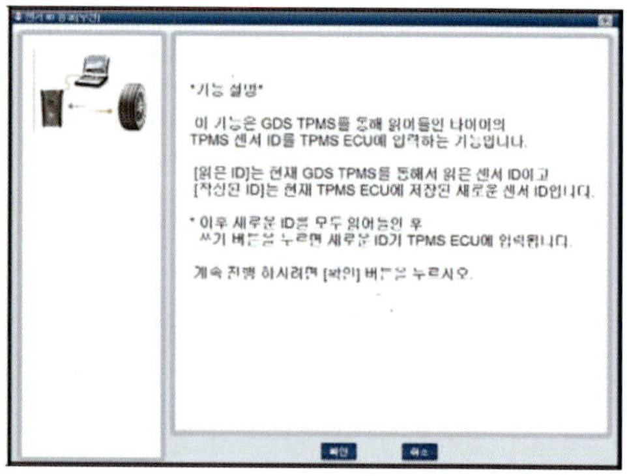

[그림 277] 센서 ID등록 1

② 센서 ID등록 1

③ 센서 ID등록 2

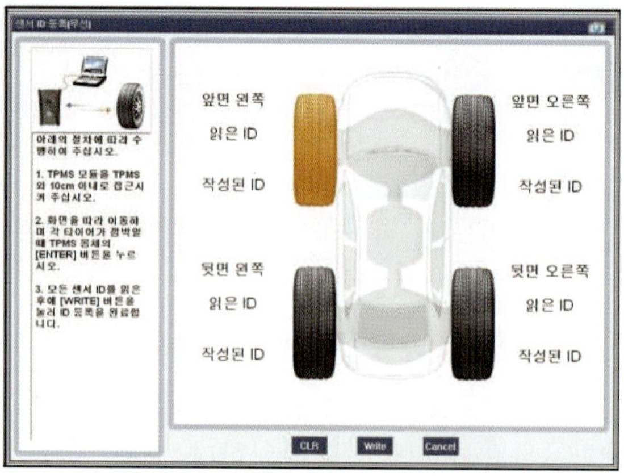

[그림 278] 센서 ID등록 2

④ 센서 ID등록 3

⑤ 읽은 ID와 작성된 ID가 일치하는지 반드시 확인한다.

⑥ 정상적으로 센서 등록 후 “센서 무선정보”를 실행해서 센서가 정상작동 되는지 여부를 확인한다.

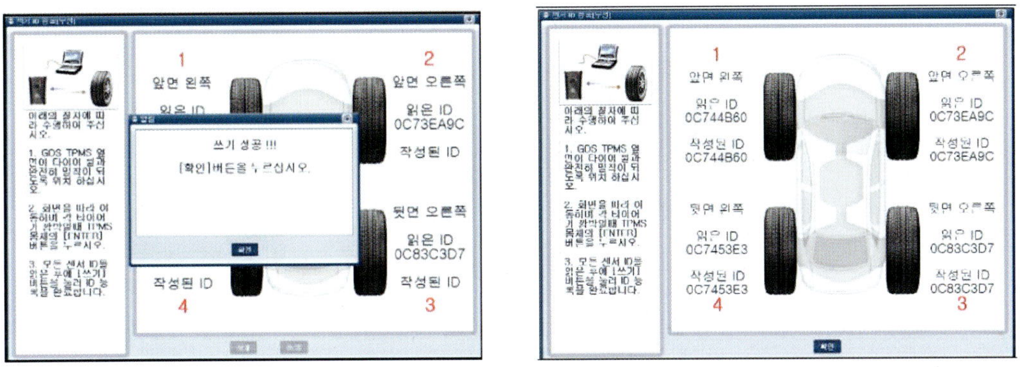

[그림 279] 센서 ID등록 3

[2] 센서 정보

① 센서 정보 초기화면

② 센서 정보 1

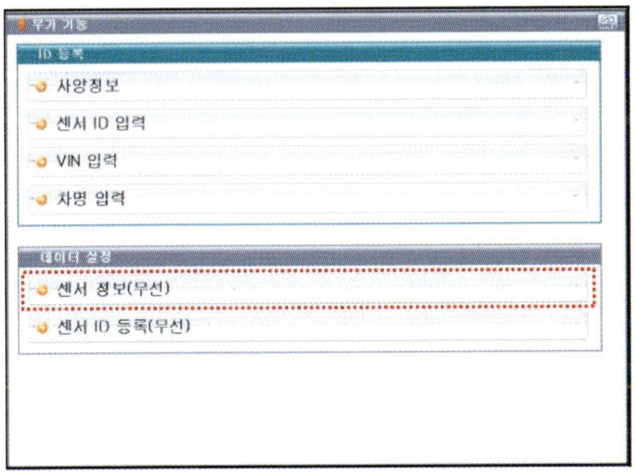

[그림 280] 센서 정보 초기화면

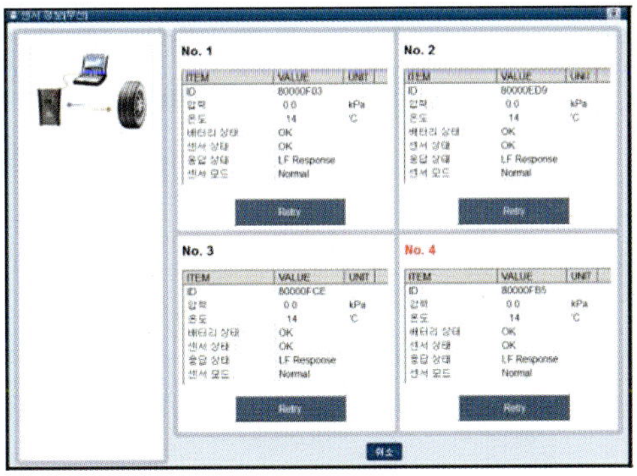

[그림 281] 센서 정보 1

7. 파워 스티어링 펌프의 교체 및 에어빼기

핸들을 돌릴 때 예전보다 무겁거나 좌우 끝까지 돌리고 잡고 있을 때, 끼릭끼릭 소리가 나면 파워스티어링 펌프를 의심해 볼 필요가 있다. 파워스티어링 오일 교체주기는 40,000~ 50,000 km이다.

7.1. 파워 스티어링 펌프의 교체

① 보닛을 열고 작업의 편의를 위해 엔진커버를 탈거한다.

② 압력센서에 연결된 선을 탈거한다.

[그림 282] 엔진커버 탈거

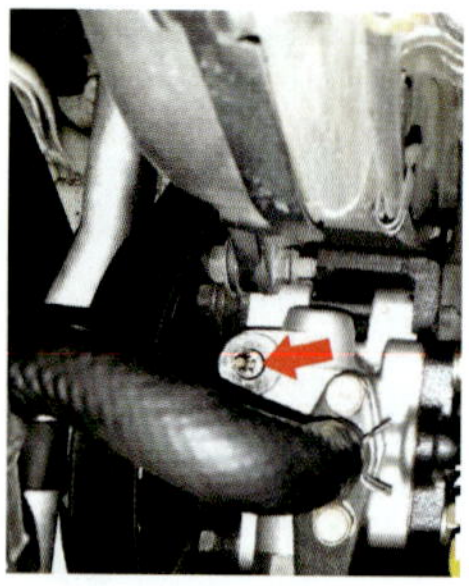

[그림 283] 압력센서 배선 탈거

③ 작업공간이 협소하므로 에어컨 냉각팬 커넥터를 탈거한다.

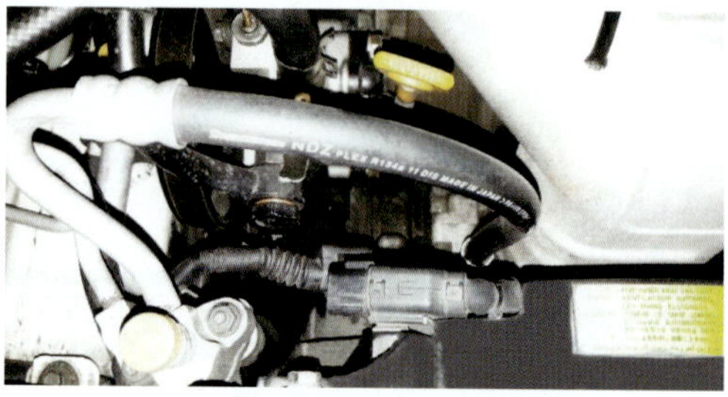

[그림 284] 에어컨 냉각팬 커넥터 탈거

④ 에어컨 냉각팬을 10 mm 복스 또는 십자드라이버를 이용하여 볼트 2개를 탈거한다.

[그림 285] 에어컨 냉각팬 탈거

⑤ 텐션 베어링(아이들러)을 고정하고 있는 14 mm 너트를 풀어준다. 완전히 풀지 말고, 어느 정도만 풀어서 유격만 조금 만들어 놓는다.

⑥ 고압호스 아래쪽에 있는 14 mm 장력조정 볼트를 반시계 방향으로 돌려서 텐션 베어링이 점점 이동하면서 파워스티어링 펌프 벨트를 느슨하게 한다.

[그림 286] 텐션 베어링 고정너트 이완

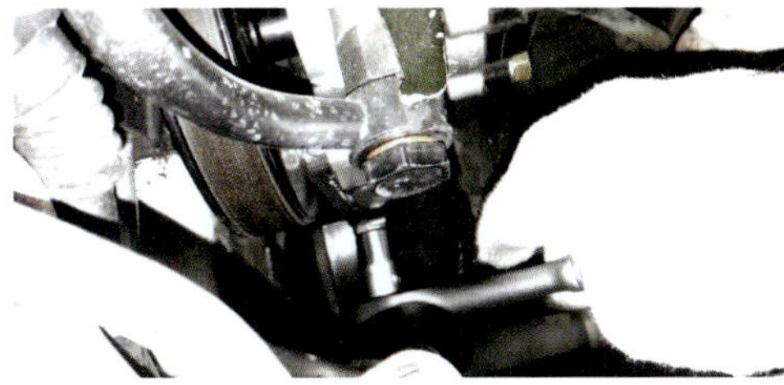

[그림 287] 장력조정 볼트 조절

⑦ 파워스티어링 펌프를 풀어내기 좋을 만큼 벨트가 헐겁게 되었는지 눌러본다.

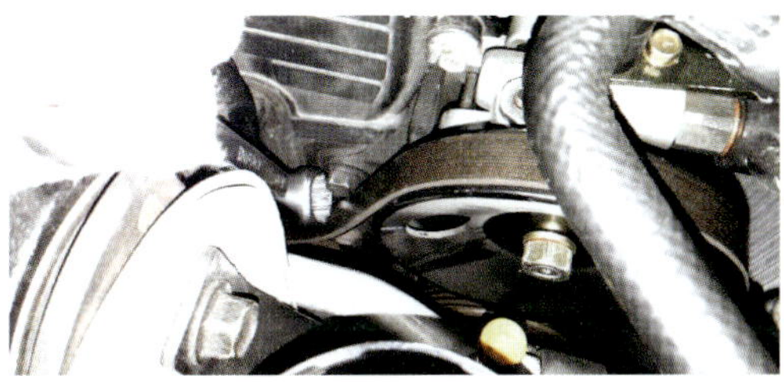

[그림 288] 벨트 이완 확인

⑧ 호스를 분리하기 전에 호스에서 오일이 흐를 것에 대비해 파워스티어링 펌프 아래쪽에 오일을 받힐 헝겊 등을 깔아놓는다.

⑨ 파워스티어링 펌프 흡입호스(펌프 위쪽에서 파워오일 리저버 쪽이랑 연결된 호스)를 분리하기 위해 클램프를 롱노즈나 플라이어 등을 이용하여 집어 올리고 흡입호스를 탈거한다.

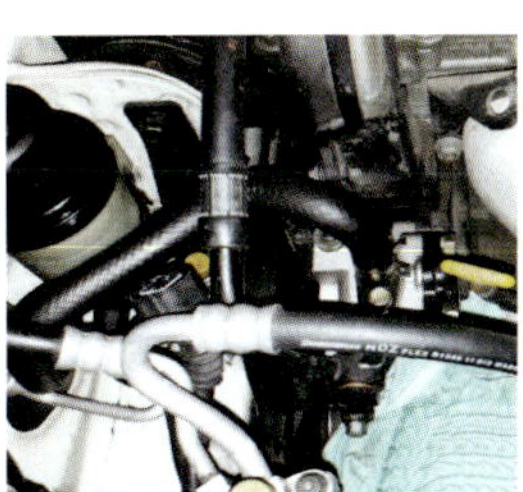

[그림 289] 헝겊 준비

[그림 290] 흡입호스 클램프 이완

⑩ 파워스티어링 펌프와 흡입호스가 분리가 되면 오일이 조금 흘러내리기 때문에 흡입호스와 펌프 흡입부를 막아 놓는다.

⑪ 고압호스 탈거는 24 mm 복스를 사용하여 풀어낸다. 풀어낸 고압호스, 동와셔 2개(개스킷)와 고압호스 볼트는 빠지지 않게 빼놓는다.

[그림 291] 흡입호스와 펌프 흡입부 오일 누출방지

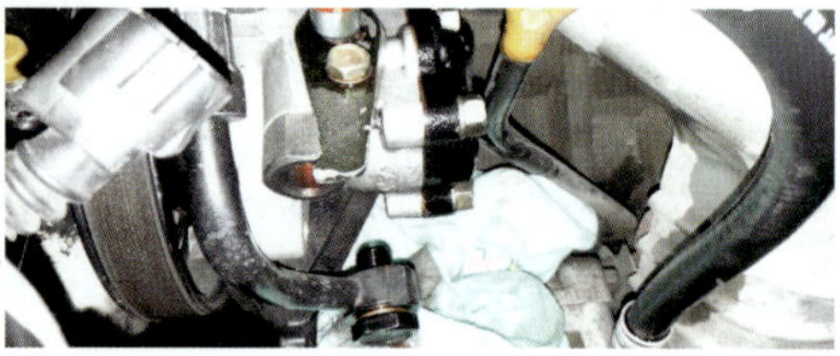

[그림 292] 고압호스 탈거

⑫ 고압호스를 탈거하고 파워스티어링 펌프 고압라인 쪽에 마개를 막고, 고압호스는 헝겊 등으로 감싸 놓는다.

⑬ 파워스티어링펌프를 마운트에서 탈거하기 위해 파워스티어링펌프 풀리를 돌려서 오른쪽 구멍으로 파워스티어링펌프 고정볼트가 보이게 한 후 12 mm 볼트를 풀어낸다.

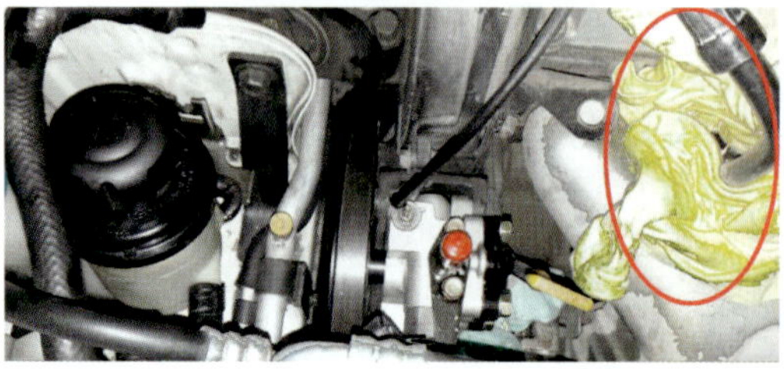

[그림 293] 고압호스 헝겊으로 감싸 놓기

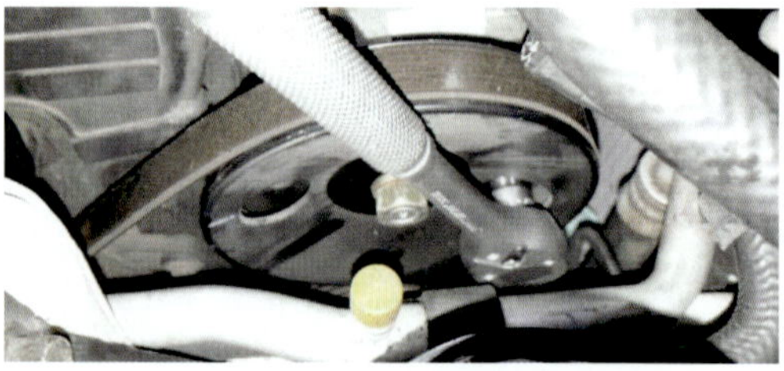

[그림 294] 오른쪽 고정 볼트 탈거

⑭ 왼쪽 볼트를 풀어내려면 파워스티어링 오일 리저버를 위로 빼낸 후 자리를 살짝 옮겨놓고 작업해야 한다. 길이가 짧고 각도가 나오는 볼 연결대로 파워스티어링 펌프 고정 볼트를 탈거하고, 파워스티어링 펌프를 마운트에서 탈거한다.

[그림 295] **왼쪽 고정 볼트 탈거**

⑮ 텐션 베어링을 교체하려면 텐션 베어링 고정 볼트 14 mm 너트를 완전히 풀어낸다.

[그림 296] **텐션 베어링 탈거**

⑯ 신품 텐션 베어링을 장착한다. 오른쪽에 14 mm 너트를 완전히 조이면 안 된다. 손으로만 최대한 조여 주면 된다. 이유는 벨트 장력을 조절해야하는데, 너트를 완전히 조여 버리면 장력조절이 안되고, 조절볼트나 조절 가이드가 망가진다.

⑰ 신품 파워스티어링 펌프를 마운트에 올리고 벨트를 파워스티어링 펌프 풀리에 걸어 놓는다.

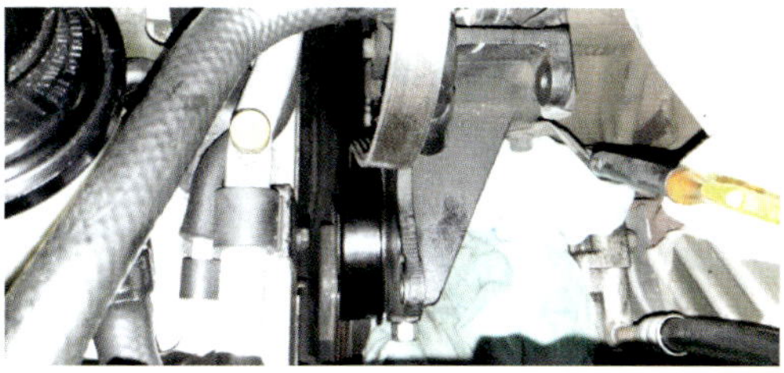

[그림 297] **신품 아이들러 장착**

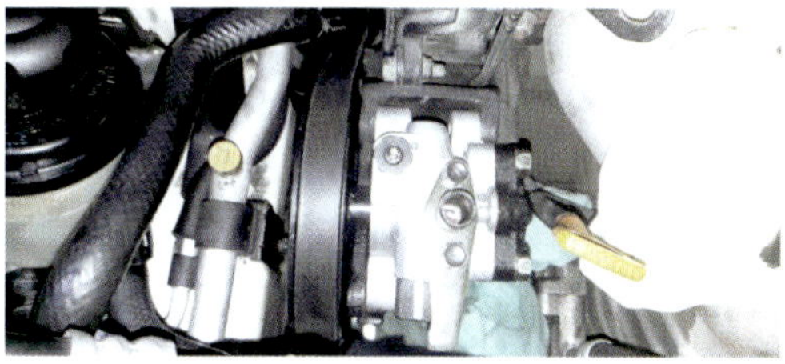

[그림 298] **신품 파워스티어링 펌프 장착**

⑱ 마운트에서 풀어낸 파워스티어링 펌프 고정 볼트 2개(긴거 1개, 짧은거 1개)를 장착한다.

⑲ 고압호스 앞뒤로 신품 동와셔를 넣고 고압호스를 규정토크로 조여 장착한다.

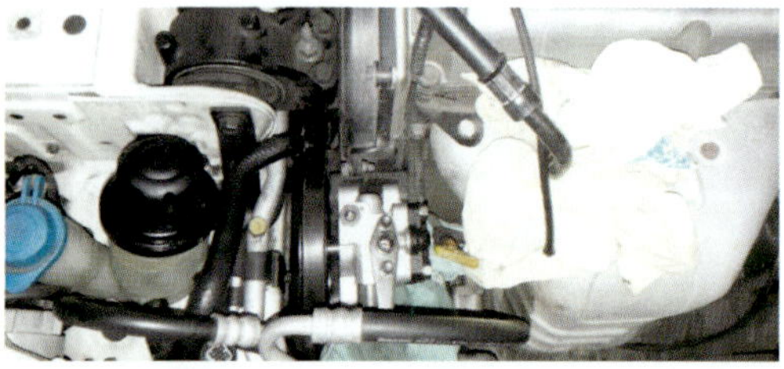

[그림 299] **고정 볼트 장착**

[그림 300] **고압호스 장착**

⑳ 흡입호스를 파워스티어링 펌프에 체결하고 파워스티어링 오일 리저버를 제자리에 끼운다.

㉑ 텐션 베어링을 조이기 전에 장력조절 볼트(고압호스 아래에 보이는 14 mm 볼트)로 벨트 장력을 적당히 조절하고 텐션 베어링 고정 너트를 규정토크로 체결한다.

[그림 301] **흡입호스 장착**

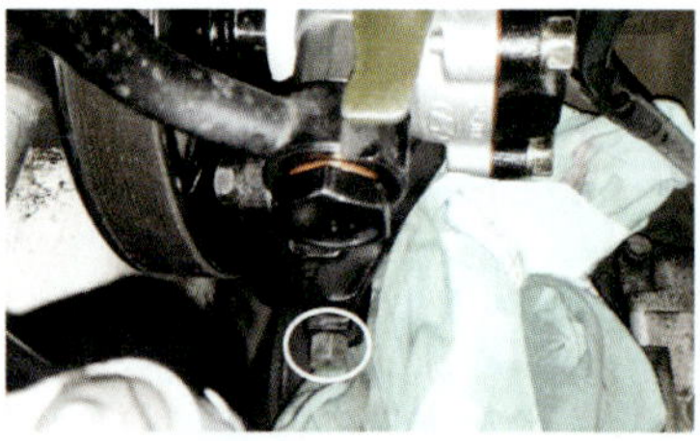

(a) 장력조절 볼트

(b) 텐션 베어링 고정너트 체결

[그림 302] **장력조절 및 텐션베어링 체결**

㉒ 파워스티어링 오일을 리저버 통에 보충하고, 시동을 걸지 말고 키를 ACC나 ON으로 돌린다. 스티어링 휠을 좌우 끝까지 몇 번 돌려서 에어빼기를 한다.

㉓ 에어빼기 작업이 끝나면 리저버 통에 MAX와 MIN사이에 오도록 오일을 주입한다.

[그림 303] **오일 보충**

㉔ 에어컨 냉각팬을 장착하고 커넥터를 연결한다.

㉕ 시동을 걸고 스티어링 휠을 좌우로 돌려보면서 소리가 나는지 부드럽게 잘 작동하는지 확인하고 파워스티어링 펌프 쪽에서 오일 누유가 있는 시 확인한다. 1~2분 정도 확인하고 이상 없으면 시동을 끄고 다시 한 번 오일량을 확인한다.

7.2. 파워 스티어링의 오일 교체

7.2.1. 공기빼기작업

① 시동이 걸리지 않게 한 다음 스타터 모터를 주기적으로 15초에서 20초 정도 작동시키면서 스티어링 휠을 좌우측으로 완전히 5~6회 정도 작동시킨다. 이때 공기빼기작업 중에 오일수준이 필터의 아랫부분 아래까지 떨어지지 않도록 오일을 공급해 준다. 차량이 공회전상태에서 공기빼기작업을 실시하면 공기가 분해되어 오일에 흡수되므로 크랭킹 하면서 공기빼기작업을 행해야 한다.

② 점화케이블을 연결하여 엔진을 시동한 다음 공회전 시킨다.

③ 오일 리저버에 공기방울이 없어질 때까지 스티어링 휠을 좌우측으로 돌린다.

④ 오일이 탁하지 않은가와 오일 수준이 규정치내에 있는지 확인한다.

⑤ 스티어링 휠을 좌우측으로 돌렸을 때 오일수준이 약간 변하는지를 확인한다. 이때 오일수준이 5 mm 이상이 차이가 나거나 오일이 탁하면 공기빼기 작업이 불완전한 것이므로 완전히 공기빼기를 해야 한다.

7.2.2. 파워 스티어링의 오일교체

① 리저버 캡을 열고 리저버 탱크에 오일을 회수한다.

② 리저버 탱크를 탈거하고 교체기 라인을 설치한다.

[그림 304] **리저버탱크 오일 회수**

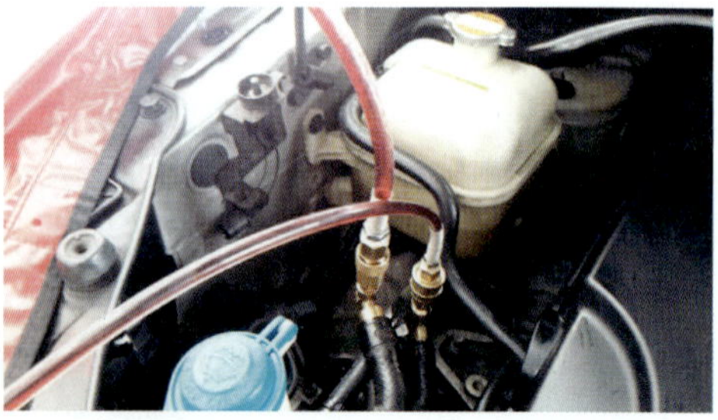

[그림 305] **교체기 라인 설치**

③ 에어를 주입하여 폐유를 밀어낸다.

④ 신유 오일로 라인변경 실시한다. 주입호스와 리턴 오일 색상이 동일할 때 까지 실시한다.

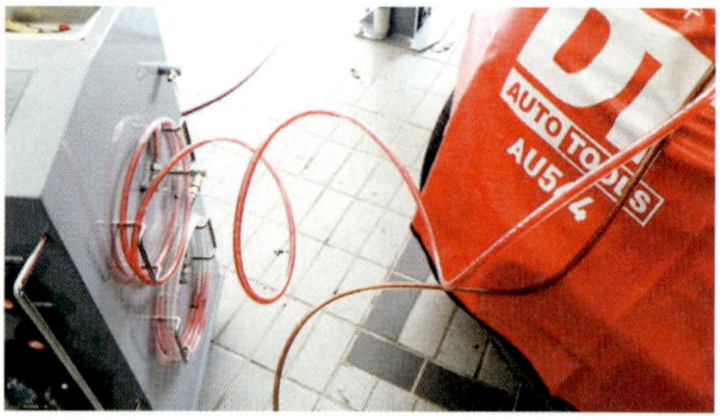

[그림 306] **에어 주입**

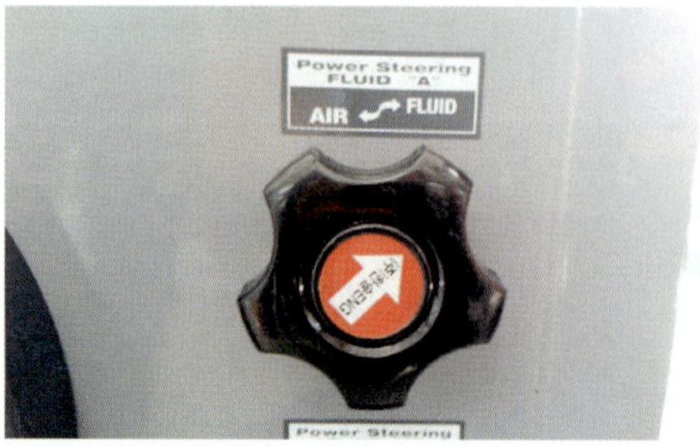

[그림 307] **신유 오일 주입**

⑤ 리저버 탱크를 청소한다.

⑥ 교체기 라인을 탈거하고 리저버 탱크를 조립 후 호스를 연결하고 신유 오일을 보충한다.

[그림 308] 오일 보충

⑦ 엔진시동을 걸어서 마지막으로 라인에 남은 약간의 에어빼기 작업을 실시한다.

8. 쇽업소버 교체

쇽업소버에서 오일의 누출 등으로 인하여 고장 시 증상은 다음과 같다.

① 주행 중 과속방지턱이나 노면이 안 좋은 도로를 달리거나 넘어갈 때 하체에서 소음이 발생하거나 차가 튀는 현상이 발생하여 승차감이 안 좋아진다.

② 측풍을 맞았을 때 차량이 심하게 밀려나는 현상이 발생한다.

③ 타이어 마모가 비정상적으로 진행된다.

④ 스티어링 휠(핸들) 조작에 따른 차량의 움직임이 둔해지는 등, 핸들링 성능이 저하되기도 한다.

⑤ 제동거리가 늘어나고 자세 제어장치(ESC)의 효율이 저하한다.

국산 자동차 제조사들은 시기에 맞춰 꾸준한 점검을 하고 약 10만km 주행거리에 도달하면 교체를 고려하는 것이 좋다는 의견도 내놓는다. 댐퍼의 수명도 운전자의 주행 습관, 환경에 따라 달라질 수 있다. 때문에 주기적인 점검을 통해 제 성능을 이어갈 수 있도록 관리를 해주는 것이 중요하다.

쇽업소버 교체 시 쇽업소버 마운트도 같이 교체해 주어야 한다. 오랜 시간 사용하면 마운트 베어링 손상 및 마운트 고무부분이 갈라져서 쇽업소버와 분리되기도 한다.

8.1. 프론트 쇽업소버 교체

① 쇽업서버를 교체할 앞 타이어를 탈거한다.

② 포크 중앙에 있는 브레이크 호스와 ABS센서 배선 고정 볼트 12 mm를 옵셋렌치를 이용하여 몇 번 풀어주고 손으로 완전히 탈거한다.

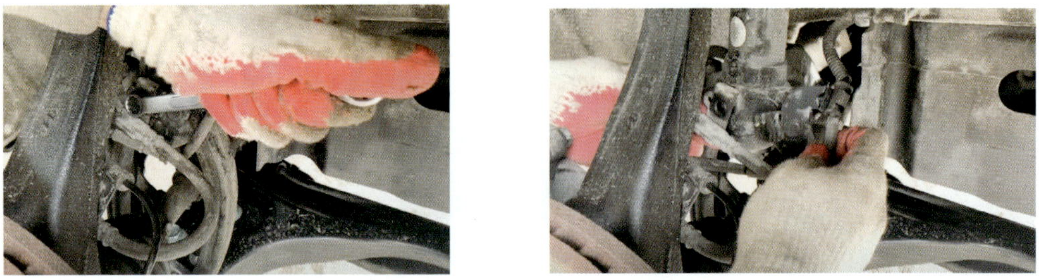

[그림 309] **포크 중앙 고정 볼트 탈거**

③ 휠 너클 쪽 고정 볼트 12 mm를 옵셋렌치를 이용하여 몇 번 풀어주고 손으로 완전히 탈거한다.

④ 포크 좌측에 브레이크 호스 고정 볼트를 12 mm 소켓과 라쳇렌치를 이용하여 탈거한다.

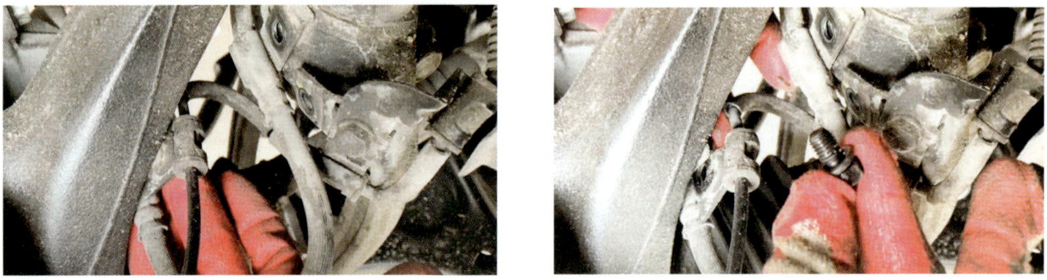

[그림 310] **휠 너클 고정 볼트 탈거**

[그림 311] **포크 좌측 고정 볼트 탈거**

⑤ 브레이크 호스가 스태빌라이저 링크 뒤로 지나가는 것을 파악해 논다.

[그림 312] 호스 위치 파악

⑥ 휠 너클에 ABS센서 10 mm 고정 볼트를 소켓과 라쳇을 이용해서 탈거한 후 클립 리무버나 일자드라이버를 이용하여 지렛대 원리로 ABS 센서를 탈거한다.

(a) 고정 볼트 탈거 (b) ABS 센서 탈거

[그림 313] ABS 센서 탈거

⑦ ABS 배선 및 브레이크호스를 작업에 방해가 안 되는 곳에 놓는다.

⑧ 스테빌라이저 링크 17 mm 고정너트를 소켓과 연결대를 복스대에 연결하여 몇 번 풀어주고 손으로 돌려서 완전히 탈거한다.

[그림 314] 배선정리

[그림 315] 링크 고정너트 탈거

⑨ 포크와 로워암을 연결해주는 관통볼트를 탈거하기 위해 19 mm 관통볼트 고정 너트를 소켓과 연결대 복스대를 이용하여 탈거한다.

[그림 316] **관통볼트 고정 너트 탈거**

⑩ 고무망치를 이용하여 관통볼트를 쳐준다.

⑪ 관통볼트가 포크 안으로 들어가면 3/8인치 연결대와 쇠망치를 이용하여 관통볼트를 쳐주면서 탈거한다.

[그림 317] **고무망치사용**

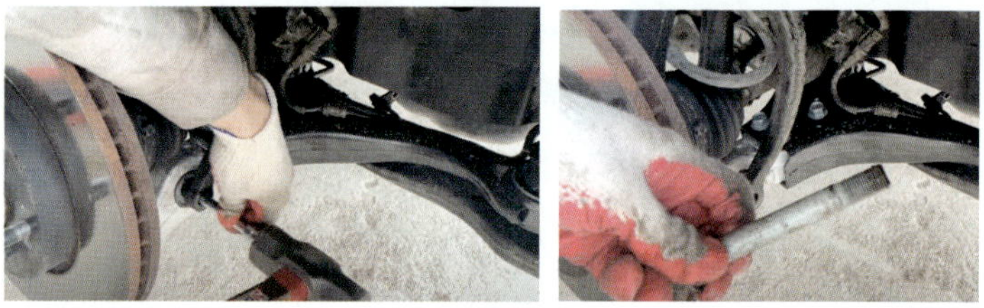

[그림 318] **관통볼트 탈거**

⑫ 쇽업소버와 포크를 연결하는 17 mm 관통볼트를 소켓과 복스대를 이용하여 한번 풀어주고 라쳇렌치로 완전히 풀어 탈거한다.

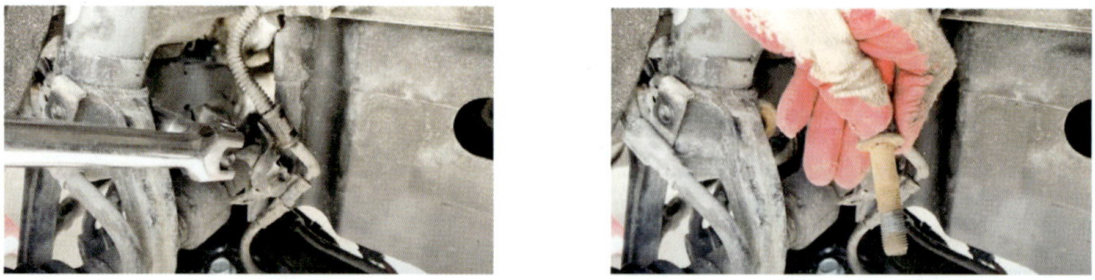

[그림 319] **관통볼트 탈거**

⑬ 쇽업소버와 포크 연결부에 윤활제를 뿌려준다.
⑭ 쇽업소버 실린더 로드 17 mm 고정너트를 소켓과 복스대를 이용하여 살짝 풀어준다. 절대 다 풀면 안 된다. 스프링 탈거 시 작업하기 쉽게 하기 위한 목적이다.

[그림 320] **윤활제 뿌리기**

[그림 321] **실린더 로드 고정너트 이완**

⑮ 복스대를 지렛대로 써서 스테빌라이저를 눌러주면서 스테빌라이저 링크를 포크에서 분리한다.
⑯ 포크를 잡고 비틀면서 쇽업소버에서 탈거한다.

[그림 322] **링크 분리**

[그림 323] **포크 탈거**

⑰ 마운트 14 mm 고정너트를 라쳇을 이용하여 어느 정도 풀어주고 오른손으로 쇽업소버를 잡고 왼손으로 마운트 고정너트를 탈거한다.
⑱ 쇽업소버를 탈거한다.
⑲ 쇼바작기를 임팩으로 돌려주면서 길이를 조정한다.

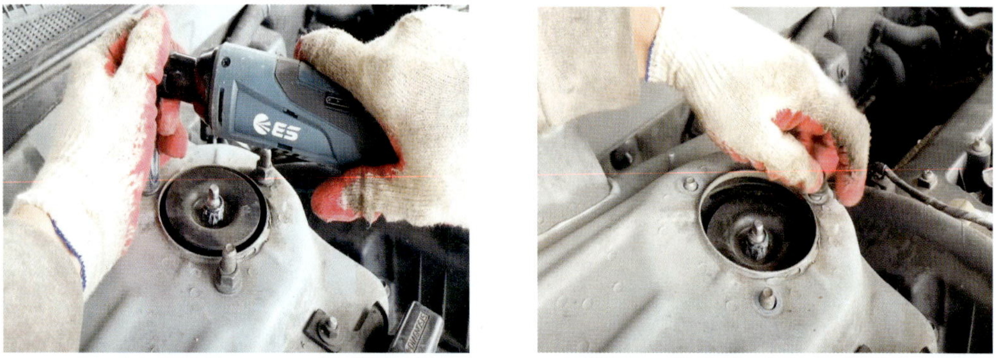

[그림 324] 마운트 고정너트 탈거

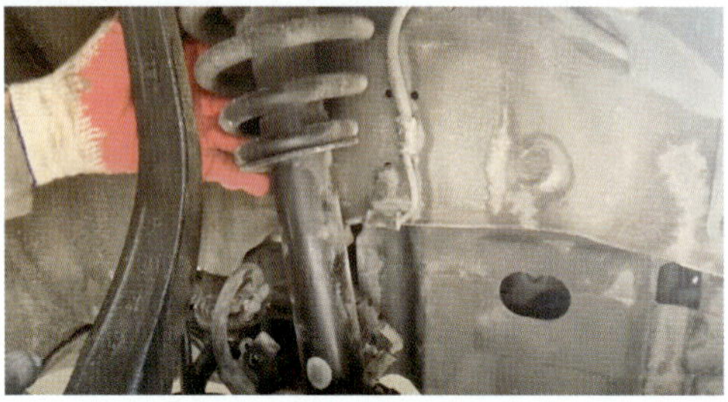

[그림 325] 쇽업소버 탈거

[그림 326] 쇼바작기 길이 조정

⑳ 스프링에 박스나 호스 같은 완충제를 끼워주고 쇼바작기를 설치한다. 반대쪽도 쇼바작기를 설치한다.

㉑ 라쳇렌치를 이용해서 양쪽을 조금씩 쇼바작기 볼트를 천천히 잠가주어 스프링을 압축시킨다.

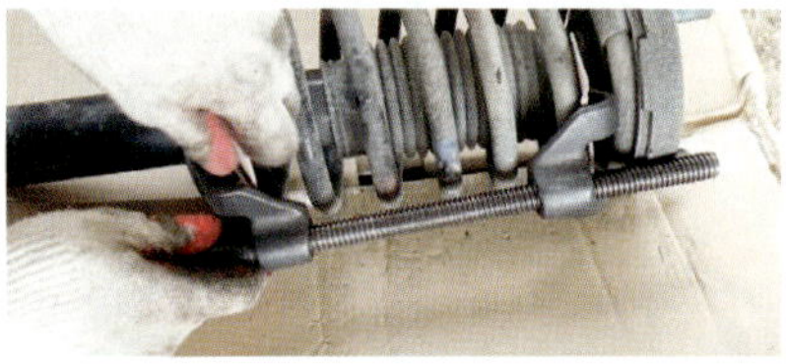

[그림 327] 쇼바작기 설치

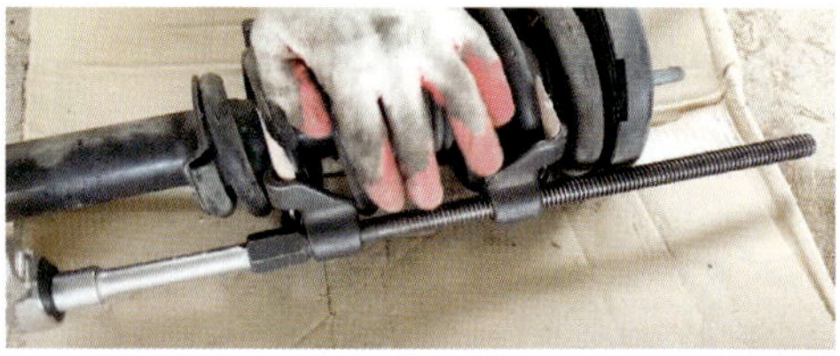

[그림 328] 스프링 압축

㉒ 실린더 로드 17 mm 고정너트를 옵셋렌치를 이용해서 마운트가 스프링에서 이완될 정도로만 풀어준다. 이때 실린더 로드가 회전하는지 확인하여 로드가 회전하면 회전하지 않도록 바이스 플라이어 등으로 로드가 회전하지 않도록 고정시킨다.

[그림 329] 고정너트 풀어주기

㉓ 스프링과 마운트를 분리한다. 그런데 스프링과 마운트가 고착되는 경우가 있어서, 마운트와 스프링사이에 일자드라이버 같은 걸 찔러 넣어서 미리 벌려 놓는다. 이때 실린더 로드 너트는 스프링이 갑자기 튀어나오는 것을 방지하기 위해 완전히 풀려있지 않아야 한다.

[그림 330] 스프링과 마운트를 분리

[그림 331] 쇽업소버 탈거

㉔ 스프링과 마운트를 분리되면 고정너트를 완전히 풀어주고 스프링에서 쇽업소버를 탈거한다.

㉕ 마운트에서 클립리무버나 일자드라이버를 이용해서 고무패드를 탈거한다.

[그림 332] 고무패드 탈거

[그림 333] 고무패드 조립

㉖ 신품 마운트에 고무패드를 조립한다.

㉗ 신품 쇽업소버에 우레탄 범퍼부터 조립한다.

㉘ 쇽업소버에 더스트 커버를 끼우고 스프링 하단부와 쇽업소버 위치도 정확히 맞추어 준다.

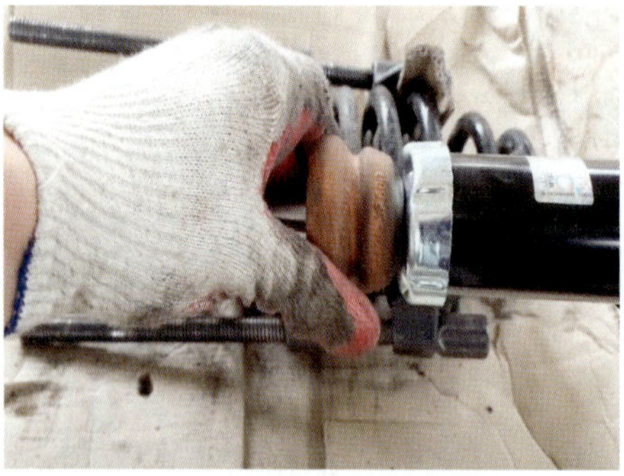

[그림 334] 우레탄 범퍼 조립

[그림 335] 위치 맞추기

㉙ 마운트를 고무패드와 스프링방향을 맞춰서 조립한다.

[그림 336] 마운트 조립

㉚ 플레이트부터 조립해야 하나 너트만 손으로 꽉 끼워준다.

㉛ 쇼바작기 설치 역순으로 쇼바작기를 탈거한다.

㉜ 쇽업소버를 어퍼암 쪽으로 통과시켜서 관통볼트 들어가는 부분이 안쪽을 바라보게 끼우고 마운트 고정너트를 어느 정도 임시로 고정해준다.

㉝ 포크로 들어가는 쇽업소버 연결부에 윤활제를 뿌려준다.

[그림 337] 고정너트 임시고정

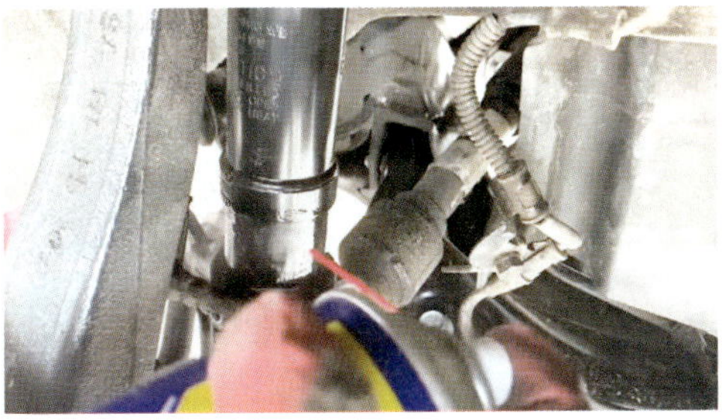

[그림 338] 윤활제 뿌리기

㉞ 포크를 비틀면서 끼우는데 잘 안 들어간다. 작기로 포크 한쪽을 받쳐주고 또 다른 작기를 이용하여 반대편도 포크를 받쳐준다. 양쪽 다 번갈아가면서 작기를 올려주면 쇽업소버가 조금씩 포크로 들어간다.

[그림 339] 작기로 포크 양쪽 받히기

[그림 340] 작기 조금씩 올리기

㉟ 쇽업소버 뒤쪽에 돌기가 있는데 포크의 갈라지는 부분에 맞춰준다. 돌기를 맞춘 상태로 계속 올려주면 포크와 쇽업소버가 완벽하게 조립된다.

㊱ 전동 그라인더를 이용해서 관통볼트 녹을 제거하고 윤활제를 뿌려 세척한다.

[그림 341] **쇽업소버와 포크 조립**

(a) 관통볼트 녹 제거

(b) 윤활제로 세척

[그림 342] **관통볼트 녹 제거 및 세척**

㊲ 관통볼트 조립 위치 구멍에 윤활제를 뿌린다.

[그림 343] **윤활제 뿌리기**

㊳ 쇽업소버와 포크 고정 관통볼트를 끼워주고, 끝까지 조인 후 토크렌치를 이용하여 규정토크로 조인다. 작기를 제거한다.

㊴ 휠 너클을 손으로 눌러주면서 포크와 로워암 관통볼트를 끼워주고 너트를 조이고 토크렌치를 이용하여 규정토크로 조인다.

[그림 344] **관통볼트 조립**

(a) 관통볼트 끼우기

(b) 너트 조립

[그림 345] **관통볼트 및 너트 조립**

㊵ 작기로 로워암 아래쪽을 받치고, 스테빌라이저 링크가 포크에 들어갈 때 까지 작기를 올려주면서 링크를 포크에 조립한다.

(a) 작기로 올리기

(b) 포크에 조립

[그림 346] **링크 포크에 조립**

㊶ 브레이크 호스를 스테빌라이저 링크 뒤쪽으로 넘겨준다.

㊷ 스테빌라이저 링크 17 mm 고정너트를 손으로 최대한 잠가주고, 소켓과 연결대를 토크렌치에 연결해서 규정토크로 조인다.

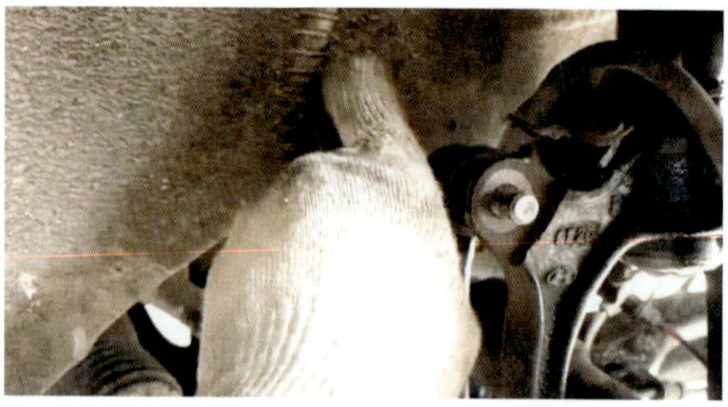

[그림 347] 브레이크호스 정리

[그림 348] 스테빌라이저 링크 조립

㊸ 실린더 로드 고정너트를 풀고 로워암에 설치했던 작기를 더 올려주면 스프링이 압축되면서 실린더 로드가 조금씩 올라온다.

[그림 349] 실린더 로드 올리기

㊹ 플레이트를 올려놓고 실린더 고정너트를 손으로 잠그고 로워암에 고정시켰던 작기를 작업에 지장이 가지 않도록 이동시킨다.

㊺ 옵셋렌치를 이용해서 실린더 로드 17 mm 고정너트를 조여 준 후 토크렌치를 이용해서 규정토크로 체결한다.

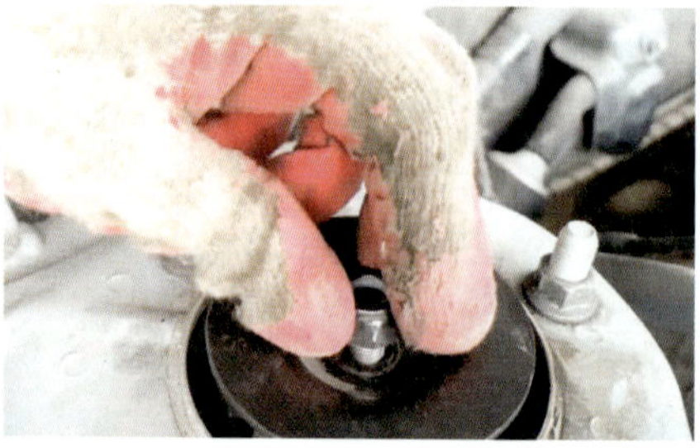

[그림 350] 고정너트 조립

[그림 351] 고정너트 체결

㊻ 마운트 고정너트도 토크렌치를 이용하여 규정토크로 체결한다.

[그림 352] **마운트 고정너트 체결**

㊼ 브레이크 호스 고정 볼트를 조립한다. 처음에는 손으로 조이고 규정토크로 조인다.
㊽ ABS센서 배선은 안쪽으로 브래킷은 바깥쪽으로 포크 앞에 고정 볼트를 조립한다.

[그림 353] **브레이크 호스 고정 볼트 조립**

[그림 354] **포크 고정 볼트 조립**

㊾ ABS센서 고정 볼트를 손으로 어느 정도 조립하고 소켓과 라쳇을 이용하여 끝까지 잠근다.
㊿ 타이어를 조립하고 리프트를 하강시킨다.

[그림 355] **ABS 배선 설치**

[그림 356] **ABS 센서 조립**

8.2. 리어 쇽업소버 교체

① 리어 쇽업서버를 교체할 곳의 타이어를 탈거한다.

② 휠 하우스 위쪽의 쇽업소버 마운트 14 mm 고정 볼트 2개를 소켓과 라쳇렌치로 조금씩만 풀어준다.

[그림 357] **마운트 고정 볼트 2개 이완**

③ 쇽업소버 아래 부싱 쪽은 19 mm 너트로 고정되는데 소켓과 라쳇렌치로 너트를 완전히 탈거한다. 와셔도 탈거한다.

[그림 358] **너트와 와셔 탈거**

④ 어퍼암과 스테빌라이저 링크가 있어서 코일 스프링이 튀겨나가지는 않지만 혹시 모르니 스프링이 튀겨나가면 위험하므로 안전을 위해 로워암 아래에 작기를 받쳐준다.

[그림 359] **로워암에 작기 설치**

[그림 360] **마운트 고정 볼트 탈거**

⑤ 쇽업소버 마운트 고정 볼트 14 mm 고정 볼트를 완전히 탈거한다.

⑥ 휠 너클 핀에 걸려있는 쇽업소버를 빼야 하는데 고무 부싱 금속부와 핀이 고착되어 있으면 탈거가 되지 않으므로 기어 풀러의 다리 세 개와 고무 부싱의 바깥쪽 금속부를 잡아주도록 하고 볼트 끝 부분이 정확히 핀 중앙에 오도록 잠가주고 기어 풀러를 소어 휠 니클 핀에서 쇽업소버 아래 부분을 탈거한다.

(a) 기어 풀러 설치

(b) 기어 풀러 조이기

(c) 휠 너클 핀에서 탈거

[그림 361] **휠 너클 핀에 걸려있는 쇽업소버 탈거**

⑦ 쇽업소버를 살짝 빼고 위쪽 마운트를 살짝 내리면서 쇽업소버를 탈거한다.

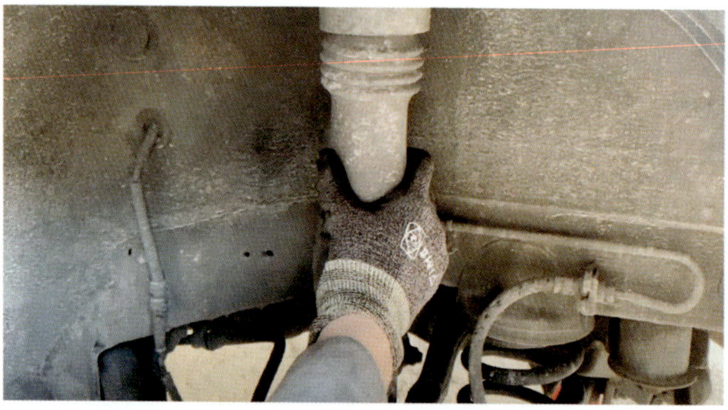

[그림 362] 쇽업소버 탈거

⑧ 피스톤 로드 고정너트를 풀려면 피스톤 로드를 바이스 플라이어로 잡아서 고정해 준다.

⑨ 피스톤 로드 17 mm 고정너트를 라쳇렌치로 한번 풀어주고 임팩으로 완전히 탈거한다.

⑩ 쇽업소버 마운트를 탈거한다.

⑪ 바이스 플라이어를 제거해주고 우레탄 범퍼와 더스트 커버를 탈거한다.

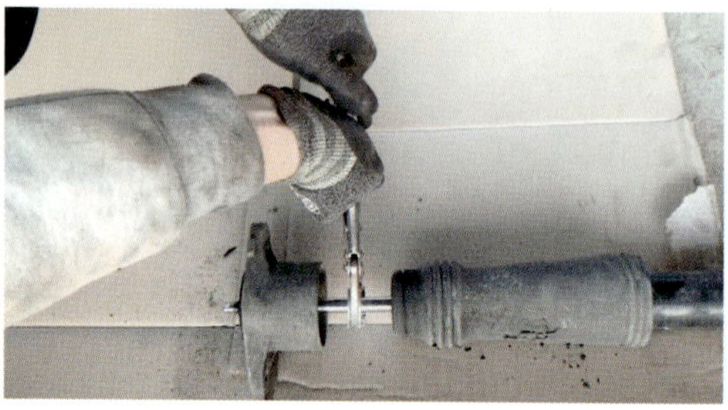

[그림 363] 피스톤 로드 고정

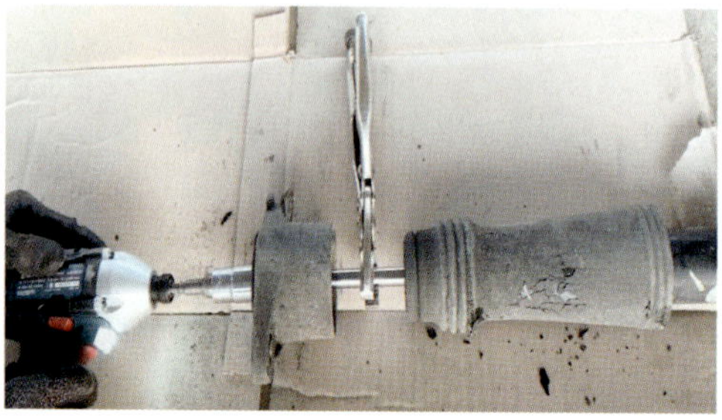

[그림 364] 피스톤 로드 고정너트 탈거

[그림 365] 마운트 탈거

[그림 366] 우레탄 범퍼와 더스트 커버를 탈거

⑫ 신품 쇽업소버에 우레탄 범퍼와 더스트 커버를 조립한다.
⑬ 교체하는 쇽업소버와 마운트 방향을 확인한다.

[그림 367] 우레탄 범퍼와 더스트 커버 조립

[그림 368] 방향확인

⑭ 신품 마운트를 가져와서 방향에 상관없이 끼워주고 피스톤 로드 고정너트를 손으로 잠가주는데 내부 플라스틱 부분이 바깥쪽을 보게 해준다.
⑮ 피스톤 로드에 흠집이 가지 않도록 두꺼운 종이박스 등으로 피스톤 로드를 감싼 후 바이스 플라이어로 고정시키고 임팩 드릴로 피스톤 로드 고정너트를 적당히 조여 주고 토크렌치로 규정토크로 조인다. 바이스 플라이어를 탈거한다.
⑯ 우레탄 범퍼를 마운트에 붙여준다.

[그림 369] 고정너트 손으로 조임

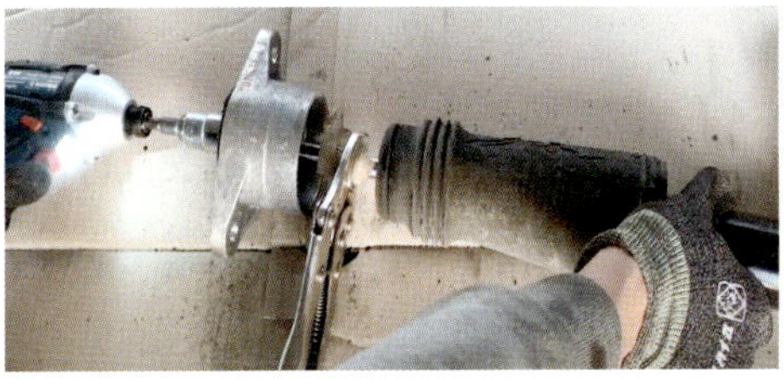

[그림 370] 피스톤 로드 고정너트 조임

[그림 371] 우레탄 범퍼 설치

⑰ 소형 그라인더를 이용해서 쇽업소버 아래 부싱이 설치되는 휠 너클 핀의 녹을 제거하고 고착방지제도 발라준다.

(a) 녹제거

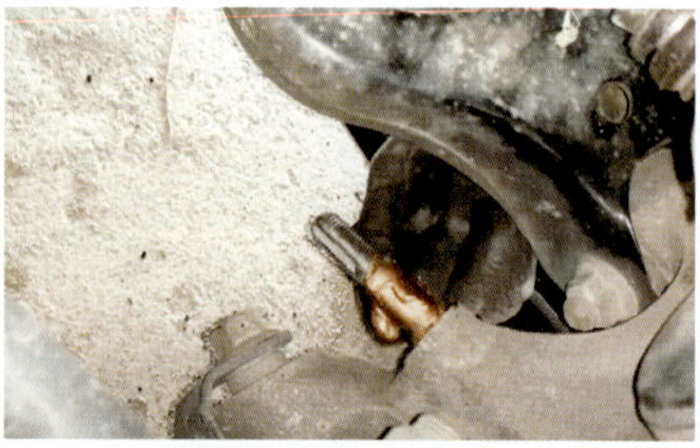

(b) 고착방지제 발라주기

[그림 372] **녹제거 및 고착방지제 발라주기**

⑱ 신품 쇽업소버를 아래쪽 휠 너클 핀에 부싱부터 끼워준다.

⑲ 위쪽 마운트도 위치를 잡고 일단 고정 볼트를 손으로 조립하고 라쳇을 이용해 고정 볼트를 조인 후 토크렌치로 규정토크로 조립한다.

[그림 373] **부싱부위 조립**

(a) 마운트 위치 잡기

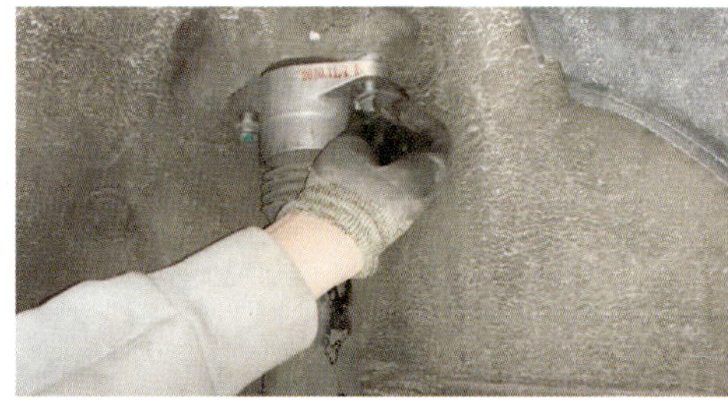

(b) 고정 볼트 가체결

(c) 고정 볼트 조임

(d) 규정토크로 조이기

[그림 374] **마운트 고정 볼트 조립**

⑳ 쇽업소버 아래쪽 휠 너클 핀에 와셔를 조립한다.

㉑ 휠 너클 핀에 고정너트를 손으로 조립하고 임팩을 이용해 조립한다.

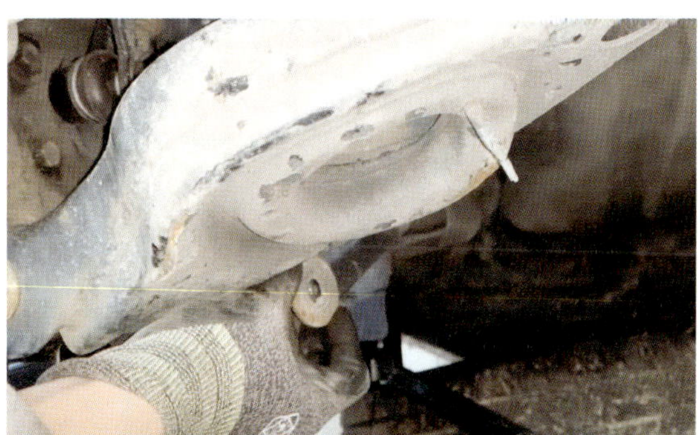

[그림 375] **와셔 조립**

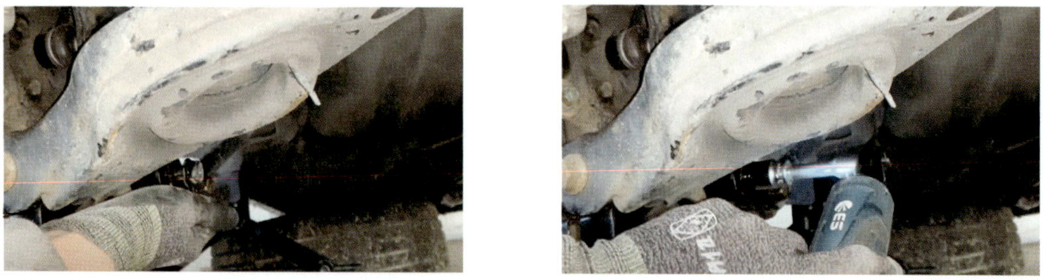

[그림 376] **고정너트 조립**

㉒ 작기를 치우고 토크렌치로 규정토크로 조립한다.

[그림 377] **규정토크로 조임**

㉓ 탈거했던 타이어를 조립한다.

8.3. 쇽업소버 작기의 사용법

8.3.1. 쇽업소버 어셈블리 탈거

① 쇽업소버 어셈블리를 탈착기와 쇽업소버가 중심이 서로 나란하게 일치가 될 수 있게끔 조절하고, 윗부분 탈착기의 걸쇠를 이용하여 좌측과 우측이 서로 어긋나게끔 조절을 해서 고정기를 이용해서 고정시키고 쇽업소버 스프링 탈착기에 안전하게 설치한다.

② 더스트 커버를 탈거한다.

[그림 378] 탈착기에 설치

[그림 379] 더스트 커버 탈거

③ 압축기 핸들을 돌려 코일스프링에 저항이 생기면 멈춘다.

④ 셀프 로킹 너트를 푼다. 이때 셀프 로킹 너트는 2~3바퀴만 풀기만 하고 분리하지 않는다.

[그림 380] 셀프 로킹 너트 이완

⑤ 코일스프링 압축기 핸들을 돌려 코일스프링이 스프링 어퍼 시트에서 분리될 때까지 압축시킨다. 이때 탈착기가 움직이므로 발로 탈착기를 밟아 고정시킨다.

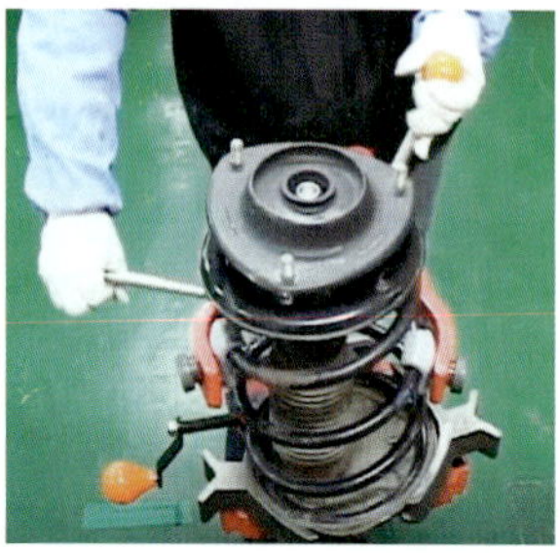

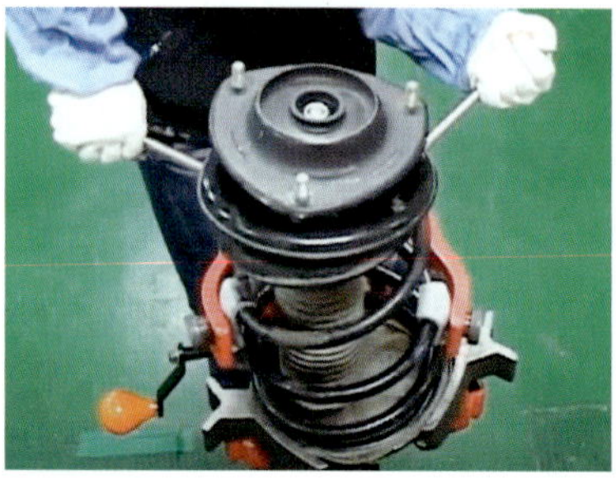

[그림 381] **스프링 압축**

⑥ 쇽업소버 인슐레이터 어셈블리에서 셀프 로킹 너트를 탈거한다.
⑦ 쇽업소버 인슐레이터 어셈블리, 쇽업소버 어퍼 커버, 어퍼 스프링 패드를 탈거한다.

(a) 인슐레이터 탈거

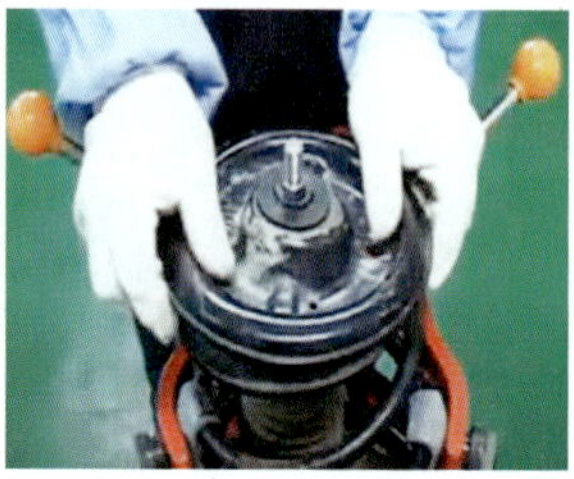

(b) 쇽업소버 어퍼 커버

(c) 스프링 패드탈거

[그림 382] **인슐레이터, 어퍼 커버, 스프링 패드 탈거**

⑧ 코일스프링 압축기에 압축된 코일스프링의 압력을 서서히 해제시킨다.
⑨ 고정기를 제거 시키고 코일스프링을 탈거한다.

[그림 383] **스프링 압력 해제**

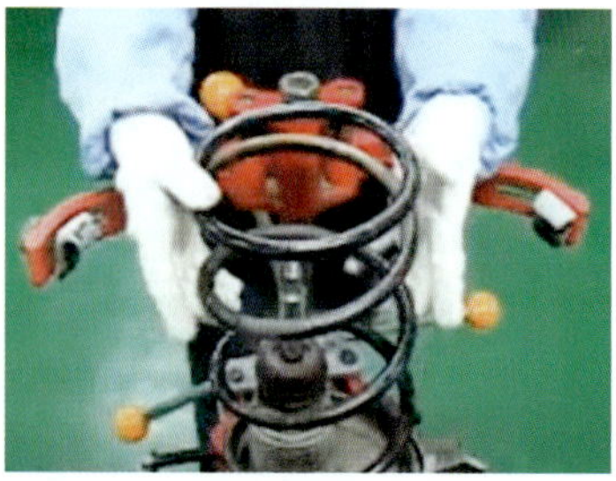

[그림 384] **스프링 탈거**

⑩ 더스트 커버 및 범퍼 러버 및 로우 스프링 패드를 탈거한다.

[그림 385] **더스트 커버, 범퍼 러버, 아래 스프링 패드를 탈거**

8.3.2. 쇽업소버 어셈블리 장착

① 돌출부가 스프링 아래 시트의 구멍에 끼워지도록 로우 스프링 패드를 장착한다.
② 더스트 커버 및 범퍼 러버를 장착한다.
③ 코일스프링의 아래 끝을 스프링 시트 홈에 일치시킨다.

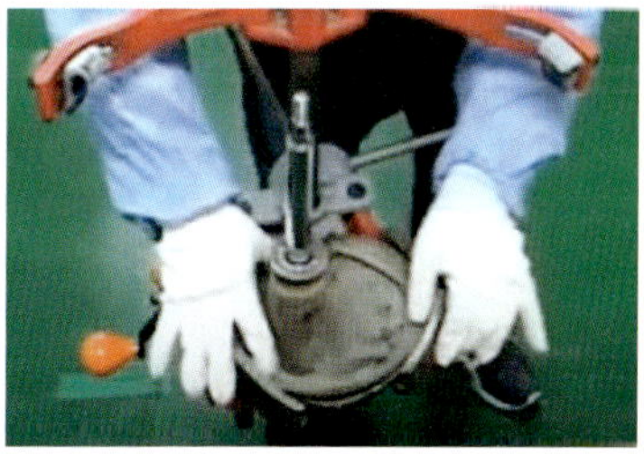

[그림 386] **로우 스프링 패드 장착**

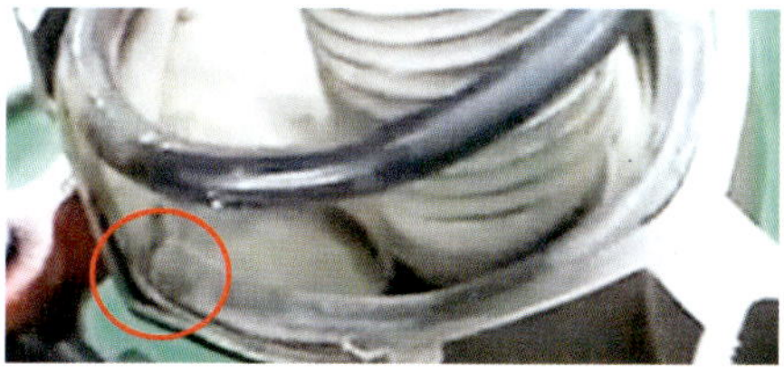

[그림 387] **코일스프링 끝단부 조립**

④ 코일스프링에 스프링 고정기를 설치한 후 스프링을 압축시킨다.
⑤ 어퍼 스프링 패드를 장착한다.
⑥ 피스톤 로드의 노치를 위 스프링 어퍼 커버의 홈키(D형 구멍)에 장착한다.

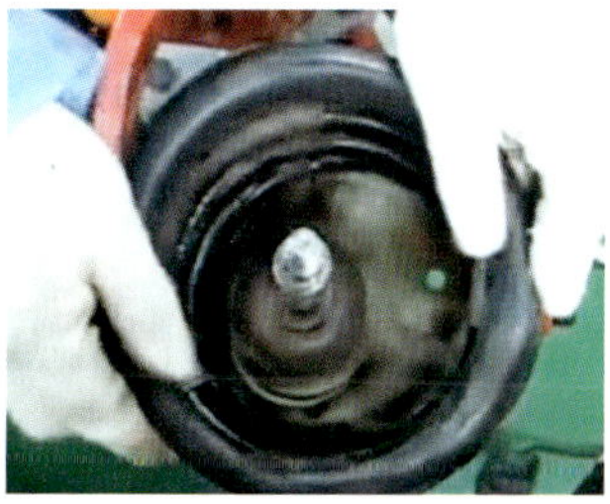

[그림 388] **어퍼 스프링 패드 장착**

(a) 로드 노치

(b) 어퍼 커버 홈키

(c) 조립

[그림 389] **어퍼 커버 장착**

⑦ 쇽업소버 인슐레이터 어셈블리를 장착한다.

⑧ 셀프 로킹 너트를 쇽업소버 인슐레이터 어셈블리에 가체결한다.

[그림 390] **인슐레이터 어셈블리 장착**

[그림 391] **셀프 로킹 너트 가체결**

⑨ 코일스프링의 압축을 서서히 해제시키면서 코일스프링의 끝을 스프링 시트 홈에 일치시킨 후 코일 스프링의 압축을 완전히 해제시킨다.

⑩ 셀프 로킹 너트를 규정토크로 조인다.

⑪ 적정량의 그리스를 인슐레이터 베어링에 바른 후 더스트 커버를 장착한다.

9. 어퍼 암 교체

어퍼 암 고장시 주행 중 요철 통과시나 방지턱 지날 때 "따깍따깍" 소음이 발생하고 주행 중 간접 롤링 발생 및 주행 중 핸들 흔들림 현상이 발생하며 타이어가 불규칙한 마모 등이 발생한다.

① 타이어를 탈착하고 로워암에 작기를 받치고 어느 정도만 올려준다.

[그림 392] **로워암에 작기 설치**

② 코터핀(분할핀)을 탈거한다.

③ 휠하우스 안쪽에 있는 볼조인트 17 mm 고정너트를 소켓과 라쳇렌치로 탈거한다.

[그림 393] **볼 조인트 고정너트 탈거**

④ 볼 조인트를 풀러가 있으면 풀러를 사용하여 볼 조인트를 탈거하지만 어퍼암을 교체하는 것이라 망치로 쳐서 탈거한다.

⑤ 볼 조인트를 탈거하면 휠 너클이 축 늘어지는데 작기를 이용해서 잘 고정해 준다.

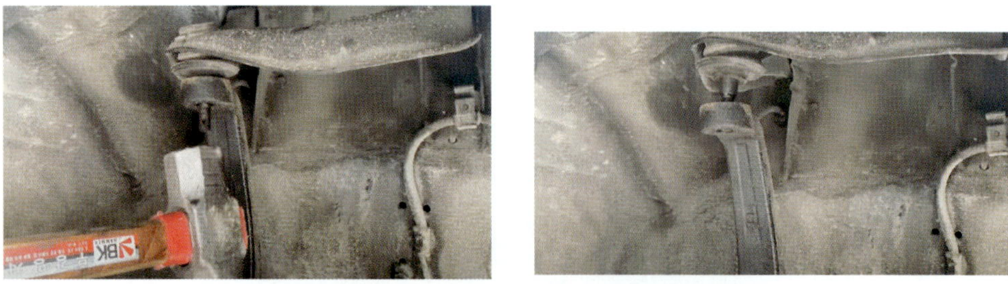

[그림 394] **볼 조인트 탈거**

[그림 395] **작기로 휠 너클 고정**

⑥ 어퍼암 14 mm 고정 볼트를 소켓과 라쳇렌치로 어느 정도만 풀어준다.

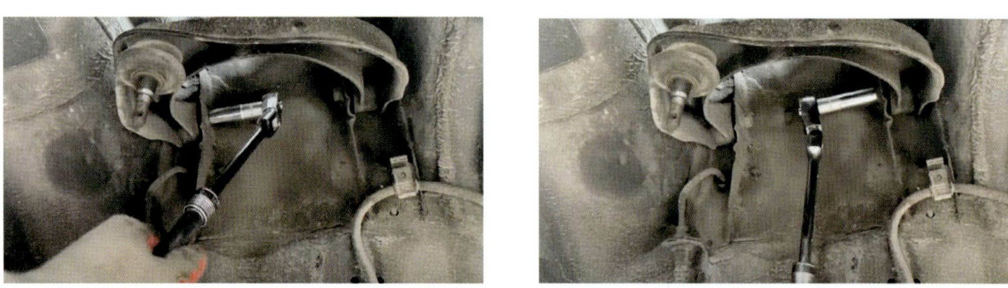

[그림 396] **고정 볼트 이완**

⑦ 어퍼암을 내려서 양쪽 볼트를 완전히 탈거한다.
⑧ 어퍼암을 탈거한다.

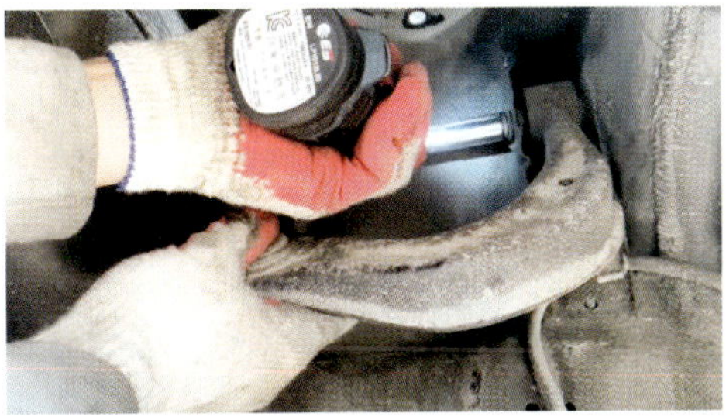

[그림 397] 어퍼 암 내려서 볼트 탈거

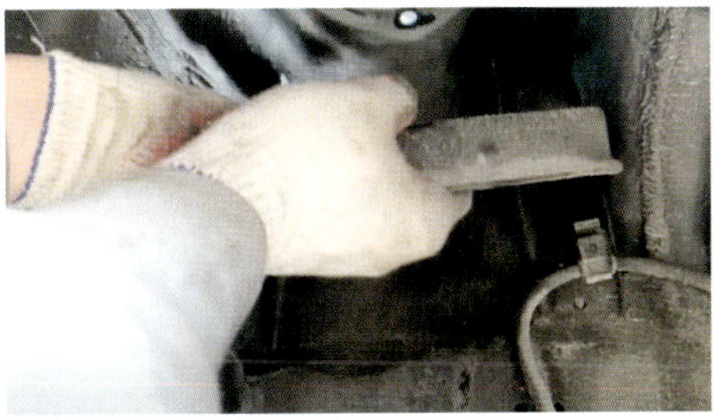

[그림 398] 어퍼 암 탈거

⑨ 신품 어퍼 암을 설치한다.
⑩ 손으로 고정 볼트를 어느 정도 끼워서 가체결 한다.

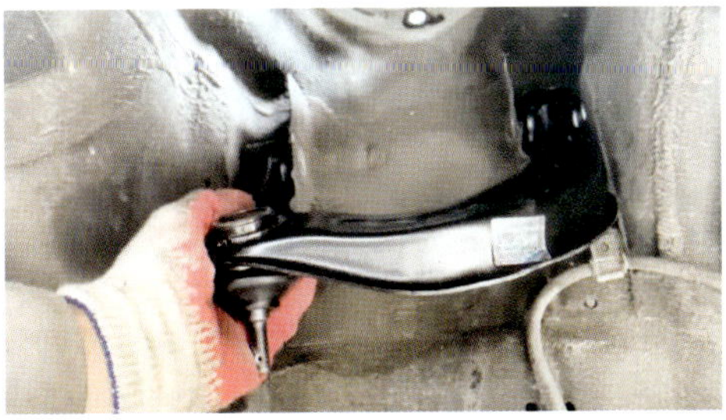

[그림 399] 어퍼암 설치

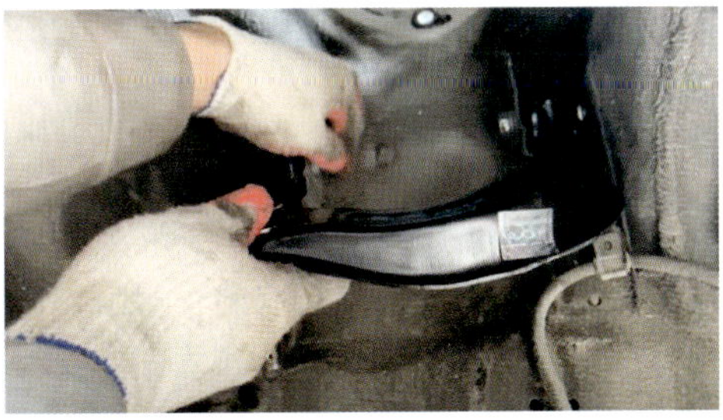

[그림 400] 고정 볼트 가체결

⑪ 휠 너클에 볼 조인트를 끼우고 너트를 가조립 한다.

[그림 401] 볼 조인트 가조립

⑫ 허브에 받혀놨던 작기를 다시 로워암에 작기를 받쳐준다. 차가 지면에 서 있을 때의 높이만큼 로워암이 거의 수평에 가까운 상태가 될 때까지 올려준다.

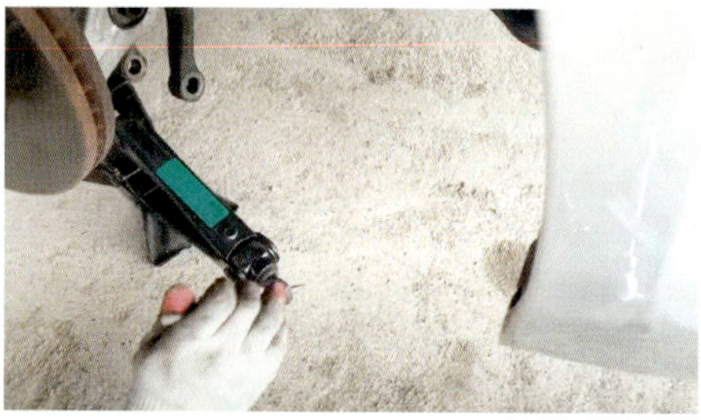

[그림 402] **작기로 로워암 상승**

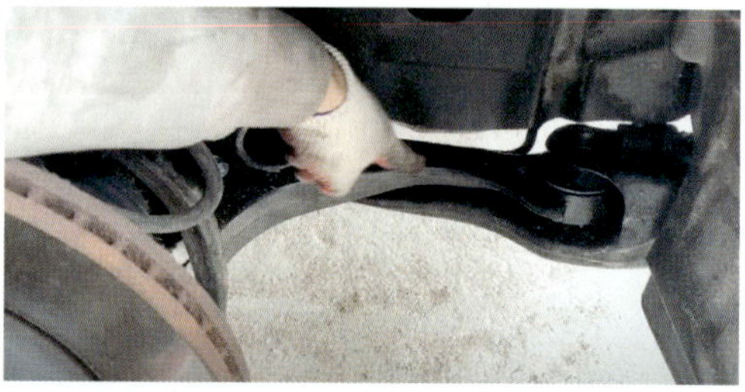

[그림 403] **로워암 수평**

⑬ 어퍼암도 아래에 있던 게 위로 올라가는데 이때 여기서 볼트를 체결해줘야 부싱이 뒤틀리지 않는다. 볼트 전부를 조립하고 토크렌치를 이용하여 규정토크로 체결한다.

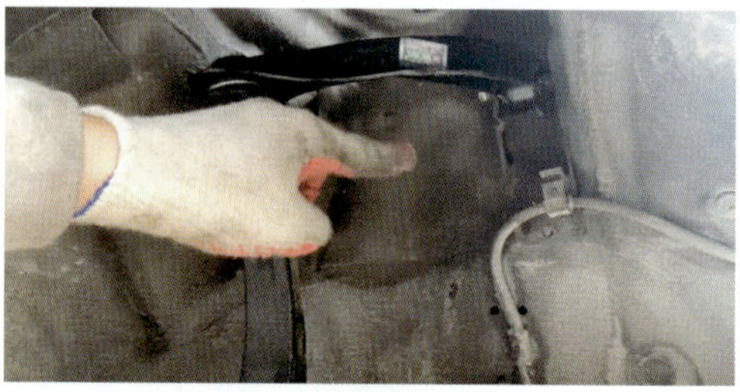

[그림 404] **어퍼암 상승**

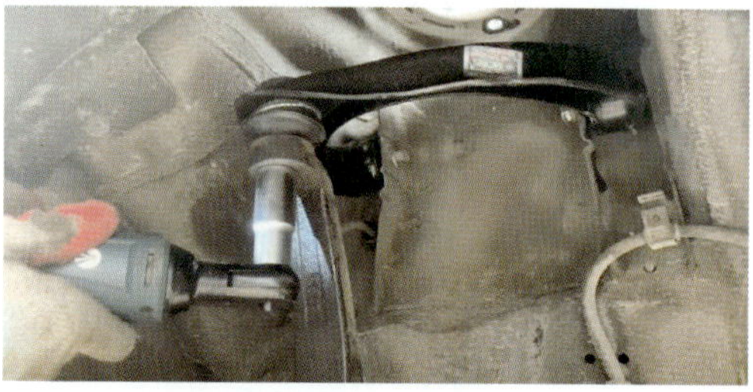

[그림 405] **볼 조인트 체결**

[그림 406] **어퍼암 고정 볼트 체결**

⑭ 코터핀 (분할핀)을 롱노즈로 빠지지 않게 잘 고정해 준다.

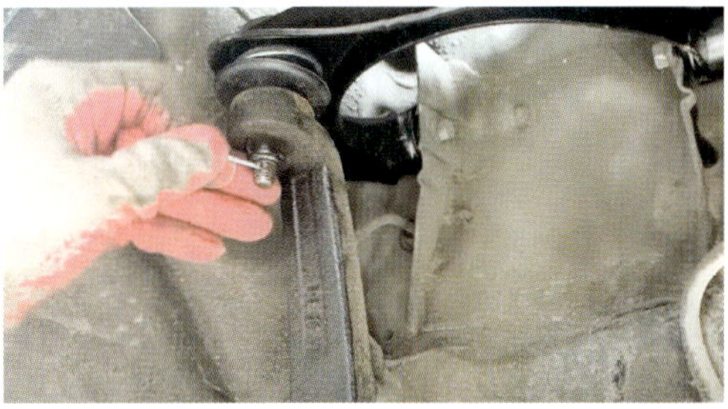

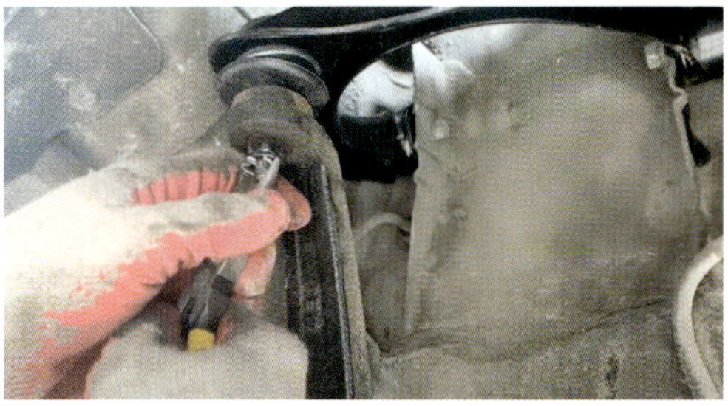

[그림 407] **코터핀 설치**

⑮ 타이어를 조립하고 작기를 내려서 작기를 꺼낸다.

10. 로워암 교체

로워암 고장 시 주행 중 요철통과 시 "찌그덕 찌그덕" 거리는 소음 발생하며, 주행 중 차량 롤링 및 쏠림으로 불안정한 증상과 타이어에 불규칙한 마모 등의 증상이 나타난다.

① 차량을 들어 올려서 타이어를 탈거한다.

[그림 408] **타이어 탈거**

② 볼 조인트 17 mm 고정 볼트 2개를 소켓과 연결대, 복스대를 이용해서 볼트를 조금씩만 풀어준다.

[그림 409] **볼 조인트 고정 볼트 이완**

③ 로워암에 포크와 연결된 19 mm 관통볼트에 옵셋렌치를 걸어주고, 연결대와 복스대를 이용해서 19 mm 너트를 완전히 풀지 말고 볼트 끝 부분에 어느 정도 잠가서 걸어둔다.

④ 대 부싱은 19 mm 너트와 관통볼트로 고정되어 있다. 옵셋렌치로 19 mm 너트에 걸어준다.

⑤ 소켓과 복스대를 이용해서 19 mm 관통볼트를 탈거한다.

(a) 옵셋렌치 설치

(b) 너트 풀기

(c) 볼트 끝 부분 너트 걸어두기

[그림 410] **로워암과 포크 관통볼트 이완**

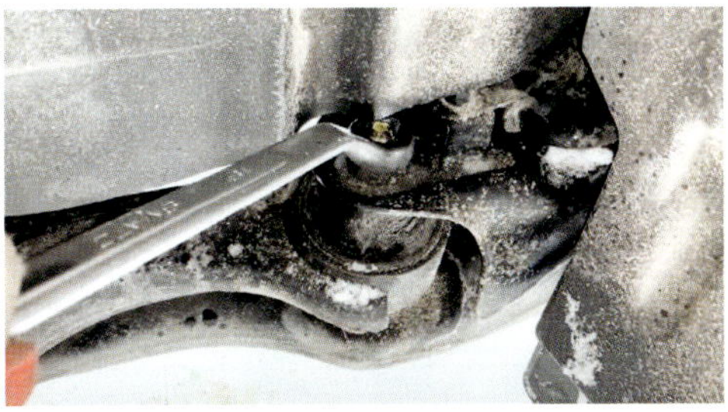
[그림 411] 옵셋렌치 설치

[그림 412] 관통볼트 탈거

⑥ 소 부싱도 소켓과 라쳇렌치를 이용해서 19 mm 너트를 살짝만 풀어준다.

[그림 413] 소 부싱 너트 이완

⑦ 볼 조인트 17 mm 볼트 2개를 이번에는 완전히 탈거한다.
⑧ 로워암에 포크와 연결된 관통볼트 끝 부분과 평평하게 맞추고, 망치로 살살 때려서 밀어주면서 너트가 포크에 닿으면 너트를 탈거한다. 너트 없이 그냥 때리면 볼트 나사산이 손상 될 수 있으니 주의하는 게 좋다.

[그림 414] 볼 조인트 볼트 탈거

[그림 415] 관통볼트 망치로 밀어주기

⑨ 3/8인치 연결대를 가져와서 볼트 끝 부분에 대고 해머로 살살 때려서 밀어주어 관통볼트를 탈거한다.

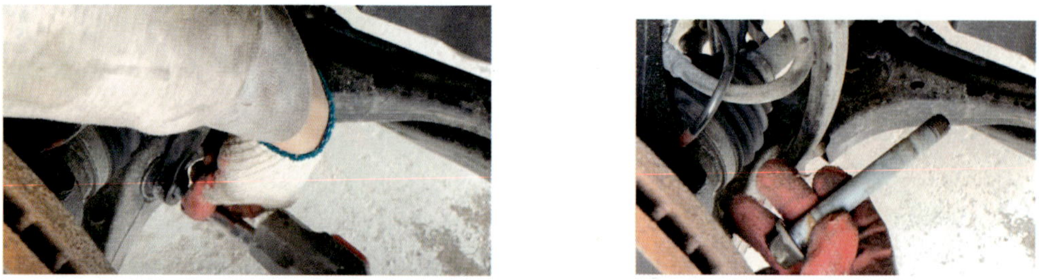

[그림 406] **관통볼트 탈거**

⑩ 19 mm 옵셋렌치로 대 부싱 너트에 걸어주고 소켓과 라쳇렌치로 19 mm 관통볼트를 풀어 너트부터 탈거하고, 살짝 돌리면서 걸려 있는 관통볼트를 탈거한다.

⑪ 소 부싱도 19 mm 옵셋렌치로 볼트에 걸어주고 소켓과 라쳇렌치를 이용해서 19 mm 너트를 탈거한다.

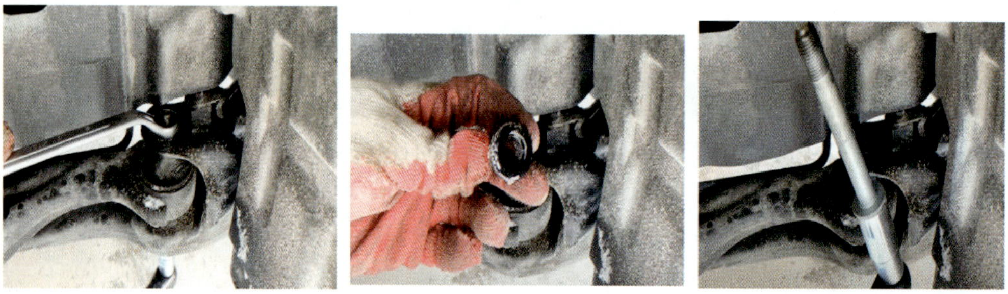

(a) 옵셋렌치 설치 (b) 너트 탈거 (c) 관통볼트 탈거

[그림 417] **대 부싱 관통볼트 탈거**

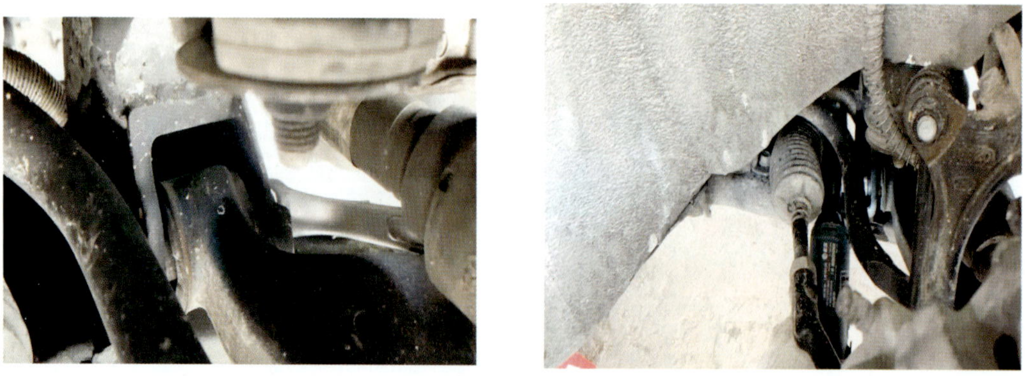

(a) 옵셋렌치 설치 (b) 너트 탈거

[그림 418] **소 부싱 너트 탈거**

⑫ 3/8인치 연결대와 망치로 관통볼트를 밀어준다. 그런데 반대편에 파워펌프 오일 파이프가 있어서 볼트가 안 빠진다.

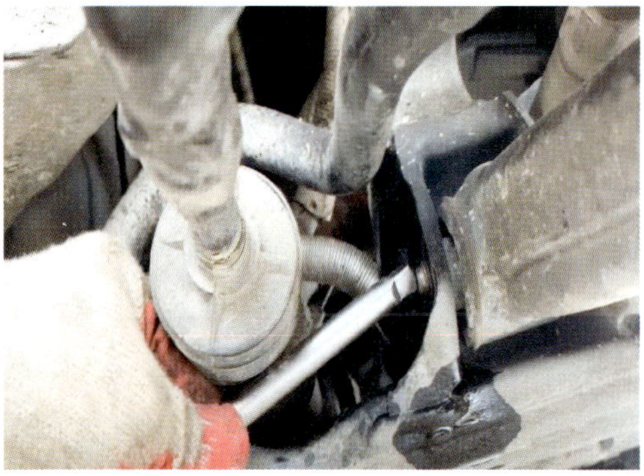

[그림 419] 관통볼트 밀어주기

[그림 420] 파워펌프 오일파이프

⑬ 파워펌프 오일 파이프 10 mm 고정 볼트를 소켓과 라쳇렌치를 이용해서 파이프 고정 볼트를 탈거한다. 이렇게 볼트를 빼내면 파이프의 유격이 생겨서 파이프를 약간 들면서, 관통볼트를 탈거한다. 잘 안 빠지면 일자드라이버를 지렛대처럼 이용해서 소 부싱 쪽을 살짝 들어주면서 탈거한다.

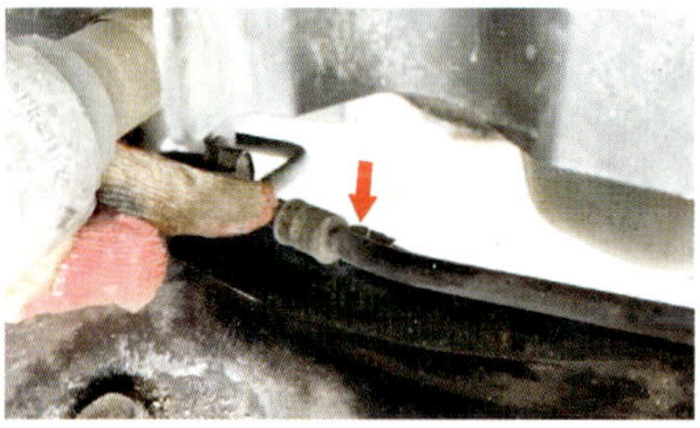

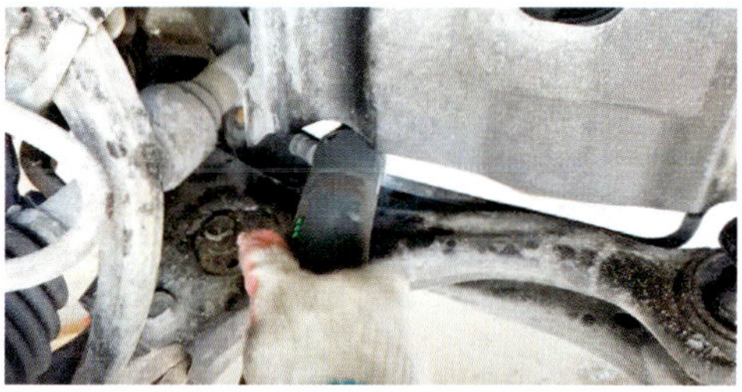

[그림 421] 파워펌프 오일 파이프 고정 볼트 탈거

⑭ 대 드라이버를 이용해서 지렛대 원리로 살짝 들어 주면서 로워암을 탈거한다.

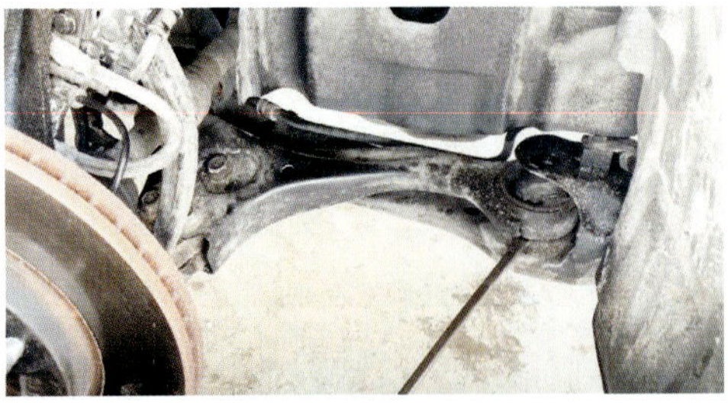

(a) 대 부싱

(b) 소 부싱

[그림 422] **로워암 탈거**

⑮ 롱노즈를 이용해서 볼 조인트 코터핀(분할핀)을 탈거한다.

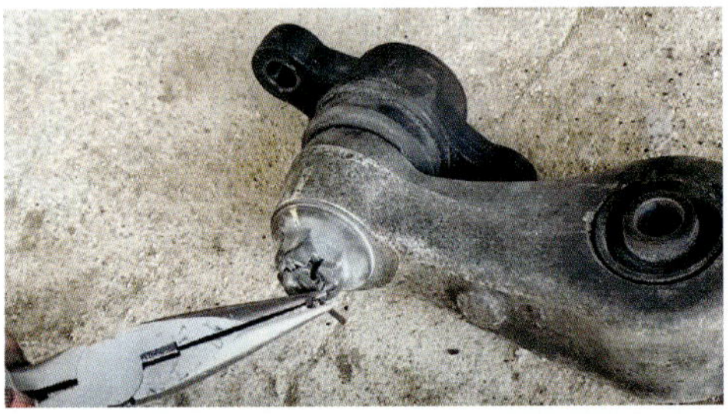

[그림 423] **코터핀 탈거**

⑯ 소켓과 복스대를 이용해서 22 mm 캐슬 너트를 한번 느슨하게 풀어준 다음 라쳇 렌치를 이용해서 탈거한다.

[그림 424] **캐슬 너트 탈거**

⑰ 신품 로워암에 신품 볼 조인트를 조립하고 조금 전에 탈거했던 캐슬 너트를 손과 라쳇렌치로 잠가준다. 꽉 잠가줄 필요는 없다.

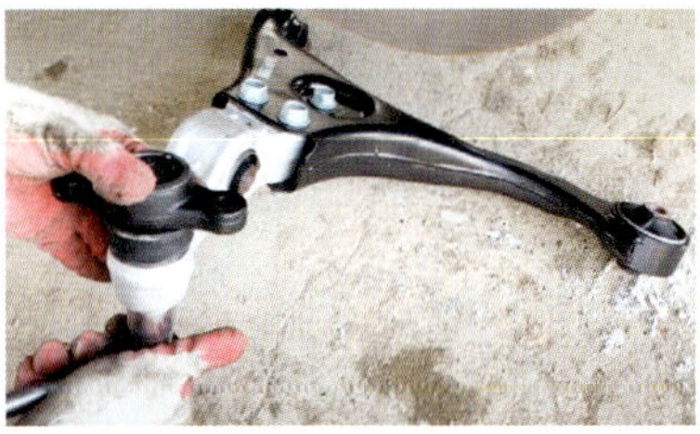

[그림 425] **캐슬 너트 가체결**

⑱ 로워암 장착에 앞서서 윤활제를 이용해서 소 부싱과 대 부싱 조립할 곳을 세척해 준다.

(a) 소 부싱 끼우기

(b) 대 부싱 끼우기

(c) 고무망치로 끼우기

[그림 426] **로워암 조립**

⑲ 소 부싱 쪽부터 확실하게 끼워주고, 대 부싱 쪽은 로워암을 최대한 수평하게 올려서 고무망치로 때려 넣는다.

⑳ 어느 정도 대 부싱 쪽을 밀어 넣고, 일자드라이버를 이용해서 아래쪽 구멍을 통해 지렛대로 써서 구멍을 맞춘다.

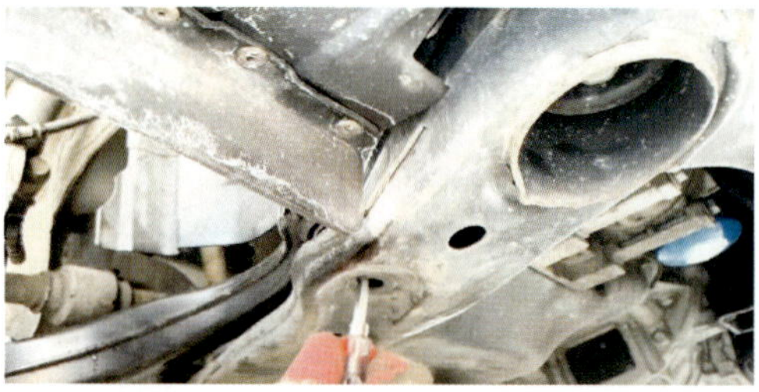

[그림 427] **대 부싱 구멍 맞추기**

㉑ 관통볼트를 조립한다. 하지만 이렇게 하고도 끝까지 안 들어가는 경우가 대부분이기 때문에 위에서 들여다보고, 필요하면 대 부싱 부위를 고무망치로 툭툭 치면서 좀 더 밀어 넣어주고, 관통볼트를 전동라쳇이든 라쳇렌치를 돌리면서 좀 더 끼워주고, 관통볼트를 고무망치로 볼트를 때리면 보통은 쉽게 들어간다.

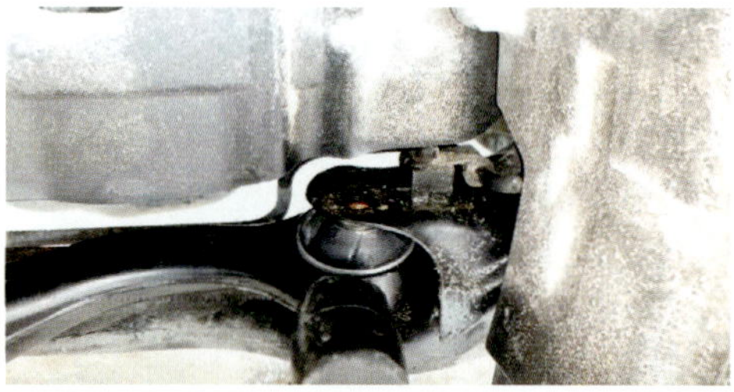

(a) 관통볼트 끼우기

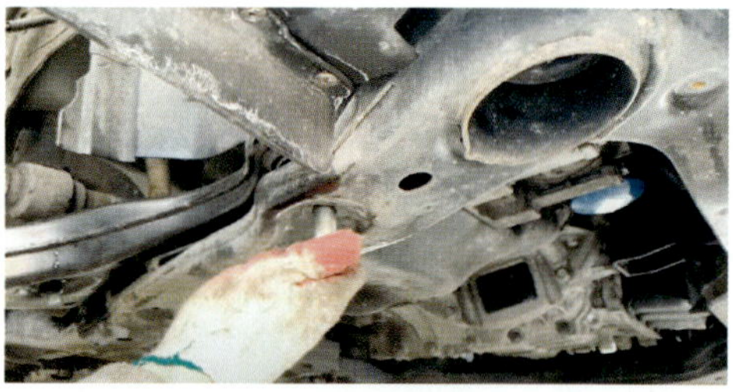

(b) 고무망치로 쳐주기

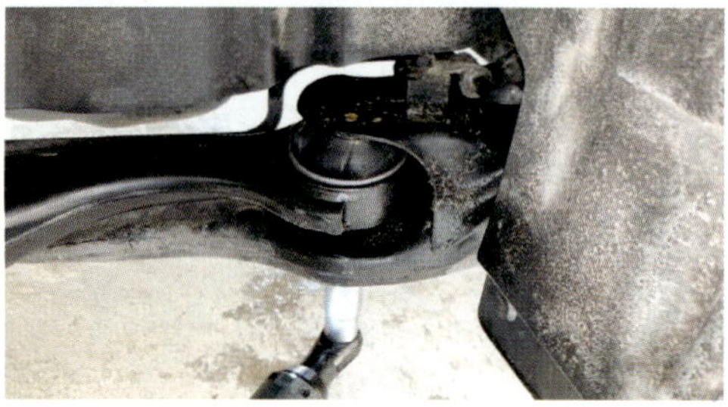

(c) 라쳇렌치로 조이기

(d) 관통볼트 고무망치로 쳐주기

[그림 428] **대 부싱 관통볼트 조립**

㉒ 대 부싱 관통볼트 너트를 손으로 어느 정도 잠가준다.

[그림 429] **너트 가체결**

㉓ 19 mm 옵셋렌치를 너트에 걸어주고, 라쳇렌치로 관통볼트를 잠가 주는데, 일단 꽉 잠그지 않는다. 이런 상태를 공차체결이라고 하는데 차가 지면에 그냥 서 있을 때와, 리프트나 OVM잭으로 떠 있을 때와, 휠과 하체 부품에 실리는 무게는 다르다.

공중에 뜬 상태에서 토크렌치로 체결하면 지면에 서 있을 때 부싱이 뒤 틀리고, 지면에 서 있는 상태에서 토크렌치로 체결하면, 공중에 떠 있을 때 부싱이 뒤 틀린다. 이렇게 부싱이 뒤 틀리겠지만 자동차 수명 중 99% 이상을 지면에서 보내기 때문에 공차체결을 해 주어야 부싱이 뒤 틀리지 않는다.

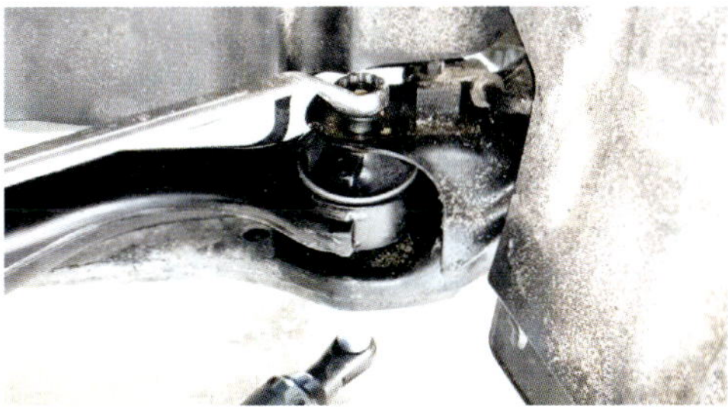 

[그림 430] **대 부싱 공차체결**

㉔ 소 부싱 쪽에 파워펌프 오일 파이프를 들어주면서 관통볼트를 끼워준다. 로워암을 흔들면서 끼우거나, 일자드라이버와 고무망치를 이용해서 몇 번 쳐주면 쉽게 들어간다.

㉕ 관통볼트를 끝까지 끼워주고, 너트를 손으로만 최대한 잠가준다.

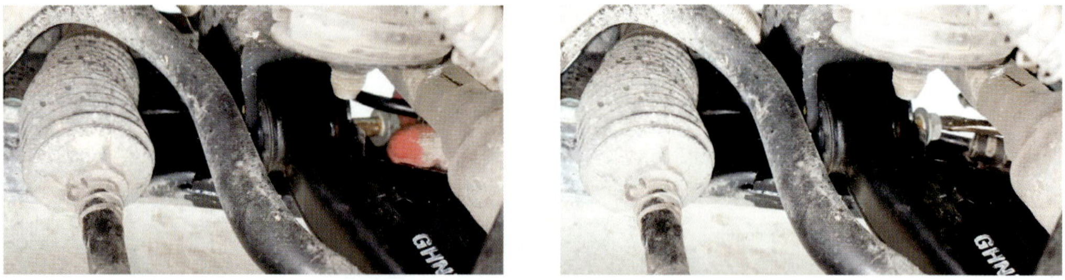

[그림 431] 소 부싱 관통볼트 끼우기

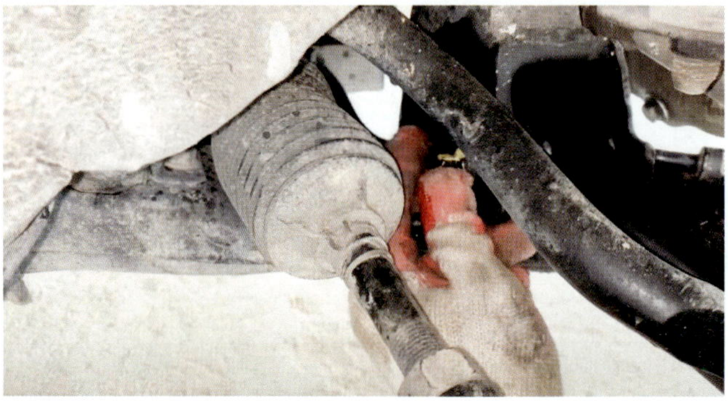

[그림 432] 너트 가체결

㉖ 손으로 포크를 밀어서, 포크와 로워암 구멍을 최대한 맞춰주고 관통볼트를 끼워준다. 대 드라이버를 지렛대로 써서 구멍을 맞추면서 망치로 관통볼트를 살살 치면서 끝까지 끼운다.

[그림 433] 관통볼트 조립

㉗ 너트를 손으로 어느 정도 조여 주고 19 mm 소켓과 라쳇렌치를 이용해서 꽉 체결한다.

㉘ 휠 너클와 볼 조인트를 같이 맞춰주고, 한손으로 고정하면서 고정 볼트를 잠가준다. 끝까지 잠그지 말고, 살짝만 잠가주고, 반대쪽 볼트도 같은 방법으로 잠가 준다.

[그림 434] **너트 조립**

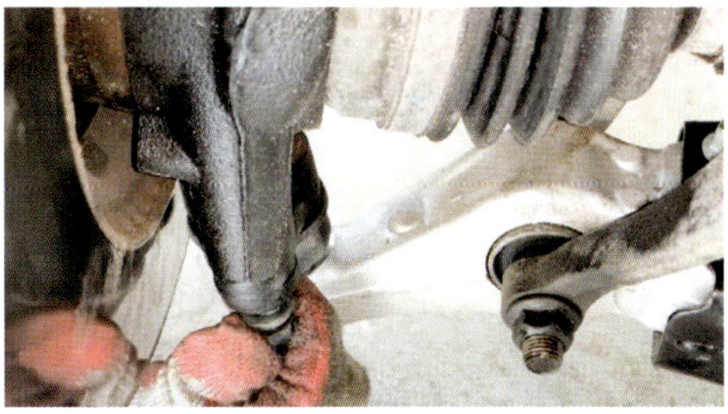

[그림 435] **볼 조인트 고정 볼트 가체결**

㉙ 17 mm 소켓과 라쳇렌치를 이용해서 끝까지 조이고, 토크렌치로 규정토크로 체결한다.

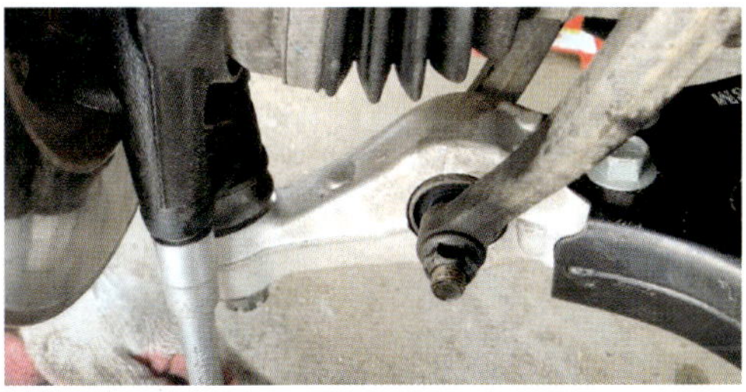

[그림 436] **볼 조인트 고정 볼트 체결**

㉚ 코터핀이 조립되는 캐슬 너트는 일단 체결 토크량의 최저값으로 체결하고, 필요 시 좀 더 잠가서 코터핀이 조립되는 구멍을 맞춰준다.

[그림 437] **캐슬 너트 체결**

㉛ 코터핀을 잘 보이는 방향으로 끼워주고, 롱노즈를 이용해서 하나는 옆으로, 하나는 아래로 향하게 휘어준다.

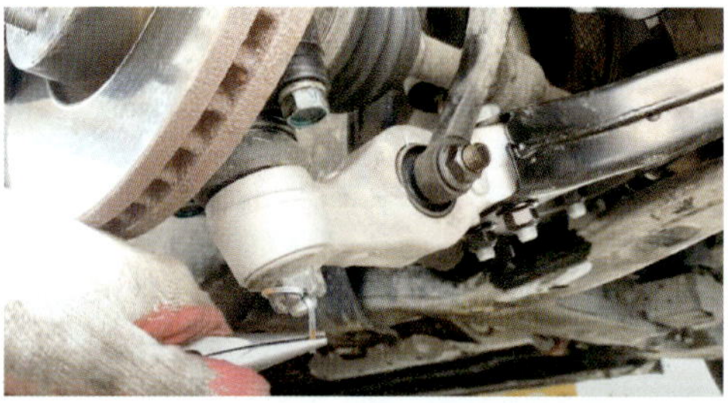

[그림 438] **코터핀 조립**

㉜ 코터핀을 끼우고 타이어를 임시로 장착하고, 타이어가 지면에 닿게 차량을 완전히 내린다.

㉝ 휠 하우스사이로 19 mm 옵셋렌치를 대 부싱 너트에 걸어준다. 그리고 소켓과 라쳇렌치를 이용해서 19 mm 관통볼트를 끝까지 잠가주고, 토크렌치로 규정토크로 체결한다.

[그림 439] **대 부싱 관통볼트 체결**

㉞ 소 부싱 쪽은 공간이 협소하여 차 시동을 걸고 핸들을 최대한 꺾어서 작업공간을 확보한다.

㉟ 확보된 공간으로 19 mm 소켓과 라쳇렌치를 이용해서 너트를 최대한 체결한다.

[그림 440] 작업공간 확보

[그림 441] 소 부싱 체결

㊱ 차량을 들어 올리고 타이어를 탈거한다.
㊲ 임시로 공차체결 된 상태의 소부싱 볼트를 토크렌치로 규정토크로 체결한다.
㊳ 타이어를 장착하고 차량을 내린다.

11. 타이로드 엔드 교체

타이로드 엔드볼에 문제가 생기면 왠지 휠 얼라이먼트가 틀어진 것 같고, 핸들이 좀 불안하고, 급가속시 및 제동시 차량의 거동이 좀 불안해진다. 보통 볼 조인트에 구리스가 빠져 마모되면 유격이 커져 차량을 리프트에 올라갔을 때 타이어를 잡고 좌·우로 힘껏 흔들었을 때 흔들거린다.

① 차량을 들어 올리고 타이어를 탈거한다.

[그림 442] 타이어 탈거

② 타이로드에 윤활제를 뿌려주고, 티슈로 닦아주는 식으로 흙먼지부터 제거한다.
③ 타이로드 탈거 시 캘리퍼가 작업에 방해가 되기 때문에 캘리퍼 가이드핀 볼트 위·아래를 풀어주고 손으로 완전히 탈거한다.

[그림 443] 가이드 핀 탈거

④ 브레이크 호스 고정 볼트 때문에 캘리퍼가 안 빠진다. 소켓과 라쳇렌치를 사용해서 12 mm 고정 볼트를 탈거한다.

[그림 444] 브레이크 호스 고정 볼트 탈거

⑤ 캘리퍼를 탈거하고 끈을 사용해서 캘리퍼를 위쪽에 잘 묶어 놓거나 작업에 방해가 되지 않게 한쪽으로 이동시켜 놓는다.

[그림 445] 캘리퍼 탈거

⑥ 페인트 마커를 이용해서 이너 타이로드와 잼너트를 연결하는 직선을 그려준다.

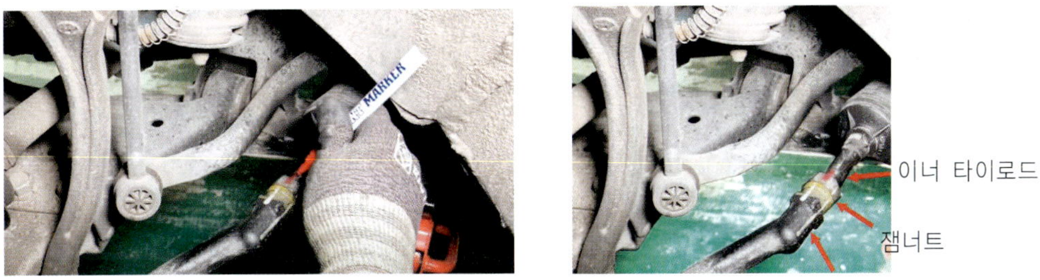

[그림 446] **타이로드에 마킹**

⑦ 일단 잼너트부터 몽키 스패너로 잡아주고, 24 mm 렌치로 타이로드 엔드를 잡은 상태에서 잼너트를 살짝만 푼다.

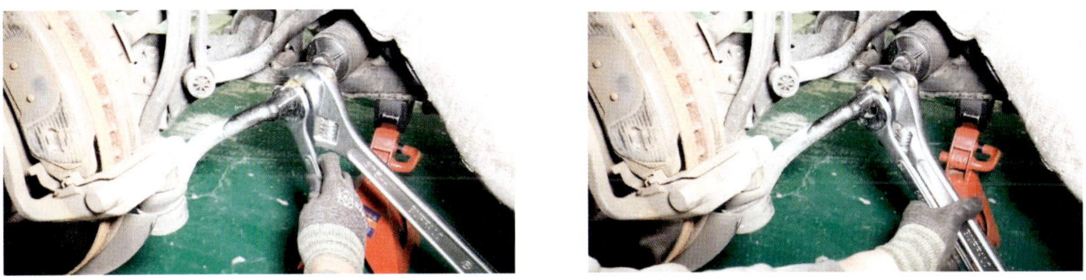

[그림 447] **잼너트 풀기**

⑧ 타이로드 엔드볼에 있는 코터핀(분할핀) 니퍼를 사용하여 코터핀을 탈거한다.

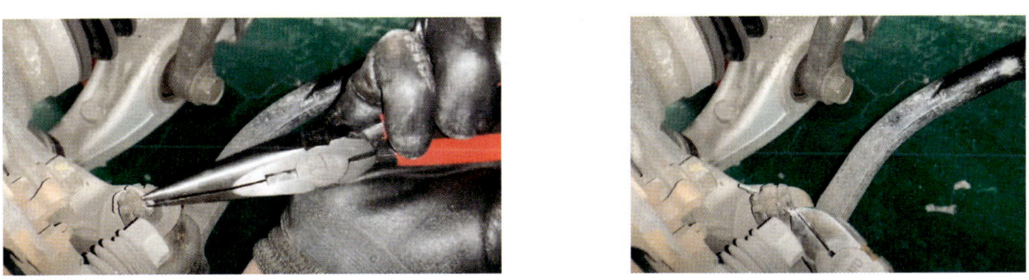

[그림 448] **코터핀 탈거**

⑨ 타이로드 엔드볼 고정 너트를 17 mm 소켓과 연결대, 라쳇을 사용해서 완전히 풀지는 말고, 적당히만 풀어준다.

[그림 449] **타이로드 엔드볼 고정 볼트 이완**

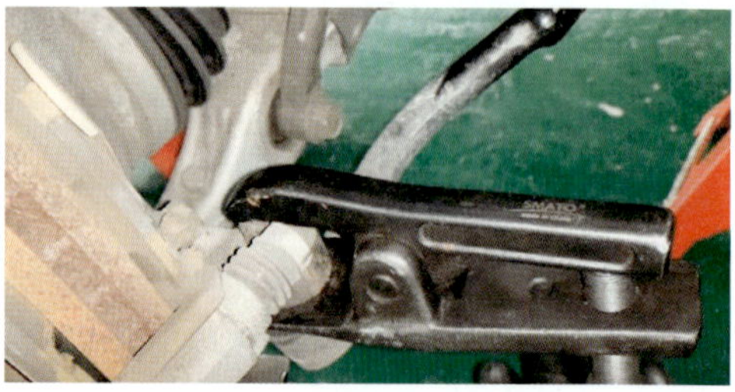

[그림 450] **볼 조인트 풀러 설치**

⑩ 타이로드 엔드볼의 고무 부트와 휠 너트 사이에 볼 조인트 풀러를 설치한다.
⑪ 24 mm 소켓과 라쳇렌치를 사용해서 볼 조인트 풀러를 조여서 타이로드 엔드 볼을 탈거한다. 볼 조인트 풀러 공구가 없을 때는 쇠망치를 이용해서 타이로드 엔드 볼이 설치된 너클 부분을 망치로 분리될 때까지 치는 방법도 있으나 전용 공구를 사용하는 것을 권장한다.
⑫ 타이로드 엔드볼 고정 너트를 완전히 탈거한다.

[그림 451] **타이로드 엔드볼 분리**

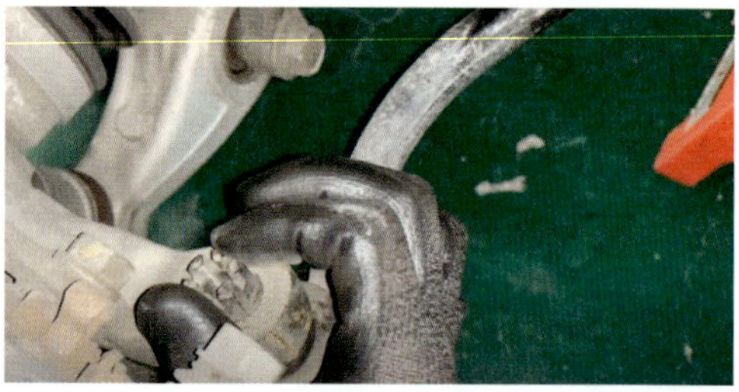

[그림 452] **타이로드 엔드볼 고정 너트 탈거**

⑬ 아우터 타이로드를 풀어주기 전에 잼너트 마킹을 기억해 놓고 아우터 타이로드를 돌려서 탈거한다. 가끔 아우터 타이로드가 안 풀리는 경우가 있는데, 이때는 이너 타이로드를 잡고 풀어줘야 한다. 몇 바퀴 풀었는지 셀 필요는 없다.

[그림 453] 타이로드 엔드 탈거

⑭ 신품 아우터 타이로드를 돌려서 끝까지 조립한다.

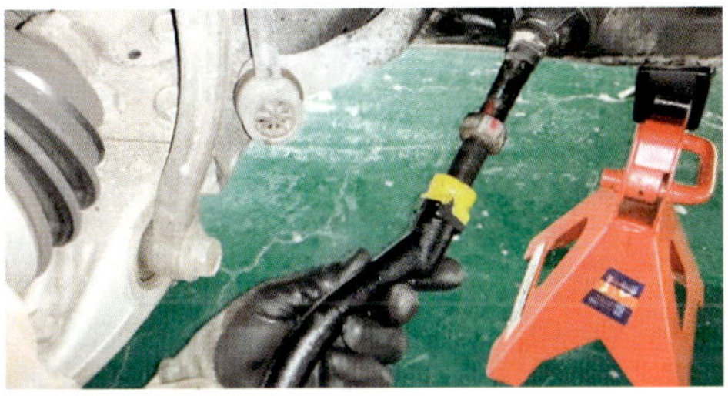

[그림 454] 신품 아우터 타이로드 조립

⑮ 탈거시 사용했던 공구로 마킹이 틀어지지 않게 조심하면서 잼너트를 살짝만 고정시킨다.

⑯ 타이로드 엔드볼을 너클에 끼우고 엔드볼 고정 너트를 손으로 최대한 잠가준다.

[그림 455] 잼너트 고정

[그림 456] 타이로드 엔드볼 고정너트 조립

⑰ 코터핀이 조립되는 고정 너트는 일단 체결 토크량의 최저값으로 체결하고, 필요시 좀 너 잠가서 코터핀이 조립되는 구멍을 맞춰준다.

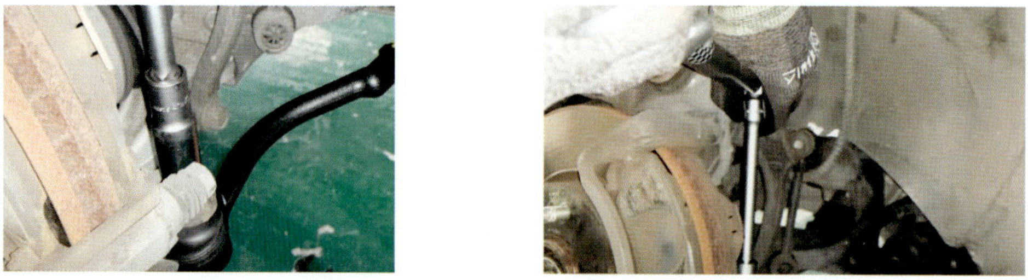

[그림 457] **타이로드 엔드볼 체결**

⑱ 코터핀을 설치하고 코터핀이 빠지지 않게 롱노즈로 잘 휘어준다.

⑲ 몽키 스패너와 렌치로 잼너트를 꽉 체결한다.

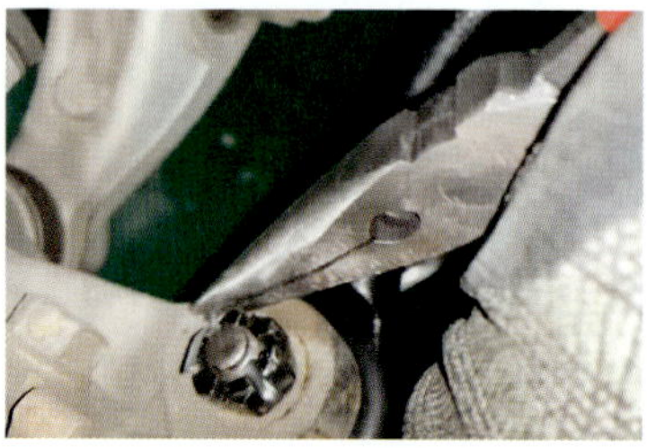

[그림 458] **코터핀 설치**

[그림 459] **잼너트 체결**

⑳ 캘리퍼를 끼워주고 라쳇렌치로 가이드핀 고정 볼트를 최대한 체결한다.

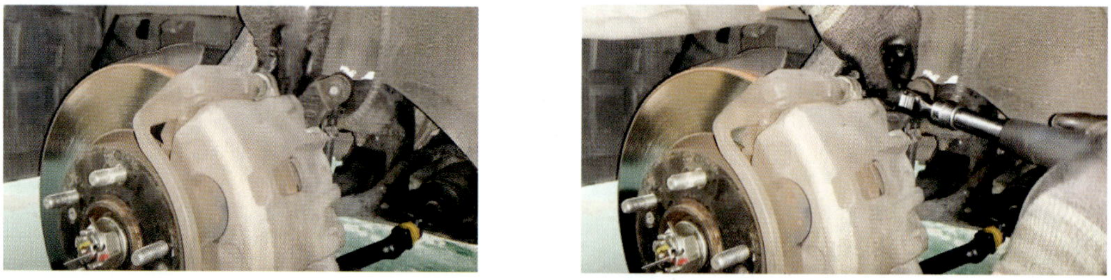

[그림 460] **캘리퍼 조립**

㉑ 브레이크 호스 및 배선 고정 볼트를 브래킷 구멍에 맞추고 고정 볼트를 라쳇렌치를 이용하여 체결한다.

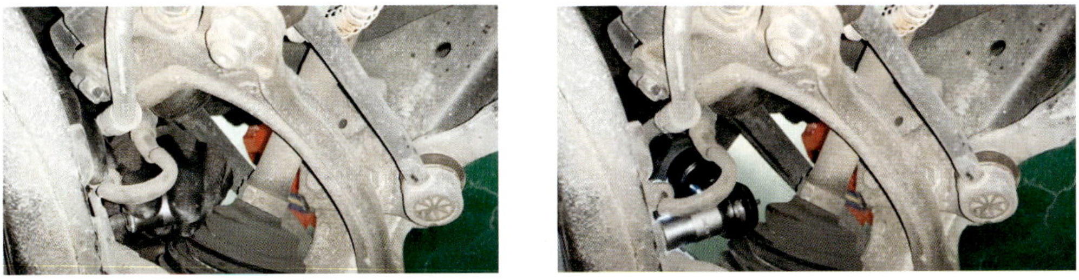

[그림 461] **브레이크 호스 체결**

㉒ 타이어를 조립하고 차량을 내린다. 핸들이 정 위치에 있는지 확인을 하고 시운전을 하여 핸들이 한쪽으로 쏠리는지 확인해서 핸들이 정 위치에 있지 않거나 핸들이 쏠리면 휠 얼이먼트를 보면서 타이로드를 조정해야 한다.

12. 전륜 스태빌라이저 링크, 고무 교체

스테빌라이저 링크가 손상이 되면 차체가 좌우로 심하게 흔들린다.

① 차량을 들어서 타이어를 탈거한다.

② 위쪽은 12 mm 스패너로 스테빌라이저 링크가 돌아가지 않게 고정시킨 상태에서 아래쪽 17 mm 고정 너트를 복스와 라쳇렌치로 탈거한다.

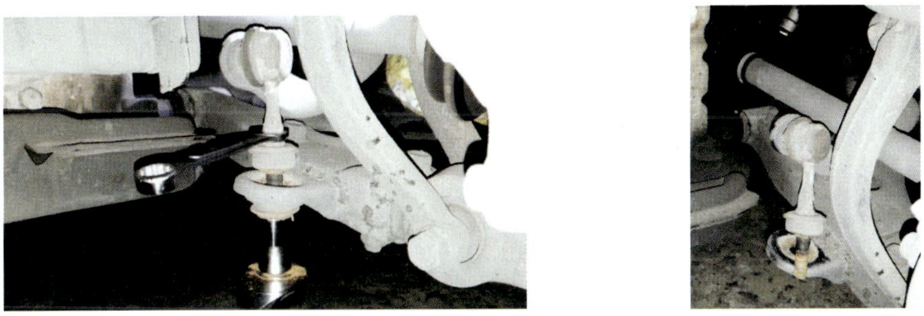

[그림 462] **아래쪽 고정너트 탈거**

③ 스테빌라이저와 연결된 14 mm 너트를 복스와 라쳇렌치로 탈거한다. 어느 정도 풀리면 헛도는 경우가 있는데 그럴 땐 14 mm 스패너를 안쪽 볼 조인트 고무 쪽에 딱 맞게 걸어 고정하거나 바이스 플라이어로 고무 부트 앞부분을 고정해주고 탈거한다.

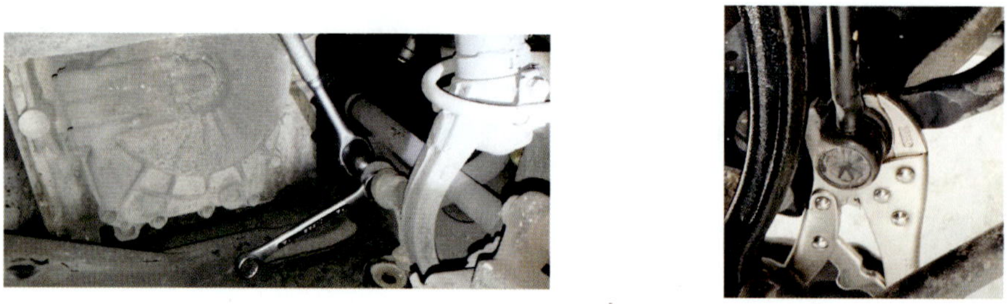

(a) 스패너로 고정　　(b) 바이스 플라이어로 고정

[그림 463] **스테빌라이저 고정방법**

④ 스테빌라이저 고무 브래킷 14 mm 고정 볼트 2개를 스패너를 이용하여 탈거한다.

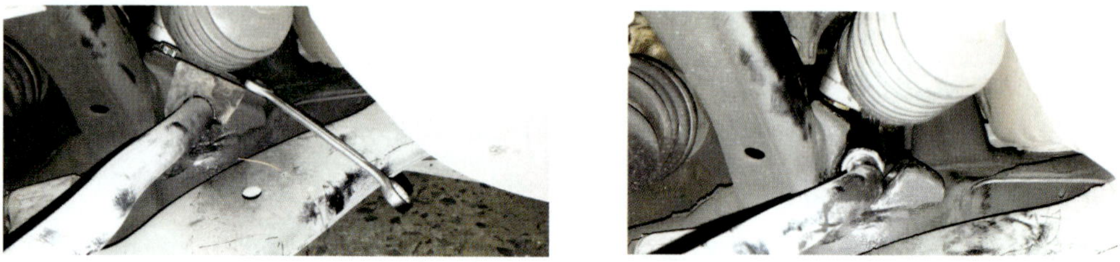

[그림 464] **고정 볼트 탈거**

⑤ 스테빌라이저 고무를 장착하기 전에 주변을 깨끗이 닦아낸다.

[그림 465] **고무 주변 청소**

⑥ 스테빌라이저 고무를 장착한다. 고무가 터진 부분이 위로가면 안 되고 고무가 잘 들어가지 않으면 대 드라이버를 이용하여 지렛대 원리를 이용하여 스테빌라이저를 들면서 고무를 장착한다.

⑦ 스테빌라이저 고무 브래킷을 설치하고 14 mm 볼트를 체결한다.

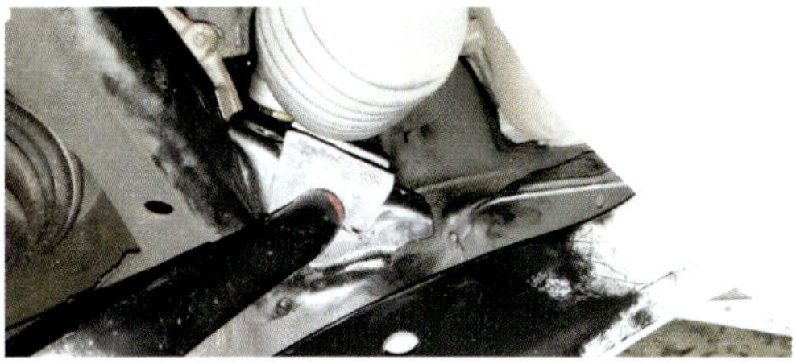

[그림 466] 고무 장착

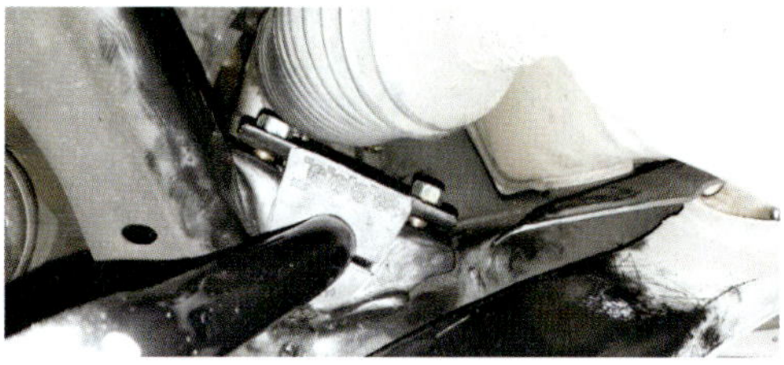

[그림 467] 고정 볼트 체결

⑧ 신품 스테빌라이저 링크를 스테빌라이저에 먼저 가체결한다.

⑨ 아래쪽은 스테빌라이저 링크에 고무를 삽입하고 로워암에 설치한 후 작기를 이용하여 로워암을 들어 올려줘서 아래쪽 너트를 장착할 만큼 나사 부위가 아래로 튀어 나오게 하고 고무를 끼우고 와셔를 조립한 다음 17 mm 너트를 가체결한다.

⑩ 위쪽 14 mm 너트와 아래쪽 17 mm 너트를 복스와 라쳇렌치로 조이고 토크렌치로 규정토크로 체결한다.

[그림 468] 너트 가체결

[그림 469] 스테빌라이저 체결상태

⑪ 반대쪽도 같은 방법으로 교체한다.

⑫ 타이어를 조립하고 차량을 내린다.

13. 피스톤 브레이크 패드 교체

13.1. 패드 전용공구 없을 때 패드 교체 및 OVM 작기 설치법

① 뒷바퀴에 고임목부터 설치한다.

② 21 mm 소켓과 복스로 앞바퀴 휠 볼트를 오른쪽에서 조금씩 풀어준다.

[그림 470] 고임목 설치

[그림 471] 휠 볼트 이완

③ OVM작기 설치하는 작기 포인트(홈이 파여 있는 부분사이)에 OVM작기를 걸어준다. OVM작기가 지면과 수직이 되도록 조절해준다.

④ OVM 작기로 차량을 타이어가 지면에 뜰 정도로 올려준다.

[그림 472] 작기 포인트에 작기 설치

[그림 473] 차량 올리기

⑤ 차체 두꺼운 부분에 안전잭을 설치한다.

⑥ 반대편에도 OVM작기를 홈이 파여 있는 부분사이에 OVM작기를 걸어준다. OVM 작기가 지면과 수직이 되도록 조절해주로 차량을 타이어가 지면에 뜰 정도로 올려준다.

[그림 474] 안전잭 설치

⑦ 반대편에도 차체 두꺼운 부분에 안전잭을 설치한다.

⑧ 임팩을 이용하여 휠 너트를 모두 탈거하고 차체 아래쪽에 받혀준다.

⑨ 반대편에도 임팩을 이용하여 휠 너트를 모두 탈거하고 차체 아래쪽에 받혀준다.

⑩ 캘리퍼 뒤쪽에 가이드 볼트 2개를 시계 반대방향으로 돌려 탈거한다.

[그림 475] 임팩으로 타이어 탈거 및 타이어 차체 아래로

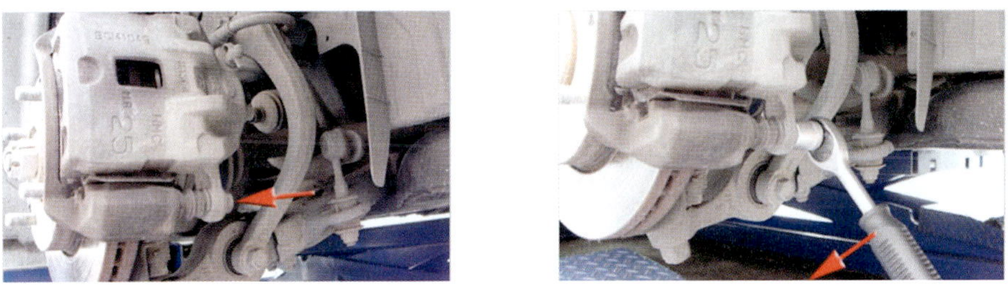

[그림 476] 가이드 볼트 탈거

⑪ 캘리퍼를 위로 들어 올린다.

⑫ 바깥쪽에 있는 패드를 먼저 탈거한다.

[그림 477] 캘리퍼 올리기

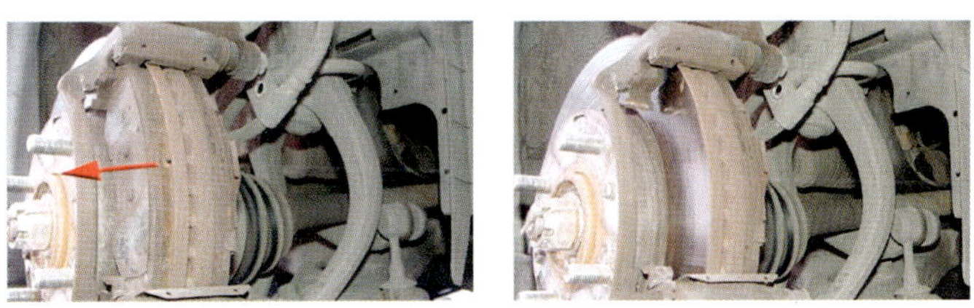

[그림 478] 바깥쪽 패드 탈거

⑬ 다시 캘리퍼를 내려놓는다.

[그림 479] 캘리퍼 아래로

⑭ 캘리퍼에 있는 홈으로 일자드라이버를 넣는다. 일자드라이버 끝이 디스크 앞으로 나오게끔 한 다음 바깥쪽으로 당겨주면 피스톤이 안쪽으로 들어간다. 완전히 들어갈 때까지 당긴다. 일자드라이버를 이용해서 안쪽 패드와 디스크사이에 넣고 바깥쪽으로 당겨 피스톤을 안쪽으로 마저 밀어 넣는다.

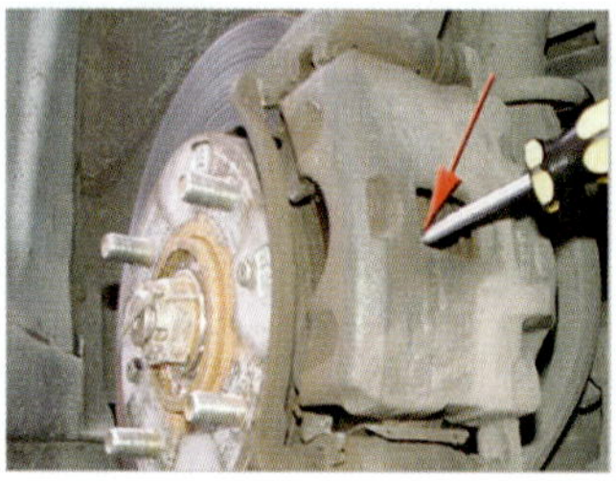

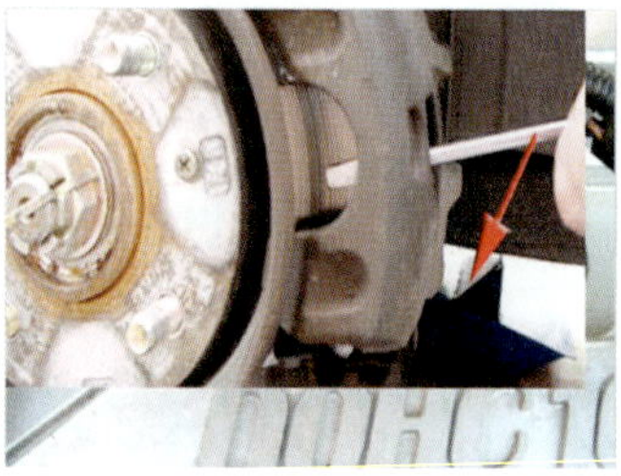

[그림 480] 일자드라이버로 젖히기

⑮ 캘리퍼를 들어 올리고 나머지 반대편 패드도 탈거한다.

⑯ 신품 브레이크 패드를 심이 있는 것이 안쪽으로 들어가게 끼워주고 캘리퍼를 내려서 안 들어가면 피스톤이 덜 들어간 것이니 일자드라이버로 다시 피스톤을 완전하게 집어넣는다. 가이드 볼트를 다 채운다.

[그림 481] 뒤쪽 패드 탈거

[그림 482] 신품 패드

⑰ 반대쪽 브레이크 패드도 같은 방법으로 교체한 후 시동을 걸고 브레이크페달이 단단해질 때까지 밟아 준다(이 작업은 필히 실시해야 한다. 현장에서 이 작업을 하지 않아서 사고가 발생하기도 한다).

[그림 483] 브레이크 밟아주기

⑱ 타이어를 조립하고 OVM 작기를 약간 들어 안전잭을 제거하고 OVM 작기를 완전히 내리고 OVM작기를 빼낸 후 타이어 볼트를 규정토크로 조인다.

13.2. 패드 전용 공구사용 시 패드 교체, 디스크 교체

① 차를 안전하게 들어 올린 후 타이어를 탈거한다.

② 17 mm 렌치로 가이드 핀 육각부를 고정하고 14 mm 소켓과 복스대로 풀어주고 라쳇렌치와 손을 이용해서 위·아래 가이드 볼트를 탈거한다.

③ 휠 스피드 센서 배선 클립을 롱노즈로 눌러서 클립을 탈거한다.

④ 라쳇렌치로 휠 스피드 센서 배선 12 mm 고정 볼트를 탈거한다.

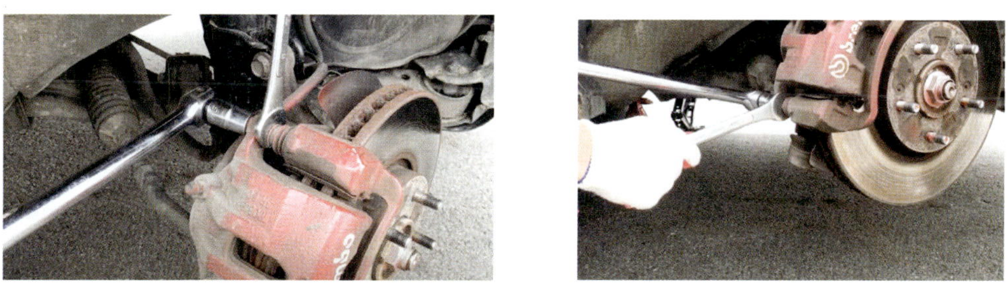

[그림 484] 가이드 볼트 탈거

[그림 485] **클립 탈거**

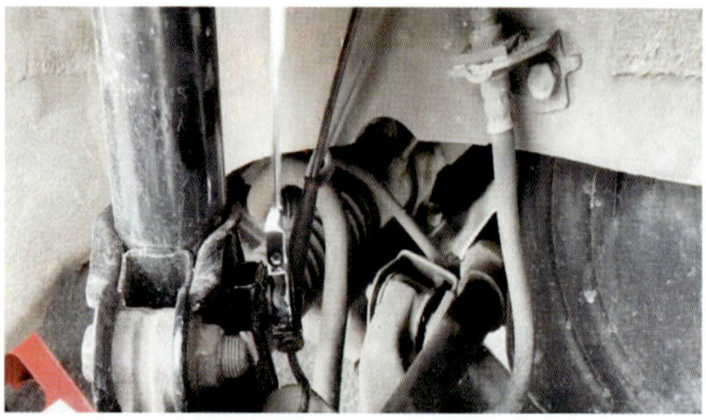

[그림 486] **고정 볼트 탈거**

⑤ 위쪽 휠 스피드 센서 배선 12 mm 고정 볼트도 탈거한다.

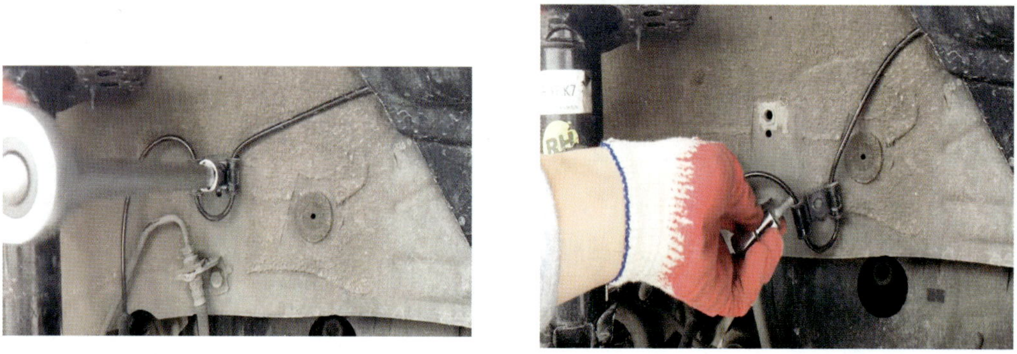

[그림 487] **위쪽 고정볼트 탈거**

⑥ 브레이크 호스 12 mm 고정 볼트도 라쳇렌치를 이용해서 탈거한다.
⑦ 캘리퍼를 탈거하여 호스가 손상되지 않게 안전한 곳에 놔둔다.

[그림 488] **브레이크 호스 고정 볼트 탈거**

[그림 489] **캘리퍼 탈거**

⑧ 캘리퍼 17 mm 브래킷 볼트 2개를 소켓과 복스대로 풀고 라쳇렌치와 손을 이용해서 볼트를 탈거한다.

⑨ 캘리퍼 브래킷을 탈거한다.

[그림 490] 브래킷 볼트 탈거

[그림 491] 브래킷 탈거

⑩ 디스크 고정나사 2개를 탈거한다. 임팩트 드라이버로 때리면 쉽게 풀린다. 임팩트 드라이버가 없을 때는 해머 십자드라이버를 고정나사에 설치하고 해머 십자드라이버를 망치로 몇 번 때리면 쉽게 풀린다.

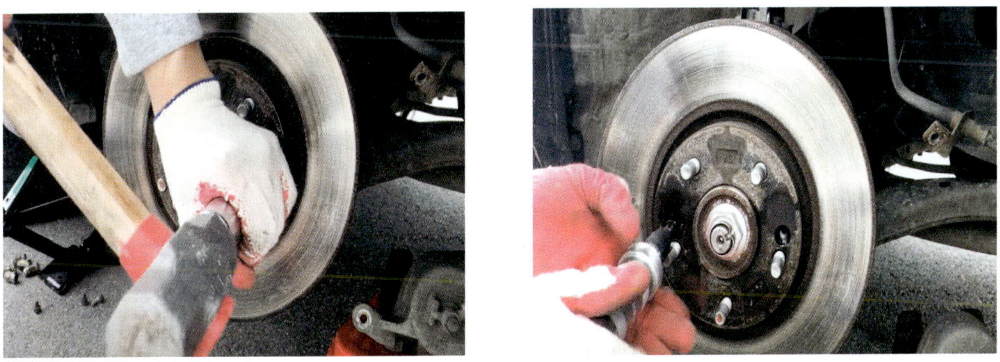

[그림 492] 디스크 고정나사 탈거

⑪ 손으로 디스크를 탈거한다. 탈거가 되지 않으면 망치로 디스크 상·하·좌·우를 툭툭 친 후 디스크를 탈거한다.

(a) 망치로 친다.

(b) 디스크 탈거

[그림 493] 디스크 탈거방법

⑫ 고정나사 구멍에 주의해서 디스크를 장착한다.

⑬ 디스크 고정나사를 십자드라이버로 체결한다.

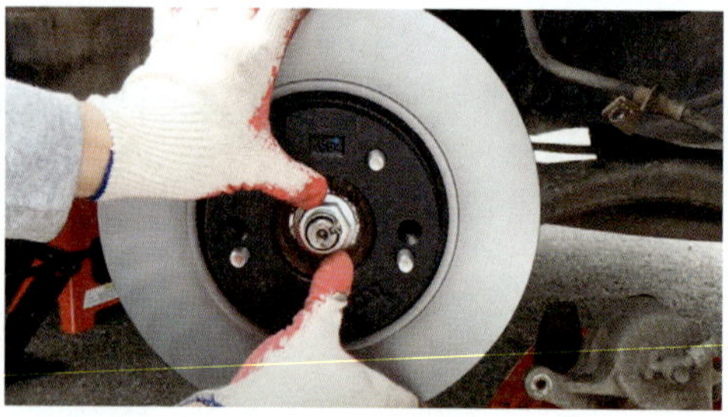

[그림 494] 디스크 장착

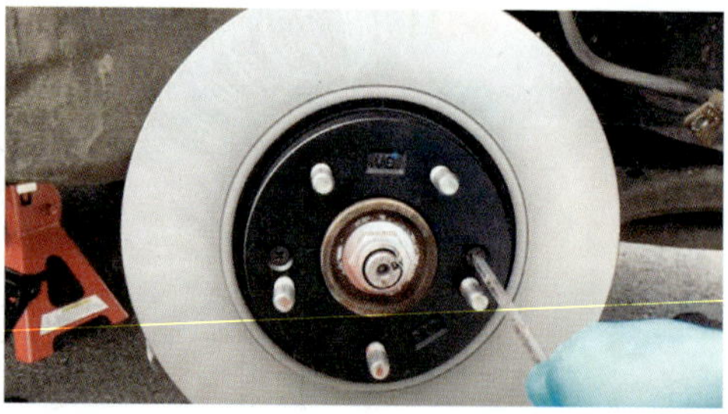

[그림 495] 디스크 고정나사 조립

⑭ 캘리퍼 브래킷에서 브레이크 패드를 탈거한다.

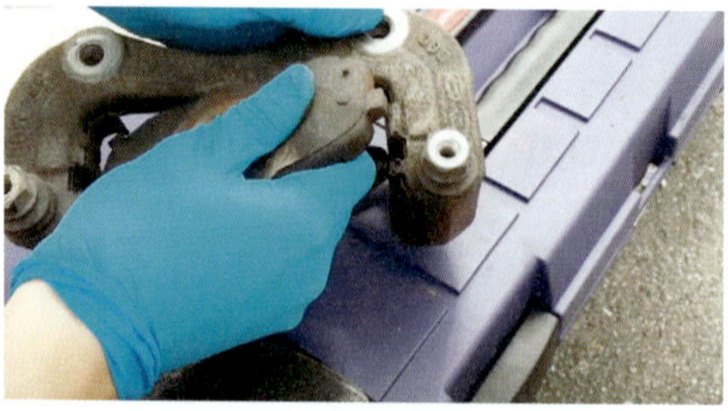

[그림 496] 브레이크 패드 탈거

⑮ 패드 심을 탈거한다. 패드 심은 피스톤이 과열되는 걸 막아서 캘리퍼가 고착되는 것을 방지한다. 신품 패드에 심이 없는 경우(비품인 경우)는 탈거한 심을 재사용 한다.

⑯ 패드 스프링 2개를 탈거한다. 신품 패드에 패드 스프링이 없는 경우(비품인 경우)는 탈거한 패드 스프링을 재사용 한다.

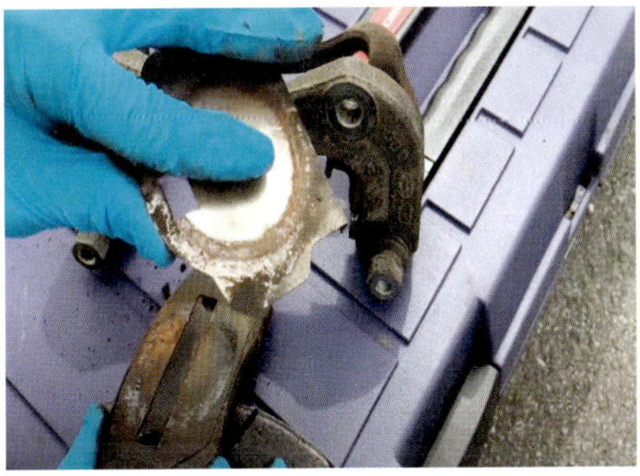

[그림 497] **패드 심 탈거**

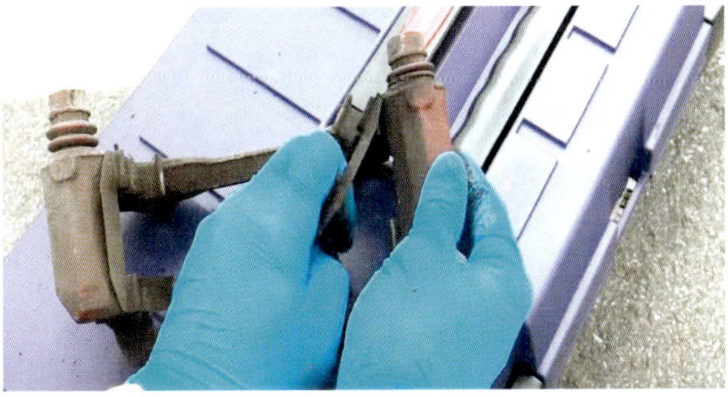

[그림 498] **패드 스프링 탈거**

⑰ 캘리퍼 브래킷에 묻은 분진을 청소하고 부트는 놔두고, 양쪽 가이드 핀만 탈거해서 말라붙은 구리스를 닦아 준다.

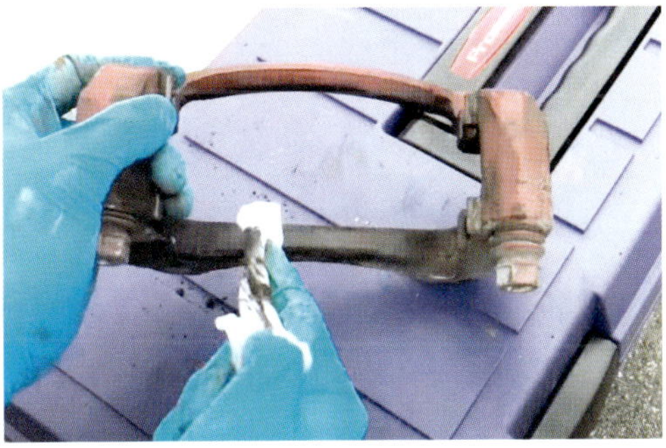

[그림 499] **분진 청소**

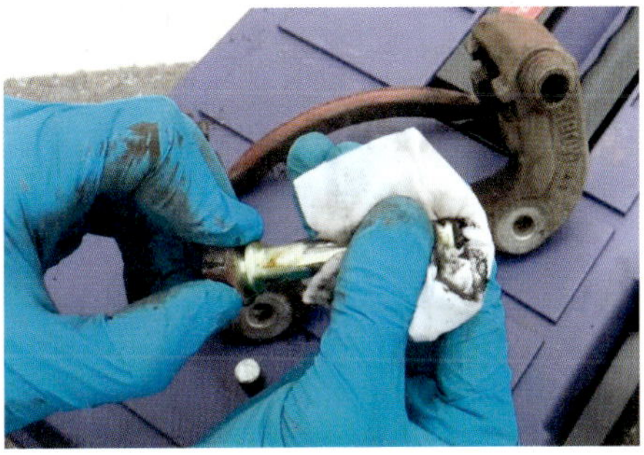

[그림 500] **가이드 핀 청소**

⑱ 캘리퍼 전용 구리스를 가이드 핀에 발라준다. 캘리퍼 전용 구리스가 없을 때는 일반 구리스를 바른다.

⑲ 가이드 핀을 조립하고 부트를 가이드 핀에 끼워 작동이 잘되는지 눌러본다.

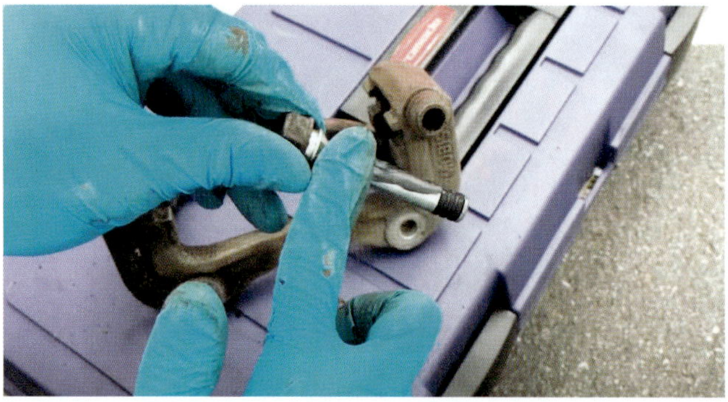

[그림 501] 가이드 핀 구리스 바르기

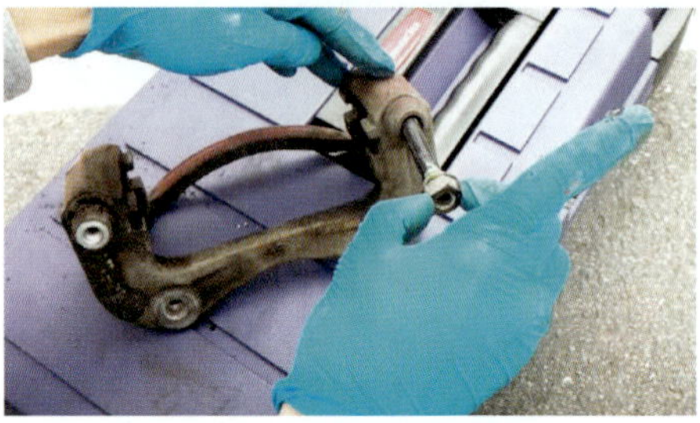

[그림 502] 가이드 핀 조립

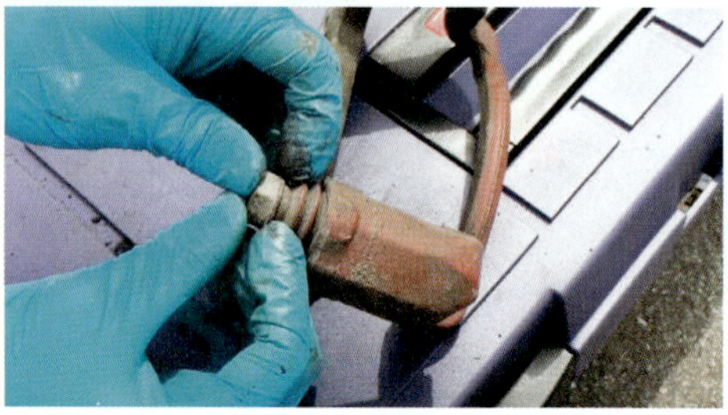

[그림 503] 부트 끼워주기

⑳ 신품 패드 스프링을 캘리퍼 브래킷에 조립한다.

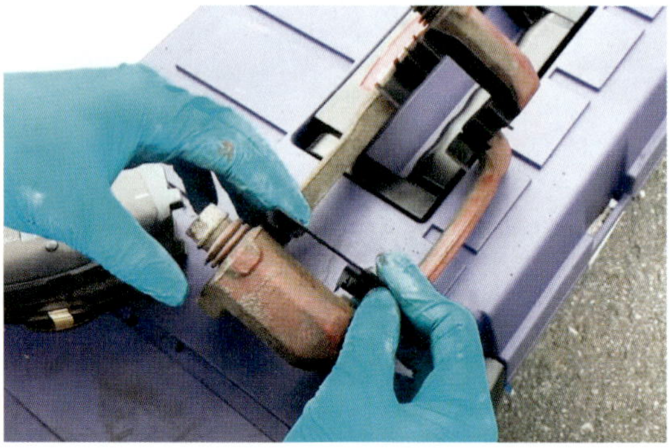

[그림 504] 패드 스프링 조립

㉑ 캘리퍼 브래킷을 끼워주고 고정나사를 손으로 가체결 하고 라쳇렌치로 조인 후 토크렌치를 이용하여 규정토크로 체결한다.

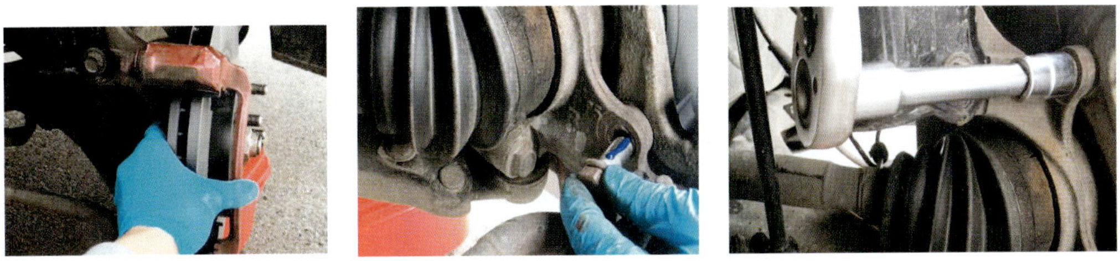

[그림 505] **브래킷 조립**

㉒ 캘리퍼 피스톤을 리턴시킨다. 볼 조인트 풀러를 사용해도 되고, 피스톤 전용 공구를 사용해도 된다.

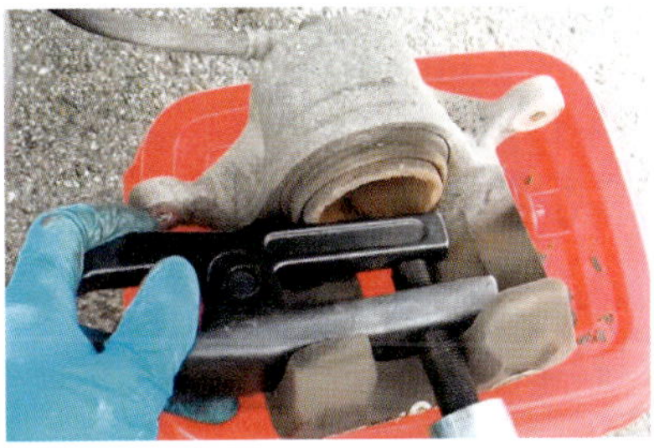

(a) 볼 조인트 풀러 사용

(b) 전용공구 사용

[그림 506] **캘리퍼 피스톤 리턴**

㉓ 패드 심과 인디게이터가 달려 있는 신품 패드가 안쪽으로 들어가게 조립한다. 인디게이터는 패드가 마모 한계 이상 마모되면 디스크와 닿으면서 소음이 발생하기 때문에 그 전에 패드를 교체해 주어야 한다.

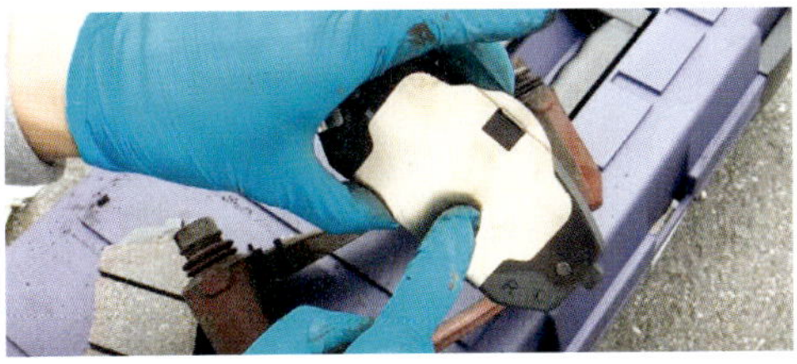

(a) 패드 심

(b) 인디게이터

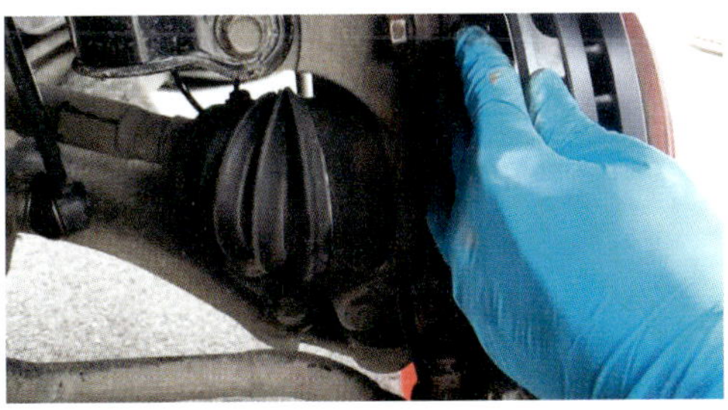

(c) 패드 조립

[그림 507] **신품 패드 조립**

㉔ 바깥쪽 패드도 조립한다.

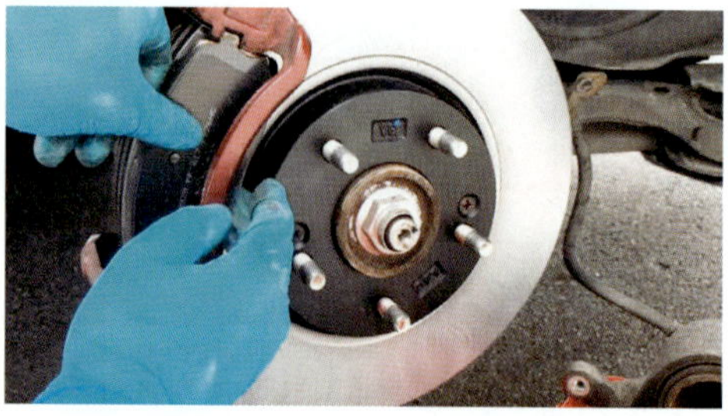

[그림 508] **바깥 쪽 패드 조립**

㉕ 탈거의 역순으로 캘리퍼를 조립하고 고정나사를 규정토크로 체결한다.

㉖ 휠 스피드 센서 배선과 브레이크호스 고정 볼트도 탈거의 역순으로 조립한다. 클립은 손으로 눌러서 끼운다.

㉗ 반대쪽도 같은 방법으로 디스크와 패드를 교체한다.

㉘ 타이어를 조립하고 자동차를 내린다.

㉙ 시동을 걸고 브레이크 페달이 단단해질 때까지 밟아 준다.

13.3. ABS 패드 탈거

① 타이어를 탈거한다.

② 가이드 볼트를 탈거하고 캘리퍼를 탈거한다.

③ 패드를 탈거하고 패드 스프링을 탈거한다.

④ 피스톤에는 두부 상에 홈이 2개 있는 것과 또는 4개가 있는 것이 있다. 피스톤의 홈의 방향은 아래 그림처럼 1점 쇄선의 방향으로 해주면 된다. 패드에 난 돌기가 피스톤의 홈과 일치해야 한다.

[그림 509] **ABS 라이닝과 피스톤**

⑤ 패드교체 전용 툴로 피스톤을 시계방향으로 돌려준다. 전용 툴이 없으면 라디오 펜치를 이용해 양쪽 홈에 걸고 힘껏 눌러가면서 시계방향으로 돌린다. 피스톤에 홈이 없으면 드라이버 등으로 밀어 넣으면 들어가지만, 피스톤 상부에 홈이 있다면 절대 드라이버 등으로 강제로 밀어 넣으면 안 된다. 안이 나사타입으로 되어있어 나사가 손상이 될 수 있다.

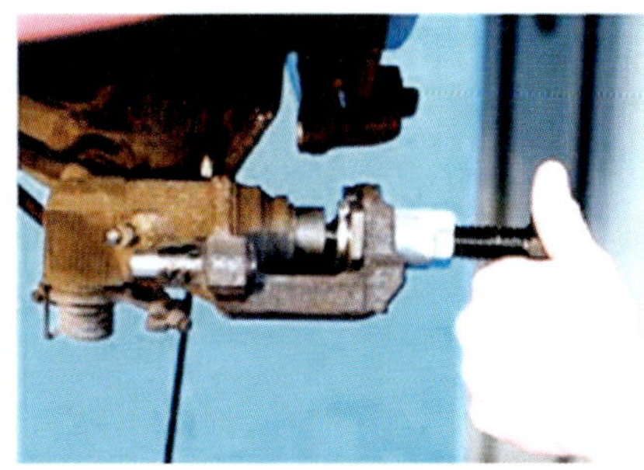

[그림 510] **ABS 전용공구 및 피스톤 밀어 넣기**

⑥ 패드가 리턴 되기 위한 스프링을 조립한다.

⑦ 신품 패드를 조립해 준다. 패드 한 쌍 중 한쪽에만 돌기가 돌출되어 있는데, 그 부분이 피스톤 쪽(안쪽)으로 향해야 한다.

⑧ 캘리퍼를 조립한다.

⑨ 타이어를 조립한다.

⑩ 반대쪽 브레이크 패드도 같은 방법으로 교체한 후 시동을 걸고 브레이크 페달이 단단해질 때까지 밟아 준다.

13.4. 전자파킹 브레이크(EPB)패드 교체

13.4.1. 스캐너 사용법

① 스타트 버튼을 두 번 눌러 주면 KEY는 ON이 된다.

[그림 511] KEY ON

② 브레이크를 밟고 변속기 레버를 D에 놓는다. 그 상태에서 스타트버튼을 꾹 누른다. 그러면 계기판에 “변속레버를 P에 위치해 주십시오” 라는 화면이 뜨면 변속레버를 P에 놓는다.

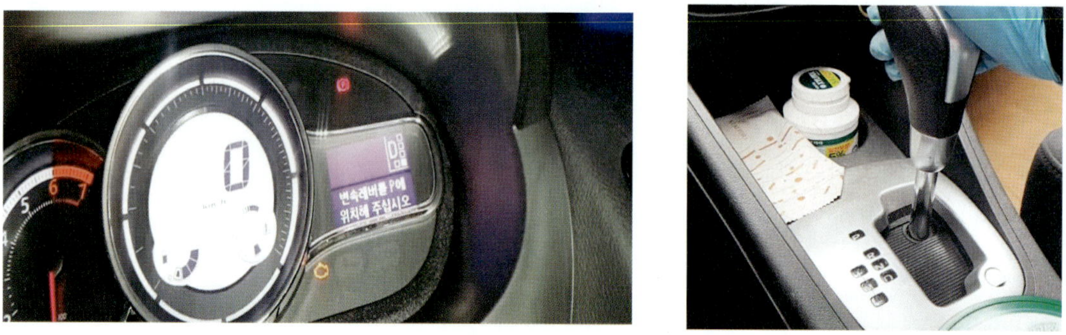

[그림 512] 변속레버 P에 설정

③ 스캐너를 설치하고 전원을 ON한다. → 샵 메니저 클릭 → 차량기록 클릭 → 차종선택 클릭 → 진단 클릭 → 진단 프로그램 초기화 → 핫평선 클릭 → 전자식 파킹 브레이크 클릭 → 차량통신 진행중 → 브레이크 패드를 교체 하세요. 클릭

(a) 샵 메니저

(b) 차량기록

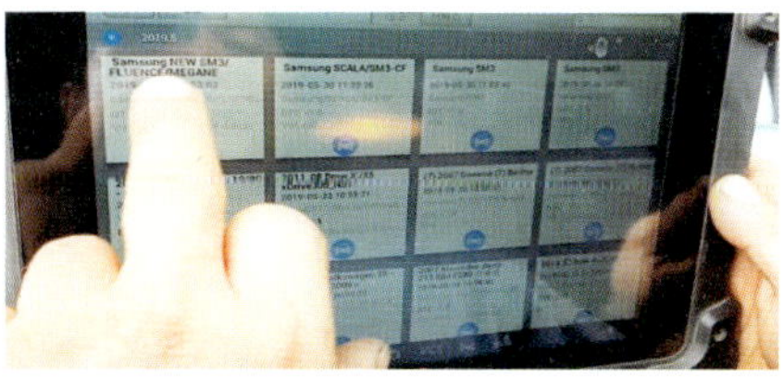

(c) 차종선택

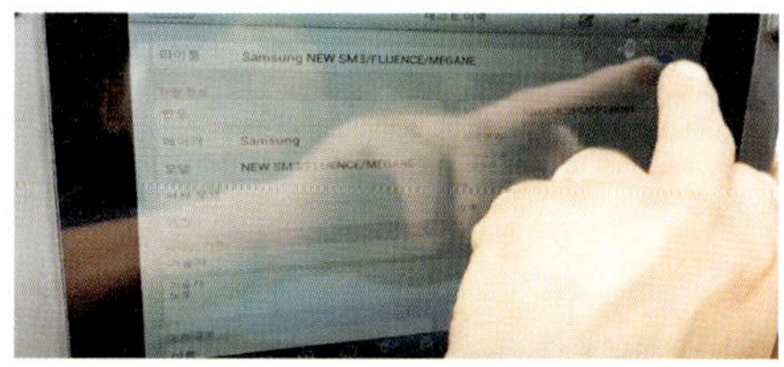

(d) 진단

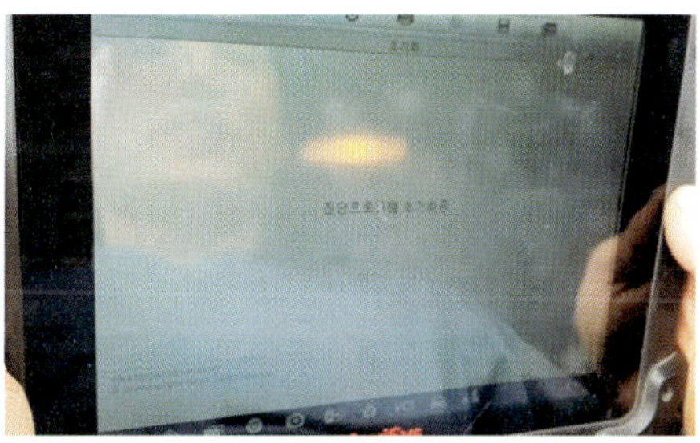

(e) 진단프로그램 초기화

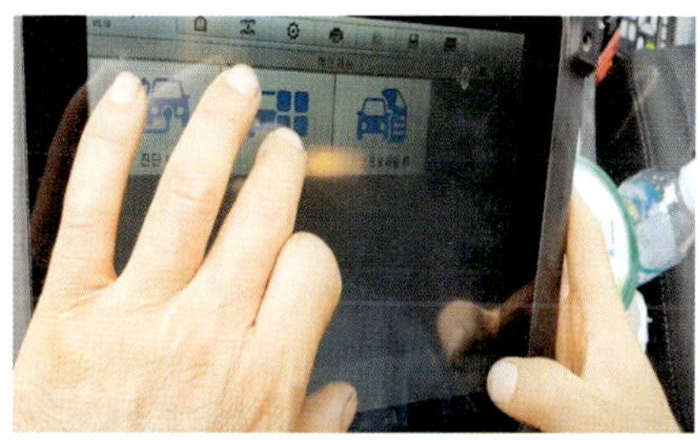

(f) 핫평선

(g) 전자식 파킹 브레이크

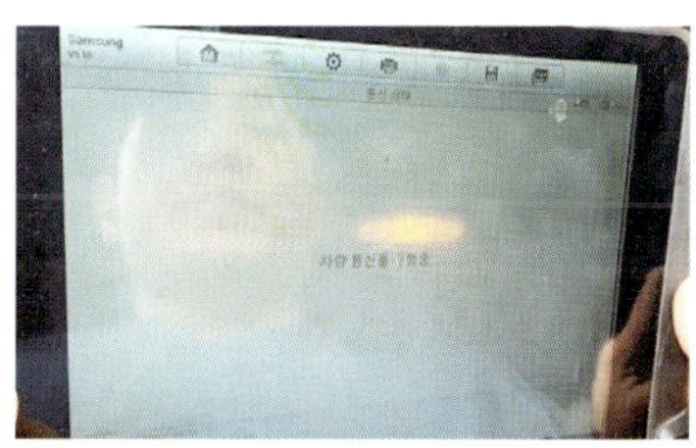

(h) 차량통신 진행 중

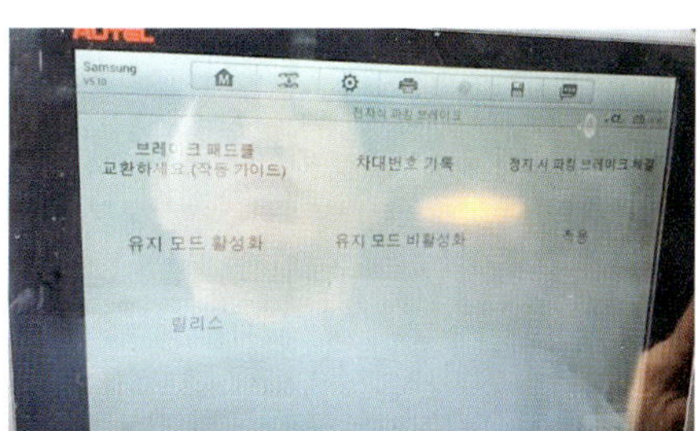

(i) 브레이크 패드를 교체 하세요

[그림 513] **진단기 사용법**

④ 그림 514와 같은 화면이 뜨고 계기판에 “브레이크 이상이 있습니다.” 표시가 되면 이 상태로 작업을 한다.

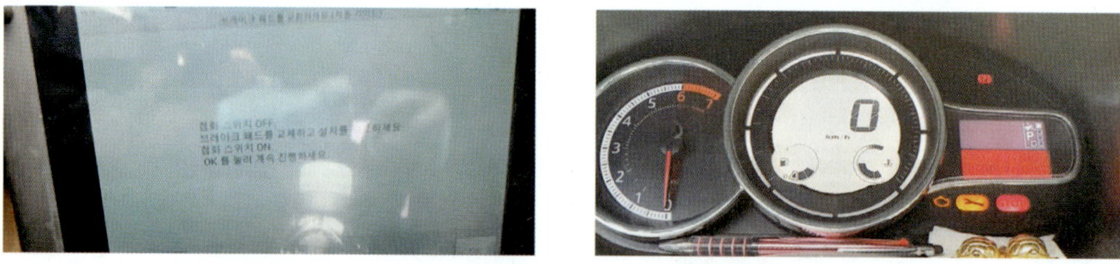

[그림 514] “주차 브레이크 이상이 있습니다.” 표시

⑤ 타이어를 돌려봐서 전체 파킹이 해제되는 것을 확인하고 타이어를 탈거한다.
⑥ 가이드 볼트를 탈거한다.
⑦ 캘리퍼를 탈거한다.

[그림 515] 가이드 볼트 탈거

[그림 516] 캘리퍼 탈거

⑧ 브레이크 패드를 탈거한다.
⑨ 패드 스프링을 탈거한다.

[그림 517] 브레이크 패드 탈거

[그림 518] 패드 스프링 탈거

⑩ 실린더 안에 윤활제를 뿌려준다.

⑪ 피스톤 전용공구를 시계방향으로 돌려서 캘리퍼 피스톤을 리턴시키고 전용공구를 탈거한다.

[그림 519] 윤활제 삽입

[그림 520] 피스톤 리턴

⑫ 에어로 불어서 분진가루를 청소해 준다.

⑬ 패드 스프링을 장착한다.

[그림 521] 분진가루 청소

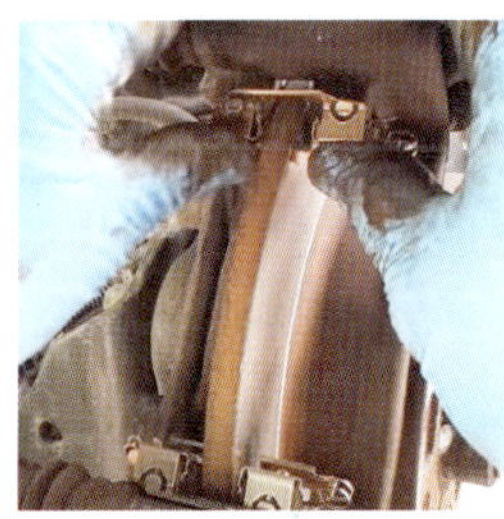

[그림 522] 패드 스프링 장착

⑭ 브레이크 패드를 비스듬히 해서 조립한다.

⑮ 캘리퍼를 조립한다.

[그림 523] 패드 조립

[그림 524] 캘리퍼 조립

⑯ 가이드 볼트를 장착하고 규정토크 조인다.
⑰ 케이블 조립 및 확인을 한다.

[그림 525] **가이드 볼트 장착**

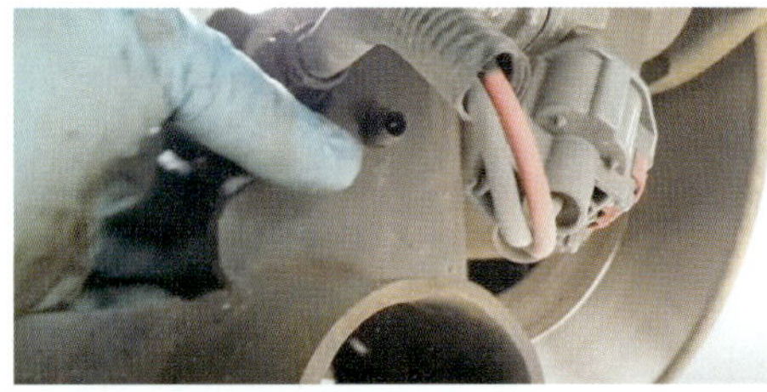

[그림 526] **케이블 조립 확인**

⑱ 타이어를 조립한다.
⑲ 조립 후 그림 527의 화면에서 스캐너 OK버튼을 누른다. "서비스 위치에서 나갑니다" 화면이 뜨면서 작동되는 소리가 들린다.

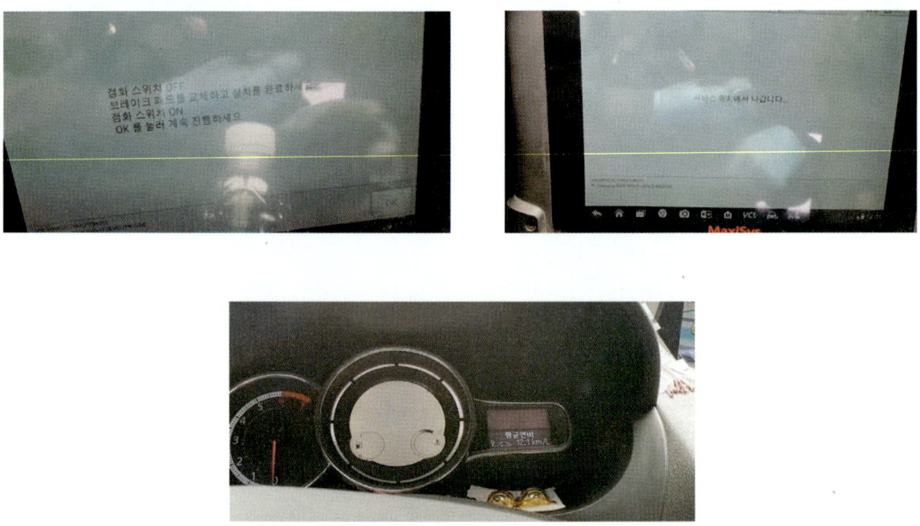

[그림 527] **작업완료**

⑳ "파킹브레이크를 적용하세요." 화면이 뜨면 시동을 걸고 작동상태를 점검하면 뒤에서도 작동 되는 소리가 들린다.

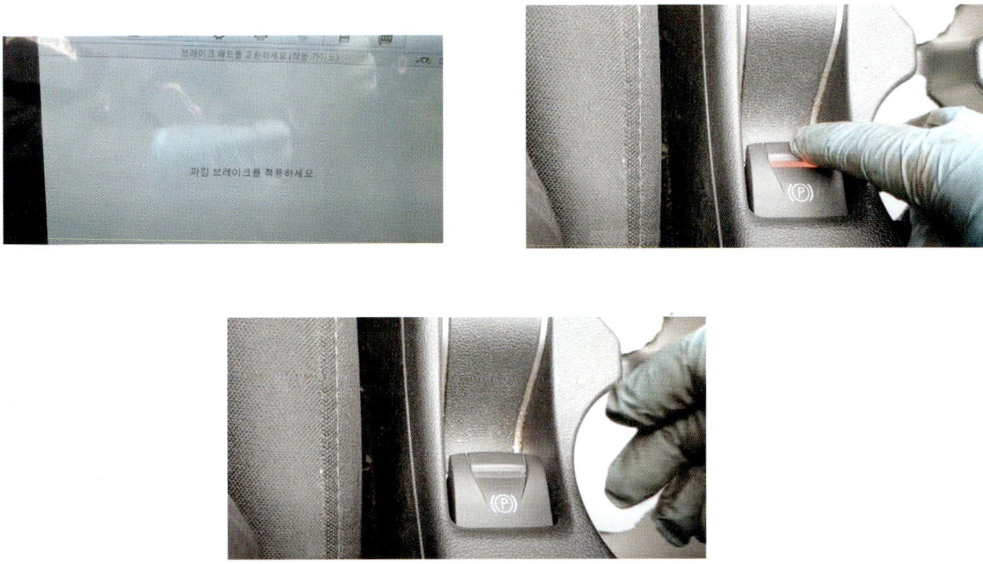

[그림 528] **작동상태 점검**

13.4.2. 스캐너없이 교체하는 방법

① 차량을 들어 올려서 타이어를 탈거한다.

② 스타트 버튼을 두 번 눌러 주면 KEY는 ON이 된다.

[그림 529] KEY ON

③ 브레이크를 밟고 변속기 레버를 D에 놓는다. 그 상태에서 스타트버튼을 꾹 누른다. 그러면 계기판에 "변속레버를 P에 위치해 주십시오" 라는 화면이 뜨면 변속레버를 P에 놓는다.

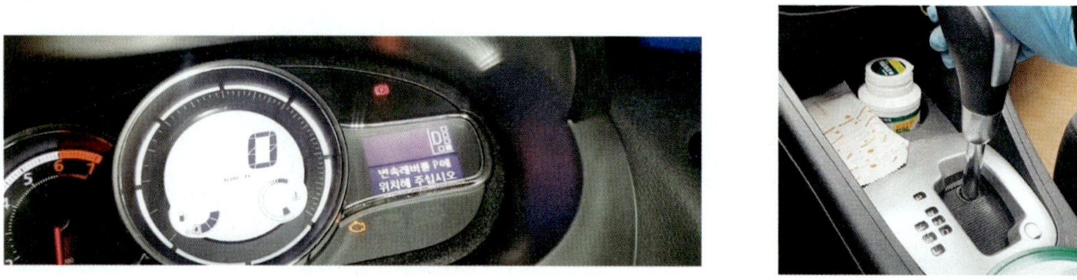

[그림 530] **변속레버 P에 위치**

④ 사이드 브레이크를 풀어준 상태에서 작업을 한다. 지금까지 작업이 어려우면 그냥 시동 걸고 사이드 풀고 작업하면 된다.

[그림 531] **사이드 브레이크 해제**

⑤ 빨간 거를 뒤로 좀 밀어 주고 눌러주면서 커넥터를 탈거한다.

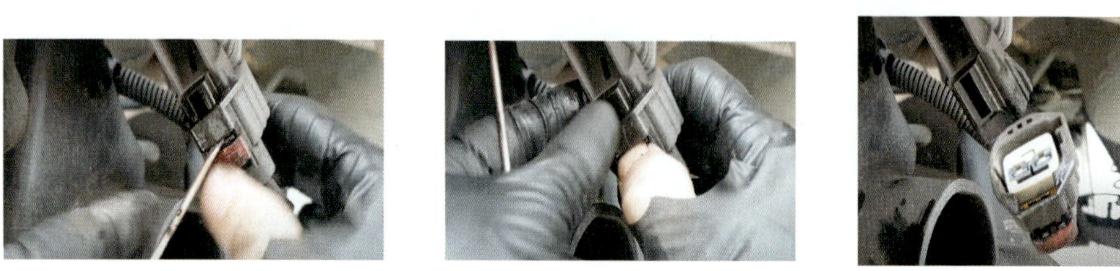

(a) 빨간 부분 뒤로 (b) 눌러주고 (c) 커넥터 탈거

[그림 532] **커넥터 탈거 방법**

⑥ 빨간 선은 (+)선이고 검정선은 (-)선인데 반대로 배터리 전기를 준다. 모터가 돌아가는 소리나면 멈춘다.

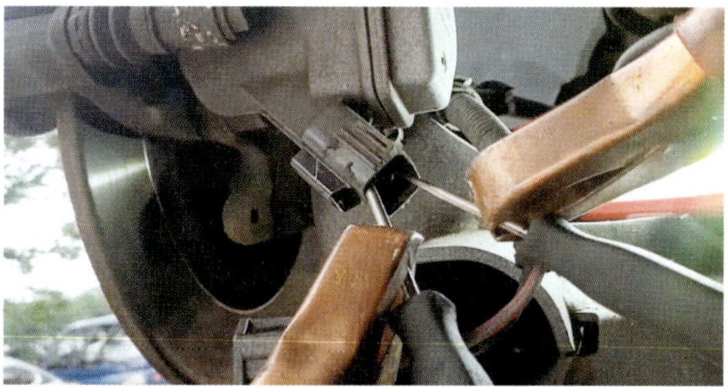

[그림 533] **배터리 역으로 공급**

⑦ 가이드 고정 볼트를 탈거한다.
⑧ 캘리퍼를 탈거한다.
⑨ 피스톤을 밀어서 넣는다.

[그림 534] **피스톤 밀어서 넣기**

⑩ 피스톤이 들어가다 덜 들어가면 한번 더 모터를 돌려준다. 배터리 전기를 반대로 주어 모터가 돌아가는 소리 나면 멈추면 된다.
⑪ 패드를 탈거한다.
⑫ 패드 스프링을 탈거한다.
⑬ 에어로 분진가루를 청소해 준다.
⑭ 패드 스프링을 조립한다.
⑮ 브레이크 패드를 조립한다.
⑯ 캘리퍼를 조립한다.
⑰ 가이드 고정 볼트를 체결한다.
⑱ 커넥터를 조립한다. 빨간 부분을 밀어 넣는다. 잘 안 들어가니까 힘껏 밀어 넣어준다.
⑲ 시동을 걸어 주고 브레이크를 몇 번 밟아 준 상태에서 파킹을 풀었다 놨다 를 5~6번 하면 된다.

⑳ 사이드를 풀고 바퀴가 잘 회전하는지 확인한다.
㉑ 브레이크 밟고 사이드를 당겨서 채운다. 스위치에 불이 들어온다.
㉒ 뒷바퀴 사이드가 작동하여 바퀴가 회전이 안 되는지 확인한다.
㉓ 타이어를 조립하고 차량을 내린다.

14. 캘리퍼 교체

① 차량을 리프트에 진입시키고 차량을 들어올린다.
② 타이어를 탈거한다. 바퀴를 탈거한 후 작업하기 좋도록 허브를 돌려놓는다.
③ 바이스 플라이어를 사용하여 브레이크 파이프를 물어준다.

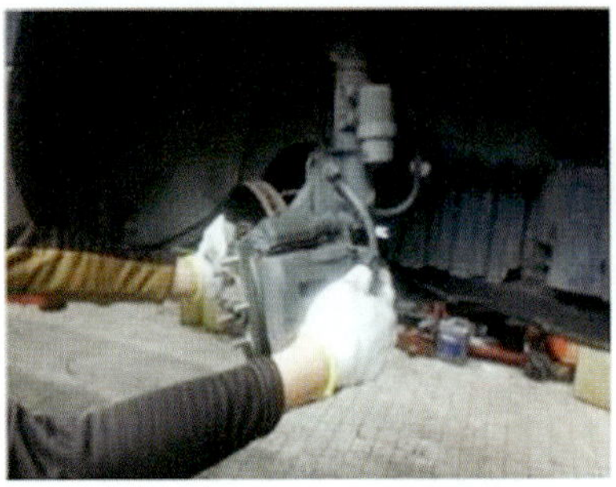

[그림 535] 허브돌림

[그림 536] 바이스 플라이어로 파이프 물기

④ 브레이크 파이프 고정 볼트를 탈거한다. 브레이크 캘리퍼의 파이프에 동 와셔가 끼워져 있으므로 분실하지 않도록 주의한다.

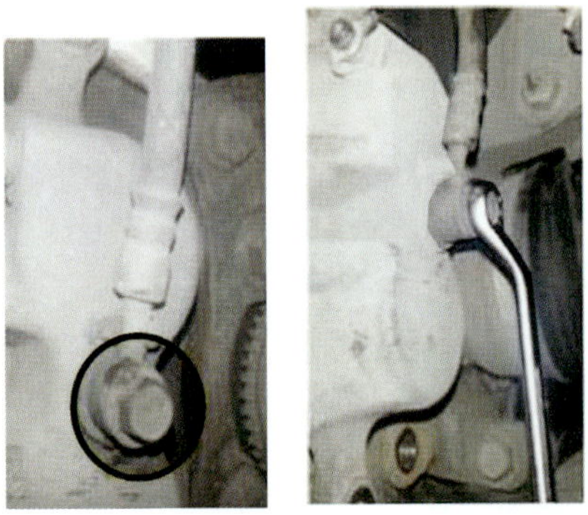

[그림 537] 파이프 고정 볼트 탈거

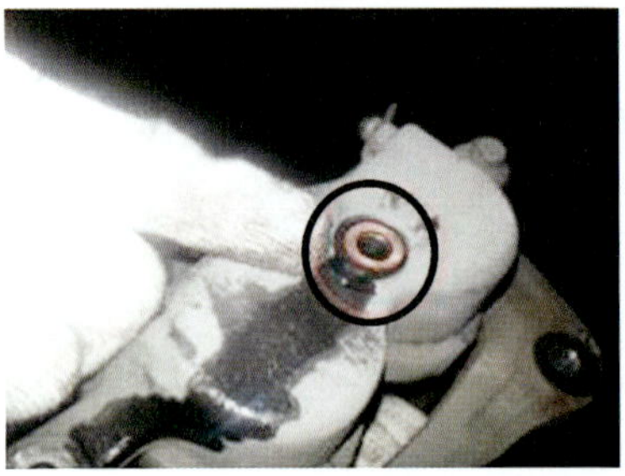

[그림 538] 동 와셔

⑤ 캘리퍼 피스톤 하단의 가이드 볼트를 탈거한다.
⑥ 캘리퍼 피스톤을 위로 들어올리고, 브레이크 패드를 탈거한다.
⑦ 브레이크 캘리퍼 브래킷 고정 볼트 2개를 풀고 캘리퍼를 탈거한다.
⑧ 신품 캘리퍼는 탈거의 역순으로 조립하고 에어빼기를 한다.

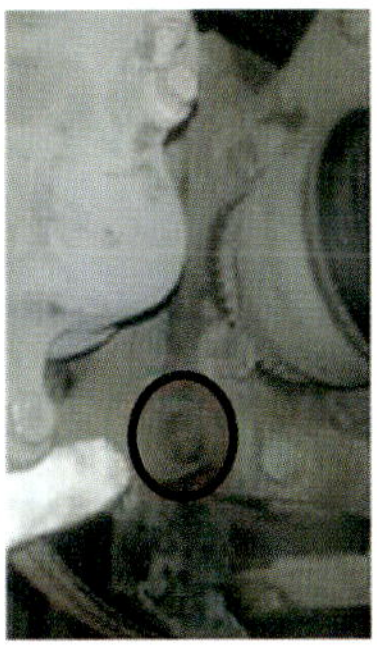
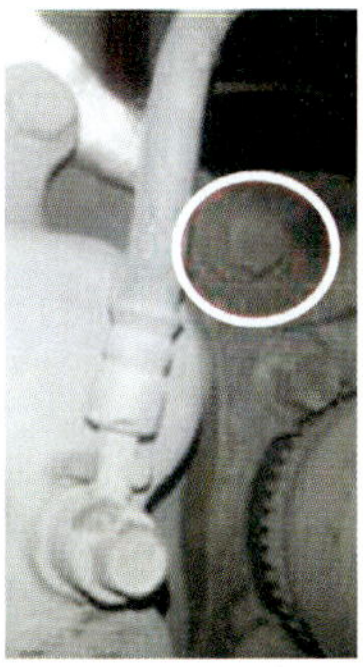

[그림 539] 브래킷 고정 볼트 탈거

15. 드럼 브레이크(drum brake) 라이닝 교체

15.1. 탈거

① 차량을 리프트에 진입시키고 들어 올린다.
② 휠 및 타이어를 탈거한다.
③ (+)드라이버(또는 전용 해머 드라이버)를 이용하여 드럼 고정 피스를 탈거한다.
④ 드럼을 해머로 가볍게 두드리며 드럼을 탈기한다.

[그림 540] 고정 피스 탈거

[그림 541] 드럼 탈거

⑤ 플라이어를 사용하여 홀드다운스프링 리테이너를 잡고 누른 상태에서 돌려 컵 와셔, 슈 홀드 다운 스프링, 슈 홀드 다운핀을 탈거한다. 이때, 리테이너를 잘못 잡아 튕겨져 나가는 경우가 있으니 주의하며 탈거한다.
⑥ 상부 리턴스프링을 벌려 탈거한다.
⑦ 자동 조정 스프링 및 간극조절 스톱퍼를 탈거한다.
⑧ 슈 어저스터를 탈거한다.

[그림 542] 홀드다운 스프링 탈거

[그림 543] 상부 리턴 스프링 탈거

[그림 544] 슈 어저스터 탈거

⑨ 하부 리턴스프링을 탈거한다.
⑩ 다른 한쪽 홀드다운 스프링 역시 탈거한다.
⑪ 주차브레이크 레버에서 주차브레이크 케이블을 탈거한다.

[그림 545] **하부 리턴스프링 탈거**

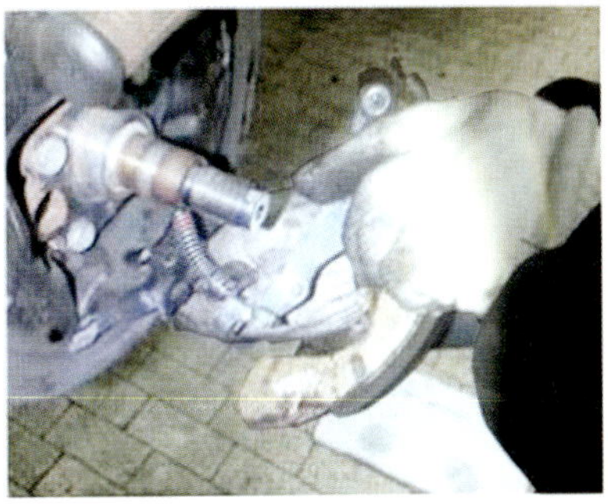

[그림 546] **주차브레이크 케이블 탈거**

15.2. 조립

① 신품 라이닝 주차브레이크 레버에 주차브레이크 케이블을 연결한다.
② 라이닝 홀드다운 스프링으로 한쪽 라이닝을 고정한다.
③ 하부 리턴스프링을 먼저 걸고 다른 한쪽의 라이닝을 백 플레이트에 안착시킨 후 홀드다운스프링으로 라이닝을 고정시킨다.
④ 슈 어저스터를 끼우고 간극조절 스톱퍼를 끼운다.
⑤ 간극조절 스톱퍼 스프링 및 상부 리턴스프링을 끼운다.

[그림 547] **간극조절 스톱퍼 조립**

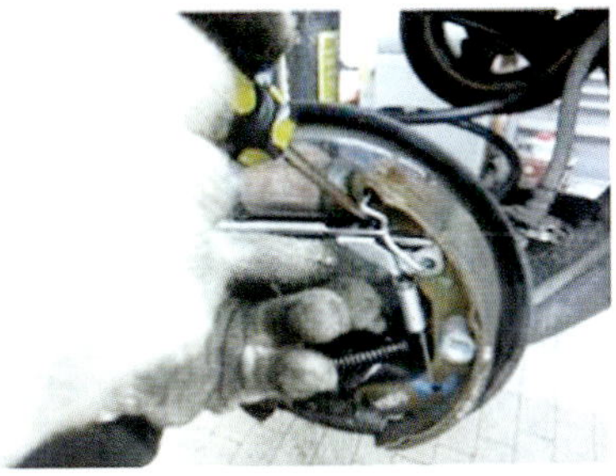

[그림 548] **간극 조정**

⑥ (−)드라이버를 사용하여 적절히 드럼을 끼워가며 드럼이 빽빽하게 들어갈 정도로 간극을 조정한다.
⑦ 고정 볼트 홈을 맞춰 브레이크 드럼을 끼운다.
⑧ (+)드라이버를 사용하여 브레이크 드럼 고정 볼트를 체결한다.
⑨ 바퀴를 장착하고, 차량을 하강시킨다.

16. 휠 실린더(wheel cylinder) 교체

① 차량을 리프트에 진입시키고 들어 올린다.
② 타이어를 탈거한다.
③ 드라이버를 이용하여 드럼 고정 피스를 탈거한다.
④ 드럼을 해머로 가볍게 두드리며 드럼을 탈거한다.
⑤ 호스가 손상되지 않도록 브레이크 파이프 호스에 헝겊 등으로 감싼 후 바이스 플라이어를 사용하여 물어놓는다.

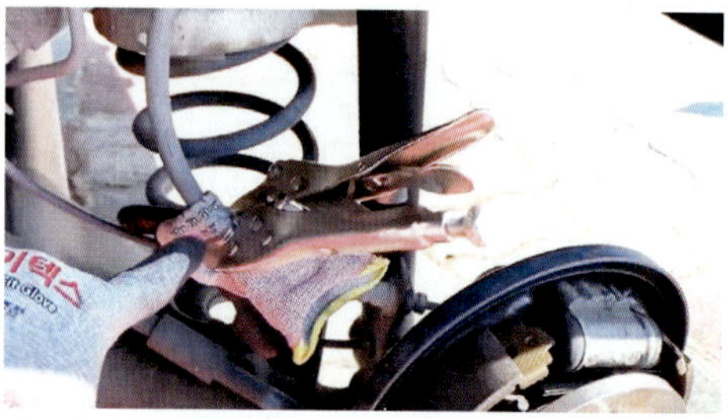

[그림 549] 바이스 플라이어로 브레이크 파이프 호스 물리기

⑥ 허브 캡을 탈거한다.

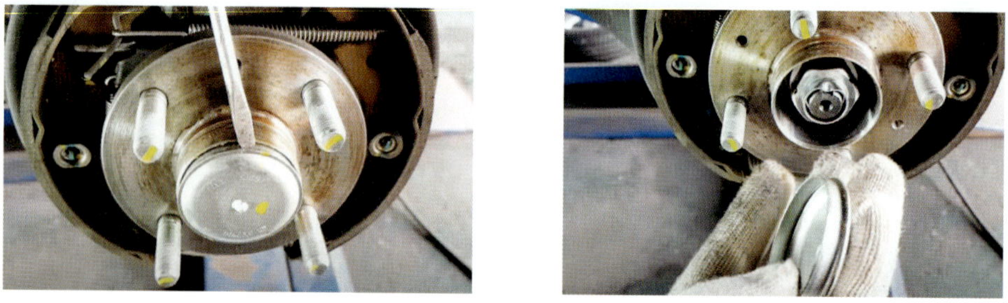

[그림 550] 허브 캡 탈거

⑦ 허브 32 mm 볼트를 임팩으로 탈거한다.
⑧ 허브를 탈거한다.

[그림 551] **허브 볼트 탈거**

[그림 552] **허브 탈거**

⑨ 플라이어로 상부 리턴스프링을 탈거한다.

[그림 553] **상부 리턴스프링 탈거**

⑩ 플라이어로 자동 조정 스프링과 간극조절 스톱퍼를 탈거한다.

[그림 554] **자동 조정스프링 및 간극조절 스톱퍼 탈거**

⑪ 플라이어를 사용하여 슈 홀드다운 스프링을 탈거한다. 한손으로는 슈 홀드 다운 핀이 뒤로 밀리지 않도록 백 플레이트 뒷면에서 핀을 눌러주고 한손으로는 슈 홀드 다운 핀 컵 와셔를 플라이어를 이용하여 눌러가면서 돌려서 슈 홀드 다운 핀에서 분리시켜 슈 홀드 다운 스프링과 함께 탈거한다.

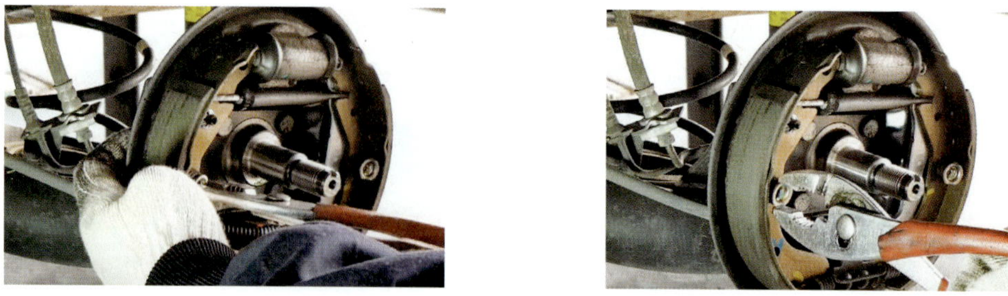

[그림 555] **슈 홀드다운 스프링을 탈거**

⑫ 반대 쪽 슈 홀드다운 스프링도 같은 방법으로 탈거한다.

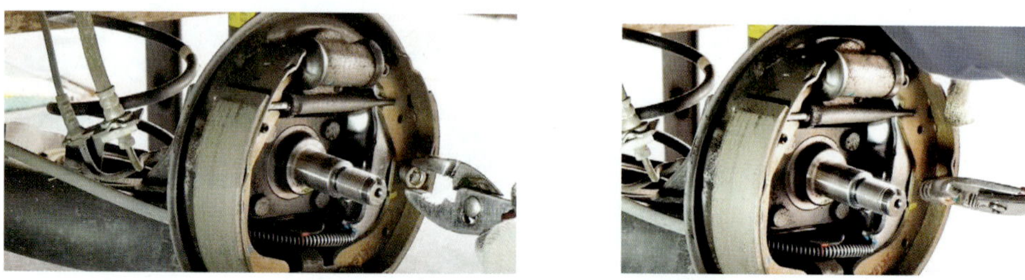

[그림 556] **반대 쪽 슈 홀드다운 스프링을 탈거**

⑬ 브레이크 라이닝을 탈거한다. 슈 어저스터 및 하부 리턴스프링도 같이 탈거한다.
⑭ 주차브레이크 케이블을 탈거한다.

[그림 557] **라이닝 탈거**

[그림 558] **주차브레이크 케이블을 탈거**

⑮ 라이닝을 탈거하지 않고 휠 실린더 교체 작업할 수 있는 차량은 라이닝을 탈거하지 않는다.
⑯ 백 플레이트 뒷면의 휠 실린더에 연결된 브레이크 파이프 및 휠 실린더 고정 볼트를 탈거한다.

[그림 559] **고정 볼트 탈거**

[그림 560] **파이프 탈거**

⑰ 신품 휠 실린더 고정 볼트와 브레이크 파이프를 연결하고 브레이크 라이닝을 조립한다.

⑱ 라이닝 간극을 조절하면서 브레이크 드럼을 조립한다.

⑲ 브레이크 호스에 물어 놓았던 바이스 플라이어를 제거한다.

⑳ 허브 및 허브 너트를 체결한다.

㉑ 드라이버를 이용하여 드럼 고정 피스를 체결한다.

㉒ 바퀴를 끼우고 휠 너트를 손으로 충분히 돌린 후 휠 고정너트를 체결한다.

㉓ 에어빼기를 한 후 차량을 하강시킨다.

17. 브레이크 에어빼기

17.1. 브레이크계통 에어빼기작업

① 차량을 리프트로 상승시킨다.

② 공기빼기 작업을 위해 캘리퍼 및 휠 실린더의 에어브리더 스크류에 브레이크액이 외부로 튀는 것을 방지하기 위하여 투명 튜브를 끼우고 한쪽 끝은 용기에 담는다.

[그림 561] 앞 바퀴 에어브리더 스크류

[그림 562] 앞바퀴 투명 튜브 설치

[그림 563] 뒤 바퀴 투명 튜브 설치

[그림 564] 오일 보충

③ 브레이크 오일 캡을 열어 브레이크액을 채운다.

④ 차량을 들어 올린 후 1명은 운전석에 앉아 브레이크 페달을 여러 번 나누어 밟아 잔압이 형성되도록 한 후 브레이크를 밟은 상태에서 차량 아래쪽 사람에게 신호한다.

⑤ 신호를 받은 차량 아래쪽 사람은 캘리퍼 또는 휠 실린더의 에어브리더 스크류를 돌려 공기를 배출하고 잠근 후 운전석 사람에게 신호를 준다. 계통내의 공기가 모두 빠질 때 까지 ④번부터 ⑤번 항목을 수차례 반복하여 모든 바퀴의 에어빼기를 한다.

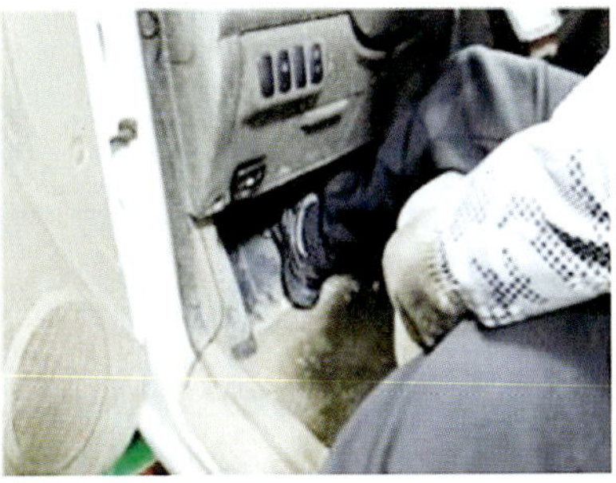

[그림 565] 브레이크페달 밟기

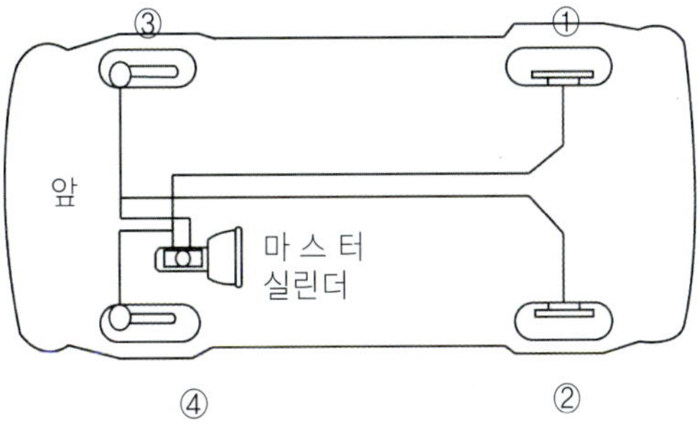

[그림 566] 공기빼기 순서

⑥ 공기빼기는 마스터실린더에서 먼 곳부터 실시한다.
⑦ 공기빼기가 완료 되면 에어빼기 호스를 제거하고 에어브리더 스크류를 고정한 다음 유압계통에 오일누출 유무를 점검한다.
⑧ 브레이크 오일 탱크에 규정의 오일량으로 보충한다.
⑨ 리프트를 하강 시킨다.

17.2. 브레이크 오일교체기의 사용법

① 신유통에 새 브레이크액을 가득 채운다.
② 자동차 리저브 탱크에 맞는 아답타를 장착하고 주입호수를 연결한다.

[그림 567] 신유 통 브레이크액 채우기

[그림 568] 리저브 탱크 아답타 장착

[그림 569] 주입호수를 연결

③ 장비의 전원공급 케이블을 차량에 연결한다.
④ 신유 주입 버튼을 누른다.

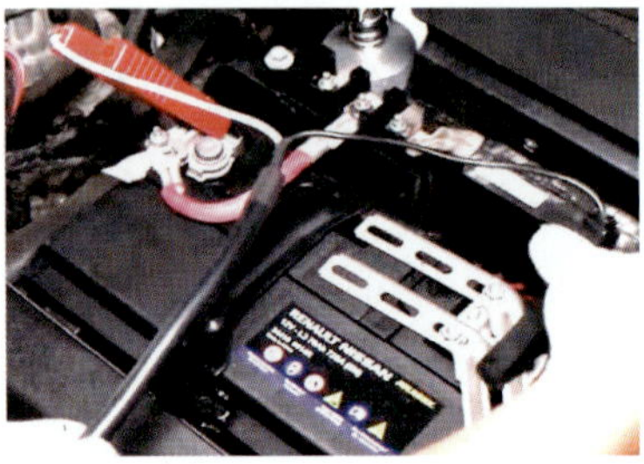

[그림 570] 장비 전원연결

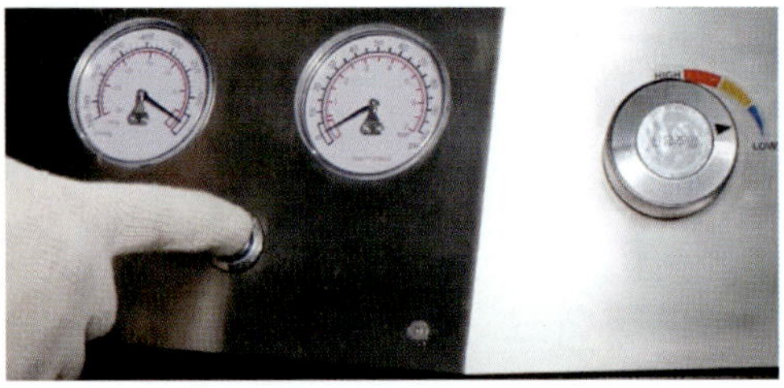

[그림 571] 신유 주입 버튼 작동

⑤ 적정 압력을 세팅한다.
⑥ 에어밸브를 연결하고 에어밸브를 연다.

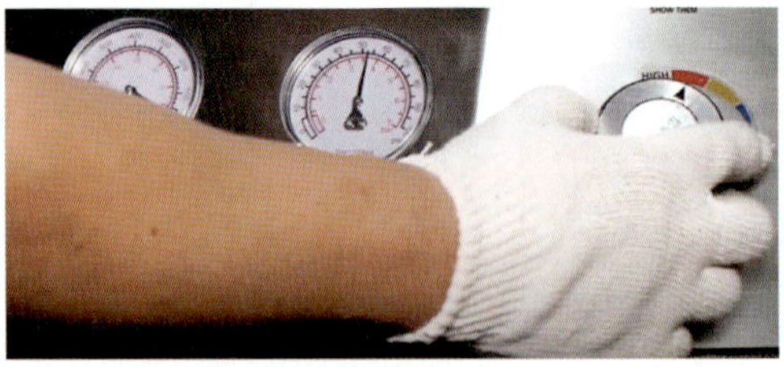

[그림 572] 적정 압력 세팅

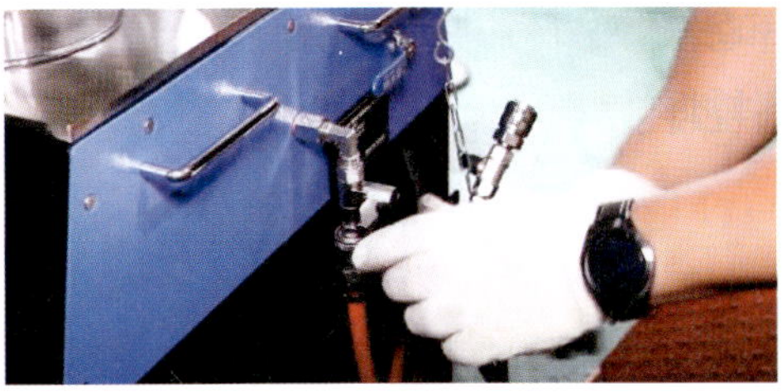

[그림 573] 에어호스 연결

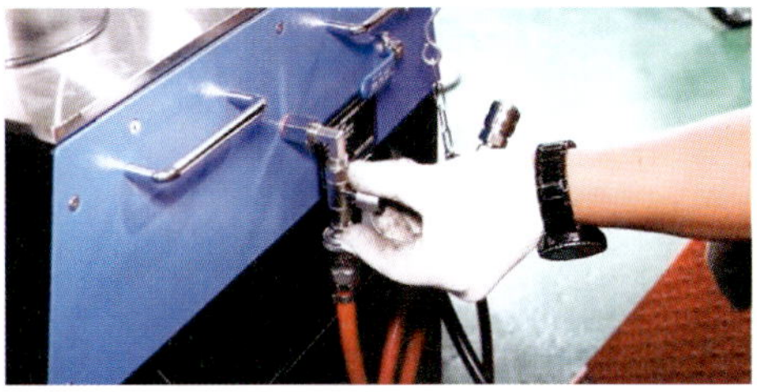

[그림 574] 에어밸브 개방

⑦ 석션 밸브를 연다.

[그림 575] 석션 밸브 열기

⑧ 자동차 조수석 뒷바퀴부터 운전석 앞바퀴까지 맑은 브레이크액이 나올 때 까지 교체 한다.

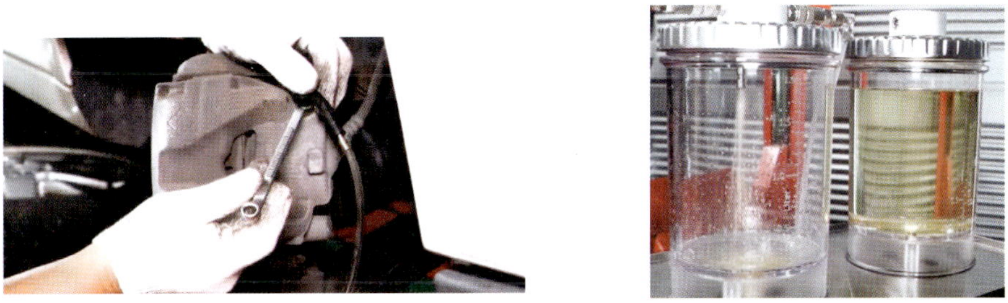

[그림 576] 오일 교체

⑨ 차량에서 아답타를 제거하고 리저버 탱크 캡을 닫은 후 장비를 철수시킨다.

17.3. ABS의 에어빼기작업

17.3.1. 에어빼기의 기본작업

ABS에서는 특별한 에어빼기 과정은 없고, 일반 브레이크장치의 공기빼기와 동일한 방법으로 하면 된다.

① 오일탱크 캡을 연 후 브레이크 탱크에 브레이크 오일을 채운다.

② 휠 실린더 공기빼기나사에 비닐 튜브를 연결한 후 브레이크오일 용기에 튜브를 끼운다.

③ 브레이크페달을 여러 번 천천히 밟는다.

④ 브레이크페달을 완전히 밟았을 때 브레이크오일이 모두 빠질 때까지 공기빼기 나사를 푼 후 공기빼기 나사를 잠근다.

⑤ 브레이크오일에 거품이 생기지 않을 때까지 ③, ④과정을 반복한 다음 공기빼기 나사를 조인다.

⑥ 각 바퀴에 위의 과정을 순서에 맞추어 반복 작업을 한다.

17.3.2. ABS 모듈 교체 후 에어빼기 작업

마스터실린더나 ABS 모듈교체 시에는 무조건 스캐너를 이용하여 ABS 펌프를 강제 구동하여 에어빼기작업을 해야 하며 브레이크 답력이 예전과 다를 때 한번 씩 해주면 좋다.

시동이나, 키 ON 상태로 스캐너를 이용하여 ABS 모듈레이터에서 마스터까지 역으로 에어를 제거하는 방법과 스캐너를 이용하여 모듈에서 에어를 빼면서 하는 방법이 있다. 차종마다 에어빼기 방법이 약간 씩 틀리기 때문에 자기진단기에서 지시하는 데로 실행해야 한다.

① 제조사 선택 → 차종선택 → 차종연식 선택 → 엔진종류 선택 → 제동제어 선택하고 확인버튼을 누른다 → 부가기능 선택 → HCU 공기빼기 선택

(a) 제조사 선택

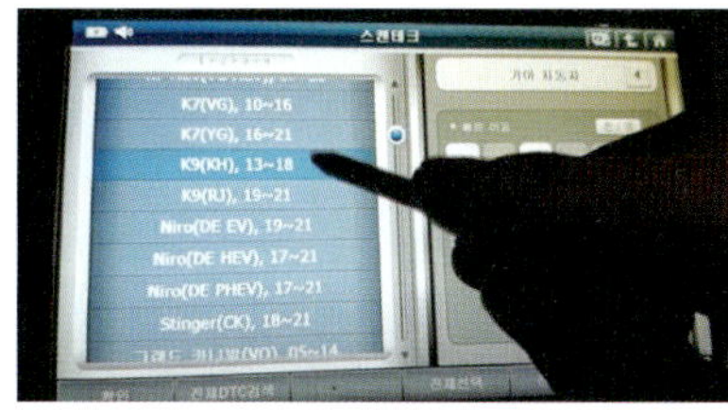

(b) 차종 선택

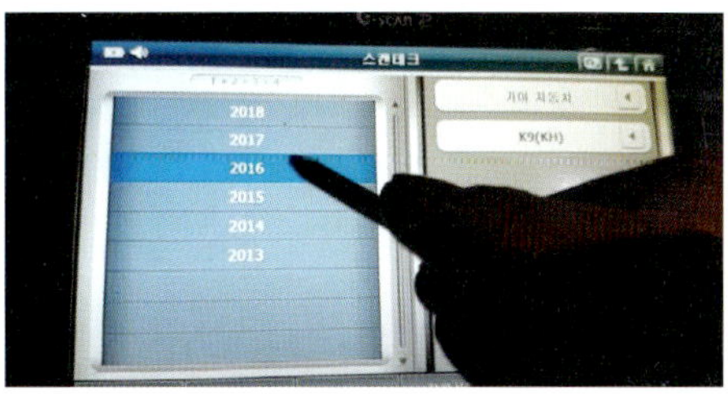

(c) 연식 선택

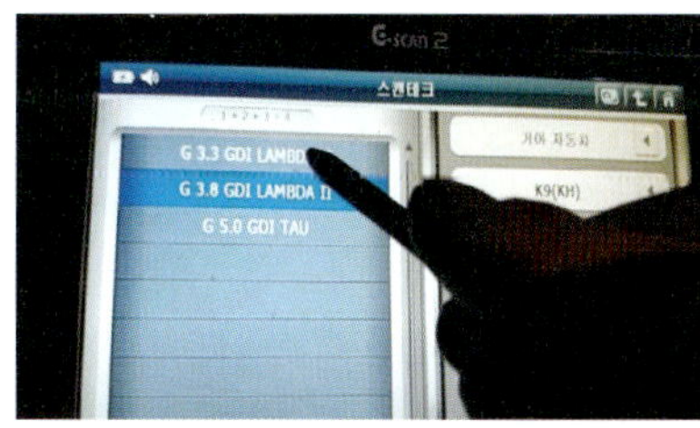

(d) 엔진종류 선택

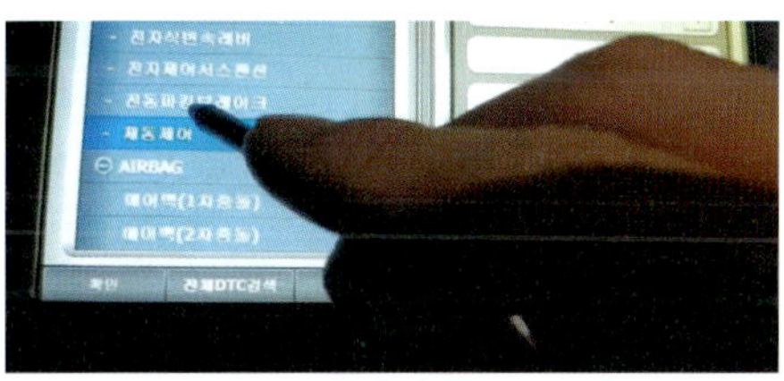

(e) 제동제어 선택

(f) 통신 준비중

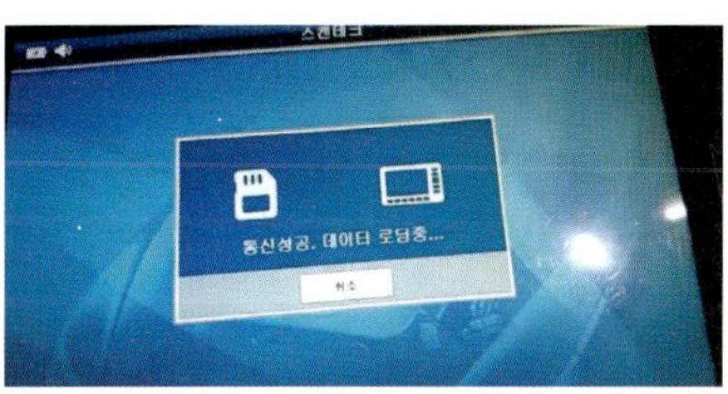

(g) 데이터 로딩중

(h) 부가 기능 선택

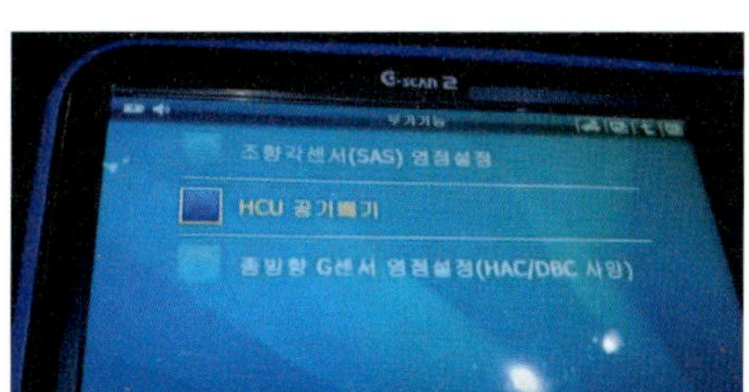

(i) HCU 공기빼기 선택

[그림 577] **스캐너 사용법**

② 그림 578과 같은 화면이 나오고 준비가 다되었으면 확인버튼을 누른다.

[그림 578] HCU 공기빼기 확인버튼 선택

③ 모터소리가 날 때 이때 브레이크페달을 밟아서 브레이크페달이 반력없이 전진되면 브레이크페달을 놓는 작업을 60초 동안 약 10여회 반복적으로 정확하게 실시한다. 이렇게 해야지만 모듈 내부의 에어가 빠진다.

[그림 579] 브레이크페달 작동시키며 모듈 에어빼기

④ 모듈내부의 공기 빼기가 완료되었으면 확인버튼을 누른다.

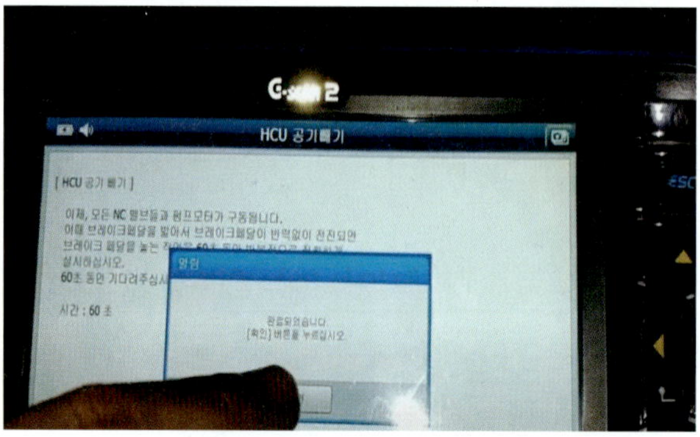

[그림 580] ABS 모듈 에어빼기 완료

⑤ ABS 모듈 에어빼기 작업이 완료되면 브레이크 에어빼기를 자동 또는 수동으로 브레이크 캘리터에서 에어빼기를 실행한다. 실행순서는 RR - FL - RL - FR 순서로 하면 된다.

18. 스톱램프 스위치 교체

① 스톱램프 스위치 록 너트를 14 mm 스패너로 분리한다.

② 스톱램프 스위치를 탈거한다.

[그림 581] 록 너트 분리

[그림 582] 스톱램프 스위치 탈거

③ 스톱램프 스위치 커넥터를 탈거한다.

④ 분리한 스톱램프 스위치에서 너트 한 개를 탈거한다.

[그림 583] 커넥터 탈거

[그림 584] 너트 탈거

⑤ 탈거한 너트를 신품 스톱램프 스위치에 장착한다. 너트의 위치를 탈거한 스톱램프 스위치를 비교해가면서 맞춰준다.

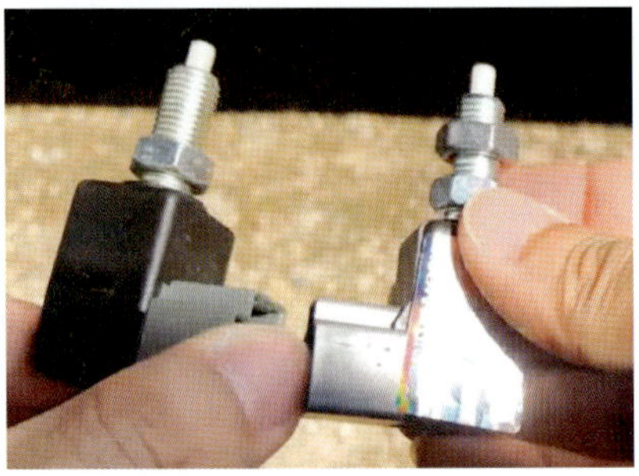

[그림 585] **탈거된 스위치와 같은 위치로 너트 조정**

⑥ 스톱램프 스위치 커넥터를 연결한다.
⑦ 스톱램프 스위치 나사산 양쪽에 홈이 있어서 장착에 유의하면서 스위치를 누른 상태로 장착해준다.

[그림 586] **커넥터 연결**

[그림 587] **스위치 장착**

⑧ 록 너트를 조여 준다.
⑨ 스톱램프 스위치 간극이 1~2 mm 정도에 있는지 확인한다.

[그림 588] **간극확인**

⑩ 브레이크를 밟아서 브레이크 등이 정상적으로 작동 하는지 확인한다.

19. 마스터실린더 교체

① 브레이크오일 레벨센서의 커넥터를 탈거한다.

② 오일탱크에서 브레이크오일을 배출시킨다.

③ 마스터실린더에서 브레이크 파이프를 분리하고 플러그를 설치한다. 도장 면에 브레이크오일이 묻었을 때는 즉시 세척한다.

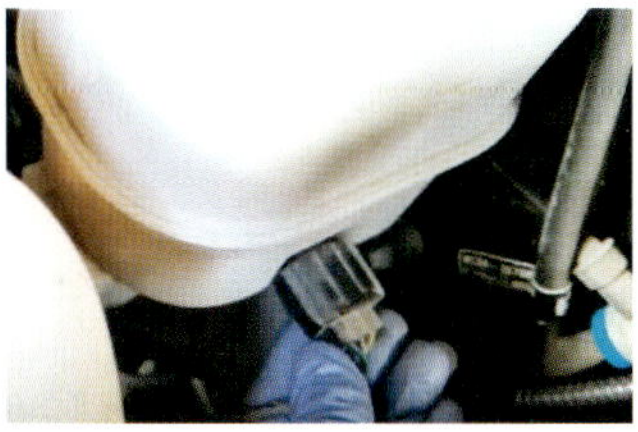

[그림 589] **레벨센서 커넥터 탈거**

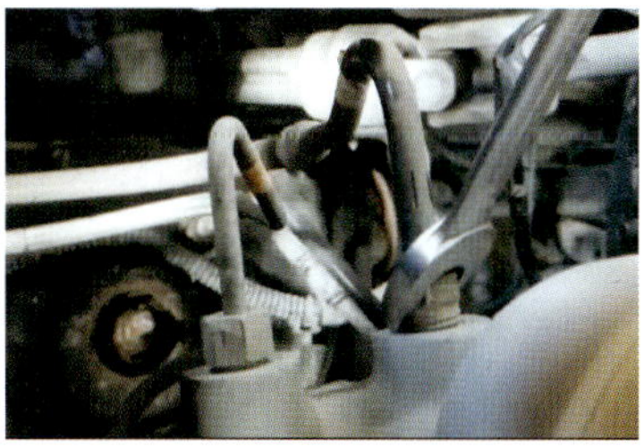

[그림 590] **파이프 탈거**

④ 마스터실린더 고정너트를 풀고 프로 포셔닝밸브 설치 브래킷을 떼어낸 다음 마스터실린더를 들어 올려 탈거한다.

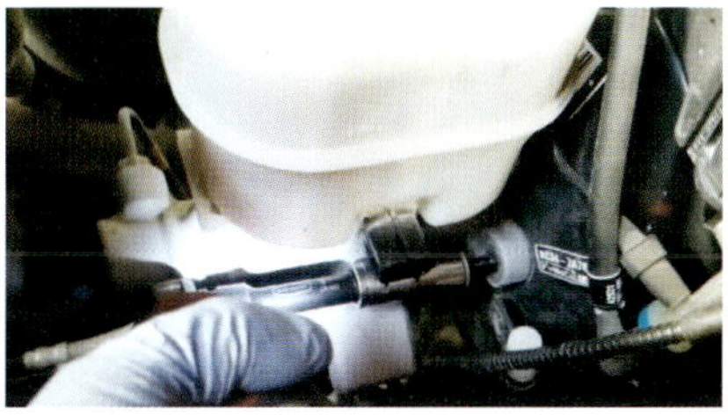

[그림 591] **마스터실린더 고정 너트 탈거**

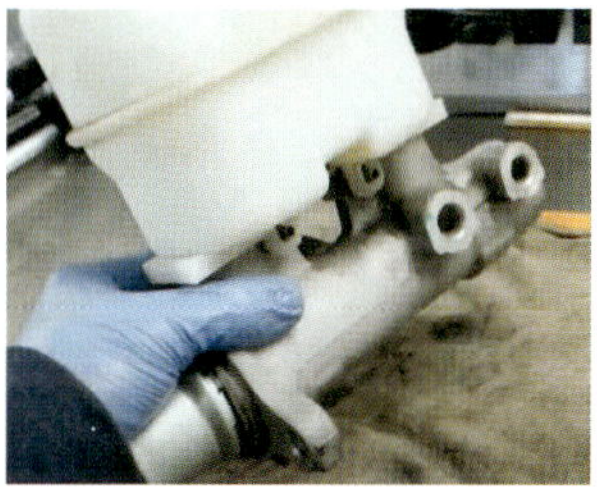

[그림 592] **마스터실린더 탈거**

⑤ 신품 마스터실린더 보디에 신품 리저버를 장착한다. 이때 그로멧도 신품으로 교체한다.

⑥ 브레이크액 표시등 소켓에 붙어 있는 그로멧에 리저버를 끼운다.

⑦ 두 개의 너트로 브레이크 부스터에 신품 마스터실린더를 장착한다.

⑧ 마스터실린더에 임시로 설치했던 플러그를 분리하고 브레이크 파이프를 설치한 후, 브레이크액 수준 경고 커넥터를 연결한다.

⑨ 브레이크액을 마스터 실린더 리저버에 채운 다음 공기빼기 작업을 실시한다.